Handbuch Sekretariat und Office-Management

Maria Akhavan-Hezavei · Angelika Rodatus ·
Annette Rompel (Hrsg.)

Handbuch Sekretariat und Office-Management

Praxisleitfaden für effiziente Büroorganisation, wirksame Chefentlastung und erfolgreiche Assistenz im Management

5., überarbeitete Auflage

Springer Gabler

Herausgeberinnen
Maria Akhavan-Hezavei
Wiesbaden, Deutschland

Angelika Rodatus
Brunnthal, Deutschland

Annette Rompel
working@office
Wiesbaden, Deutschland

ISBN 978-3-8349-4609-6 ISBN 978-3-8349-4610-2 (eBook)
DOI 10.1007/978-3-8349-4610-2

Die Deutsche Nationalbibliothek verzeichnet diese Publikation in der Deutschen Nationalbibliografie; detaillierte bibliografische Daten sind im Internet über http://dnb.d-nb.de abrufbar.

Springer Gabler

Gedruckt auf säurefreiem und chlorfrei gebleichtem Papier

Springer Gabler ist eine Marke von Springer DE. Springer DE ist Teil der Fachverlagsgruppe Springer Science+Business Media
www.springer-gabler.de

Vorwort zur 5. Auflage

Wer hätte das gedacht: Ein soziales Netzwerk wie Facebook wäre als Staat mit seinen mittlerweile über eine Milliarde Menschen zählenden Mitgliedern drittgrößter Staat der Erde! In puncto Kommunikation hat sich viel getan, Veränderungen sind nicht nur im privaten Bereich, sondern auch im Berufsleben grundlegend: Videokonferenzen mit Kollegen aus aller Welt stehen an der Tagesordnung, Vorgesetzte melden per SMS oder Mail aus dem Meeting, was die nächsten To Dos sind und neues Personal finden wir wie selbstverständlich im Social Network. Dass sich die Kommunikationswege in den nächsten Jahren weiter verändern werden, steht nicht in Frage und dass sich unser Berufsleben dadurch noch weiter beschleunigt, ist eine Tatsache.

Beschleunigt wird die Arbeit im Sekretariat jedoch nicht allein durch die neuen Medien und Arbeitsmittel. Der Aufgabenbereich von Office-Professionals hat sich verändert– weg von administrativen Tätigkeiten, hin zu Projektmanagement und anspruchsvollen Verantwortlichkeiten wie Veranstaltungsmanagement, Marketing- und Presse und strategischem Travel-Management.

Um den Chef – egal ob er vor Ort ist, oder häufig unterwegs – möglichst effizient zu entlasten, benötigt sie Branchenwissen und Führungskompetenz beim Delegieren im Auftrag ihres bzw. ihrer Vorgesetzten. In die strategischen Projekte, Visionen des Unternehmens sind Assistenzkräfte ebenso involviert wie in den gesamten Kommunikationsprozess des Unternehmens. Sie benötigen ein hohes Verständnis für innerorganisatorische Zusammenhänge und wirtschaftliche facts & figures.

Der rapide Wandel weg von administrativen Aufgaben hin zur inhaltlichen Projektkompetenz haben dafür gesorgt, dass das Berufsbild der Assistenz heute zu einem spannenden, herausfordernden und verantwortungsvollen Kompetenzfeld aufgestiegen ist, für das man sich permanent und dauerhaft weiterbilden muss.

Die mittlerweile 5. Auflage dieses Werkes innerhalb weniger Jahre macht das „Handbuch Sekretariat und Office-Management" zu einem Bestseller! 31 Autoren, alles namhafte Expertinnen und Experten auf ihrem Fachgebiet, beschreiben ihre Erfahrungen und geben praxisnahe Lösungsansätze, mit denen Office-Managerinnen ihren Arbeitsalltag effizienter bestreiten können. Alle Beiträge wurden für diese Auflage aktualisiert.

Die sieben Teile decken das Aufgabenprofil von Office-Professionals vollumfänglich ab und geben erfahrenen Assistenzkräften wie wissbegierigen Nachwuchskräften praxiserprobte Werkzeuge mit an die Hand. Der zunehmenden Mobilität und Flexibilität in den Büros tragen wir mit dem Kapitel „Virtuelle Chefentlastung“ Rechnung. An Bedeutung zugenommen hat auch der Bereich Entscheidungsvorbereitung für den Chef. Kapitel zu den Themen Führungswissen und Arbeitsrecht runden den Werkzeugkasten für diese Aufgaben ab.

Und weil wir immer mehr und immer präzisere Arbeit in kürzerer Zeit leisten, sollten wir den gegebenen Zeitrahmen möglichst effektiv nutzen. Die Lösung ist ein professionelles Zeitmanagement, das vor allem im Sekretariat vonnöten ist, wo täglich ein hoher Anteil unplanbarer Aspekte den Ablauf bestimmen. Engagierte und begeisterte Assistenzkräfte finden in diesem Buch das notwendige Rüstzeug, um mit den Anforderungen mitzuwachsen und unermüdlich dazuzulernen.

Die besten Wünsche für Ihren beruflichen Erfolg!

Maria Akhavan, Angelika Rodatus und Annette Rompel

Wiesbaden und München, im September 2013

Inhaltsverzeichnis

Vorwort zur 5. Auflage 5

Teil I
Büroorganisation

Beschaffungsmanagement 13
Alexandra Kreuzpointner-Illg/Ralf Reißer

Informations- und Ablagemanagement 26
Martina Müll-Schnurr

Intranet Office-Handbuch 49
Irmtraud Schmitt

Weiterführende Quellen 64

Teil II
Korrespondenz

Die neue Geschäftskorrespondenz – professionell, kundenorientiert, abwechslungsreich 67
Jutta Sauer

E-Mail-Management 105
Margret Degener

Protokollführung 117
Christa Waltenberger

Weiterführende Quellen 137

Teil III
Chefentlastung

Terminmanagement mit Microsoft Office Outlook 2010 141
Elke Vender

Virtuelle Chefentlastung 159
Birgit Müller

Teamarbeit 174
Sibylle May

Zeitgemäß präsentieren: professionell, überzeugend und motivierend 189
Anita Hermann-Ruess

Travel-Management 209
Andrea Zimmermann

Event-Management 239
Melanie von Graeve

Entscheidungsvorbereitung für den Chef 260
Susanne Westphal

Weiterführende Quellen 275

Teil IV
Kommunikation

Konfliktmanagement 278
Carolin Fey

Meetings professionell moderieren 294
Denise Maurer

Gesprächsführung 308
Birgit Preuß-Scheuerle

Interkulturelle Kompetenz 323
Lilli Wilken

Weiterführende Quellen 334

Teil V
Assistenz im Management

Projektmanagement ... 337
Margit Gätjens

Führungswissen im Sekretariat ... 358
Matthias Siebert

Rechtswissen im Sekretariat ... 377
Dr. Stephanie Kaufmann-Jirsa

Managementwissen im Sekretariat ... 409
Petra Lumblatt

Weiterführende Quellen ... 422

Teil VI
Selbstmanagement

Modernes Zeitmanagement ... 425
Brigitte Jahn

Kreativitätstechniken ... 446
Thorsten Schildt

Kopf oder Zettel? Die Informationsflut im Büro beherrschen ... 461
Oliver Geisselhart

Stil & Etikette im Büro ... 481
Gabriele Krischel

Selbstmotivation ... 498
Judith Breskot

Weiterführende Quellen ... 509

Teil VII
Beyond Work

Finanzielle Vorsorge für Frauen 512
Constanze Hintze

Mehr Energie im Büroalltag – gesundheitliche Vorsorge für Assistentinnen 524
Slatco Sterzenbach

Konkurrenzfähig durch lebenslanges Lernen 543
Sonja Althoff

Weiterführende Quellen 550

Die Herausgeberinnen 551

Die Autorinnen und Autoren 553

Stichwortverzeichnis 569

Teil I

Büroorganisation

Beschaffungsmanagement

Alexandra Kreuzpointner-Illg/Ralf Reißer

Professionell und kostenoptimiert einkaufen

Im Einkauf liegt der Gewinn. Professionelles Beschaffungsmanagement trägt entscheidend zum Unternehmenserfolg bei. Aber häufig werden in den Unternehmen die Beschaffungen nicht durch eine Einkaufsabteilung wahrgenommen, sondern fallen in den Aufgabenbereich von Sekretärinnen und Assistentinnen, wie die Beschaffung von Büromaterial. Mit dem richtigen Handwerkszeug kaufen Sie in Zukunft zügig und effizient ein.

Das Thema Beschaffung spielt in den Unternehmen heute eine immer größere Rolle. Durch effiziente Beschaffungsprozesse werden die Kosten der Unternehmen optimiert, um letztlich den Gewinn zu erhöhen. Es geht nicht mehr nur darum, den Preis einer zu beschaffenden Ware zu optimieren. Durch abgestimmte Beschaffungsprozesse mit den Lieferanten können auch Transport- und Lagerkosten sowie Folgekosten durch Serviceleistungen und Ersatzbeschaffungen gesenkt werden. Um diese Anforderungen zu realisieren, gilt es ein komplexes Netzwerk zu managen. Für große Industrie- und Handelsunternehmen ist es daher notwendig, eine professionelle Einkaufsabteilung zu führen.

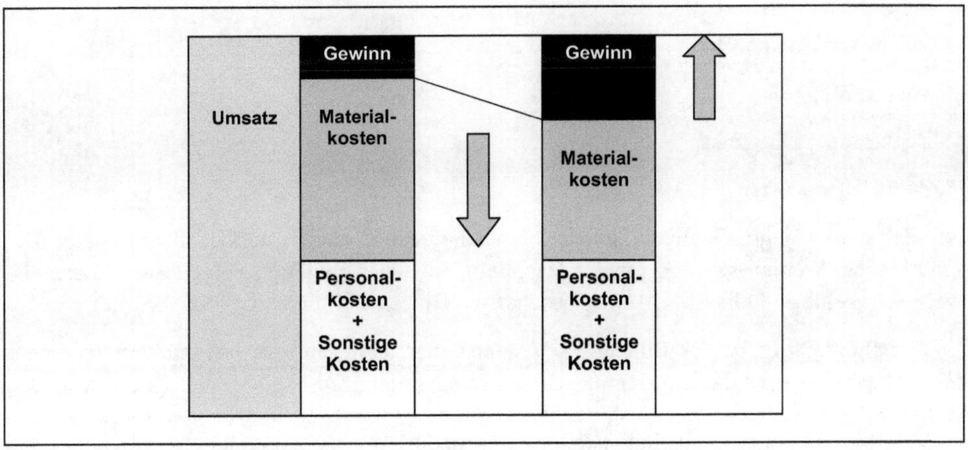

Abbildung 1: *Gewinnermittlung*

Jedoch gibt es auch kleinere Gesellschaften, die ebenso Beschaffungen zur Aufrechterhaltung ihrer Betriebstätigkeit vornehmen müssen. Auch für diese Unternehmen spielen Beschaffungskosten eine wesentliche Rolle. Sofern es sich bei den Beschaffungen jedoch um Güter handelt, die nicht direkt mit der Geschäftstätigkeit in Verbindung stehen (zum Beispiel Bürobedarf, Büromöbel, Dienstleistungen rund um das Büro) sind häufig Mitarbeiter dafür verantwortlich, deren Haupttätigkeiten in einem anderen Bereich liegen. Anhand eines Beispiels durchlaufen wir den Beschaffungsprozess, um Ihnen einen Einblick in das Beschaffungsmanagement zu geben und Sie auf relevante Faktoren aufmerksam zu machen.

Ausgangspunkt des Beschaffungsprozesses

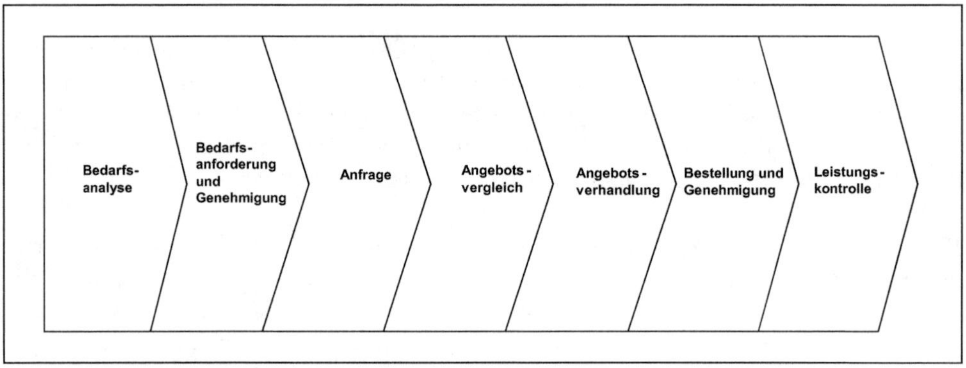

Abbildung 2: *Der Beschaffungsprozess*

Grundlage einer jeden Beschaffung sind Fragen wie:

- Was wird benötigt?
- In welcher Qualität?
- Welche Menge?
- Zu welchem Zeitpunkt?
- Zu welchen Kosten?

Die Faktoren Menge, Qualität, Lieferzeitpunkt und Preis sind wesentlich für effiziente Beschaffungen. Werden sie nicht richtig festgelegt, entstehen unnötige Folgekosten. Beispielsweise kann eine zu hohe Menge eines beschafften Gutes zu erhöhten Lagerkosten führen.

Eine wichtige Aufgabe des Einkäufers besteht daher darin, eine Bedarfsanalyse vorzunehmen. Hierbei legt er das sogenannte Beschaffungsprogramm – also die zu beschaffenden Güter und Dienstleistungen – fest, das innerhalb einer vorgegebenen Planungsperiode bearbeitet werden muss. Die Wertigkeit sowie Häufigkeit und der Zeitpunkt der Beschaffungen sind wichtige Kriterien, die er dabei im Auge behalten muss. Die ABC-Analyse ist in diesem Zusammenhang eine sehr effiziente Methode, um eine bedarfsorientierte Beschaffungsplanung vorzunehmen unter Berücksichtigung der persönlichen Ressourcen des Einkäufers.

Zudem ist es Aufgabe des Einkäufers, wiederholende Bedarfe zu bündeln, um seine Beschaffungsprozesse zu optimieren und seine Verhandlungsposition gegenüber der Lieferanten zu stärken. Ist dies seitens des Unternehmens noch nicht geschehen, erarbeitet der Einkäufer mit den Fachabteilungen Standardisierungsmöglichkeiten von bestimmten Beschaffungsobjekten. Beispielsweise macht es Sinn, Rechner desselben Herstellers mit vergleichbarer Leistung einzukaufen, um günstigere Preise durch sogenannte Skaleneffekte zu erzielen und auch die folgenden Servicekosten zu reduzieren.

Der konkrete Beschaffungsvorgang wird durch die Bedarfsanforderung ausgelöst. Diese kann bei automatisierten und bei systemunterstützten Beschaffungsabläufen elektronisch ausgeführt werden. Aber auch bei Einzelbeschaffungen in kleinen Organisationen sollte sie die Grundlage für die nachfolgenden Aktionen sein. In der Bedarfsanforderung gibt die Fachabteilung die Details der benötigten Ware oder Dienstleistung sowie den Umfang, den gewünschten Liefertermin und gegebenenfalls einen Wunsch- und Alternativlieferant an. Sie dient dem Einkäufer als Grundlage für die Beschaffung. Häufig erarbeiten die Fachabteilung und der Einkäufer gemeinsam die Inhalte der Bedarfsanforderung. Der Einkäufer kann hierbei alle notwendigen Details für seine Arbeit klären und gleichzeitig die Fachabteilung beratend unterstützen.

In der Muster GmbH, einer Marketing- und Vertriebsorganisation mit rund 100 Mitarbeitern, benötigt die Marketingabteilung neue Büromöbel, weil sie neue Räumlichkeiten im Bürogebäude beziehen wird, für die die alten Möbel zu groß sind. Der Geschäftsführer beauftragt seine Assistentin, Frau Joost, mit der Beschaffung der Möbel, da sie bereits den Umzug der Abteilung in anderen Punkten unterstützt hat. Es handelt sich um eine einmalige Beschaffung dieses Umfangs. Frau Joost soll gemeinsam mit der Marketingabteilung die Bedarfsanforderung zunächst ausarbeiten.

Frau Joost liegen Rahmendaten vor, die sie in nachfolgender Tabelle zusammengestellt hat:

Abteilung	Marketing
Anzahl Mitarbeiter	18
Davon mit eigenem Arbeitsplatz	16
Hilfsarbeitsplatz	1
Budget pro Arbeitsplatz	2.500 Euro (ohne IT)
Spätester Zeitpunkt Umzug	in 3 Monaten
Sonstige Aspekte	neues Büro wird Großraumbüro immer 3 Kollegen bilden organisatorische Einheit hohe Frequenz an Telefonaten Grenzwerte für Geräuschkulisse sind zu beachten

Abbildung 3: *Ausgangsdaten für Frau Joost*

Frau Joost erarbeitet einen Vorschlag bezüglich des Beschaffungsprogramms, den sie mit dem Marketingleiter durchspricht:

Stühle	sind vorhanden
Tische	17 (ein Aushilfsplatz, der von beiden Aushilfen genutzt werden kann)
Rollcontainer	17
Sideboard	12 (pro Sitzgruppe 2 Sideboards, 5 Sitzgruppen mit je 3 Schreibtischen, 1 Sitzgruppe mit 2 Schreibtischen)
Aktenschränke	11 (pro 3er Sitzgruppe 2 Schränke, 2er Sitzgruppe 1 Schrank)
Lärmschutzstellwände	10

Abbildung 4: *Beschaffungsprogramm von Frau Joost*

Der Marketingleiter stimmt diesem Vorschlag zu. Einen Wunschlieferanten kann er nicht benennen. Frau Joost gibt die besprochenen Daten in das Formular der Bedarfsanforderung (siehe Anhang 1) ein und legt sie dem Marketingleiter zur Freigabe vor. Der erste Schritt des Beschaffungsvorganges ist somit abgeschlossen.

Checkliste zur Bedarfsanalyse und Bedarfsanforderung

- Klären Sie genau, was Sie in welcher Qualität, in welcher Menge, zu welchem Zeitpunkt und gegebenenfalls bei welchem Lieferanten beschaffen sollen.
- Haben Sie ähnliche Anforderungen unterschiedlicher Fachabteilungen, versuchen Sie die Bedarfe zu bündeln und gegebenenfalls einen Standard hierfür festzulegen.
- Bevor Sie die Beschaffung starten, bestehen Sie auf eine Bedarfsanforderung, die detailliert die zu beschaffenden Waren oder Dienstleistungen in der entsprechenden Menge, gegebenenfalls den Wunschlieferanten und den erwarteten Preis sowie den gewünschten Liefertermin, die zu hinterlegende Kontierung und die Freigabe der Anforderung durch eine legitimierte Person enthält. Somit haben Sie Planungssicherheit für Ihre nachfolgenden Beschaffungsaufgaben, und die interne Kostenverrechnung ist geklärt.

Die Anfrage

Nachdem der Bedarf im Unternehmen ermittelt und analysiert wurde, sucht der Einkäufer mögliche Lieferanten. Ob eine formalisierte Anfrage notwendig ist, ergibt sich durch die Analyse der Wertigkeit und des Beschaffungsrisikos der zu beschaffenden Güter und Dienstleistungen. Handelt es sich um hochwertige Güter, eventuell sogar mit einem hohen Beschaffungsrisiko, erstellt der Einkäufer eine detaillierte Anfrage, die er an die relevanten Anbieter versendet.

Gibt es keine Standardlieferanten im Unternehmen, muss eine Auswahl potenzieller Lieferanten über spezielle Anbieterverzeichnisse, Verbände und/oder weitere Internet-Datenbanken erfolgen. Aber auch brancheninterne und persönliche Netzwerke des Einkäufers können hilfreiche Informationen und Tipps liefern. Die konkrete Auswahl erfolgt nach Kriterien, die für die jeweiligen Beschaffungen entscheidend sind. Hierbei können Zertifizierungen, das Spektrum der angebotenen Produkte und Dienstleistungen, Referenzen aber auch regionale Aspekte eine zentrale Rolle spielen.

Auf unser Beispiel der Büromöbelbeschaffung bezogen, geben Frau Joost beispielsweise das TÜV-Zertifikat und GS-Siegel Aufschluss über die Funktionalität und Beschaffenheit der Möbel. Für sie ist demnach neben den Kriterien Preis, Transportkosten und Lieferfähigkeit entscheidend, dass ein Lieferant Möbel mit den entsprechenden Auszeichnungen in seinem Angebot hat.

DIN- und EN-Zertifizierungen von Anbietern sind ebenfalls Qualitätsmerkmale. Je nach Wertigkeit und Beschaffungsrisiko spielen jedoch insbesondere Referenzen beziehungsweise Referenzprojekte des Anbieters eine entscheidende Rolle.

Ist eine formalisierte Anfrage notwendig, gilt es als nächstes, den Umfang dieser Anfrage zu klären. Umfangreiche sowie sehr individuelle Dienstleistungen und Waren müssen in einem ausführlichen Leistungsverzeichnis beschrieben werden. Hierin werden die einzelnen Teilleistungen katalogisiert dargestellt. Der Anbieter hat die Möglichkeit ein entsprechendes Angebot auf Basis dieser Einzelbeschreibungen zu erstellen. Das Leistungsverzeichnis bildet eine entscheidende Grundlage zum späteren Angebotsvergleich sowie zur Leistungsabnahme, die zwingende Voraussetzung für die Vergütung der Leistung ist.

In unserem Beispiel stellt Frau Joost an jeden ausgewählten potenziellen Lieferanten eine Anfrage, die folgende Aspekte beinhaltet:

- Angabe der ausgewählten Büromöbel inklusive Artikelnummer des Anbieters sowie der gewünschten Menge,
- Angabe des gewünschten Liefertermins,
- Angabe der Frist, bis wann sie das Angebot erwartet,
- Hinweis, dass ein kostenfreies und für den Anbieter verbindliches Angebot erwartet wird,
- Bitte um Mitteilung der Angebotsbindefrist, das heißt, wie lange das Angebot gültig ist.

Die Anfrage kann über verschiedene Medien an den Anbieter gerichtet werden. Sofern die Beschaffung eine gewisse Wertigkeit hat oder mit einem recht großen Beschaffungsrisiko verbunden ist, ist eine schriftliche Anfrage in jedem Fall empfehlenswert, um den nachfolgenden Beschaffungsprozess stets dokumentieren zu können. Dies ist auch per E-Mail möglich.

Checkliste zur Anfragenerstellung

- Erstellen Sie sich eine Liste an Kriterien, die bezogen auf die Beschaffungsobjekte, für Ihre Anbieterauswahl relevant ist, und wählen Sie auf dieser Basis über Branchenbücher, Internet-Plattformen oder sonstige Netzwerke und Empfehlungen mögliche Lieferanten aus.
- Erstellen Sie ein möglichst detailliertes Leistungsverzeichnis, das Sie in Ihre Anfrage integrieren können. Je konkreter Sie die angefragte Leistung und/oder Ware beschreiben, desto weniger Arbeit haben Sie später aufgrund von Rückfragen und Klärungen.
- Erstellen Sie eine Anfrage, die neben der Auflistung der angefragten Waren und Dienstleistungen auch wichtige formale Aspekte enthält, wie die Fristsetzung zur Angebotsabgabe, den Hinweis auf Verbindlichkeit und Kostenfreiheit des Angebotes sowie die Angabe einer Angebotsbindefrist.
- Wählen Sie einen praktikablen Weg der Anfragenübertragung, über den Sie den gesamten Beschaffungsprozess auch im Nachhinein noch nachvollziehen, beziehungsweise dokumentieren können.

Angebotsvergleich

Der Angebotsvergleich ist die Basis für die Einkaufsentscheidung. Die Hauptaufgabe in dieser Phase des Beschaffungsvorgangs besteht darin, die unterschiedlichen Angebote hinsichtlich der Bewertungsfaktoren vergleichbar zu machen. Je eindeutiger die Anfrage gestaltet war, desto weniger Aufwand ergibt sich an dieser Stelle.

Die Kriterien Preis, Menge, Liefertermin und Qualität bilden die Grundlage zur Bewertung einer Beschaffung beziehungsweise eines Angebotes. Die optimale Ausprägung der Faktoren wird über das Erstellen des Leistungsverzeichnisses und des folgenden Angebotsvergleiches für die einzelne Beschaffung ermittelt.

Zunächst müssen die eingegangen Angebote einer formellen Prüfung unterzogen werden. Hierbei wird darauf geachtet, dass alle angefragten Punkte vollständig enthalten sind. Beispielsweise ist zu prüfen, ob auch Zahlungs- und Lieferbedingungen vollständig und eindeutig angegeben sind. In der Regel sind die Angebote nicht vollständig. Ob ein unvollständiges Angebot aus der weiteren Bearbeitung ausgeschlossen wird oder ob die fehlenden Angaben nachgeliefert werden können, entscheidet der Einkäufer für den Einzelfall. In der Regel wird er nur solche Angebote ausschließen, die bereits bei den angebotenen Leistungen nicht den Anforderungen der Anfrage entsprechen.

Über die formale Prüfung hinaus werden die Details der verschiedenen Angebote verglichen. Es ist sinnvoll, den Angebotsvergleich in einer standardisierten Form zu erstellen. Dadurch sind die notwendigen Informationen für den Einkäufer leicht abzulesen. Je nach dem zu beschaffenden Produkt, wird der Angebotsvergleich dann mehr oder weniger umfangreich ausfallen.

Frau Joost nutzt folgendes Schema, um die eingegangenen Angebote der Büromöbellieferanten zu vergleichen.

Angebotsvergleich

	Fa. Möbel AG	Fa. Büro 2000	Fa. Objektmöbel	Zielpreis
Tische	18.500,00 EUR	14.800,00 EUR	21.600,00 EUR	14.800,00 EUR
Rollcontainer	2.800,00 EUR	5.300,00 EUR	5.600,00 EUR	2.800,00 EUR
Sideboard	7.300,00 EUR	9.600,00 EUR	11.000,00 EUR	7.300,00 EUR
Aktenschränke	12.800,00 EUR	12.200,00 EUR	15.300,00 EUR	12.200,00 EUR
Lärmschutzwand	4.000,00 EUR	3.800,00 EUR	6.500,00 EUR	3.800,00 EUR
Gesamtpreis	45.400,00 EUR	45.700,00 EUR	60.000,00 EUR	40.900,00 EUR
Fracht inkl. Versicherung	1.150,00 EUR	1.500,00 EUR	2.300,00 EUR	1.150,00 EUR
Verpackung	Inklusive	560,00 EUR	600,00 EUR	Inklusive
Angebotssumme	46.550,00 EUR	47.760,00 EUR	62.900,00 EUR	42.050,00 EUR
Nachlass (Rabatt)	-3.724,00 EUR	-1.910,40 EUR	-1.887,00 EUR	
Skonto	-1.396,50 EUR	-955,20 EUR	0,00 EUR	
Einstandspreis	41.429,50 EUR	44.894,40 EUR	61.013,00 EUR	
Liefertermin	12.08.2008	28.08.2008	17.08.2008	
Qualität	gut	gut	sehr gut	

Abbildung 5: *Schema Angebotsvergleich von Frau Joost*

Die Gegenüberstellung der Preise von den einzelnen Teilleistungen oder Produkten nennt sich partieller Preisvergleich. Frau Joost ermittelt pro Teilleistung den niedrigsten angebotenen Preis, den sogenannten Zielpreis. Durch Addieren der einzelnen Zielpreise erhält sie den optimalen Zielpreis in Höhe von 40.900 Euro für die Gesamtleistung beziehungsweise die gesamte Bestellung. Durch Ergänzung aller weiteren Konditionen (Fracht, Verpackung, Rabatt etc.) erhält sie letztlich den sogenannten Einstandspreis pro Lieferant. Das ist der Preis, der alle Kostenbestandteile berücksichtigt, bis in diesem Falle die Möbelstücke bei der Muster GmbH fertig montiert und aufgestellt sind. Da Frau Joost maximal 42.500 Euro zur Verfügung hat, muss sie in jedem Fall die Angebote verhandeln. Durch den Angebotsvergleich hat sie hierfür eine gute Ausgangsbasis.

Checkliste zum Angebotsvergleich

- Listen Sie einzelne Teilleistungen beziehungsweise Produkte entsprechend der Anfrage nochmals auf.
- Versuchen Sie, die Preise für die einzelnen Teilleistungen bei den eingegangen Angeboten herauszuarbeiten. Sofern sich die Lieferanten an Ihre Vorgaben in der Anfrage halten, ist dieser Schritt recht einfach. Teilen die Lieferanten Teilleistungen unterschiedlich auf, wird der Vergleich etwas schwieriger, da sich dann auch die einzelnen Preise auf unterschiedlich umfangreiche Leistungen beziehen. Sie müssen dann für sich eine gute Vergleichsgrundlage finden.
- Ermitteln Sie nun nach Möglichkeit den Zielpreis pro Teilleistung und errechnen Sie den optimalen Zielpreis im Rahmen des partiellen Preisvergleiches.
- Ergänzen Sie weitere Konditionen aus den Angeboten, wie Zahlungsbedingungen, Rabatte und Lieferkonditionen und ermitteln Sie den Einstandspreis pro Angebot.
- Letztlich tragen Sie den angegebenen Liefertermin pro Angebot ein und gegebenenfalls noch weitere notwendige Informationen, die für die spätere Verhandlung beziehungsweise Auftragsvergabe relevant sind.

Die Angebotsverhandlung

Ausgangspunkt jeder Verhandlung ist die klare Zieldefinition des Gespräches. Nach Erstellung des Angebotsvergleiches weiß der Einkäufer, welche Aspekte er mit den einzelnen Anbietern genauer erörtern muss. Hierbei behält er außerdem im Auge, welche Verhandlungsposition er als Kunde einnimmt (A-, B-, C-Kunde), ob es strategische Ziele der Zusammenarbeit gibt und was für den jeweiligen Verhandlungspartner kennzeichnend ist.

Letztlich beschäftigt sich der Einkäufer mit der organisatorischen Vorbereitung der Verhandlung. Je nach Verhandlungsobjekt gilt es, die relevanten Vertreter des betroffenen Fachbereiches in die Vorbereitung einzubeziehen. Es müssen klare Rollen für die Verhandlung definiert werden, um die Zielerreichung im Gespräch mit dem Lieferanten nicht zu gefährden. Der Verhandlungsführer muss klar definiert sein genauso wie der Protokollführer. Um eine klare Zielführung der Verhandlung zu gewährleisten, erstellt der Einkäufer eine Agenda für den Gesprächsablauf, die die einzelnen Verhandlungspunkte grob beschreibt.

Der Ablauf einer Verhandlung ist in nachfolgender Abbildung skizziert:

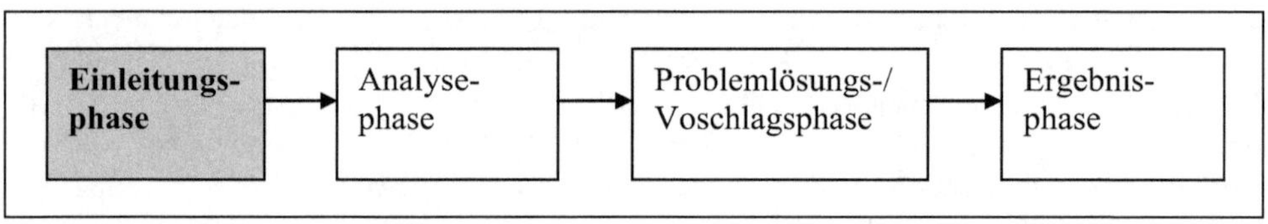

Abbildung 6: *Phasen einer Verhandlung*

Der Einkäufer berücksichtigt während der Vorbereitung des Gespräches, wie die einzelnen Phasen inhaltlich gestaltet werden. Die Besprechung der Agenda ist wesentlicher Bestandteil der Einleitungsphase. In der Analysephase wird der Rahmen und die Umsetzung der geplanten Beschaffung genau erläutert. Die Problemlösungs- beziehungsweise Vorschlagsphase beinhaltet die Klärung offener Fragen und noch zu verhandelnder Details. In der Ergebnisphase werden konkrete Vereinbarungen fixiert. Doch neben der rein inhaltlichen Dimension gilt es auch rhetorische Elemente, wie ausgewählte Fragetechniken, zu berücksichtigen.

Frau Joost von unserer Muster GmbH hat sich vorgenommen, zunächst das Angebot der Firma Objektmöbel detailliert zu verhandeln, da sie die Qualität der Möbel sehr überzeugt. Sie weiß jedoch auch, dass der angebotene Preis weit von ihrem Budget abweicht. Jedoch ist sie sicher, den eingeräumten Rabatt verhandeln zu können und gegebenenfalls einzelne Teilleistungen anpassen zu können. Sollte sie hier keinen Erfolg erzielen, will sie mit der Möbel AG verhandeln. Eine Unterstützung aus dem Fachbereich benötigt sie nicht, da sie sich ausreichend in die Thematik eingearbeitet hat. Sie plant eine Stunde für die Verhandlung ein, die sie in folgender Agenda kurz inhaltlich plant.

Begrüßung und kurze Vorstellung der Gesprächpartner sowie des Gesprächsablaufs	5 Minuten
Kurze Erläuterung der Beschaffungssituation (Umzug der Marketing-abteilung, neue Sitzordnung, Anforderungen an die neuen Möbel)	10 Minuten
Nachverhandlung einzelner Positionen; Festlegen von Preisen, Zahlungs- und Lieferkonditionen	35 Minuten
Zusammenfassung der Ergebnisse	10 Minuten

Abbildung 7: *Agenda von Frau Joost*

Des Weiteren informiert sie sich über ihren Gesprächspartner und dessen Unternehmen, um neben den rein angebotsbezogenen Daten auch über Referenzen und besondere Schwerpunkte des Unternehmens Bescheid zu wissen. Sie erstellt sich eine Checkliste, die sie als Grundlage für das Ergebnisprotokoll nutzen will, mit folgenden Punkten:

- Produktbeschaffenheit: Material, Komponenten, Stabilität, Kosten für Zusatz-/Ersatzbeschaffungen
- Serviceleistungen: Aufbau (muss in den angegebenen Preisen enthalten sein), Kosten bei Reparaturen
- Lieferung: Anlieferung, Transportsicherung, Ausladen, Entsorgung von Verpackungsmaterial
- Kosten: Preis, Zusatzkosten für Lieferung, Zahlungsbedingungen

Checkliste zur Angebotsverhandlung

- Die Angebotsanalyse bildet eine wesentliche Grundlage, um das Verhandlungsziel mit dem potenziellen Lieferanten zu fixieren (zum Beispiel Zielpreis durch partiellen Preisvergleich).
- Durch Erarbeiten einer Agenda werden wichtige Verhandlungspunkte fixiert und der Ablauf inhaltlich geplant. Die Teilnehmer der Verhandlung können sich daran orientieren, sodass ein zielführendes Gespräch erfolgen kann.
- Das Bewusstsein über die Verhandlungsphasen hilft, sich rhetorisch an die verschiedenen Phasen anzupassen: Wann ist Small Talk sinnvoll, wann müssen gezielte Fragen gestellt werden, um ein effizientes Ergebnis zu erzielen, wie sichere ich Zwischenergebnisse sinnvoll ab …?
- Das Ergebnisprotokoll ist das abschließende entscheidende Element der Verhandlung, das ihr Ergebnis für alle Gesprächspartner einvernehmlich dokumentiert. Es sollte am Ende einer Verhandlung in jedem Fall laut verlesen werden, um Missverständnisse direkt ausräumen zu können. In der Regel wird ein solches Protokoll allen Teilnehmern im Nachhinein nochmals schriftlich zugeschickt.

Auftragsvergabe: Die Bestellung

Ist eine Einkaufsentscheidung getroffen, findet diese ihren Abschluss in der Auftragsvergabe. In der betrieblichen Beschaffung erfolgt die Auftragsvergabe in der Regel in Form einer schriftlichen Bestellung. Es kommt zu einem Vertragsabschluss zwischen dem einkaufendem Unternehmen und dem Lieferanten.

Der zentrale Aspekt des Vertragsabschlusses ist dabei die sogenannte übereinstimmende Willenserklärung, das heißt, dass bei beiden Geschäftspartnern Einigkeit über die Inhalte des Vertrages und dessen Abwicklung herrscht. Was sich recht einfach anhört, ist in der Praxis mit wesentlichen formalen Kriterien verbunden, denen ein Vertragsabschluss gerecht werden muss, um auch wirklich wirksam zu werden. So ist die gewählte Vertragsart – in der Regel sind in der Einkaufspraxis die Vertragsarten Kauf-, Werk- und Dienstvertrag von Bedeutung – ausschlaggebend, welche rechtlichen Konsequenzen (Rechte und Pflichten) sich für die Vertragsparteien ergeben. Auch die Anwendung allgemeiner Geschäftsbedingungen muss adäquat erfolgen.

Für unser Beispiel ist entscheidend, wie der Vertragsabschluss zwischen Frau Joost und dem gewählten Lieferanten erfolgt. Es werden nur für diesen Fall relevante rechtliche Aspekte beachtet.

Im gesamten Beschaffungsprozess – etwa bei der Anfrage oder beim Angebotsvergleich – hat Frau Joost sich auf folgende Fragen konzentriert:

- Was genau soll beschafft werden?
- In welcher Qualität soll es beschafft werden?
- In welcher Menge sollen die Produkte beschafft werden?
- Welcher Preis muss zugrunde gelegt werden?
- Wann soll geliefert werden?
- Zu welchen Bedingungen soll der Auftrag ausgeführt werden?

Entscheidend ist schließlich, was Frau Joost mit dem ausgewählten Lieferanten, der Firma Objektmöbel, vereinbart. Um diese Vereinbarungen, die bereits in der Verhandlung getroffen wurden, festzuhalten, erstellt sie eine Bestellung, die die relevanten Kriterien für den Vertragsabschluss von ihrer Seite her verbindlich fixiert. Sie hat sich folgende Checkliste zusammengestellt, nach der sie überprüft, ob ihre Bestellung alle wichtigen Punkte beinhaltet:

Checkliste zur Bestellung

- Bezeichnung des Liefergegenstandes
- Bezug auf Angebot, Artikelnummer oder Leistungsbeschreibung
- Qualitätsangaben
- Liefertermin
- Bestellmenge
- Bestellmengeneinheit
- Preis je Mengeneinheit und Gesamtpreis
- Liefer- und/oder Rechnungsanschrift
- Lieferbedingungen
- Zahlungsbedingungen

Bestellungen sollten immer schriftlich erfolgen. Auch wenn in eiligen Fällen bereits telefonisch ein Auftrag erteilt wurde, ist es sinnvoll, eine schriftliche Bestellung folgen zu lassen. Die Vorteile einer schriftlichen Bestellung für beide Vertragsparteien sind offensichtlich:

- Die Vertragsinhalte sind überprüfbar und können zu jeder Zeit nachvollzogen werden.
- Durch die Unterschrift auf der Bestellung besteht Klarheit, dass der Vertrag tatsächlich auf Basis dieser Bestellung geschlossen wird, sofern die Auftragsbestätigung des Lieferanten diese unverändert bestätigt. Außerdem impliziert die schriftliche Bestellung, dass die unterschreibende Person zu einem solchen Vertragsabschluss berechtigt ist.
- Alle zur Organisation und Verwaltung der Bestellung notwendigen Angaben (zum Beispiel Bestellnummer) sind fixiert und erleichtern die Bearbeitung der Bestellung.

Frau Joost entscheidet sich für die Versendung per Fax vorab und zusätzlich per Post. Sie erhält wenige Tage später eine Auftragsbestätigung der Firma Objektmöbel. Die Auftragsbestätigung ist eines der wichtigsten Dokumente im Beschaffungsprozess, auf das der Einkäufer besonders achtet. In unserem Fall ist sie zunächst die Bestätigung für Frau Joost, dass ihre Bestellung beim Lieferanten eingegangen ist, und die Firma Objektmöbel die Bestellung in ihren Geschäftsprozess aufgenommen hat und bearbeitet.

Als nächstes nimmt Frau Joost die Checkliste für ihre Bestellung zur Hand, die sie fast komplett zur Prüfung der Auftragsbestätigung verwenden kann. Sie stellt fest, dass die Firma Objektmöbel ihre Willenserklärung – die Bestellung – unverändert angenommen hat. Auch die Einbeziehung der allgemeinen Geschäftsbedingungen des Lieferanten ändert nichts am besprochenen Vertragsinhalt, da die Abweichungen hiervon entsprechend in der Auftragsbestätigung angegeben und somit fixiert sind. Der Vertrag ist somit zustande gekommen.

Wäre die Auftragsbestätigung von der Bestellung auch nur leicht abgewichen, hätte sie einen erneuten Antrag (ein erneutes Angebot) dargestellt, dem Frau Joost wiederum zustimmen müsste, damit der Vertrag letztlich geschlossen würde. Eine Reaktion auf eine von der Bestellung abweichende Auftragsbestätigung sollte immer zeitnah und schriftlich erfolgen.

Checkliste zur Auftragsbestätigung

- Prüfen Sie die Auftragsbestätigung genau und widersprechen Sie Abweichungen zu Ihrer Bestellung zeitnah und schriftlich.
- Achten Sie besonders auf Formulierungen, die sich auf die allgemeinen Geschäftsbedingungen (AGB) des Lieferanten beziehen und prüfen Sie die AGB ebenfalls entsprechend. Sollten sich durch die AGB Abweichungen von den ursprünglichen Vereinbarungen ergeben, zum Beispiel bei den Zahlungskonditionen, muss dies im Vertrag explizit geregelt sein.
- Wollen Sie die AGB Ihres Unternehmens als Grundlage des Vertrages wählen, müssen Sie eine sogenannte qualifizierte Abwehrklausel in die Bestellung aufnehmen, die die Anwendung der AGB des Lieferanten ausdrücklich ausschließt.
- Auftragsbestätigungen sind Vertragsdokumente und müssen entsprechend sorgfältig aufbewahrt werden.

Kontrolle der Leistungserbringung

Die Rechnungsprüfung ist der letzte Schritt des Bestellabwicklungsprozesses im engeren Sinne (Bestellung – Lieferung – Zahlung). Generelle Voraussetzung für die Zahlung einer Rechnung ist sicherlich die Lieferung der Ware beim Kaufvertrag, die Abnahme der Leistung beim Werkvertrag beziehungsweise die auftragsgemäße Durchführung einer Dienstleistung beim Dienstvertrag.

Für Frau Joost stellt sich in der Leistungsabnahme vorrangig die Aufgabe, die gelieferten Möbel auf Vollständigkeit hin zu prüfen. Allerdings wurde auch der Aufbau der Möbel vertraglich vereinbart, sodass sie auch die fachgerechte Abwicklung dieser Dienstleistung prüfen muss. Sie ist sehr zufrieden mit dem Ergebnis, da sie keine Mängel feststellen kann.

Nun liegt ihr die Rechnung vor, die sie prüfen muss. In erster Linie handelt es sich bei der Rechnungsprüfung um einen formalen Abgleich der Fragen:

- Was wurde bestellt?
- Was wurde geliefert/geleistet?
- Was wird berechnet?

Da alles fristgerecht, vollständig und mängelfrei geliefert wurde, steht der Begleichung der Rechnung nichts mehr im Wege.

Anhang

BEDARFSANFORDERUNG

Abteilung:

Datum:

Kostenstelle:

Name des Anforderers:

Zuständiger Einkäufer:

Zustimmungsberechtigter:

Artikelbezeichnung (für Dienstleistungen bitte entsprechende Anlage nutzen)	Mengeneinheit [ME]	Bestellmenge [in ME]	Wunschlieferant	Artikel-Nr. des Lieferanten (falls vorhanden)	Preis/ME netto	Preis gesamt netto	gewünschter Liefertermin
Summe							

Genehmigung der Bedarfsanforderung

Datum, Unterschrift Zustimmungsberechtigter

Datum, Unterschrift des Anforderers

Informations- und Ablagemanagement

Martina Müll-Schnurr

Professionell mit Informationen umgehen und eine effiziente Ablage aufbauen

Die Informationsflut steigt von Tag zu Tag. Die Kunst ist, die wichtigen Informationen herauszufiltern und sie so zu ordnen und zu archivieren, dass sie problemlos gefunden werden. Dafür verantwortlich zeichnen sich in den Unternehmen meist Sekretärinnen und Assistentinnen.

Für einen reibungslosen Dokumenten-Workflow ist eine passende Ordnerstruktur nicht nur Kür, sondern Pflicht. Ein Produktionsbetrieb würde zum Stillstand kommen, wenn man beim Zusammenbauen eines Produkts jedes Mal von Neuem nach den passenden Komponenten suchen müsste. Dagegen wird das Thema Ablage in vielen Unternehmen stiefmütterlich behandelt. So scheint es beispielsweise normal, wenn Kollege Müller an der Bürotür von Assistentin Meier anklopft, weil er gerade ein dringend benötigtes Schriftstück nicht in den Unterlagen findet.

Informationen sind die Nabelschnur

Unglaublich, wie viel Informationen an Sie herangetragen werden. Unglaublich, wie Sie mit Informationen jonglieren müssen. Unglaublich, was da alles auf dem Schreibtisch landet. In manchen Büros wird regelrecht gehortet: Vieles wird gestapelt oder unnötig, mehrfach oder zu lange aufbewahrt. Die Ursache liegt jedoch nicht nur in der Sammelleidenschaft des Menschen. Meist herrscht Unsicherheit darüber, wie man Informationen bearbeitet, weiterleitet oder aufbewahrt. Diese Situation beschreibt auch die Studie des Fraunhofer Instituts „Lean Office 2010“. Darin wird u. a. über die sieben Arten der Verschwendung geschrieben. Eine Ursache ist der Informationsüberfluss, eine weitere Warte- und Liegezeiten (Stapel).

Wissen und Informationen sind wichtige Ressourcen wie Mitarbeiter, Technologien, Rohstoffe und Kapital. Informationen sind das Blut, das ein Unternehmen durchfließt. Informationen werden dann zu Wissen, wenn sie durch Erfahrung und Austausch durch die Mitarbeiter angereichert werden. Dort, wo dieser Kreislauf reibungslos funktioniert, wird kommuniziert und vertrauensvoll und zuverlässig zusammengearbeitet.

Manche Experten sehen deshalb im richtigen Umgang mit Wissen und Informationen den entscheidenden Vorteil, worin sich künftig erfolgreiche Unternehmen aber auch Menschen von weniger erfolgreichen unterscheiden werden. *Der strategische Umgang* mit Informationen und dem Wissen *entscheidet* über die *Wettbewerbsfähigkeit eines Unternehmens.*

Schauen Sie sich um, Sie werden sehen, dass es Ihnen an Informationen und Wissen nicht mangelt. Aber diese riesige Menge führt nicht dazu, über alles umfassend informiert zu sein, sondern *das Informationsdefizit nimmt zu.*

Das Problem mit Informationen besteht eher darin, die nötigen und entscheidenden Informationen zu erhalten und sie im richtigen Umfang zur Verfügung zu haben bzw. zu stellen. Dort wo Informationen fehlen, blühen die Gerüchte, bei Kunden ebenso wie bei Mitarbeitern. Die Folge: Je schlechter der Informationsfluss oder die Information, umso mehr Gerüchte entstehen.

Die Entwicklung der elektronischen Medien hat dafür gesorgt, dass die Informationsflut gewaltig zugenommen hat. Es geht darum, die empfangenen Informationen nicht nur weiterzugeben, sondern damit zu arbeiten. Das bedeutet, Sie

- besitzen die entscheidende Informationen
- haben keine Informationsflut um sich
- ersticken nicht in Informationsmüll
- informieren andere nach Bedarf und Notwendigkeit
- kennen die entsprechenden Informationskanäle
- erhalten Informationen zweckorientiert
- wissen um Auswahlmöglichkeiten
- haben den Mut zur Informationsselektion.

Warum benötigt man Informationen?

Der Mensch ist von Natur aus neugierig. Aber Informationen benötigt der Mensch aus drei unterschiedlichen Bedürfnissen:

1. Aus sachlichen Gründen – zur Aufgabenerfüllung, um Zusammenhänge zu erkennen, um Trends festzustellen.
2. Aus sozialen Gründen – persönliche Beziehungen können aufgebaut werden, gute Motivation, Konflikte werden vermieden oder können geklärt werden, gutes Betriebsklima, Förderung der Teamarbeit
3. Aus emotionalen Gründen – Neues erfahren, Bestätigung der eigenen Person

Informationen aufnehmen und verarbeiten

Wenn Informationen an Sie herangetragen werden, müssen Sie dafür sorgen, dass Sie die Informationen verstehen. D. h. können Sie aus dem Gesagten oder Gehörten etwas ableiten, anwenden oder weitergeben.

Grundvoraussetzungen:

- sachbezogenes Interesse
- Neuem gegenüber aufgeschlossen sein
- hinterfragen der Information
- sich Zeit nehmen
- Barrieren überwinden
- Wissenslücken beseitigen, aktiv werden

Schwachstellen bei der Informationsweitergabe:

- Desinteresse
- Persönliche Ablehnung
- Konzentration auf die eigene Antwort
- zu viele Details
- starker Zeitdruck
- Ungeduld
- das nicht Verstehen von Worten und Inhalt
- passives Zuhören
- Technische Probleme

Informieren kann nur der Informierte

Die Sekretärin sorgt selbst dafür, dass sie immer gut und umfangreich informiert ist. Sie managt die Informationen, die im Betrieb bzw. in der Organisationseinheit fließen. Das Büro ist der Umschlagplatz für Informationen und oft auch „Auskunftei". In Abb. 1 sieht man, wie Informationen fließen. Informationen werden vom Sekretariat eingefordert, nach dem Grundsatz: „Was ist wichtig? Was ist unwichtig? Für wen ist es wichtig? An welcher Stelle muss die Information bereitgestellt sein?" gefiltert und an Führungskräfte und internen und externen Stellen weitergeleitet. Als rechte Hand der Führungskraft ist die Sekretärin auch verantwortlich für die Weitergabe von Informationen, die von Führungskräften kommen.

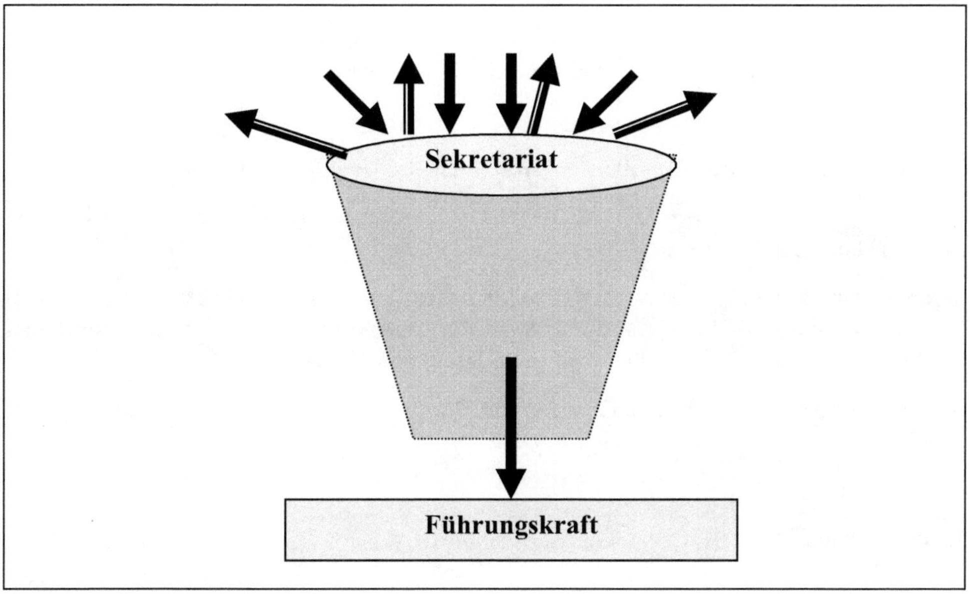

Abbildung 1: *Sekretariat als „Filterfunktion"*

Wie schafft es die Sekretärin, dass sie immer gut informiert ist und die „Filterfunktion" gut ausüben kann?

Zunächst muss man den *eigenen Informationsbedarf* feststellen.

- Welche Aufgaben habe ich? Wie sind die Kompetenzen und Verantwortung für das Aufgabengebiet geregelt?
- Welche Aufgaben haben die Führungskraft bzw. Kollegen im Team?
- Welche Aufgaben, Projekte sind in Bearbeitung?
- Wer tut was im Team? Wer ist an welchen Projekten beteiligt?
- Welche Informationen benötigt die Sekretärin für diese Aufgaben bzw. Projekte?
- Wer liefert wie, welche Informationen?
- Wie laufen die Informationskanäle zusammen?
- Was sind Informationen wert?
- Wie aktuell sind Informationen?
- Wo findet man welche Informationen?
- Wie ist die Dokumentation/Ablage aufgebaut?
- Wie ist das Unternehmen, die Abteilung aufgebaut? (Aufbauorganisation)

- Wie sind die Abläufe, Prozesse definiert? (Ablauforganisation)
- Wie werden die Abläufe eingehalten und wie werden Prozesse gelebt?
- Wer sind wichtige Kontaktpersonen?
- Mit welchen Produkten/Dienstleistungen verdient das Unternehmen Geld?
- Welche Richtlinien gelten, gibt es Betriebsvereinbarungen, welche Gepflogenheiten gibt es im Unternehmen?

Wenn Sie auf diese Fragen Antworten haben und diese immer wieder hinterfragen und aktualisieren, sind Sie gut und umfassend informiert. Sie haben dann das Ziel des Informationsmanagements erreicht und sorgen für einen guten Informationsfluss.

Im Aufgabenbereich des Sekretariates ist die Beantwortung dieser Fragewörter eine *Holschuld.*

Das ist Ihr Gewinn

- Sie reduzieren den Gesamtaufwand für die Informationsübermittlung.
- Sie stellen die richtige Information *(was)*, am richtigen Ort *(wo)*, zur richtigen Zeit *(wann)* dem richtigen Ansprechpartner *(wer)*, in der richtigen Art und Weise *(wie)* zur Verfügung. Sie können aber auch das *Weshalb* bzw. das *Warum* erklären und beantworten. Das sind die *sechs Ws.*
- Ihre Motivation steigt.
- Sie können gute und sichere Entscheidungen treffen.
- Sie liefern gute Arbeitsergebnisse.
- Sie können Verantwortung übernehmen bzw. übertragen.
- Sie reduzieren Ängste und Stress.
- Sie erfüllen Ihre Aufgabe *„Informationen zu filtern"* mit Bravour (s. Abb. 1).
- Sie können zwischen Wichtigem und Dringendem unterscheiden.
- Sie können die Führungskraft entlasten.
- *Sie sind Ansprechpartner des Managements.*

Weg mit der Informationsflut – Informationen beim Eingang filtern

„Bei der nächsten Sintflut
wird Gott nicht Wasser, sondern
Papier verwenden".

Romain Gary

Jeden Tag bewegen Sie Papier. Papier ist zzt. meist noch das Material aus dem unsere Arbeitsvorgänge bestehen. Es wird Stunde um Stunde, Tag um Tag und jedes Jahr aufgewirbelt und irgendwo setzt sich das Papier dann ab und verstaubt.

Jeder im Büro arbeitende Mensch legt nach bestem Gewissen seine Dokumente ab oder vernichtet sie. Wir schichten Briefe und Notizen auf Stapel, heften Belege in Ordner, legen Mappen an, um diese zu verwalten und speichern Dokumente auf Datenträger. Wir hinterlassen unsere Spuren und hoffen, dass

- die Kollegen Schriftstücke wieder finden,
- Führungskräfte über unser Tun informiert sind,
- Dokumente richtig aufbewahrt werden, weil der Gesetzgeber und manche Richtlinie es fordert
- Ausschüsse mit unseren Ausarbeitungen zufrieden sind
- die Nachwelt erfährt, was wir Großartiges getan haben.

Auch die Einführung der IT bzw. der elektronischen Ablage hat dieses Problem nicht behoben. Zwar gibt es die Möglichkeit des „Suchens" verschwundener Dokumente, aber ein Kulturwandel ist deshalb noch nicht vollzogen.

Die Kultur in Büros zeigt:

- viele Ordner
- Stapel auf Schreibtischen und Fensterbänken
- viele Systeme werden gepflegt
- jeder wahrt seine eigene Ablagekultur
- ein Wirrwarr elektronischer Ordnerstrukturen
- generell gilt keine klare Regelung, ob elektronisch oder im Papierformat abgelegt wird
- viele Möglichkeiten des Suchens: WV, Papierordner, elektronische Ordner, E-Mail-Ordner

© Martina Müll-Schnurr

Abbildung 2: *Voller Schreibtisch*

Jede schriftliche Information, die es schafft, die „Türschwelle" Ihres Arbeitsplatzes zu überschreiten, bedeutet für Sie Zeitaufwand. Egal, ob es sich um eine wichtige oder völlig belanglose Information handelt. Lassen Sie deshalb nur „nützliche" Informationen durch die Tür.

Entscheiden Sie sofort nach dem ersten Lesen, was mit einer Information geschehen soll. Keinesfalls sollten Sie Informationen erst mal „parken" nach dem Motto: „Das schaue ich mir an, wenn ich mal Zeit habe". Nehmen Sie die Dinge nur einmal in die Hand und filtern Sie beim Posteingang. Kein Schriftstück bleibt ohne Bearbeitung.

Lassen Sie keine Stapel zu, sondern arbeiten Sie nach folgendem Prinzip (Abb. 3):

Anmerkung zu Abb. 3: So sorgen Sie für einen „papierarmen Schreibtisch", eine zügige Postbearbeitung und eine effiziente Bearbeitung der E-Mails".

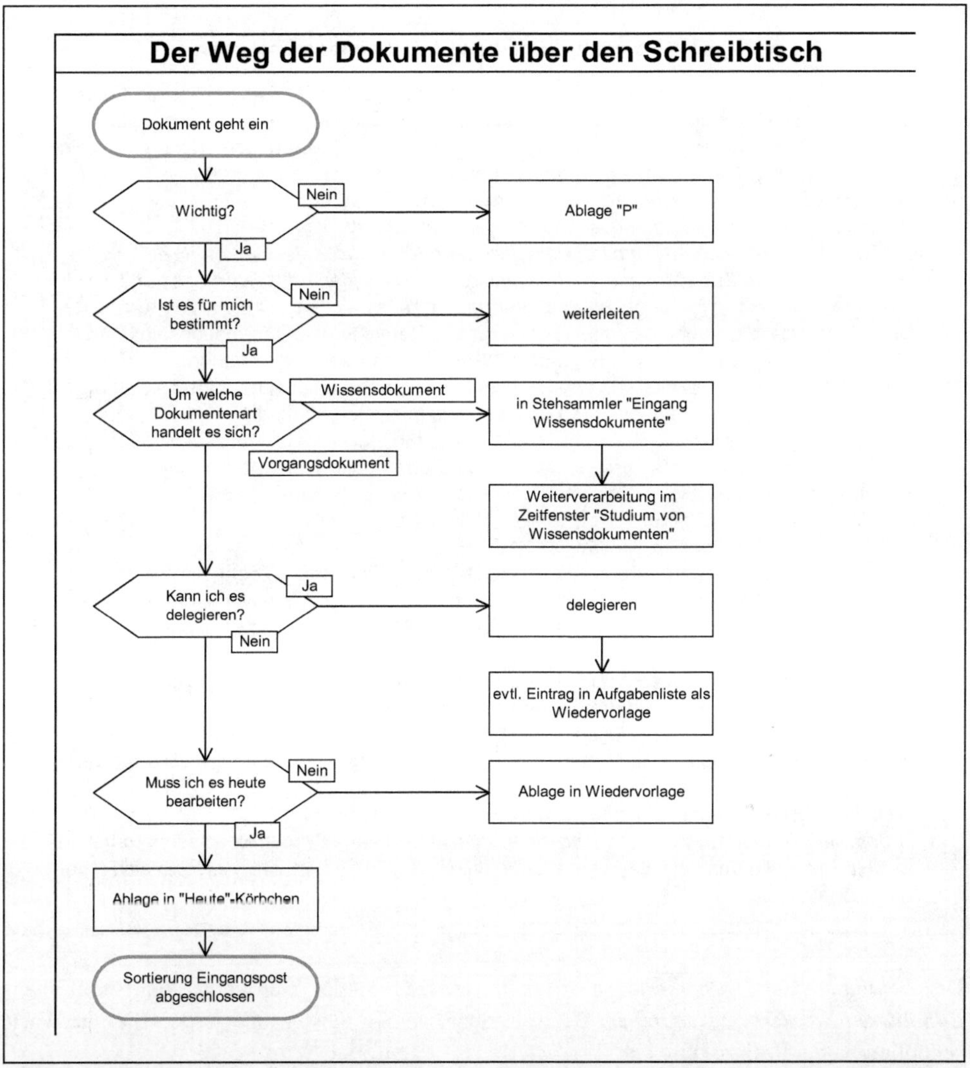

Abbildung 3: *Weg der Dokumente*

„Die Basis einer gesunden Ordnung ist ein großer Papierkorb."

Kurt Tucholsky

Tipps und Anregungen – So gelingt ein gutes Informations-Management

- *Vereinbaren Sie eine tägliche Besprechung mit Ihrem Chef/Chefin.* Nutzen Sie die Gelegenheit und setzen Sie sich täglich 10 Minuten zusammen. Stimmen Sie Termine ab, holen Sie Entscheidungen ein, fragen Sie nach wichtigen Informationen aus Besprechungen aus Unterlagen. Wichtig: Tragen Sie den Termin in den Terminkalender ein. Sorgen Sie für die Einhaltung des Termins und räumen Sie Hindernisse aus dem Weg.
- *An welchen Besprechungen muss die Sekretärin teilnehmen?*
- *Laufen alle Informationen, Termine, Post über den Schreibtisch der Sekretärin?*
- *Hat die Sekretärin Zugriffsrechte auf das elektronische Postfach der Führungskraft?*
- *Werfen Sie ein kritisches Auge auf den Informationsfluss im Unternehmen.* Wie werden Informationen zur Verfügung gestellt? Gibt es für alle Bereiche eine Informationsplattform? Sind die Informationswege optimal genutzt? Wann werden die Informationen zur Verfügung gestellt? Die Informationspolitik ist Bestandteil der Aufbauorganisation und der Ablauforganisation. Wer muss wen, wann, wie, wo und weshalb informieren?
- Wie sieht es mit der E-Mail-Flut aus? Entwickeln sich die elektronischen Posteingänge auch zum Zeitdieb? Überlegen Sie gemeinsam mit der Führungskraft und dem Team, wie Sie E-Mails als Kommunikationsmittel benutzen. Diskussionsgrundlage sollte sein:
  - E-Mail-Verteiler – wer muss die E-Mail unbedingt erhalten?
  - Wie werden Betreffzeilen effektiv genutzt?
  - Welche Regeln können Führungskraft und Sekretariat zur Bearbeitung aufstellen
  - Wer ist für die Ablage der elektronischen Post verantwortlich? In vielen Unternehmen regelt dies ein Dokumentenmanagement System. Aber wer regelt dies, wenn es solch ein System nicht gibt?
  - Welche gesetzlichen Bestimmungen zur Dokumentation unterliegen E-Mails?1
  - Wie gehen Sie mit eingehenden E-Mails um? Regeln aufstellen.
- *Überdenken Sie das Berichtswesen.* In vielen Unternehmen werden zu bestimmten Zeitpunkten Berichte erstellt, z. B. Monatsbericht, Quartalsbericht etc. Überlegen Sie wie viel Berichtswesen notwendig ist.
- *Wie viel Zeitschriften und Umläufe können Mitarbeiter lesen?*
- *Bilden Sie mit anderen Sekretärinnen einen „Qualitätszirkel – Office“!* Bei diesen Treffen werden Prozesse aus dem Sekretariat unter die Lupe genommen, optimiert und sich fachlich ausgetauscht.

Der *kontinuierliche Verbesserungsprozess* muss auch in der Büroverwaltung stattfinden. *Eliminieren Sie Verschwendung im Büro.* Reduzieren Sie Kosten und tragen Sie zur Wertschöpfung in der Prozesskette bei.

Nicht mehr suchen, sondern gezielt wiederfinden

Die Verantwortlichen sollten kritisch prüfen, welche Informationen tatsächlich in die Ablage gehören. Denn es wird viel zu viel abgelegt. Man kann Dokumente im Allgemeinen in vier Aktualitätsstufen einteilen:

---

[1] Vgl. „Prozessorientierte Ablage“, Wolf Steinbrecher, Martina Müll-Schnurr (Hrsg.) Gabler Verlag 2010

Wertigkeitsstufe	Dokumenten-Beispiele	Anweisung
Tageswert	■ Rundschreiben ■ Aktenvermerke ■ Kopien von Protokollen ■ Einladungen	nach Interesse aufbewahren; Vernichtungsdatum intern festlegen
Prüfwert	■ Anfragen/Angebote ohne Auftragsfolge ■ Bewerbungen	nach Interesse aufbewahren; interne Aufbewahrungsfristen festlegen
Gesetzeswert	■ Geschäftsberichte ■ Rechnungen und Belege ■ Arbeitsverträge	mindestens sechs bis zehn Jahre oder andere gesetzliche Aufbewahrungsfristen
Archivwert	■ Firmengeschichtliche Daten ■ Pläne ■ notarielle Urkunden	immer im Original aufbewahren

Abbildung 4: *Wertigkeitsstufen von Dokumenten*

Warum Unterlagen aufbewahren?

1. Betriebliche Notwendigkeiten

Dabei handelt es sich, ganz unabhängig von äußeren Ansprüchen und Anforderungen, um die inneren Belange eines Unternehmens oder einer Organisation, z. B.:

- Gedächtnisstütze für interne Zwecke
- Sicherung von Ansprüchen nach außen und Abwehr unberechtigter Ansprüche
- Dokumentation von Abläufen und Nachweis dessen, was getan wurde.

2. Gesetzliche Vorschriften

Hier tritt der Staat fordernd an die Unternehmen heran:

- Für Wirtschaftsunternehmen besteht Aufbewahrungspflicht für Handelsbriefe, Buchungsbelege, Bücher, Inventare und Bilanzen (HGB §§ 238, 239, 257-261; AO 77 §§ 146 + 147; UStG § 14 b). - Die Aufbewahrungsfristen sind 6 Jahre bzw. 10 Jahre.
- Für Behörden gelten eine Reihe anderer Vorschriften mit meist noch längeren Aufbewahrungsfristen. Diese werden beispielsweise in Baden-Württemberg von der dortigen Gemeindeprüfungsanstalt (GPA) festgelegt.
- Hinweis: Problematisch ist in der Praxis die richtige Einordnung. Nicht jeder Brief ist ein Geschäftsbrief, nicht jeder Beleg ein Buchungsbeleg.

3. Internationale Normung DIN ISO 15489

Diese Norm legt, über die gesetzlichen Vorschriften hinaus, noch weitere Regeln fest, die für Organisationen gelten, welche sich einem Qualitätsanspruch verschrieben haben. Diese internationale Norm wurde unverändert als deutsche Norm übernommen. Sie bietet Leitlinien zur Verwaltung von Schriftgut von öffentlichen und privaten Organisationen.[2]

4. **Aufbewahrung von elektronischen Dokumenten**

   Für elektronische Dokumente gelten mittlerweile besondere Bestimmungen: die *GDPdU* („Grundsätze zum Datenzugriff und zur Prüfbarkeit digitaler Unterlagen"). Eine wachsende Zahl digitaler Inhalte ist handels- oder steuerrechtlich relevant und erfordert eine Abspeicherung in unveränderter Form. Ansonsten drohen hohe Strafzahlungen.

   Auch hier sind die Aufbewahrungsfristen zu beachten. Für E-Mails und andere elektronische Dokumente gelten die gleichen Fristen wie für postalische Geschäftskorrespondenz. Per Mail empfangene Rechnungen und Buchungsunterlagen erfordern auch eine Aufbewahrung von zehn Jahren.[3]

5. **Interne Aufbewahrungsfristen**

   Das Gesetz regelt die Aufbewahrung von Rechnungen, Bilanzen, mancher Listen etc. Konkret bedeutet dies, dass es für viele Unterlagen keine gesetzlichen Regelungen gibt. *Tipp:* Legen Sie im Team fest, welche Unterlagen zweckmäßigerweise, wie lange aufbewahrt werden. *Dokumentieren Sie Ihre Entscheidung als interne Aufbewahrungsfristen.*

In welcher Form muss aufbewahrt werden?

Für die Aufbewahrung sind gesetzlich folgende Formen vorgeschrieben bzw. zugelassen:

- Ausfuhrbelege, bei denen die Originale mit Dienststempelabdrucken versehen sind, bei denen die Stempelfarben Pigmentierungen enthalten, sind im Original aufzubewahren.
- Handels- und Geschäftsbriefe und Buchungsbelege sind so aufzubewahren, dass ihre Wiedergabe bildlich mit dem Original übereinstimmt.
- Unternehmen sollten sich vor Vernichtung der Originalunterlagen immer fragen, ob eine Aufbewahrung im Original aus Beweisgründen notwendig ist[4].

Bei allen anderen aufbewahrungspflichtigen Unterlagen ist die inhaltliche Wiedergabe ausreichend.

Eine Ablagestruktur aufbauen und die Ordnung beibehalten

Wenn Sie Wünsche frei hätten und Sie dürften sich dazu äußern, wie die Ablage optimal gestaltet sein sollte, dann würden Sie der „guten Fee" bestimmt folgende Wünsche nennen:

---

2 *[DIN ISO 15489-1]*; vgl. auch *[Wettengel 2002]*

3 *[BIT-Newsletter], Ausgabe 31 – 2006.*

4 *IHK Stuttgart 2007*

- Die Ablage soll einfach und verständlich strukturiert sein.
- Der Standort eines Ordners muss festgehalten werden.
- Keine Mehrfachablage, sondern ein Schriftstück soll nur einmal abgelegt werden.
- Die Aufbewahrungsfristen – intern und extern – müssen bekannt sein.
- Jeder versteht unter einem Stichwort dasselbe.
- Jemand muss für den Aktenfluss verantwortlich sein.
- Zeit für Ablage und Schulung für die Struktur muss gegeben sein – bereits in das Einführungsprogramm neuer Mitarbeiter mit aufnehmen.
- Die Ablage gilt für ein Team.

Warum gestaltet sich Ablage so schwierig?

„Ordnung führt zu allen Tugenden“.
Aber was führt zur Ordnung?“

Georg Christoph Lichtenberg

Dokumente verfügen über eine Vielzahl von Merkmalen. Hier sind nur die Merkmale aufgeführt, die in Ordnungssystemen eine Rolle spielen:

Merkmal	**mögliche Ausprägungen**	**Bemerkungen/ Abgrenzungen**
Zuständiger Sachbearbeiter/ Zuständige Organisationseinheit	■ Herr Schwarz ■ EDV-Abteilung ■ Personal	■ Verfasser (bei selbsterstellten Dokumenten) ■ Empfänger (bei Dokumenteneingang von extern oder intern)
Bezugsperson	■ Herr Martin Jungjohann (ein Bürger) ■ Gerald Kröger Metallbau GmbH (eine juristische Person) ■ ...	■ Absender (bei Dokumenteneingang von außen) ■ Adressat (bei selbsterstellten Dokumenten) *Die Bezugsperson ist immer „der Andere“.*
Erstelldatum	25. März 2011	muss nicht mit dem Bezugsdatum übereinstimmen
Bezugsdatum		■ bei Protokollen: Tag, an dem die Sitzung stattfand ■ bei der Schulungsplanung: Datum, für das die Schulung vereinbart ist

Merkmal	mögliche Ausprägungen	Bemerkungen/ Abgrenzungen
Versandart/Empfangsart	■ Brief ■ Fax ■ E-Mail ■ Zeitungsausschnitt ■ ...	Oft findet man diese beiden Merkmale zusammengefasst zum Merkmal „Dokumentenart". Nach unserem Verständnis bleibt eine E-Mail eine E-Mail, auch wenn sie ausgedruckt wurde (nur der Dokumententräger hat gewechselt, aber nicht die ursprüngliche Empfangsart).
Dokumententräger	■ Papier (Einzelblätter) ■ Papier (Broschüre) ■ Buch ■ PC-Festplatte ■ Diskette ■ CD ■ Mikrofiche ■ ...	
Gegenstand	■ Seminare ■ Druckerpatronen ■ Ablageberatung für ein Team ■ Produkt xy	
Element in einer feststehenden Kette von Tätigkeiten („Workflow")	■ Kundenanfrage ■ Angebot ■ Rechnung ■ Reklamation ■ ...	

Abbildung 5: *Merkmale und Ausprägungen von Dokumenten*

Nicht jedes Dokument hat alle diese Merkmale. Zum Beispiel hat ein Zeitschriftenartikel meistens kein Bezugsdatum, und auch ihr Adressat ist meist diffus. Aber jedes Dokument hat zumindest zwei dieser Merkmale. Deshalb können all diese Merkmale eine „führende" Rolle in der Ablageordnung von Organisationen spielen.

Angenommen Sie arbeiten in einer Weiterbildungsinstitution. Sie bieten Seminare, Schulungen, Weiterbildungslehrgänge, Zertifikatslehrgänge etc. an. Alle Angebote sind in einem Weiterbildungskatalog aufgelistet. Ein Teilnehmer meldet sich zu einer Veranstaltung an. In welchen Ordner bzw. Vorgang kommt diese Anmeldung? Sie haben verschiedene Möglichkeiten nämlich Anmeldungen, oder direkt zum Titel des Seminars oder unter dem Kunden oder unter der Kursnummer. Sie sehen hier gibt es schon viele Möglichkeiten des Ablegens. Zum einen nach der Bezugsperson (der Kunde) oder nach der Tätigkeit (Anmeldungen) oder nach dem Seminartitel (Gegenstand) oder Kursnummer (Gegenstand). D. h. ein Dokument hat viele Merkmale (Vgl. Abb. 5).

	Merkmal	Ausprägung
a) Ein Brief der Vertriebsabteilung an die Firma Federn & Messgeräte GmbH mit einem Angebot für einen neuen PC.	Bezugsperson	Kunde Federn & Messgeräte
	Sachgebiet	Vertrieb
	Tätigkeit	Angebot
	Gegenstand	PC
b) Eine Umfrage der Personalabteilung im Juli d. J. zum Thema „Wie viele Mitarbeiter einen Telearbeitsplatz befürworten würden?“ Diese Umfrage ist Teil des Projektes „Office 21“	Sachgebiet	Personalabteilung
	Gegenstand	■ Telearbeitsplatz ■ Office 21
	Tätigkeit	■ Umfrage ■ Stellungnahme
	Erstelldatum	Datum des Erhebungsbogens oder Anschreibens

Das problematische Merkmal „Gegenstand“

Das Merkmal „Gegenstand“ spielt in der Praxis eine zentrale Rolle bei der Ordnung von Dokumenten. Die meisten persönlichen Ablagen – in Büros oder privat – funktionieren nach diesem Prinzip: man schreibt ein Schlagwort wie „Fortbildungen“ oder „Fuhrpark“ auf das Rückenschild eines Ordners und nimmt sich vor, alle zugehörigen Dokumente künftig in diesen Ordner einzusortieren (und dann immer dort auch zu finden). Für diese Begriffe gibt es aber auch Synonyme wie „Weiterbildung“, Schulung“ bzw. Fahrzeuge oder PKW verwalten etc.

Schon die Definition des Merkmals macht jedoch Schwierigkeiten. Was ist überhaupt der Gegenstand eines Dokuments? Ist der Gegenstand des Briefes eines Kunden seine *Reklamation* oder die *Maschine*, auf die sich die Reklamation bezieht, oder der *Fehler der Maschine* („hohe Ausschussquote“), welchen er beanstandet?

Machen wir es uns für einen Augenblick einfach. Sagen wir: „Als Gegenstand eines Dokuments bezeichnen wir das, was im ‚Betreff‘ dieses Dokuments steht.“ (Das ist natürlich keine Antwort auf die obige Frage. Denn es gibt mittlerweile umgekehrt Kurse, die uns schulen wollen, wie wir ‚Betreffs‘ formulieren – mit dem Ziel, dies „klarer“ zu tun. Unsere temporäre Annahme ist also nur in pragmatischem Sinne gültig.)

Was müsste auf dem Rücken des Ordners stehen, in den ich den genannten Kundenbrief ablege:

1. „Reklamationen“
2. „Kundenreklamationen“
3. „Fräsmaschine RND 23.8“
4. „Produktfehler“
5. „Qualitätssicherung“?

Der Unterschied zwischen den verschiedenen Varianten ist ein Formulierungsproblem. Solche Formulierungsprobleme zu regeln, ist Anliegen der so genannten Aktenpläne.

Ablegen nach „Prozessen“

„Das Schönste im Leben ist der Wunsch,
das Nächstschönste die Erfüllung.“

Margaret Michell

Wenn wir versuchen wollen, Dokumente nach ihrem Gegenstand abzulegen, dann kommen wir oft in große Schwierigkeiten. Denn Dokumente haben oft verschiedene Gegenstände.

Beispiel: Nehmen Sie an, Frau Möbius soll bei einer Sitzung des Vorstandes das Protokoll erstellen. In dieser Sitzung werden drei Themen diskutiert. Wo wird sie das Protokoll ablegen. Unter „Protokolle“ oder „Sitzungen Vorstand“ oder zu jedem TOP eine Kopie anfertigen und dort im Vorgang abheften?

Aus diesem Problem heraus wurde das Konzept der *„Prozessorientierten Ablagesystematik“ (PAS) ®* entwickelt. Es besagt:

Dokumente werden nicht nach ihrem Gegenstand abgelegt, sondern nach dem Vorgang, in dem sie entstanden sind.

Man kann auch sagen: Dokumente werden nicht einzeln aufbewahrt, sondern in „Bündeln“ zusammengefasst. Und diese Bündelung geschieht mittels der Zusammenfassung nach *Vorgängen*[5].

Ein Vorgang ist eine Kette von Arbeitsgängen, bei denen jeweils ein Arbeitsgang die Voraussetzung für den nächsten Arbeitsgang ist, eventuell mit Wartezeiten zwischen den einzelnen Schritten. Zum Beispiel "Abgabe eines Angebotes an einen Kunden" ist ein Vorgang, der nach folgenden Schritten abläuft.

- Kunde fragt an
- Angebot wird erstellt
- Angebot wird an Kunden versandt
- eventuelle Rückfragen des Kunden werden beantwortet
- vielleicht muss ein Gespräch mit dem Kunden vereinbart werden
- der Kunde akzeptiert schließlich das Angebot oder lehnt es ab

5 Oft wird auch der Begriff „Geschäftsvorfall“ benutzt.

- wenn das Angebot akzeptiert wurde, wird aus dem Angebot ein Auftrag.

In dem Beispiel von Frau Möbius wäre dies

- Einladung mit Agenda
- Protokoll der Sitzung
- Unterlagen zum Protokoll

Alle Dokumente, die im Rahmen dieses Vorgangs anfallen, werden sinnvoller Weise zusammen aufbewahrt. Wenn es zu einem Vorgang sehr viele Dokumente gibt, gibt es einen eigenen Ordner dafür. Ansonsten werden die Dokumente zu diesem Vorgang zusammen mit anderen Vorgängen in einen Ordner abgelegt und innerhalb dieses Ordners mit Registerblättern abgetrennt.

Der Sinn dieser Bündelung hat mit dem menschlichen Gedächtnis zu tun. Menschen erinnern sich am besten an Geschichten[6]. Und ein Vorgang ist nichts anderes als eine „Geschichte" mit einem Anfang und einem Ende. Wenn ich ein bestimmtes Dokument suche, so ist der „Kontext", in dem ich das Dokument erstellt oder empfangen habe, meistens am leichtesten zu erinnern. Wenn man einen bestimmten Brief eines Kunden sucht, dann erinnert man sich oft auch noch nach einem Jahr in der Form "das war doch der Brief von Firma Müller, als sie ein Angebot für Druckluftbremsen haben wollten". Diese Tatsache gilt es für die Ablagesystematik zu nutzen.

Die meisten Vorgänge laufen nach einem bestimmten Muster ab, das heißt es sind Routinevorgänge. Derartige Muster bezeichnet man in der neueren Organisationslehre als Geschäftsprozesse oder kurz als *Prozesse*[7].

Was ist ein Prozess?

Schauen wir uns nun den Begriff *„Prozess"* etwas genauer an. In der Abb. 6 ist das allgemeine Schema eines Geschäftsprozesses dargestellt. Ein Prozess ist dadurch gekennzeichnet, dass er

1. einen definierten Anfang hat, den sog. „Auslöser" (z. B. eine Kundenanfrage oder die Erreichung eines Fälligkeitsdatums),

---

6 Deshalb bestehen die meisten Methoden des Gedächtnistrainings darin, um schwer zu merkende Einzelinformationen herum Geschichten zu erfinden, die viel einfacher zu merken sind als die disparaten Einzeldaten.

7 Zu diesem Begriff, der in der Mitte der 80er Jahre des vorigen Jahrhunderts am MIT in den USA entwickelt wurde („business process"), gibt es eine umfangreiche Literatur. Im vorliegenden Zusammenhang werden nur ganz bestimmte Elemente dieser Theorie auf die Ablageproblematik bezogen. Vgl. ausführlich *[DGQ 2001]*.

2. ein definiertes Ende hat, an welchem als Resultat ein nützliches Ergebnis steht, der sog. „Output“ (also z. B. eine Lieferung an den Kunden oder das Erstellen einer Umsatzsteuererklärung an das Finanzamt usw.),
3. nach bestimmten Mustern oder Regeln abläuft, die für eine bestimmte Zeit Gültigkeit haben, bis sie wieder geändert werden.

Abbildung 6: *Schema eines Prozesses*

Normalerweise erfolgt der Auslöser zu einem Prozess durch eine externe Person, nämlich einen Kunden. Und dieser Kunde ist auch der Abnehmer des Outputs, also der Nutznießer.

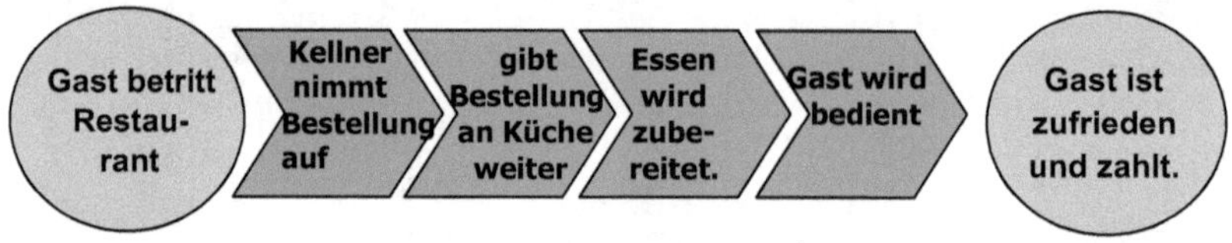

Abbildung 7: *Schema eines externen Prozesses*

Es gibt aber auch eine andere Kategorie, die sog. „internen Prozesse“. Ein Beispiel dafür zeigt die folgende Abbildung:

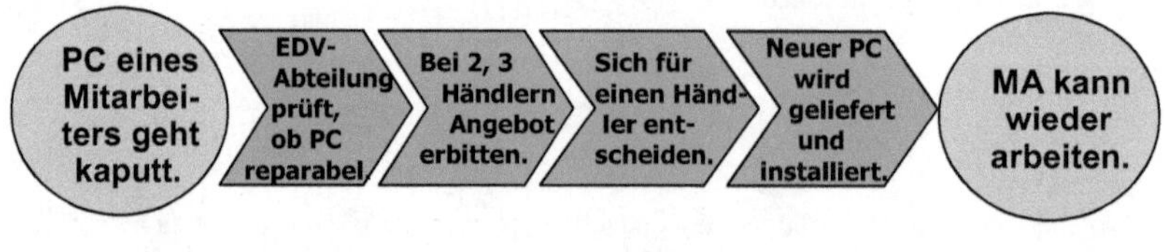

Abbildung 8: *Beispiel für einen internen Prozess*

Hier ist der Nutznießer des Prozesses ein Mitarbeiter des Unternehmens selbst, denn er kann wieder arbeiten. Und damit ist auch sein Unternehmen Nutznießer.

Innerhalb eines Prozesses fallen nun verschiedene Dokumente an. Z. B. stellt die IT-Abteilung einen Reparaturschein aus, dass der PC repariert wird. Der Einkauf erbittet verschiedene Angebote oder beauftragt ein Unternehmen mit der Reparatur. Ein Auftrag wird erteilt. Dann wird der PC wieder in Gang gesetzt und wird mit einem Lieferschein an das Unternehmen zurückgeschickt. Dieser Lieferschein wird im Wareneingang geprüft und abgezeichnet. Die Rechnung und der reparierte PC gehen an die Fachabteilung. Die Rechnung wird abgezeichnet und in der Buchhaltung verbucht. Evtl. installiert die IT-Abteilung den reparierten PC und verrechnet interne Kosten. Aber überall entstehen Dokumente, die verwaltet werden müssen.

Prozesslandkarte und Prozessarten

Im vorangehenden Abschnitt wurde der Begriff „Prozess“ bereits erklärt. Wenn Sie nun eine Systematik für die Ablage erarbeiten, so müssen Sie sich die Frage stellen: „Welche Prozesse gibt es bei uns überhaupt?“

Um diese Frage systematisch zu beantworten steht zunächst eine Ist-Aufnahme. Es wird befragt und beobachtet, mit welchen Aufgaben sich die Organisationseinheit beschäftigt. Die Aufgaben werden dann systematisch den verschiedenen Prozessen zugeführt. Es entsteht die *Prozesslandkarte.*

Diese Prozesslandkarte bildet die Grundlage für den prozessorientierten Aktenplan. Dieser *Ordnerplan* (siehe Abb. 9) spiegelt alle Prozesse einer Organisationseinheit bzw. von Klein- und Mittelständischen Unternehmen wider.

Man unterscheidet Kernprozesse, Unterstützungsprozesse und Strategische Prozesse:

- *Kernprozesse oder Externe Prozesse* sind alle diejenigen Prozesse, die einen Output für einen externen Abnehmer/Kunden erzeugen. Es sind die Prozesse, mit denen privatwirtschaftliche Unternehmen ihr Geld verdienen und öffentliche Verwaltungen ihren öffentlichen und Dienstleistungsauftrag erfüllen.
- *Unterstützungsprozesse* dienen dazu, „die Organisation am Laufen zu halten“. Ein Beispiel dafür ist die Personalabteilung. Sie sorgt dafür dass Mitarbeiter/Personal bereitgestellt, verwaltet, betreut und gefördert wird.
- *Strategische Prozesse* dienen dem langfristigen Bestehen der Organisation: Wie soll ein Unternehmen in 5 Jahren aussehen? Welche Waren und Dienstleistungen soll es dann anbieten? Welche Vorbereitungen müssen jetzt dafür getroffen werden?

Der Prozessorientierte Aktenplan (ein Auszug)

0 Strategische Prozesse

01 Markt analysieren

02 Benchmarking durchführen

03 Ziele definieren

03-1 Gesetzliche und normative Vorgaben

03-2 Strategie, Ziele, Maßnahmen festlegen

03-3 Geschäftsplan erstellen (Unternehmensziele)

04 Ziele kommunizieren

04-1 Corporate Identity

04-2 Internet-Auftritt

04-3 Aktuelle betriebliche Regelungen (Intranet)

05 Zielerreichung überwachen

05-1 Qualitätsaudits durchführen

05-2 Umweltaudits durchführen

05-3 Nachkalkulation, KLAR

05-4 Balanced Scorecard

06 Aufbauorganisation

06-1 Gesellschaftsvertrag

06-2 Bestellung von Führungsgremien

06-3 Aufbauorganisation (aktueller Stand)

06-4 Firmengeschichte

07 Durchführung von Sitzungen

07-1 Vorstandssitzungen

07-2 Aufsichtsratssitzungen

07-3 Sitzungen mit dem Betriebsrat

1 Kernprozesse

11 Produkte vertreiben

11-1 Markt analysieren

11-2 Kunden akquirieren

11-3 Angebote erstellen

11-4 Verträge abschließen

11-5 Kunden betreuen

11-6 Reklamationen bearbeiten

12 Produkte entwickeln

13 Produkte herstellen

14 Produkte versenden

2 Leistungsnahe Beschaffung

21 Maschinen beschaffen

21-1 Spezifikation beschreiben

21-2 Lieferanten auswählen und freigeben

21-3 Maschine bestellen, bereitstellen, bezahlen

22 Maschinen instand halten

22-1 Wartungsplan erstellen

22-2 Ersatz-/ Verschleißteile bestellen, Reparaturen vornehmen

22-3 Wartungsunterlagen

23 Maschinenunterlagen

24 Verbrauchsgüter für die Produktion beschaffen

3 Finanz- und Rechnungswesen

31 Konten und Darlehen

31-1 Konten errichten

31-2 Darlehen aufnehmen

31-3 Kontoauszüge

32 Steuern

32-1 Steuern abführen

32-2 Belege Kreditoren

32-3 Belege Debitoren

32-4 Bilanzen

33 Internes Rechnungswesen

34 Inventur durchführen; Inventar

4 Gebäude und Fahrzeuge

41 Grundstücke und Gebäude

42 Gebäudeausstattung

42-1 Gebäudeausstattung beschaffen/ instandhalten

42-2 Wissensdokumente zu Installationen

42-3 Strom, Wasser, Heizung beziehen

42-4 Telefonverträge schließen und verwalten

43 Versicherungen

43-1 Versicherungen abschließen, Verträge

43-2 Einbruchschäden

44 Fuhrpark

5 Personal verwalten

Wichtig:

- Übertragen Sie einem „Ablageverantwortlichen" die Verantwortung für den Aktenplan. In der Regel übernimmt das die Sekretärin.
- Erschließen Sie den Aktenplan mit einem Schlagwortverzeichnis. Hier werden Entscheidungen dokumentiert. Synonyme können hier hinterlegt werden.
- Ein Aktenplan/Ordnerplan muss gepflegt werden.

Prozessorientiertes Ablagesystem (PAS)

Um den Prozessgedanken für die Organisation der Ablage fruchtbar zu machen, werden folgende Festlegungen getroffen:

1. *Jedes Dokument erhält zusätzlich das Merkmal „zugehöriger Vorgang" zugeordnet.*
2. *Jeder Vorgang wiederum wird einem Prozess zugeordnet.*
3. *Für jedes Dokument ist der zugehörige Prozess das führende Merkmal, nach dem es abgelegt wird. Der konkrete Vorgang bildet das sekundäre Merkmal, das die Unterordnung innerhalb eines Prozesses herstellt.*

Man könnte auch in erster Näherung sagen: Für jeden Prozess wird ein Ordner angelegt, und innerhalb dieses Ordners wird jeder Vorgang durch ein Registerblatt abgetrennt.

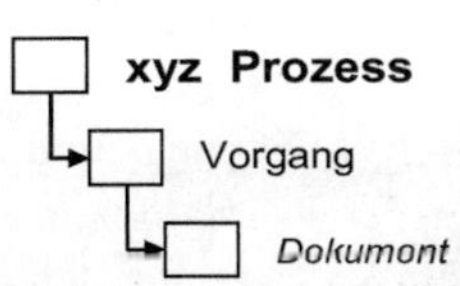

Abbildung 10: *Dreigliedrigkeit des PAS-Systems*

Prozess-, Vorgangs- und Wissensdokumente

Im Verlauf eines Geschäftsvorfalls werden unterschiedliche Arten von Dokumenten benutzt bzw. erstellt. Dies spielt bei der **Anwendung des Aktenplans** eine wichtige Rolle:

- *Vorgangsdokumente,* d. h. Dokumente, die genau auf diesen einzelnen Vorgang bezogen sind und auf keinen sonst;
- *Prozessdokumente,* die für alle „ähnlich ablaufenden" Vorgänge immer wieder benötigt werden (als Unterlagen, als Muster; als Checklisten- oder Dokumentvorlagen usw.);

- *prozessübergreifende* oder allgemeine *Dokumente,* die für alle möglichen Prozesse des Unternehmens genutzt werden (Firmenprofil, Angebotskatalog, Preisliste, Kundendatenbank mit Adressen usw.); darunter fallen auch Nachschlagewerke, wie Lexika, Duden, Stadtpläne, Handbücher usw. – Diese Dokumente werden einheitlich als *Wissensdokumente* bezeichnet.

Vorteile des prozessorientierten Ablagesystems

1. Die Bearbeitung einer Sache wird erleichtert durch Zusammenfassen der nötigen Informationen und durch Festhalten aller Schritte.
2. Der jeweilige Stand eines Vorgangs ist sofort ersichtlich.
3. Das „Abschreiben“ wird gefördert: Wenn ein Vorgang seltener vorkommt (z. B. „Jahressteuererklärung erstellen“), dann kann ich einfach in den letzten derartigen Vorgang schauen, wie ich es damals gemacht habe. Die Einweisung neuer Kollegen, von Vertretungs- und Aushilfskräften wird erleichtert.
4. Die Komplexität der Ablage wird verringert. Sie werden feststellen, dass es viel weniger Prozesse in einer Organisation gibt als Gegenstände, mit denen man sich beschäftigt. Den Mitarbeitern im Team fällt es leichter, eine gemeinsame Sprache zu finden.
5. Die Vernichtung von Dokumenten mit geringerer Wertigkeitsstufe[8] wird Teil des Prozesses selbst. Ist ein Vorgang abgeschlossen, so können alle Dokumente entfernt werden, die nur Tages- oder Prüfwert haben: E-Mails mit Terminvereinbarungen, viele Gesprächsnotizen usw.
6. Durch die klare Abgrenzung zwischen Vorgangs- und Prozessdokumenten kann die Überarbeitung und Vervollkommnung der Prozessdokumente ebenfalls in die Routinearbeit eingebaut werden. Immer wenn ein Vorgang abgeschlossen wird, wird noch einmal überprüft, ob die Prozessdokumente (z. B. Formulare, Checklisten, Vordrucke) ausreichend waren, oder ob sie der Verbesserung bedürfen.
7. Schließlich wird die Kopienflut eingeschränkt: In der Prozessbeschreibung kann klar geregelt werden, wer für die Ablage aller Dokumente eines Vorgangs verantwortlich ist. Wenn jeder Mitarbeiter im Team Zugriff auf die Ablage des Kollegen hat, und dies nicht nur theoretisch, sondern – wegen der transparenten Systematik – auch praktisch, entfällt die Notwendigkeit des „Sicherheitskopierens“.

8 Vgl. oben den Abschnitt „Wertigkeitsstufen“.

Holen Sie alle mit ins Boot

„Ein abgeschlossenes System sich selbst zu überlassen, wird immer den Zustand größter Unordnung anstreben."

Zweiter Hauptsatz der Thermodynamik

Wir haben gesehen, dass mit der Ablagestrukturierung zum großen Teil Teamziele verbunden sind:

- Transparenz der Ablage auch bei Kollegen. Dies ermöglicht die reibungslose gegenseitige Vertretung im Urlaubs- und Krankheitsfall. Es führt aber auch zu mehr Flexibilität im Alltagsgeschäft: „Ich weiß, wo ich im Zimmer des Kollegen etwas finde.
- Beschleunigter Wissensfluss: „Wenn ich etwas schon nicht weiß, so weiß ich, wo es steht."

Deshalb ist es mit der Erarbeitung einer „optimalen Ablagestruktur" nicht getan, sondern die Ergebnisse müssen allen Teammitarbeitern in gleichem Maße zur Kenntnis gebracht werden:

- Ablageregeln und Ablagestruktur müssen übersichtlich und zugänglich dokumentiert sein.
- Die Mitarbeiter müssen in elementaren Ablagetechniken geschult sein.

Die besten Voraussetzungen hierfür sind gegeben, wenn die Mitarbeiter möglichst weitgehend in die Reorganisation der Ablage einbezogen werden. Dem trägt das folgende Ablaufschema Rechnung.

Das 8-Schritte-Schema der Ablage-Reorganisation

1. Initiative	Die Initiative muss immer von der Verwaltungsspitze ausgehen oder zumindest mit ihr sehr eng abgestimmt sein.
2. Projektgruppe gründen	Eine Projekt-Arbeitsgruppe gründen.
3. Ist-Analyse vor Ort	Liste der Ordner (nach Räumen und Zuständigkeiten) erstellen. Evtl. werden hier schon einige Ordner auf ihre Aufbewahrung kritisch untersucht.
4. Erarbeitung der künftigen Ablagestruktur	Ablagestruktur für die Papierablage entwickeln.
5. Schulung der Mitarbeiter	– Bestimmung von Ablageverantwortlichen in jeder Abteilung. Schulung dieser Verantwortlichen. – Durchführung von Informationsveranstaltungen/Schulungen mit allen Mitarbeitern.
6. Umstellung Papierablage	Realisierung der Umstellung am Arbeitsplatz. Dabei ist evtl. auch eine Stichtagsregelung denkbar, bei der auf eine vollständige Umstellung der Altakten verzichtet wird.

7. Umstellung der EDV-Ablage	Entweder Installation eines Dokumenten-Management-Systems oder Neuordnung der „Office"-Ordner im gemeinsamen Netz.
8. Ablage als Prozess	Abschlussbericht an die Geschäftsleitung/Auftraggeber. Abschlusssitzung der Projektgruppe. Das Thema „Ablage" wird in das regelmäßige Prozessmanagement der Organisation und in das jährliche Berichtswesen aufgenommen.

Weitere Tipps zum Thema „ Informationen für ein Team managen"

- Legen Sie Regeln fest für die Vergabe von Vorgangsbezeichnung und Dateinamen.
- Erstellen Sie eine Liste für die internen Aufbewahrungsfristen.
- Legen Sie Regeln fest für das Führen von „Projektordnern".
- Klären Sie im Team, in welcher Form die Referenzakte geführt werden soll. In dieser Akte ist der vollständige Vorgang. Damit klären Sie den Umgang mit dem Medienbruch und lassen keine Hybridsystematik zu.[9]
- Klären Sie im Team die Registraturart der Papierablage. Ob z. B. Ordner oder Hänge-register.
- Klären Sie den Umgang mit E-Mails und den E-Mail-Ordnern. E-Mail-Knigge einführen
- Lassen Sie für jeden Arbeitsplatz ein Arbeitsplatzhandbuch erstellen. Darin wird beschrieben, welche Tätigkeiten wie zu erledigen sind. Es ist ein wichtiges Nachschlagewerk und für die Vertretung unersetzlich. Es ist Teil der Ablage im Team und es dokumentiert Wissen.

9 Vgl. Prozessorientierte Ablage", Wolf Steinbrecher, Martina Müll-Schnurr (Hrsg.) Gabler Verlag 2010

Intranet Office-Handbuch

Irmtraud Schmitt

Internes Wissen auf Mausklick verfügbar

> Definition: Ein Office-Handbuch im Intranet ist ein firmeninternes virtuelles Nachschlagewerk, das allen Mitarbeitern stets aktuell sämtliche organisatorischen Regelungen sowie wertvolles Office-Know-how zur Verfügung stellt.

Diese lebende Informationsquelle im internen Netz stellt sicher, dass jeder Mitarbeiter stets upgedatetes Wissen für einen reibungslosen Office-Alltag an einem einzigen Ort findet.

Gleichzeitig fungiert sie als wahre „Fundgrube" für neue Mitarbeiter, die damit einen perfekten Leitfaden in der Einarbeitungszeit haben. Es kann das „Dachkapitel" des gesamten Intranets sein, unter dem sich die anderen Abteilungen präsentieren. In zeitgemäßer Sprache ist es das „Wikipedia" des Unternehmens.

Die Managementassistentin als Informationsmanagerin

Besonders Managementassistentinnen sind prädestiniert, an diesem unternehmensweiten Wissenspool mitzuarbeiten. Denn Mitarbeiter im Sekretariat erleben täglich, welche Informationen Kollegen benötigen und wonach gefragt wird.

Warum also immer wieder die gleichen Fragen stellen und dieselben Abläufe immer wieder erklären? Organisationshandbücher im Intranet helfen, die Kommunikation zu verbessern und Wissen an einer Stelle für alle zu bündeln.

In zahlreichen Unternehmen wird dies schon praktiziert: Ein Team von Assistentinnen ist verantwortlich für Inhalte und die Aktualisierung der einzelnen Kapitel. Somit tragen sie erheblich zur Qualitätssicherung in der Verwaltung bei und haben sich so einen erheblichen Anteil am Informationsmanagement im Unternehmen gesichert.

Schritt für Schritt zur unternehmensweiten Wissensdatenbank.

Schritt 1: Wer einen hohen Turm bauen will, muss lange am Fundament verweilen

Ein solches Projekt will gut durchdacht sein. Stürzen Sie sich nicht gleich in die Arbeit – überlegen Sie sich zuerst das Für und Wider: Wie entkräften Sie Argumente Ihres Chefs, dass er durch Ihre Mitarbeit an diesem Projekt nicht mehr Ihre ganzen Ressourcen zur Verfügung hat? Schaffen Sie es, neben Ihrer alltäglichen Arbeit auch noch Energie und Zeit dafür zu investieren? Wie überzeugen Sie Ihre Kolleginnen, ein Team zu gründen, denn alleine werden Sie das Projekt nicht stemmen können.

Motivation ist der Motor!

Natürlich ist die eigene Motivation und Begeisterung das Wichtigste. Präsentieren Sie Ihren Kolleginnen Ihre Idee. Versuchen Sie, Gleichgesinnte ins Boot zu bekommen. Dieses Projekt ist nichts für Einzelkämpfer. Finden Sie Kolleginnen, die langfristig an dem Projekt mitarbeiten wollen.

Sammeln Sie im Team gute Argumente für Ihr Projekt, die den kritischen Fragen der Vorgesetzten Stand halten. Denken Sie an die Kostenfrage!

Schritt 2: Wie überzeugen Sie Ihren Chef?

Es ist sehr wahrscheinlich, dass Ihr Chef Bedenken äußern wird, was Ihre Zeitressourcen angeht. Denn schließlich soll die Chefentlastung nicht darunter leiden.

Hier finden Sie einige Argumente, die Sie für Ihr Gespräch nutzen können:

- Sie erweitern durch die Mitarbeit an diesem Projekt Ihr betriebsinternes Netzwerk, da sie auch bereichsübergreifend mit anderen Mitarbeitern zusammenkommen.
- Gleichzeitig sind Sie immer up to date, was alle organisatorischen Regelungen betrifft.
- Sie optimieren den Informationsfluss für das Unternehmen, denn viele Infos, die Ihren Bereich betreffen, sind auch für andere Kolleginnen von Nutzen.
- Wenn das Handbuch erst einmal fertig gestellt ist, gibt es immer weniger Mitarbeiter, die Ihnen die Zeit „stehlen", weil sie mit organisatorischen Fragen zu Ihnen kommen. Dafür gibt es ja dann das Office-Handbuch als Nachschlagewerk.
- Das Unternehmen sichert sich so Assistentinnen, die sich mit der Firma identifizieren und immer optimal über alle Arbeitsprozesse informiert sind.
- Vorgesetzte können sich ebenfalls alle internen Informationen aus diesem Tool holen, auch wenn das Sekretariat nicht besetzt ist.

- Wenn Mitarbeiter das Unternehmen verlassen, gehen keine wichtigen Infos verloren, da das Wissen im Intranet-Handbuch gesichert ist.
- Neue Mitarbeiter und Leasingkräfte haben eine ideale Wissensquelle.

Haben Sie die Rückendeckung Ihres Chefs, können Sie die nächste Herausforderung angehen: Ihre Kolleginnen davon überzeugen, dass das Projekt in jeder Hinsicht Erfolg verspricht.

Schritt 3: Wie bekommen Sie andere Kolleginnen ins Boot?

Hier finden Sie einige stichhaltige Argumente, mit denen Sie Ihre Kolleginnen überzeugen:

- Die Mitarbeit an diesem Projekt fördert die Teamfähigkeit, stärkt das Zusammengehörigkeitsgefühl unter den Kolleginnen und alle erweitern dadurch ihre IT-Kenntnisse.
- Gleichzeitig sind alle stets über firmeninterne Regelungen informiert.
- Die Assistentinnen erarbeiten sich durch das Projekt Office-Handbuch ein ganz neues Standing im Unternehmen. Die Mitarbeiter erkennen, dass die Assistentinnen daran interessiert sind, firmeninterne Prozesse zu optimieren. Außerdem zeigen Sie, dass sich die Kolleginnen als Team nach außen präsentieren.
- Das Projekt ist eine Bühne für gesundes Marketing in eigener Sache.
- Es können sich durch das Projekt ganz neue Aufgabenfelder und Entwicklungsmöglichkeiten auftun – es ist eine Investition in die Zukunft.

Haben Sie Ihr Intranet-Team zusammen, sollten Sie für Ihr Team Regeln aufstellen. Sie können folgende Liste als Leitfaden für die „zehn Gebote“ Ihres Organisationsteams verwenden:

Tipps für teamgerechtes Verhalten:

- Initiative ergreifen,
- Andere aufmuntern und motivieren,
- Informationen erfragen – Informationen sind Holschulden,
- Informationen geben – Informationsfluss sicherstellen,
- offen seine Meinung sagen,
- Ideen anderer weiterentwickeln,
- Einigkeit in der Gruppe schaffen,
- andere Meinungen akzeptieren,
- die Gruppe zusammenhalten,
- Normen und Regeln aufstellen.

Checkliste: Aufgabengebiet aller Projektmitglieder:

- Informationen sammeln/erkennen,
- Ideen für neue Inhalte ins Team einbringen,
- prüfen/vervollständigen,
- erfassen bzw. abändern der Inhalte,
- gestalten gemäß CI,
- Korrekturlesen,
- ins Intranet überspielen.

Die Aufgaben eines jeden einzelnen Teammitglieds sollten schriftlich fixiert werden.

Siehe Checkliste „Arbeitspaket" am Ende des Kapitels.

Charakteristika eines Hochleistungsteams:

- Sich ergänzende Potenziale: Achten Sie darauf, dass Sie verschiedene Stärken in Ihrem Team vereinen. Sie brauchen neben den „Detailarbeitern" auch Kolleginnen mit guten Netzwerkbeziehungen nach außen und/oder zur Geschäftsleitung, Kolleginnen mit guten IT-Kenntnissen oder exzellentem Unternehmenswissen.
- Geringe Anzahl der Mitarbeiter: Nach dem Motto „viele Köche verderben den Brei" sollte Ihr Team nicht zu groß sein. Je mehr Teammitglieder es sind, umso schwieriger fallen Abstimmungen und Entscheidungen.
- Fähigkeit, Probleme zu lösen und Entscheidungen zu treffen.
- Emotionale Distanz, Fähigkeit zu Feedback: Gerade, wenn sich die Assistentinnen in einem ersten gemeinsamen Projekt wie die Erstellung eines Office-Handbuchs ein neues Image verschaffen, wird es einige Neider im Unternehmen geben. Hier heißt es, sich ein dickes Fell anzuschaffen, wenn es kritische Bemerkungen aus dem Kollegenkreis gibt. Nehmen Sie nichts persönlich und lassen Sie sich nicht in Ihrer Zielorientierung beirren!
- Für Abstimmungen: eine ungerade Teammitgliederzahl.
- Keine großen hierarchischen Unterschiede.
- Verpflichtung zur gemeinsamen Arbeitsmethode (z. B. mit schriftlich dokumentierten Arbeitsaufträgen, dem Projektauftrag für die Genehmigung, regelmäßige Teammeetings mit wechselnder Protokollführung).
- Gemeinsame Verantwortung.
- Eine zuverlässige und kompetente Teamleitung.

Welche Aufgaben hat die Teamleitung?

- die Gesamtleitung,
- Vorbereitung und Leitung der Arbeitssitzungen,
- Erstellen der Tagesordnung,
- Einladung an die Teilnehmer,
- Repräsentations- und Informationsaufgaben,
- Planung einzelner Arbeitsabläufe,
- Delegieren von Aufgaben,
- Instruktion und Zuteilung von Verantwortung und Kompetenzen,
- Koordinationsaufgaben,
- Kontrolle aller Aktivitäten.

Schritt 4: Ziele schriftlich fixieren!

Haben Sie Ihr Team aufgestellt und organisiert, steht die Einholung der Genehmigung für das Projekt an – entweder bei Ihrem Vorgesetzten und/oder der Geschäftsleitung.

Erstellen Sie auf jeden Fall ein schriftliches Konzept – ob als Vortrag oder PowerPoint-Präsentation. Gestalten Sie es nach dem *KISS*-Prinzip: Keep it short and simple, bereiten Sie die Informationen prägnant, kurz und aussagekräftig auf. Die wichtigsten Aussagen müssen sofort erkennbar sein.

Das Konzept muss:

- die Grobstruktur aufzeigen,
- das Projektteam vorstellen,
- die Frage der Aktualisierung eindeutig klären,
- die Randbedingungen enthalten (z. B. Arbeitszeitregelung),
- das Budget sollte festgelegt werden,
- Termine kommunizieren.

Weisen Sie auf die Optimierung der Arbeitsabläufe durch gesteigerte Effizienz hin.

Leitfaden für Ihren PowerPoint-Vortrag:

Folie 1: enthält den Namen des Organisationshandbuches und beschreibt den Nutzen für das Unternehmen bzw. das Ziel des Projektes.

Beispiel für Titel: Intranet Office-Handbuch

Ziel: „einheitliche Quelle für unternehmensrelevante Informationen für alle Mitarbeiter“ oder: „firmeninternes virtuelles Nachschlagewerk für alle Mitarbeiter“.

Folie 2: Vorschläge für mögliche Inhalte

- Unterschriftsregelungen
- Bestellwesen – was bekomme ich wo?
- Rahmenverträge mit Hotels
- Formulare und Checklisten
- Travel-Management
- Wir über uns
- Reiserichtlinien
- Veranstaltungsmanagement

Folie 3: Ist-Zustand im Unternehmen z. B.:

- mangelhafte oder veraltete Informationen
- langes Suchen nach Informationen, da das Wissen an verschiedenen Stellen zu finden ist („virtuelles Verzetteln“)
- aufwändige oder ungenügende Einarbeitung neuer Mitarbeiterinnen/Leasingkräfte
- Informationsmangel, wenn das Sekretariat nicht besetzt ist
- Verschwendung wertvoller Arbeitszeit

Folie 4: Gewünschter Soll-Zustand/Ziel des Office-Handbuches z. B.:

- immer aktuelle und vollständige Informationen
- gebündeltes Office-Wissen sofort auf Mausklick für alle verfügbar
- schnellere und vollständigere Information neuer Mitarbeiter

Folie 5: Umsetzung – das Projektteam

Hier sollten Sie das Projektteam vorstellen mit Namen und Fotos.

Rahmenbedingungen wie Team-Meetings

- Wie oft?
- Wann?
- Wo?

sollten hier auch nicht fehlen.

Folie 6: Arbeitspakete

Hier beschreiben Sie die Arbeitspakte der einzelnen Teammitglieder z. B.:

- Festlegung Layout
- inhaltliche Strukturierung
- Korrekturlesen
- Zusammenarbeit mit der IT-Abteilung
- Überspielen aufs Netz

Folie 7: Elektronische Realisierung

- Wie?
- Wer?
- Kapazität?

Folie 8: Meilensteine und Termine

- Start des Projektes
- wichtigste Meilensteine
- geplanter Endtermin

Folie 9: Geschätztes Budget

Folie 10: Update

Das ist ein Thema, das die Vorgesetzten sehr interessiert …

- Sichergestellt durch wen?
- Wie?
- Zeitaufwand?

Nach der Präsentation, auf die Sie sich selbstverständlich sehr gut vorbereiten sollten, können Sie den Entscheidern einen unterschriftsreifen Projektauftrag vorlegen, der noch einmal alle im Konzept vorgestellten Einzelheiten enthält.

Siehe Checkliste „Projektauftrag“ am Ende des Kapitels.

Haben Sie es geschafft und die Genehmigung der Entscheider in der Tasche, empfiehlt sich die Bildung eines PR-Teams.

Praxistipp: Das PR-Team

Welche Aufgaben hat ein PR-Team in diesem Projekt?
Das PR-Team sollte dafür sorgen, dass man im Unternehmen über Ihr Projekt und Ihr Team positiv spricht. Die Mitarbeiter sollten den Fortschritt des Projektes verfolgen können. Sie könnten z. B. den aktuellen Stand des Projektes im Intranet veröffentlichen oder Infos ans schwarze Brett hängen.
Fragen Sie, wer ein PR-Team bilden möchte, denn Ihr Projekt braucht Unterstützung von außen und dazu müssen Sie erst einmal Ihr Vorhaben bekannt machen.
Das PR-Team kann auch für die regelmäßige Information per E-Mail an alle E-Mail-User sorgen, wenn es neue Kapitel oder Änderungen/Ergänzungen im Office-Handbuch gibt.

Die Projektleitung behält die Übersicht

Die Schlüsselfunktion ist die der Projektleitung. Hier liegt die koordinierende Funktion, die alle Fäden in der Hand hält. Die Projektleitung lädt das Projektteam zu den Sitzungen ein, sammelt Punkte für die Tagesordnung und überwacht die Termine. Sie schlichtet auch in Konfliktsituationen.

Anforderungsprofil für die Teamleitung

Die besonderen Kompetenzen der Projekt-/Teamleitung sollten sein: Sie

- kann andere begeistern und motivieren – auch in Krisenzeiten,
- verfügt über sehr gute Rhetorik- und Verhandlungskenntnisse,
- hat eine hohe Akzeptanz in allen Ebenen des Unternehmens,
- ist belastbar und verfügt über gute Kraftreserven,
- kann gut delegieren und ist ein guter Teamworker – das heißt, die Teamleitung gibt mit der Aufgabe auch Verantwortung ab,
- moderiert, statt lange Monologe zu halten,
- versteht sich als Teil einer Mannschaft (nicht als Führer und die anderen sind nur Wasserträger),
- kann die gute Leistung des Teams anerkennen und loben,
- besitzt Durchsetzungsstärke und kann sich Respekt verschaffen,
- hat Durchhaltevermögen und ist offen für neue Ideen.

Schritt 5: Zusammenarbeit mit anderen Kollegen sichern

Papierlos ist effizient

Natürlich können Sie ein Organisationshandbuch auch auf Papier erstellen. Hier ist klar, dass das Argument der Effizienz nicht greift, denn die Aktualisierungen sind mit sehr großem Arbeitsaufwand verbunden. Es macht ebenfalls keinen Sinn, neben dem elektronischen Nachschlagewerk noch Exemplare in Papierform zu erstellen.

Die ideale Lösung heißt: den unternehmensweiten Wissenspool im Intranet allen Mitarbeitern zugänglich machen. Für die Kolleginnen und Kollegen, die keinen PC am Arbeitsplatz haben (z. B. in der Produktion) richten Sie Informations-Ecken ein, in denen Sie Bildschirme aufstellen.

Klären Sie unbedingt im Vorfeld mit Ihrer IT-Abteilung ab, welche Kapazität Sie für Ihre Wissensdatenbank benötigen und klären Sie Details. Die technischen Tools sind in den einzelnen Unternehmen sehr unterschiedlich.

Wo Sie nicht selbst Profi sind, greifen Sie auf Kollegen zurück, die wiederum ihr Wissen mit Ihnen teilen. Immerhin bekommen alle Mitarbeiter ihre investierte Zeit zurück, wenn sie erst das fertige Organisationshandbuch nutzen können.

Das Herz des Projektes ist das Team. Fixieren Sie die einzelnen Arbeitspakete, für die jeder zuständig ist, schriftlich mit genauer Beschreibung, Termin- und Kostenziel.

Beziehen Sie auch andere Kollegen außerhalb des Teams in das Projekt ein, indem Sie z. B. einen Wettbewerb veranstalten, mit dem Sie ein eigenes Logo für Ihr Projekt suchen.

Schritt 6: Inhalte sammeln und strukturieren

Impulse von außen sind wichtig!

Nun gilt es, Informationen im Unternehmen aufzuspüren. Sammeln Sie Inhalte für Ihr Organisationshandbuch, z. B. in einem Brainstorming mit dem Team. Holen Sie sich jedoch auch Ideen von Mitarbeitern und Kollegen, damit Ihr Team nicht nur „im eigenen Saft schmort“. Verschaffen Sie sich einen Überblick über Arbeitsabläufe im Unternehmen – auch abteilungsübergreifend. Motivieren Sie Ihre Kollegen zur Mitarbeit. Hier kommt Ihr PR-Team zum Einsatz.

Das sind *Ideen* für mögliche Inhalte:

- Ablagetipps mit Aufbewahrungsfristen für Schriftgut
- Fachbegriffe und Literatur
- Finanzen und Rechnungswesen
- Formulare und Checklisten
- Reisemanagement

- Besucherbetreuung mit Rahmenprogrammen
- Hotelkooperationen mit Rahmenverträgen
- Moderne Korrespondenz und Sammlung von Textbausteinen mit Musterbriefen
- DIN 5008
- Adressen von A – Z
- Wettbewerber im Internet
- Messetermine
- Regeln für Post und Warenversand
- rund ums Personal
- rund um den PC
- Technische Dokumentationen
- Wir über uns (Firmenhistorie, Präsentationsfolien, Mitgliedschaften)

Die Inhalte müssen geprüft, strukturiert und aufbereitet werden.

Schritt 7: Teammeetings organisieren

Regelmäßige Treffen sind ein Muss!

Veranstalten Sie regelmäßige Treffen, auch wenn heute viel über E-Mail abgestimmt wird. Sie stärken das „Wir-Gefühl" und sind wichtig für den Austausch und den Informationsfluss im Projektteam.

Erstellen Sie für die Besprechungen eine *Agenda* und halten Sie sich streng an die Tagesordnungspunkte. Arbeiten Sie die Punkte sachlich nacheinander ab. Führen Sie immer *Protokoll* – zu Ihrer eigenen Sicherheit und als Dokumentation für die Vorgesetzten. So zeigen Sie, dass Ihr Projekt professionell abläuft und Sie die Entscheider regelmäßig über den aktuellen Stand informieren.

Stellen Sie stets eine zuverlässige Arbeitsorganisation sicher. Mit dieser Arbeitshilfe gewinnen Sie einen guten Überblick über die Aktivitäten des gesamten Teams:

Legen Sie z. B. diese Übersicht auf dem Netz unter dem Pfad ab, auf das alle Teammitglieder Zugriff haben. Somit sind alle immer auf dem gleichen Wissensstand.

Siehe Checkliste „Termin- und Vorgehensplan" am Ende des Kapitels.

Schritt 8: Am Projekt wachsen

Sie werden bei diesem Projekt sehr viel lernen – nicht nur fachliche Dinge wie die HTML-Sprache oder Bildbearbeitung. Sie werden Teamarbeit „live“ mit allen Höhen und Tiefen erleben. Sie lernen Kolleginnen und Kollegen näher kennen und bekommen einen Einblick in die Organisation anderer Abteilungen. Das bringt oft eine ganz andere Sichtweise der Dinge und hilft, andere besser zu verstehen und deren Arbeit zu respektieren. Ihre soziale Kompetenz wächst.

Arbeiten Sie in einem erfolgreichen Projekt mit, verbessern Sie Ihr Image. Plötzlich kennt man Sie auch bereichsübergreifend und findet in Ihnen einen kompetenten Ansprechpartner in Sachen Arbeitsorganisation.

Eine Mitarbeit in einem solchen Projekt, von dem alle Mitarbeiter profitieren, hat viele positive Auswirkungen.

Bedenken Sie, welche Qualifikationen Sie unter Beweis stellen können:

- generalistisches Denken
- bereichsübergreifendes Denken
- Führungskompetenz als Projektleiterin
- unternehmerisches Denken
- Durchsetzungsvermögen und Teamorientierung
- Ausstrahlung

Feiern Sie Erfolge – belohnen Sie sich und Ihr Team. An dem Tag, an dem Ihr Organisationshandbuch im Intranet erscheint, haben Sie Grund zu feiern. Vielleicht bekommen Sie sogar ein „Incentive“ der Vorgesetzten. Belohnungen nach wichtigen Zieletappen fördern die Motivation des Teams.

Kritische Situationen in der Zusammenarbeit mit dem Team erfolgreich meistern

Natürlich wird nicht alles glatt laufen – in einem solchen Projekt gibt es viele mögliche Stolpersteine. Diese können z. B. sein:

- Teammitglieder, die aus dem Projekt aussteigen, weil sie sich überfordert fühlen,
- Vorgesetzte, die die fehlenden Ressourcen bei der Chefentlastung bemängeln,
- Kolleginnen, die unter „zuverlässige Zusammenarbeit“ etwas Anderes verstehen als Sie selbst,
- fehlende Motivation, das Projekt termingerecht zu Ende zu bringen,
- Arbeitsüberforderung und Stress.

Wichtig ist, dass Sie in solchen Situationen nicht den Mut verlieren und immer motiviert bleiben. Denn am Ende werden Sie stolz auf Ihr Team und sich selbst sein, wenn Sie trotz „Unkenrufen“ aus dem Kollegenkreis oder gar aus dem eigenen Team Ihr Ziel nicht aus den Augen verloren haben.

Schritt 9: Update sicherstellen

Das Projekt Organisationshandbuch lebt langfristig natürlich von der Aktualisierung. Sorgen Sie dafür, dass niemand bei dieser Aufgabe überfordert ist. Jedes Teammitglied sollte mit dem Update eines Kapitels betraut sein, mit dessen Inhalt er sich identifizieren kann.

Stellen Sie sicher, dass Änderungen von organisatorischen Regelungen *sofort* an die zuständigen Projektmitglieder weitergeleitet werden. Im Intranet muss auf den ersten Blick ersichtlich sein, wer für die Aktualisierung Ansprechpartner ist.

Sie werden sich sicher nach Fertigstellung des Officehandbuches nicht mehr so oft im Team treffen. Das heißt aber nicht, dass die Teammitglieder nicht ständig daran arbeiten, ihr Werk zu optimieren und zu erweitern. Eine neue Aufgabe kann sein, bestimmte Teile in eine Fremdsprache zu übersetzen, damit bei international agierenden Unternehmen auch die Tochtergesellschaften im Ausland von der unternehmensweiten Wissensdatenbank profitieren.

Schritt 10: Regelmäßigen Relaunch anstoßen

Sie sollten sporadisch das Handbuch nicht nur auf Aktualität, sondern auch auf zeitgemäße Struktur und Einhaltung des Corporate Designs prüfen. Hinzu kommt das regelmäßige „Entrümpeln“ der Inhalte und wenn nötig ein neuer Name.

Checkliste: Arbeitspaket

Arbeitspaket: „Redaktionelle Bearbeitung aller Texte“	
Arbeitspaketverantwortliche: Irene Meier	
Aufgabenstellung: - Prüfung der Texte auf Vollständigkeit und Klarheit - Umformulierung/Ergänzung, wo notwendig - Prüfung Interpunktion und Rechtschreibung	
Zu erarbeitende Ergebnisse: Vollständige und ausformulierte Sammlung von Informationen	
Randbedingungen: - regelmäßige Weitergabe an die Verantwortliche des Arbeitspaketes „Inhaltliche Strukturierung“ - regelmäßige Weitergabe an die Verantwortliche des Arbeitspaketes „Erfassung und Anpassung ans Layout“	
Termine, Meilensteine: Start: 14. August 2013 Endtermin: 23. Januar 2014	
Auftraggeber:	**Arbeitspaketverantwortliche:**

Checkliste: Projektauftrag

Projektauftrag: "..."	
Projektleiter:	
Zielsetzung:	
Aufgabenstellung:	
Zu erarbeitende Ergebnisse:	
Budget:	
Randbedingungen:	
Termine, Meilensteine:	
Auftraggeber:	**Projektleiter:**

Checkliste: Termin- und Vorgehensplan

Nr.	Arbeitsschritte	Beteiligte (Funktion)	Mitarbeiter	Termin	Methode / Werkzeug

Weiterführende Quellen

Literatur

Bögner, Tanja: Traumberuf Sekretärin: Was Sie heute wissen müssen, um erfolgreich zu sein. Eichborn Verlag 2008.

Gätjens-Reuter, Margit: Ablage. Information optimal organisieren. 3. Auflage. Gabler Verlag 2008.

Kreuzpointner-Illg, Alexandra/Reißer, Ralf: Praxishandbuch Beschaffungsmanagement. Einkäufe kostenoptimiert tätigen – Anbieter richtig auswählen – Risiken vermeiden bei der Auftragsvergabe. Gabler Verlag 2006.

Steinbrecher, Wolf/Müll-Schnurr, Martina: Prozessorientierte Ablage: Dokumentenmanagement-Projekte zum Erfolg führen. Praktischer Leitfaden für die Gestaltung einer modernen Ablagestruktur. Gabler Verlag 2007.

Kurz, Jürgen: Für immer aufgeräumt. Zwanzig Prozent mehr Effizienz im Büro. Gabal Verlag 2007.

May, Sibylle: Das Checklistenbuch. Die wichtigsten Organisationshilfen für das Büromanagement. Gabler 2010.

Vogel-Kammerer, Gudrun: Grundwissen Bürowirtschaft. Arbeitsprozesse und Arbeitsbereiche – Bürokommunikation und Büroorganisation – Strukturen, Vernetzungen. Cornelsen Verlag 2009.

Linktipps

www.workingoffice.de: Magazin für professionelles Büromanagement. Im Newsletter – jeden Mittwoch neu – erhalten Sie Expertentipps für die Organisation Ihres Arbeitsalltages.

www.mailhilfe.de: Umfangreiche Ratschläge zu Outlook, Incredimail, Thunderbird, WikMail u. v. m. Neben Tipps und Tricks zu den einzelnen Programmen wird eine Reihe von Downloads angeboten, außerdem gibt es die Möglichkeit im Forum Hilfe zu speziellen Themen zu finden.

www.zeitblueten.com: Das Portal gibt Tipps, wie Sie wertvolle Zeit sparen und Ihren Arbeitsalltag einfacher gestalten. Plus: Gratis-Downloads – vom Zeitmanagement-Selbsttest über zeitsparende Vorlagen für Ihre Büroorganisation bis hin zu Checklisten.

Teil II

Korrespondenz

Die neue Geschäftskorrespondenz – professionell, kundenorientiert, abwechslungsreich

Jutta Sauer

Ist Ihre Korrespondenz wirklich die Visitenkarte Ihres Unternehmens?

> Sehen Schriftstücke, die Ihr Unternehmen verlassen, einheitlich aus?
>
> Entspricht Ihr Briefstil Ihrer Unternehmensphilosophie?
>
> Sind Ihre Formulierungen zeitgemäß und kundenorientiert?

Im Sinne des einheitlichen Auftretens nach außen führen viele deutsche Unternehmen umfangreiche Corporate-Identity-Projekte durch. Aber was steckt hinter diesem abstrakten Begriff? Natürlich ist klar, dass sich die Kunden und Mitarbeiter mit dem Unternehmen identifizieren sollen. Auch ist klar, dass ein Ziel von Corporate Identity das einheitliche Auftreten nach außen ist. Doch hier schon beginnen die Probleme. Es ist nicht schwer, im Rahmen von Corporate Design einheitliches Briefpapier und Formulare zu entwerfen. Viel schwieriger ist es, die Mitarbeiter dazu zu bringen, diese Vorlagen auch einheitlich auszufüllen.

Form und Norm

In den meisten Ausbildungsberufen wird zwar der Umgang mit einem Textverarbeitungsprogramm vermittelt. Die einheitlichen Gestaltungsregeln nach DIN 5008 sind jedoch Hausaufgaben, die oft nicht gemacht werden, weil viele Mitarbeiter gar nicht wissen, dass es eine Norm für die Textverarbeitung gibt. So wird in deutschen Unternehmen munter gestritten, ob der Betreff fett geschrieben werden soll oder ob er denn überhaupt noch existiert. Jeder Mitarbeiter kocht sein eigenes Süppchen, und die Briefe, Faxe und E-Mails, die das Unternehmen verlassen, sehen uneinheitlich aus. Kunden, die mit mehreren Abteilungen korrespondieren und die erhaltenen Schriftstücke in einen Ordner heften, können manchmal gar nicht glauben, dass all diese Schreiben aus ein- und demselben Unternehmen stammen. Schon hier scheitert das einheitliche Auftreten nach außen! Viele Unternehmen schaffen es einfach nicht, einheitliche Richtlinien zum Gestalten von Schriftstücken auf Basis der DIN 5008 zu entwickeln.

Natürlich mag es Menschen geben, die die eine oder andere Regel der DIN 5008 nicht für „hübsch“ halten. Aber was ist eigentlich „hübsch“? Wenn Sie 100 Menschen fragen, was ihnen besser gefällt, dann erhalten Sie wahrscheinlich 100 verschiedene Aussagen. So meinte zum Beispiel eine meiner Seminarteilnehmerinnen, es sehe wesentlich netter aus, §65 BGB zu schreiben statt richtig § 65 BGB. Der DIN-Ausschuss arbeitet jedoch auf Grundlage der deutschen Rechtschreibung, und wenn Sie in diesem Beispiel das Zeichen für Paragraph als Wort ausschreiben, dann wäre doch selbstverständlich, dass Sie zwischen der Zahl und dem Wort einen Leerschritt machen.

Korrespondenz und Unternehmensphilosophie

Zu Corporate Identity gehört auch die Identifikation mit der Unternehmensphilosophie. Welche Philosophie verfolgt Ihr Unternehmen? Welches Bild vermittelt Ihr Unternehmen durch Werbemaßnahmen und Public-Relations-Aktionen? Beschreibt sich Ihr Unternehmen als modern und zukunftsorientiert? Werden gleichzeitig jedoch Briefe und Faxe verschickt, in denen es vor Uraltfloskeln nur so wimmelt? Wirken verstaubte Ausdrücke wie „Bezug nehmend auf Ihr Schreiben vom ...“ oder: „wir verbleiben bis dahin“ modern und zukunftsorientiert? Wann haben Sie sich das letzte Mal die Zeit genommen, Ihre Korrespondenz zu entrümpeln? Eine Sprache ist lebendig und ändert sich. Oft werden aber gerade in der Korrespondenz noch Ausdrücke verwendet, die verstaubt und wenig dynamisch wirken.

Kundenorientierte Ausdrucksweise

Hat auch Ihr Unternehmen sich den Begriff „Kundenorientierung“ auf die Flagge geschrieben? Klingt Ihre Korrespondenz im Gegenzug dazu auch wirklich kundenorientiert? Neulich erst las ich folgenden Satz in einer E-Mail: „Ihre Antwort erwarten wir bis 25. November 20..“ Wäre die Version: „Bitte antworten Sie uns bis ...“ oder „Können Sie uns bitte bis ... antworten?“ nicht wesentlich höflicher und kundenorientierter? Oder kennen Sie den Satz: „Das Formular ist ausgefüllt und unterschrieben an uns zurückzusenden.“ Es handelt sich hierbei um einen Befehl und nicht um eine höfliche Bitte. Netter wäre doch: „Bitte senden Sie uns das ausgefüllte und unterschriebene Formular bis ... zurück.“

Sie kennen sicherlich den Spruch: „Für den ersten Eindruck gibt es keine zweite Chance!“ Ein in der Werbung aufgebauter Eindruck ist aber auch schnell verdorben, wenn die spätere Zusammenarbeit und Kommunikation im krassen Widerspruch dazu steht. Hatten Sie schon einmal folgendes Erlebnis? Sie sehen auf einer Party einen glänzend aussehenden Menschen. Sie sprechen diese Person an, und sobald diese den Mund aufmacht, haben Sie nur noch den Wunsch, sich wieder zurückzuziehen. Kürzlich forderte ich die Corporate-Identity-Broschüre eines Lieferanten an. In diesem Büchlein war die Philosophie des Unternehmens genau beschrieben. Besonders beeindruckte mich die Aussage: „Wir sind anderen immer einen Schritt voraus!“. Welches Unternehmen möchte nicht modern, fortschrittlich und immer am Puls der Zeit sein? Umso entsetzter war ich über das Anschreiben, das dieser Broschüre beilag:

> Sehr geehrte Frau Sauer,
>
> Bezug nehmend auf unser heutiges Telefonat freuen wir uns, Ihnen in der Anlage unsere neue Corporate-Identity-Broschüre überreichen zu dürfen. Wir erlauben uns außerdem, Ihnen beiliegend einen Produktkatalog zu übersenden.
>
> Sollten Sie noch Fragen haben, rufen Sie uns bitte an. Unser Herr Muster steht Ihnen jederzeit gerne zur Verfügung.
>
> Mit freundlichen Grüßen

Der Stil dieses Briefes ist weder modern noch fortschrittlich und schon gar nicht anderen Unternehmen einen Schritt voraus. Eine Uraltfloskel jagt die nächste!

Entspricht die Korrespondenz Ihres Unternehmens Ihrer Unternehmensphilosophie, oder existieren auch bei Ihnen noch Textbausteine, die bereits vor 20 Jahren entworfen worden sind? Unsere Sprache hat sich verändert, doch alte Floskeln haben ein langes Leben. Würde der folgende Brief nicht besser zu der Aussage: „Wir sind anderen immer einen Schritt voraus!“ passen?

> Guten Tag, Frau Sauer,
>
> vielen Dank für Ihr Interesse an unserer Corporate-Identity-Broschüre. Wie gewünscht, erhalten Sie ein druckfrisches Exemplar.
>
> Haben Sie Fragen oder wünschen Sie weitere Informationen? Herr Muster berät Sie gern. Sie erreichen ihn unter der Telefonnummer 0611 123-456.
>
> Freundliche Grüße aus Musterhausen

So erreichen Sie, dass Ihre Korrespondenz gelesen wird!

Menschen werden heute mit Informationen regelrecht bombardiert. Deshalb ist es wichtiger als je zuvor, klar, deutlich, überzeugend und floskelfrei zu kommunizieren.

Stellen Sie den Empfänger in den Mittelpunkt!

Was erwartet Ihr Leser? Er erwartet relevante Informationen, die in einem klaren und leicht verständlichen Stil präsentiert werden. Verzichten Sie deshalb auf langatmige Einleitungs- und Schlussfloskeln. Langweilen Sie ihn nicht mit Hintergrundinformationen, die er bereits besitzt, verzichten Sie auf Geschäftsjargon und schwer verständliche Fachterminologie.

Ihr Leser wird Ihnen dankbar sein, wenn er die Hauptpunkte Ihres Schreibens bereits beim ersten Lesen mühelos erfassen kann. Niemand wühlt sich gerne durch lange, unübersichtliche

Sätze, die zu allem Überfluss auch noch mit Abkürzungen und Fremdwörtern gespickt sind. Versetzen Sie sich in die Lage Ihres Lesers, und passen Sie den Stil und Inhalt Ihres Briefes an seine Bedürfnisse an.

Stellen Sie sich folgende Fragen, bevor Sie zu schreiben beginnen:

- Wer ist mein Leser/meine Leserin?
- Was weiß er/sie bereits über das Thema?
- Welche Informationen braucht er/sie?
- Was ist interessant für ihn/sie?
- Was bewegt ihn/sie?
- Was beunruhigt ihn/sie?
- Was wird ihn/sie von meinen Standpunkt überzeugen?
- Wie wird er/sie wahrscheinlich auf meine Vorschläge reagieren?
- Welche Fachausdrücke versteht er/sie? Welche sollte ich erklären?

Der gelungene Einstieg

Wecken Sie das Interesse des Empfängers durch einen starken Einstieg. Stellen Sie wichtige Informationen an den Beginn, ohne mit der Tür ins Haus zu fallen. Folgende Regeln und Beispiele sollen Ihnen helfen, den Briefbeginn in Zukunft interessanter zu gestalten.

Wiederholen Sie nicht den Inhalt des erhaltenen Briefes	
Nicht so	**Neue Version**
Wir beziehen uns auf Ihre Anfrage vom … und teilen Ihnen hiermit mit, dass …	Vielen Dank für Ihr Interesse an unseren Produkten. Sie erhalten das gewünschte Angebot.
Nicht so	**Neue Version**
Sie schrieben uns, dass ... Hierzu haben wir noch einige Fragen!	Vielen Dank für Ihren Brief. Bitte beantworten Sie uns noch folgende Fragen.

Ist ein Dank nicht viel netter als eine abgedroschene Bezugnahme? Wenn Sie mit einer Bezugnahme starten, dann vergeuden Sie Zeit und Geld Ihres Lesers. Die meisten Menschen überspringen derartig sinnlose Einleitungssätze und lesen gleich den zweiten oder dritten Absatz. So kann es durchaus vorkommen, dass wichtige Informationen übersehen werden.

Beginnen Sie Ihren Brief nicht mit „leider“ oder „bedauerlicherweise“

Nicht so	**Neue Version**
Leider müssen wir Ihnen mitteilen, dass wir mit Ihrer Lieferung vom ... nicht zufrieden sind.	Vielen Dank für Ihre Lieferung vom ... Die Qualität der Ware entspricht jedoch nicht dem Muster.
Nicht so	**Neue Version**
Wir bedauern, Ihnen mitteilen zu müssen, dass die Geschäftsleitung beschlossen hat, die in Berlin geplante Projektsitzung nun doch in München stattfinden zu lassen.	Die Geschäftsleitung hat beschlossen, dass die Projektsitzung in München stattfinden wird.

Langweilen Sie nicht mit einer Wiederholung des Betreffs

Nicht so	**Neue Version**
Unser Telefonat am ... Sehr geehrter Herr Muster, wir beziehen uns auf das o. g. Telefonat und bestätigen Ihnen, dass ...	**Unser Telefonat am ...** Sehr geehrter Herr Muster, gerne bestätigen wir Ihnen, dass ...

Verzichten Sie auf „hiermit“ oder „mit diesem Schreiben“

Nicht so	**Neue Version**
Mit diesem Schreiben erhalten Sie das gewünschte Angebot.	Vielen Dank für Ihr Interesse an unseren Produkten. Sie erhalten das gewünschte Angebot.
Nicht so	**Neue Version**
Hiermit bestätigen wir Ihnen, ...	Wie gewünscht/Gern bestätigen wir Ihnen, ...

„Sie“ statt „wir“

Der Esel nennt sich immer zuerst. Starten Sie deshalb Ihren Brief nach Möglichkeit nicht mit „wir“ oder „ich“. Stellen Sie Ihren Empfänger in den Mittelpunkt, und beginnen Sie mit „Sie“.

Nicht so	**Neue Version**
Guten Tag, Herr Muster, wir freuen uns über Ihr Interesse an ...	Guten Tag, Herr Muster, vielen Dank für Ihr Interesse an unseren Produkten.

So können Sie Ihren Brief beginnen!

Dank

Beispiele:

- Vielen Dank für Ihr detailliertes Angebot.
- Vielen Dank für Ihr Interesse an unseren Produkten.

- Vielen Dank für Ihre E-Mail. Gerne beantworten wir Ihre Fragen.
- Danke für die schnelle Reaktion auf unsere Anfrage.
- Vielen Dank für Ihre prompte Reaktion auf unsere Anfrage.
- Herzlichen Dank für Ihre nette Einladung.
- Mit Ihren netten Zeilen und dem geschmackvollen Präsent haben Sie mir eine große Freude gemacht. Herzlichen Dank!
- Vielen Dank für Ihre guten Wünsche zu meinem ... (Ereignis).
- Vielen Dank für Ihre Anteilnahme und tröstenden Worte zum Tod ... (meiner Frau/ unseres Seniorchefs).
- Vielen Dank für Ihre Unterstützung bei ...
- Vielen Dank für Ihre offenen Worte. Ihre Situation verstehen wir sehr gut. Gerne kommen wir Ihnen entgegen und schlagen Ihnen Folgendes vor: ...

Gern/gerne/wie gewünscht

Beispiele:

- Gern/gerne senden wir Ihnen die gewünschten Unterlagen.
- Wie gewünscht erhalten Sie unseren Produktkatalog.
- Gern/gerne bestätigen wir Ihnen, dass ...
- Gern/gerne geben wir Ihnen die gewünschte Auskunft über ...
- Gern/gerne beantworten wir Ihre Fragen.

Wie vereinbart

Beispiel:

- Wie vereinbart, erhalten Sie den Vertrag über ...

Frage

Beispiele:

- Haben Sie unsere Rechnung über ... erhalten?
- Haben Sie meine E-Mail vom ... erhalten?
- Haben Sie daran gedacht, dass ...?

Quelle

Beispiele:

- Ihre Produktpräsentation auf der Hannover-Messe hat uns sehr beeindruckt.
- Herr Muster hat mir empfohlen, mich wegen ... an Sie zu wenden.
- Von Frau Muster haben wir erfahren, dass Ihr Unternehmen auf ... spezialisiert ist.
- Ihre Anzeige in der Frankfurter Rundschau hat unser Interesse geweckt.
- Herr Professor Muster hat uns an Sie weiterempfohlen.

Blickfänger

Ein Blickfänger ist ein kurzer Einleitungssatz von vier bis fünf Wörtern, der den Leser neugierig macht und zum Weiterlesen veranlasst.

Beispiele:

- Die Hannover-Messe steht kurz bevor!
- Es ist so weit!
- Weihnachten steht vor der Tür.

Wortspiel

Beispiel:

> Liebe Kolleginnen, liebe Kollegen,
>
> wer viel arbeitet, der soll auch *feste* feiern! Zu unserem diesjährigen Sommerfest am ... laden wir Sie herzlich ein.

Zitat

Zitate eignen sich besonders für Briefe zu besonderen Gelegenheiten, wie z. B. Glückwunschbriefe, Dankesbriefe, Einladungen usw.

> *Erblickt ein Kind das Licht der Welt,*
> *erscheint ein Stern am Firmament,*
> *er strahlt für dich tagaus, tagein*
> *und wird dein Wegbegleiter sein,*
> *er schützt dich vor Gefahr und Leid,*
> *schenkt dir viel Glück und Heiterkeit.*
>
> Liebe Frau Muster,
> lieber Herr Muster,
>
> dieser Spruch von Hans Karthaus fiel mir ein, als ich gestern hörte, dass Ihre kleine Tochter Stella auf die Welt gekommen ist ...

Betreff, der ins Auge fällt

Auch den Betreff können Sie als Blickfänger nutzen. Beginnen Sie nicht langweilig, sondern bringen Sie von Anfang an Pfiff in Ihren Text.

Beispiel 1:

> **Herzlichen Dank für Ihr Interesse an unseren Produkten!**
>
> Sehr geehrte Frau XY,
>
> gerne senden wir Ihnen das gewünschte Angebot über ...

Beispiel 2:

> **Eine spannende Zeit steht Ihnen bevor – ereignisreich und voller schöner Momente!**
>
> Liebe Frau Muster,
> lieber Herr Muster,
>
> herzlichen Glückwunsch zur Geburt Ihrer kleinen Tochter Chiara-Marie ...

Beispiel 3:

> **Vielen Dank für Ihre offenen Worte**
>
> Sehr geehrter Herr Muster,
>
> Ihre Situation verstehen wir sehr gut. Selbstverständlich können Sie erwarten, dass wir unsere Liefertermine einhalten ...

Beispiel 4:

> **Halten Sie sich auf dem Laufenden**
>
> Liebe Kolleginnen, liebe Kollegen,
>
> Informationen sind besser als Spektulationen. Deshalb laden wir Sie herzlich zu unserer Betriebsversammlung am ... ein ...

Beispiel 5:

> **Herzlichen Glückwunsch zur bestandenen Prüfung!**
>
> Sehr geehrter Herr Muster,
>
> keine Minute haben wir daran gezweifelt, dass Sie es schaffen werden ...

Beispiel 6:

> **Ihre Bewerbung ist in die engere Wahl gekommen**
>
> Sehr geehrte Frau Muster,
>
> vielen Dank für Ihre ansprechenden Unterlagen. Gerne möchten wir Sie kennen lernen ...

Das gelungene Briefende – der letzte Eindruck ist entscheidend

Zuerst liest der Empfänger den Briefbeginn und entscheidet, ob er überhaupt weiterlesen möchte. Dann liest er das Briefende und fragt sich: „Was will der Empfänger überhaupt von mir?“ Erst wenn er sich diese Fragen positiv beantwortet hat, liest er die Mitte des Briefes. Verschenken Sie deshalb nicht den Briefschluss mit leeren Floskeln. Auf folgende Phrasen sollten Sie in Zukunft verzichten:

Nicht so

Wir hoffen (1), diese Angelegenheit (2) damit abschließend (3) geklärt zu haben.

Analyse

(1) Hoffen ist nicht wissen.
(2) Amtsdeutsch
(3) Wehe du meldest dich wieder!

Neue Version

Wenn Sie weitere Informationen brauchen, rufen Sie uns bitte an. Wir beraten Sie gern.
oder
Ihre weiteren Fragen beantwortet Ihnen gerne Herr Muster unter der Telefonnummer 123.
oder
Haben Sie weitere Fragen? Sie erreichen uns unter der Telefonnummer 123. Wir helfen Ihnen gern.

Nicht so

Für Ihre Mühe/Bemühungen (1) danken wir Ihnen im Voraus.

Analyse

(1) Ende positiv! Weder „Mühe“ noch „Bemühungen“ wecken positive Gefühle!

Neue Version

Herzlichen Dank für Ihre Unterstützung.
oder
Schon jetzt vielen Dank für Ihre Hilfe!

👎 Nicht so

Wir bedauern (1), Ihnen keine positivere Nachricht geben zu können und verbleiben (2) ...

Analyse

(1) Ende positiv!
(2) Vorsicht Floskel! Wo verbleiben Sie denn? Sie arbeiten doch hoffentlich weiter.

👍 **Neue Version**

Sobald wir weiteren Bedarf haben, werden wir uns gerne wieder an Sie wenden.
oder
Wir sind überzeugt, dass Sie schon sehr bald einen geeigneten Kooperationspartner finden werden. Viel Erfolg!
oder
Wir sind sicher, dass Sie schon sehr bald die Position finden, die Ihren Vorstellungen entspricht. Viel Erfolg!

👎 Nicht so

Wir hoffen (1), Ihnen damit weitergeholfen zu haben (2).

Analyse

(1) Hoffen ist nicht wissen.
(2) Die Vergangenheitsform schließt dem Kunden die Tür. Enden Sie mit einem Türöffner.

👍 **Neue Version**

Haben Sie weitere Fragen? Rufen Sie uns bitte an. Wir beraten Sie gern.
oder
Rufen Sie uns an, wenn Sie weitere Fragen haben. Wir sind gerne für Sie da!
oder
Bei Fragen wenden Sie sich bitte an Herrn Theo Schneider. Sie erreichen ihn …

👎 Nicht so

Wir erwarten (1) Ihre Antwort bis Mitte nächster Woche (2).

Analyse

(1) Das Wort „erwarten" wirkt streng und unhöflich. Das Zauberwort „bitte" fehlt in diesem Satz.
(2) Setzen Sie konkrete Termine, damit der Empfänger korrekte Prioritäten setzen kann.

👍 **Neue Version**

Können Sie uns bitte bis ... antworten?
oder
Bitte antworten Sie uns bis ... Vielen Dank!

Nicht so

Sollten Sie noch (1) Fragen haben, stehen wir Ihnen jederzeit (2) gerne zur Verfügung (3).

Analyse

(1) Diese Wendung klingt nicht gerade einladend!
(2) Wirklich „jederzeit"?
(3) Drücken Sie sich aktiver aus. „Zur Verfügung stehen" ist eine sehr passive Floskel.

Neue Version

Helfen Ihnen diese Informationen? Wenn Sie weitere Fragen haben, rufen Sie uns bitte an.
oder
Sie können sich gerne an uns wenden, wenn Sie weitere Fragen haben. Wir beraten Sie gern.

Beispiele für ein gelungenes Briefende

- Enden Sie mit einem Servicesatz
  - Schreiben Sie uns, wenn Sie weitere Fragen haben.
  - Wenn Sie weitere Fragen haben: Bitte wenden Sie sich an ... Sie erreichen uns ...
  - Haben Sie weitere Fragen? Sie erreichen uns ...
  - Wegen des Termins meldet sich Frau Muster bis ... bei Ihnen.
  - Ihre Fragen beantworten wir Ihnen gerne unter der Telefonnummer ...
  - Details erklärt Ihnen gerne unser Servicetechniker, Peter Muster. Sie erreichen ihn ...
  - Wenn Sie weitere Informationen brauchen, sprechen Sie uns an. Wir beantworten Ihre Fragen gern.
  - Bitte rufen Sie uns an, wenn Sie weitere Informationen wünschen.
- Schließen Sie mit einem Appell
  - Bitte senden Sie uns die Unterlagen bis ... zu. Vielen Dank.
  - Damit wir Ihnen schnell helfen können, schicken Sie uns bitte Ihre Angaben bis ... zu. Herzlichen Dank.
  - Damit wir Ihre Wunschküche optimal für Sie planen können, senden Sie uns bitte die Grundrisse bis ... zu.
  - Damit wir Ihren Wunschtermin einhalten können, senden Sie uns bitte den ausgefüllten und unterschriebenen Antrag bis … zu.
  - Mit Ihrer schnellen Antwort helfen Sie uns, ...
  - Sobald wir Ihre Antwort haben, können wir ... Bitte schicken Sie uns deshalb ... bis zurück.
  - Bitte teilen Sie uns bis ... mit, ob Sie mit unserem Vorschlag einverstanden sind.
  - Bitte informieren Sie uns bis …, ob Sie mit dieser Lösung einverstanden sind.
  - Rufen Sie mich bitte bis ... an, damit wir Einzelheiten besprechen können.
  - Bitte setzen Sie sich sofort mit uns in Verbindung. So können Sie sicherstellen, dass ...
  - Bitte denken Sie daran, uns ... bis ... zu schicken. Schon jetzt vielen Dank.
  - Nur wenn wir Ihre Antwort bis ... haben, können wir ...

- Auf gute Partnerschaft
  - Wir freuen uns auf die weitere gute Zusammenarbeit mit Ihnen.
  - Auf gute Zusammenarbeit!
- Wir hören/sehen uns
  - Herr Muster ruft Sie am ... an, um einen Termin mit Ihnen zu vereinbaren.
  - Weitere Einzelheiten erklärt Ihnen gerne unser Servicetechniker, Herr ... Sie erreichen ihn ...
  - Herr Muster ruft Sie am ... an, um Einzelheiten mit Ihnen zu besprechen.
  - Wir freuen uns auf Ihren Besuch an unserem Messestand.
  - Wir freuen uns auf Ihren Besuch und wünschen Ihnen eine gute Anreise.
  - Wir freuen uns darauf, Sie kennen zu lernen.
  - Wir sehen uns in der nächsten Woche. Bis dahin herzliche Grüße.
- Kombinieren Sie Fragen mit einem Appell
  - Sind Sie mit dieser Lösung einverstanden? Wir freuen uns auf Ihre Antwort.
  - Stimmen Sie unserem Vorschlag zu? Bitte informieren Sie uns bis ...
  - Können Sie uns diese Unterlagen noch heute zuschicken? Vielen Dank!
  - Können Sie mit ... klären ob ... ? Bitte rufen Sie mich bis ... zurück.

Konkrete Korrespondenztipps

Abkürzungen

Lesen Sie gern Texte, in denen es vor Abkürzungen nur so wimmelt? Wahrscheinlich nicht, denn Abkürzungen stören den Lesefluss. Bei jeder Abkürzung muss das Gehirn zusätzlich arbeiten, ergänzen, und deshalb ist das Lesen von Texten mit vielen Abkürzungen sehr anstrengend. Kundenorientiert formulieren heißt: Nur gebräuchliche Abkürzungen verwenden! Vermeiden Sie interne Abkürzungen, die dem Empfänger eventuell unbekannt sind. Wenn sich der Empfänger Ihres Schreibens erst Ihr persönliches Abkürzungsverzeichnis anfordern muss, um Ihren Text zu verstehen, dann haben Sie etwas falsch gemacht. Heilen Sie sich also von einer weit verbreiteten Unsitte, die sich „Abkürzeritis" oder auch „Abkürzungskrankheit" nennt. Da Abkürzungen den Lesefluss stören, verwenden Sie diese bitte sparsam und empfängerorientiert. Manchmal jedoch sind Abkürzungen unvermeidbar und auch gebräuchlich. Allerdings sollten Sie die folgenden Regeln kennen und beachten.

Regel 1

Wird eine Abkürzung im vollen Wortlaut des ungekürzten Wortes gesprochen, so erhält sie einen Punkt.

Beispiele:

- Abs. Absender
- Abt. Abteilung
- allg. allgemein
- bzw. beziehungsweise
- ca. circa, etwa
- einschl. einschließlich
- evtl. eventuell
- ff. folgende
- lfd. laufend
- Mio. Million
- Mrd. Milliarde
- Nr. Nummer
- ppa. per prokura
- usw. und so weiter
- usf. und so fort
- vgl. vergleiche
- zz. zurzeit

Folgen mehrere Abkürzungen aufeinander, so erfolgt nach jeder Abkürzung ein Leerschritt.

Beispiele:

- a. D. außer Dienst
- h. c. honoris causa (ehrenhalber)
- i. A. im Auftrag
- i. Allg. im Allgemeinen
- i. V. in Vertretung/in Vollmacht
- m. E. meines Erachtens
- m. W. meines Wissens
- o. a. oben angegebene
- s. o. siehe oben
- s. u. siehe unten
- u. Ä. und Ähnliches
- u. g. unten genannt
- v. H. von Hundert
- v. T. von Tausend
- z. B. zum Beispiel
- z. T. zum Teil

Abkürzungen, die aus zwei Wörtern bestehen, sind „nicht trennbare Texteinheiten“ und sind nach DIN 5008 durch geschützte Leerzeichen gegen den unbeabsichtigten Zeilenumbruch zu schützen.

Regel 2

Wird eine Abkürzung buchstäblich oder wie ein selbstständiges Wort gesprochen, so ist sie ohne Punkt und ohne Leerschritt zu schreiben.

Beispiele:

- AG Aktiengesellschaft
- BGB Bürgerliches Gesetzbuch
- BLZ Bankleitzahl
- EDV Elektronische Datenverarbeitung
- EU Europäische Union
- GmbH Gesellschaft mit beschränkter Haftung
- HGB Handelsgesetzbuch
- ISBN Internationale Standardbuchnummer
- KG Kommanditgesellschaft

- Lkw Lastkraftwagen
- OHG Offene Handelsgesellschaft
- Pkw Personenkraftwagen
- PLZ Postleitzahl
- USA United States of America

> **Regel 3**
>
> Die meisten Maß-, Gewichts- und Währungseinheiten werden ohne Punkt abgeschlossen.

Beispiele:

- mm Millimeter
- cm Zentimeter
- m Meter
- ha Hektar
- kg Kilogramm
- t Tonne
- EUR Euro

Ausnahmen zu Regel 3:

St. (Stück), Ztr. (Zentner), Dtzd. (Dutzend), Pfd. (Pfund)

> **Regel 4**
>
> Verzichten Sie auf Abkürzungen, die unhöflich wirken.

Beispiele:

Nicht so	Neue Version
Fr. Müller Hr. Müller	Frau Müller Herr Müller

> **Regel 5**
>
> Steht eine Abkürzung mit Punkt am Ende eines Satzes, dann ist der Abkürzungspunkt zugleich der Schlusspunkt.

Regel 6

Verwenden Sie nur gebräuchliche Abkürzungen. Erfinden Sie auf keinen Fall selbst Abkürzungen. Im Zweifelsfall sehen Sie in einem Wörterbuch nach, ob eine Kürzungsmöglichkeit besteht.

Regel 7

Kurzwörter wie „und“, „oder“, „von“ oder „vom“ sollten Sie wirklich nur im Notfall kürzen. Sie sparen dadurch nur ein oder zwei Anschläge, und das lohnt sich nicht.

Regel 8

Verzichten Sie auf Akronyme.

Akronyme werden besonders in E-Mails sehr häufig verwendet. Da jedoch nicht jeder Empfänger ihre Bedeutung kennt, sollten Sie auf diese verzichten. Die folgende Liste ist nicht dafür gedacht, dass Sie Ihre E-Mails in Zukunft mit Akronymen spicken. Sie soll Ihnen helfen, diese in Zukunft besser zu verstehen.

Abkürzung	steht für	bedeutet etwa
AFAIK	as far as I know	soweit ich weiß
ASAP	as soon as possible	so bald wie möglich
BTW	by the way	übrigens
CUL	see you later	bis später
F2F	face to face	von Angesicht zu Angesicht
FAQ	frequently asked question	häufig gestellte Frage
FYA	for your amusement	zu deinem Vergnügen
FYEO	for your eyes only	vertraulich
FYI	for your information	zu deiner/Ihrer Information
HHOK	ha-ha, only kidding	ha ha, nur Spaß
HTH	hope that helps	ich hoffe, das hilft
IOW	in other words	mit anderen Worten
KISS	keep it simple and stupid	halte es so einfach wie möglich
NLT	no later than	nicht später als
OBTW	oh, by the way	ach, übrigens
OIC	oh, I see	oh, ich verstehe
OTOH	on the other hand	andererseits
PLS	please	bitte
PRES	presentation	Präsentation
QTYS	quantities	Mengen
RECD	received	erhalten
RGDS	regards	Grüße
THX	thanks	danke
TIA	thanks in advance	danke im Voraus
TMRW	tomorrow	morgen
TTYL	talk to you later	wir sprechen später
WRT	with regards to	Grüße an
WT	without thinking	ohne nachzudenken
YR	your	dein/deine/Ihr/Ihre

Absätze

Durch Absätze gestalten Sie Ihren Text übersichtlicher. Absätze sind vom vorhergehenden und folgenden Text durch jeweils eine Leerzeile (= zweimal schalten) zu trennen. Innerhalb eines Absatzes darf nicht in der Mitte der Zeile geschaltet werden.

- **Eingerückte Absätze:** Wenn Sie Absätze einrücken, dann nur komplett. Ein eingerückter Absatz wird vom vorhergehenden und folgenden Absatz durch eine Leerzeile getrennt.
- **Sinnvolle Gliederung des Textes:** Beachten Sie bei der Gestaltung Ihrer Texte die Regel: „Ein Thema, ein Absatz!“.

- **Länge eines Absatzes:** Vermeiden Sie zu lange Absätze. Das menschliche Auge empfindet ungegliederte Texte mit langen Absätzen als sehr unangenehm. Hier gilt die Faustregel: „Maximal fünf bis sechs Zeilen pro Absatz!“.

Abschnitte

Texte können in Abschnitte gegliedert werden. Diese sind durch eine Abschnittsnummer und/ oder eine Abschnittsüberschrift gekennzeichnet.

- Setzen Sie Abschnittsüberschriften durch je eine Leerzeile vom vorhergehenden Text und vom folgenden Text ab.
- Die Abschnittsüberschrift kann hervorgehoben werden (z. B. durch Fettschrift).
- Am Ende einer Abschnittsnummer steht kein Punkt.
- Fügen Sie nach der Abschnittsnummer mindestens zwei Leerzeichen ein, bevor Sie mit der Abschnittsüberschrift beginnen.
- Nach der aktuellen DIN 5008 beginnen Abschnittsnummern und die Abschnittstexte jeweils an derselben Fluchtlinie.

Beispiel:

1 Leitfaden zum besseren Briefstil

1.1.1 Ordnung, Gliederung und Übersichtlichkeit
Arbeiten Sie die Hauptgedanken heraus, ordnen Sie diese und stellen Sie die inhaltlich zusammengehörenden Themen übersichtlich dar.
Beachten Sie, dass ein Brief aus einer Einleitung, einem Hauptteil und einem Schluss besteht. Fallen Sie also nicht mit der Tür ins Haus, sondern formulieren Sie stets einen angemessenen Einleitungs- und Schlusssatz.

1.1.2 Einfachheit, Natürlichkeit
Der Trend geht heute zum natürlichen Schreibstil. Lange verschachtelte Sätze, gespickt mit vielen Fremdwörtern und Fachausdrücken, die der Empfänger mehrmals lesen muss, bevor er sie versteht, gelten als nicht kundenorientiert. Auch unsere Kunden haben wenig Zeit. Langatmige, mehrseitige Briefe sehen schon auf den ersten Blick nach viel Arbeit aus. Viele Menschen neigen dazu, erst einmal das zu bearbeiten, was schnell zu gehen scheint. Wenn Sie also möchten, dass Ihr Brief gelesen wird, dann schreiben Sie kurz, prägnant, aber freundlich.

Absender

Briefblätter A4 mit Aufdruck

Für Vordrucke ist die Position des Absenders in der DIN 5008 geregelt. Wenn Sie Fensterbriefhüllen verwenden, dann sollte Ihr Vordruck so gestaltet sein, dass die Absenderangabe in der Zeile über dem Anschriftfeld zu sehen ist. Es wird von der DIN empfohlen, als Schriftgröße 8 pt zu verwenden. Nach der Norm sollten längere Absenderangaben sinnvoll gekürzt werden. In Ausnahmefällen darf auch die 6-Punkt-Schrift als Mindestgröße verwendet werden. Achten Sie jedoch immer auf die Lesbarkeit.

Beispiel:

Muster GmbH, Musterstraße 1, 12345 Musterhausen
.
.
Einschreiben-Rückschein
Frau
Maria Schneider
Marienweg 4
12345 Musterhausen
.
.

Briefblätter A4 ohne Aufdruck

Bei Privatbriefen steht für die Angabe des Absenders im oberen Teil des Blattes ein über die gesamte Blattbreite reichendes Feld zur Verfügung. Dieses Feld beträgt 27 mm bei Form A und 45 mm bei Form B der aktuellen DIN 5008. Zu einer vollständigen privaten Absenderangabe gehören Vor- und Zuname, Straße oder Postfach, Ort, Land (bei internationalem Schriftverkehr).

Beispiel:

Jutta Sauer
Stettiner Straße 7
63843 Niedernberg
Deutschland

Selbstverständlich dürfen Sie Kommunikationsangaben wie z. B. Telefon, Mobil, Telefax, E-Mail in der Absenderangabe ergänzen.

Beispiel:

Jutta Sauer
Stettiner Straße 8
63843 Niedernberg
Telefon 06028 996370
Telefax 06028 996371

Achten Sie darauf, dass die Absenderangabe nicht in die Position des Anschriftfeldes rutscht, das heißt, sie soll im Sichtfenster des Umschlages nicht zu sehen sein.

Anführungszeichen

Anführungszeichen stehen ohne Leerzeichen vor und nach den von ihnen eingeschlossenen Textteilen. Sie werden zur Kennzeichnung von Eigennamen, Zitaten oder direkter Rede verwendet.

Beispiel:

In unserem Unternehmen arbeiten wir mit „Lotus Notes".

Wenn Sie innerhalb einer direkten Rede zusätzlich etwas in Anführungszeichen setzen möchten, benutzen Sie bitte halbe Anführungszeichen. Dafür verwenden Sie das Zeichen für Apostroph.

Beispiel:

Herr Bayer fragte: „Haben Sie das Seminar ‚Moderne Korrespondenz' besucht?"

Anlage(n)

Nach der maschinenschriftlichen Wiederholung von Vor- und Zuname am Briefende und der Angabe der Funktion im Unternehmen wird zweimal geschaltet (= eine Leerzeile).

Das Wort Anlage bzw. Anlagen können Sie fett drucken, damit es besser ins Auge fällt. Dies ist eine Empfehlung der DIN 5008 und kein Muss. Hinter das Wort „Anlagen" wird **kein Doppelpunkt** gesetzt.

Da der Korrespondenzpartner nach Erhalt des Schreibens die Vollständigkeit der Anlagen prüft, ist es kundenorientiert, die Anlagen einzeln aufzuführen, auch wenn die DIN 5008 dies nicht ausdrücklich vorschreibt. Erleichtern Sie dem Empfänger die Arbeit, indem Sie die beiliegenden Schriftstücke im Anlagevermerk angeben! Bei Kurzmitteilungen ist ein gesondertes Aufführen der Anlagen nicht unbedingt erforderlich, da ein Einzeiler auf den ersten Blick zu erfassen ist.

Beispiel 1:

Freundliche Grüße aus Musterdorf

.

Muster AG

.

i. A.

.

Peter Müller
Personalleiter

.

Anlage
Stellenbeschreibung

Beispiel 2:

Freundliche Grüße aus Musterdorf
.
Muster AG
.
.
.
i. A. Peter Müller
.
Anlagen
Referenzen
Stellenbeschreibung

Anrede

Die Anrede beginnt an der Fluchtlinie und wird durch zwei Leerzeilen vom Betreff getrennt. Zwischen Anrede und Brieftext lassen Sie eine Leerzeile.

Beispiel:

Ihre Anfrage vom ... – Angebot
.
.
Sehr geehrter Herr Kunde,
.
herzlichen Dank für Ihr Interesse an unseren Produkten.

Gestalten Sie die Anrede möglichst empfängerorientiert. Damit Sie die richtige Anrede auswählen, stellen Sie sich folgende Fragen:

- **Frage 1: Wie gut kennen wir uns?**
  Sprechen Sie Menschen nicht zu schnell mit „Liebe/Lieber ..." an. Diese Anrede setzt voraus, dass Sie bereits einen guten Kontakt aufgebaut haben. Sie ist bei einem Erstkontakt absolut deplatziert. Bei einem Glückwunschbrief oder einer Weihnachtskarte jedoch ist diese Anrede in vielen Fällen passend.
- **Frage 2: Wer ist der Empfänger?**
  Während sich die Anrede „Guten Tag, Frau Muster" in der E-Mail sehr gut durchgesetzt hat, haben viele Menschen Vorbehalte, diese Anrede für die formelle Korrespondenz zu wählen. Wenn Sie jedoch den Empfänger kennen und wissen, dass ihm diese Anrede wahrscheinlich angenehmer ist als die förmliche Anrede „Sehr geehrte/Sehr geehrter ...", dann dürfen Sie sie getrost verwenden. Die Anrede „Guten Tag, Herr …/Guten Tag, Frau …" ist nach den Anwendungsbeispielen der aktuellen DIN 5008 sowohl für Briefe als auch für E-Mails vorgesehen. Achten Sie dennoch auf Ihre Zielgruppe und entwickeln Sie ein Fingerspitzengefühl dafür, wann welche Anrede angemessen ist.

Anrede von einer Person

Beispiele:

- Sehr geehrte Frau Muster,
- Sehr geehrter Herr Bürgermeister,
- Sehr geehrter Herr Professor Schneider,
- Sehr geehrte Frau Dr. Müller,
- Guten Tag, Frau Schneider,

Bitte beachten Sie, dass nach „Guten Tag, …“ nach den aktuell gültigen Regeln der Zeichensetzung ein Komma zu setzen ist.

Anrede von mehreren Personen

Beispiel:

- Sehr geehrte Damen und Herren,

Die Floskel „Sehr geehrte Damen und Herren“ wirkt sehr unpersönlich. Verwenden Sie sie deshalb nur, wenn Sie den Namen des Empfängers nicht herausfinden können.

Wenn Sie zwei Personen ansprechen, empfiehlt es sich, für die zweite Anrede eine neue Zeile zu verwenden.

Beispiel:

- Sehr geehrter Herr Ahrens,
- sehr geehrter Herr Schneider,

Wenn Sie mehrere Personen ansprechen, dann denken Sie bitte darüber nach, ob es nicht besser wäre, jeder Person einen eigenen Brief zu schicken. Im Verteilvermerk können Sie für den Empfänger aufzeigen, wer den Brief außerdem erhalten hat.

Anrede von Dame und Herr

Hier stellt sich immer wieder die Frage: Wen nennen Sie zuerst? Hier geben die gängigen Etiketteregeln Auskunft.

Im Privatbrief sprechen Sie zunächst die Dame, dann den Herrn an.

Beispiel:

- Sehr geehrte Frau Ahrens,
- sehr geehrter Herr Ahrens,

Im Geschäftsbrief spielt das Geschlecht des Empfängers keinerlei Rolle. Hier ist die Hierarchie entscheidend. Sprechen Sie deshalb den Ranghöheren zuerst an. Befinden sich die Dame und der Herr auf der gleichen Hierarchiestufe, dann sprechen Sie die Dame zuerst an.

Anrede von Titelträgern

Personen mit einem Doktortitel

Der Doktortitel ist Namensbestandteil. Deshalb wird er in der Anrede genannt.

Beispiel:

- Sehr geehrter Herr Dr. Peters,

Personen mit zwei Doktortiteln

Nur in der Anschrift werden beide Doktortitel genannt. In der persönlichen Anrede ist ein Doktortitel ausreichend.

Beispiel:

Anschriftfeld

3
2
1
1 Herrn
2 Dr. med. Dr. dent. Peter Marx
3 Marienstraße 5
4 12345 Musterstadt
5
6

Anrede

Sehr geehrter Herr Dr. Marx,

Anrede von Personen mit Professoren- und Doktortitel

Nach der DIN 5008 stehen akademische Grade (z. B. Dipl.-Ing.) direkt vor dem Namen. Bei dem Professorentitel ist es nicht erkennbar, ob es sich um eine Amtsbezeichnung oder einen akademischen Grad handelt. Die DIN 5008 empfiehlt deshalb, „Prof." vor den Namen zu setzen.

Beispiel:

Anschriftfeld

3
2
1
1 Herrn
2 Prof. Dr. med. Dr. dent. Peter Marx
3 Marienstraße 5
4 12345 Musterstadt
5
6

In der Anrede wird jedoch nur der Professorentitel genannt.

Anrede

Sehr geehrter Herr Professor Marx,

Weibliche Professoren sprechen Sie mit „Frau Professorin Schneider" an.

Anrede von Personen mit Adelstitel

Wie Sie Adelige richtig ansprechen, erfahren Sie in Etikettebüchern. Wenn Sie sich nicht sicher sind, sollten Sie den Empfänger oder seine Sekretärin anrufen und sich erkundigen. Das ist viel besser, als die Person einfach nach Gutdünken anzuschreiben.

Beispiel 1: Baron/Baronin

Anschriftfeld

3
2
1
1 Frau
2 Petronella Baronin von Wallersee
3 Schlossgasse 1
4 12345 Schlosshausen
5
6

Anrede

Sehr geehrte Baronin von Wallersee,

Die Anrede „Sehr geehrte **Frau** Baronin von Wallersee", ist nicht korrekt.

Beispiel 2: Graf/Gräfin

Anschriftfeld

3
2
1
1 Herrn
2 Ludwig Graf von Wettershausen
3 Schlossgasse 1
4 12345 Schlosshausen
5
6

Anrede

Sehr geehrter Graf von Wettershausen,

Auch hier ist die Anrede „Sehr geehrter **Herr** Graf von Wettershausen“ nicht korrekt.

Beispiel 3: Freifrau/Freiherr

Anschriftfeld

3
2
1
1 Frau
2 Hetty Freifrau von Sindels
3 Schlossgasse 1
4 12345 Schlosshausen
5
6

Um die Dopplung Frau/Freifrau zu vermeiden können Sie auch die moderne Variante „Hetty Freifrau von Sindels“ verwenden.

Anrede
Sehr geehrte Frau von Sindels,

Bitte beachten Sie, dass der Adelstitel „Freifrau/Freiherr“ zwar im Anschriftfeld, nicht aber in der Anrede genannt wird.

Kompliziert wird es, wenn der Adelige zugleich einen Doktoren- und/oder Professorentitel trägt.

Beispiel 4: Freifrau/Freiherr mit Doktortitel

Anschriftfeld

3
2
1
1 Frau
2 Dr. Marina Freifrau von Falkenstein
3 Schlossgasse 1
4 12345 Musterhausen
5
6

Anrede

Sehr geehrte Frau Dr. von Falkenstein,

Besonderheit: Der Adelstitel „Freifrau" bzw. „Freiherr" taucht als Namensbestandteil im Anschriftfeld auf, nicht aber in der Anrede, die schlicht „Frau von" oder „Herr von" lautet.

Beispiel 5: Baronin/Baron mit Doktortitel

Anschriftfeld

3
2
1
1 Frau
2 Dr. Petronella Baronin von Wallersee
3 Schlossgasse 1
4 12345 Musterhausen
5
6

Anrede

Sehr geehrte Dr. Baronin von Wallersee,

Der Titel Baron/Baronin wird sowohl im Anschriftfeld als auch in der Anrede benutzt. Bitte beachten Sie, dass in der Anrede „Herrn/Frau" wegfällt.

Anschriftfeld

Das Anschriftfeld umfasst neun Zeilen und hat die Maße 85 x 40 mm. Es teilt sich auf in die Zusatz- und Vermerkzone (3 Zeilen) und die Anschriftzone (6 Zeilen).

Beispiel:

3
2 Deutsche Post PC
1
1 Herrn
2 Peter Muster
3 Musterstraße 1
4 12345 Musterhausen
5
6

Nach DIN 5008, die im Jahr 2011 aktualisiert wurde, können Sie für das Layout von Geschäftsbogen zwischen Form A und Form B wählen. Je nachdem, für welche Variante Sie sich entschieden haben, befindet sich das Anschriftfeld in einer anderen Position.

- **Form A (hochgestelltes Anschriftfeld):** Das Anschriftfeld beginnt 27 mm von der oberen Blattkante und ist 20 mm von der linken Blattkante entfernt.
- **Form B (tiefgestelltes Anschriftfeld):** Das Anschriftfeld beginnt 45 mm von der oberen Blattkante und ist 20 mm von der linken Blattkante entfernt.

Für welches dieser Formate Sie sich entscheiden, hängt vor allem davon ab, wie Ihr Unternehmen den Briefkopf nutzen möchte und wie groß das Logo ist, das Ihr Unternehmen eventuell im Briefkopf unterbringen möchte.

Für die Gestaltung des Anschriftenfeldes gibt es mehrere Vorschläge in der neuen DIN 5008.

Möglichkeit 1:

Das gesamte Anschriftfeld hat die Maße 45 x 85 mm und unterteilt sich in das Feld für postalische Rücksendeangaben und das Feld für die Anschrift des Empfängers.

- **Postalische Rücksendeangabe:**
  Maße des Feldes: 5 mm x 85 mm
  Position: Es folgt unmittelbar im Anschluss an das Feld für den Briefkopf und beginnt 20 mm von der linken Blattkante.
  Schrifthöhe der Absenderanschrift: 8 Punkt, in Ausnahmefällen darf die 6-Punkt-Schrift verwendet werden. Bei längeren Anschriften ist es zulässig, sinnvoll zu kürzen.
- **Feld für die Anschrift des Empfängers:**
  Maße des Feldes: 40 mm x 85 mm
  Position: Folgt unmittelbar im Anschluss an das Feld für die postalische Rücksendeangabe.
  Aufteilung: Es wird unterteilt in die dreizeilige Zusatz- und Vermerkzone und die sechszeilige Anschriftzone.

Position und Anschrifttext: Das Anschriftfeld beginnt 20 mm von der linken Blattkante. **Der Anschrifttext** beginnt 25 mm und endet 105 mm von der linken Blattkante.

Bei Platzmangel: Wenn Sie für die Zusatz- und Vermerkzone mehr als drei Zeilen oder für die Anschrift mehr als 6 Zeilen benötigen, ist es nach der aktuellen DIN 5008 erlaubt, den Platz der jeweils anderen Zone zu nutzen.

Beispiel 1: Anschriftfeld mit Zeile für Rücksendeangabe

1 JS Seminare & Coaching, Stettiner Straße 8, 63843 Niedernberg
3
2 Einschreiben
1 Persönlich/Vertraulich
1 Frau
2 Prof. Dr. med. Petraß Weiß
3 Otto Mehling GmbH
4 Musterstraße 1
5 12345 Musterhausen
6

Möglichkeit 2:

Die Rücksendeangabe wird in das Anschriftfeld integriert. In diesem Fall ist die Rücksendeangabe in die Zusatz- und Vermerkzone integriert, die nun aus fünf Zeilen besteht.

- **Zusatz- und Vermerkzone mit Rücksendeangabe:**
  Maße des Feldes: 17,7 mm x 85 mm
  Position: Es folgt unmittelbar im Anschluss an das Feld für den Briefkopf und beginnt 20 mm von der linken Blattkante.
  Schrifthöhe der Absenderanschrift und Vermerke: 8 Punkt, in Ausnahmefällen darf die 6-Punkt-Schrift verwendet werden. Bei längeren Anschriften ist es zulässig, sinnvoll zu kürzen.

- **Feld für die Anschrift des Empfängers:**
  Maße des Feldes: 27,3 mm x 85 mm
  Position: Es folgt unmittelbar im Anschluss an die fünfzeilige Zusatz- und Vermerkzone mit Rücksendeangabe.
  Aufteilung: Für die Postanschrift stehen 6 Zeilen zur Verfügung,

Position und Anschrifttext: Das Anschriftfeld beginnt 20 mm von der linken Blattkante. **Der Anschrifttext** beginnt 25 mm und endet 105 mm von der linken Blattkante.

Beispiel 2: Anschriftfeld mit Rücksendeangabe ohne zusätzliche Zeile für Rücksendeangabe

5
4
3 JS Seminare & Coaching, Stettiner Straße 8, 63843 Niedernberg
2 Einschreiben Einwurf
1 Vorab per Telefax
1 Herrn Studienrat
2 Max Pfeiffer M. A.
3 Musterstraße 1
4 12345 Musterhausen
5 12345
6

Erläuterungen zum Anschriftfeld

Informationen für die Deutsche Post AG

- **Sendungsart:** Die Bezeichnung der Sendungsart ist anzugeben bei: Postwurfsendung, Büchersendung, Warensendung und Blindensendung. Die Bezeichnung ist zulässig bei: Brief, Postkarte und Infopost.

Beispiel 1:		**Beispiel 2:**	
3		3	
2		2	
1	Büchersendung	1	Warensendung
1	Puckler Verlag	1	Herrn
2	Verkaufsabteilung	2	Peter Sonnenschein
3	Postfach 33 45	3	Himmelsweg 1
4	63843 Niedernberg	4	63843 Niedernberg
5		5	
6		6	

- **Besondere Versendungsformen:** Die Vermerke der besonderen Versendungsformen lauten z. B. „Post-Express“, „Übergabe-Einschreiben“, „Eigenhändig“, „Rückschein“, „Werbeantwort“, „Wert ... EUR“.

Beispiel 1:		**Beispiel 2:**	
3		3	
2		2	
1	Post-Express	1	Übergabe-Einschreiben
1	Herrn Rechtsanwalt	1	Frau
2	Dr. Paul Hurtig	2	Inge Borke
3	Pflaumheimer Weg 1	3	Marderstraße 1
4	63843 Niedernberg	4	63843 Niedernberg
5		5	
6		6	

- **Vorausverfügungen:** Typische Vorausverfügungen sind: „Nicht nachsenden“, „Nachsenden“, „Wenn unzustellbar, zurück“.

Beispiel 1:		**Beispiel 2:**	
3		3	
2		2	
1	Wenn unzustellbar, zurück	1	Nicht nachsenden
1	Frau Petra Schneider	1	Herrn
2	Herrn Hans Schneider	2	Ingo Schnell
3	Hinter den Drei Pappeln 3	3	Würzburger Straße 4
4	63843 Niedernberg	4	63843 Niedernberg
5		5	
6		6	

Achtung:

Wenn die Angaben für Sendungsart, Versendungsform oder Vorausverfügung mehrere Zeilen umfassen, dann sieht das wie folgt aus:

Beispiel:	
3	
2	Nicht nachsenden!
1	Einschreiben
1	Herrn
2	Theodor Müller
3	Stettiner Straße 2
4	63843 Niedernberg
5	
6	

Häufig gestellte Fragen zum Thema „Anschriftfelder“

- Wann schreibt man das Wort „Firma“ im Anschriftfeld?

Beispiel 1:

3
2
1
1 Max Müller GmbH
2 Herrn Peter Schneider
3 Großostheimer Straße 1
4 63843 Niedernberg
5
6

Die Bezeichnung „Firma" entfällt, wenn aus dem Zusatz (GmbH, AG, KG, OHG usw.) der Firmencharakter hervorgeht. Einleitende Wörter wie „An die", „Für" oder „z. H." sind überflüssig und können entfallen.

Beispiel 2:

3
2
1
1 Max Müller e. K.
2 Großostheimer Straße 1
3 63843 Niedernberg
4
5
6

Einzelunternehmen erhalten den Zusatz e. K. (eingetragene Kauffrau/ eingetragener Kaufmann) oder e. Kfr. bzw. e. Kfm. (eingetragene Kauffrau/eingetragener Kaufmann).

- In welcher Reihenfolge stehen Firma, Abteilung und Ansprechpartner?

Beispiel:

3
2
1 Einschreiben
1 Verlag Tausendschön
2 Personalabteilung
3 Frau Ingrid Scholz
4 Postfach 23 14
5 63814 Mainaschaff
6

Wenn Sie im Anschriftfeld auch die Bezeichnung der Abteilung angeben, ist es sinnvoll, die Reihenfolge des Postlaufs einzuhalten: Firma, Abteilung, Ansprechpartner.

■ Wie positioniert man akademische Titel und Berufsbezeichnungen im Anschriftfeld?

Akademische Titel

Beispiel 1:

3
2
1
1 Herrn
2 Dr. med. Peter Schneider
3 Rüsselsheimer Straße 2
4 63814 Mainaschaff
5
6

Akademische Titel, wie zum Beispiel „Dr.“ oder „Dipl.-Kfm.“ stehen direkt vor dem Vor- und Zunamen.

Beispiel 2:

3
2
1
1 Frau
2 Dipl.-Ing. Maria Maritz
3 Ingelheimer Straße 4
4 63814 Mainaschaff
5
6

Beispiel 3:

3
2
1
1 Herrn
2 Prof. Dr. med. Dr. dent. Peter Schneider
3 St.-Annen-Stift
4 Schneebergstraße 4
5 63814 Mainaschaff
6

Da es bei dem Wort „Professor“ in der Empfängerbezeichnung nicht erkennbar ist, ob es sich um eine Amtsbezeichnung oder einen akademischen Grad handelt, soll nach dem Entwurf der neuen DIN 5008 das „Prof.“ ***immer*** *unmittelbar vor den Namen gesetzt werden.*

Beispiel 4:

3
2
1
1 Herrn
2 Prof. Dr. phil. Peter Schneider
3 Merkel AG
4 Hinter den drei Pappeln 4
5 63814 Mainaschaff
6

Amts- und Berufsbezeichnungen

Beispiel 1:

3
2
1
1 Herrn Direktor
2 Paul Hurtig
3 Maulert KG
4 Postfach 12 34
5 63843 Niedernberg
6

Amts- und Berufsbezeichnungen stehen in der gleichen Zeile wie die Anrede „Herrn" oder „Frau".

Beispiel 2:

3
2
1
1 Herrn Patentanwalt
2 Rainer Schnell
3 Marienweg 54
4 63814 Mainaschaff
5
6

Beispiel 3:

3
2
1
1 Frau Oberstudiendirektorin
2 Nicole Scheuermann
3 Friedrich-Dessauer-Gymnasium
4 Sonnenweg 5
5 63814 Mainaschaff
6

Beispiel 4:

3
2
1
1 Herrn Vorstandsvorsitzenden
2 Peter Hummel
3 Zentra AG
4 Marienweg 14
5 63814 Mainaschaff
6

oder:

3
2
1
1 Herrn
2 Peter Hummel
3 Vorsitzender des Vorstands
4 Zentra AG
5 Marienweg 14
6 63814 Mainaschaff

- Wie schreibt man Ehepaare korrekt an?

Beispiel:

3
2
1
1 Frau Petra Schnell
2 Herrn Markus Schnell
3 Hinter den Drei Pappeln 2
4 63843 Niedernberg
5
6

Obwohl die Anrede „Eheleute“ nach DIN in Ordnung ist, empfehle ich Ihnen, darauf zu verzichten. Der Ausdruck „Eheleute“ wirkt antiquiert und wird hauptsächlich von Behörden verwendet. Es ist höflicher, die Dame zuerst zu nennen, da sie nach Etiketteregeln auf gesellschaftlicher Ebene die Ranghöhere ist.

- Wie schreibt man Hausnummern, Wohnungsnummern und Stockwerkangaben korrekt?

Beispiel 1: Hausnummern

3
2
1
1 Herrn
2 Marco Meismal
3 Maulert KG
4 Darmstädter Straße 4 a
5 63843 Niedernberg
6

Sie können in diesem Fall entweder 4 a oder 4 A schreiben. Bitte beachten Sie, dass zwischen Zahl und Buchstabe ein Leerschritt gemacht wird.

Beispiel 2: Wohnungsnummern

3
2
1
1 Herrn
2 Marco Meismal
3 Maulwurfweg 1 // W 14
4 63843 Niedernberg
5
6

Nach der Hausnummer folgt ein Leerschritt, dann machen Sie zwei Schrägstriche und nochmals einen Leerschritt. Danach ein W, einen weiteren Leerschritt und dann die Nummer der Wohnung.

Beispiel 3: Stockwerksangaben

3
2
1
1 Herrn
2 Marco Meismal
3 Maulwurfweg 1 // 4. Stock
4 63843 Niedernberg
5
6

Nach der Hausnummer folgt ein Leerschritt, dann machen Sie zwei Schrägstriche und nochmals einen Leerschritt. Danach wir das Stockwerk angegeben.

- Wie platziert man Ortsteilnamen im Anschriftfeld?

Beispiel:

3
2
1
1 Herrn
2 Mario Martin
3 Unterafferbach
4 Rosenweg 5 A
5 63841 Goldbach
6

Ortsteilnamen (hier: Unterafferbach) schreiben Sie direkt oberhalb der Straße oder Postfachangabe.

- Wie schreibt man Personen korrekt an, die zur Untermiete wohnen?

Beispiel:

3
2
1
1 Herrn
2 Marco Mahler
3 bei Müller
4 Breite Gasse 7
5 63843 Mainaschaff
6

Wohnt der Briefempfänger zur Untermiete, dann schreiben Sie den Namen des Wohnungsinhabers direkt unterhalb des Namens des Empfängers.

Auslandsanschrift

Der Aufbau von Auslandsanschriften entspricht im Großen und Ganzen dem der inländischen Anschriften.

Beachten Sie jedoch die folgenden Besonderheiten:

- Auslandsanschriften werden in lateinischer Schrift und arabischen Ziffern geschrieben.
- Bestimmungsort und Bestimmungsland werden in Großbuchstaben geschrieben.
- Das Bestimmungsland schreiben Sie immer in der Sprache des Absenderlandes. Es werden keine Kfz-Länderkennzeichen vor die Postleitzahl gesetzt!
- Den Bestimmungsort schreiben Sie wenn möglich in der Sprache des Empfängerlandes (z. B. FIRENZE statt Florenz, BRUXELLES statt Brüssel).

Beispiel:

3
2
1
1 Madame
2 Madeleine Leblanc
3 Rue de Paris, 10
4 12345 LYON
5 FRANKREICH
6

Betreff

Der Betreff beginnt an der Fluchtlinie 25 mm von der linken Blattkante, mit zwei Zeilen Abstand zur Bezugszeichenzeile oder zum Infoblock. Wenn keine Bezugszeichenzeile oder kein Infoblock vorhanden ist, dann schreiben Sie den Betreff mit zwei Zeilen Abstand zum neunzeiligen Anschriftfeld.

Das Leitwort „Betreff" wird nicht mehr geschrieben.

Nicht so	Neue Version
Betreff: Ihre Anfrage vom ...	**Ihre Anfrage vom ...**

Der Betrefftext kann durch Fettschrift hervorgehoben werden. Die DIN 5008 erlaubt auch die farbliche Hervorhebung.

Der Betreff ist die Überschrift Ihres Geschäftsbriefes und hat einen großen Aufmerksamkeitswert. Da er immer gelesen wird, sollten Sie nicht auf ihn verzichten. Geben Sie einen kurzen, prägnanten Überblick über den Inhalt des Briefes.

Machen Sie nicht schon schlechte Stimmung, bevor der Empfänger mit dem Lesen begonnen hat. Formulieren Sie den Betreff stets neutral oder positiv!

Nicht so	Neue Version
Ihre Reklamation vom ... – Lieferverzug	**Vielen Dank, dass Sie uns sofort informiert haben!**
Nicht so	**Neue Version**
Defekter Geldautomat in der Immermannstraße	Ihre Anfrage vom ... – Geldautomat in der Immermannstraße

Lange Texte können Sie durch **Teilbetreffe** übersichtlicher gestalten. Der Teilbetreff bezeichnet den Inhalt eines Briefabschnitts. Er beginnt an der Fluchtlinie, schließt mit einem Punkt und kann fett hervorgehoben werden.

Wie folgendes Beispiel zeigt, erhält der Brief durch die Teilbetreffe eine klare Struktur. Er wird dadurch übersichtlich, lesefreundlich und kann rationell bearbeitet werden.

Beispiel:

Ihre E-Mail vom 3. Mai 2... – Kopierer XXL 22

.

.

Sehr geehrter Herr Müller,

.

vielen Dank für Ihr Interesse an unseren Produkten. Gerne beantworten wir Ihre Fragen:

.

Technische Details und Preisliste. Wie gewünscht erhalten Sie eine Broschüre mit ausführlichen Informationen. Alle genannten Preise verstehen sich zuzüglich 19 % Mehrwertsteuer.

Liefertermin. Das Gerät ist sofort lieferbar und kann versandt werden, sobald uns Ihr Auftrag vorliegt.

.

Wenn Sie weitere Informationen wünschen, rufen Sie uns bitte an. Wir beraten Sie gern.

.

Freundliche Grüße aus Musterhausen

.

Muster AG

.

i. A.

.

Peter Schneider
Verkaufsleiter

E-Mail-Management

Margret Degener

Die elektronische Post sinnvoll einsetzen

Mit der Einführung der E-Mail hat sich die Korrespondenz im Geschäftsleben verändert. Schnell und direkt werden Informationen verschickt mit der Folge, dass die Postfächer immer voller werden. In diesem Kapitel zeigen wir Ihnen, wie Sie das Kommunikationsmittel E-Mail im Rahmen Ihrer Arbeit im Sekretariat (aber auch im privaten Bereich) sinnvoll einsetzen können.

Der Triumphzug der elektronischen Post

Durch die technische Weiterentwicklung im Laufe der letzten Jahre bzw. Jahrzehnte haben sich in den Kommunikationsgewohnheiten sowohl im privaten als auch im beruflichen Bereich enorme Veränderungen ergeben. Neuerungen wie Smartphones, SMS oder E-Mails sind aus unserem jetzigen Leben gar nicht mehr wegzudenken. Und diese neuen Technologien entwickeln sich immer noch rasend schnell weiter, man bedenke nur die Möglichkeiten, mit dem Handy mobil im Internet zu surfen oder seine E-Mails überall auf der Welt abzurufen.

Mit der Entwicklung neuer Kommunikationstechnologien verändert sich auch unser Alltag, sei es nun beruflich oder privat. Die Möglichkeit, immer und überall erreichbar zu sein und jederzeit mit Informationen versorgt werden zu können, lässt unser Leben immer schneller und komplexer werden: Wer kann sich nicht an die Zeiten erinnern, in denen Schriftstücke noch auf dem Postweg verschickt worden sind? Mittlerweile erfolgt der Versand in der Regel per E-Mail, was zur Folge hat, dass sich die Geschwindigkeit des Dokumenten- bzw. Informationsaustauschs deutlich erhöht hat.

Im Rahmen dieses Kapitels sollen die Veränderungen im Sekretariat erörtert werden, die sich durch E-Mails und die sich daraus veränderten Bedingungen der Kommunikation ergeben. Die Möglichkeiten schneller Informationsweitergabe werden ebenso zur Sprache kommen wie Probleme im Umgang mit E-Mails: Spam- oder Junk-Mails, Massenmails und Informationsflut.

Woher kommt die E-Mail-Flut?

Die neue Technologie der Kommunikation per E-Mail hat das Leben im Sekretariat sicher vereinfacht. Dort, wo man in früheren Jahren noch jeden Teilnehmer einer Besprechung telefonisch oder schriftlich einzeln einladen musste, genügt heute eine Rundmail an alle erforderlichen Personen, um die Einladungen zu versenden. Oder noch besser: Man lässt gleich den Kalender des E-Mail-Programms für sich arbeiten.

Wenn früher mit Kopierer oder Faxgerät umständlich Unterlagen vervielfältigt und weitergereicht worden sind, genügen heutzutage ein paar Mausklicks und die Datei ist an einen großen Personenkreis weitergeleitet.

Aber aus den Vorteilen ergeben sich auch Nachteile der E-Mail-Kommunikation. In früheren Jahren hat man sich sorgfältig überlegt, wem man eine Unterlage zukommen lassen wollte. Denn, wie oben beschrieben, war das Vervielfältigen und Weiterschicken von Unterlagen zum einen mit jeder Menge Arbeit verbunden, zum anderen auch mit Kosten (beispielsweise Portokosten).

Heutzutage läuft man durch die Einfachheit der Kommunikation Gefahr, Informationen an zu viele Empfänger zu verschicken, da der Versand an mehrere Personen nur unwesentlich mehr Aufwand benötigt als das Weiterleiten an eine einzige Person.

Und hieraus folgt die zentrale Weisheit beim Umgang mit E-Mails:

Schon der Versender einer E-Mail muss mitdenken!

Der Versender einer E-Mail muss sich vor dem Abschicken genau überlegen, wer die in der E-Mail enthaltenen Informationen benötigt. Stellen Sie sich deshalb einige einfache Fragen, bevor Sie auf den *Senden*-Knopf drücken:

- Wem will ich die Informationen zukommen lassen?
- Brauchen wirklich alle angegebenen Empfänger die Informationen?
- Wer sollte im *An*-, *CC*- und *BCC*-Feld stehen?

Wenn Sie sich diese Fragen gestellt haben und eventuell einige Empfänger aus den Adressfeldern Ihrer E-Mail entfernt haben (die dort vielleicht nur enthalten waren, weil sie zufällig noch in der jeweiligen Verteilerliste standen), haben Sie den ersten Schritt gegen die E-Mail-Flut und somit gegen die Überlastung Ihrer Mitmenschen mit Informationen getan.

Umgang mit E-Mails – intelligent und effizient!

Die Form der Kommunikation per E-Mail bietet Ihnen in Ihrem beruflichen Alltag eine Vielzahl an Möglichkeiten, gleichzeitig birgt diese Art des Kommunizierens auch Gefahren, die jedoch durch die Beachtung der folgenden Regeln abgefedert werden können.

Dieser E-Mail-Knigge soll Ihnen ein Leitfaden sein aufzeigen, wie Sie mit E-Mails so kommunizieren, dass beide Parteien – Sender und Empfänger – Vorteile aus dieser Kommunikationsform ziehen können.

Basics

- *E-Mail ist keine Schneckenpost*
  Wer seine E-Mail-Adresse im Berufsleben bei seinen Kontaktdaten angibt, signalisiert ständige Erreichbarkeit. Natürlich erwartet der E-Mail-Absender keine sekundenschnelle Antwort, aber innerhalb eines Arbeitstages sollte zumindest eine Benachrichtigung an den Absender erfolgen, wie lange die Bearbeitung der E-Mail in etwa dauern wird.

- *Höflichkeit ist Trumpf!*
  Auch wenn eine E-Mail viel einfacher und leichter geschrieben und versendet werden kann als ein herkömmlicher Brief, so sollten Sie sich darüber im Klaren sein, dass eine E-Mail dennoch eine Form der schriftlichen Kommunikation darstellt, bei der diverse Regeln eingehalten werden sollten:

  - Eine E-Mail sollte stets eine Anrede sowie eine Grußformel enthalten, ansonsten wirkt die E-Mail sehr unhöflich. Diese Grußformeln sollten natürlich auch ausgeschrieben werden. So signalisieren Sie Ihrem Ansprechpartner mit einem knappen „mfg", dass Sie sich nicht die Zeit für eine ausformulierte Verabschiedung nehmen.
  - Eine dauerhafte Verwendung von Großbuchstaben wird in E-Mails als unhöfliches BRÜLLEN verstanden. Zur Hervorhebung einzelner Wörter sollten Sie stattdessen vor und nach dem Wort *Sterne* setzen.
  - Die deutsche Rechtschreibung verliert auch im Kontext von E-Mails nicht ihre Gültigkeit. Nehmen Sie sich die Zeit und kontrollieren Sie Ihre E-Mails vor dem Versenden auf Tippfehler und Rechtschreibung.
  - Ironie und Sarkasmus kann in Schriftstücken – und dazu gehören nun mal auch E-Mails leicht missverstanden werden. Deshalb sollten Sie solche Bemerkungen vermeiden bzw. nur sehr vorsichtig einsetzen.
  - Denken Sie immer daran: Eine E-Mail ist ein Schriftstück! Deshalb: Seien Sie höflich, auch wenn Sie sich über das Gegenüber oder jemand Anderen aufregen. Was in einem Gespräch – sei es am Telefon oder im direkten Kontakt eventuell einmal „herausrutschen“ kann, hat im Schriftverkehr meist eine ganz andere Bedeutung, da man davon ausgehen muss, dass Sie sich reiflich überlegt haben, was Sie in einem Schriftstück auf welche Weise formulieren.

- *E-Mail ist nicht immer das richtige Kommunikationsmittel*
  Es gibt Sachverhalte, in denen E-Mails nicht das richtige Kommunikationsmittel darstellen. So ist es beispielsweise bei einem Trauerfall nach wie vor üblich, ein Kondolenzschreiben per Brief zu verschicken.

  Auch zur Lösung von Konflikten eignet sich der E-Mail-Verkehr in der Regel nur schlecht, hier sollte die Möglichkeit eines Telefonats oder noch besser ein persönliches Gespräch angestrebt werden.

- *Ein Thema pro E-Mail*
  Sprechen Sie pro E-Mail nur ein Thema an! Diese Vorgehensweise hat sowohl Vorteile für Sie als auch für den Empfänger:
  - Will der Empfänger die E-Mail weiterleiten, so kann es sein, dass für den nächsten Empfänger nur Teile der E-Mail relevant sind. Also muss entweder derjenige, der weiterleitet, unwesentliche Passagen löschen oder der Empfänger der weitergeleiteten E-Mail nach dem relevanten Bereich suchen.
  - Der Betreff kann bei der Konzentration auf ein Thema besser formuliert werden, was es für den Empfänger einfacher macht, die E-Mail zuzuordnen. Gleichzeitig können aber auch Sie diese E-Mail besser in Ihrer Ablage einordnen und später leichter wieder finden.
  - Durch die Beschränkung auf ein Thema vermeiden Sie Schwierigkeiten im Rahmen Ihrer Wiedervorlage.
- *Kennzeichnen Sie private Nachrichten*
  Kommunizieren Sie mit Ihrem Gegenüber nicht nur auf geschäftlicher Ebene, sondern auch im privaten Bereich, so kennzeichnen sie rein private E-Mails auch als privat. Damit ermöglichen Sie Ihrem Kommunikationspartner, Prioritäten in der Bearbeitung der E-Mails zu setzen. Außerdem kann der Stellvertreter, der eventuell Zugriff auf das Postfach Ihres Kommunikationspartners hat, als privat gekennzeichnete E-Mails nicht sehen.
- *Keine Ketten-E-Mails*
  Leiten Sie keine Ketten-E-Mails weiter. Oftmals verstopfen solche Kettenmails, die jahrelang durch das Internet geistern, Postfächer und stehlen Ihnen und den Empfängern wertvolle Zeit!
- *E-Mail-Adressen nicht ungefragt weitergeben*
  E-Mail-Adressen von Bekannten, Kollegen und Geschäftspartnern sind vertrauliche Daten und deshalb auch als solche zu behandeln! Deshalb: E-Mail-Adressen nicht ungefragt an Dritte weitergeben! Dies gilt auch bei der Weiterleitung von E-Mails, denn hier ist die E-Mail-Adresse des Original-Absenders weiterhin sichtbar.

Inhaltliche Tipps

- *Aussagekräftige Betreffzeile*
  Die Betreffzeile ist in der Regel das Erste, was der Empfänger von Ihrer E-Mail zu Gesicht bekommt. Im Posteingang des E-Mail-Programms liegt die empfangene E-Mail und schon jetzt sollte der Empfänger in etwa wissen, worum es sich in dieser E-Mail handelt. Deshalb: Vermeiden Sie Betreffzeilen wie „Hallo Andrea!“ oder „Bitte schau Dir das mal an!“. Verschicken Sie E-Mails mit einer Betreffzeile, die den Empfänger neugierig auf den Inhalt macht und ihm gleichzeitig einen Überblick über das Anliegen der E-Mail gibt. Verschicken Sie eine E-Mail nie mit leerer Betreffzeile!

- *Bringen Sie Struktur in Ihre E-Mail*
  Eine E-Mail ist die moderne Form der schriftlichen Kommunikation. Deshalb strukturieren Sie E-Mails genauso, wie Sie einen Brief strukturieren würden. Absätze, Leerzeilen, Zwischenüberschriften etc. helfen, die E-Mail leichter lesbar zu machen.
- *Knappe Zitate*
  Bei der Beantwortung von E-Mails ist es sinnvoll, nur diejenigen Textpassagen der Originalmail bei der Antwort zu zitieren, auf die Bezug genommen wird. Löschen Sie alles, was im Rahmen Ihrer Antwort unwesentlich ist, heraus und stellen Sie Ihre Antwort direkt unter die Frage bzw. Textpassage der Original-E-Mail. Diese Vorgehensweise ist vor allem bei längeren E-Mails sinnvoll. Lassen Sie aber nie die Frage, auf die Sie Bezug nehmen, in der Antwortmail weg, denn so erschweren Sie dem Empfänger die Bearbeitung!
- *Weiterleiten und Beantworten ist nicht immer richtig*
  Die Funktion des Weiterleitens bzw. Beantwortens von E-Mails ist nicht immer die richtige Wahl. Werden E-Mails immer wieder weitergeleitet (bzw. beantwortet), so ergibt sich irgendwann ein endlos langer Schwanz an früheren E-Mails, der an der letzten E-Mail hängt. Dies führt beim Empfänger zu zusätzlichem Zeitaufwand, da er sich erst durch die vorigen (eventuell für ihn unnützen) Informationen durcharbeiten muss, bis er die relevante Information findet. Diese Zusatzarbeit kann vermieden werden, indem statt des Weiterleitens einer E-Mail eine neue E-Mail verfasst wird, die nur die jeweils relevanten Informationen erhält!
- *Informationsreiche Signatur*
  Durch eine Signatur mit Ihren Kontaktdaten am Ende Ihrer E-Mails erleichtern Sie Ihrem Kommunikationspartner die Kontaktaufnahme. Er kann dann selbst entscheiden, auf welchem Weg er mit Ihnen kommunizieren will, außerdem wird ihm lästiges Suchen bzw. Nachfragen nach Telefonnummer, Adresse oder ähnlichem erspart.

Technische Tipps

- *Überdenken Sie Dateianhänge*
  Große Texte oder Schriftstücke in der richtigen Corporate Identity können nur als Anhang versendet werden. Beachten Sie dabei die Größe des Anhangs – als grober Anhaltspunkt kann hier gelten: maximal 500 KB. Im Zweifelsfall erfragen Sie, was bei Ihrem Gegenüber technisch möglich ist, und komprimieren Sie Dateien gegebenenfalls.

  Auch die Möglichkeit der Übertragung per CD-Rom oder USB-Stick kann bei großen Dateien die richtige Methode darstellen!
- *Sinnvoller Einsatz von An, CC und BCC*
  Sie haben die Möglichkeit, dem Empfänger E-Mails auf verschiedene Arten zukommen zu lassen:

  - *An*: Hier wird der Empfänger direkt angeschrieben, d. h. es wird eine Reaktion von ihm erwartet.

- *CC*: Abgeleitet vom englischen Begriff *Carbon Copy*, also eine Weiterentwicklung des klassischen Kohlepapierdurchschlags. Vom Empfänger im CC-Feld wird keine Antwort erwartet (er kann natürlich dennoch antworten), vielmehr wird diese Form eher zu Informationszwecken verwendet.
- *BCC*: Abgeleitet vom englischen Begriff *Blind Carbon Copy*, also ein *blinder Kohlepapierdurchschlag*. Ähnlich wie beim CC-Feld wird auch hier vom Empfänger keine Antwort erwartet. Zusätzlich können jedoch die Adressaten des BCC-Feldes von den Adressaten im An- bzw. CC-Feld nicht gesehen werden.

- *Beachten Sie das E-Mail-Format*
  Sie können Ihre E-Mails in verschiedenen Formaten verschicken, die bekanntesten sind „Nur Text" (hier ist keine Formatierung möglich) und „HTML" (großer Spielraum an Gestaltungsmöglichkeiten).

  Vorsicht: Nicht alle E-Mail-Programme sind HTML-kompatibel! Besprechen Sie mit Ihrem Kommunikationspartner, ob sein E-Mail-Programm E-Mails im HTML-Format verarbeiten kann. Wenn nicht, schicken Sie ausschließlich E-Mails im „Nur Text"-Format!

Schaltzentrale E-Mail: Die E-Mail-Flut bewältigen

In den vorigen Abschnitten dieses Kapitels wurden Ihnen Tipps und Tricks aufgezeigt, die Ihnen helfen sollen, die E-Mail-Flut für Ihre E-Mail-Empfänger möglichst gering zu halten. Solange Sie sich daran halten, werden es Ihre Kollegen und sonstigen E-Mail-Kommunikationspartner etwas leichter haben, der Informationsmenge Herr zu werden.

Umgekehrt muss man natürlich auch eingestehen, dass für Sie persönlich an Ihrem Arbeitsplatz alleine durch die Einhaltung dieser Regeln nur geringe Verbesserungen erzielt werden können, solange sich Ihre Kommunikationspartner nicht auch an diese Regeln halten. Deshalb lauten die Schlussfolgerungen für Sie:

- Überzeugen Sie Ihre Kolleginnen und Kollegen davon, sich an die zuvor beschriebenen Regeln zu halten!
- Lernen Sie, besser mit der riesigen Menge an Informationen umzugehen, die Sie tagtäglich per E-Mail erhalten, solange Ihre Kolleginnen und Kollegen die angesprochenen Tipps noch nicht berücksichtigen!

Den ersten Punkt müssen Sie selbst regeln, denn hier handelt es sich um Ihren persönlichen Bereich. Aber beim zweiten Punkt können wir Ihnen helfen. In den folgenden Abschnitten steht der Umgang mit eingehenden E-Mails im Mittelpunkt. Sie erhalten nützliche Tipps zur effizienten und effektiven Bewältigung Ihrer E-Mail-Flut.

Überfüllter Posteingang – was nun?

Sie alle haben es sicherlich schon einmal erlebt, dass der Posteingang Ihres Mailprogrammes aus allen Nähten platzt. Sei es nach ein paar Tagen Urlaub, in denen sich niemand um die Erledigung Ihrer E-Mails gekümmert hat. Oder aber auch tagtäglich, wenn Sie ins Büro kommen und Ihre Geschäftspartner aus aller Welt Ihnen über Nacht jede Menge E-Mails geschickt haben. Was nun?

Richten Sie sich feste Lesezeiten ein!

Die Erledigung der E-Mails im Posteingang ist ein zentraler Aufgabenbereich des Sekretariat-Alltags. Aber es ist eben auch nur *ein* Aufgabenbereich von vielen. Die Beantwortung von E-Mails muss nicht immer oberste Priorität an Ihrem Arbeitsplatz haben. Dies ist natürlich immer abhängig von den Anforderungen, die an Ihrer Arbeitsstelle vorherrschen. Arbeiten Sie in einer schnelllebigen Branche, in der eine Information innerhalb weniger Minuten weitergeleitet oder bearbeitet werden muss, verhält es sich natürlich anders als in einer Branche, in der eine E-Mail auch einmal ein paar Stunden oder vielleicht sogar einen Tag ungelesen bei Ihnen im Postfach liegen kann, ohne dass dadurch Probleme entstehen.

Unser Tipp:

Lassen Sie sich nicht von jeder neu eingegangenen E-Mail stören!
Richten Sie sich feste E-Mail-Lesezeiten ein und bearbeiten Sie Ihre eingegangenen E-Mails auch nur in dieser Zeit!

Wie zuvor schon angesprochen, werden sich sowohl die benötigte Dauer dieser Lesezeiten wie auch der Anzahl solcher Lesezeiten von Branche zu Branche, von Firma zu Firma und nicht zuletzt auch von Person zu Person deutlich unterscheiden.

Von zentraler Bedeutung hierbei ist, dass Sie sich, wenn Sie in eine andere Aufgabe Ihres Tagesgeschäftes vertieft sind, durch eine neu ankommende E-Mail nicht dazu verleiten lassen, die angefangene Arbeit zu unterbrechen und sich der E-Mail zu widmen. Denn dadurch reißen Sie sich selbst aus der Konzentration für die angefangene Arbeit und Sie benötigen deutlich länger, um später diese Arbeit fortzusetzen.

Die bessere Methode ist also, erst die angefangenen Aufgaben zu erledigen und sich danach eine E-Mail-Lesezeit einzurichten, in der Sie die in der Zwischenzeit empfangenen Nachrichten konzentriert – also nicht zwischen Tür und Angel – bearbeiten können.

Ein weiterer Tipp in diesem Bereich ist deshalb, die Benachrichtigung beim Empfangen neuer E-Mails, also Pop-Up-Fenster oder akustische Signale, auszuschalten. Denn wenn Sie diese auffälligen Hinweise nicht unterbinden, werden Sie sich wahrscheinlich nur mit Mühe weiter auf Ihre angefangenen Aufgaben konzentrieren können.

Wie oft Sie in Ihrem Arbeitsablauf solche E-Mail-Lesezeiten einplanen müssen, hängt natürlich einerseits vom E-Mail-Aufkommen an Ihrem Arbeitsplatz (wobei gerade im Sekretariatsumfeld die Arbeit mit E-Mails meist zu den absoluten Hauptaufgaben zählt) und andererseits von der Schnelllebigkeit Ihres Arbeitsumfeldes ab.

Haben Sie den Mut, E-Mails ungelesen zu löschen!

Wenn Sie den ersten Tipp des Einrichtens von E-Mail-Lesezeiten beachten, werden Sie sicher in der Lage sein, Zeit bei der Bearbeitung Ihrer anderen Aufgaben einzusparen, da Sie konzentriert bei der Sache bleiben können. Diese eingesparte Zeit können Sie dann für die Bearbeitung Ihrer E-Mails nutzen. Aber auch bei der Bearbeitung der E-Mails selbst können Sie einiges an wertvoller Zeit sparen, wenn Sie die folgenden Tipps beachten.

Unser Tipp:

Seien Sie mutig! Wenn Sie am Betreff erkennen, dass die E-Mail für Sie nicht interessant ist, löschen Sie sie – auch ungelesen!

Wenn der Posteingang Ihres E-Mail-Programmes mal wieder mit einer Unmenge an neuen Nachrichten verstopft ist, ist es wichtig, möglichst schnell einen Überblick zu gewinnen.

Der erste Schritt auf dem Weg zu einer effizienten und effektiven Bearbeitung Ihrer eingegangenen E-Mails besteht darin, zu unterscheiden, welche E-Mails einer dringenden Erledigung bedürfen und welche für Sie im Moment oder auf Dauer irrelevant sind.

Bei dieser Abwägung hilft Ihnen ein genauer Blick im Posteingangsfenster auf den Absender der E-Mail und auch auf den Betreff. Durch diese erste Prüfung – noch bevor Sie überhaupt eine E-Mail geöffnet haben – können Sie eventuell schon einen Teil der empfangenen E-Mails aussortieren und sparen sich das Lesen dieser Nachrichten. Newsletter, Werbe- und Infomails sind Beispiele für solche Nachrichten, bei denen Sie sich einige Mausklicks und damit auch wertvolle Zeit sparen können, wenn Sie sie ungelesen löschen.

Erledigen Sie schnelle Arbeiten sofort!

Nach der ersten Prüfung auf E-Mails, die sofort ungelesen gelöscht werden können, bleiben also in Ihrem Posteingang nur noch die E-Mails übrig, die Ihrer Meinung nach für Sie von Bedeutung sind.

Auch bei der Bearbeitung dieser E-Mails gibt es Tipps und Tricks, die Ihnen helfen werden, schnell einen Überblick über die zu erledigenden Aufgaben zu bekommen und so den Arbeitstag besser planen zu können.

Unser Tipp:

Erledigen Sie Aufgaben, die nur kurze Zeit in Anspruch nehmen, sofort!

Wenn Sie Ihre neu empfangenen E-Mails nach und nach durchgehen, werden höchstwahrscheinlich E-Mails darunter sein, deren Bearbeitung zügig erledigt werden kann. Dies kann entweder der Fall sein, wenn sie die E-Mail an jemanden weiterleiten müssen und ansonsten keine weiteren Aufgaben damit verbunden sind. Aber auch E-Mails, bei denen Sie nur eine kurze Frage beantworten müssen (beispielsweise Terminanfragen, Fragen nach Unterlagen oder ähnlichem), sollten Sie sofort bearbeiten.

Als Anhaltspunkt für schnell zu erledigende Arbeiten kann die Drei-Minuten-Marke gelten: Alle Arbeiten aus einer E-Mail, die innerhalb von etwa drei Minuten erledigt werden können, sollten auch sofort – das heißt beim ersten Mal lesen erledigt werden. Der Vorteil des sofortigen Abarbeitens solcher Aufgaben ist, dass man sich das wiederholte Lesen der E-Mail sparen kann, was wiederum einen Zeitgewinn zur Folge hat. Denn die zweite Möglichkeit – also das Lesen der E-Mail und das Verschieben der zu erledigenden Aufgaben auf einen späteren Zeitpunkt hat zur Folge, dass man sich später erneut in die Nachricht einlesen muss, um zu wissen, welche Aufgaben erwartet werden.

Nutzen Sie die Möglichkeiten der Wiedervorlage!

Bei der Bearbeitung Ihrer eingegangenen E-Mails werden sicherlich auch solche E-Mails dabei sein, deren Erledigung einen größeren Zeitraum beansprucht. Diese E-Mails sollten Sie nicht sofort in Angriff nehmen, da Sie sonst nicht die Möglichkeit haben, innerhalb Ihrer Lesezeit einen Überblick über alle zu erledigenden Aufgaben zu bekommen.

Unser Tipp:

Legen Sie sich E-Mails, deren Bearbeitung einen längeren Zeitraum benötigt, auf Wiedervorlage und bearbeiten Sie sie zum jeweils angemessenen Zeitpunkt!

Der Vorteil der Aufgabenbearbeitung zu einem späteren Zeitpunkt liegt darin, dass Sie so weiterhin Ihr E-Mail-Posteingangsfenster durchgehen können. So schaffen Sie sich einen Überblick über die zu erledigenden Aufgaben. Wenn Sie langwierige Aufgaben sofort in Angriff nehmen, besteht die Gefahr, dass Sie Ihre Zeit für solche Aufgaben nutzen, die eigentlich nicht so wichtig oder dringend sind. Die Aufgaben aus anderen E-Mails, die Sie noch nicht gelesen haben, werden dann hinten angestellt, obwohl diese Tätigkeiten eventuell höhere Priorität besitzen müssten.

Deshalb: Im Rahmen Ihrer E-Mail-Lesezeit immer *alle* für Sie interessanten E-Mails (also alle, die Sie nicht sofort gelöscht haben!) durchgehen und nur die Aufgaben erledigen, die schnell von der Hand gehen. Die restlichen Aufgaben verschieben Sie besser auf einen späteren Zeitpunkt und arbeiten sie nach Priorität der Aufgaben ab.

Hierbei sollten Sie die Möglichkeiten der Wiedervorlage Ihres Mailprogrammes nutzen. Wenn Sie Ihre E-Mails auf Wiedervorlage legen, werden Sie vom System automatisch erinnert, wenn die Bearbeitung dieser Aufgaben ansteht.

Halten Sie Ordnung

Der nächste Bereich, für den wir Ihnen unsere Hilfe anbieten möchten, ist der Bereich der Strukturierung und Ordnung in Ihrem E-Mail-Programm bzw. auch im Dateisystem.

Unser Tipp:

Erstellen Sie sich eine Struktur in Ihrem E-Mail-Programm und halten Sie Ordnung! Nutzen Sie die technischen Hilfsmittel, die Ihnen geboten werden, um E-Mails später wiederfinden zu können!

- *Ordnerstrukturen anlegen und nutzen*
  Die Strukturierung Ihres Posteingangs durch das Anlegen einer Ordnerstruktur ist ein wesentlicher Bestandteil des effektiven und effizienten Umgangs mit E-Mails. Eine Ordnerstruktur, die eingegangene E-Mails nach Projekten, Kunden, Produkten etc. kategorisiert, hilft Ihnen, E-Mails zu einem späteren Zeitpunkt wiederfinden zu können. Deshalb sollten Sie bearbeitete E-Mails entweder löschen – wenn die Aufgabe komplett erledigt ist und die E-Mail nicht archiviert werden muss – oder aber in den richtigen Ordner ablegen. Wie Ihre Ordnerstruktur genau aussehen soll, müssen Sie natürlich selbst entscheiden, es bietet sich jedoch an, durchgängige, einheitliche Strukturebenen zu wählen (beispielsweise Gliederung zuerst nach Kunden und danach nach Projekten oder ähnlichem).

  Diesen Schritt der Sortierung von E-Mails im Rahmen der angelegten Ordnerstruktur können Sie auch im Vornherein von Ihrem E-Mail-Programm erledigen lassen, indem sie den Regelassistenten nutzen. Dieses technische Hilfsmittel sortiert eingehende E-Mails automatisch nach Kriterien wie Schlagworten im Betreff, Absendern etc. in die jeweiligen Ordner ein oder führt andere Aktionen durch (z. B. automatische Weiterleitung). So können Sie sich noch schneller einen Überblick über die empfangenen E-Mail-Nachrichten verschaffen.
- *Kategorien vergeben*
  Eine weitere Möglichkeit, sich in der Masse an eingehenden Nachrichten zurechtzufinden, ist, E-Mails bestimmten Kategorien zuzuordnen. Der Gedanke hierbei ist wiederum, eine Einteilung der E-Mails herzustellen, um diese zu einem späteren Zeitpunkt besser wiederfinden zu können. Der Vorteil bei der Vergabe von Kategorien ist zum einen, dass Sie eine E-Mail mehreren Kategorien zuordnen können. So vermeiden Sie, dass eine E-Mail, die

sich beispielsweise auf mehrere Projekte bezieht, nur in einem Ordner abgelegt wird und deshalb in einem anderen Ordner nicht aufgefunden werden kann.

Ein zusätzlicher Vorteil dieser Kategorien-Vergabe ist die Möglichkeit, E-Mails einer Kategorie schnell und bequem über die Suchfunktion Ihres Mailprogramms wiederfinden zu können.

- *Speichern von Mails im Dateisystem*

  Natürlich können Sie Ihre E-Mails nicht nur innerhalb Ihres E-Mail-Programmes archivieren, sondern Sie haben auch die Möglichkeit, Ihre Nachrichten in Ihrem Dateisystem zu speichern. Dazu müssen Sie die E-Mails nur als Datei im jeweils passenden Ordner Ihres Dateisystems ablegen.

  Diese Vorgehensweise bietet einige Vorteile. Zum einen sparen Sie Speicherkapazität in Ihrem Mailprogramm, die ja bekanntlich in vielen Firmen knapp bemessen ist. Weiterhin haben Sie durch die Speicherung Ihrer E-Mails im Dateisystem die Möglichkeit, mit einem Klick nicht nur auf die zum jeweiligen Kunden, Projekt o. ä. passenden Dateien in Ihrem Ordner zuzugreifen, sondern gleichzeitig auch die zu diesem Vorgang in Verbindung stehende Korrespondenz zur Hand zu haben.

  Der Nachteil der Speicherung im Dateisystem ist jedoch, dass Ihnen die zuvor beschriebenen Suchmöglichkeiten des E-Mail-Programmes nicht mehr zur Verfügung stehen.

Nutzen Sie die zusätzlichen Möglichkeiten Ihres Mail-Programms

Die gängigen E-Mail-Programme können viel mehr als nur E-Mails zu empfangen und zu verschicken. Meistens sind Funktionen wie ein elektronischer Kalender, Aufgabenliste, Kontaktverwaltung etc. in diese Programme integriert.

Unser Tipp:

Nutzen Sie alle Möglichkeiten Ihres E-Mail-Programmes aus, die Ihnen die Arbeit erleichtern!

Die Möglichkeiten der Verbindung dieser einzelnen Komponenten eines E-Mail-Programmes sind vielfältig. So können beispielsweise E-Mails die Grundlage für Termine des Kalenders oder für neue Aufgaben bilden. Im Kalender können Sie sich an Termine erinnern lassen oder direkt über den Kalender die erforderlichen Teilnehmer für eine Besprechung per E-Mail einladen.

Außerdem können durch Verknüpfungen zwischen Dateien aus dem Dateisystem und E-Mails (bzw. Kalendereinträge etc.) Verbindungen über die Grenzen des Mailprogrammes erstellt werden, die Ihnen die Suche nach zusammenhängenden Objekten erleichtern können.

Welche Möglichkeiten Sie genau haben, ist natürlich abhängig von Ihrem E-Mail-Programm. Wir können Ihnen hier nur den Tipp geben, die Möglichkeiten, die Ihnen Ihr spezielles Programm bietet, bestmöglich auszuschöpfen und sich so Ihren Berufsalltag zu vereinfachen.

Mensch und Informationstechnologie Hand in Hand

Durch die rasend schnelle Entwicklung der E-Mail als Kommunikationsmittel kann der Eindruck entstehen, dass E-Mails stets höchste Priorität besitzen. Das ist aber nicht so!

Lernen Sie abzuwägen, welche Arbeiten Vorrang haben. Oft kann auch beispielsweise ein persönliches Gespräch mit der Kollegin von nebenan wichtiger sein als die Bearbeitung einer neuen E-Mail!

In den heutigen Zeiten von Globalisierung und virtuellen Teams, das heißt in Zeiten, in denen zeitversetztes Arbeiten rund um den Erdball zur Normalität geworden ist, gibt es ein Schlagwort, das an Bedeutung gewonnen hat: *Abgrenzung*!

Der heutige Arbeitstag ist, bedingt durch die Globalisierung, nicht mehr wie früher nach acht Stunden vorbei, nein, wenn er irgendwo endet, fängt er auf der anderen Seite der Welt schon wieder an. Diese Ausdehnung des möglichen Arbeitstages auf 24 Stunden – verbunden mit der durchgängigen Erreichbarkeit durch die modernen Kommunikationsmittel – birgt die Gefahr der Überlastung.

Protokollführung

Christa Waltenberger

Kernaussagen auf den Punkt und in Form bringen

Protokoll schreiben ist nicht gerade eine beliebte Tätigkeit bei Sitzungen und Meetings. Dabei ist das Filtern und Niederschreiben der Kernaussagen eine verantwortungsvolle Aufgabe, denn Protokolle helfen Entscheidungsträgern bei deren Führungsaufgaben: Sie beeinflussen sogar das Image eines Unternehmens, eines Bereiches, einer Abteilung, eines Teams.

„Ich war gestern in der Philharmonie. Der Bürgermeister hat geredet." – „Und? Hat er was gesagt?" Diesen Witz erzählte der Kabarettist Hans-Dieter Hüsch bei einem seiner Auftritte. Alle, die bei Besprechungen und Konferenzen Protokoll führen, kennen solche Situationen genau: Es wird viel geredet, aber wenig gesagt. Was soll man da bloß mitschreiben? Was ist wichtig, was kann man vernachlässigen?

Gespräche, Meinungen und Beschlüsse zu dokumentieren ist kein Selbstzweck. Protokolle werden gebraucht:

- als Nachweis und Beweis für Vereinbarungen – sie sind in manchen Fällen gesetzlich vorgeschrieben,
- als Informationsquelle für Interessierte, Betroffene, Vergessliche,
- als To-Do-Liste, damit vereinbarte Aufgaben und Beschlüsse termingerecht umgesetzt werden,
- als Grundlage für die nächste Sitzung, um für alle Teilnehmenden schnell denselben Informationsstand zu schaffen.

Ein Telefonat, ein kurzes Kunden- oder Mitarbeitergespräch kann genauso Anlass für ein Protokoll sein wie mehrstündige Konferenzen. Der Zweck ist derselbe: Die wichtigsten Aussagen und Vereinbarungen sollen schriftlich festgehalten werden. Wie ausführlich das Protokoll ist, hängt davon ab, wozu die Notizen später gebraucht werden und von wem sie gelesen werden. Diese Kriterien entscheiden über die Art des Protokolls.

Protokollart	Inhalt und Einsatz	Vorteil	Nachteil
Wortprotokoll	vollständiger Bericht – nur notwendig, wenn alles Gesagte nachgewiesen oder bewiesen werden muss, z. B. bei Gerichtsverhandlungen	hohe Beweiskraft	zeitaufwändig, umfangreich, dadurch unübersichtlich
Verlaufsprotokoll	hier können der Gesprächsverlauf und Argumentationslinien nachvollzogen werden: Welche Aussage führte zu welcher Entscheidung? Wer hat wann und wie argumentiert? die Redner werden genannt, z. B. bei Betriebsratssitzungen	Nichtanwesende erfahren den Sitzungsverlauf	hohe Anforderungen an Protokollführer: hohe Schreibgeschwindigkeit
Kurzprotokoll	Leser erfahren das Wesentliche über die besprochenen Themen in übersichtlicher, thematisch gegliederter Form – die chronologische Reihenfolge wird nicht berücksichtigt, der Fokus liegt auf den Themen und dem Ergebnis, die einzelnen Redner müssen nicht genannt werden	kurz, übersichtlich; Nichtteilnehmer erfahren in knapper Form, wie es zum Ergebnis kam	hohe Verantwortung des Protokollführers, da er die Bedeutung der Beiträge beurteilen und thematisch zusammenfassen muss
Ergebnisprotokoll/ Beschlussprotokoll	es sichert ausschließlich die Ergebnisse einer Sitzung – welche Beschlüsse wurden gefasst; welche Aufgaben hat wer bis wann übernommen	knapp, übersichtlich, leicht abzufassen; häufig als Aktionsplan während der Sitzung	Nichtteilnehmer erfahren nicht, wie es zu Beschlüssen kam
Miniprotokoll	gibt nur den Rahmen einer Sitzung wieder: Thema, Ort, Zeit, Teilnehmer	hier wird oft deutlich, wenn Sitzungen überflüssig sind, weil sie keine Ergebnisse bringen	informationsschwach
Telefonnotiz, Gesprächsnotiz	Kerninformationen/Ergebnisse werden nach bestimmten Gesichtspunkten geordnet	knapp, übersichtlich	vergleichbar mit einem Kurzprotokoll

Abbildung 1: *Die verschiedenen Protokollarten*

Alle Arten von Protokollen haben den gleichen Zweck: Sie erinnern die Teilnehmenden nach einer Besprechung daran, was vereinbart wurde, was erledigt werden muss, welche Termine wichtig sind. Je klarer, je strukturierter ein Meeting verläuft, je professioneller der Sitzungsleiter ist, desto schneller kommen die Beteiligten zu Ergebnissen. Eine gut geführte Besprechung erleichtert zudem das Protokollieren. Hilfreich ist es, wenn die Protokollantin weiß, wie Besprechungen aufgebaut sind. Sie kann dann für den Besprechungsleiter eine wichtige Unterstützung sein. Eine enge Zusammenarbeit mit dem Leiter des Meetings sollte deshalb vom Protokollführer angestrebt werden; schon vor der Sitzung, bei der Vorbereitung, um sich zu orientieren, was von ihm verlangt wird.

Siehe Checkliste „Aufbau einer Besprechung“ am Ende des Kapitels.

Der oder die Protokollant/in sollte vor dem Meeting gemeinsam mit dem Besprechungsleiter entscheiden, welche Art von Protokoll verfasst werden soll, wer das Protokoll lesen wird und wozu es dienen soll. Sie muss Anlass, Zweck und Ziel der Besprechung vorab kennen.

Welche Funktion hat die Protokollantin während eines Meetings? Die Teilnehmer dürfen ein präzise formuliertes, informatives Protokoll erwarten – idealerweise kurz nach der Sitzung, vielleicht am nächsten Tag – spätestens jedoch am dritten Tag. Je mehr Hintergrundinformationen dem Protokollierenden vorab bekannt sind, desto sicherer kann zwischen Wichtigem und Unwichtigem während der Sitzung entschieden werden. Alle Unterlagen, die an die Teilnehmenden verteilt wurden, sollten deshalb auch dem Protokollanten zur Verfügung stehen.

Siehe Checkliste „Orientierung vor der Sitzung“ am Ende des Kapitels.

Während der Sitzung muss der Protokollführer hellwach sein. Er muss zuhören, sofort zwischen Wichtigem und Unwichtigem entscheiden, Gesagtes aufschreiben und gleichzeitig zuhören. Eine anspruchsvolle Aufgabe also, die Konzentration erfordert. Schwierig wird es, wenn es bei Diskussionen plötzlich turbulent wird. Wenn alle durcheinander reden. Wenn der Sitzungsleiter plötzlich nicht mehr das Steuer in der Hand hat, sondern von den Teilnehmenden ins Beiboot gesetzt wird. Der Rettungsring für den Protokollführer heißt: Sich einmischen. Freundlich und selbstbewusst. Bei kleineren Besprechungen, Teammeetings oder Vereinssitzungen ist das einfach. Da darf schon mal der Protokollant darum bitten, dass nacheinander und nicht gleichzeitig gesprochen wird. Und er sollte bei unklaren Äußerungen Fragen stellen. Bei größeren Konferenzen kann das beinahe unmöglich sein. In diesem Fall ist es besser, sich direkt an den Sitzungsleiter zu wenden. Der beste Platz für den Protokollanten ist deshalb der Platz neben dem Konferenzleiter.

Mitdenken ist bei jeder Sitzung unerlässlich. Ergibt sich aus einem Redebeitrag eine Aufgabe, sollte der Protokollant darauf achten, dass festgehalten wird, wer diese Aufgabe übernimmt und bis wann sie erledigt sein soll. Diese Angaben sind ausschlaggebend dafür, ob Beschlüsse nach einer Sitzung termingerecht umgesetzt werden.

So geht's leichter – Aufzeichnungstechniken und -methoden

Wer wenig Protokoll führt, schreibt häufig zu viel mit – aus Unsicherheit! Wer stenografieren kann, ist zwar heute noch im Vorteil (vor allem, wenn nicht direkt mit Hilfe des Laptops protokolliert wird), aber viele sind aus der Übung oder beherrschen gar keine Kurzschrift. In dem Fall heißt es: Nicht verzweifeln, es gibt gute Alternativen. Um das Wichtigste schnell schriftlich erfassen zu können, eignet sich beispielsweise die *elliptische Aufzeichnung:* Das bedeutet, Sie schreiben nur Rumpfsätze mit Schlüsselwörtern auf. Meistens ein Substantiv und ein Verb. Alle Wörter, die unbedeutend sind, werden weggelassen.

Eine weitere Möglichkeit zu kürzen, ist die *tachygraphische Aufzeichnung***.** Innerhalb eines Wortes werden zusätzlich Buchstaben und Silben eingespart. Die Protokollantin schreibt nur den Wortkern. Die Aufzeichnungstechniken verlangen etwas Übung. Bei häufig wiederkehrenden Ausdrücken lohnt es sich, Abkürzungen dafür in einer Liste zu sammeln. Im Krankheitsfall kann dann auch eine Kollegin oder ein Kollege die Aufzeichnungen entschlüsseln:

Beispiele für tachygraphische Aufzeichnungen:

gstzl	= gesetzlich
fgl	= festgelegt
erk	= erkennt
Bed	= Bedeutung
Erh	= Erhalt
Best	= Bestimmung
Pr	= Preis
stfw	= stufenweise

Ganz schnell geht es, wenn die Protokollantin ein Minigramm erstellt.

Hier werden unterschiedliche Aufzeichnungsformen gemischt. Durch die knappe Form und durch die vielen Abkürzungen ist allerdings ein gutes Gedächtnis erforderlich. Das Protokoll sollte deshalb möglichst gleich nach der Sitzung übertragen werden.

Minigramm	**Übertragung**
A: Vorschl > Verk Geb 5, Zentralplatz, an B.	Herr A. schlägt vor, das Gebäude Nummer 5 auf dem Zentralplatz an Herrn Busse zu verkaufen.
C u. D: fehl Rglg z. Erh d. Umgebi. Z. m. hist Wert. = Mangel beim Verk	Herr Cippel und Frau Denk erinnern daran, dass noch nicht geklärt sei, wie die Umgebung erhalten werden könne, vor allem im Zusammenhang mit dem historischen Wert. Die fehlende Regelung würde sich negativ beim Verkauf auswirken.

Abbildung 2: *Beispiel eines Minigramms kombiniert mit der elliptischen und tachyraphischen Aufzeichnung.*

Formulare helfen der Protokollantin, schon während der Sitzung die Aufzeichnungen zu strukturieren. Grundsätzlich eignen sich DIN-A-4-Blätter im Querformat besser als das Hochformat. Um das passende Formular auswählen zu können, muss sie die einzelnen Tagesordnungspunkte kennen und auch den Zweck der Besprechung.

Dreispaltiges Protokoll-Formular

Die dreispaltige Protokoll-Aufnahme eignet sich für eher ungeübte Protokollantinnen und für jede Art von Sitzung. Durch die Gliederung in drei Spalten behält sie einen guten Überblick und die Übertragung nach der Sitzung wird einfacher.

In der ersten Spalte „TOP/Redner" können Notizen bzw. Fragen vermerkt werden, die die Protokollführerin während der Sitzung hat. Am schnellsten geht das mit graphischen Elementen, sogenannten Büroglyphen, die für bestimmte Aufgaben stehen: ? = klären, ! = dringend, √ = Aufgabe erledigt. Fragen sollten am besten in der nächsten Sitzungspause geklärt werden.

Besprechung:	
Tag:	
Beginn:	Ende:
Ort:	
Teilnehmer:	
Protokollaufnahme:	Seite:

TOP Redner	Rednerbeitrag	Verantwortlicher/Termin

Abbildung 3: *Beispiel für ein dreispaltiges Protokoll-Formular*

Das Pro-Contra-Blatt

Dieses Formular ist dann angebracht, wenn aufgrund der Tagesordnung und des Zwecks der Sitzung eine Pro-und-Contra-Diskussion zu erwarten ist. Ein Block wird vertikal in drei Spalten geteilt. In die erste Spalte trägt der Protokollant den Tagesordnungspunkt und den Namen des Redners ein. In die zweite Spalte alle Pro-Argumente, in die dritte Spalte alle Contra-Argumente. Neutrale Beiträge werden über beide Spalten geschrieben. Vorteil: Der Protokollant behält einen guten Überblick, gleichzeitig wird der Sitzungsverlauf deutlich. Bei der Übertragung kann er leicht ein übersichtliches, gut gegliedertes Kurzprotokoll erstellen, indem er Pro- und Contra-Argumente zusammenfasst.

TOP **Redner**	**Pro**	**Contra**
TOP1 *Verlängerung der Öffnungszeiten* *in der Kantine*		
Müller	*Längere Öffnungszeiten entzerren die Stoßzeiten*	
Schmitt		Kantinenpersonal muss länger arbeiten; Personalkosten steigen
Rosner	*Nach den letzten Umfragen gehen etwa 50 % der Mitarbeiter mittags essen, das sind ca. 400.*	
Müller	*Bei einer Verlängerung von 1 Stunde wäre ein 2- oder 3-Schichtbetrieb möglich*	

Abbildung 4: *Beispiel für ein Pro-Contra-Formular*

Das Drei-Phasen-Protokollblatt

Dieses Formular richtet sich nach dem Aufbau einer Besprechung, berücksichtigt also die einzelnen Besprechungsphasen.

- *Phase 1:* Themen werden vorgestellt, es wird darüber informiert, was jeder Teilnehmende wissen sollte, um den gleichen Informationsstand zu haben: Zahlen, Daten, Fakten.
- *Phase 2:* Hier wird lebhaft diskutiert. Die Teilnehmenden bilden sich eine Meinung. Die Argumente, die hier ausgetauscht werden, führen dann zum Ergebnis.
- *Phase 3:* Hier wird deutlich, was das Ergebnis der Sitzung ist. Welche Aufgaben von wem und bis wann erledigt werden müssen, welche Beschlüsse gefasst werden.

Nicht jede Sitzung läuft exakt nach diesen Phasen ab. Die Teilnehmenden springen von einer Phase in die andere. Der Protokollant muss schnell entscheiden, zu welcher Phase der Beitrag gehört. Der Vorteil ist bei dieser Aufzeichnungsmethode, dass daraus schnell ein Verlaufs-, Kurz- oder auch Ergebnisprotokoll erstellt werden kann.

Zentrales Thema:		**Datum: Beginn – Ende**	**Seite:**
Kapazität der Parkplätze		*00.00.00 00:00 00:00*	*1*
Zweck:			
Problemlösung			
Thema/Aspekte = Input		**Diskussion/Meinungsbildung = Datenverarbeitung**	**Ergebnis = Output**
Maier	Parkplätze reichen nicht für alle Mitarbeiter.		
Breig		Platz auf dem Nachbargelände anmieten	
Maier		Privates Gelände. Viel zu teuer. Pro Platz 30 €.	
Merk	Nach Umfragen kommen nur 50 Prozent der Belegschaft mit Auto		
Maier		Wer kommt von auswärts? Wer fährt mit dem Fahrrad? Wer braucht überhaupt einen Parkplatz?	Umfrage, Statistik erstellen Breig > 20.05.
Merk	Gute innerstädtische Busverbindung		
Breig		Parkplatzvergabe abhängig machen von Entfernung des Wohnorts.	
Maier		Kostenzuschuss für Pendler als Ausgleich?	Klärung mit Geschäftsleitung Maier > 20.05.

Abbildung 5: *Beispiel für ein Drei-Phasen Protokoll-Formular*

Mindmapping

Bei einem Brainstorming oder wenn für eine Sitzung ein Kurz- oder Ergebnisprotokoll ausreicht, ist Mindmapping gut geeignet. Auf einem DIN-A-4-Blatt im Querformat wird das Thema bzw. der Tagesordnungspunkt in die Mitte des Blattes geschrieben. Die wichtigsten Beiträge können sofort thematisch zugeordnet werden. Ein weiterer Zweig kann verwendet werden für den Hinweis, wer die Aufgabe bis wann übernehmen soll. Eine Mindmap als Simultanprotokoll schafft für alle Teilnehmenden eine gute Übersicht. Es kann direkt auf eine Pinnwand gezeichnet werden. Am Ende haben die Teilnehmenden und auch die Protokollantin eine gute Gesamtübersicht über die Sitzung. Die Beschlüsse und Ergebnisse können nun leicht vom Sitzungsleiter zusammengefasst werden.

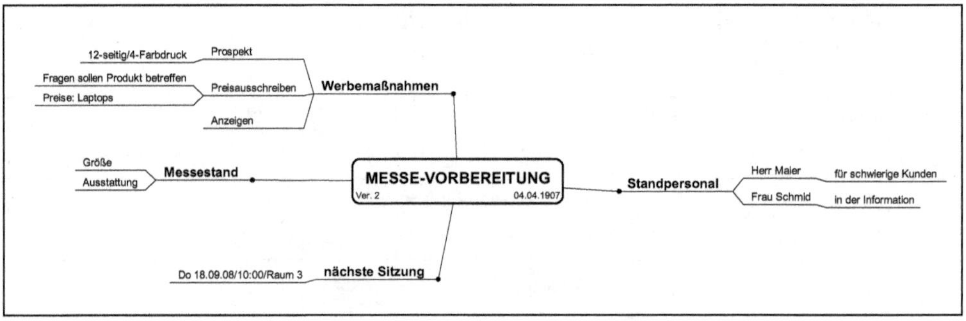

Abbildung 6: *Beispiel für Mindmapping*

Mit der Software „Mindmanager" lässt sich mit dem Laptop schnell eine solche Mindmap erstellen. Die Aufgaben können direkt von dort aus an die Verantwortlichen gemailt werden. Noch bevor der Teilnehmende wieder am Arbeitsplatz ist, liegt dann bereits seine Aufgabe in seinem Posteingang. Unter www.mindjet.de gibt es ausführliche Informationen über das Programm.

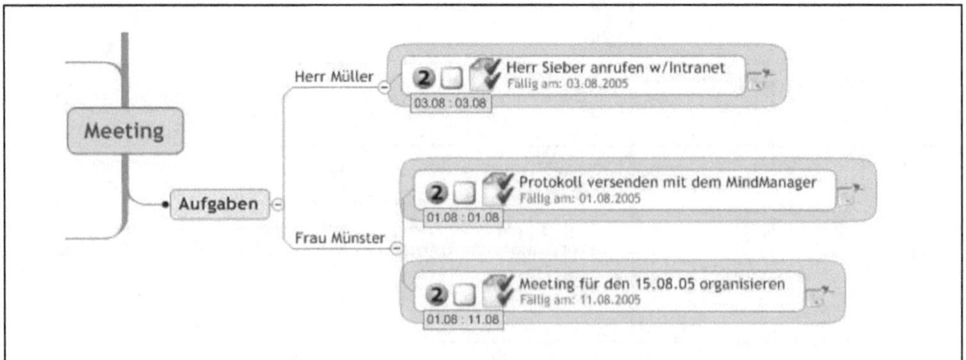

Abbildung 7: *Aufgaben in Outlook exportieren. (Quelle: www.consequence-concept.de)*

Mit dem Outlook-Linker können direkt aus der Meetingmap Aufgaben in Outlook exportiert werden. Der Verantwortliche für die Aufgabe kann sie dann bei sich einordnen, terminieren und vor allem: zuverlässig erledigen.

Wer sich den Umweg über die handschriftlichen Aufzeichnungen sparen möchte, kann direkt mit dem Laptop protokollieren. Auch hierfür sollte die Protokollführerin entsprechende Formatvorlagen oder Tabellen verwenden. Entspricht die Vorlage dem Formular, das auch zum Versenden des endgültigen Protokolls verwendet wird, geht die Übertragung schneller. In diesem Fall genügen oft ein paar sprachliche Korrekturen und schon kann das Protokoll per E-Mail an die Teilnehmenden versandt werden.

Was muss rein ins Protokoll

Was protokolliert werden muss, hängt davon ab, wozu das Protokoll dient. In einem Verlaufsprotokoll und auch im Kurzprotokoll müssen zusätzlich zu den Ergebnissen und Beschlüssen alle *Kernaussagen* festgehalten werden. Was aber sind die Kernaussagen? Es sind alle Beiträge, die sich auf den Tagesordnungspunkt beziehen, der gerade besprochen wird; gleichzeitig muss der Beitrag für das Ziel bzw. das Ergebnis, das im Meeting erreicht werden soll, relevant sein. Aufmerksames Zuhören und die Kenntnis vom Ziel der Besprechung sind Voraussetzungen, um ein aussagekräftiges und doch knappes Protokoll zu erstellen.

Von einem guten Protokollanten darf erwartet werden, dass er die unterschiedlichen Interessen der einzelnen Teilnehmer unter einen Hut bringt. Er muss stets objektiv bleiben und die Wahrheit sagen. Er braucht Geschick im Umgang mit Menschen, Einfühlungsvermögen und sollte die Kunst beherrschen, trockene oder schwierige Themen und unverständliche oder langatmige Aussagen kurz, klar und leserfreundlich zu formulieren, ohne sie zu verfälschen.

Alles Wichtige ist notiert; jetzt brauchen die Aufzeichnungen ja nur noch ausformuliert und an die Teilnehmer verteilt zu werden. Nach einer langen Konferenz ist das ein schönes Stück Arbeit. Je schneller damit begonnen wird, desto besser. Dann ist die eine oder andere Äußerung noch gut im Gedächtnis. Man kann die Zusammenhänge aus der Erinnerung nachvollziehen.

Ist sich die Protokollantin bei der Ausarbeitung nicht sicher, Erklärungen oder Äußerungen richtig verstanden zu haben, darf sie den entsprechenden Redner fragen. Sie hat Anspruch auf die Kooperationsbereitschaft aller Teilnehmenden.

Für die Erstellung des endgültigen Protokolls steht dem Protokollanten eine angemessene Zeit zu. Als Faustregel für Verlaufsprotokolle oder auch schwierige Kurzprotokolle gilt das 3:1-Verhältnis: Eine Stunde Besprechung = drei Stunden für die Ausarbeitung.

Siehe Checkliste „Erstellen eines Protokollentwurfs“ und Checkliste „Von der Sitzung zum Protokollentwurf“ am Ende des Kapitels.

Gut in Form – das druckreife Protokoll

Ein Protokoll soll nicht nur unbeachtet in einer Schublade verschwinden oder Aktenordner füllen. Es soll gelesen werden – aufmerksam und mit Interesse. Der Inhalt muss leicht verständlich sein. Das erfordert von der Protokollantin eine klare, eindeutige und grammatikalisch korrekte Sprache.

So ist es richtig:

- In der Gegenwart (Präsenz) verfassen.
- Einfache, kurze Sätze bevorzugen.
- Formulierung der Leserschaft anpassen (Bildungsgrad, Fachausdrücke eventuell erklären).
- Auch bei schwierigen Auseinandersetzungen – oder schlimmer noch, bei persönlichen Angriffen – taktvoll formulieren.

Nicht so	Sondern so
Herr Bertram empört sich, Herr Albert hätte keine Ahnung von dem Vorgang, er solle sich nicht einmischen. Die Klärung mit der EDV-Abteilung sei allein seine Sache.	Herr Bertram ist der Ansicht, dass Herr Albert den Vorgang zu wenig kenne. Er bietet an, selbst mit der EDV-Abteilung zu verhandeln.

- Wortbeiträge im Verlaufsprotokoll in indirekter Rede (Konjunktiv) verfassen.
- wenn möglich, als Redebericht im Indikativ.

indirekte Rede	Redebericht
Herr Albert betont, er halte die Vorverlegung des Messetermins für sehr wichtig.	Herr Albert spricht sich für eine Vorverlegung des Messetermins aus. oder: Herr Albert ist für die Vorverlegung des Messetermins.
Herr Albert wendet ein, er könne sich an den Vorbereitungen aus Zeitmangel nicht beteiligen.	Herr Albert möchte sich aus Zeitmangel nicht an den Vorbereitungen beteiligen

- Beschlüsse immer im Indikativ schreiben.
- Alle Beschlüsse zu Beginn des Protokolls oder am Ende zusammenfassen – so kann sich der Leser schneller über die Ergebnisse informieren.
- Bei Aufgaben: Verantwortliche und Termine nennen.

Beschluss/Aufgabe	Verantwortlicher Termin
Herr Albert beteiligt sich nicht an den Vorbereitungen zur Messe. Es werden 5 zusätzliche freiberufliche Mitarbeiter engagiert.	Herr Bertram 2007-06-30

- Persönliche Anredefürwörter wie „Sie, Ihnen, wir, ich" dürfen in einem Protokoll nicht auftauchen. Als stiller Beobachter schreibt die Protokollführerin in der dritten Person: "Er, sie, Herr/Frau Müller ..."

- Leser freuen sich über einfache und leicht verständliche Formulierungen mit kurzen Sätzen.

Nicht so	Sondern so
Frau Fischer äußert, dass Sie den Empfehlungen, die Herr Weber gegeben hat, nicht zustimmt.	Frau Fischer stimmt den Empfehlungen von Herrn Weber nicht zu.
Frau Fischer betont, dass bei der letzten Sitzung ein Übereinkommen darüber erzielt worden sei, dass Überlegungen anzustellen seien, um eine Beschleunigung bei der Herbeiführung einer Entscheidung zu erzielen.	Frau Fischer verweist auf den Beschluss in der letzten Sitzung. Danach solle schnell über die Einführung von Betriebsferien entschieden werden.

- Viele Worte enthalten in sich redundante Vorsilben. Auch die gilt es zu vermeiden. Umständliche Formulierungen lassen sich oft mit einem Wort viel klarer sagen.

Nicht so	Sondern so
abändern	ändern
herabmindern	mindern, vermindern
hat die Möglichkeit	kann
wirft die Frage auf	fragt
leihweise überlassen	leihen

- Umgangssprache hat im Protokoll nichts zu suchen.

Nicht so	Sondern so
So kriegen wir die Kuh vom Eis	So könne man das Problem lösen
Mehr ist beim besten Willen nicht für die Umsatzsteigerung drin.	Es sei nicht möglich, die Umsätze weiter zu steigern.

- Termine müssen eindeutig sein.

Nicht so	Sondern so
in drei Monaten	im Oktober 2008
bis spätestens übermorgen	bis 5. Juni 2010

- Statt in wörtlicher Rede sollte als Redebericht oder in indirekter Rede formuliert werden.

Nicht so	Sondern so
Herr Huber: Ich möchte Ihnen noch einen völlig andersartigen Vorschlag unterbreiten.	Herr Huber möchte einen ganz anderen Vorschlag machen.
Frau Stein: Voraussetzung für die Gewährung von Beihilfen ist immer noch, dass die Antragstellung termingerecht erfolgt.	Frau Stein erinnert, dass Beihilfen nur gewährt würden, wenn der Antrag termingerecht gestellt werde.
Herr Abel: Wir müssen vor allen Dingen den Sachverhalt hier einer überaus kritischen Prüfung unterziehen. Ohne das geht es nicht.	Herr Abel beharrt darauf, den Sachverhalt kritisch zu prüfen.
Herr Abel: Es besteht ohne jeden Zweifel die Notwendigkeit, die Bearbeitung dieser Anträge mit relativer Beschleunigung anzugehen.	Herr Abel will die Anträge schnell bearbeiten.

Sitzungen können langatmig und eintönig werden. Der Verfasser eines ausführlichen Verlaufsprotokolls sollte umso mehr darauf achten, dass er bzw. sie mit treffenden Einführungswörtern das Lesen angenehmer macht. Stimmungen und Absichten sollten anschaulich sein. Professionelle Protokollführer unterscheiden zwischen subjektiver Meinung, Tatsache und Appell an die Zuhörer:

Ausdruck subjektiv	Darstellung Tatsache objektiv	Appell an Zuhörer
aussprechen für	darlegen	bitten
bekennen	verdeutlichen	ersuchen
behaupten	aufzeigen	auffordern
beharren auf	beschreiben	befragen
befürchten	begründen	bedenken
bestreiten	auseinandersetzen	verlangen
betonen	klar machen	wissen wollen
erwägen	hinweisen	beantragen
erwarten	erläutern	sich einsetzen
für richtig halten	nachweisen	anregen
hervorheben	klarstellen	befürworten
hoffen	vorbringen	ablehnen
neigen zu	schildern	vorwerfen
vertrauen auf	erklären	warnen
vertreten	unterrichten	beschuldigen
wünschen	hinzufügen	bezichtigen
überzeugt sein	ergänzen	plädieren

Anders als beim Geschäftsbrief gibt es für das Protokoll keine Gestaltungsnormen. Bestimmte Inhalte müssen aber enthalten sein:

- Protokollkopf: Thema (bei mehreren Themen auf Agenda verweisen), Ort/Raum, Zeit (Beginn und Ende, eventuell längere Pausen/Unterbrechungen), Teilnehmer (eventuell auf Teilnehmerliste verweisen), Vorsitz/Leitung, Protokollführung
- Protokollkern: Tagesordnungspunkte bei mehreren Themen, Äußerungen der Teilnehmer – mit oder ohne Namensnennung, Beschlüsse, möglichst mit Terminsetzung (Aktionsplan: was – wer – wann)

- Protokollschluss: Genehmigungsvermerk, wenn das Protokoll bei Sitzungsschluss bereits fertig ist („*Der Entwurf diese Protokolls lag den Sitzungsteilnehmern vor und wurde im Umlaufverfahren ohne Änderung genehmigt.“),* Unterschriften mit Ort und Datum (Vorsitzender und Protokollführer), Anlagen (Teilnehmerliste, Tabellen, Erklärungen Nichtanwesender ...), Verteiler

Es ist nicht erforderlich, das Rad immer wieder neu zu erfinden. Ein etabliertes Formular leistet für die Protokollführerin und auch für den Leser gute Dienste. Alle wichtigen Informationen sind enthalten und der Leser findet sich schnell zurecht. Bewährt haben sich Vordrucke, die aufeinander aufgebaut sind. Zum Beispiel für die Einladung, für die Agenda, für das Protokoll selbst. Sie können als E-Mail-Anhang versandt werden. Das geht schneller und reduziert die Papierablage.

Siehe Formular „Muster eines Protokoll-Formulars“ am Ende des Kapitels

Auswertung und Nachbereitung – Erfolgs-/Ergebniskontrolle

Häufig ist die Protokollführerin auch mit der Ergebniskontrolle betraut. Dann beginnt die Nachbereitung bereits während einer Besprechung:

- Ist für jeden Beschluss auch ein Ausführender und ein Termin genannt?
- Bei vielen Terminen eignet sich ein Extrablatt „Ergebniskontrolle“ oder eine Exceltabelle zur Terminverfolgung.

Aufgabe	wer	bis wann	erledigt am	Wiedervorlage	Notizen

Abbildung 8: *Vorlage zur Ergebniskontrolle*

Werden Aufgaben nicht oder nicht rechtzeitig erledigt, sollte die Protokollantin erinnern. Die richtige Fragetechnik kann dabei helfen: *Woran liegt es? Brauchen Sie mehr Informationen? Brauchen Sie mehr Zeit? Brauchen Sie Unterstützung?*

Werden ein Ergebnisprotokoll und die Ergebniskontrolle regelmäßig und konsequent durchgeführt, zeigt sich bald, wie effizient Besprechungen sein können. Die Auswertung dient auch dazu, künftig Besprechungen rationeller durchzuführen, früher anzukündigen, besser vorzubereiten, straffer zu führen usw.

Meetings ohne Ergebnis können zu ungeliebten Zeiträubern werden. Der Einsatz für die Erstellung eines professionellen Protokolls lohnt sich – für alle Beteiligten. Voraussetzung: Die Protokollantin versteht ihr Handwerk.

Aufbau einer Besprechung

Einleitung

- Teilnehmer begrüßen/Kontakt aufnehmen
- Sitzung eröffnen
- Thema vorstellen
  - Grund der Besprechung – Warum ist sie notwendig?
  - Zweck der Besprechung – Was wollen wir heute erreichen?
- Thema gliedern und Ziele der einzelnen Abschnitte nennen
  - Wie sieht unser Fahrplan aus?
  - Welche Stationen wollen wir anfahren?
  - Was wollen wir dort erledigen?
- Organisation klären
  - Redner/Zeiten/Pausen
  - Verhalten bei der Diskussion
  - Hinweis auf Protokollführung

Durchführung

Gliederung/Reihenfolge, wie diese in der Einleitung vorgestellt wurde, möglichst einhalten.

■ Ausgangslage klären einheitlichen Informationsstand schaffen	= Ist-Stand/Input
■ Diskussion Ideen/Meinungen/Vorschläge	Kreativer Prozess/Datenverarbeitung
■ Teilergebnisse festhalten und visualisieren	Ergebnis/Output
■ Aufgaben personifizieren und terminieren	Aktionsplan zur Ergebnis-/Erfolgskontrolle

Auswertung

■ Entscheidungen begründen	
■ Aufgaben/Ergebnisse/Beschlüsse protokollieren	Output

Verabschiedung

- Vorausschau auf nächste Sitzung
- Dank für Teilnahme

Orientierung vor der Sitzung

1 Konferenz am ....

Beginn: .... Ende: ....

2 Gegenstand/Thema ....

3 Agenda verschickt am: .... von ....

4 Zweck – Was wird in der Sitzung getan?
- ☐ Informationen bereitstellen
- ☐ Informationen einholen
- ☐ Diskussion
- ☐ Beschlussfassung
- ☐ Problemlösung
- ☐ Brainstorming
- ☐ ....

5 Ziel – Wozu wird das Protokoll gebraucht?
- ☐ Dokumentenbeweis
- ☐ Grundlage für Maßnahmen/Aktionen
- ☐ auch für Nichtteilnehmer
- ☐ Gedächtnishilfe
- ☐ ....

6 Anforderungen – Was wird von mir erwartet?

6.1 Vollständigkeit	☐ wörtlich ☐ Verlaufsform ☐ Kurzform ☐ Namen der Redner ☐ Aktionsplan
6.2 Kürze	☐ nähere Ausführungen/Beispiele weglassen ☐ Wiederholungen weglassen
6.3 Reihenfolge der Wiedergabe	☐ nach Agenda/TOPs ☐ nach Sitzungsverlauf
6.4 Relevanz	☐ Unwesentliches weglassen ☐ Nebensächlichkeiten notieren
6.5 Jargon/Fachausdrücke	☐ zu erwarten/welche ☐ nicht zu erwarten

7	Sitzungsorganisation und Technik – Von welchen Rahmenbedingungen kann ich ausgehen?		
7.1	Teilnehmer	☐	bekannt
		☐	unbekannt
		☐	Firma/Abteilung/Funktion
		☐	Sitzordnung
7.2	Sitzungsleiter	☐	Name
		☐	noch nicht bekannt
7.3	Sitzungsablauf	☐	durch Sitzungsleiter gesteuert
		☐	freier Austausch
7.4	Sitzungsraum	☐	Ort
		☐	Sitzordnung
		☐	festgelegt
		☐	frei
		☐	Protokollant neben S.-Leiter
7.5	Technik	☐	Mikrofon
		☐	Aufzeichnungsgerät/Tonband
		☐	Overheadprojektor
		☐	PC/Laptop
		☐	Beamer
		☐	Flipchart
		☐	Pinnwand
		☐	Moderatorenkoffer
8	Nach der Sitzung – Was muss ich bei der Übertragung und Verteilung beachten?		
8.1	Leser des Protokolls	☐	gut informiert
		☐	schlecht informiert
		☐	hoher Bildungsstand
		☐	mittlerer Bildungsstand
		☐	niedriger Bildungsstand
8.2	Protokollentwurf	☐	wird geprüft von ....
		☐	braucht nicht geprüft zu werden
	endgültige Fassung	☐	wird unterschrieben von ☐ Sitzungsleiter ☐ Protokollant
8.3	Wann verteilen	☐	direkt am Ende der Sitzung
		☐	spätestens
		☐	sobald wie möglich
8.4	Ergebniskontrolle	☐	durch Sitzungsleiter
		☐	durch Protokollant

Erstellen eines Protokoll-Entwurfs

1 **Für die erste Aufbereitung Mehrfarbenstifte verwenden**
Farbige Striche, Kreuze, Zeichen oder Ziffern zeigen, was zusammengehört.

2 Wenn die Sitzung sehr lang war und die Tagesordnung nicht eingehalten wurde, sind oft auch die Aufzeichnungen ziemlich „durcheinander". Eine **Kopie der Aufzeichnungen** machen, diese **zerschneiden und – wie ein Puzzle – sinnvoll ordnen.**

2.1 Bei der Umstrukturierung, wenn nicht chronologisch, sondern thematisch zusammengefasst wird, ist eine **Vorsortierung** hilfreich:
Was waren die
- **Hauptfragen** = **HF**
- **Nebenfragen** = **NF**
- **Neben-Nebenfragen** = **NNF**

Damit können Beiträge, die im Protokoll verstreut sind, in **ein Schema eingeordnet werden.** Die Protokollantin erhält auch einen besseren Überblick, was wesentlich ist; was weggelassen werden kann.

3 Bei Kurzprotokollen mit vielen **Zahlen, Daten, Fakten** das Protokoll möglichst kurz halten und auf **Anlagen verweisen,** die durchnummeriert und geordnet dem Protokoll beigefügt werden. Zum Beispiel: Aufstellungen, Tabellen, Statistiken ...

4 **Das kann meistens weggelassen werden:**
- Informationsarme Einleitungen
- Beispiele, Nebenbemerkungen, persönliche Erfahrungen und Abweichungen vom Thema
- Wortreiche Erklärungen und Zitate, Binsenweisheiten
- Wiederholungen
- sprachliche Bilder
- alles, was beleidigend/taktlos sein könnte
- alles, was beim erneuten Lesen keinen Sinn gibt
- Punkte, die nichts zum Ganzen/zum Ergebnis beitragen
- abgelehnte Vorschläge, die nicht weiter diskutiert wurden
- Vorstellungen, die nicht weiter verfolgt wurden
- vertrauliche Äußerungen

Von der Sitzung zum Protokoll-Entwurf

Stufe 1 **Erste Aufbereitung**	- Aufzeichnungen prüfen - Text genauer ausführen - Verbindungen herstellen - nach Themen ordnen - nach Zweck ordnen
Stufe 2 **Beurteilung**	- nach Wichtigkeit - nach Zweckbestimmtheit - nach Wirkung - nach Informationsgehalt - nach Taktgefühl
Stufe 3 **nachträgliche** **Informationsbeschaffung**	- wenn etwas nicht verstanden wurde - wenn die Notizen unvollständig sind - wenn man etwas nicht weiß - wenn man Zweifel hat
Stufe 4 **Selektieren**	- nach Qualität der Aussage - nach Wichtigkeit
Stufe 5 **Umstrukturieren**	- Rahmen schaffen - Ergebnisse strukturieren - Reihenfolge erstellen - gliedern - klassifizieren - Überschriften formulieren
Stufe 6 **Formulieren**	- Wortwahl - Zusammenfassen - Anpassen an Leser - Aufmachung – äußerer Rahmen

Muster eines Protokollformulars

Quelle: kik Seminare Events Erbach

Absender	
Abteilung	
Ansprechpartner	
Telefon	
Telefax	
E-Mail	
Datum	
Kurzprotokoll	
Anlass	***Projektbesprechung***
Datum	
Uhrzeit	
Ort	
Raum	
Einberufen von	
Moderation/Leitung	
Protokollführung	
Anlass/Grund Meetings	
Zweck	
Ziel	
Teilnehmer	***siehe Teilnehmerliste/Anlage 1***
Verteiler	
Ergebnisse Aktionsplan	***siehe Anlage 2***

Anlage 2 zum Protokoll

TOP	**Ergebnis/Beschluss**	**Aktion**	**Wer**	**Termin**
TOP 1: Verlegung der Mittagspause	Pausenzeit wird auf 11:00 bis 14:00 Uhr festgelegt	*Rundmail an Mitarbeiter und Aushang am Schwarzen Brett*	*Abt. X Herr Wichtig*	*15.05.0X*

Nächster Besprechungstermin	
Ort	
Moderation/Leitung	
Protokollführung	

Alternativformular:

Ergebnis-Nr.	Ergebnis-Art	Zu TOP	Ergebnis	Termin	Verantwortlich
1	Beschluss	5	Öffnungszeiten der Kantine werden verlängert: 11:00 bis 14:00 Uhr	15.05.0x	Abt X Herr Wichtig
2	Information	6	Bisheriger Pächter geht in Ruhestand. Kanine übernimmt Firma GASTRO	10.05.0x	

Weiterführende Quellen

Literatur

BROADHEAD, ANNIE/LIGHT, GINETTE: English for Personal Assistants. The essential handbook for doing business internationally. Gabler Verlag 2007.

DIN DEUTSCHES INSTITUT FÜR NORMUNG E. V.: Schreib- und Gestaltungsregeln für die Textverarbeitung. Sonderdruck von DIN 5008. Beuth Verlag 2011.

DUDENREDAKTION (HG.): Duden – Moderne Geschäftsbriefe – leicht gemacht: Der Ratgeber für alle, die korrekte moderne Geschäftsbriefe und E-Mails verfassen wollen. Bibliographisches Institut 2008.

DUDENREDAKTION (HG.): Duden. Briefe gut und richtig schreiben. Ratgeber für richtiges und modernes Schreiben von Privatbriefen, Bewerbungen, Briefen an Ämter und öffentliche … E-Mails und englische Korrespondenz. Bibliographisches Institut 2006.

KETTL-RÖMER, BARBARA: Kundenorientierte Korrespondenz: Zeitgemäß, stimmig und rechtlich einwandfrei schreiben. Mit Checklisten und Musterbriefen. Linde Verlag 2009.

SAUER, JUTTA: Praxishandbuch Korrespondenz. Professionell, kundenorientiert und abwechslungsreich formulieren. Mit Musterbriefen von A bis Z. 3. Auflage. Gabler Verlag 2008.

Linktipps

www.workingoffice.de/premium: Abonnentinnen und Abonnenten der Fachzeitschrift working@office haben kostenfreien Zugriff auf den geschützten Premiumbereich. Hier finden Sie unter anderem DIN-gerechte Musterbriefe für alle beruflichen Anlässe und ein großes Heftarchiv.

www.din5008.de: Die Schreib- und Gestaltungsregeln für die Textverarbeitung (DIN 5008) bilden die Grundlage für professionelle Schriftstücke. Alle aktuellen Regeln zur DIN 5008 mit Anwendungsbeispielen finden Sie auf dieser Seite.

www.emr.zetis.de: Online-Ratgeber des Netzwerks Elektronischer Geschäftsverkehr (NEG) zum Umgang mit E-Mails. Durch Beantwortung von 12 Fragen erhalten Sie als Ergebnis eine Aussage darüber, wie gut (in Bezug auf technische, organisatorische und juristische Betrachtungsweisen) Sie mit Ihrer E-Mail-Kommunikation umgehen.

Teil III

Chefentlastung

Terminmanagement mit Microsoft Office Outlook 2010

Elke Vender

Termine professionell planen und im Auge behalten

Neben der Vorbereitung von Sitzungen, der Gestaltung von Präsentationen oder der Abwicklung von Geschäftsreisen, spielt das Informations- und Zeitmanagement in der globalisierten Arbeitswelt eine immer größere Rolle. Heute sind Sekretärinnen und Assistentinnen gefragt, die Ihren Chef aktiv entlasten, Termine eigenständig koordinieren und den Überblick über die ständig wachsende Informationsflut behalten. Programme, wie Microsoft Outlook können Sie bei diesen vielfältigen und komplexen Aufgaben unterstützen.

Gut organisiert starten

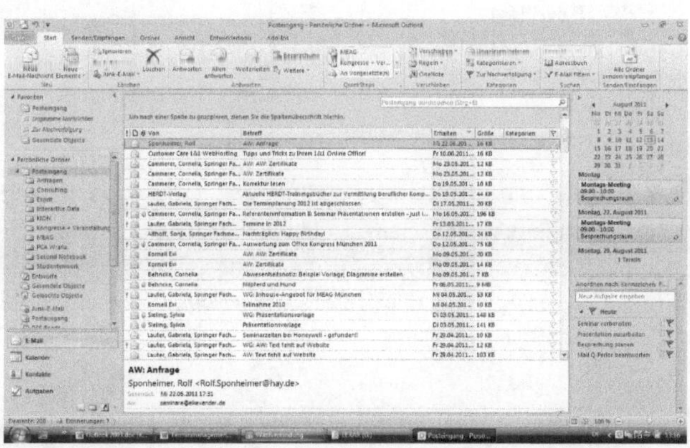

Abbildung 1: *Die Informationsschaltzentrale Outlook*

MS Outlook fasst ganz unterschiedliche Informationen in der Programmoberfläche zusammen. Die Titelleiste, die Symbolleiste für den Schnellzugriff sowie das Menüband sind Ihnen sicher bereits von anderen Programmen vertraut. Weitere Bereiche sind:

Der Navigationsbereich

An der linken Seite des Fensters finden Sie den Navigationsbereich. Dieser Bereich ist unterteilt. Über die Schaltflächen *E-Mail*, *Kalender*, *Kontakte* und *Aufgaben* wechseln Sie schnell zwischen den verschiedenen Informationen. Je nach Informationsart können Sie dann direkt auf den gewünschten Ordner oder auf einen bestimmten Kalender zugreifen. Der oben angezeigte Favoritenbereich beinhaltet die Ordner, die Sie häufig benötigen. Neben den Standardordnern *Posteingang, Ungelesene Nachrichten, Zur Nachverfolgung* und *Gesendete Objekte* können Sie diesen Bereich mit weiteren Ordnern ergänzen. Hierzu ziehen Sie mit der linken Maustaste einen Ordner Ihrer Wahl in den Favoritenbereich. Der Ordner ist dann selbst bei geschlossener Ordnerliste für Sie jederzeit schnell erreichbar.

Tipp:

Besonders schnell wechseln Sie zwischen den verschiedenen Informationsarten mit Tastenkombinationen. Sie kombinieren einfach die Strg-Taste mit einer Zahl von 1 bis 6. Die Zahlen entsprechen dabei genau der Reihenfolge, in der die Schaltflächen im unteren Bereich der Navigationsleiste angeordnet sind.

Tastenkombination	wechselt zu
Strg + 1	E-Mail
Strg + 2	Kalender
Strg + 3	Kontakte
Strg + 4	Aufgaben
Strg + 5	Notizen
Strg + 6	Ordnerliste

Ansichtsbereich

In diesem Bereich sehen Sie die jeweils ausgewählten Inhalte. Dies kann zum Beispiel die Aufgabenliste oder der Wochenkalender sein. E-Mails werden automatisch in einer zeitlichen Gruppierung übersichtlich dargestellt. Diese Gruppierung können Sie über die Registerkarte *Ansicht*, in der Gruppe *Anordnung* über den Befehl *Anordnung nach* ein- oder ausschalten.

Lesebereich

Klicken Sie im Ansichtsbereich auf eine E-Mail, erscheint im Lesebereich eine Vorschau auf den Inhalt. Der Lesebereich ist bei den anderen Informationsarten ausgeblendet. Möchten Sie jedoch Detailinformationen zu einem Kalendereintrag oder zu einer Aufgabe sehen, schalten Sie über die Registerkarte *Ansicht* in der Gruppe *Layout* den *Lesebereich* ein. Je nach Wahl erscheint der Lesebereich dann unten oder rechts im Fenster.

Die Aufgabenleiste

Die Aufgabenleiste ist seit MS Outlook 2007 fester Bestandteil der Benutzeroberfläche. Angezeigt werden ein Kalender, die anstehenden Termine sowie die Aufgaben, die Sie erstellt haben. Im unteren Bereich sehen die Nachrichten, für die Sie ein Nachverfolgungskennzeichen festgelegt haben. Alle angezeigten Elemente können in der Aufgabenleiste direkt angewählt werden.

Die einzelnen Bereiche der Outlook-Benutzeroberfläche lassen sich mit den gleichnamigen Schaltflächen in der Registerkarte *Ansicht* in der Gruppe *Layout* individuell ein- und ausschalten.

Was ist für Sie wichtig?

Outlook startet automatisch mit der Anzeige des Posteingangs. Wenn Sie jedoch jeden Morgen zuerst einen Blick in den Kalender werfen möchten, können Sie die Standardanzeige über die Registerkarte *Datei* und den Befehl *Optionen* ändern. In den Outlook-Optionen wählen Sie aus der Auswahl links die Rubrik *Erweitert.* Im Bereich *Starten und Beenden von Outlook* ändern Sie den Eintrag *Outlook in diesem Ordner starten.* Aus dem Listenfeld entscheiden Sie sich dann für den gewünschten Ordner mit dem Outlook zukünftig starten soll.

Effektive Aufgaben- und Zeitplanung mit Outlook

Outlook unterscheidet bei der Zeitplanung zwischen Aufgaben und Terminen. Häufig werden diese beiden Begriffe gleichgesetzt, dabei gibt es jedoch deutliche Unterschiede:

- Ein Termin ist immer an einen festgelegten Zeitpunkt gebunden, zum Beispiel eine Besprechung.
- Eine typische Aufgabe dagegen beschreibt eine zu erledigende Arbeit, die Sie losgelöst von einem bestimmten Zeitpunkt bearbeiten können. Allerdings kommt es häufig vor, dass die Aufgabe zu einem bestimmten Termin fertig gestellt sein muss.

Termine planen

Der Outlook-Kalender kann Sie optimal bei der Terminplanung unterstützen. Neben verschiedenen Ansichten für die Tages-, Wochen- oder Monatsplanung bietet Ihnen der elektronische Kalender noch weitere Vorteile:

- Sie können jederzeit auf den Kalender Ihres Chefs zugreifen, auch wenn er nicht anwesend ist oder er selbst gerade einen Blick in den Kalender wirft.
- Eine „Planungsansicht“ unterstützt Sie beim Abgleich mehrerer Kalender.

- Durch Erinnerungen werden Sie auf zukünftige Termine aufmerksam gemacht.
- Benötigte Office-Dokumente können Sie den Terminen als Anlage beifügen.
- Mit der komfortablen Suchfunktion finden Sie Informationen ganz leicht wieder.
- Wiederkehrende Termine, wie regelmäßige Besprechungen, lassen sich in Outlook über die Funktion *Terminserie* automatisch eintragen.

Zunächst passen Sie die Kalenderanzeige an:

- In der Registerkarte *Start* wechseln Sie in der Gruppe *Anordnen* über die entsprechende Schaltfläche zur gewünschten Kalenderansicht.
- Weitere Kalender, z. B. ein Geburtstagskalender fügen Sie im Navigationsbereich über das Kontextmenü hinzu. Alternativ wird Ihnen der Befehl in der Registerkarte *Start*, in der Gruppe *Kalender verwalten*, über die Liste *Kalender öffnen* angeboten.
- Die Funktion *Neue Kalendergruppe* bietet sich für Teamkalender an. Hier können verschiedene Kalender unter einem Gruppennamen zusammengefasst werden. Der anschließende Vergleich in der *Planungsansicht* ermöglicht Ihnen, freie Zeitbereiche schnell zu erkennen.
- Sollte die tägliche Aufgabenliste nicht angezeigt werden, richten Sie diese über die Registerkarte *Ansicht* in Gruppe *Layout* ein.

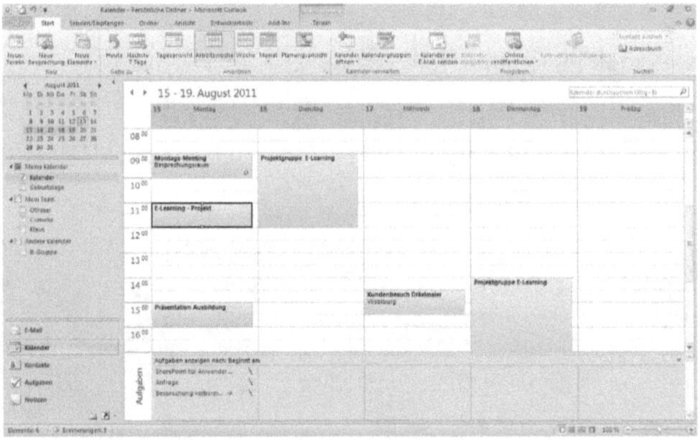

Abbildung 2: *Zeitplanung mit Outlook*

> **Tipp:**
>
> Eine Stunde wird im Outlook-Kalender mit zwei mal 30 Minuten angezeigt. Diese Standardeinstellung lässt sich ändern. Klicken Sie hierzu mit der rechten Maustaste auf die Zeitskala. Im Kontextmenü wählen Sie anschließend die gewünschte Stunden-Einteilung aus. Möchten Sie zusätzlich die Wochennummern im Kalender anzeigen, wählen Sie aus dem Kontextmenü den Befehl *Zeitzone ändern*. In den *Outlook-Optionen* klicken Sie im Bereich *Anzeigeoptionen* auf den Befehl *Wochennummern in der Monatsansicht und im Datumsnavigator anzeigen*.

Termine eingeben

Besonders schnell tragen Sie Termine mit dieser Technik ein: Sie markieren den Zeitbereich und geben dann den gewünschten Text ein. Benötigen Sie für den Termin noch weitere Angaben, nutzen Sie das ausführlichere Eingabeformular. Dieses erhalten Sie entweder durch doppelklicken auf den Kalender oder über den Befehl *Neuer Termin* in der Registerkarte *Start*.

1. In der Registerkarte *Termin* werden Ihnen folgende Eingabefelder angeboten: Im Feld *Betreff* geben Sie den Anlass des Termins ein. Da dieser Text im Kalender erscheint, sollte er kurz und prägnant sein. Im Feld *Ort* tragen Sie ein, wo der Termin stattfindet. Dies kann ein Besprechungsraum oder auch eine Stadt sein.

2. Mit den beiden Feldern *Beginnt* und *Endet* legen Sie die geplante Dauer des Termins fest. Ein ganztägiger Termin wird in Outlook als Ereignis behandelt. Hierbei kann es sich beispielsweise um ein Jubiläum, um einen Geburtstag aber auch um eine Messe handeln. Ereignisse erscheinen im Kalender unterhalb des Wochentags.

3. In der Gruppe *Optionen* tragen Sie im Feld *Erinnerung* ein, wann Outlook Sie an den Termin oder die damit verbundenen Aufgaben erinnern soll. Im Listenfeld *Anzeigen als* wählen Sie aus, wie verbindlich dieser Termin bei einer Besprechungsanfrage behandelt werden soll. Sie entscheiden sich zwischen den Angaben: *Frei, Mit Vorbehalt, Beschäftigt* oder *Abwesend.* Die gewählte Option bzw. die damit verbundene Schraffur/Farbe erscheint bei einem Termin im Kalender links außen.

4. Wichtige Informationen zu dem Termin gehören in das große Textfeld. Hier tragen Sie ein, welche Vorbereitungen zu treffen sind oder welche Unterlagen für den Termin benötigt werden. Über die Registerkarte *Einfügen* können Sie weitere Informationen hinzufügen.

5. In der Gruppe *Kategorien* legen Sie für einen Termin eine farbliche Kennzeichnung fest. Diese „Farbe“ kann beispielsweise einem Projekt oder einem Produkt zugeordnet sein. Dadurch können Sie Ihre Termine im Kalender optisch gut unterscheiden. Mit dem Befehl *Privat* kennzeichnen Sie Termine, die anderen Personen die Zugriff auf Ihren Kalender haben, nicht angezeigt werden sollen.

6. Nachdem Sie alle Informationen eingegeben haben, speichern Sie Ihre Angaben in der Registerkarte *Termin* über den Befehl *Speichern & schließen*.

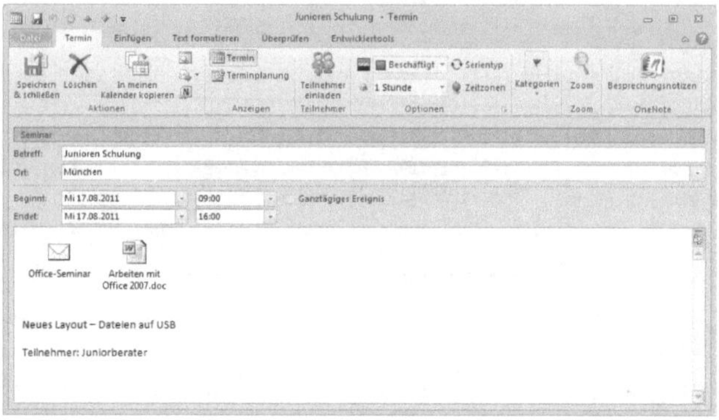

Abbildung 3: *Termine planen*

Termine thematisch gruppieren

Termine werden normalerweise in der Tages-, Wochen- oder Monatsansicht angezeigt. Daran geknüpft sind häufig Fragen wie: „Welche Termine liegen in der nächsten Woche an?“ oder „Wo gibt es ein Zeitfenster für eine dreitägige Dienstreise?“ Hier steht der reine Zeitaspekt im Vordergrund. Sie können die Termine jedoch auch thematisch gruppiert anzeigen: „Welche Termine finden in Frankfurt statt?“

1. Wählen Sie aus der Kalenderanzeige die Registerkarte *Ansicht* und dort in der Gruppe *Ansicht ändern* den Befehl *Ansicht verwalten.*

2. Im Dialogfeld *Alle Ansichten verwalten* klicken Sie auf die Schaltfläche *Neu*. Wenn Sie eine bereits vorhandene Vorlage nutzen möchten, wählen Sie die Schaltfläche *Kopieren.*

3. Geben Sie einen Namen für die neue Ansicht ein z. B. „Termine nach Ort“ und bestätigen Sie den Ansichtentyp *Tabelle* mit *OK.*

4. Im Dialogfeld *Erweiterte Ansichten anpassen* klicken Sie die Schaltfläche *Gruppieren.*

5. Wählen Sie aus dem Listenfeld *Elemente gruppieren nach* den Eintrag *Termin-/Besprechungsort* und bestätigen Sie die Auswahl mit *OK.*

6. Wenn gewünscht, legen Sie weitere Filter fest oder definieren Regeln für die *Automatische Formatierung*. Bestätigen Sie dieses Dialogfeld mit *OK* und beenden Sie die Eingaben mit der Schaltfläche *Ansicht übernehmen*. Die Kalenderanzeige erscheint jetzt nach Orten gruppiert. Über die kleinen Symbole links neben der Gruppierung erweitern oder reduzieren Sie die Anzeige.

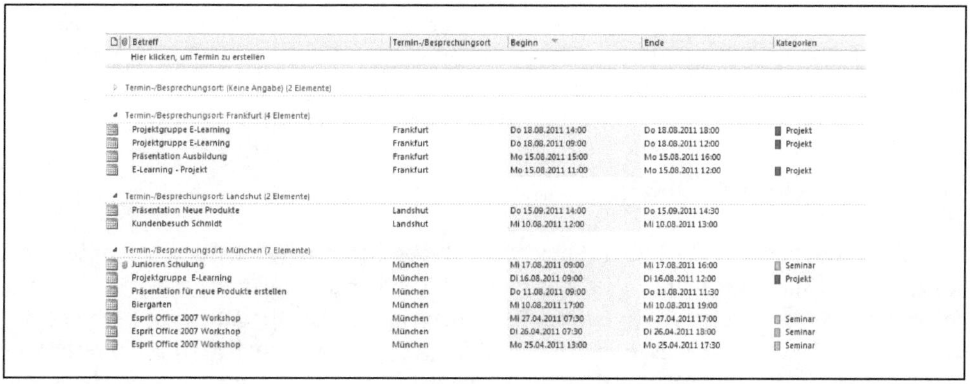

Abbildung 4: *Welche Termine finden in der nächsten Zeit in München statt?*

Termine in Serie

Für wiederkehrende Termine wie regelmäßige Besprechungen, verwenden Sie in MS Outlook eine Terminserie. Erstellen Sie zunächst wie gewohnt den Termin und klicken Sie dann in der Registerkarte *Termin* in der Gruppe *Optionen* auf die Schaltfläche *Serientyp.*

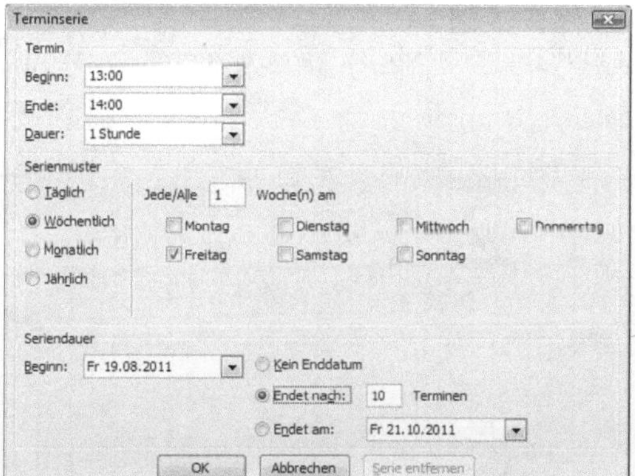

Abbildung 5: *Wiederkehrende Termine geben Sie als Serie ein*

Im Dialogfeld *Terminserie* legen Sie nun das Muster für diesen wiederkehrenden Termin fest. Handelt es sich zum Beispiel um eine Besprechung, die jeden Freitag stattfinden soll, wählen Sie als Serienmuster: *Wöchentlich, Jede/Alle 1 Woche(n) am, Freitag.* Im Bereich *Seriendauer* geben Sie an, wie lange der Termin wiederholt werden soll. Ist der Termin an ein Projekt mit einer bestimmten Dauer gebunden, können Sie hier das Enddatum eintragen. Mit *OK* bestätigen Sie Ihre Eingaben zur Terminserie.

Im Kalender erkennen Sie die Serientermine an dem kleinen Symbol rechts unten. Es entspricht der Darstellung auf der Schaltfläche *Serientyp*. Beim Öffnen eines Serientermins erscheint ein Dialogfeld mit Hinweisen zur weiteren Bearbeitung.

Termine optisch erfassen

In MS Outlook können Sie Ihre Termine farblich hervorheben. Neben dem Zuweisen von Kategorien existiert noch eine weitere Variante, die auf Schlüsselwörter reagiert. Schreiben Sie beispielsweise „Reise“ oder einen „Projektnamen“ in das Betreff-Feld, erscheint der Termin im Kalender automatisch in der vorher festgelegten Farbe. In der Wochen- oder Monatsansicht ist durch die farbliche Kennzeichnung der Termine ein besonders schneller Überblick möglich.

1. Wechseln Sie in der Kalenderanzeige zur Registerkarte *Ansicht*.
2. Wählen Sie in dort in der Gruppe *Aktuelle Ansicht* den Befehl Ansichtseinstellungen.
3. Im Dialogfeld *Erweiterte Ansichtseinstellungen* klicken Sie auf die Schalfläche *Bedingte Formatierung.*
4. Fügen Sie nun eine neue Regel hinzu und benennen Sie diese im Feld *Name*. Wählen Sie aus dem darunterliegenden Listenfeld die gewünschte *Farbe* aus.
5. Über die Schaltfläche *Bedingung* tragen Sie im Dialogfeld *Filter* nun den Begriff ein, der die Farbe auslösen soll. Dies könnte beispielsweise durch das Wort „Reise“ erfolgen.
6. Bestätigen Sie die Dialogfelder jeweils mit *OK*.

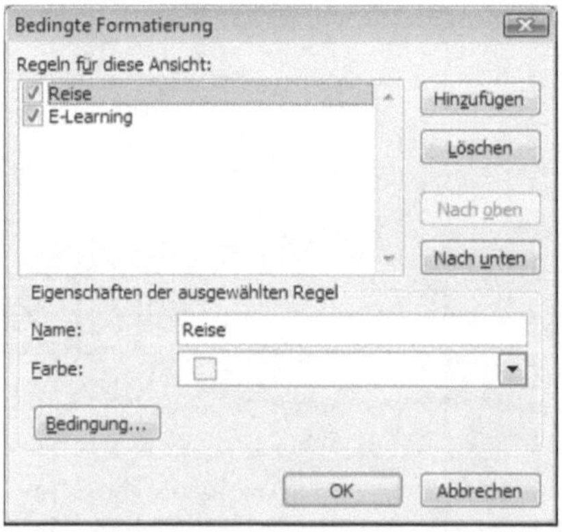

Abbildung 6: *Mit automatischen Formatierungen sehen Sie sofort die wichtigen Termine*

Termine, die im Betreff das Wort „Reise“ enthalten, werden nun im Kalender automatisch gelb angezeigt.

Besprechungen planen

Mit MS Outlook können Sie Besprechungen effektiv planen und die Teilnehmer zu einem Termin einladen. Die einzige Voraussetzung: Jeder Mitarbeiter muss seinen Outlook-Kalender pflegen, so dass die Termine immer aktuell sind. Weitere Vorteile der Besprechungsplanung mit Outlook sind:

- Sie greifen direkt auf die freigegebenen Kalender der Teilnehmer zu und wählen den günstigsten Termin aus.
- Alle Teilnehmer erhalten eine E-Mail, die bereits Schaltflächen zum Annehmen oder Ablehnen des Termins enthalten.
- Bei einer Zusage wird der Termin automatisch in den Kalender eingetragen.
- Wird der Termin storniert, erhalten die Teilnehmer darüber eine Benachrichtigung.
- Bei einer Terminänderung können Sie Aktualisierungen an die Teilnehmer senden.
- Sie behalten den Überblick und sehen jederzeit, wer bereits zu oder abgesagt hat.

Besprechungsanfragen stellen

1. Wählen Sie in der Registerkarte *Start* in der Gruppe *Neu* den Befehl *Neue Besprechung*.
2. Wählen Sie über die Schaltfläche *An* die gewünschten Teilnehmer aus dem Adressbuch aus. Mit der Schaltfläche *Erforderlich* legen Sie fest, dass eine Teilnahme in jedem Fall erwünscht ist. Dagegen bedeutet die Schaltfläche *Optional*, dass die Teilnahme der Person nicht zwingend erforderlich ist. Werden Ressourcen benötigt, wählen Sie diese über die entsprechende Schaltfläche aus. Hierbei kann es sich um einen Besprechungsraum, um einen Projektor oder um ein Fahrzeug handeln.
3. Wechseln Sie in der Registerkarte *Besprechung* in der Gruppe *Anzeigen* zur *Terminplanung*. Hier sehen Sie nun den geplanten Zeitraum der Besprechung. In der Teilnehmerliste auf der linken Seite sind Sie als Besprechungsorganisator eingetragen. Bereits vorhandene Termine werden in den Kalendern der Teilnehmer je nach Status als *Gebucht*, *Mit Vorbehalt* oder *Abwesend* farblich unterschiedlich gekennzeichnet. Bei der Kennzeichnung *Keine Informationen* fehlt entweder für den Kalender die erforderliche Berechtigung oder der Teilnehmer arbeitet mit einem Programm, das Besprechungsanfragen von MS Outlook nicht unterstützt. Falls der gewünschte Zeitraum bei einem Teilnehmer bereits belegt ist, können Sie mit der Schaltfläche *AutoAuswahl* einen Alternativtermin suchen lassen.

4. Wenn alle Informationen eintragen sind, klicken Sie auf die Schaltfläche *Senden*. Die eingeladenen Teilnehmer erhalten nun die Besprechungsanfrage und können die Einladung annehmen, ablehnen oder einen anderen Termin vorschlagen.

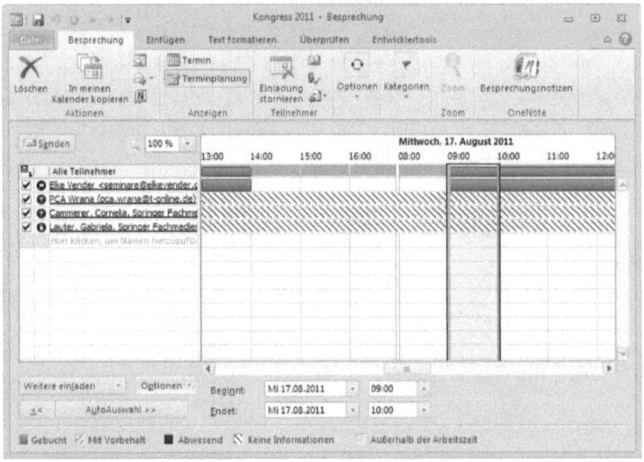

Abbildung 7: *Wann ist der ideale Zeitpunkt für die Besprechung?*

Eine Besprechungsanfrage erhalten Sie als E-Mail in Ihrem Posteingang. Als Symbol erscheint ein kleines Monatskalenderblatt mit einem Kuvert. Sie können nun die E-Mail- Vorschau im Lesebereich nutzen oder die Nachricht direkt per Doppelklick öffnen. Ihre Entscheidung teilen Sie dann dem Absender über die angebotenen Schaltflächen mit: Zur Wahl stehen: *Zusagen, Mit Vorbehalt, Ablehnen* oder *Andere Zeit vorschlagen.* Wenn Sie den Termin zusagen oder mit Vorbehalt akzeptieren, wird er automatisch in Ihren Kalender eingetragen.

Den aktuellen Stand überprüfen

Der aktuelle Status Ihrer Besprechungsanfrage ist jederzeit abrufbar. Öffnen Sie dafür im Kalender den betreffenden Termin und klicken Sie in der Registerkarte *Besprechung* in der Gruppe *Anzeigen* auf den Befehl *Status*. In der Liste sehen Sie, welcher Teilnehmer bisher zu- oder abgesagt hat. Sollte der Termin ungünstig gewählt gewesen sein, ist eine Änderung jederzeit möglich. In diesem Fall zeigt Ihnen Outlook ein weiteres Dialogfeld an. Hierüber können Sie die Terminänderung speichern und die Teilnehmer über die Aktualisierung informieren.

Tipp:

Wenn die Teilnehmer keine Alternativtermine vorschlagen sollen, klicken Sie vor dem Senden der Besprechungsanfrage in der Registerkarte *Besprechung* in der Gruppe *Teilnehmer* auf den Befehl *Antwortoptionen*. Deaktivieren Sie dort die Option *Vorschläge für die Besprechungszeitänderungen zulassen*.

Mehrere Kalender anzeigen

In Outlook können Sie mehrere Kalender nebeneinander anzeigen lassen. Welche Kalender im Ansichtsbereich dargestellt werden, wählen Sie im Navigationsbereich über die Kontrollkästchen der einzelnen Kalender aus.

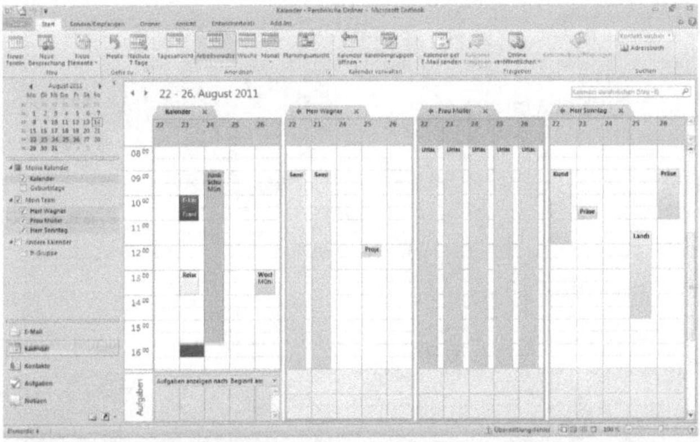

Abbildung 1: *Den eigenen Kalender und die Teamkalender anzeigen*

Mit MS Outlook 2010 wird noch eine weitere Darstellungsform für die Kalender angeboten. Mit der Funktion *Planungsansicht* in der Gruppe *Anzeigen* werden Termine und Ereignisse verschiedener Kalender übersichtlich untereinander angezeigt. Diese spezielle Form der Darstellung eignet sich besonders gut, um Termine mehrerer Kalender miteinander abzugleichen.

Tipp:

Outlook bietet Ihnen verschiedene Möglichkeiten an, um die Kalender mit anderen Personen gemeinsam zu nutzen. So können Sie beispielsweise in der Registerkarte *Start* in der Gruppe *Freigeben* einem anderen Benutzer die Berechtigung erteilen, Ihren Kalender einzusehen. Falls Sie die Berechtigung für die Anzeige eines anderen Kalenders erhalten, klicken Sie in der Registerkarte *Start* in der Gruppe *Kalender verwalten* auf den Befehl *Kalender öffnen, Freigegebenen Kalender öffnen*. Geben Sie anschließend den Namen der Person ein, deren Kalender Sie öffnen möchten. Der Kalender erscheint nun im Ansichtsbereich.

Aufgaben planen

Die Aufgabenliste in Outlook unterstützt Sie optimal bei Ihrer schriftlichen Planung von Tätigkeiten. Bereits Wochen vor der eigentlichen Fälligkeit einer Aufgabe, können Sie hier die zu erledigenden Arbeiten eintragen und behalten so immer den Überblick was noch alles zu tun ist. Weitere Vorteile einer schriftlichen Aufgabenliste sind:

- Sie können Ihre Arbeitszeit besser planen.
- Sie können jederzeit Auskunft über Ihre Tätigkeiten geben.
- Sie können die unterschiedlichen Prioritäten besser zuordnen.
- Sie können gleichartige Aufgaben bündeln und im „Paket" bearbeiten.
- Am Ende des Tages sehen Sie, was Sie alles erledigt haben.

Die Aufgabenleiste wird in Outlook standardmäßig am rechten Rand des Fensters angezeigt. Den Monatskalender können Sie für die schnelle Navigation zu einem bestimmten Tag oder zu einer anderen Woche verwenden. Unterhalb des Kalenders zeigt Outlook die aktuellen Termine an. Das angrenzende Textfeld „*Neue Aufgabe eingeben*" ist der eigentliche Aufgabeneingabebereich. Hier können Sie direkt eine neue Aufgabe eingeben. Falls Sie weitere Informationen eintragen möchten, geben Sie einen Doppelklick auf das Feld. Outlook öffnet dann das entsprechende Formularfenster. Alternativ führt Sie ein Klick im Navigationsbereich direkt zur Aufgabenliste.

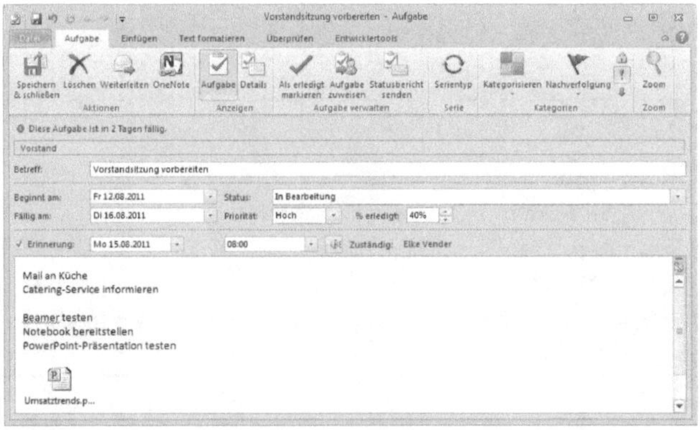

Abbildung 9: *Planen Sie Ihre Aufgaben schriftlich*

- Geben Sie zunächst einen aussagekräftigen Betreff ein, der die Aufgabe eindeutig beschreibt.
- Das Feld *Beginnt am* nutzen Sie, wenn Sie mit der Aufgabe erst zu einem späteren Zeitpunkt beginnen.

- Legen Sie fest, bis wann diese Aufgabe erledigt sein muss.
- Im Feld *Status* wählen Sie im Listenfeld den derzeitigen Stand der Bearbeitung aus. Zur Wahl stehen: *Nicht begonnen, In Bearbeitung, Erledigt, Wartet auf jemand anderen,* oder *Zurückgestellt.* Die Felder *Status* und *% erledigt* beeinflussen sich gegenseitig. Bekommt eine Aufgabe den Status *erledigt* wird der Prozentwert automatisch auf 100 Prozent gesetzt.
- Outlook unterscheidet bei den Prioritäten zwischen *Normal, Niedrig* und *Hoch.* Nur besonders wichtige und dringliche Aufgaben sollten Sie auf die höchste Priorität setzen. Dabei handelt es sich um Arbeiten, die absoluten Vorrang haben.
- Bei größeren Aufgaben behalten Sie über das Feld *% erledigt* den Überblick, wie weit Sie bereits sind.
- Nutzen Sie die Erinnerungsfunktion, um rechtzeitig mit der Aufgabe zu beginnen.
- Der große Notizenbereich bietet genügend Platz, um weitere Details einzutragen. Über die Registerkarte *Einfügen* in der Gruppe *Einschließen* können Sie Dateien oder auch E-Mails auswählen, die im Zusammenhang mit dieser Aufgabe stehen.
- In der Registerkarte *Aufgabe* in der Gruppe *Kategorien* legen Sie mit dem Befehl *Kategorisieren* ein übergeordnetes optisches Suchkriterium fest.
- Weitere Eingabemöglichkeiten bieten Ihnen der Befehl *Details* in der Registerkarte Aufgabe. Hier geben Sie den geschätzten Aufwand ein, sowie die tatsächlich benötigte Zeit.

Tipp:

Wenn Sie eine Fälligkeit für eine Aufgabe planen, denken Sie vielleicht eher an „muss nächsten Montag fertig sein“ und nicht unbedingt an den 15. August. Outlook kann mit solchen „sprechenden“ Terminangaben umgehen. Zulässige Eingaben in den Datumsfeldern sind: Wochentage, Morgen, Gestern, 3d (eine bestimmte Anzahl von Tagen), letzter mo im aug (letzter Montag im August), do in 2w (Donnerstag in zwei Wochen).

Aufgaben im Blick behalten

Die Aufgabenliste präsentiert Ihnen in übersichtlicher Form, welche Arbeiten zu erledigen sind. Hierzu klicken Sie im Navigationsbereich auf die Schaltfläche *Aufgaben* und wählen anschließend die Registerkarte *Ansicht.* In der Gruppe *Aktuelle Ansicht* wechseln Sie zur gewünschten Anzeige. Dabei können Sie in Outlook zwischen verschiedenen Darstellungsarten wählen. Sind Sie an Details interessiert oder vielleicht doch eher an einer Liste, die alle Arbeiten der nächsten sieben Tage anzeigt?

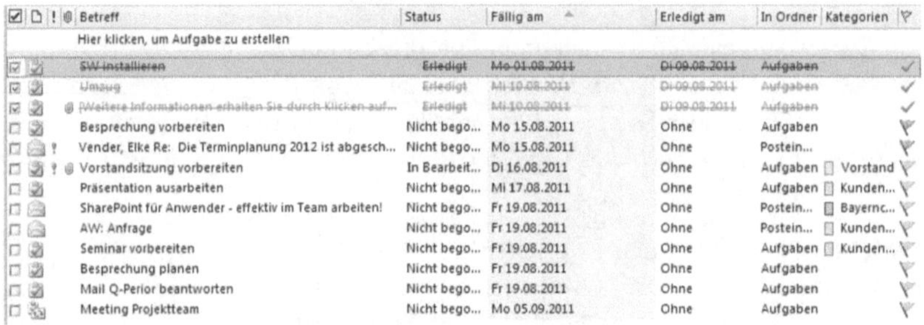

Abbildung 10: *Für den schnellen Überblick ist die Ansicht „Detaillierte Aufgaben" ideal*

Aufgaben können Sie jederzeit aktualisieren. Hierzu klicken Sie eine Aufgabe in der Liste doppelt an und nehmen anschließend die Änderungen im Dialogfeld vor.

Tipp:

Manche Aufgaben wiederholen sich regelmäßig. Beispielsweise die Vorbereitungen für das Projektmeeting, die Auswertung der monatlichen Umsatzzahlen oder das Zusammenstellen von Zahlen für die jährliche Budgetplanung. Für solche Tätigkeiten kennt Outlook Aufgabenserien. Im Dialogfeld *Aufgabenserie* können Sie über das Symbol *Serientyp* eine wiederkehrende Aufgabe eingeben.

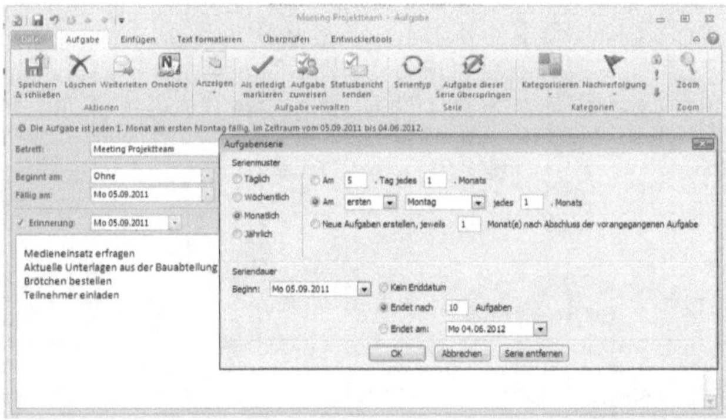

Abbildung 11: *Zeit sparen bei wiederkehrenden Aufgaben mit der Funktion Serientyp*

E-Mails in Aufgaben oder Termine umwandeln

Jeden Tag erhalten Sie wichtige Informationen per E-Mail. Manche E-Mails enthalten Terminvereinbarungen, andere wiederum beinhalten Aufgaben, die Sie erledigen sollen. Outlook bietet Ihnen die Möglichkeit, solche Nachrichten in eine Aufgabe oder in einen Termin umwandeln.

1. Ziehen Sie mit der rechten Maustaste die gewünschte Mail auf die Schaltfläche *Kalender* oder *Aufgaben*, unten im Navigationsbereich.
2. Wählen Sie dann im angezeigten Auswahlmenü die gewünschte Aktion.

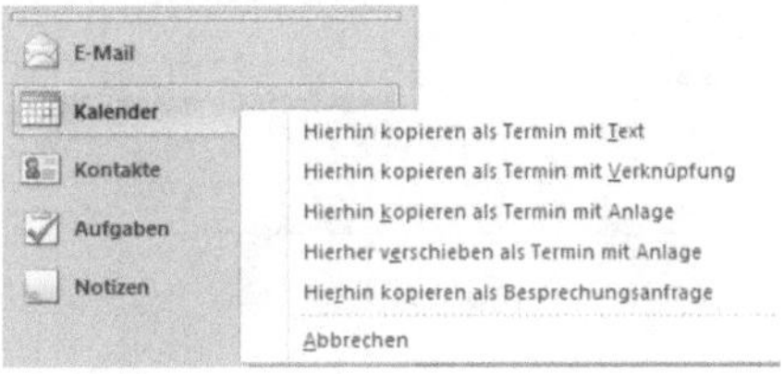

Abbildung 12: *Wandeln Sie E-Mails in Termine oder Aufgaben um*

Kategorien erleichtern die spätere Suche

Mit Kategorien ordnen Sie den verschiedenen Informationsarten (E-Mail, Termin, Aufgabe, Kontakt) eine Farbe und ein damit verbundenes Stichwort zu. Durch die farbliche Kennzeichnung können Sie beispielsweise leicht erkennen, welche E-Mails und welche Termine oder Aufgaben zu einem bestimmten Projekt gehören. Verwenden Sie die Suche nach einer bestimmten Kategorie, um an die dazugehörigen E-Mails, Kalendereinträge und Aufgaben zu gelangen. Zunächst überlegen Sie sich, wie Ihr Kategoriensystem aufgebaut sein soll. Beispielsweise könnten dies Kategorien für bestimmte Produkte sein; denkbar sind auch personenbezogene Daten oder vielleicht die Zuweisung von Orten.

Kategorien erstellen und zuweisen

Im Posteingang sowie in den Eingabeformularen für Termine, Aufgaben und Kontakte wird Ihnen der Befehl *Kategorisieren* angeboten. Die vorhandenen Farb-Kategorien lassen sich dort umbenennen und neue Kategorien können hinzugefügt werden.

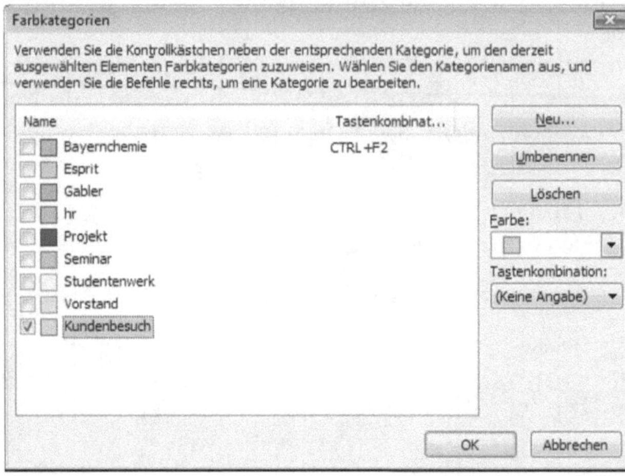

Abbildung 13: *Passen Sie die Hauptkategorienliste für Ihre Zwecke an*

Über den Befehl *Kategorisieren* weisen Sie einem Outlook-Element die farbige Kennzeichnung zu. Im Posteingang geht dies besonders schnell durch einen Mausklick im Feld *Kategorien*. Gesetzt wird dabei die „Schnell-Klick-Kategorie“. Alternativ können Sie aber über die rechte Maustaste auch andere Kategorien auswählen oder die „Schnell-Klick-Kategorie“ ändern.

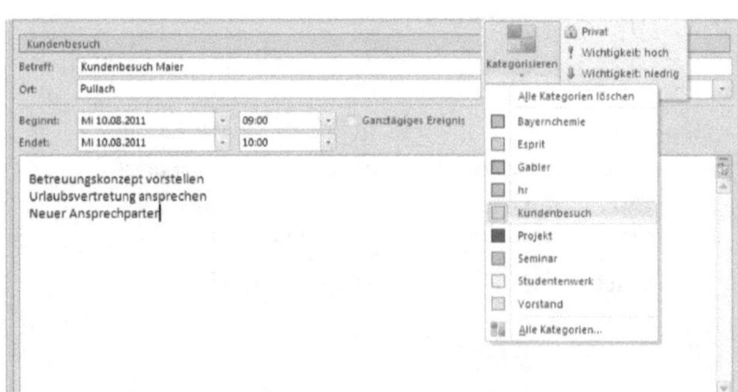

Abbildung 14: *Die Farbkategorie Kundenbesuch für einen Termin festlegen*

Informationen nach Kategorien gruppieren und suchen

Im Posteingang und in den Listendarstellungen für Termine, Aufgaben und Kontakte können die Informationen nach den zugewiesenen Kategorien gruppiert werden. Möchten Sie jedoch unterschiedliche Informationsarten zu einer Kategorie finden, verwenden Sie den Befehl *Erweiterte Suche.*

1. Das Suchfeld wird jeweils rechts oberhalb der ausgewählten Informationsart angezeigt. Ein Klick im Suchfeld aktiviert die kontextsensitive Registerkarte *Suchtools*. Wählen Sie dort in der Gruppe *Optionen* den Befehl *Suchtools, Erweiterte Suche.*

2. Im Listenfeld *Suchen nach* entscheiden Sie sich für den Eintrag *Beliebigen Outlook-Elementen.*

3. Wechseln Sie dann zur Registerkarte *Weitere Optionen* und wählen Sie über die Schaltfläche *Kategorien* den gewünschten Eintrag aus. Bestätigen Sie die Auswahl mit der Schaltfläche *Suche starten.*

4. Die Ergebnisliste unterhalb des Dialogfelds präsentiert Ihnen nun alle Outlook-Elemente, denen diese Kategorie zugewiesen wurde. Per Doppelklick können Sie sich anschließend die Details zu dem Termin, zu der Aufgabe oder zu einer bestimmten E-Mail anzeigen lassen.

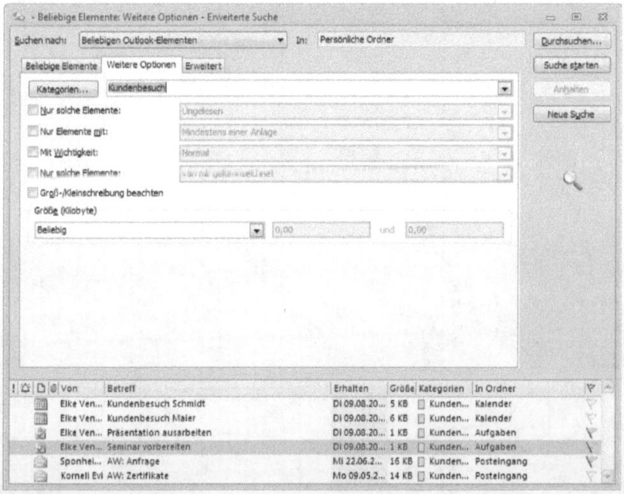

Abbildung 15: *Aufgaben, E-Mails, Termine und Kontakte zu einem Thema wieder finden*

Schneller mit Shortcuts

Mit diesen Tastenkombinationen erreichen Sie Eingabeformulare und Dialogfelder besonders schnell:

E-Mail-Nachricht	Strg+Umschalt+M
Termin	Strg+Umschalt+A
Besprechungsanfrage	Strg+Umschalt+Q
Kontakt	Strg+Umschalt+C
Verteilerliste	Strg+Umschalt+L
Aufgabe	Strg+Umschalt+T
Notiz	Strg+Umschalt+N
Adressbuch	Strg+Umschalt+B
Erweiterte Suche	Strg+Umschalt+F
Suchordner erstellen	Strg+Umschalt+P
Ordner erstellen	Strg+Umschalt+E

Virtuelle Chefentlastung

Birgit Müller

So klappt Chefentlastung virtuell

Das „Fräulein zum Diktat“ ist lange out. Heute arbeiten Sekretärinnen, Assistentinnen oder Office-Managerinnen mit modernster Technik und häufig nicht Face-To-Face mit ihrem Chef oder den Mitarbeiten. Wie dies funktioniert, was wichtig ist und worauf zu achten ist beantworten wir im nachfolgenden Beitrag.

Die Arbeitswelt wird globaler und Informationen in hoher Zahl fließen praktisch Tag und Nacht. Teams werden nicht mehr nach örtlicher, sondern nach fachlicher Präferenz zusammengestellt. Das bedeutet, es arbeiten Menschen miteinander, die nicht im gleichen Raum, in der gleichen Stadt, dem gleichen Land oder dem gleichen Kontinent sitzen...! So praktizieren international tätige Unternehmen schon sehr lange virtuelle Formen der Zusammenarbeit und diesen Arbeitsform findet auch national immer mehr Anwendung.

Aber auch in normalen Unternehmen gibt es Situationen, in denen ein virtuelles Arbeiten nötig ist. Dies fängt bereits schon im Kleinen an, wenn der Chef auf Reisen geht. Darüber hinaus gibt immer es immer mehr Homeoffice-Arbeitsplätze, d. h. einzelne Kollegen oder Mitglieder in Teams arbeiten ganz oder teilweise von zu Hause aus, sind aber über das Internet und Telefon fest in die Arbeitsabläufe des Unternehmens eingebunden. Ganze Abteilungen sitzen teilweise an verschiedenen Standorten, Städten oder gar über die Grenzen hinaus in unterschiedlichen Ländern. International tätige Unternehmen beschäftigen Expats, d. h. Mitarbeiter werden für einen gewissen Zeitraum ins Ausland entsandt, um in Filialen oder Zweigstellen des Unternehmens im Ausland tätig zu sein.

All das bedeutet, es wird und es muss virtuell zusammengearbeitet werden. Und gerade im Sekretariat, wo die Fäden alle zusammenlaufen, bedeutet dies ein noch Mehr an Organisation und vor allem an Transparenz und ein erhöhter Einsatz von verschiedenen Kommunikationsmitteln.

Anforderungen früher und heute

Durch die örtlich unabhängige Zusammenarbeit steigen die Anforderungen an die Mitarbeiter, die für die Administration, Organisation und den Kommunikationsfluss zuständig sind. Das bedeutet, die Mitarbeiter im Sekretariat müssen die unterschiedlichen Formen der Zusammenarbeit und die unterschiedlichen Formen der Kommunikation organisieren. Das Sekretariat ist dafür zuständig, dass alle beteiligten Mitarbeiter über den gleichen Informationsstand verfügen. Dabei spielt es für das Sekretariat keine Rolle, an welchem Platz der Mitarbeiter sich zurzeit befindet.

Die Sekretärin von früher konnte die Schreibmaschine bedienen. Sie nahm Stenogramme auf, formulierte Schriftstücke und Briefe und entlastete ihren Chef dadurch, dass sie seine Reisen buchte und ihm den Rücken freihielt. Es wurde erwartet, dass sie perfekte Deutschkenntnisse hatte und ggf. auch eine oder mehrere Fremdsprachen spricht. Sie verfügte über ein ansprechendes Äußeres und hatte ein gutes Allgemeinwissen. Kurzum – sie war für die Abläufe im „Vorzimmer" zuständig. Und … in den meisten Fällen war es auch ein wirkliches Vorzimmer.

Das alles reicht heute bei Weitem nicht aus. Wie die Begrifflichkeit sich im Laufe der Jahre veränderte (aus der Sekretärin wurde die Assistentin oder die Office-Managerin) so veränderte sich auch das Anforderungsprofil der heutigen Assistentin, die das Büro managt. Schlägt man den Stellenmarkt in gängigen Tageszeitungen oder Suchforen auf, so erschlägt uns das Anforderungsprofil in den Suchanzeigen für Sekretariatsmitarbeiter.

Aber auf der andere Seite – brauchen die heutigen technikversierten und oft auch technikverliebten Chefs, so könnte man meinen, eigentlich noch ein Sekretariat? Sie agieren mit Blackberrys, iPhones, Internet, Mobiltelefonen, Tablet-PCs und sämtlichen sonstigen Kommunikationsmöglichkeiten, die nachfolgend noch näher beschrieben sind. So könnte man meinen, sie bewältigen damit spielend ihren Arbeitsalltag. Wozu ist dann noch ein Sekretariat nötig, das unnötige Kosten verursacht und dann auch noch „meilenweit" entfernt sitzt?

Um diese Frage zu beantworten wollen wir zunächst einen Blick auf die unterschiedlichen Kommunikationstools und deren Entwicklung werfen.

Die Entwicklung neuer und moderner Kommunikationsmittel ist in den letzten zehn Jahren rasant vorangeschritten. War das Erlangen und Übermitteln von Informationen vor wenigen Jahren noch ein Prozess, der Tage in Anspruch nahm, stehen wir heute vor ganz anderen Problemen.

Die Beherrschung der Informationsflut

Hat man sich noch vor wenigen Jahren vorgestellt, dass durch die neuen Kommunikationstechniken das Sekretariat oder die Assistentin ausgedient hat oder durch billige Schreibkräfte ersetzt werden könnte, so ist genau das Gegenteil eingetreten. Denken Sie nur an das papierlose Büro, das eigentlich mit dem Einzug der Computer und der digitalen Speicherung von Daten Einzug halten sollte. So wenig, wie das Papier oder der Aktenordner ausgedient hat, hat das Sekretariat ausgedient.

Denn die ständige Informationsflut will durch das Sekretariat oder die Assistenz gesichtet, bewertet, sortiert, abgelegt, mit Vorgängen verbunden werden, selbständig beantwortet werden oder dem Entscheider im wahrsten Sinne des Wortes entscheidungsreif vorgelegt werden.

Dies bedeutet, dass das Sekretariat oder die Assistenz mit allen laufenden Vorgängen vertraut ist und in alle Geschäftsprozesse involviert sein sollte. Hier findet jetzt die Analyse, Auswertung und Bewertung der Informationen statt und hier sollte sich auch entscheiden, welche Informationen weiter gesteuert werden. Soviel zum Idealbild. Leider wissen wir selbst, dass viele Managerinnen und Manager in der Informationsflut zu ertrinken drohen, weil sie versuchen, diese selbst zu bändigen.

Welche Wege sind möglich, die eingehenden Informationen in einem Unternehmen zu kanalisieren und einen für allen transparenten Weg zu finden. Das bedeutet, dass auch in Urlaubszeiten die Abwicklung von eingehenden Informationen klar an jedem Arbeitsplatz geregelt sein muss. Doch dazu später. Schauen wir uns doch zunächst einmal in einem Querschnitt die verschiedenen Kommunikationstechnologien und ihre Vor- und Nachteile an.

Moderne Kommunikationstechnologien

Bei den modernen Kommunikationsmitteln spielen das Telefon und das Internet eine entscheidende Rolle. Sicherlich werden Sie jetzt einwerfen, dass beide Welten in modernen internetfähigen Mobiltelefonen bereits zusammengewachsen sind. Lassen Sie uns aber einen kurzen Blick auf die zunächst getrennten Entwicklungen und deren Kommunikationsdienste und -möglichkeiten werfen. Danach werden wir deren Stärken und Schwächen betrachten.

Das Telefon

Das erste moderne Kommunikationsmittel war zweifelsohne das Telefon, das Ende des 19. Jahrhunderts weite Verbreitung fand. Schon 1926 begann die Deutsche Reichsbahn in ihren Zügen das Funktelefon einzuführen. Bis zum ersten nutzbaren Autotelefon musste jedoch bis 1958 gewartet werden, und die ersten portablen C-Netz Mobiltelefone gingen 1985 an den Start. Diese geringe Anzahl von Mobiltelefonen änderte den Ablauf von Geschäftsprozessen nur unwesentlich, dies änderte sich erst ab 1990, als die ersten D-Netz Mobiltelefone eingesetzt werden konnten.

Grundlegende Dienste des Mobiltelefons waren eben die *Telefonie* und der *Short Messages Servics* (kurz: *SMS*). Beide Dienste spielen auch heute noch eine wichtige Rolle, während sich das Telefax als modernes Kommunikationsmittel nahezu verabschiedet hat.

Abbildung 1: *Moderner SMS Client*

Internet

Die mächtigste Kommunikationsplattform entstand 1991 mit dem World Wide Web. Die Grundlage des WWW war ein gemeinsames standardisiertes frei zugängliches Kommunikationsprotokoll http (Hypertext Transfer Protocol), eine gemeinsame Dokumentensprache html (Hypertext Markup Language) und eindeutige Adressen URL (Uniform Resource Locator) Über das Internet ist es möglich, gewünschte Daten abzurufen und auf dem eigenen PC anzeigen zu lassen. Außerdem ist es möglich, Daten in allen Formaten auf den eigenen PC zu laden und zu nutzen.

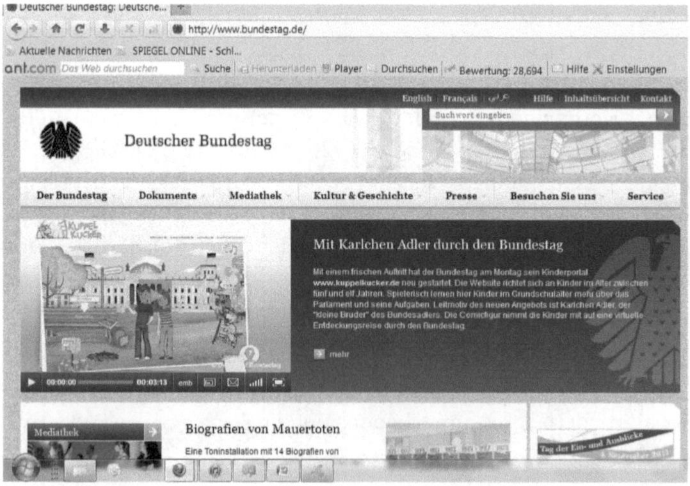

Abbildung 2: *Webseite*

Für das Anzeigen von Webseiten benötigen Sie einen Webbrowser wie den Microsoft Internet Explorer, Mozilla Firefox usw.

E-Mail

Die erste und immer noch mächtigste Kommunikationsform im Internet und in der virtuellen Arbeitswelt ist die *E-Mail,* die tatsächlich bereits schon 1971 erfunden wurde. Ihr Vorteil liegt in der orts- und zeitunabhängigen Kommunikation im Vergleich zu Telefonaten oder herkömmlichen Briefen. Mit ihr lassen sich alle Vorteile eines schriftlichen Briefwechsels nutzen und dies bei einer kostenlosen und sehr schnellen Zustellung. Ein weiterer Vorteil der Mail ist die Möglichkeit, Dateien mit dem Empfänger auszutauschen.

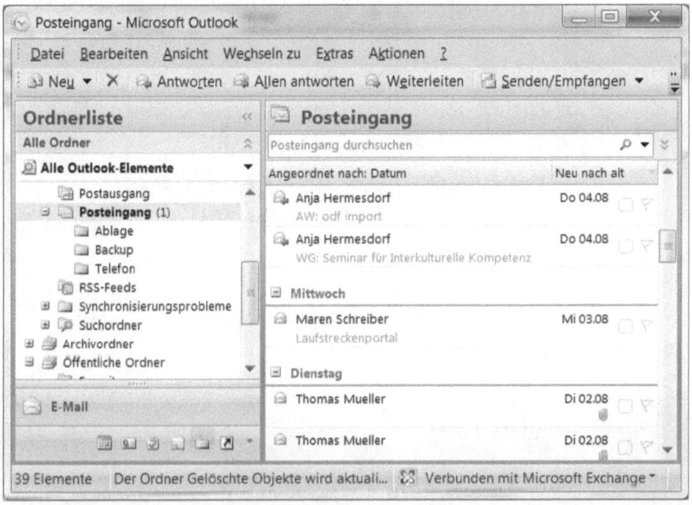

Abbildung 3: *Beispiel eines Mailclient: Microsoft Outlook*

Innerhalb von nur 20 Jahren haben sich neben der Mail weitere Kommunikationstechnologien im Internet entwickelt, die wir hier kurz vorstellen wollen.

Usenet, Newsgroups und Webforen

Das Usenet funktioniert vom Aufbau her wie das Internet. Die Nachrichten zu bestimmten Themenkomplexen werden von den Newsservern mit einem Newsreader heruntergeladen. In Diskussionsforen (Newsgroups) können Mitteilungen zu bestimmten Themen von Teilnehmerinnen bereitgestellt, gelesen und beantwortet werden. Der Themenauswahl sind dabei keine Grenzen gesetzt. Leider gibt es oft in den Newsgroups keine Moderatoren und keine Qualitätskontrolle. Die kann zu Fehlinformationen und inakzeptablen Äußerungen führen. Damit ist der Nutzen als Informationsquelle im Geschäftsleben stark eingeschränkt. Eine direkte Kommunikation ist in Newsgroups nicht möglich.

Abbildung 4: *Webforum*

Webforen finden sich auf den Internetseiten selbst als Teil der Webseite. Sie finden sie im World Wide Web auf den Seiten von Zeitungen, Magazinen, Sportseiten, Krankheiten, Software, Hardware usw. Es gibt kaum ein Problem oder eine Thema, das nicht in irgendeinem Forum besprochen wird. Der Vorteil ist der schnelle Austausch und die schnelle Hilfe, die Sie erfahren können. Der Nachteil wurde bereits oben beschrieben, es gibt keine bzw. nur sehr wenige Foren mit Qualitätskontrolle

Sie sind vergleichbar mit den Newsgroups, benötigen aber keine spezielle Software und sind heute die am häufigsten benutzte Form.

Chat

Der Name Chat ist aus dem englischen „Plaudern" abgeleitet und bezeichnet eine elektronische Unterhaltung in Echtzeit mit Hilfe von Schriftzeichen. Dazu treffen sich die „Chatter" in speziellen Chaträumen und können sich gleichzeitig unterhalten.

Der Reiz an Chaträumen liegt in der Anonymität, jeder Chatter meldet sich mit einem Pseudonym (Nickname) an. Die wahre Identität bleibt verborgen. Natürlich ist es daher auch möglich, andere zu täuschen. Im Chat ist eine schnelle Texteingabe nötig, um in der Unterhaltung präsent zu sein. Deshalb werden im Chat sehr viele Abkürzungen benutzt und die Rechtsschreibung außer Acht gelassen. Einige im Chat übliche „Slang-Charakter" wie :), :(oder lol (laugh out lout) haben es auch in andere Kommunikationsformen geschafft. Denken Sie nur an den bekannten Smilie ☺!

Der Vorteil liegt an der direkten schnellen Kommunikation. In abgesicherten firmeninternen Chaträumen ist eine solche Kommunikationsform denkbar, aber noch sehr selten. Sie ist auch nicht unbedingt das Medium, das für eine transparente Zusammenarbeit zur Nutzung empfehlenswert wäre.

Internet Telefonie/Videokonferenz, Instant Messaging

Voice over IP (VoIP) wird die Internet-Telefonie auch genannt. Sie wurde etwa 1995 entwickelt und hat heute fast die Qualität der herkömmlichen Telefonie erreicht. Im Gegensatz zur herkömmlichen Telefonie benötig Voice over IP keinen Telefonanschluß, sondern nur einen Internetanschluss und einen PC mit Headset und Mikrofon.

Seit 2004 ist mittels der Software Skype die Möglichkeit gegeben, kostenlos von PC zu PC mittels Headset und Mikrophon zu telefonieren. Es ist lediglich eine Verbindung in das Internet nötig. Zusätzlich zu der Möglichkeit des Telefonierens über das Internet kann auch mittels einer Webcam eine Videokonferenz durchgeführt werden. Dabei können nicht nur zwei Personen miteinander sprechen und sich sehen, der Teilnehmerkreis kann bis auf 10 Personen erweitert werden. Diese Konferenzen finden im Gegensatz zum Chat in einem nicht öffentlichen Kanal statt, die Teilnehmer müssen vom Moderator eingeladen werden.

Zusätzlich zum Dienst Telefon und Videokonferenz ist auch eine Chatfunktion möglich, die sich gerade bei leistungsschwachen Internetverbindungen anbietet. Hier können auch bis zu 10 Personen miteinander chatten, jedoch nicht auf einem öffentlichen Kanal, sondern nur mit ausgewählten vorher bekannten Personen. Diese Form der Kommunikation wird auch „Instant Messaging" genannt und wird auch in andere Form angeboten.

Seit einiger Zeit bietet Skype auch eine separate Version für Unternehmen an. Hier stehen Funktionen wie Gruppen-Videoanrufe zusätzlich zur Verfügung.

Wichtig ist bei dieser Kommunikationsform, dass sich die Unterhaltung in geschlossenen Benutzerkreisen abspielt. Es können keine fremde Personen daran teilnehmen. Absolut abhörsicher ist diese Kommunikationsform dennoch nicht.

Weblog

Für die Kommunikation in Unternehmen spielen Weblogs fast keine Rolle. Dennoch seien sie der Vollständigkeit erwähnt. Weblog sind eine Art öffentliches „Online-Tagebuch" dass in regelmäßigen Abständen auf einer Webseite veröffentlich wird. Dabei spielen persönliche private Dinge eine Rolle, aber auch Stellungnahmen zu bestimmten Themen von Gesellschaft oder Alltag.

Zu den Weblogs gehören auch Podcasts oder Videocasts, bei denen Audio- oder Videodateien zur Verfügung gestellt werden. Sie finden diese häufig auf den Webseiten von Radio- oder Fernsehstationen. Aber auch Unternehmen nutzen Pod- oder Videocasts auf ihren Webseiten für ihre Außendarstellung (Public Relations).

Twitter

Bei Twitter handelt es sich um ein Kommunikationsnetzwerk. Bei Twitter können nur Nachrichten mit einer Länge von 140 Zeichen versandt werden. Dabei werden die Nachrichten von der Plattfom „twitter.com" (oder vom Mobiltelefon) verbreitet und können als SMS über eine Webseite oder auf Mobiltelefon mit einer Software empfangen werden. Sie empfangen die

Nachrichten einer bestimmten Person nur, wenn sie auch ein „Follower“ dieser Person sind oder nach bestimmten gekennzeichneten Einträgen (#Tags) suchen.

Twitter ist ein dynamisches und schnelles Kommunikationsmittel und hat z. B. bei den politischen Entwicklungen in Nordafrika eine ganz entscheidende Rolle gespielt. Twitter spielt in manchen Unternehmen oder Organisationen in der Außendarstellung eine Rolle, vor allem beim Marketing. Zur internen schnellen Kommunikation ist eine Nutzung denkbar.

RSS-Feed

RSS-Feed steht für „Really Simple Syndication“. Sie bereiten bestimmte Inhalte auf, die dann weiterverwendet werden können. Häufig sind die sogenannten Feedreader, in den z. B. RSS-Feed verschiedenen Ursprungs gebündelt und gemeinsam angezeigt werden. Große Nachrichtenportale genieren solche RSS-Fead, die sie abonnieren können und damit zu bestimmten Themen immer auf dem aktuellen Stand sind.

Social Networks

In sozialen Netzwerken haben die Nutzer die Möglichkeit, eigene persönliche Profile zu erstellen. Diese Profile können die Nutzer mit bestimmten Angaben und Informationen über sich selbst ergänzen. Dies geht von persönlichen Angaben, beruflichen Werdegang, Fotos, Ausbildung und Studium, Interessen und Vorlieben.

Andere Nutzer haben die Möglichkeit, diese Profile gezielt zu suchen oder zu besuchen und dann mit dem Nutzer in Kontakt zu treten. Bekannt ist dabei der „Like-Button“ des sozialen Netzwerkes Facebook.

Fast die Hälfte der deutschen Internetuser ist auf Facebook vertreten – meist nutzen Menschen Facebook als privates Netzwerk. Für geschäftliche Kontakte bietet sich das Netzwerk Xing an, das spezielle Applikationen und damit mehr Möglichkeiten bietet, um seriöse Geschäftskontakte herzustellen. Hier finden Sie auch keinen Like-Button. Für die volle Funktionsfähigkeit müssen Sie einen monatlichen Beitrag leisten. Die Diskussion in den verschiedenen Untergruppen läuft in aller Regel sachlich und durch Moderatoren gesteuert ab. Außerdem können Sie hier Ihre Privatsphäre besser schützen. Die vielen Untergruppen sind regional oder nach beruflichen Interessen eingeteilt.

Smartphones

Als Smartphones werden Mobiltelefone bezeichnet, die zusätzliche Funktionalitäten eines Computers zur Verfügung stellen können. Ein Smartphone kann durch seine flexible Konvektivität im Mobilfunknetz, im Wireless LAN, Bluetooth, Infrarot oder USB-Verbindung genutzt werden.

Darüber hinaus bieten Smartphones die komplette klassische Bürokommunikation an. Termine, Texte oder Mails können vor Ort synchronisiert werden. Durchgesetzt hat sich aber die Synchronisation der Mails in Echtzeit. Dabei werden Daten, Mails und Adressen sofort empfangen und mit dem firmeneigenen Server synchronisiert. Ebenso können mit einem Smartphone neue Termine eingetragen werden und sind dann im Sekretariatskalender sofort sichtbar.

Ein Smartphone verfügt über eine breite Palette von Kommunikationsmöglichkeiten:

SMS, MMS, E-Mails, Internet-Telefonie (VoIP) oder Videokonferenzen.

Eine weitere wichtige Grundlage für die weiteren Kommunikationsmöglichkeiten ist der Zugang zum Internet. Hierdurch ergeben sich alle Kommunikationsmöglichkeiten, die auch im Internet möglich sind. Sie werden im Einzelfall durch Anwendungsprogramme auf dem Smartphone, sogenannte Applications (Apps), zur Verfügung gestellt. Diese kann der User selbst herunterladen und installieren.

Abbildung 5: *Smartphone-Oberfläche*

Der Vorteil eines Smartphones liegt in der breiten Palette der Anwendungsmöglichkeiten, die sich jeder User nach seinen Bedürfnissen selbst zusammenstellen kann. Für Download und Installation sind keine speziellen EDV-Kenntnisse nötig.

Hier liegt aber die Gefahr moderner Smartphones. Kann schon die ständige Erreichbarkeit eines Mobiltelefons zum Problem werden, so kommt bei den Smartphones der ständige Informationseingang in Form von Mails, Nachrichten etc. hinzu. Hinzu kommt auch das Gefühl, sein Smartphone ständig kontrollieren zu müssen, damit keine wichtige Nachricht verpasst wird. Sie merken schon, auch moderne Kommunikationsmedien bedürfen einer Steuerung – z. B. durch das moderne Sekretariat.

Blackberrys

Mails immer und überall empfangen zu können, ist die wichtigste Funktion eines Blackberrys. Zusätzlich gibt es noch die klassische Bürokommunikation mit Terminen, Aufgaben und Adressen. Auch die klassischen Telefondienste wie Sprache, MMS oder SMS stellt ein Blackberry zur Verfügung.

Dennoch finden Blackberrys immer weniger Anwendung und werden zunehmend durch Smartphones ersetzt.

Wie bei einem Smartphone kann hier die ständige Erreichbarkeit per Mail zum Problem werden und eine Steuerung und Sichtung durch das Sekretariat nötig machen.

Kommunikationsformen zwischen Personen

Unterschieden wird zwischen der asynchronen Kommunikation, bei der die Personen immer kommunizieren können und nicht auf die Antwort der anderen Person warten müssen und der synchronen Kommunikation, bei der die Personen anwesend sein müssen und auf die Antwort des Gegenübers warten.

Die folgende Matrix verdeutlicht diese Unterschiede:

Digitale Kommunikation		**Analoge Kommunikation**
Kommunikation mittels Computer		
Asynchron	Fernsehen	Brief
WWW Webseiten	Radio	Gespräch
Newsgroups	Video	Telefon
E-Mail	DVD	
Mailinglisten	CD	
SMS/MMS	Telefon	
Pot-Videocast		
Synchron		
Chat		
Telefon VoIP		
Videokonferenz		
Webcam		
Instant Messaging		

Anforderungen an moderne Kommunikationstechnologien

Unterscheiden wir im Sekretariatsbereich nach den so genannten „harten“ und „weichen“ Faktoren, den Soft- und Hardskills, so sieht das folgendermaßen aus.

Softskills (weiche Faktoren):	**Hardskills (harte Faktoren)**
■ Dienstleistungsorientiert ■ Kommunikationsfähig ■ Flexibel ■ Über den Tellerrand schauend ■ Multi-Tasking (mehrere Dinge gleichzeitig erledigen) ■ Prioritäten setzen können, was ist zuerst wichtig und warum ■ Chefentlastung (Backofficearbeit) mögen und als wichtig ansehen ■ Freundlich ■ Empathisch ■ Entwicklung von Prozessen	■ Perfekte Deutschkenntnisse (Rechtschreibung, Grammatik, Orthographie) ■ Sehr gute Englischkenntnisse ■ Ggf. zweite Fremdsprache (neben Englisch) ■ Sehr gute MS-Office-Kenntnisse (komplettes MS Office-Paket) ■ Technisches Verständnis (Scanner, Kopiersysteme, Digitaldiktate, Digitalfotografie, Mobiltelefonie etc.) ■ Gute schriftliche Ausdrucksweise ■ Fähigkeit, Projekte zu steuern und zu controllen ■ Zahlenverständnis

■ Die Produktqualität erhöht sich tendenziös durch ein gesteigertes Qualitätsbewusstsein.	■ Evtl. Buchhaltungskenntnisse ■

Um einen Chef virtuell zu entlasten, bedarf es als allerwichtigste Voraussetzung, dass transparent gearbeitet wird.

Was bedeutet Transparenz im Sekretariat?

Einfach gesagt bedeutet ein transparenter Arbeitsplatz im Sekretariat, dass sich eine „fremde" Sekretärin oder Assistentin sofort in diesem ihr fremden Sekretariat sofort zurechtfindet. Wie soll das funktionieren? Dies funktioniert dadurch, dass die Arbeitsschritte zur Kommunikationssteuerung und -verarbeitung in diesem Unternehmen in jedem Sekretariat auf die gleiche Weise geschehen.

Zum Beispiel der Überblick der täglichen To Dos, der einheitlichen Informationssteuerung der ein- und ausgehenden Post (analog wie digital). Informationen müssen „auf Knopfdruck" abrufbar sein. Es steht niemand vor dem Schreibtisch, der nach diesen Informationen verlangt, sie werden unaufgefordert nach festen Regeln und mit festen Kommunikationswegen zur Verfügung gestellt.

Was wichtig dabei ist sind regelmäßige Abstimmungen. Ich halte es für jedes Tandem für außerordentlich wichtig, feste und regelmäßig stattfindende Termine einzuführen und … (!!) durchzuhalten. Und wenn Sie virtuell zusammenarbeiten, finden diese Termine als Telefontermin, über Skype oder per Videokonferenz statt! Nur wenn Sie miteinander sprechen und sich immer wieder gemeinsam „auf den gleichen Stand bringen", nur dann funktioniert Chefentlastung. Sie auf der Sekretariatsseite können nur so gut reagieren, wie es Ihrem Informationsstand entspricht. Wenn die Anlieferung von Information von Seiten Ihres Chefs eine Bringschuld ist, so ist es auch eine Holschuld, mitzuteilen, wenn Sie das Gefühl haben, zu wenig informiert zu sein!

> Bestehen Sie auf regelmäßig stattfindende Abstimmungen, seien diese persönlich oder virtuell über die gängigen Kommunikationswege ihres Unternehmens!

> **Tipp:**
>
> Die Abstimmungen mit Ihrem Chef über moderne Kommunikationsmittel wie Skype oder Videokonferenz gibt Ihnen die Möglichkeit, diese kennenzulernen, sich in diese einzuarbeiten und auch Ihre Stärken und Schwächen beurteilen zu können.

Ein gutes Instrument, das dabei hilft Transparenz zu wahren, sind sogenannte Personal Information Manager, wie z. B. Lotus Organizer, Apple iCal oder Outlook. Dieses Beispiel von einer transparenten Arbeitsweise wird hier mittels Outlook dargestellt. Wenn konsequent und einheitlich im Unternehmen mit einem einheitlichen Personal Information Manager gearbeitet wird, dann lassen sich die Zugriffe auf die dort befindlichen Informationen auch praktisch vom jeden Standort mit einem Internetanschluss realisieren.

Outlook zum Beispiel kann – bei konsequenter Anwendung – den Arbeitsalltag im Sekretariat steuern und managen.

Die wichtigsten Features bei Outlook

- **Kalender**

  Alle Termine nur und ausschließlich digital über Outlook pflegen. Die Termine synchronisieren sich automatisch mit dem iPhone oder Blackberry, dann ist bei der virtuellen Tandemarbeit (Chef und Sekretariat) eine ständige Aktualität der Termine gewährleistet.

- **Kontakte**

  Das gesamte Adressmaterial wird in den Kontakten in Outlook eingegeben und gepflegt. Beide Seiten haben Zugriff auf die gleichen Kontakte und somit immer den gleichen Stand. Kontakte werden einheitlich eingegeben und können somit jederzeit quasi „auf Knopfdruck" genutzt werden! Keine Sucherei mehr nach einer Telefonnummer oder einer richtigen Schreibweise eines Namens!

  Praxistipp:
  Legen Sie sich ein „Kuchenrezept" an, wie Anschriften korrekt eingegeben werden, damit ALLE sich daran halten!!

- **Aufgaben**

  Über die Aufgaben werden im Sekretariat die To Dos und offenen Vorgänge gepflegt und nachgehalten. Greift der Chef – und sei es am anderen Ende der Welt zu einer komplett anderen Zeit – virtuell auf die Aufgaben zu, dann hat er immer den aktuellen Verlauf und somit ein wunderbares Feedback-Medium.
  Die zu erledigen Aufgaben oder gar ganze Projekte werden hier in einer wunderbaren Art und Weise transparent dargestellt und können von jedem Ort abgerufen werden – auch über das Smartphone beispielsweise.

- **Mailverkehr**

  Der Mailverkehr über Outlook ermöglicht ebenfalls ein Zugreifen auf beiden Seiten.

Outlook und andere Personal Information Manager sind und bleiben das perfekte Medium, um Transparenz in einem Unternehmen bzw. in einem Team zu gewährleisten!

Ganz wichtig ist die konsequente Einhaltung einmal abgesprochener Kommunikationswege. Dies gilt nicht nur generell im Hause, sondern und gerade aber noch viel mehr bei virtuellen Formen der Zusammenarbeit. Im Unternehmen muss eine genaue Absprache stattfinden, wie und mit welchen Medien zusammengearbeitet wird. Dabei sollte Platz für Ausnahmen und spezielle Teams möglich sein. Hier gilt es auch heraus zu finden, was für das jeweilige Team am besten geeignet ist. Wird dabei dann von der standardisierten Firmenkommunikation abgewichen, ist eine gute Dokumentation sehr wichtig.

Wichtig ist nur, sich auf eine oder mehrer Kommunikationsformen zu einigen und dies dann auch konsequent einzuhalten!

Praxistipp:

Setzen Sie sich – bevor die virtuelle Zusammenarbeit beginnt – zusammen.
Stellen Sie fest, wer welche Vorlieben für welche Kommunikationsformen und -wege hat. Stellen Sie gemeinsam die Stärken und Schwächen der jeweiligen Kommunikation fest. Einigen Sie sich schlussendlich auf einige Kommunikationsformen und entwickeln Sie gemeinsame „Spielregeln", die Sie schriftlich fixieren. Beide Seiten können diese Spielregeln unterschreiben, sozusagen als „Vertrag", wie die virtuelle Zusammenarbeit abzulaufen hat.
Beachten Sie dabei, dass Sie sich nicht außerhalb der Kommunikationspielregeln des Unternehmens bewegen. Wenn dies in diesem Fall nötig ist, schaffen Sie Transparenz – dokumentieren Sie die gewählten Kommunikationswege.

Informationsmanagement funktioniert immer dann, wenn die Spielregeln und Absprachen eingehalten werden. Unabdingbar ist eine konsequente Gewährleistung eines für alle transparenten Informationsmanagementes. Dies gilt umso mehr, je virtueller ein Sekretariat oder ein Unternehmen arbeitet.

Was kann die Abläufe stören? Worauf ist zu achten?

Bei virtuellen Formen der Zusammenarbeit ist noch mehr Feinfühligkeit gefordert als wenn man ständig face-to-face arbeitet. Die einmal getroffenen Spielregeln müssen eingehalten werden (von beiden Seiten), aber sie müssen ggf. auch angepasst oder verändert werden, wenn eine dieser Absprachen die Zusammenarbeit behindert oder wenn es knirscht im System. Dazu ist es auch hier – wie in jedem Sekretariat – ganz wichtig, regelmäßige Abstimmungen mit der Führungskraft vorzunehmen. Dies muss ja nicht persönlich sein, sondern kann in einem fest vereinbarten Telefontermin stattfinden.

Am besten ist es, Sie vereinbaren hierzu einen festen rhythmischen Termin, den Sie in beide Kalender als festen Termin (Telefontermin) eintragen. „Nur wer miteinander spricht, weiß was der andere fühlt". Hier kann auch das eine oder andere private Wort gewechselt werden, das sehr wichtig ist, gerade wenn Sie sich wenig oder vielleicht sogar gar nicht sehen!

Wo geht die Reise hin im Sekretariat?

Die Sekretärin, Assistentin oder Office-Managerin wird immer mehr in die Verantwortungsfunktion kommen. Die reine Dienstleistung, das Rücken-frei-halten wird weiterhin Bestand haben, die Manager werden sich nach wie vor um ihre Kernkompetenzen kümmern, aber

Teilbereiche aus dem Management werden in die Verantwortung des Office-Managements gelangen. Sei dies nun die Übernahme einzelner Projekte, Vor- bzw. Nacharbeiten zu Projekten oder Teile oder ganze Bereiche aus Sachbearbeitungen.

Und ganz sicher wird sich in der Zukunft auch immer mehr am Raumkonzept ändern. So gibt es heute schon in vielen Unternehmen das sogenannte Desk-Sharing. Mitarbeiter sind immer häufiger virtuell tätig. Sie gehen mehr auf Reisen, sie sitzen an unterschiedlichen Orten. Und wenn sie ins Unternehmen kommen nutzen sie den Schreibtisch, der gerade frei ist. Mit der modernen Technik ist dies kein Problem mehr (eigener Laptop mit eigenem Profil, individuelle Anmeldung am Telefonsystem mit eigenem Profil, Outlook-System usw.). Viele Unternehmen sind schon dazu übergegangen, dass Mitarbeiter „nur“ noch ihren eigenen Rollcontainer haben, indem sie ihre persönlichen Dinge oder auch Unterlagen verwahren, und suchen sich mit ihrem eigenen Rollcontainer und ihrem Laptop einen freien Schreibtisch, der egal wo im Unternehmen stehen kann.

Weiterbildung

Die moderne Office-Managerin muss heute das Ohr am „Puls der Zeit“ haben. Die Technik wird sie auch künftig „überrollen“. Hier gilt es, dranzubleiben, zu schauen, was ändert sich im technischen Bereich, welche Hard- bzw. Software ist für die eigene tägliche Arbeit, und gerade auch in Bezug auf die virtuelle Arbeit, wichtig.

Fremdsprachen werden in der globalen Arbeitswelt eine immer wichtigere Rolle spielen. Genügte noch vor 10 Jahren die englische Sprache, um Konversation zu betreiben und leichte Schriftstücke zu verfassen, so ist die englische Sprache heute ein unbedingtes Muss und in vielen Fällen wird auch eine zweite Fremdsprache gefordert.

Das eigentliche Handwerkzeug, wie die sichere Beherrschung der deutschen Sprache, Kommunikationsfähigkeit, Flexibilität, die Fähigkeit, sich schriftlich auszudrücken, die Dienstleistungsbereitschaft sei hier nur am Rande erwähnt, das setzt jeder Arbeitgeber voraus.

Bei all dem wird aber der Beruf der Sekretärin, der Assistentin bzw. der Office-Managerin immer interessanter, immer vielfältiger, immer abwechslungsreicher. Wenn Sie Dienstleistung lieben, wenn Sie gern 1.000 Dinge gleichzeitig tun und dies mit einem Lächeln, wenn Sie gern Verantwortung übernehmen und die Technik lieben, dann ist dieser Beruf genau der richtige für Sie!

Teamarbeit

Sibylle May

Gemeinsam Ziele erreichen und gleichzeitig die eigenen Fähigkeiten ausbauen

Projektbezogene Arbeitsabläufe begegnen uns in der heutigen Arbeitswelt immer häufiger – für die Arbeitsstruktur bedeutet das: mehr und mehr Aufgaben werden in Projektteams erarbeitet. Wie Sie erfolgreich im Team arbeiten und ihre eigenen Fähigkeiten dabei entwickeln.

Dass es ohne Teamarbeit nicht mehr geht, merkt man schnell, schaut man sich die Profile von aktuellen Stellenanzeigen an: „teamorientiert", „teamfähig" und „muss in unser Team passen" heißt es da.

Viele Unternehmen haben glücklicherweise festgestellt, dass die Teamarbeit nicht von Heute auf Morgen funktioniert. Eine wichtige Voraussetzung dafür ist das Change-Management. Die unternehmerische Zukunft verlangt Gestalter der Unternehmenskultur und der menschlichen Beziehung. Menschen beeinflussen können wir nur durch Veränderung der eigenen Haltung! Wenn Sie sich Mitarbeiter wünschen, die offen kommunizieren, dann müssen Sie selbst auch offen kommunizieren. Wenn Sie partnerschaftliche Beziehungen aufbauen möchten, müssen Sie selbst Partner sein. Wenn Sie Vertrauen suchen, müssen Sie selbst Vertrauen aufbringen.

Um Begeisterung für neue Wege auszulösen und Motivation zu fördern, müssen Sie zu Ihren eigenen Veränderungsansprüchen stehen und auch natürlich entsprechend handeln. Offenheit muss vorgelebt werden.

Vorteile der Teamarbeit

Die Liste an positiven Eigenschaften dieser Arbeitsform lässt sich unendlich verlängern. Eines steht fest: Teamarbeit ist die Arbeitsform der Zukunft. Sie schafft die Voraussetzung für die persönliche Veränderung aller Teamworker und bewirkt dadurch einen Entwicklungsschub. Außerdem verbessert diese Form der Zusammenarbeit die Leistungseffizienz. Wer gemeinsam mit anderen etwas erreicht hat, ist gleichzeitig zufriedener mit seiner Arbeit.

Auf einen Blick:

Vorteile:	**Nachteile:**
■ Die Produktqualität erhöht sich tendenziös durch ein gesteigertes Qualitätsbewusstsein.	■ In der Regel nehmen nicht alle Mitglieder immer an allen Besprechungen teil.
■ Das Problemlöseverhalten verbessert sich durch das ständige Üben systematischer Problemlösung.	■ Es können Irritationen durch das „Überspringen" von Dienst- und Entscheidungswegen entstehen.
■ Die Zusammenarbeit wird gefördert, da in den Gruppen ein „Wir-Gefühl" entsteht.	■ Die Gruppenmitglieder werden selbstständiger und kritischer.
■ Stetige kleine Verbesserungen der Arbeitsabläufe durch die Gruppen senken die Kosten.	■ Autoritäre Führungskräfte können durch die Arbeitsweise und die Aussprache der Gruppen „überfordert" werden.
■ Bei den Beteiligten entwickelt sich die Fähigkeit, konstruktive Kritik zu üben und auch anzunehmen.	■ Die Effizienz der Gruppenergebnisse ist aufgrund der vor allem qualitativen Ergebnisse schwerer nachweisbar.
■ Ein konstruktiver, mitarbeiterbezogener Führungsstil wird gefördert.	
■ Die Mitarbeiter erleben, wie schwierig die Lösung auch „kleiner" betrieblicher Probleme sein kann.	
■ Das Zulassen von Kreativität begünstigt betriebliche Innovationen.	

Eine Untersuchung der Europäischen Stiftung zur Verbesserung der Lebens- und Arbeitsbedingungen zeigt die ganz entscheidenden Vorteile der Teamarbeit auf einen Blick.

- 94 Prozent Qualitätssteigerung
- 66 Prozent kürzere Durchlaufzeiten
- 56 Prozent Kostenreduktion
- 50 Prozent weniger Krankmeldungen

Teamarbeit ist sicherlich ein zukunftsweisender Ansatzpunkt für Qualitäts- und Effizienzsteigerung. Nur zur Herstellung von echtem Teamdenken sind erhebliche Anstrengungen notwendig, da nicht nur relativ fest etablierte Module im menschlichen Verhalten verändert werden müssen, sondern auch die Ergebnisse eines individualistisch orientierten Sozialisationsprozesses, der mindestens bis zum Berufseintritt, im Regelfall sogar noch länger andauert.

Ein solcher Veränderungsansatz dürfte nur dann Wirkung zeigen, wenn er langfristig geplant ist. Zusätzlich erfordert eine solche Maßnahme den kontinuierlichen für das Individuum direkt erlebbaren und sichtbaren Beweis, dass Egoismus nur über den Weg der Kooperation funktioniert. Ohne diesen Beweis wird die Teamarbeit eine wohldurchdachte Philosophie bleiben, aber auch nicht mehr. Auf der anderen Seite muss allerdings auch zugestanden werden, dass die Grundgedanken, die hinter dem Begriff "Team" stehen, Möglichkeiten einer kulturellen/industriellen Revolution aufzeigen, die sich sehr wohl als positive zukunftsweisende Entwicklung herausstellen kann.

Warum Teamarbeit?

- Das Team regt an, auch zur Veränderung.
- Das Team weiß mehr als der/die Einzelne.
- Im Team findet ständig ein Ausgleich statt.
- Das Team lebt durch die offene Kommunikation und verändert damit insgesamt die Kommunikationskultur.

Die andere Seite der Medaille: Die Zusammenarbeit mit den unterschiedlichsten Persönlichkeiten birgt Konfliktpotenzial. Wenn Sie sich Mitarbeiter wünschen, die offen kommunizieren, dann müssen Sie selbst auch offen kommunizieren. Wenn Sie partnerschaftliche Beziehungen aufbauen möchten, müssen Sie selbst Partner sein. Wenn Sie Vertrauen suchen, müssen Sie selbst Vertrauen aufbringen.

Teamarbeit funktioniert nicht von heute auf morgen: Voraussetzung ist, dass das Management seine eigene Haltung verändert, indem es alte Gewohnheiten aufgibt. Sie dürfen nicht erwarten, dass in Ihrem Unternehmen Offenheit, Schnelligkeit, und Beweglichkeit von alleine entsteht, denn Change-Management bedeutet die Gestaltung struktureller, kultureller und auch menschlicher Realität im Unternehmen. Eine Führung, die sich nicht selbst verändert, kann auch nicht erwarten, dass das Unternehmen sich verändert.

Voraussetzungen und Rahmenbedingungen

Eine der wichtigsten Voraussetzungen für erfolgreiche Teamarbeit ist gegenseitiges Vertrauen. In einem Team müssen Sie sich in erster Linie aufeinander verlassen können, und das Vertrauen in die eigenen und auch in die Fähigkeiten der Kollegen setzen. Für die einzelnen Teammitglieder bedeutet dies, dass sie soziale Eigenschaften haben müssen, beispielsweise die Bereitschaft, eigene Belange zugunsten des Teams zurückzustellen; Kompromissbereitschaft und die Einsicht, dass die eigene Meinung durch die der anderen nicht gefährdet oder in Frage gestellt, sondern angereichert wird; Solidarität und die Anerkennung unterschiedlicher Meinungen der einzelnen Teammitglieder und deren individuellen Fähigkeiten.

Idealerweise sollten die einzelnen Teammitglieder über folgende Eigenschaften verfügen:

- Offenheit, Lernbereitschaft,
- Kritikfähigkeit (konstruktive Kritik geben und nehmen),
- Übernahme von Verantwortung für das Team (dies bezieht sich auf die Teamaufgaben, aber auch darauf, aufmerksam zu sein, ob andere Teammitglieder Unterstützung benötigen). Aufgepasst: Rücksichtnahme und Angst, anderen zu nahe zu treten, sind fehl am Platz. Besser: aktiv beteiligen und sich verantwortlich fühlen,
- Kommunikationsbereitschaft, Informationsaustausch, koordiniertes Arbeiten,

- Motivation, Spaß und Freude an der Aufgabe,
- Bereitschaft, zu führen und sich führen zu lassen, da die Führungsrolle innerhalb des Teams situations-, themen-, projekt- und aufgabenbezogen wechseln kann,
- Toleranz gegenüber anderen Menschen, das heißt gegenüber anderen Charakteren, Wertvorstellungen, kurz: die Fähigkeit, mit den Stärken und Schwächen anderer umzugehen,
- Flexibilität, um sich mit neuen Themen auseinander zu setzen, beziehungsweise sich neue Arbeitsmethoden an zu eignen.

Jedes Teammitglied sollte die eigenen Stärken, Eigenheiten und Schwächen, aber auch die Stärken und Schwächen der anderen im Team kennen.

Neben den Voraussetzungen der einzelnen Teammitglieder ist die Leistung eines funktionierenden Teams immer mehr als die Summe aller Einzelleistungen. Denn Teamleistung kann nur durch Teamgeist entstehen.

Teamgeist benötigt entsprechenden Informationsfluss, um entstehen zu können.

Unternehmen sollten gewährleisten, dass …

- die Ziele dem Team bekannt sind,
- auch die Teamleistungen und nicht nur Einzelleistungen gefördert werden,
- es Institutionen gibt, die dem Team helfen, wenn es Probleme hat (das kann eine höhere Führungsebene, die Personalabteilung oder ein Vermittler bei Konflikten sein),
- es ausreichend Sachmittel wie EDV, Möbel, Räume gibt,
- die Vergütung leistungsgerecht ist und so Motivation und Verantwortung fördert.

Gerade im Prozess des Teambuildings, also am Beginn der Arbeit in einem Projektteam, sollten alle Teammitglieder erarbeiten, was für sie persönlich ein ideales Team und einen guten Teamplayer ausmacht, wie die Kommunikation optimalerweise verlaufen soll und welche Rahmenbedingungen das Team für die erfolgreiche Zusammenarbeit benötigt. Erstellen Sie aus den Ergebnissen eine Liste. So haben alle Mitglieder immer ihre ganz persönliche Vorstellung der idealen Teamarbeit vor Augen.

Entwicklungsphasen eines Teams

Ein Team ist kein festes Gebilde, das – einmal zusammengesetzt – für längere Zeit beständig funktioniert. Ein Team ist ein soziales System, das sich ständig verändert. Diese Veränderungen werden als Gruppendynamik bezeichnet. Verändern können sich zum Beispiel die Mitglieder, die Beziehungen zueinander, die Rollen der einzelnen Gruppenmitglieder, die äußere Umwelt des Teams, die innere Situation, die Ziele und Werte des Unternehmens.

Eine Gruppe arbeitet nicht von Anfang an und auf Dauer problemlos. Erst muss sich eine Gruppenstruktur, ein Aufgaben- und Beziehungsgefüge entwickeln. Jedes Team durchläuft dabei verschiedene Entwicklungsstadien, die sich in vier Entwicklungsphasen darstellen lassen.

- Formierungsphase
- Konfliktphase
- Normierungsphase
- Arbeitsphase

Formierungsphase

Die Teammitglieder müssen Unsicherheiten in der neuen Situation (neue Gesichter, Verhaltenserwartungen) abbauen. Das geschieht, indem man sich auf seinen sozialen Status zurückzieht und „Maske" zeigt. Das passiert häufig dann, wenn formale Positionen, Ränge oder formale Strukturen der Organisation im Spiel sind.

In dieser Phase prüfen die Teammitglieder die gemeinsame Situation. Sie entdecken, testen und bewerten die gegenseitigen Verhaltensweisen. Der Teamleiter wird kritisch beobachtet.

Wichtigstes Ziel in dieser Phase:

- Eigene Standortbestimmung im Team
- Rollenklärung, Rollenfindung

Konfliktphase

Die Teammitglieder versuchen, Unsicherheiten im persönlichen, emotionalen Bereich zu überwinden. Es bilden sich wechselnde Koalitionen, affektive Beziehungen, Machtkämpfe werden ausgetragen, Meinungen prallen aufeinander. Diese Phase muss erfolgreich durchlaufen werden, damit die Gruppe überhaupt entstehen und später produktiv arbeiten kann.

Wird der Versuch unternommen, diese Phase zu unterdrücken, wird sie später auftreten, dann aber ungewollt störend/destruktiv sein.

Wichtigstes Ziel in dieser Phase:

- Respektvolles Austragen von Konflikten
- Offenes, ehrliches Feedback
- Selbstbild/Fremdbild

Normierungsphase

Haben die Teammitglieder die zweite Phase erfolgreich abgewickelt, entspannt sich ihr Verhältnis untereinander. Widerstände werden überwunden, Konflikte beigelegt. Die Atmosphäre wird gelockerter. Man ist bereit, miteinander zusammenzuarbeiten und sich an der Arbeit des Teams zu beteiligen. Es entwickelt sich ein „Wir-Gefühl"

Ein offener Austausch von Ansichten ist möglich, die Teilnehmer spielen sich aufeinander ein und können an die Arbeit gehen.

Wichtigstes Ziel in dieser Phase:

- Finden der endgültigen Rollen
- Vereinbarung von Spielregeln der Zusammenarbeit

Arbeitsphase

Das Team ist arbeitsfähig und in der Lage, mit Konflikten und Spannungen fertig zu werden. Die Gruppe hat sich strukturiert, die verteilten Rollen und gebildeten Kommunikationsbeziehungen werden im Sinne der Aufgaben genutzt.

Es werden konstruktive Anstrengungen sichtbar, alle Energie ist jetzt für effektive und effiziente Arbeit verfügbar.

Wichtigstes Ziel in dieser Phase: konstruktive und kooperative Aufgabenbewältigung.

Die verschiedenen Teamrollen

Der Brite Meredith Belbin spricht von neun verschiedenen Typen im Team, die sich durch ihre Unterschiedlichkeit hervorragend ergänzen. Diese neun Teamtypen oder Teamrollen zeigt Ihnen die folgende Tabelle. Wichtig ist, dass jede einzelne Rolle Vor- aber auch Nachteile hat. Wenn wir also wissen, welche Stärken die Rolle des Neuerers und Erfinders hat, müssen wir auch seine Schwächen zulassen. Wenn Sie sich die einzelnen Teamrollen anschauen, erkennen Sie vielleicht im Geiste einige Kolleginnen oder Kollegen wieder. Überlegen Sie selbst: Welche Rolle kommt Ihnen im Team zu? Welche Ihrem Vorgesetzten?

Um möglichst viele Rollen auszufüllen, besteht ein Team idealer weise aus fünf bis acht Mitarbeitern.

Vorteile/Stärken	Nachteile/Schwächen
Neuerer/Erfinder: Kreativ, phantasievoll, unorthodox, löst schwierige Probleme.	Ignoriert Nebensächlichkeiten. Zu gedankenverloren, um effektiv zu kommunizieren.
Wegbereiter/Weichensteller: Extravertiert, begeistert, gesprächig, erforscht Möglichkeiten, entwickelt Kontakte.	Zu optimistisch. Verliert das Interesse, wenn die Anfangsbegeisterung abgeflacht ist.

Vorteile/Stärken	Nachteile/Schwächen
Koordinator/Integrator: Reif, sicher und vertrauensvoll. Ein guter Vorsitzender. Erklärt Ziele, fördert den Entscheidungsprozeß, delegiert gut.	Kann als manipulierend gesehen werden. Will Arbeit loswerden.
Macher: Herausfordernd, dynamisch und macht Druck. Hat Mut und Antrieb Hindernisse zu überwinden.	Neigt zur Provokation und zu Temperamentsausbrüchen. Verletzt Gefühle.
Beobachter: Ruhig, strategisch und scharfsinnig. Sieht alle Möglichkeiten. Urteilt genau.	Mangel an Antrieb und Fähigkeit andere zu inspirieren.
Teamarbeiter/Mitspieler: Umgänglich, freundlich einsichtig, zuvorkommend, und diplomatisch. Zuhörend, baut Reibungsverluste ab.	Nicht entscheidungsfähig bei Zerreißproben.
Umsetzer: Diszipliniert, zuverlässig, konservativ und effektiv. Setzt Ideen in die Tat um.	Etwas unflexibel, langsam in der Reaktion auf neue Möglichkeiten.
Perfektionist: Sorgfältig, gewissenhaft, ängstlich. Deckt Fehler und Unterlassungen auf. Liefert pünktlich.	Übermäßig besorgt. Delegiert ungern.
Spezialist: Selbstbezogen, engagiert dem Fachwissen zugewandt. Liefert Informationen oder technisches Wissen, das kaum verfügbar ist.	Leistet nur im engsten Rahmen einen Beitrag. Verliert sich in technischen Einzelheiten.

Ihre Rolle im Team

In jedem Team entwickeln sich bestimmte Rollenfunktionen, die den unausgesprochenen Zielen des Teams dienen, damit es seine Arbeit fortsetzen kann. Es lassen sich dabei deutlich eine Reihe von Rollen herauskristallisieren, die sich aus der Bemühung des einzelnen ergeben, das jeweilig entstehende soziale System eines Teams weiter zu entwickeln.

Wir unterscheiden dabei zwischen Rollen, die vorwiegend Aufgabenrollen sind und solchen, die vorwiegend Erhaltungs- und Aufbaurollen sind. Darüber hinaus gibt es auch störende Rollen, die gegen jede konstruktive Beteiligung an der Teamarbeit gerichtet sind. Für Sie ist nun wichtig zu wissen, wo Ihre Rolle im Team ist und was Sie davon übernehmen, damit Sie wissen, wo Ihr Platz im Team ist.

Aufgabenrollen:

- Initiative und Aktivität
- Informationssuche
- Meinungserkundung
- Informationen geben
- Meinungen geben
- Ausarbeiten
- Koordinieren
- Zusammenfassen

- *Initiative und Aktivität:* Lösungen vorschlagen, neue Ideen vorbringen, neue Definitionen eines gegebenen Problems versuchen, neues In-Angriff-Nehmen des Problems, Neu-Organisation des Materials.
- *Informationssuche:* Frage nach genauer Klärung von Vorschlägen, Forderungen nach ergänzenden Informationen oder Tatsachen.
- *Meinungserkundung:* Versuchen, bestimmte Gefühlsäußerungen von Mitgliedern zu erhalten, die sich auf die Abklärung von Werten, Vorschlägen oder Ideen beziehen.
- *Informationen geben:* Angebot von Tatsachen oder Generalisierungen, Verbinden der eigenen Erfahrungen mit dem Teamproblem, um daran bestimmte Punkte und Vorgänge zu erläutern.
- *Meinungen geben:* Äußern der Meinung oder Überzeugung, einen oder mehrere Vorschläge betreffend, speziell eher hinsichtlich seines Wertes als der faktischen Basis.
- *Ausarbeiten:* Abklären, Beispiele geben oder Bedeutungen entwickeln. Versuche, sich vorzustellen, wie ein Vorschlag sich auswirkt, wenn er angenommen wird.
- *Koordinieren:* Aufzeigen der Beziehungen zwischen verschiedenen Ideen oder Vorschlägen. Versuch, Ideen oder Vorschläge zusammenzubringen, Versuch, die Aktivität verschiedener Untergruppen oder Mitglieder miteinander zu vereinigen.
- *Zusammenfassen:* Zusammenziehen verwandter Ideen oder Vorschläge, Nachformulierung von bereits diskutierten Vorschlägen zur Klärung.

Teamverstärker

Sie wissen aus Ihrer Praxis, dass sich Teamentwicklung nicht von alleine festigt, sondern dass man viel dazu tun muss. Das geschieht mit den sogenannten *Teamverstärkern.* Ein reifes, leistungsfähiges Team entwickelt sich erst nach und nach, nachdem es Probleme gelöst, Beziehungen vertieft und Rollen geklärt hat. Bei der Beobachtung erfolgreicher Teams kann man entdecken, dass sie auf folgenden Gebieten Fortschritte erzielt haben:

Führung: Erfolgreiche Teamleiter besitzen die Kunst, die Gefühle der Menschen mit der geforderten Leistungsfähigkeit konstruktiv zu verbinden. Subjektivität spielt eine wichtige Rolle in den menschlichen Beziehungen, und das Wertesystem und die Persönlichkeit des Vorgesetzten machen hier keine Ausnahme.

Qualifikation: Die Mitglieder sind für ihre Arbeit qualifiziert und können ihre Qualifikationen so in das Team einbringen, dass eine ausgewogene Mischung aus Talent und Persönlichkeit entsteht.

Engagement: Die Mitglieder identifizieren sich mit den Zielen und Absichten des Teams. Sie sind gewillt, ihre Kräfte in den Aufbau des Teams zu investieren und die anderen Mitglieder zu unterstützen. Auch außerhalb des Teams fühlen sie sich miteinander verbunden und wissen die Interessen ihrer Gruppe zu vertreten.

Klima: Im Team herrscht ein Klima, in dem sich die Mitglieder wohl fühlen, sie können offen und direkt miteinander verkehren und sind bereit, sich auf Risiken einzulassen.

Leistungsniveau: Hohes Leistungsniveau erfordert klare Ziele, die von allen Mitgliedern getragen werden. Ziele sind ein wichtiger Faktor für die Lebensfähigkeit eines Teams, denn sie bewirken, dass eine Gruppe ihre Energien konzentrieren und ein Maß (Meßlatte) für ihre Leistungskraft setzen kann. Doch die Definition von klaren gemeinsamen Zielen erfordert mehr Sorgfalt als gemeinhin darauf verwendet wird.

Rolle in der Organisation: Das Team ist in die Gesamtplanung eingebunden und hat eine klar definierte und sinnvolle Funktion innerhalb der Gesamtorganisation.

Arbeitsmethoden: Das Team hat praktische, systematische und effektive Wege gefunden, um die Probleme gemeinsam zu meistern.

Organisation: Klar definierte Rollen, guter Informationsfluss und verwaltungstechnischer Rückhalt sind wesentliche Stützpfeiler eines Teams.

Kritik: Bei der Besprechung ihrer Fehler und Schwächen verzichten die Mitglieder auf persönliche Attacken, um aus der Kritik lernen zu können.

Persönliche Weiterentwicklung: Die Mitglieder suchen bewusst neue Erfahrungen und stellen ihre ganze Persönlichkeit in den Dienst des Teams.

Kreativität: Das Team hat die Fähigkeit, durch sein Zusammenspiel neue Ideen zu kreieren, innovative Risiken zu fördern und neue Ideen von innen oder außen wohlwollend aufzunehmen und umzusetzen.

Jede Gruppe und damit auch jedes Team unterliegt bestimmten Faktoren, die Zusammenhalt und Leistung bestimmen.

Weitere Teamverstärker: Erhaltungs- und Aufbaurollen

Ermutigung: Freundlich sein. Wärme, Antwortbereitschaft gegenüber anderen, andere und deren Ideen loben, Übereinstimmen und Annehmen von Beiträgen anderer.

Grenzen wahren: Versuch, einem anderen Teammitglied einen Beitrag dadurch zu ermöglichen, dass andere darauf aufmerksam gemacht werden, zum Beispiel: „Wir haben von X noch gar nichts zu diesem Thema gehört“ oder „Y wollte etwas sagen, erhielt aber nicht die Gelegenheit“.

Begrenzen der Sprechzeit für alle, um damit allen eine Chance zu geben, tatsächlich gehört zu werden.

Regeln bilden: Formulierung von Regeln für das Team, die für Inhalt, Verfahrensweisen oder Entscheidungsbewertungen gebraucht werden sollen; Erinnerung der Gruppenmitglieder, Entscheidungen zu vermeiden, die mit den Regeln kollidieren.

Folge leisten: Den Teamentscheidungen folgen, nachdenklich die Ideen anderer annehmen und anhören, als Auditorium während der Gruppendiskussion dienen.

Ausdruck der Gefühle: Zusammenfassung welches Gefühl innerhalb der Gruppe zu spüren ist. Beschreiben der Reaktionen der Teammitglieder, Mitteilung von Beobachtungen und unbewussten Reaktionen von Teammitgliedern, geäußerten Ideen oder Lösungen.

Auswerten: Überprüfen der Teamentscheidungen im Vergleich zu den Regeln, Vergleich der Bemühungen im Verhältnis zum Teamziel.

Diagnostizieren: Bestimmen der Probleme und der situationsgerechten nächsten Schritte, Analysieren der Haupthindernisse, die sich dem weiteren Vorgehen entgegenstellen.

Übereinstimmung prüfen: Versuchsweise nach der Gruppenmeinung fragen, um herauszufinden, ob die Gruppe sich einer Übereinstimmung für eine Entscheidung nähert. Versuchsballons loslassen, um die Gruppenmeinung zu testen.

Vermitteln: Harmonisieren, verschiedene Standpunkte miteinander versöhnen, Kompromisslösungen vorschlagen.

Spannung vermindern: Negative Gefühle durch einen Scherz ableiten, beruhigen, eine entspannte Situation in einen größeren Zusammenhang stellen.

Konflikte im Team erkennen und bewältigen

Selbst im besten Unternehmen wird es nicht ganz ohne Konflikte abgehen – und das ist auch gar nicht so schlecht, denn immerhin bietet sich aus einer Konfliktsituation immer ein Lerneffekt.

Gründe für eine Konfliktauslösung können sein:

- *Missverständnisse* durch mangelhafte Kommunikation bzw. Information.
- *Unsicherheit* durch fehlendes Selbstvertrauen bzw. unklare Ziele
- *Stress* durch Zeitmangel oder methodische Probleme.

- *Frustration* durch ausbleibenden Erfolg und fehlende Anerkennung.
- Aggressive oder resignative *Abwehrhaltung.*
- *Außenseiterposition* durch fehlende soziale Anpassung.
- *„Aus der Rolle fallen"* durch mangelhafte Anpassung an die Situation.
- *Versagen* durch fehlendes Know-how.

Um mit Konflikten innerhalb des Teams umzugehen, bieten sich verschiedene Strategien an. Diese spiegeln in zunehmendem Maße die Reife eines Teams wider:

- Vermeidung
- Eliminierung
- Unterdrückung
- Zustimmung
- Allianz
- Kompromiss
- Integration

Interesse an der Lösung von Konflikten besteht nur dann, wenn Interesse an einem Fortbestand des Teams selbst besteht. Ungelöste Konflikte bedrohen den Bestand eines Teams.

Nur in den seltensten Fällen brechen Konflikte gleich so auf, dass Sie für jeden offensichtlich sind. Meist schwelen sie eine Zeit vor sich hin, Warnsignale zeigen sich nur ganz subtil, bevor der Vulkan ausbricht und die Zusammenarbeit des ganzen Teams gefährdet ist. Es gilt also, wachsam zu sein für Warnsignale, um dem Konflikt präventiv entgegenzuwirken.

Signale können sein:

- hohe Fluktuation,
- hoher Krankheitsstand,
- die Teamleistung stimmt wegen mangelnder Zusammenarbeit nicht,
- das Team nimmt seine Aufgaben mit wenig Erfolg wahr,
- um das Team kursieren Gerüchte, was besser laufen müsste und könnte,
- die Stimmung im Team ist spürbar schlecht,
- es gibt ungeklärte Konflikte zwischen den Teammitgliedern,
- die Innovationsbereitschaft ist gering,
- in etablierten Teams: neue Mitglieder werden ausgegrenzt oder nur halbherzig integriert,
- in jungen Teams: ältere und erfahrene Mitarbeiter werden ausgegrenzt, die Zusammenarbeit zwischen den Teams im Unternehmen funktioniert nicht.

Der Umgang mit schwierigen Teammitgliedern

- Dem Streitsüchtigen sollte man als Moderator ruhig und sachlich begegnen und ihm dort Anerkennung zollen, wo er zur Problemklärung beiträgt.
- Den Alleswisser sollten Sie mit einer schwierigen Aufgabe betrauen.
- Der Redselige muss höflich, aber bestimmt gebremst werden.
- Mit dem ewig Ablehnenden sollten Sie ein Einzelgespräch führen, wenn sachliche Begründung nichts nutzt, da seine Haltung das Arbeitsklima relativ beeinflusst. Gruppenmitglieder, die ihre innere Abwehrhaltung durch Passivität ausdrücken, kann man eventuell durch Provokation zur Beteiligung veranlassen.
- Der Uninteressierte kann durch ein Einzelgespräch oder eine konkrete Aufgabenstellung motiviert und einbezogen werden.
- Der Schüchterne muss vom Moderator aktiv ins Gespräch einbezogen werden. Geben Sie ihm umgehend Bestätigung für seine Beiträge.
- Dem Angreifer, der unfaire Vorwürfe gegen den Moderator und die Gruppenarbeit erhebt, müssen die Auswirkungen seines Verhaltens ruhig, aber deutlich vor Augen geführt werden.

Der Umgang mit Konflikten im Unternehmen

Heute hat sich in Unternehmen eine etwas entspanntere Haltung zum Thema Konflikte durchgesetzt. Früher wurden Konflikte ausschließlich als hemmend und zerstörerisch angesehen. Daher wurden Streitigkeiten und Konflikte gerne „unter den Teppich gekehrt". Inzwischen hat man erkannt, dass Konflikte zum einen nicht immer zu vermeiden sind, und dass sie zum anderen Chancen bieten, Probleme anzupacken und damit auch positive Veränderungen herbeizuführen. Um Konflikte zu lösen, eignet sich die Vorgehensweise nach einem Sechs-Stufenplan:

1. Definieren Sie das Problem und die Ursache.
2. Sammeln Sie mögliche Alternativen für die Lösung (mindestens zwei Lösungen).
3. Bewerten Sie die Lösungsvorschläge kritisch.
4. Entscheiden Sie sich dann für die Ihrer Meinung nach beste Lösung.
5. Entwickeln Sie einen Maßnahmenplan für die Umsetzung der Lösung.
6. Setzen Sie sich nach einem gewissen Zeitraum wieder zusammen, und schauen Sie, ob Sie sich für die richtige Lösung entschieden haben.

Erfolgreiche Teamarbeit gestalten

In vielen Arbeits- und Projektteams bleiben die Leistungen hinter den Erwartungen und dem tatsächlichen Potenzial zurück. Teamentwicklung ist dann das Mittel der Wahl, um das Team wieder funktionsfähig zu machen und dessen Leistungen zu optimieren. Dazu ist neben Professionalität auch Neutralität erforderlich. Erfolgreiche Teamarbeit fußt auf drei Säulen:

1. Das Individuum

Jedes einzelne Teammitglied verfügt idealer weise über folgende Eigenschaften:

- Sachkompetenz,
- Offenheit, Lernbereitschaft,
- Kritikfähigkeit (konstruktive Kritik geben und nehmen),
- Übernahme von Verantwortung für das Team (dies bezieht sich auf die Teamaufgaben, aber auch darauf, aufmerksam zu sein, ob andere Teammitglieder Unterstützung benötigen. Aufgepasst: Rücksichtnahme und Angst, anderen zu nahe zu treten, sind fehl am Platz. Besser: aktiv beteiligen und sich verantwortlich fühlen.),
- Kommunikationsbereitschaft, Informationsaustausch, koordiniertes Arbeiten,
- Motivation, Spaß und Freude an der Aufgabe,
- Bereitschaft, zu führen und sich führen zu lassen, da die Führungsrolle innerhalb des Teams situations-, themen-, projekt- und aufgabenbezogen wechseln kann,
- Toleranz gegenüber anderen Menschen, das heißt gegenüber anderen Charakteren, Wertvorstellungen, kurz: die Fähigkeit, mit den Stärken und Schwächen anderer umzugehen,
- Flexibilität, um sich mit neuen Themen auseinander zu setzen, beziehungsweise sich neue Arbeitsmethoden an zu eignen,
- Selbstreflexion: Jedes Teammitglied sollte die eigenen Stärken, Eigenheiten und Schwächen, aber auch die Stärken und Schwächen der anderen im Team kennen. Humorvoll können diese auch mal thematisiert werden.

2. Die Kommunikation

Darauf kommt es während der Zusammenarbeit an:

- Offene und ehrliche Kommunikation, auch wenn es mitunter schwer fällt.
- Inhaltlich konkrete Äußerungen machen und sich nicht in Allgemeinplätzen ergehen.
- Auf eine konstruktive Besprechungskultur achten, das heißt eine Dialogkultur entwickeln, die ein ausgewogenes Verhältnis schafft zwischen eigener Meinung und Offenheit gegenüber den Meinungen der anderen Mitglieder. Auf diese Weise verbessern sich die Besprechungsergebnisse, wertvolle Zeit wird eingespart.

- Regeln und Normen werden kommuniziert.
- Aufgaben und Rollen werden besprochen und verteilt.
- Die Kommunikation findet auf der Sachebene (Aufgaben, Projekte) und auf der Beziehungsebene (zwischenmenschliche Prozesse im Team) statt.
- Die offene Kommunikation fördert das wechselseitige Vertrauen im Team.

3. Rahmenbedingungen

Unternehmen sollten gewährleisten, dass

- die Ziele dem Team bekannt sind,
- auch die Teamleistungen und nicht nur Einzelleistungen gefördert werden,
- es Institutionen gibt, die dem Team helfen, wenn es Probleme hat (das kann eine höhere Führungsebene, die Personalabteilung oder ein Vermittler bei Konflikten sein),
- es ausreichend Sachmittel wie EDV, Möbel, Räume gibt,
- die Vergütung leistungsgerecht ist und so Motivation und Verantwortung fördert.

Im Teambuildingprozess sollten die Teammitglieder erarbeiten, was für sie ein ideales Team ausmacht, was den guten Teamplayer auszeichnet, wie die Kommunikation optimalerweise verlaufen soll und welche Rahmenbedingungen das Team benötigt.

So hat das Team immer ein ganz persönliches Idealbild der Zusammenarbeit vor Augen.

Teamgeist fördern

Die Leistung eines funktionierenden Teams ist immer mehr als die Summe aller Einzelleistungen. Teamleistung kann nur durch Teamgeist entstehen. Teamgeist benötigt entsprechenden Informationsfluss, um entstehen zu können. Als Faustformel zur Darstellung kann nach folgendem Muster vorgegangen werden:

1.	Zieldefinition	Was soll insgesamt erreicht werden?
2.	Delegation der Aufgabe:	Wer (welche Person) macht was?
3.	Delegation der Person:	Mit wem?
4.	Erklärung:	Wozu?

Allgemeine Ziele der Teamentwicklung:

- Klärung der gemeinsamen Ziele und Werte.
- Verständnis für die Rolle eines jeden Teammitglieds verbessern (Funktions- und Beziehungsebene).
- Klarheit finden über die Aufgabe und Rolle des Teams innerhalb der gesamten Organisation.
- Offene Kommunikation im Team fördern.

- Schaffung einer Gruppenkultur, die Möglichkeit zur Identifikation bietet.
- Stärkung der gegenseitigen Unterstützung im Team.
- Verständnis schaffen, für die gruppendynamischen Prozesse, die in jeder Gruppe ablaufen.
- Verbesserung der Produktivität in der Gruppe.
- Probleme auf der Sach- und Beziehungsebene partnerschaftlich klären.
- Lernen: Konflikte positiv zu lösen.
- Kooperative Zusammenarbeit stärken und Konkurrenzverhalten abbauen, das auf Kosten des Teams und der Organisation geht.
- Zusammenarbeit mit anderen Gruppen in der Organisation verstärken.
- Bewusstsein schaffen, für das gegenseitige aufeinander angewiesen sein, im Team.
- Teammitglieder zur Selbstkontrolle ermutigen.

Rahmenbedingungen für erfolgreiche Teamarbeit

Eine der wichtigsten Voraussetzungen für erfolgreiche Teamarbeit ist gegenseitiges Vertrauen. In einem Team müssen Sie sich in erster Linie aufeinander verlassen können, und das Vertrauen in die eigenen und auch die Fähigkeiten der Kollegen setzen. Für die einzelnen Teammitglieder bedeutet dies, dass sie soziale Eigenschaften haben müssen wie die Bereitschaft die eigenen Belange zugunsten des Teams zurückzustellen, eine Kompromissbereitschaft und die Einsicht, dass die eigene Meinung durch die der anderen nicht gefährdet oder in Frage gestellt, sondern angereichert wird.

Es bedarf der Solidarität unter den Teammitgliedern – nach außen und nach innen – und der Bereitschaft, unterschiedliche Meinungen der einzelnen Teammitglieder und deren individuellen Fähigkeiten anzuerkennen.

Zeitgemäß präsentieren: professionell, überzeugend und motivierend

Anita Hermann-Ruess

So gestalten Sie erfolgreiche Präsentationen

PowerPoint-Orgien sind out: Mit langweiligen und monotonen Folienschlachten, mit Bullet-Charts wie Bleiwüsten oder mit kindlichen Clip-Arts ist heute kein Sieg mehr zu erringen. Doch wie präsentieren Sie heute zeitgemäß? Wie überzeugen Sie ein immer kritischer und anspruchsvoller werdendes Publikum? Und welche Aufgaben können Assistentinnen übernehmen, um ihre Vorgesetzten mit professionellen und überzeugenden Präsentationen zu unterstützen? Wir verraten Ihnen die wichtigsten Tipps, Ideen und Methoden für herausragende Präsentationen.

Mit dem Begriff Präsentieren assoziiert man heute das Programm PowerPoint. Man öffnet die Anwendung, gibt Text und Diagramme ein, sucht passende Cliparts – und fertig ist die Präsentation. Und weil es so einfach ist, wird Chart um Chart produziert. Noch ein Detail, noch eine Tabelle, noch eine Statistik. Aber ist das tatsächlich effektiv? Sind solche Präsentationen dazu geeignet, das eigene Unternehmen ins beste Licht zu rücken? Sind leblose Folien, abgedunkelte Räume und monotone Vorträge die erste Wahl, um Mitarbeiter zu motivieren oder um Kunden zu begeistern? Sind Satzfragmente, die auf die Entscheider niederprasseln, ein optimales Instrument, um sie für die eigenen Ideen oder Positionen zu gewinnen?

Laut einer Umfrage des Wall-Street-Journals empfinden Zuhörer 40 Prozent aller Präsentationen als einschläfernd, 44 Prozent als langweilig, 13 Prozent als befriedigend und nur 3 Prozent als begeisternd. Worin liegt also der Fehler der Präsentierenden? 90 Prozent verlassen sich nur auf das Universalinstrument PowerPoint, lesen mit monotoner Stimme und starrer Haltung die unzähligen Textfolien vor und schläfern ihr Publikum damit ein. So effektiv PowerPoint uns bei der Produktion einer Präsentation unterstützt, genauso effektiv kann es den Live-Auftritt sabotieren.

Müssen wir also PowerPoint deinstallieren? Natürlich nicht – es muss nur richtig angewendet werden. Es ist an der Zeit, sich von den langweiligen, mit Aufzählungen überfrachteten Präsentationen zu verabschieden. Aber wie es besser machen?

Erfolgsgeheimnisse zeitgemäßer Präsentationen

Es hat sich viel getan, seit PowerPoint 1987 erfunden wurde. Damals gab es noch keine Digitalkameras, keine Internetportale für Grafiken, Fotos und Designs. Heute haben wir unbegrenzten Zugang zu hochwertigen und kostengünstigen Bildern und Grafiken. Das hat zu einer Professionalisierung des Designs geführt. Präsentationen sind heute bildhafter, emotionaler und wirksamer. Wichtigstes Merkmal dabei: Präsentationen werden immer kürzer, präziser – und damit erfolgreicher.

Die wichtigsten Erfolgsgaranten zeitgemäßer Präsentationen und Charts:

- **Zeitgemäße Präsentationen sind emotional**
- **Zeitgemäße Präsentationen sind präzise**
- **Zeitgemäße Präsentationen sind kurz**
- **Zeitgemäße Präsentationen sind interaktiv**
- **Zeitgemäße Präsentationen sind abwechslungsreich**
- **Zeitgemäße Präsentationen sind unterhaltsam**
- **Zeitgemäße Präsentationen sind „PowerPoint-reduziert“**
- **Zeitgemäße Charts sind bildreich**
- **Zeitgemäße Charts sind schlicht**
- **Zeitgemäße Charts sind hochwertig**

Erfolgreiche Präsentationen stehlen keinem die Zeit und wirken nicht einschläfernd. Im Gegenteil. Sie beleben, sie bereichern und berühren die Teilnehmer. Nach einer gelungenen Präsentation verlassen die Teilnehmer hochmotiviert den Besprechungsraum, sie fühlen sich inspiriert und angeregt.

1. Erfolgsgarant: Zeitgemäße Präsentationen sind emotional

Es geht nicht darum, möglichst viele sachliche Informationen in kurzer Zeit von der Projektionswand abzulesen. Dazu wären andere Formen wie E-Mail, ein Word-Dokument oder ein Buch besser geeignet. Präsentationen wollen in den meisten Fällen von einer bestimmten Sache, einem Projekt oder einem Produkt überzeugen. Das versucht man üblicherweise mit so genannten Bullet-Charts. Wahllos werden alle Vorteile des Angebots in Stichworten aufgezählt. Frei nach dem Motto. Je mehr, desto besser. Doch so funktioniert der Überzeugungsprozess nicht! Viele Argumente machen angreifbar, und sie ermüden das Publikum. Die Zuhörer schalten ab, die Präsentation läuft ins Leere. Besser ist es, die wenigen Hauptargumente auszuwählen und sie so zu inszenieren, dass sie einen Sog auf die Zuhörer ausüben. Hier können dann hochwertige Foto-Charts, Videos, Muster, Zahlen, Referenzen, Geschichten, Zitate, Prototypen usw. zum Einsatz kommen.

Es kommt also vor allem darauf an, aus einer Fülle von Botschaften die wenigen, treffenden zu finden. Diese Argumente sind die sogenannten Kernbotschaften.

Was eine überzeugende Botschaft ist, entscheiden nicht Sie, sondern Ihre Teilnehmer:

1. Es sind die Botschaften, die Ihren Teilnehmern am meisten nutzen. Tun sie, was die Präsentation ihnen empfiehlt, dann werden sie mit positiven Emotionen belohnt (Stolz, Sicherheit, Freude ...).
2. Es sind die Botschaften, die Ihre Teilnehmer vor Nachteilen bewahren. Tun sie nicht, was die Präsentation ihnen empfiehlt, dann werden sie mit negativen Gefühlen bestraft (Verluste, Unsicherheit, Angst ...).

Ihre Kernbotschaften sind das emotional bewegende Element Ihrer Präsentation: Mit ihnen motivieren Sie Ihre Teilnehmer, sich zu ändern, sich eine andere Meinung zu eigen zu machen, ein Produkt zu kaufen. Jede Visualisierung und jede Inszenierung hat ausschließlich die Aufgabe, diese Kernbotschaften zu belegen und die passenden Emotionen zu erzeugen und zu verstärken. Ein Beispiel:

Statt:

Gießkannenprinzip mit Bulletchart und von links einfliegenden animierten Satzfragmenten ohne konkreten Nutzen und in PowerPoint-Deutsch:

Wir bieten Ihnen

- **Konzeption und Realisierung von Businessanwendungen ausgerichtet auf Ihr Geschäft**
- **Entwicklung langlebiger, skalierbarer Softwarearchitekturen (z. B. als Grundlage einer Plattform für Businessanwendungen)**
- **Design und Entwicklung von Geschäftslösungen, individuell**
- **Durchführung von Application Integration (z. B. SAP-Anbindung) zur Vernetzung von Systemlandschaften**
- **...**

Besser so:

Kernbotschaft	Visualisierung/Inszenierung	Emotion
Mit unserem Know-how gewinnen Sie Zeit und Geld	**Chart: Kuchendiagramm:** Zeigt, wo genau sich die Zeitersparnis befindet **Chart: Balkendiagramm:** Zeigt, wie viel Geld genau gewonnen wird	Überlegenheit Stolz
Optimale Steuerung Ihrer Projekte	**Chart: Phasendiagramm:** Zeigt 5 animierte Pfeile für Phasenkonzept: Analyse, Beratung, maßgeschneiderte Konzeption, Umsetzung, Nachkontrolle **Chart: Beispiel einer Zeitschiene** aus einem ähnlichen Referenzprojekt (vermittelt Sicherheit über Ablaufplan und über Referenz)	Sicherheit Vertrauen Kontrolle
Zufriedene und motivierte Mitarbeiter	**Chart: Professionelle Fotos** zeigen glückliche und somit hoch motiviert arbeitende Menschen **Chart: Bilder und Geschichten von glücklichen Anwendern** Wörtliche Zitate von anderen Entscheidern Anschauliche Beispiele bei der Anwendung	Freude Sympathie Zufriedenheit
Einzigartige Philosophie und Architektur	**Chart: Überblicksdarstellung** Zeigt Vernetzungsmöglichkeit und erklärt ganzheitliche, zukunftstaugliche und wettbewerbsstarke Lösung **Chart:** Speziell geschnittene Fotos von **einzigartigen Features** Video: kurze Videosequenz	Begeisterung Faszination Motivation

Diese Präsentation käme mit ungefähr 10 bis 15 Charts aus. Diese Folien hätten jedoch absolute Überzeugungskraft, da sie sich direkt an das Werte- und Emotionssystem der Zuhörer wenden.

So nicht – Negativbeispiele für Charts

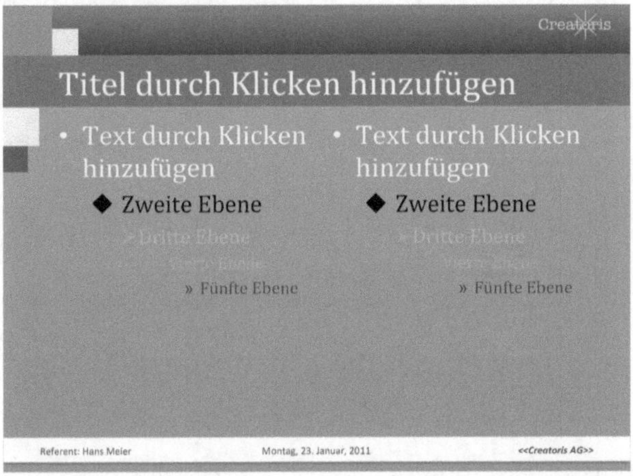

So nicht: Überladener Master

- Namen, Logos, Datum gehören in die Dokumentation Diese nehmen die Teilnehmer mit und dann kann sich das Firmenlogo/der Name besser einprägen
- Kein Platzhalter für Texte – Text wird nur gesprochen

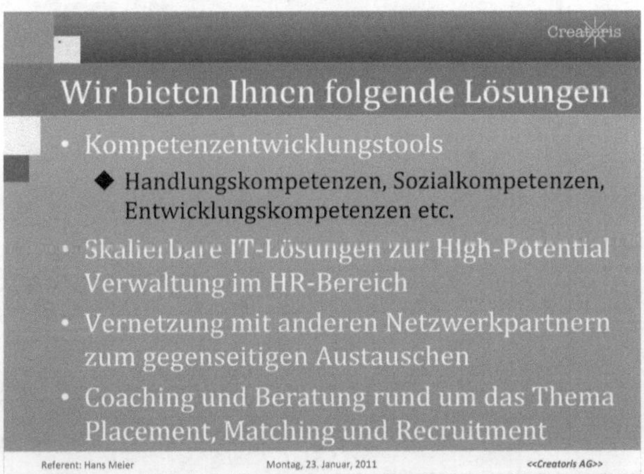

So nicht: Bullet-Chart

- Textwüste und Gießkannenprinzip: Wahllose Argumentendusche
- Publikum muss gleichzeitig lesen und zuhören – Informationsverlust
- Information Overload: Viel zu viele auch sinnlose Informationen (Referent, Datum, Logo)
- Emotion: Langeweile, evtl. Verwirrung

So nicht: Information Overload

- Viel zu viele Informationen auf einer Folie
- Emotion: Verwirrung, Ärger über kleinen Text, Langeweile (Folie macht den Präsentierenden überflüssig)

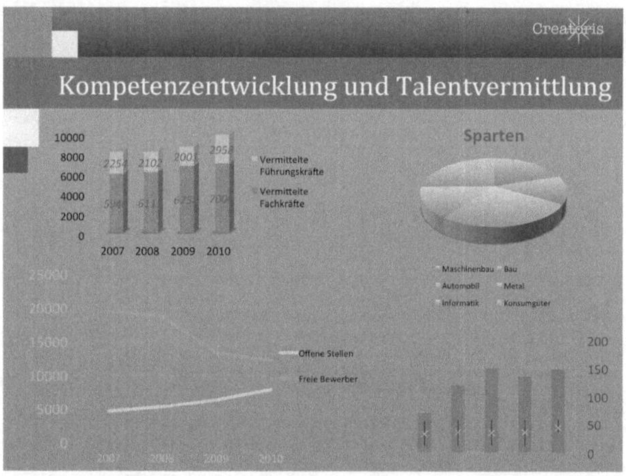

So nicht: Überladene Folie

- Viel zu viel Information
- Zu wenig Kontrast zwischen Folienhintergrund und Text/Bild
- Emotion: Verwirrung, Ärger

Besser so – Positivbeispiel für Charts

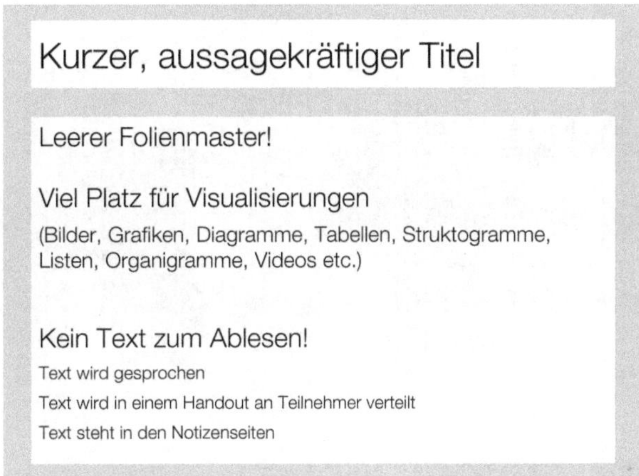

Leerer weißer Folienmaster:

Leerer Folienhintergrund, kein Logo, kein Datum. Kein Textlayout. Nichts außer einem Platzhalter für Titel und einem Platzhalter für Visualisierungen.

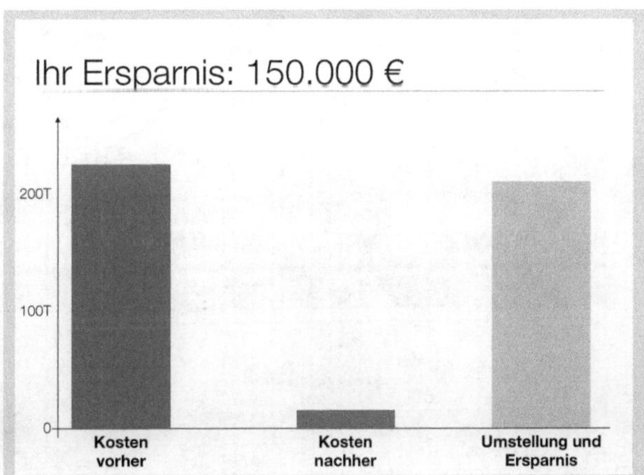

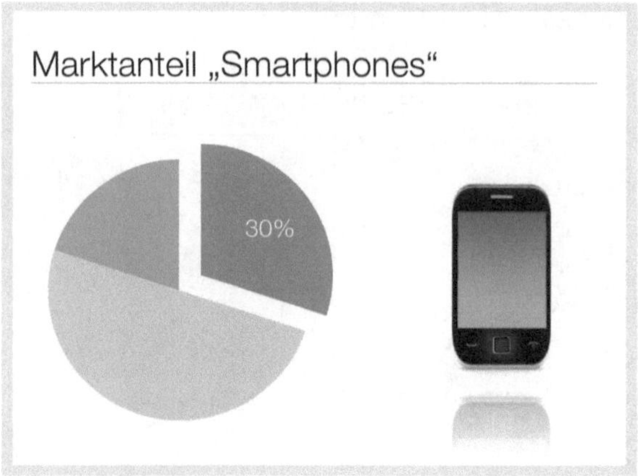

Aussagekräftige Diagramme:

- 2D statt 3D
- Kein Raster; so wenig Beschriftung wie möglich
- Nur eine Aussage pro Folie
- Brennt sich ins Gedächtnis ein
- Wirkt überzeugend

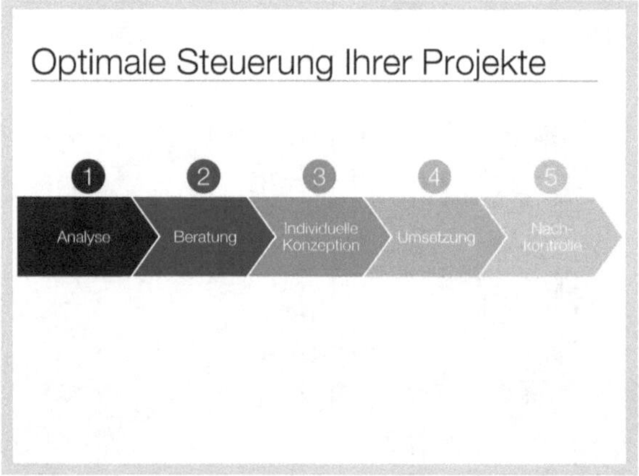

Sinnvolle Animationen:

In diesem Beispiel könnten die einzelnen Phasen nach und nach animiert werden. Der Text wird vom Präsentierenden sukzessive gesprochen.

- Animationen nur mit Sinn
- Nie spielerisch einsetzen
- Hier gilt ganz besonders: Weniger ist mehr

Emotionale Bildfolien:

Eignen sich gut um Zahlen, Zitate oder Schlagworte zu hinterlegen. Das erste Beispiel erzeugt negativ motivierende Emotionen, das zweite positiv motivierende.

Tipp für Assistentinnen und Assistenten:

Versuchen Sie genau zu definieren, was Sie mit Ihrer – oder Ihr Vorgesetzter mit seiner – Präsentation erreichen möchte. Hier sind Intuition, Einfühlungsvermögen und die Fähigkeit, den Nutzen für das konkrete Publikum zu erkennen und herauszuarbeiten, gefragt. Beantworten Sie gemeinsam folgende Fragen:

- **Welche Vorteile bietet die Präsentation Ihren Teilnehmern?**
- **Welche Nachteile können Ihre Teilnehmer verhindern, wenn sie Ihrer Lösung folgen?**
- **Mit welchen positiven Emotionen werden Ihre Teilnehmer belohnt?**
- **Welche negativen Emotionen lassen sich vermeiden?**
- **Welches sind die 3 bis 4 Kernbotschaften der Präsentation?**

Ein Rhetorik- bzw. Präsentationsseminar oder ein Grundlagenbuch kann Ihnen bei dieser Aufgabe helfen. Tipps hierzu finden Sie in der Literaturliste am Ende dieses Buches.

2. Erfolgsgarant: Zeitgemäße Präsentationen sind präzise

Es geht beim Präsentieren immer um Emotionen: Glaubwürdigkeit, Vertrauen, Hoffnung auf Gewinn, Furcht vor Verlust, Sympathie, Freude, Spannung, Begeisterung usw. Jede Persönlichkeit bevorzugt andere Emotionen, um sich für eine Sache zu entscheiden. Stimmen Sie die Präsentationen immer genau auf das konkrete Publikum ab. Der Vorstand braucht andere Argumente und Inszenierungen als das Projektteam, Kunde X tickt anders als Kunde Y, interne Team-Präsentationen haben andere Standards als Präsentationen nach außen.

Der Wurm muss dem Fisch schmecken, nicht dem Angler!

Erfolgreich sind Präsentationen,

- die das Problem Ihrer Zuhörer genau kennen und umsetzbare Lösungen für dieses Problem bieten,
- die die Werte und Vorstellungen Ihrer Zielgruppe kennen und ansprechen,
- die sich in der Sprache der Zielgruppe ausdrücken.

Versetzen Sie sich in die Lage Ihrer Hörer: Wo drückt der Schuh? Was interessiert sie? Was erhoffen sie sich? Was befürchten sie? Was wollen sie „mitnehmen"? Präsentation kommt von Präsent, Geschenk. So, wie wir für jeden Menschen ein passendes Geschenk aussuchen, so müssen Präsentation auf das Publikum abgestimmt werden.

Tipp für Assistentinnen und Assistenten:

Informieren Sie sich genau über die Zielgruppe. Fragen Sie nach, was für genau dieses Publikum bedeutsam ist, und stellen Sie genau diese Aspekte in den Vordergrund. Damit erhöhen Sie die Präzision der Präsentation. Beantworten Sie die Fragen:

- **Was braucht das Publikum, um eine gute Entscheidung zu treffen?**
- **Welche Informationen sind für genau diese Zuhörer wertvoll?**
- **Was mag diese Zielgruppe?**

3. Erfolgsgarant: Zeitgemäße Präsentationen sind kurz

Zeitgemäße Präsentationen transportieren Kernbotschaften und belegen diese mit Fotos, Charts, Grafiken, Modellen etc. Hintergründe und Details werden in einem Handbuch an das Publikum verteilt. In dieses kann es sich nach der Präsentation in Ruhe vertiefen. Mündlichkeit (Präsentation) und Schriftlichkeit (Dokumente) werden getrennt, um eine optimale Wirkung zu erzielen.

Tipp für Assistentinnen und Assistenten:

PowerPoint unterstützt Sie hierin mit seinen unterschiedlichen Ansichten optimal. Wählen Sie *Menü* und gehen auf *Ansicht*:

- **In der Ansicht *Normal* produzieren und gestalten Sie Charts,**
- **In der Ansicht *Foliensortierung* gliedern Sie die Präsentation und achten auf mundgerechte Portionen,**
- **In der Ansicht *Notizenseiten* schreiben Sie die Dokumentation/das Manuskript mit eventuell weiteren Detailfolien.**

Eine andere Möglichkeit, eine kurze und prägnante Präsentation zu produzieren, bietet die Hyperlink-Präsentation. Sie bereiten wenige Folien sichtbar vor. Falls sich Nachfragen aus dem Publikum ergeben, klicken Sie auf den entsprechenden verlinkten Begriff auf Ihrer PowerPoint-Folie – es öffnet sich eine detaillierte und informative Hintergrund-Präsentation. Dies erhöht Ihre Kompetenz und Glaubwürdigkeit. Außerdem werden nur solche Informationen präsentiert, die für das Publikum wirklich von Interesse sind. Und drittens bleibt die Präsentation schlank. Teilnehmer schätzen es, wenn korrekt mit ihrer Zeit und Aufmerksamkeit umgegangen wird.

Vorgehensweise Hyperlinkpräsentation

- Produzieren Sie die komplette Präsentation mit allen Folien, auch den Detailfolien
- Bestimmen Sie, welche Folien gezeigt werden (Vordergrundpräsentation) und welche nur auf speziellen Wunsch gezeigt werden (Hintergrundpräsentation).

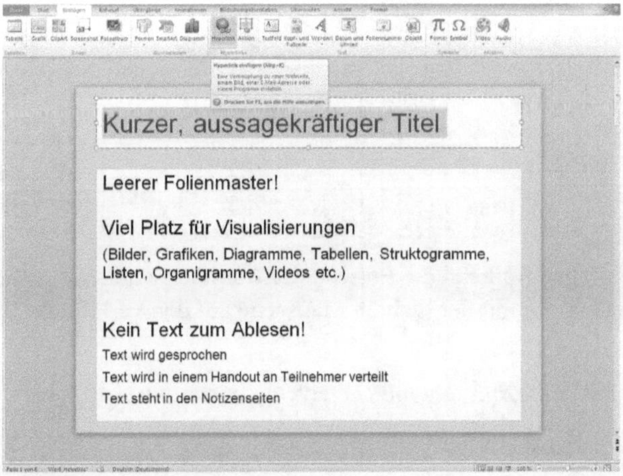

1. Markieren Sie auf den Vordergrundsfolien die Begriffe, die Sie verlinken möchten. Gehen Sie auf *Menü*: → *Einfügen* → *Hyperlink*.

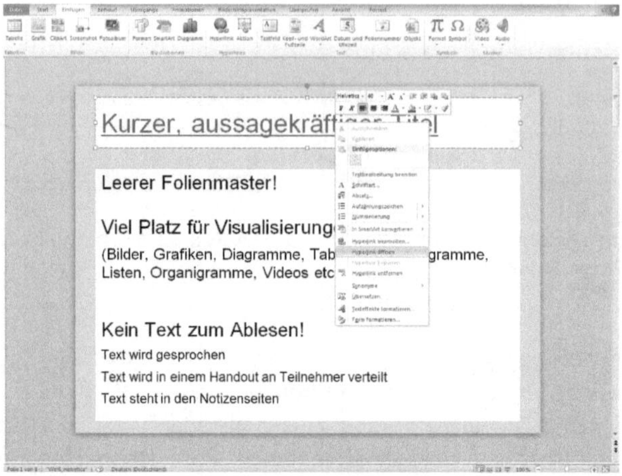

2. Wählen Sie *Aktuelles Dokument* aus und klicken Sie auf die ausgewählte Hintergrundfolie. Bestätigen Sie mit *OK*.

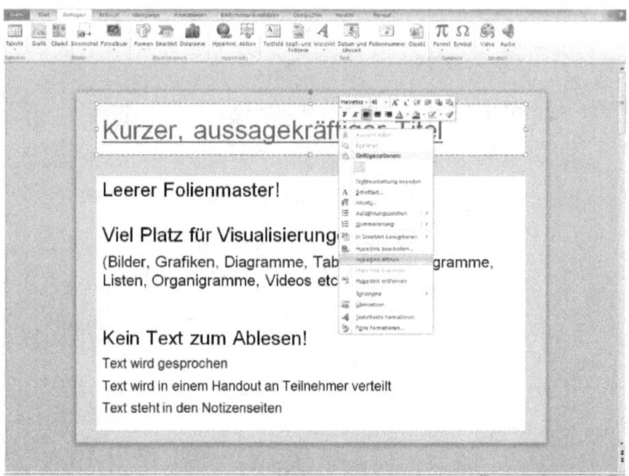

3. Wenn nun Nachfragen während der Präsentation kommen, dann öffnen Sie die Hintergrundpräsentation, indem Sie mit der rechten Maustaste auf den verlinkten Begriff klicken:

Verlinken können Sie bevorzugt folgende Überzeugungsmittel:

- Wissenschaftliche Erkenntnisse
- Details
- Kalkulationen
- Statistiken

- Zahlen, Tabellen
- Bilder von technischen Details
- Animationen (z. B. wie etwas ganz genau aufgebaut ist)
- Funktionsdarstellungen
- Abläufe
- Zeitschienen
- Referenzen
- Quellenangaben

4. Erfolgsgarant: Zeitgemäße Präsentationen sind interaktiv

Es geht nicht darum, die Präsentation vorzulesen und monotone Monologe zu halten, sondern in eine Beziehung mit dem Publikum zu treten. Gute Präsentationen öffnen sich daher für den Dialog: Ihr Ton sollte einer Konversation gleichen – dann hören die Teilnehmer auch gerne zu.

Eine Präsentation wird im Nu noch überzeugender, fesselnder und lebendiger, wenn einzelne Schritte nicht dogmatisch vorgegeben, sondern wenn sie in Form von Fragen an die Zuhörer gestellt werden: „Wie erleben Sie die jetzige Situation? Wie würde der Idealzustand aussehen? Welche Wünsche müsste eine Lösung erfüllen? Welches sind die nächsten Schritte?" So werden aus passiven Zuhörern Beteiligte, Mit-Denker. Dieser rhetorische Trick heißt „interaktive Präsentation" und ist eine der wirkungsvollsten Präsentationsmethoden.

Empfehlungen für Assistentinnen und Assistenten:

- **Bestimmen Sie vorab – unter Umständen gemeinsam mit Ihrem Vorgesetzten – den genauen Wortlaut der Fragen, die Sie an das Publikum stellen.**
- **Legen Sie die zeitlichen Angaben fest.**
- **Organisieren Sie die Medien und Materialien, die Sie benötigen.**

5. Erfolgsgarant: Zeitgemäße Präsentationen sind abwechslungsreich

40 PowerPointfolien in 20 Minuten? Dieses Einerlei hat ausgedient. Abwechslung bringen beispielsweise eine Kalkulation am Flipchart, ein beeindruckendes Muster, eine erhellende Videosequenz, Musik, ein Quiz, eine kurze Moderation etc. PowerPoint ist nur eine Möglichkeit, die Botschaften zu senden. Es gibt noch weitere herausragende, überzeugende und span-

nende Methoden: Trauen Sie sich ruhig, die eine oder andere zu benutzen. Erstens hat es sich herumgesprochen, dass PowerPoint alleine out ist. Zweitens heben Sie sich von den langweiligen Folienschlachten ab. Und drittens: So überzeugen Sie wirklich!

Ein Beispiel: Alternative Inszenierung der Kernbotschaft „Gute Qualität" – Statt lebloser, blutleerer Satzfragmente auf Folie könnte der Präsentierende so vorgehen:

20 Alternativen zur Aufzählungsfolie „Sie erhalten hohe Qualität"

1. Er vergleicht seine Qualität mit etwas Höherem („Das ist vergleichbar mit der S-Klasse").
2. Er zitiert Referenzen von zufriedenen Anwendern.
3. Er beruft sich auf Autoritäten („Auch der Geschäftsführer von ...").
4. Er beruft sich auf gesicherte Tests (Qualitäts-Siegel, Testreihen).
5. Er beschreibt die Qualität eindrücklich und verwendet dabei rhetorische Wirkfiguren.
6. Er benutzt „himmlische" (solide, stabil, getestet) und „höllische" Worte (wackelig, schwankend, unbeständig) für hohe bzw. niedrige Qualität.
7. Er lässt seine Teilnehmer über ihre Erfahrung mit schlechter Qualität reden und er lässt seine Teilnehmer über ihre Erfahrung mit guter Qualität reden.
8. Er erzählt Geschichten (Horrorgeschichten für schlechte und Erfolgsgeschichten für gute Qualität).
9. Er verspricht Garantien, z. B. bei Unzufriedenheit völliges Rückgaberecht, vertraglich zugesichert.
10. Er zeigt in einem visualisierten Teufelskreis die fatalen Folgen schlechter Qualität auf.
11. Er zeigt in einem visualisierten Himmelskreis die positiven Folgen guter Qualität.
12. Er zeigt Berichte aus der Presse über die hohe Qualität.
13. Er arbeitet mit dem „Vorher-Nachher"-Prinzip und zeigt zum Beispiel Fotos: „Bevor wir mit dieser hohen Qualität gearbeitet haben (Hölle)": „Nachdem wir damit gearbeitet haben (Himmel)".
14. Er vermittelt mit seinem Auftreten Qualität: Er ist selbst hochwertig gekleidet, seine Utensilien sind hochwertig. Sogar seine ganze Körpersprache vermittelt „hohe Qualität", wenn er über sein hochwertiges Produkt spricht.
15. Er demonstriert gute und schlechte Qualität (z. B. Druck ausüben: Wann bricht schlechte, wann gute Qualität?).
16. Er nimmt ein altes und ein neues Muster mit und lässt es die Teilnehmer vergleichen.
17. Er lässt die Teilnehmer einmal mit schlechter und einmal mit guter Qualität arbeiten.

18. Er stellt ein kostenloses Testprojekt vor, mit dem sich seine Teilnehmer von der Qualität überzeugen können.
19. Er verteilt zum Schluss qualitativ hochwertige Proben.
20. Er lässt seine Teilnehmer die hochwertige Haptik spüren.

Tipp für Assistentinnen und Assistenten:

Wenn möglich arbeiten Sie mit der Marketingabteilung und mit dem Modell- oder Prototypenbau Ihres Unternehmens eng zusammen. Lassen Sie sich von wichtigen Experten unterstützen. Sprechen Sie mit Ingenieuren und Produktentwicklern. Werfen Sie immer wieder einen Blick über den Tellerrand Ihrer Abteilung.

6. Erfolgsgarant: Zeitgemäße Präsentationen sind unterhaltsam

Menschen lieben Geschichten, Anekdoten, Beispiele aus dem wahren Leben. Sie lieben prägnante Zitate, Lebensweisheiten und kluge Sprüche. Viele Kernbotschaften lassen sich lehrreich und unterhaltsam in eine Geschichte verpacken – diese erfreut, bleibt im Gedächtnis und wirkt lange nach. Geschichten überzeugen, nicht trockene Argumente. Planen Sie die Dramaturgie und lernen Sie von Hollywoods Filmemachern. Jeder spannende Roman oder Film folgt einer guten Dramaturgie, die zum Schluss ihr erfolgreiches Happy-End findet. Eine mögliche Dramaturgie für Ihre Präsentation kann so aussehen:

1. **Spannende Einleitung** – sie erweckt die Aufmerksamkeit.
2. **Beschreibung des Problems der Zuhörer,** möglichst wirkungsvoll. Das Publikum fühlt sich verstanden und nickt zustimmend: „So kann es nicht weitergehen!“
3. **Beschreibung des Idealzustands der Zuhörer,** ebenso wirkungsvoll. Anschaulich ein leuchtendes Zielbild malen, das die Zuhörer unbedingt erreichen möchten. Jetzt ist jeder im Publikum gespannt auf die Lösung.
4. **Der Auftritt des Retters und Helden:** Ihre Lösung. Sie führt direkt in das vorher genannte leuchtende Zielbild.
5. **Happy-End.** Holt die Zustimmung vom Publikum oder erntet Applaus und Schulterklopfen.

Tipp für Assistentinnen und Assistenten:

Legen Sie ein Dokument oder ein Buch mit dem Titel „Storytelling“ an. Sammeln Sie hier Zitate von Kunden (Testimonials), gute Sprüche, Erfolgsgeschichten, ja sogar Witze. Ein Chart mit einem ganzseitigen schönen Foto und einem passenden Zitat bereichert jede Präsentation in Sekundenschnelle. Legen sie sich eine kleine Bibliothek an mit Business-Zitaten, Geschichten für Manager etc.

7. Erfolgsgarant: Zeitgemäße Präsentationen sind „PowerPoint-reduziert"

Es gibt keine Regel, keine absolute Zahl, wie viele Folien optimal sind. Das hängt von den Umständen der Präsentation ab. Experten sprechen neuerdings von der 10-20-30-Regel. Das heißt: maximal 10 Folien in einer Präsentation, die maximal 20 Minuten dauert und die eine Schriftgröße über 30 Punkt benutzt, um nicht textlastig zu wirken Grundsätzlich gilt: Streichen Sie jede Folie, die diese Kriterien nicht erfüllt:

- Beweist sie die Kernbotschaft?
- Verdeutlicht, veranschaulicht sie das Anliegen?
- Erzeugt sie förderliche Emotionen?

Setzen Sie Folien ein, um Kernbotschaften zu beweisen und zu verdeutlichen und nicht, um Sie aufzuzählen! Eine Folie demonstriert, dass Ihre Kernbotschaft schlüssig ist. Wenn Ihre Kernbotschaft lautet „einfache Bedienung", dann ersetzten Sie die Textfolie „einfache Bedienung" mit einer kurzen Video-Sequenz, in der beispielsweise gezeigt wird, wie im Handumdrehen aus einem Arbeitsplatz ein Konferenztisch wird.

Tipp für Assistentinnen und Assistenten:

PowerPoint hat eine besonders nützliche Funktion für zeitgemäße Präsentationen. Sie heißt *Folie ausblenden.* Das bedeutet, die Folie ist in allen ausgedruckten Handouts sichtbar, jedoch unsichtbar in der Beamer-Präsentation. Gehen Sie in der Ansicht *Gliederung* alle Folien mit der rechten Maustaste durch und fragen Sie sich mit den oberen drei Fragen, welche Sie getrost ausblenden können.

Vorgehensweise: Folie ausblenden

Mit der rechten Maustaste auf die Folie klicken, die nicht gezeigt werden soll während der Live-Präsentation:

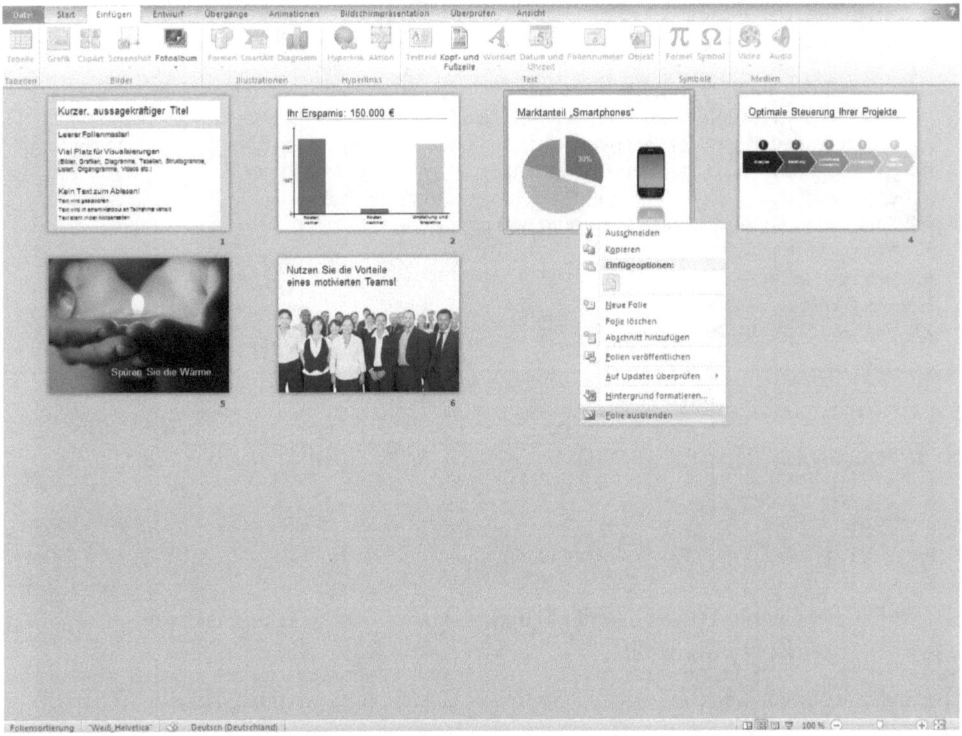

8. Erfolgsgarant: Zeitgemäße Charts sind bildreich

Texte werden so gut wie nicht mehr visualisiert, höchstens als Titel, als Zitat, als Schlagwort. Die Folie ersetzte nicht den Präsentierenden – sie unterstützt ihn in seiner Aufgabe, Emotionen und Wirkung zu erzeugen. Ein imagestarkes Bild, eine beeindruckende Zahl, eine aussagekräftige Grafik, ein übersichtliches Diagramm unterstützen die Rede des Vortragenden und erzeugen im Hintergrund die passende Stimmung, die passende emotionale Färbung des Vortrags. Bilder werden nicht klein neben den Text gequetscht. Bilder sollten die ganze Folie ausfüllen. Höchstens ein Schlüsselwort, eine beeindruckende Zahl oder ein prägnantes Zitat stehen auf der Folie. Den Text spricht der Präsentierende dazu. Das erzeugt Spannung, Lebendigkeit und Emotion.

Tipp für Assistentinnen und Assistenten:

Sie müssen die Textfolien nicht von heute auf morgen aus Ihrem Repertoire entfernen. Das würde zu Überforderungen auf allen betrieblichen Ebenen führen. Suchen Sie nach und nach andere Überzeugungsmittel, wechseln Sie nach und nach Text-Folien gegen andere Inszenierungen aus. Wählen Sie das Tempo aus, das Ihnen und Ihrer Branche entspricht. Fragen Sie in der Marketingabteilung oder in der Produktentwicklung nach bereits vorhandenem Bildmaterial. Im Internet finden Sie auch viele gute und preiswerte Bildagenturen.

- **www.pixelquelle.de**
- **www.fotolia.de**
- **www.photocase.de**
- **www.istockphoto.de**

9. Erfolgsgarant: Zeitgemäße Charts sind schlicht

Schluss mit wilden Farbkombinationen, fliegenden Buchstaben und winkenden Cliparts. Schluss mit überladenen Folien, Textwüsten und weiteren Beleidigungen für unsere Augen. Erfolgreiche Charts sind schlicht und elegant. Wenige, aber aussagekräftige Elemente werden ansprechend komponiert. Die neuen Folien machen Lust auf mehr und unterstützen den Vortragenden in seiner Professionalität. Frei nach dem Motto: Weniger ist mehr.

Die folgenden zehn Tipps unterstützen Sie in der Gestaltung Ihrer professionellen Charts:

Heutige Unart:	Zeitgemäße Empfehlung:	Empfehlungen für Assistentinnen und Assistenten:
Textwüsten	Texte gehören nicht auf Folien Auf Charts gehören nur Fotos, Diagramme, Zahlen, Grafiken, Struktogramme, Tabellen, Symbole, Screenshots, Videos, Simulationen, Animationen Fotos füllen möglichst die ganze Folie aus	Texte werden gesprochen, oder sie gehören auf die Notizenseiten. Diese werden als Dokumentation für die Teilnehmer am Schluss der Präsentation verteilt. Das wird am Anfang der Präsentation dem Publikum angekündigt, damit es sich ganz der Präsentation widmen kann. Die Notizenseiten können ebenfalls als Manuskript genutzt werden.
Der Star: das leuchtende Chart!	Folien unterstützen den Redner – sie ersetzen ihn nicht. Keine sich selbst erklärende Folie, die den Präsentierenden überflüssig macht Folien verstärken Emotionen	Es sind immer noch die Menschen, die überzeugen. Nur Kontakt verpflichtet. Texte werden nur gesprochen. Mit Blickkontakt, mit energiereicher Stimme, im angenehmen Konversationston. Üben Sie lieber „lebendig Präsentieren“ mit Ihrem Vorgesetzten als die 100. Folie zu produzieren. Der Star ist immer noch der präsentierende Mensch.

Heutige Unart:	Zeitgemäße Empfehlung:	Empfehlungen für Assistentinnen und Assistenten:
Informations-Overkill!	Nur eine Information pro Chart!	Überprüfen Sie immer wieder in der Ansicht „Gliederung" ob Sie nicht lieber noch eine neue Folie einfügen, um mundgerechte Informationshäppchen anzubieten.
Fliegende Texte, kreisende Bilder	Sparsam mit Animationen und Überblendungen Animationen nur dann, wenn sie Sinn machen.	Zum Beispiel, um die technischen Funktionen, einen Ablauf oder einen Zusammenhang schrittweise zu erklären. Der Text wird synchron zur Animation gesprochen. Kein Text auf die Folie.
Karneval der Farben	Farben und Design abgestimmt auf das Corporate Design des Unternehmens	Lassen Sie von einem Grafiker/ einer Agentur den Master gestalten und die Farbauswahl festlegen. Nur die wenigsten haben ein sicheres Auge, wenn es um Farben und Design geht.
Unleserliche und hässliche Schriften	Große Schriften, wenig Text Kontrastreich, um Lesbarkeit zu garantieren (hell/dunkel) Keine kursiven Schriften	Für Titel und Schlüsselworte wählen Sie Schriften über 30 Punkt Schriften: Arial, Verdana, Gil Sans, Tahoma
Wettstreit der Logos	Leere Masterfolie!	Kein Logo, kein Datum, kein Copyright, kein Autor, keine Seitenzahl … nichts als das reine Überzeugungsmittel gehören auf ein Chart. Nur so kann es seine emotionale Kraft entfalten. Wenn das Corporate Design vorschreibt, dass das Firmenlogo sichtbar sein muss, dann drucken Sie die Präsentation als Dokument für die Teilnehmer aus und versehen Sie diese mit dem Logo.
Erschlagende Diagramme	Diagramme sollen die zentrale Aussage plakativ unterstützen. Die Botschaft sollte auf einen Blick erfasst werden können.	Zeigen Sie nur die Zahlen, die Balken, Tortenstücke, auf die es ankommt. Verbannen Sie alle anderen in die Dokumentation. Lassen Sie alles weg, was nicht die zentrale Botschaft unterstützt: weniger Kolonnen, weniger Beschriftung, weniger Linien, weniger Rahmen …

Heutige Unart:	Zeitgemäße Empfehlung:	Empfehlungen für Assistentinnen und Assistenten:
3D-Festivals	Diagramme immer in 2D – so sind sie einfacher erfassbar	3D, Abschrägungen, Schattierungen, Umrahmungen, Verzerrungen – das alles überlädt eine Folie und macht sie schwer zugänglich. Verzichten Sie auf 3D-Diagramme. Wählen Sie keine schrägen Winkel. So einfach und so plakativ wie möglich!
Winke-Winke! Kindliche ClipArts	Verzichten Sie auf niedliche ClipArts!	Suchen Sie lieber in Bildarchiven nach ansprechenden Fotos oder professionellen Grafiken.

10. Erfolgsgarant: Zeitgemäße Charts sind hochwertig

Internetportale mit hochwertigen und dennoch günstigen Fotos, Grafiken und Vorlagen machen dies möglich. Sie haben heute in Sekundenschnelle Zugang zu Millionen ansprechender, passender und professionellen Fotos und Videosequenzen. Es gibt Portale mit wunderschönen und hochwertigen fertigen Folien für jede Situation. Für sehr wichtige Präsentationen kommen vermehrt Grafiker und Agenturen zum Einsatz.

Tipps für Assistentinnen und Assistenten:

Lassen Sie sich von Profis helfen

- **Grafiker und Agenturen: Nur die wenigsten Menschen haben ein Auge für wirkungsvolle Farbkombinationen und professionelle Gestaltungen. Lassen Sie sich von einem Grafiker beraten in der Wahl der Farben, Formen und Schriften.**
- **Bücher mit hochwertigen fertigen PowerPoint-Charts auf CD-Rom: Sehr empfehlenswert ist das Buch „PowerPoint – Das Ideenbuch“ von Dieter Schiecke u. a. Auf der mitgelieferten CD-Rom erhalten Sie wunderschöne und hochprofessionelle Beispiele, Vorlagen und Musterfolien für den Soforteinsatz.**
- **Bücher mit inspirierenden Anregungen für herausragende Charts: Garr Reynolds: ZEN oder die Kunst der Präsentation.**
- **Download-Portale für fertige professionelle PowerPoint-Charts: Es gibt Dienstleister, die sich auf die Produktion, Optimierung und den Verkauf von PowerPoint-Folien spezialisiert haben, beispielsweise www.presentationsload.de**
- **Nutzen Sie ein iPad mit Keynote zum Präsentieren, können Sie beispielsweise Vorlagen über die App „Templates for Keynote Pro“ erwerben.**

Lassen Sie Ihrer Kreativität, Ihrer Intuition und Ihrer Emotionalität freien Lauf – kombinieren Sie diese Eigenschaften mit dem gelernten Know-how. Nutzen Sie PowerPoint, es ist Ihr bester Assistent. Doch achten Sie darauf, dass der Mensch wieder im Mittelpunkt steht – und nicht die Technik.

Charts: emendo Media
Konzeption und Gestaltung: Max Ott

Travel-Management

Andrea Zimmermann

Grundlagen für das effiziente Planen, Organisieren und Nachbereiten von Geschäftsreisen

Reisen gehören in der globalen Geschäftswelt zum Alltag. Die Planung und Buchung von Geschäftsreisen liegen häufig in den Händen von Sekretärinnen und Assistentinnen. Sie entlasten ihre Chefs, indem sie sich um die Anreise, gute Unterkünfte und um die Abrechnung kümmern. Wer sich professionell mit dem Thema auseinandersetzt, kann nicht nur Arbeitsabläufe reduzieren, sondern aktiv Kosten senken.

Von außen betrachtet sieht das alles ganz einfach aus. Jeder hat schließlich schon einmal ein Hotelzimmer gebucht. Doch effizientes Geschäftsreisemanagement geht weit darüber hinaus: Der Travel-Manager bzw. die Travel-Managerin ist gefordert, neben einer hohen Qualität der Reiseleistung bewusst auf die Kosten zu achten. Häufig unbemerkt stehen die Reisekosten oft an dritter Stelle, gleich nach den Kosten für Personal und IT. Ein Bewusstsein für die Kosteneinsparpotenziale und den Aufwand der für Geschäftsreisen in Unternehmen anfällt, ist noch nicht überall in ausreichender Form vorhanden. Sekretärinnen und Assistentinnen, die häufig für die Abwicklung von Geschäftsreisen verantwortlich sind, nehmen erheblichen Einfluss auf die Kosten, die im Unternehmen entstehen. Sie sind verantwortlich für die Sicherheit der Reisenden und dafür dass die Qualität für die eingekaufte Leistung letztendlich stimmt. Eine echte Herausforderung!

Basiswissen: Was versteht man unter Travel-Management?

Das Aufgabenspektrum ist vielfältig. Es geht um alle *Prozesse* und Aufgaben rund um die Reise.

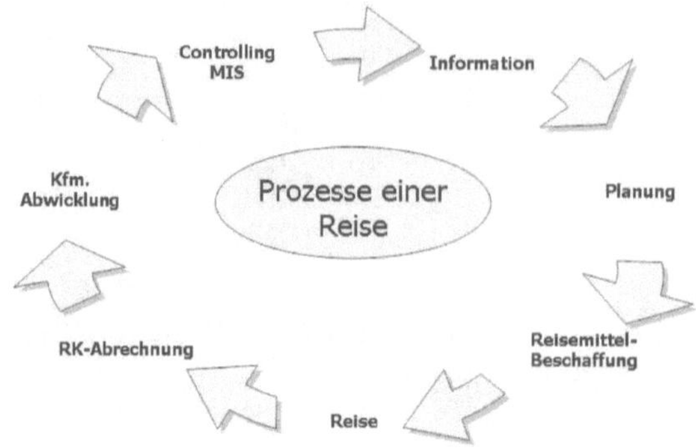

Quelle: btm4u
Abbildung 1: *Die Prozesse einer Reise*

- Woher erhält der Reisende die notwendigen *Informationen* über das Reiseziel?
- Wie erfolgt die *Reiseplanung*?
- Wie soll die *Buchung* des Flugtickets, der Bahnfahrkarte, des Mietwagens oder des Hotelzimmers vorgenommen werden?
- Welche *Leistungserbringer*, zum Beispiel Fluggesellschaften, sollen bevorzugt genutzt werden?
- Welche *Zahlungsmittel* werden den Reisenden zur Verfügung gestellt? Gibt es Vorschüsse im Unternehmen?
- Wie erfolgt die *Abrechnung* der verauslagten Kosten?
- Wie werden die Reiseleistungen und -kosten, die das Unternehmen möglicherweise im Vorfeld bestellt und bezahlt hat, *gebucht* und der individuellen Reise zugeordnet?
- Welche *Auswertungssysteme (MIS = Management Information Systeme)* sind erforderlich und wie erfolgt das Controlling der Einhaltung der Vorgaben des Unternehmens?

Dies sind zentrale Fragen zur Prozesskette, mit denen sich das Geschäftsreisemanagement beschäftigt. Doch auch weitergehende Punkte gilt es zu betrachten. Unternehmen haben eine erhebliche *Fürsorgepflicht* gegenüber ihren Reisenden. Gerade in der heutigen Zeit, wo leider immer öfter mit Terroranschlägen oder Naturkatastrophen gerechnet werden muss, ist es wichtig, für Notfallpläne zu sorgen und die Reisenden gut abzusichern.

Travel-Management – Organisatorische Einbindung

In mittelständischen Unternehmen trifft man auch heute noch oft auf eine *Reisestelle.* Häufig wird diese Aufgabe von Assistentinnen und Vorstandssekretärinnen in einer Art Job-Union übernommen, in anderen Unternehmen sind ein bis zwei Personen dafür zuständig, die Reisen des Unternehmens zu organisieren. Etwas über 30 Prozent der deutschen Unternehmen legen die Verantwortung für den gesamten Prozess rund um die Geschäftsreise in die Hände eines *Travel-Managers.* Je größer ein Unternehmen, desto wahrscheinlicher ist es, diese Funktion dort zu finden.

Damit das *Reisemanagement* durchgreifende Entscheidungen treffen und Änderungen umsetzen kann, ist eine *funktionale Anbindung* an die Geschäftsleitungsebene sinnvoll. Um Prozessänderungen umzusetzen, ist eine entsprechend starke Situation im Unternehmen hilfreich, denn gerade wenn es darum geht Reisende oder Vorgesetzte davon zu überzeugen neue Wege zu gehen, gibt es Widerstände. Die organisatorische Einbindung im Unternehmen hat somit erheblichen Einfluss auf die Effizienz und den Erfolg des Reisemanagements.

Die jährlich erscheinende *VDR Geschäftsreiseanalyse* stellt fest, dass die Travel-Management-Funktion in Unternehmen noch am häufigsten bei den Chef-Sekretariaten, im Bereich Personal, im Finanzwesen und erst danach im Einkauf angesiedelt ist (Reihenfolge nach der Häufigkeit).

Aufgaben des Geschäftsreisemanagements

Das Aufgabenspektrum ist vielseitig und erweitert sich ständig. Die nachstehenden Punkte dienen als Überblick, wobei nicht jede Aufgabe in jedem Unternehmen sinnvoll durch das Travel-Management abgedeckt werden kann. Hier gilt es, den Einzelfall im Unternehmen zu betrachten.

- *Informationsbereitstellung* für Unternehmen, Buchende und vor allem für die Reisenden.
- *Beratung* zur Reise selbst und zum Thema *„Sicherheit auf Reisen“* sowie die Organisation und/oder Besetzung eines „Help Desk“.
- Strukturierung der *Buchungswege*, im Mittelstand auch häufig die Übernahme der Reisebuchung selbst. Dazu gehören die Einführung entsprechender Buchungswerkzeuge, wie Online-Booking-Tools oder die Bereitstellung von Antrags- und Buchungsformularen.
- Verhandlungen und *Einkauf* von Reiseleistungen und Services.
- *Vertragsmanagement* und Volumensteuerung sind Kernaufgaben.
- Verantwortung für die *Reiserichtlinie.*
- Einführung von *Mitarbeiterkreditkarten.*

- Die Verantwortung für die Abwicklung und Kontrolle der *Reisekostenabrechnungen* machen die Aufgabe rund und stellen ein wichtiges Controllinginstrument zur Verfügung.
- *Relocation Services* sind insbesondere bei international agierenden Unternehmen ein wichtiger Bestandteil zur Unterstützung der Mitarbeiter, die weltweit versetzt oder zeitweilig entsendet werden.
- Das *Fuhrparkmanagement* ist eine sinnvolle Ergänzung, wobei es hier davon abhängig ist, ob es sich um einen Fuhrpark mit reinen Personenkraftwagen handelt, oder ob das Unternehmen auch Lastkraftwagen und andere Nutzfahrzeuge verwaltet.
- Das *Veranstaltungsmanagement* wird immer häufiger unter demselben Dach wie das Travel-Management zusammengefasst, wobei die Umsetzung, also Veranstaltungsplanung, häufig in den Fachbereichen verbleibt.
- Wichtig, jedoch leider häufig noch zu wenig genutzt: das *Beschwerdemanagement.*
- Erstellung von Auswertungen und Statistiken, mit dem Ziel des Angebots eines *MIS (Management Information System)* für die Führungsebene des Unternehmens. Ein gutes MIS ermöglicht Vergleiche zwischen Bereichen, wirft Fragen auf, zeigt Schwachstellen auf und weist den Weg zur richtigen Priorisierung der Aufgaben.
- Die *Steuerung* der internen Prozesse ist eine extrem wichtige Aufgabe.
- Das *Controlling* aller Maßnahmen und ihrer Auswirkungen sowie die Einhaltung der Vorgaben.
- Die *Auswahl* und *Einführung von Softwareprodukten* ist in den vergangen Jahren immer stärker in den Vordergrund gerückt.
- In einigen Unternehmen erweitert sich der Kreis der Tätigkeiten um Punkte wie *Mobile Kommunikation* oder im Bereich Relocation (s. o.) um Themen wie Fremdsprachenkurse, Angebote für soziale Kompetenz auf Reisen vor allem bei Fernzielen.
- *Changemanagement* und *Projektmanagement* sind aufgrund der vorgenannten Punkte klare Anforderungen an das Travel-Management.

Kosten im Geschäftsreisemanagement positiv beeinflussen

Neben den *direkten Reisekosten*, also den Kosten für Transport, Unterbringung, Verpflegung usw. gehören zu den beeinflussbaren Faktoren die *indirekten Reisekosten.* Unter den indirekten Reisekosten versteht man die Kosten für die internen Prozesse, sowie alle Kosten, die einer bestimmten Reise nicht direkt zugeordnet werden können.

Aufwendungen für die Software zur Antragstellung, Buchungsabwicklung und Reisekostenabrechnung zählen ebenso zu den indirekten Kosten, wie Gebühren für Kreditkarten, Zinsen für Vorschüsse, Versicherungsprämien, Buchungsgebühren im Reisebüro, die pauschal und nicht reisebezogen gezahlt werden.

In erster Linie denkt man bei dem Begriff *Prozesskosten* an die Kosten für das Personal. Das ist auch richtig, Geschäftsreisen binden in der Vorbereitung, Buchung und Abrechnung immense Personalressourcen. Der Einflussbereich des Travel-Managements ist erheblich. Die Kosten für die internen Prozesse liegen in Unternehmen ohne strategisches Travel-Management häufig bei weit über *15 Prozent.* Diese verstecken sich in den unterschiedlichen Teilprozessen zur Geschäftsreise: Sehr teure Teilprozesse sind beispielsweise aufwändige Genehmigungsstrukturen, unstrukturierte Buchungsabläufe, Reisekostenvorschüsse einschließlich der damit verbundenen Zinsverluste oder die oft noch manuelle Reisekostenabrechnung

Sollen die indirekten Reisekosten reduziert werden, empfiehlt es sich, alle Teilprozesse einer Reise im Rahmen einer *Ist-Analyse* aufzunehmen und ihre Effekte zu prüfen.

Anhand des Genehmigungsprozesses lassen sich die möglichen Effekte gut veranschaulichen: Die Effekte von Genehmigungsprozessen werden häufig falsch eingeschätzt. Kostenreduzierungen werden durch Genehmigungen nur selten erreicht. In der Regel nur dann, wenn die Genehmigenden tatsächlich Reisen ablehnen, was im formalen Genehmigungsprozess eher selten der Fall ist. Erfahrungsgemäß sprechen sich Mitarbeiter mit ihren Vorgesetzten im Vorfeld ab, bevor sie einen schriftlichen Reiseantrag stellen. Dieser dient somit nur als Bestätigung für die buchende Stelle, dass der Vorgesetzte einverstanden ist. Zur Erzielung einer Kostenreduzierung bei notwendigen Reisen würde es bedeuten, dass die Genehmigenden die Anfrage der Reisenden genau prüfen müssten, bis hin zu einem durch die Reisenden im Vorfeld zu erfragenden voraussichtlichen Kostenaufwands (Budget) für die Reise. Das ist prozessual aufwendig und durch stark schwankende Flugpreise auch kaum umsetzbar. Der Grund liegt in der Tarifstruktur, die sich in den vergangenen Jahren gewandelt hat. Tickets zu Sonderpreisen können kaum mehr „gehalten“ werden (im Fachjargon spricht man auch von „Tickets on hold“). Dies ist aufgrund der Tarifvorgaben der Fluggesellschaften vielfach untersagt oder nur maximal für wenige Stunden freigegeben, die Preisgarantie kann inzwischen teilweise bei Fluggesellschaften „gekauft“ werden, durch einen Mehrpreis für das Ticket. Nutzt man dies nicht, so ist ein jetzt angefragter Preis nur bedingt nach einigen Stunden, oder gar Tagen noch gültig. Der Aufwand steht oft nicht im Verhältnis zum Nutzen.

Im Rahmen von Prozessanalysen wird geprüft, wie hoch der Anteil der abgelehnten Reiseanträge ist. Meist bewegt sich der Anteil unter einem Prozent. In Unternehmen dieser Struktur kann getrost auf einen schriftlichen Antrag verzichtet werden. Die Reise wird formlos abgestimmt, der Reisende bestellt die notwendigen Reisemittel bzw. sendet den Reiseplan an die verantwortliche Stelle im Unternehmen. Der Vorgesetzte wird in Kopie gesetzt und erhält damit a) eine Information und b) die Möglichkeit des Widerspruchs.

Eine Genehmigung in Papierform schlägt in Unternehmen mit Beträgen um 5 EUR pro Unterschrift als Prozesskosten zu Buche. In Unternehmen sind mehrfache Genehmigungsprozeduren für eine Reise keine Seltenheit:

- Antrag für die Reise, gegebenenfalls mit der Genehmigung der geplanten Reisemittel,
- Antrag für einen Reisekostenvorschuss,
- Antrag für die Abrechnung der entstandenen und verauslagten Reisekosten.

Leider lässt sich feststellen, dass zu den oben genannten drei Genehmigungen oftmals mehrere *Genehmigungsstufen* kommen, was zu einer Vervielfachung der Kosten führt. Empfehlenswert ist eine Kosten-Nutzen-Analyse jeder einzelnen Unterschrift. Insbesondere bei der Reisekostenabrechnung finden sich manchmal mehr als fünf Unterschriften, bevor die Zahlung der Kosten erfolgt. Gleichzeitig zeigen Analysen nicht selten, dass die entstandenen Kosten durch eine nachträgliche Unterschrift nur selten positiv beeinflusst werden. Vorgesetzte streichen ihren Mitarbeitern entstandene Kosten selten aus einer Abrechnung. Sie führen Gespräche, um kritische Punkte in der Zukunft abzustellen. Dieser Effekt lässt sich bei Einsatz einer *Reisekostensoftware* durch den Zugriff des Vorgesetzten auf die Abrechnungen seiner Mitarbeiter ebenso erzielen.

Eine *Kostenreduzierung* durch Streichung wäre auch aufgrund der gesetzlichen Vorgaben schwierig: der Gesetzgeber schreibt die Erstattung notwendig entstandener Kosten gegenüber dem Mitarbeiter eines Unternehmens vor. Somit lassen sich an dieser Stelle – durch die Genehmigung der Reisekostenabrechnung – die Kosten auch aus diesem Grund selten beeinflussen und reduzieren. Eine Ausnahme würden nur Überschreitungen einer existierenden *Reiserichtlinie* bilden. Solche Verstöße gegen interne Vorgaben zu finden ist Aufgabe der Reisekostenkontrolle und weniger Aufgabe eines Vorgesetzten im Rahmen einer Unterschrift. Nach einer Ist-Analyse aller Prozesse im Unternehmen werden die Vorschläge, also das *Soll-Konzept* mit Angabe von Einsparpotenzialen und der Darstellung der Chancen und Risiken, der Unternehmensleitung präsentiert.

> Die Entscheidungen über die Umsetzung der Vorschläge werden oftmals einige Zeit in Anspruch nehmen, denn gewohnte Strukturen und Abläufe benötigen ihre Zeit, bis Führungsetagen die Notwendigkeit einer Veränderung akzeptieren, zumindest trifft dies auf viele Unternehmen in Deutschland zu. Wir leben in einem Land, das eher die Kontinuität denn die Veränderung schätzt.

Nach der Festlegung der neuen Strukturen und Prozesse und der Vorbereitung der Umsetzung, gilt es, alle Reisenden und Vorgesetzten von den Entscheidungen zu informieren. Eine *Reiserichtlinie* wird erstellt und damit der Rahmen für das Geschäftsreisemanagement festgelegt.

Was ist eine Reiserichtlinie?

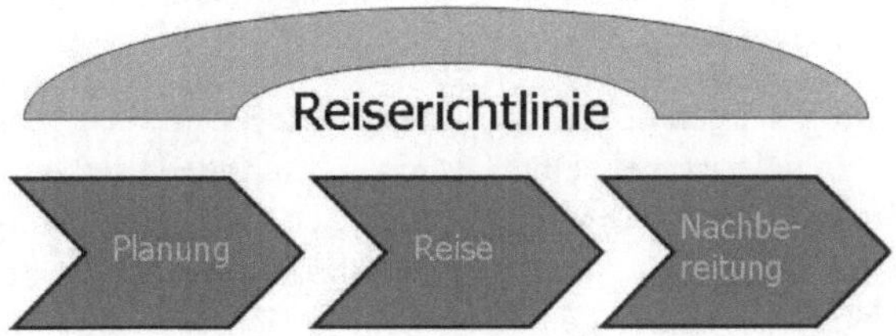

Quelle: btm4u
Abbildung 2: *Reiserichtlinien*

In einer Reiserichtlinie werden alle unternehmensinternen Prozessschritte und Vorgaben erklärt. Zusätzlich sind die gesetzlichen Regelungen zur Reisekostenabrechnung in verständlicher Form wiederzugeben, denn gerade dieses Thema bereitet vielen Unternehmen und Reisenden Probleme.

Die Gesetzgebung in Deutschland ist auch für das Thema Reisekostenabrechnung sehr komplex. Erklärungen sind wichtig, um Fehler und damit bei späteren *Betriebsprüfungen* unangenehme Nachzahlungen zu verhindern oder zumindest auf ein akzeptables Maß zu reduzieren.

Die Reiserichtlinie bildet das Basiswerkzeug des Travel-Managers. Sie soll Reisenden und Vorgesetzten eine Sicherheit geben und ihnen alle notwendigen Informationen vermitteln. Die Kommunikation im Rahmen des Projektes der Einführung einer neuen Reiserichtlinie ist extrem wichtig für den späteren Erfolg.

Die Erstellung einer Richtlinie ist ein Projekt, in das viele *Fachbereiche* einzubeziehen sind. Die Projektverantwortung sollte bei dem Travel-Management liegen, sofern bereits etabliert. Dieser wiederum muss mit folgenden Abteilungen in engem Kontakt stehen Hier ein Auszug, der je nach Unternehmen stark variieren kann:

- Personalbereich
- Juristen
- Steuerberater
- Finanzen und Revision
- Buchhaltung und Controlling
- Versicherungsfachleute

- Betriebsrat (falls vorhanden)
- Beauftragte für die Bereiche: Datenschutz, Nachhaltigkeit, Compliance, Sicherheit

Insbesondere die Einbeziehung des Betriebsrats, sofern im Unternehmen vorhanden, ist wichtig für die spätere Umsetzung und Akzeptanz.

Richtlinien werden in Unternehmen meist unterschätzt. Sie werden oft nicht gelesen und die Kommunikation der Inhalte ist mangelhaft. Einmal geschrieben stehen sie in Schränken oder auf Intranetplattformen und werden gerne vergessen. Die regelmäßige Überprüfung und Aktualisierung der Inhalte, mindestens einmal jährlich, gehört zu den *Kernaufgaben des Travel-Managers*. Nur eine lebendige Richtlinie, die sich den Unternehmenszielen anpasst, deren Einhaltung geprüft wird und deren Inhalte wiederholt auf verschiedenen Wegen kommuniziert wird, bringt den gewünschten Erfolg.

Siehe Checkliste „Beispielhafte Übersicht einer Reiserichtlinie“ am Ende des Kapitels.

Geschäftsreisen planen und buchen

In der heutigen Zeit ist das Internet als weltweites Portal der meistgenutzte Weg, um Informationen zu allen Fragen einzuholen. Über Reiseziele lassen sich hier eine unendliche Anzahl von Daten sammeln. Mit der Reiseplanung sind Reisende und Buchende häufig sehr lange beschäftigt. Dies trifft vor allem auf Reisen ins Ausland und insbesondere für Reiseziele, die erstmals vom Reisenden besucht werden, zu. Je nach Anforderung kann es sinnvoll sein, *Informationsportale* im Internet zu nutzen. Davon gibt es unzählige. Die Internet-Adressen, die im Folgenden genannt werden, stehen exemplarisch für eine Vielzahl weiterer. Sie stellen keine Empfehlung für diese und damit gegen andere Portale dar. Teilweise gibt es von anderen Anbietern die entsprechenden Services auch als App. Diese erweisen sich immer größerer Beliebtheit. Sie können Reisenden das Leben vereinfachen, allerdings ist hier die Datensicherung wichtig. Die Entscheidung, ob sie geschäftlich genutzt werden dürfen, wird vielfach von der IT-Sicherheit getroffen und ist klar in den Reiserichtlinien zu regeln.

Neben dem Internet als Selbstbedienungsladen gibt es auf dem Gebiet Reisen Fachleute, die Ihnen mit Rat und Tat zur Seite stehen. Ein Kennzeichen für guten Service eines *Geschäftsreisebüros* ist es, bei Eingang von Buchungsanfragen auf aktuelle Themen, Risiken oder Gesundheitsvorschriften und -empfehlungen hinzuweisen. Vielleicht denken Sie jetzt: „Unser Reisebüro hat mir hierzu noch nie Informationen gegeben.“ Wenn das so ist, sollten Sie prüfen, ob – falls mit einem Reisebüro ein Vertrag geschlossen wurde – dieser Service von Ihrem Unternehmen explizit gewünscht wurde. Das Reisebüro verfügt über die notwendigen Datenquellen, da vorgeschrieben ist, dass Reisende über mögliche Gefahren am Reiseziel hinzuweisen sind. Doch Service kostet Zeit im Reisebüro und somit mittlerweile Geld, häufig in Form von Transaktionsgebühren.

Größere Unternehmen sind verpflichtet, *Betriebsmediziner* zu beschäftigen. Je nach Anzahl der Mitarbeiter wird dieser Mediziner im Unternehmen angestellt sein oder das Unternehmen beschäftigt einen externen Dienstleister (Medizinischen Dienst) mit dieser Aufgabe. Diese Arbeitsmediziner informieren über die richtige Einrichtung des Bildschirmarbeitsplatzes ebenso, wie über Impfvorschriften in fernen Ländern. Sie führen diese Impfungen auch durch, was häufig kostengünstiger für das Unternehmen ist, als die notwendigen Impfungen bei niedergelassenen Ärzten zu erstatten.

Für Unternehmen mit hoher Reiseaktivität in ferne Länder kann sich die Einrichtung eines *Informationsportals im eigenen Unternehmen* lohnen. Die Mitarbeiter können sich dadurch gegenseitig über aktuelle Besonderheiten vor Ort informieren oder auch Tipps geben, zum Beispiel zu besonders guten (oder schlechten) Restaurants oder Hinweise zu den Gepflogenheiten von Taxiunternehmen.

Der Reisebüroservice und seine Kosten

Im September 2004 führte die Deutsche Lufthansa (LH) die *Nullprovision* am Markt ein. Die Reisebüros gerieten dadurch teilweise in arge Bedrängnis. Denn Reisebüros verdienten bis zu diesem Zeitpunkt ihr Geld mit dem Verkauf von Flugtickets und anderen Reiseleistungen, sie erhielten beim Verkauf eine Provision vom Leistungserbringer, also beispielsweise den Fluggesellschaften. Bis 2004 erhielten Reisebüros für Flugticketverkäufe zwischen fünf und neun Prozent vom Ticketpreis als *Vermittlungsprovision.* Zum Ansporn, gewisse Umsatzziele zu erreichen, gab es jährlich noch Zusatzprovisionen.

Große Unternehmen kannten die Zahlungsflüsse der Reisebüros und hatten in der Vergangenheit häufig einen Anteil der Provisionen in Form von Rückvergütungen (umgangssprachlich auch: *Kickback* oder *Provisionsdurchreichung* genannt) vom Reisebüro erhalten. Der Mittelstand war häufig leer ausgegangen. Er hatte einfach einen – aus seiner Sicht – kostenfreien Service nutzen können. Die Reisebüros suchten sich eine neue Einnahmequelle: den Verbraucher und somit auch die Unternehmen. Der Alltag heute: Es gibt Preislisten für die verschiedenen Tickets und Services, auch *Ticket-Fee* oder *Transaction-Fee* genannt. Die Lufthansa hatte mit Einführung der Nullprovision die Buchungen im Internet mit Gebühren belegt, um den Schritt vom Reisebüro zur Direktbuchung nicht zu forcieren und um selbst ebenfalls Geld einzunehmen. Die Ticketpreise sind seitdem an vielen Stellen stark gesunken. Die *Buchungskosten* sind abhängig von der Arbeitsweise des Kunden – also von Ihnen – bezogen auf das Informations-, Bestell-, Umbuchungs- sowie Zahlungsverhalten. Dazu später mehr.

Der Vorteil des *Vergütungsmodells* liegt auf der Hand. Früher waren die Reisebüros in der unglücklichen Situation, dass der Kunde von ihnen die kostengünstigste Buchung verlangte. Um den günstigsten Preis zu finden, war der *Reisebüromitarbeiter (Expedient)* teilweise lange beschäftigt. Das Problem: Je aufwändiger die Recherche, je günstiger der Flugpreis, desto geringer die Einnahme über die Provisionen. Das konnte nicht im Interesse der Reisebüros sein. Den Reisebüros wurde von Unternehmensseite oft unterstellt, sie würden aus wirtschaftlichen Gründen nicht immer die günstigsten Flüge für das Unternehmen vorschlagen, um Tickets mit höheren Provisionen verkaufen zu können. Jetzt werden die Reisebüros zum größten Teil durch die Unternehmen bezahlt. Damit ist die Steuerung stärker zu den

Unternehmen gewechselt, allerdings sind auch die Kosten transparent geworden. *Service kostet Geld, viel Service kostet somit in der Regel viel Geld.*

Hinweis:

Viele Unternehmen überlegen, ob die *Direktbuchung im Internet* bei den Fluggesellschaften nicht die günstigere Variante ist. Diese Rechnung wird leider oft ohne die Berechnung der eigenen Personalressourcen gemacht. Viele Fluggesellschaften berechnen ebenfalls Gebühren für die Buchung auf ihrer Website, Umbuchungen können schnell teuer werden, zum Beispiel durch teure Service-Telefonnummern.

Reisebüros haben eine hohe Fachkompetenz und sind gut informiert über Sondertarife und deren Haken und Ösen. Sie, als Ansprechpartnerin und Buchende im Unternehmen müssen immer wieder prüfen, ob die Bedingungen akzeptabel sind, wenn Sie ein günstiges „Schnäppchenticket" im Internet finden. Sonderangebote, aktuelle Marktentwicklungen usw. müssen sehr intensiv verfolgt werden. Die Realität sind lange Recherchen im Internet, um einigermaßen sicher zu sein, den günstigsten Tarif gefunden zu haben. Sicherlich haben die meisten Sekretärinnen bzw. Assistentinnen schon einmal ein Ticket für den Vorgesetzten direkt im Internet gekauft. Erinnern Sie sich an Ihre letzte Buchung zu einem Reiseziel, an dem Ihr Chef noch nie war. Wie lange haben Sie gesucht und geprüft, bevor Sie das Ticket gekauft haben? Nicht immer, vielleicht viel seltener als man denkt, lohnt sich die Direktbuchung via Internet.

Reisebuchung effizient gestalten

Der Service eines Reisebüros hört nicht, wie bei einer Direktbuchung im Internet, bei der Ticketbereitstellung auf. Bei Umbuchungen beispielsweise genügt ein kurzer Anruf im Reisebüro, in der Regel zum Ortstarif. Wenn der Reisende unbedingt mit einer bestimmte Maschine fliegen will und diese Verbindung im Internet nicht mehr verfügbar ist, kann ein Reisebüro den Reisenden auf die Warteliste setzen lassen. Der *Expedient* wird versuchen, diese Warteliste von der Fluggesellschaft schnellstens bestätigt zu bekommen. Auch spezielle Sitzplatzwünsche lassen sich einfacher mit dem Reisebüro realisieren.

Aber nicht alles muss über ein Reisebüro laufen. Es gibt viele Wege zum Ziel. Stellen Sie sich folgende Fragen:

- Sollen die Reisenden für die Bestellung einen Ansprechpartner haben oder eine Software nutzen?
- Ist es möglich, für verschiedene Reiseleistungen verschiedene Buchungswege festzulegen?

Das *Reisebüro* als zentraler Partner für alle Reiseleistungen bietet den unschlagbaren Vorteil, dass Sie bei einer möglichen Umbuchung oder Stornierung alle Reiseleistungen mit einem Anruf oder einer E-Mail stornieren können. Einige *Online-Buchungstools* bieten diese Möglichkeit mittlerweile ebenfalls. Für die Beantwortung dieser Fragen ist es sinnvoll sich weitere Fragen zu stellen:

- Wie häufig finden Reisen statt, für die mehrere Reisemittel gebucht werden müssen? Beispielsweise ein Flugticket und ein Hotelzimmer.
- Wie häufig werden diese Reisen storniert?
- Wie häufig finden Reisen statt, für die ausschließlich ein Hotelzimmer benötigt wird? Beispielsweise bei Reisen mit dem eigenen oder dem Firmenwagen.
- Wie oft wird nur ein Reisemittel, z. B. ein Mietwagen, eine Bahnfahrkarte oder ein Flugticket benötigt, weil es sich um eintägige Reisen handelt?
- Wie viel ist Ihnen der Service „alles aus einer Hand" wert?

Wenn Sie diese Fragen beantwortet haben, kommen Sie der Antwort, ob Sie ein Unternehmen repräsentieren, das eine interne Reisestelle oder einen Reisebüropartner beauftragen möchte diesen Service zu übernehmen oder den Reisenden und ihren Assistentinnen und Sekretärinnen, also Ihnen, diese Koordination überlassen möchte, ein gutes Stück näher.

In vielen Fällen entscheiden sich Unternehmen für eine Splittung der *Beschaffungswege.* Flugtickets sind weiterhin das am häufigsten über die Reisebüroketten beschaffte Reisemittel. Insbesondere Tickets für internationale Flüge können durch kreatives Ticketing (Eingriff von Fachleuten mit aktuellen Informationen zu Sonderkonditionen und Tarifen) häufig günstiger im Reisebüro beschafft werden. Einfache Tickets, sogenannte Returntickets, insbesondere innerdeutsche oder auch in Teilen innereuropäische Tickets, können mittlerweile via *Online-Booking-Engines (OBE)* gebucht werden. Um es einfach zu gestalten, nutzt man die OBE des Reisebüropartners (zumindest wenn das eigene Reisevolumen nicht sehr hoch ist und sich die Anschaffung einer eigenen Lösung nicht lohnt). Der große Vorteil dieser OBE's der Reisebüropartner liegt darin, dass man, nach entsprechendem Vertragsabschluss, alle Flugtarife (auch die der Low Cost Airlines, die sonst nur im Internet zu finden sind) in einem Buchungstool integriert hat und diese direkt in Vergleich gesetzt werden können. Die Recherche auf verschiedensten Internetseiten entfällt. Inzwischen gibt es auch Anbieter abseits der bekannten Reisebüros, die solche OBE's für den Mittelstand anbieten (siehe Übersicht der OBE's).

Bahntickets

Bahntickets werden heute meist über die verschiedenen Online-Portale der Bahn gebucht. Unternehmen melden sich bei der Bahn als Unternehmen an, danach erhalten Sie einen Zugang über www.bahn.de/bahncorporate und erhalten damit einen Zugang sowie eine Kundennummer. Die Umsätze werden bei jeder Buchung erfasst und können zu umsatzabhängigen Rabatten führen.

Der große Vorteil der Online-Buchung liegt im Zeitgewinn für den Reisenden. Die Buchung wird selbst durchgeführt, das Ticket hat man anschließend direkt in der Hand, weil man es am eigenen Drucker erstellen kann. Das Anstellen an Schaltern oder den Bahn-Ticketautomaten (wie beim Bahn-Tix, das über das Reisebüro bestellt werden kann) entfällt.

Die Identifikation im Zug erfolgt in der Regel mit der BahnCard, einer Kreditkarte oder der EC-Karte. Für Reisende die über keines dieser ID-Mittel verfügen, gibt es bei der Bahn die Möglichkeit als Unternehmen eine sogenannte BonusCard Business zu bestellen. Die Variante der Identifikation mit dem Personalausweis wird in Unternehmen nur selten genutzt. Es muss bei allen ID-Mitteln auch auf die Datensicherheit bei der Speicherung und Weitergabe der Daten gedacht werden.

Mietwagen

Mietwagen lassen sich über Internetportale der jeweiligen Vertragspartner gut und einfach buchen. Allerdings ist es gerade für Buchungen im Ausland sinnvoll, den Reisebüropartner mit ins Boot zu holen. Denn für Auslandsbuchungen haben diese häufig Kooperationen und Sondertarife anzubieten. Hier lohnt – gerade bei kleineren Mietwagenvolumen – ein Preisvergleich. Für kurze Anmietungen in Deutschland, direkt an Bahnhöfen, gibt es Angebote auch von Carsharing-Anbietern wie z. B. das DB-Carsharing oder Car2go. Bei kurzen Anmietungen, zum Beispiel für eine Fahrt zum Kunden für einen Termin von zwei bis drei Stunden, sind das interessante Alternativen.

Hotels

Hotelzimmer lassen sich einfach über Hotelreservierungsportale buchen. Die Anbieter bieten in der Regel ebenso die telefonische Buchung an, wenn ein Reisender keinen Internetzugang hat, zum Beispiel weil der gerade im Auto sitzt. Die Vorteile der Hotelportale liegen in der Vielzahl der zur Verfügung stehenden Hotels, in den guten Preisen – in der Regel besser als bei einem Anruf im Hotel und in der Suchmöglichkeit nach Reisezielen bis hin zur Angabe der genauen Anschrift und der Suche nach der Entfernung zu diesem Reiseziel.

Durch die Einrichtung eines firmenspezifischen Zugangs (Internetlink und Kundennummer) ergeben sich weitere Vorteile wie

- die Auswertung der Hotelbuchungen und damit eine bessere Übersicht über die Kosten und eine verbesserte Verhandlungsbasis bei den Hotels.
- Verhandelte Firmenraten können ebenso integriert werden wie Standorte, so dass die Hotelsuche sich auf diese Standorte (z. B. ein Werk oder eine Niederlassung) konzentrieren lässt. Dies nennt man Geocodierung.

Tabelle 1: *Einige Anbieter von Hotelreservierungsportalen*

Corporate Rates Club	**www.corporate-rates-club.de**
booking	www.booking.com
Deutsches Reisebüro	www.DERhotel.com
eHotel	www.ehotel.de
hotel.de	www.hotel.de
HRS	www.hrs.de

Der Unterschied der Anbieter liegt vielfach in der Oberflächengestaltung. Alle arbeiten in der Regel kostenfrei, einige gewähren bei entsprechendem Umsatz auch Rückvergütungen. Hat ein Unternehmen einen hohen Anteil an Buchungen zu sogenannten Nettoraten, also verhandelte Firmenraten oder anderweitige Sondertarife, für deren Buchung der Mittler keine Provisionen erhält, kann es dazu führen, dass für die Nutzung des Tools pro Buchung ein Serviceentgelt (Fee) oder auch eine Jahresgebühr verhandelt werden muss. Dies ist entsprechend der Vereinbarung mit Reisebüros für deren Services zu sehen. Je größer also ein Unternehmen, je häufiger besteht die Möglichkeit, dass für das Tool Kosten anfallen. Bezogen auf den Nutzen, wie Reporting, klare Buchungswege uvm. sind dies jedoch Beträge, wo sich eine Verhandlung und Strategie lohnt. Die Hotelstruktur ist teilweise unterschiedlich, sobald es um Buchungen außerhalb der Großstädte oder im Ausland geht. Es lohnt sich die einzelnen Anbieter zu vergleichen und zu prüfen, welches Unternehmen zu Ihren Anforderungen passt.

Tabelle 2: *Reservierungsportale für Flug, Hotel und mehr*

Amadeus Germany	**AeTM**	**www.amadeus.de**
Atlatos	Atlatos	www.atlatos.com
Deutsche Bahn	OBT	www.obt.de
iFAO	cytric	www.cytric.de
Onesto	Onesto GmbH	www.onesto.de
Sabre	GetThere	www.getthere.com

Einige der genannten Online-Buchungssysteme werden auch von Reisebüros angeboten. Teilweise haben Reisebüros auch eigene Lösungen.

Der Vorteil eines eigenen Zugangs liegt darin, dass Sie bei einem möglichen Reisebürowechsel keine Veränderung in dem Internetportal zu erwarten haben. Das können Sie auch erreichen, wenn Sie den Vertrag mit dem Reisebüro entsprechend formulieren und ein gängiges

Buchungssystem nutzen, dass auch die meisten anderen Firmenreisebüros einsetzen. Ein Wechsel ist dann nicht sehr aufwändig.

Siehe „Muster einer Reisemittelbestellung" am Ende des Kapitels.

Zahlungsmittel

Man unterscheidet zwischen zentralen und dezentralen Zahlungswegen. Bei den zentralen Zahlungswegen begleicht das Unternehmen die Rechnung für die Reiseleistungen. Zahlt der Mitarbeiter die Kosten und rechnet diese mittels Reisekostenabrechnung ab, spricht man von einem dezentralen Zahlungsweg, da viele verschiedene Personen die Zahlung über ihre persönlichen Wege/Konten abwickeln. In den meisten Unternehmen gibt es Mischformen, vor allem Flugtickets und Kosten für Übernachtungen bei Gruppen/Meetings werden vielfach zentral gezahlt. Für die Entscheidung, welcher Zahlungsweg der sinnvollste in einem Unternehmen ist, gilt es zu prüfen, wie die Buchung vorgenommen wird. Für die zentrale Zahlung müssen die eingehenden Rechnungen auf die Rechtmäßigkeit geprüft werden, bei dezentraler Bestellung der Reisemittel durch die Reisenden oder Sekretariate/Buchungskoordinatoren ist das ein aufwändiger Vorgang. Vereinfachend lässt sich sagen, dass die Zahlung der Reisemittel auf den Mitarbeiter verlagert werden sollte, wenn die Buchung auf ihn verlagert wird.

Die Reisestellenkarte

Dabei handelt es sich um ein *Kreditkartenkonto*. Der Begriff Karte kommt aus einer Zeit, als dem Unternehmen noch eine Kreditkarte ausgestellt wurde. Diese Karte wurde bei einem Reisebüro hinterlegt und von diesem für die Abrechnung der bestellten Reiseleistungen des Unternehmens belastet. Heute erhalten Unternehmen eine Kartennummer, Kreditkartenunternehmen nutzen daher neben der Bezeichnung Reisestellenkarte Begriffe wie „Company Account". Dieses Kartenkonto ist nicht mehr auf einen Leistungserbringer, wie das Reisebüro beschränkt, sondern kann auch für *Buchungen im Internet* eingesetzt werden. Die Vorteile einer Reisestellenkarte sind vielfältig:

- *Sammelrechnung* mit festem Intervall (wöchentlich, vierzehntägig).
- Abrechnung aller Reiseleistungen auf einer Rechnung.
- Integrierte *Verkehrsmittelunfallversicherungen* bieten den Reisenden während der Nutzung der gebuchten Transportmittel hohe Versicherungssummen.
- Bei der Buchung von Reiseleistungen können *Zusatzdaten* angegeben werden, die später auf der Rechnung erscheinen. Zusatzdaten sind beispielsweise Kostenstellen, Projektnummern, Auftragsnummern, Personalnummern.

- *Elektronische Rechnung* und die Möglichkeit die Abrechnungsdaten als Datensatz zu erhalten und direkt in die Buchhaltung zu übernehmen. Besonders interessant ist dies bei Nutzung der Zusatzdatenfunktion.
- Die Buchungsdaten können in eine *Reisekostensoftware* übernommen werden und dort der entsprechenden Abrechnung des Mitarbeiters zugeordnet werden.
- *Auswertungssoftware* zu allen abgerechneten Reiseleistungen. Für das Controlling im Travel-Management ein wertvolles und unverzichtbares Werkzeug.
- Zusammenführung von Umsätzen verschiedener Leistungserbringer und – wenn erforderlich – verschiedener Buchungswege in einer Rechnung und Auswertung.
- Erforderliches Medium zur Vereinbarung von *Firmensonderraten* mit Fluggesellschaften bzw. *Rückvergütungsvereinbarungen*. Mit der Deutschen Lufthansa und den meisten anderen Fluggesellschaften lassen sich ohne den Einsatz einer Reisestellen- oder Mitarbeiterkreditkarte keine oder nur sehr eingeschränkt Sonderkonditionen verhandeln. Es fehlt ein geeignetes Reporting, wenn keine Reisestellenkarte genutzt wird.
- Es gibt Kreditkartenabrechnungen die, ohne Vorlage weiterer Belege, zum *Abzug der Vorsteuer* von unseren deutschen Behörden akzeptiert werden. Das erleichtert insbesondere bei einer starken Nutzung von Low Cost Airlines und Direktbuchung im Internet die Rechnungsbearbeitung für die Buchhaltung, denn gerade Low Cost Airlines stellen häufig nur gegen Zusatzkosten eine Rechnung aus.

Fazit:

Die kreditorische Zahlung von Reisemitteln über Rechnungen, die durch die Buchhaltung gezahlt werden, sollte weitestgehend der Vergangenheit angehören.

Vorschuss oder Mitarbeiterkreditkarte

Mitarbeiter können für die Durchführung einer Geschäftsreise von ihrem Arbeitgeber einen Reisekostenvorschuss fordern. Unternehmen können Mitarbeiter nicht ohne weiteres dazu verpflichten, mit dem privaten Vermögen in Vorlage zu treten. Dies lässt sich zwar im Rahmen einer Reiserichtlinie festlegen, doch ist es wichtig zu prüfen, ob es umsetzbar ist. Nicht jeder Reisende verfügt über ausreichend Einkommen, um die Vorauszahlungen zu übernehmen und es führt häufig zu einer schlechten Stimmung in Unternehmen. Der Aufwand für die Beantragung, Auszahlung, ggf. Anmahnung und Rückbuchung eines Vorschusses ist sehr hoch. Das muss nicht sein! Eine Lösung bietet der Einsatz von *Mitarbeiterkreditkarten*. Folgende Unterschiede gibt es zu beachten:

- Abrechnung über das *Firmenkonto*
  Bei der Abrechnung über das Firmenkonto wird ein aufwändiger Prozess gegen einen an-

deren getauscht. Die Kontrolle der Kreditkartenabrechnung, die Einforderung der Rechnungsbelege bei den Reisenden, die Bearbeitung der fehlerhaften Rechnungsbelege zur Akzeptanz zum Vorsteuerabzug, die Buchung der Kosten und Zuordnung zur entsprechenden Reisekostenabrechnung sind zeitintensiv. Die gesamte Haftungsproblematik liegt hier bei dem Unternehmen. Wenn ein Mitarbeiter die Karte für private Zwecke einsetzt ist der Aufwand der Einforderung privater Anteile beachtlich.

Bei kleinen Unternehmen mit wenigen Reisenden ist das Firmenkonto ein akzeptabler Weg. Doch spätestens wenn das Unternehmen wächst und weitere Mitarbeiter auf Geschäftsreise gehen, wird der Aufwand in der Buchhaltung größer.

- Abrechnung über das *Mitarbeiterkonto*
  Der Kartenanbieter wird durch das Unternehmen festgelegt. Es wird ein Vertrag geschlossen in dem festgelegt wird, wie die Abrechnung der Kosten erfolgt. Das Unternehmen hat Einfluss darauf, wann die Rechnung für die Kreditkarte bei dem Mitarbeiter eingeht. Außerdem können Sie festlegen, wann die Belastung auf dem Konto des Mitarbeiters erfolgt. Legen Sie vorzugsweise einen Termin fest, an dem das Gehalt auf dem Konto eingegangen ist, damit ist weitestgehend sichergestellt, dass das Konto eine Deckung aufweist.

  Damit der Reisende für die Reiseleistungen die er zahlt nicht in Vorlage treten muss, wird von den Kreditkartenanbietern ein Zahlungsziel angeboten. Ein Beispiel:

  Viele Kreditkartenanbieter bieten die Möglichkeit, die *Reisekostenerstattung auf das Kartenkonto* zu überweisen. Durch die Erstattung der vollen Reisekosten einschließlich der Verpflegungspauschalen und möglichen Kilometergeldern sind die Erstattungsbeträge meist höher, als die Belastung auf dem Kreditkartenkonto. Das führt dazu, dass der Mitarbeiter in der Regel keine Abbuchung auf seinem Privatkonto für die Kreditkartenrechnung hat, sondern sich auf dem Kreditkartenkonto ein Guthaben ansammelt, dass er jederzeit bei dem Kreditkartenunternehmen abrufen, d. h. seinem Privatkonto gutschreiben lassen kann. Alternativ bieten einige Kreditkartenunternehmen die automatische Abrechnung der Differenz (also in der Regel des Guthabens) mit dem Privatkonto des Mitarbeiters an. Nicht alle Mitarbeiter bevorzugen diese zusätzliche Kontoführung, doch bei einem zu erwartenden hohen Widerstand bei den Mitarbeitern gegen die Abrechnung über das Privatkonto ist es eine gute Alternative.

Fazit:

Die Überlegung über den Einsatz von Mitarbeiterkreditkarten lohnt in jedem Fall. Es ist kein einfaches Projekt, da vielfach – oft aus Unwissenheit – der Betriebsrat oder die Reisenden selbst schwer von der Festlegung des Zahlungsweges zu überzeugen sind. Wenn in einem Unternehmen die Zeit oder das Fachwissen für die Auswahl des passenden Anbieters nicht vorhanden ist kann der Einsatz eines externen Beraters viel Zeit sparen und die Umsetzung erleichtern. In jedem Fall sollten Sie die Angebote genau analysieren und die Unterschiede herausarbeiten.

Die *Kosten der Karten* sind teilweise abhängig von dem Jahresumsatz. Üblich sind eine Betrachtung aller Mitarbeiterkarten eines Unternehmens und deren Durchschnittsumsatz über das Jahr. Bei entsprechendem Umsatz bieten Kartenunternehmen diese Mitarbeiterkreditkarten kostenfrei an, sie finanzieren sich über das Disagio, also das Entgelt, dass die Leistungserbringer (Hotels, Fluggesellschaften, etc.) für die Nutzung der Karte an das Kreditkartenunternehmen zahlen.

Die Fürsorgepflicht des Arbeitgebers gegenüber Geschäftsreisenden

Vielen Unternehmen ist das große finanzielle Risiko nicht bewusst, dem sie sich stellen, wenn sie Mitarbeiter auf Geschäftsreise senden. Unternehmen verfügen über eine Vielzahl von Versicherungen, die das *Kapital des Unternehmens* absichern. Gebäude-/Brandversicherung, Versicherungen gegen Vermögensschäden oder gar Elektronikversicherungen gehören oftmals zum Standard. Die Mitarbeiter eines Unternehmens hingegen werden oft vergessen. Gerade bei Reisen ins Ausland kann dies fatale Auswirkungen mit sich bringen. Leider treten solche Pflichten häufig erst in das Bewusstsein, wenn Schäden entstanden sind.

Die *Fürsorgepflicht* ist unter anderem durch das Bürgerliche Gesetzbuch *(BGB § 617-620)* festgelegt. Es geht dabei nicht nur um den Schutz im Todesfall oder bei Invalidität, diese Risiken sind oftmals durch Versicherungen der Unternehmen abgedeckt.

> Die Fürsorgepflicht ist für Unternehmen in Großbritannien bereits seit einigen Jahren sehr viel schärfer und geht bis zur Möglichkeit von Haftstrafen für die Unternehmensleitung. Hierzu finden sich Informationen unter den Suchbegriffen „UK, Manlaughter Law“ im Internet.

Reisevorbereitung

Schützen Sie die Reisenden, indem Sie für gute Informationen über das Reiseziel sorgen. Insbesondere bei Reisen in entfernte Gegenden oder in Länder mit uns unbekannten Lebensweisen ist es wichtig, gut vorbereitet auf Reise zu gehen. Selbstverständlich sollte es für die Zielerreichung bei Vertragsverhandlungen oder Angebotsgesprächen sein, die *Gepflogenheiten der Nationen* zu kennen, die mit am Verhandlungstisch sitzen werden.

Informationen über das *Auswärtige Amt* sind hier ebenso hilfreich, wie ein Interkulturelles Training und Hinweise zu bestimmten Verhaltensweisen. Internationale Konzerne setzen oftmals eigene Sicherheitsstäbe ein, kleinere Unternehmen müssen auf externe Quellen zurückgreifen. Einige gute Informationsquellen:

- *Reisebüropartner* können viele Informationen geben über alle Länder der Welt. Sie sind auch zur Aufklärung besonderer Gefahren verpflichtet, daher haben sie für den touristischen Bereich entsprechende Datenquellen und diese können Sie als Unternehmen ebenfalls in Anspruch nehmen. Sprechen Sie Ihr Reisebüro an.

- *Versicherungen* arbeiten teilweise mit Informationsdiensten zusammen, bei der Auswahl eines guten Versicherungspartners kann dies mit in eine Angebotsphase einbezogen werden.
- Über das *Auswärtige Amt* (www.auswaertiges-amt.de) erhalten Sie unter anderem Reisewarnungen oder spezielle Antworten zu Sicherheitsfragen in einem Land.
- Das Bundesamt für Verfassungsschutz (www.verfassungsschutz.de) bietet mit seinen Ländervertretungen Beratung für Unternehmen mit ausländischen Niederlassungen oder Geschäftsreisen ins Ausland – kostenfrei – an. Dort sitzen Spezialisten für Themen wie Spionage und auch zu den Bereichen Wissensdiebstahl aus den Unternehmen sowie Produktpiraterie etc.
- *Gesundheitsinformationen* können Sie über das Internet aus vielfältigen Quellen erhalten, nachstehend einige Beispiele:
  - www.fit-for-travel.de
  - www.reise-tropenmedizin.de
  - www.crm.de (Zentrum für Reisemedizin)
  - www.rki.de (Robert Koch Institut)

Ein *Rund-um-Paket* an Informationen bieten kostenpflichtige Informationsdienste. Ein Anbieter, der früher ausschließlich für die Reisebürobranche gearbeitet hat und sein Angebot mittlerweile auch auf Unternehmen mit Geschäftsreisenden ausgeweitet hat ist beispielsweise CompanyTip (www.companytip.de). Dort können Sie einen Internetzugang frei schalten lassen (die Kosten sind abhängig von der Anzahl der Nutzer) und erhalten Detailinformationen zu nahezu allen Reisezielen der Welt.

Siehe „Beispielhaftes Inhaltsverzeichnis für einen Travel Guide“ am Ende des Kapitels.

Während der Reise: Was tun, wenn etwas passiert?

Die Aussage „Wir haben eine Mitarbeiterin, die über ein Handy verfügt. Die Nummer ist allen Reisenden bekannt. Wenn etwas passiert, wird sie sofort aktiv“ ist zwar serviceorientiert, beispielsweise im Fall einer notwendigen Umbuchung von Flügen, doch für den Notfall sicherlich nicht der richtige Weg. Wenn ein Mitarbeiter im Rahmen einer Geschäftsreise erkrankt, kann dies eine sehr schlimme Erfahrung für den Reisenden sein – und ein Unternehmen kann es teuer zu stehen kommen.

Eine einfache Blinddarmoperation kann im Ausland rasch zu einer Behandlung mit Kosten in einem hohen fünfstelligen Eurobereich werden. In den USA beispielsweise übersteigen die Behandlungskosten jene in Deutschland um ein zwanzig bis dreißigfaches. Der *Rücktransport* aus dem Ausland ist häufig nicht nur teuer, sondern je nach Reiseland auch nicht einfach zu organisieren. Spezialversicherungen bieten für Fälle wie Krankheit oder Unfall 24-Stunden-Rufnummern im Rahmen von *Assistance-Versicherungen* an. Im Schadensfall kommen dort Ärzte zum Einsatz, die mit den Ärzten vor Ort zu dem Fall sprechen können. Es können schnelle Rücktransporte organisiert werden, falls erforderlich. Die örtliche Krankenhaussituation ist diesen Versicherungsanbietern bekannt und sie führen Datenbanken zu den angeschlossenen Krankenhäusern und Ärzten. Im Ernstfall können sie ermitteln, wie das jeweilige Krankenhaus ausgestattet ist und organisieren auch die Verlegung in eine Klinik die den notwendigen Standard aufweist. Für Reisen in unerschlossene Länder und Gebiete sollte dies zum Grundversicherungspaket eines Unternehmens gehören. Diese Leistung wird von verschiedenen Anbietern offeriert. Die Unterschiede stecken oft im Kleingedruckten der Verträge und können nur von Fachleuten beurteilt werden. Eine gezielte Angebotseinholung und ein Vergleich der Leistungen sind vor einer Entscheidung ratsam.

Die Reisekostenabrechnung

Die korrekte Abrechnung von entstandenen Kosten ist in Deutschland eine Herausforderung. Grund dafür ist das umfassende Steuerrecht und die Anforderungen an Belege und Rechnungen. Das *Steuerrecht* selbst ist sehr umfassend und kann hier nicht ausführlich behandelt werden. Alleine die Änderungen zum 1.1.2014 sind aufwendig in den Auswirkungen zu beschreiben. Hier wird der Besuch entsprechender Fachseminare oder auch die passende Fachlektüre empfohlen.. Um die internen Abläufe effizient zu gestalten und Nebeneffekte wie Auswertungen und damit Richtlinien-Prüfung sowie Kostenkontrolle zu erhalten, empfiehlt sich ausdrücklich der Einsatz einer *Reisekostensoftware* oder das *Outsourcing der Reisekostenabrechnung*. Gerade im Hinblick auf das sich häufig ändernde Steuerrecht, liegt hier ein wichtiges Kriterium für eine effektive Gestaltung des Travel-Managements. Für die tägliche Arbeit ist es besonders wichtig, dass Unternehmen nur Rechnungen akzeptieren, die den steuerrechtlichen Vorgaben entsprechen, damit diese zum Vorsteuerabzug und als Betriebsausgabe akzeptiert werden.

Rechnungsanforderungen zur Akzeptanz zum Vorsteuerabzug in Deutschland

Damit sichergestellt ist, dass die Umsatzsteuer abzugsfähig für Ihr Unternehmen gebucht werden darf, müssen Rechnungen den Anforderungen für ordnungsgemäße Belege gemäß § 14 UstG (Umsatzsteuergesetz) entsprechen. Das bedeutet:

- Name und Anschrift des Ausstellers (zum Beispiel Hotel)
- Name und Anschrift des Leistungsempfängers (ab einem Betrag über 150 Euro ist die vollständige Firmierung und Anschrift Pflicht!)
- Art und Umfang der Leistung (zum Beispiel 4 Übernachtungen)
- Zeitpunkt der Leistung (Übernachtung vom … bis …)

- Rechnungsbetrag (netto) für die Leistung
- Den auf den Rechnungsbetrag entfallenden Mehrwertsteuersatz (zum Beispiel 19 Prozent)
- Sowie für Rechnungen über 150 Euro zusätzlich den Umsatzsteuerbetrag.
- Angabe der Umsatzsteuernummer oder der Umsatzsteueridentnummer (USt-ID) des Leistungserbringers.

> Für Belege aus dem Ausland gelten besondere Anforderungen, um die ausländische Umsatzsteuer zurückzufordern. Für Unternehmen mit einem hohen Auslandsvolumen kann sich das jedoch gut rechnen. Dienstleister, die zumeist rein auf Erfolgsbasis arbeiten, können gute Unterstützung leisten.

Bewirtung von Geschäftsfreunden

Bitte beachten Sie unbedingt, dass eine Bewirtung im steuerrechtlichen Sinne immer eine Bewirtungen von *Dritten, also Betriebsfremden* ist. Einladungen, an denen ausschließlich Mitarbeiter eines Unternehmens beteiligt sind, gehören unter die Kategorie Arbeitsessen = Bewirtungen aus betrieblichem Anlass. Hier gelten abweichende, sehr strenge Regelungen. Übrigens, als Betriebsfremde gelten auch *Mitarbeiter von Konzernunternehmen,* also aus eigenständigen Unternehmen des gleichen Konzerns.

Für die Anerkennung als Bewirtung sind folgende Angaben des Bewirtenden unabdingbar:

- Angabe *aller Teilnehmer* der Bewirtung, einschließlich der Unternehmensbezeichnung, damit dies nachvollziehbar bleibt. Als Teilnehmer zählt auch der *bewirtende Mitarbeiter selbst,* dieser muss unbedingt angegeben sein (was häufig vergessen wird).
  Beispiel: Herr Schmidt, Firma Meierhuber.
- Angabe des *Bewirtungsgrundes*. Achtung: hier finden sich noch häufig Angaben wie „Geschäftsessen“, „Besprechung“ und ähnliche Gemeinplätze. Solche Angaben führen in der Regel zu Beanstandungen. Eine *genaue Begründung* wird gefordert. Beispiel: Besprechung zum Projekt ABC.

Anforderungen an die Rechnung der Gaststätte

Bewirtungen sind nur zu *70 Prozent als Betriebsausgaben* ansetzbar, d. h. 30 Prozent verbleiben im Unternehmen als Kosten, ohne dass diese sich steuermindernd bemerkbar machen. Die Umsatzsteuer aus Bewirtungen kann jedoch nach der aktuellen Rechtssprechung zu 100 Prozent abgezogen werden. Um dies zu ermöglichen, ist es erforderlich, dass die Rechnung der Gaststätte den Vorgaben für Rechnungen entspricht.

Nach dem geltenden Einkommensteuergesetz (R 21 Abs. 7 Satz 11 ff EStG) müssen Rechnungen detailliert Auskunft über die in Anspruch genommenen Leistungen nach Art, Umfang, Entgelt und Tag der Bewirtung geben. Das bedeutet, dass die Mahlzeiten und Getränke einzeln aufzuführen sind, die Angabe „Speisen und Getränke“ ist nicht ausreichend. Rechnungen müssen maschinell erstellt und registriert werden. Neben den bereits erläuterten Anforderungen an Belege gelten für Bewirtungsbelege erweiterte Vorgaben:

- Name und Anschrift des leistenden Unternehmens (z. B. Gaststätte)
- Tag der Bewirtung
- Art, Umfang und Entgelt der einzelnen in Anspruch genommenen Leistungen (z. B. 3 x Holzfällersteak, 2 x Forelle blau auch die Angabe 2 x Menü 5 ist ausreichend).
- Preis für die Leistung (Rechnungsbetrag)
- Bei Rechnungen über 150 EUR muss die Rechnung auf den Namen des Unternehmens ausgestellt sein, wobei hier die vollständige Anschrift und Firmenbezeichnung gefordert wird.
- Umsatzsteuersatz (meist 19 Prozent) und Umsatzsteuerbetrag
- Ein gegebenes Trinkgeld sollte nachweisbar (belegbar) sein. Es bestand lange die Auffassung, der Empfänger (Bedienungspersonal) müsse den Empfang quittieren. Experten (siehe Literaturtipp) gehen davon aus, dass es ausreicht, wenn der Mitarbeiter glaubhaft macht, dass er Trinkgeld gegeben hat, indem er selbst das Trinkgeld vermerkt und unterzeichnet. Die Aussagen sind hier nicht ganz einheitlich. Erfahrungsgemäß wird es nicht beanstandet, wenn das Trinkgeld beispielsweise durch einen Kreditkartenbeleg nachgewiesen werden kann. Doch letztlich liegt es im Ermessen des Betriebsprüfers.

Übrigens:

Die Behörden unterscheiden nicht, ob eine Bewirtung im Inland oder im Ausland stattgefunden hat. Es kann gefordert werden, dass Rechnungen aus dem Ausland, die nicht lesbar sind für den Betriebsprüfer auf Kosten des Unternehmens übersetzt werden.

Glossar

Assistance-Versicherung
Es handelt sich um eine spezielle Versicherung, die Mitarbeiter auf Geschäftsreisen unterstützt, bei Problemfällen und Schwierigkeiten. Es gibt eine mehrsprachig besetzte 24-Stunden-Rufnummer für Notfälle bei Krankheit, Unfall aber auch bei Verlust von Ausweisdokumenten oder anderen Ausnahmesituationen.

Benchmark
Das grundsätzliche Ziel des Benchmarking ist es, die Schwächen eines Unternehmens und seiner Prozesse durch Vergleich mit anderen Unternehmen oder Prozessen aufzudecken und die Leistungsfähigkeit zu erhöhen. Hier: Für ein Benchmark von Reisebürokosten ist es wichtig, möglichst ähnliche Grundvoraussetzungen als Basis zu haben.

Expedient
Mitarbeiter im Reisebüro, der die Buchungen durchführt und als Ansprechpartner bei Fragen rund um die Buchung oder für Umbuchungen zur Verfügung steht. In Geschäftsreisebüros gibt es Teams die sich um Unternehmen kümmern, diese bestehen in der Regel aus 4-8 Expedienten, die sich gegenseitig vertreten können und sich mit den betreuten Unternehmen gleichermaßen auskennen. In sogenannten Call Centern arbeiten viele Expedienten für viele Kunden, eine Zuteilung zu bestimmten Kunden ist meist nicht gegeben.

Low Cost Airlines
Landläufig für Billigfluggesellschaften (auch kurz Billigairline, no frill Airline). Sie bieten zumindest einen Teil der verfügbaren Sitzplätze zu weit unterdurchschnittlichen Preisen an. Das bekannteste Beispiel dafür dürfte Ryanair sein.

MIS
Steht für Management Information System. Auswertung von Daten, bestenfalls werden Daten aus verschiedenen Datenquellen in einem System (Software) zusammengeführt um als Ganzes auswertbar zu sein. Wirtschaftsinformatik beschäftigt sich mit Konzeption, Aufbau und Pflege solcher Systeme.

Online-Buchungssysteme (OBE)/Online-Booking-Tools (OBT)
Anbieter von gängigen Buchungssystemen können verschiedene Buchungswege auf einer Oberfläche abbilden und somit beispielsweise die Buchung von Flug, Mietwagen und Hotel innerhalb des Systems abbilden. Vorteilhaft ist u. a. dass die Reisedaten oder Daten des Reisenden sowie Angaben zu Kostenstellen uvm. nicht mehrfach angegeben werden müssen. Teilweise ist auch die Stornierung oder Terminverschiebung sehr einfach für alle Reiseleistungen gleichzeitig möglich. Eine Verbindung zu weiterführenden Systemen, wie beispielsweise SAP ist möglich.

Ticket-/Transaktions-Fee
Eine Gebühr, die auch als Service-, Ticket- oder Bearbeitungsgebühr bezeichnet wird und von Reisebüros erhoben wird.

TMC – Travel Management Company
Fachausdruck für Reisebüros, meist Ketten, die sich auf das Thema Geschäftsreisen spezialisiert haben.

Travel Assistant/Travel Coordinator
Unterstützende Funktion im Unternehmen, um Reisenden bei der Planung und Buchung von Geschäftsreisen zu unterstützen. Meist in Zusammenarbeit mit einem Travel-Manager zu finden, der die Strukturen und Prozesse vorgibt sowie die Einkaufsverhandlungen und strategischen Entscheidungen fällt bzw. deren Entscheidungen vorbereitet. In kleineren und mittelständischen Unternehmen findet man diese Aufgaben häufig in einer Person.

Beispielhafte Inhaltsübersicht einer Reiserichtlinie

Allgemeines
– Vorwort der Geschäftsleitung
– Allgemeine Regelungen (auch z. B. Arbeitszeit/Reisezeit)
– Geltungsbereich
– Zweckmäßigkeitsprinzip
– Vorteils-/Nachteilsregelung
– Genehmigungsverfahren
– Umgang mit neuen Medien (apps, twitter) im Reiseumfeld
– Risikostreuung bei der Transportmittelwahl
Begriffsbestimmungen
– Was ist eine Auswärtstätigkeit (Dienstreise)?
– Was versteht man unter einer ersten Tätigkeitsstätte (ab 1.1.2014)?
– Was ist die Dreimonatsfrist?
Beleganforderungen
– USt-Anforderungen laut Gesetzgeber (auch Ausland für „Refund“)
– Besonderheiten UST – z. B. öffentlicher Nahverkehr ohne Ausweis
Verbindung von Geschäfts- und Privatreisen
Mitnahme von Ehegatten/Lebensgefährten
Folgen bei Zuwiderhandlung
Reisevorbereitung
– Prüfung der absoluten Notwendigkeit bzw. Prüfung der Reisevermeidung
– Einsatz von Webmeetings, Telcos, Videokonferenzen
– Erklärung zum Buchungswege von Webmeetings etc.
– Prüfung der Möglichkeit von gemeinsamen Reisen/Fahrgemeinschaften
– Fürsorgepflicht, insbesondere Aufklärung der Mitarbeiter über mögliche Risiken zu Reisezielen Gesundheitsvorsorge Absicherungen etc.
– Bestellung der Reiseleistungen
– Umgang mit „Ancillary Services“ (vor allem Flug aber auch Hotel etc.)
– Gruppenreisen/Meetings
– Zahlungsarten
– Art und Umfang der Reiseunterlagen/Buchungsbestätigungen
– „Auslieferung“ der elektronischen Reisebestätigungen/Ticketdaten
– Reisestornierungen und Umbuchungen
– Visumanträge
Kreditkarten und Vorschüsse
– Reisekostenvorschüsse
– Dauerhafte Reisekostenvorschüsse/Fremdwährungen
– Mitarbeiterkreditkarten/Corporate Card
– Abrechnungsvarianten: Firmenkonto, Privatkonto – Haftung
– Kosten der Karte
– Abrechnungsfähigkeit anderer Kreditkartenkosten (z. B. private Karte)
– Was ist damit zu zahlen? Darf gezahlt werden?
– Barabhebungen gewünscht/gefordert?
– Kosten für Auslandseinsatz, Barabhebung
– Zahlungsziel und Erstattung der Kosten

Versicherungen
Verkehrsmittel
– Klare Definition in welcher „Rangfolge" Verkehrsmittel zu nutzen sind, unter Beachtung der ökologischen, ökonomischen sowie sozialen Kriterien bei der Verkehrsmittelauswahl (Nachhaltigkeit).
Flug
– Allgemeine Regelung
– Information zu Sondertarifen
– Reisefenster
– Umsteigeverbindungen
– Ausnahmegenehmigungen
– Bevorzugte Fluggesellschaften (Preferred Airlines)
– Bonusprogramme (z. B. Miles & More)
– Firmeneigene Besonderheiten
– Elektronische Tickets (ETIX)
– Stornierungen von ETIX
– Gepäckverlust
– Entschädigungen für Verspätungen oder Umbuchungen
Zug
– Abhängigkeiten
– Sondertarife
– BahnCard/BahnCard Business einschl. Effizienzberechnung, Antragsweg etc.
– Großkundenrabatt (GKR)
– Stornierungen/Umbuchungen
Fahrzeuge (Pkw etc.)
– Klärung der Rangfolge (ggf. Abhängigkeiten z. B. Fahrtzeit, Strecke etc.)
– Klärung des Verhaltens bei einem Unfall (Schuldanerkennung)
– Thema „Lenkzeiten" = Arbeitszeit = Unfallrisiko
– Versicherung/Absicherung des Fahrers/der Mitfahrer
Fuhrpark/Poolfahrzeuge
– Vergabe der Fahrzeuge/Art der Bestellung bestens klare Regelung der Bestellung unabhängig von der Fahrzeugart (Pool oder Mietwagen).
– Privatnutzung = geldwerter Vorteil (Vorabendmitnahme etc.)
– Prüfung Fahrerlaubnis (auch bei Poolfahrzeugen)
– Sicherheitswarnwesten
Privatwagen
– Besonderheiten bei Unfällen (Versicherung, Übernahme der Höherstufung)
– Umgang mit „alten" Pkw
– Versicherungspflicht
– Erlaubnis/Verbot Zweirad
Mietwagen
– Privatnutzung = geldwerter Vorteil (Vorabendmitnahme etc.)
– Anmietung an Flughäfen/Bahnhöfen
– Betankung
– Winterreifen
– Preferred Card-Programme
– Versicherungen
– Haftungsfragen
– Kostenabrechnung
Übernachtungskosten
– Mögliche Kriterien für die Hotelwahl

– Hotelfrühstück
– Kulturförderabgabe in deutschen Städten
– Übernachtung ohne Beleg (möglichst nicht „Privatübernachtung")
– Regelungen für Stornierungen/Umbuchungen
– Regelungen für Langzeitbuchungen
– Kosten für No-Shows
Verpflegungsmehraufwendungen
– Abzüge für vom Arbeitgeber gewährte Mahlzeiten (z. B. Frühstück oder Abendessen)
– Auslandsreisen (Besonderheiten Anreisetag)
– Auslandsreisen (Besonderheiten Rückreisetag)
– Länger als einen Kalendertag dauernde Transporte (z. B. Flug, Schiff)
– Zusammenrechnungsfähigkeit von Pauschalen (2-tägig ohne Übernacht.)
Sachbezugswerte
Sonstige Reisekosten
– Telefongebühren
– Taxikosten
– Wäschekosten
– Öffentliche Verkehrsmittel
– Gepäckbeförderung/Übergepäck
– Straßengebühren
– Visumgebühren und Passkosten
– Flughafengebühren
– Impfungen
– Trink-/Bedienungsgelder
– Parkkosten
Geschäftsessen/Bewirtungen
– Unterscheidung: Bewirtung oder Arbeitsessen
– Relation Mitarbeiter und Gäste
– Bewirtungen außerhalb Restaurants (z. B. Catering)
– Umgang mit „Nebenkosten" wie Garderobe, Zigarren, Blumen
– Abrechnung
Umrechnungskurs für Belege in Fremdwährungen
– Kursdifferenzen
Reisekostenabrechnung
– Einreichungszeitraum
– Zeitraum bis zur Auszahlung
– Formulare/Software
Anlagen zur Reiserichtlinie
– Ansprechpartner – Kontaktdaten
– Versicherungsinformationen
– Pauschalen (Verpflegung, km etc.)
– Informationen zu Auslandsreisen
Zuständigkeit für Reiserichtlinie/Ausnahmen/Reisekosten

Beispielhaftes Inhaltsverzeichnis für einen Travel Guide

Wichtige Rufnummern und Kontaktdaten

- Ansprechpartner zu Buchungen und Vorgaben (Reisestelle/Travel Manager)
- Ansprechpartner zur Reisekostenabrechnung (Buchhaltung/Personal/Travel Manager)
- Für dringende Buchungen außerhalb der üblichen Arbeitszeiten (z.B. das Reisebüro oder die Reservierungspartner für Hotel, Mietwagen, Flug, Bahn) Im Zweifel auch noch die Rufnummern der wichtigsten Flughafenbüros des Reisebüros bzw. der Vertragspartnerairlines, damit Umbuchungen telefonisch durchgeführt werden können.
- Notrufnummer der Versicherungen oder Assistance-Dienstleister
- Notrufnummern in akuten Fällen auf der Reise und Hinweise wie die Kostenabrechnung für möglicherweise notwendige ärztliche Versorgung erfolgt.
- Rufnummer des Betriebsarztes
- Rufnummer des Kreditkartenunternehmens im Falle eines Kartenverlustes

Rund um die Reisevorbereitung

- Informationen zur Reisemittelbestellung einschließlich der Angabe wo möglicherweise benötigte Formulare zu finden sind
- Angaben zu dem/den Buchungsweg/en für die verschiedenen Reisemittel einschließlich der Angabe zu Internetadressen oder der Intranetadresse sowie den Kontaktdaten bei telefonischen Änderungen
- Informationen zu Visa-/Einreisebestimmungen und Internetlinks für die Informationseinholung bzw. Formulare zur Visumbeantragung
- Informationen zu Gesundheitsbestimmungen
- Informationen zu den bestehenden Versicherungen
- Vorbereitung auf die Reise in unbekannte Länder oder Länder mit erhöhtem Sicherheitsrisiken (z.B. Hinweis auf die Seite des Auswärtigen Amtes)

Rund ums Geld

- Informationen zu Reisekostenvorschüssen und den Antragswegen (falls es bei Ihnen im Unternehmen noch notwendig sein sollte Vorschüsse zu gewähren)
- Antragswege für Mitarbeiterkreditkarten und Hinweise für die Sicherheit im Umgang mit Kreditkarten und Vorgehensweise beim Verlust einer Karte
- Rechnungsanforderungen, vor allem der Hinweis Rechnungen auf das Unternehmen ausstellen zu lassen mit einer genauen Angabe der Firmenbezeichnung. Sie werden sich wundern, wie oft Mitarbeiter beim Auschecken im Hotel überlegen müssen, welche Gesellschaftsform ihr Unternehmen hat, vor allem wenn es sich um Unternehmen mit vielen Veränderungen handelt.

Rund um die Flugreise

- Kurzfassung der Vorgaben der Reiserichtlinie, vor allem Angabe der Flugklassen und bevorzugten Fluggesellschaften

- Informationen zum elektronischen Ticket, der Hinterlegung auf Kreditkarte
- Neuigkeiten sind im Intranet schneller hinterlegt, die richtige Stelle um Informationen zu geben, wie die Neueinführung des „Online-Check-In" am PC, dass die Lufthansa in 2007 neu eingeführt hat und die angeschlossenen Flughäfen ständig erweitert. Es spart den Reisenden das Anstellen am Schalter und am Automaten, weil sie direkt einchecken können.
- Hinweise zu Sondertarifen und möglichen Einschränkungen bei Umbuchungen.
- Hinweise zum Vorgehen bei Gepäckbeschädigung/-verlust.
- Handgepäckeinschränkungen
- Hinweise zu Flughafentransfers, beispielsweise die Rufnummer des Taxiservice, wenn ein Sondertarif vereinbart wurde.

Rund um die Bahnreise

- Informationen zu Großkundenrabatten und Buchungswegen sowie die Angabe zur Buchungsklasse und mögliche Einschränkungen.
- Antragswege und Entscheidungsgrundlagen für BahnCard 25, 50 und 100
- Hinweise zu Nachtzügen, Schlafwagennutzung und Sondertarifen der Bahn

Rund um den Mietwagen/Poolwagen

- Hinweis ab wann ein Mietwagen/Poolfahrzeug genutzt werden muss/darf
- Buchungswege und Fahrzeugklassen
- Informationen zur Betankungspflicht von Fahrzeugen und den Hintergründen
- Ansprechpartner bei Diebstahl und Unfall
- Führerscheinprüfung und warum sie notwendig ist
- Bevorzugte Mietwagenpartner
- Wichtige Hinweise wie die Vorgehensweise bei der Fahrzeugübernahme und der Haftungsthematik

Rund um das Privatfahrzeug

- Wann darf es genutzt werden?
- Wie werden die Kosten abgerechnet?
- Was wird erstattet und was nicht?
- Strafzettel
- Mitfahrer und das Thema Insassenunfallversicherung
- Versicherungen und welche Kosten im Schadenfall durch das Unternehmen getragen werden

Rund um die Übernachtung

- Buchungswege und Preisgrenzen oder Qualitätsstandards
- Hinweise zur bevorzugten Nutzung von Vertragshotels und wie die Reisenden diese erfahren (z.B. durch das Online-Reservierungsportal des Buchungspartners)

- Hinweise zur Zahlung der Übernachtungskosten und der richtigen Rechnungsanschrift und zu den Mahlzeitenabzügen (insbesondere Hotelfrühstück)
- Entscheidung ob und in welchem Umfang Kosten für Privatübernachtungen abgerechnet werden können (Übernachtungen ohne Beleg bei Bekannten etc.)

Rund um Bewirtungen und Einladungen

- Wer darf wann auf Kosten des Unternehmens Gäste einladen?
- Was gilt es zu beachten?
- Angaben zu den Rechnungs-/Beleganforderungen bei Bewirtungen
- Empfehlungen für Trinkgelder, ggf. eine Übersicht der üblichen Prozentsätze für Trinkgelder im Ausland

Rund um die Reisekostenabrechnung

- Zeitraum für die Abrechnung nach Beendigung der Reise
- Vorgaben wenn es bestimmte Termine im Monat als Stichtag gibt, um Kosten abzurechnen (beispielsweise wenn es über das Gehalt abgerechnet wird, ist es wichtig den Stichtag für die Abgabe der Abrechnung zu nennen, damit Reisende nicht ohne Not einen Monat länger auf ihr Geld warten müssen)
- Formulare bzw. Hinweise zur Software
- Genehmigungsprozess

Anmerkung der Autorin

Sicherlich fallen Ihnen hier noch viele weitere Punkte ein. Doch bitte denken Sie daran, der Travel Guide soll klein und handlich sein, falls er in gedruckter Form noch mitgenommen werden soll, um jederzeit greifbar zu sein. Er fasst die wichtigsten Punkte einer Reiserichtlinie zusammen und komprimiert auf die reiserelevanten Dinge. Sinnvollerweise übernimmt man mittels entsprechender Formatierung die Daten als Textbausteine aus der Richtlinie, damit nicht verschiedene Dokumente parallel gepflegt werden müssen, dies ist zu fehleranfällig und zeitaufwendig.

Muster einer Reisemittelbestellung

Angaben zum Reisenden

Name _____ / Personalnummer _____ / Telefonisch erreichbar: _____

☐ Es handelt sich um eine Reise mit mehreren Personen, die Bestellung gilt ebenfalls für folgende Kolleginnen/Kollegen:

Name _____ / Personalnummer _____ / Telefonisch erreichbar: _____
Name _____ / Personalnummer _____ / Telefonisch erreichbar: _____
Name _____ / Personalnummer _____ / Telefonisch erreichbar: _____

Angaben zum Projekt (falls im Rahmen eines Projektauftrags gereist wird)

Kunde _____ / Projekt _____ (Name des Projektes)
Buchungsdaten _____ (Projektnummer, sonstige Besonderheiten)
☐ Weiterberechnung der Kosten an den Kunden ist vereinbart

Reisemittelbestellung (bei Abweichungen von der Richtlinie ist eine Begründung erforderlich)

☐ **Flug** ☐ abweichende Flugklasse _____
☐ **Bahn** ☐ abweichend von der Richtlinie bitte nur 2. Wagenklasse buchen

☐ Sondertarife mit Restriktionen können gebucht werden – Änderungen sehr unwahrscheinlich (kostenpflichtige Umbuchung/Stornierung oder gar nicht umbuchbar)
☐ für die Anreise ☐ für die Rückreise

Wunsch zu Sitzplatzreservierungen (wird berücksichtigt, falls verfügbar):
☐ Gang ☐ Fenster ☐ Mitte ☐ spezieller Essenswunsch Vegetarisch, etc.

Ab hier nur für Zugreservierungen:
☐ Großraum ☐ Abteil
☐ Ruhezone ☐ Handyzone ☐ Platz mit Tisch

Reisemittel	Datum	Von	Nach	Abreise*	Ankunft*	Anmerkungen*

* Grundsätzlich ist die späteste, mögliche Ankunftszeit am Zielflughafen/-bahnhof anzugeben. In Ausnahmen können Wunschzüge/-flüge angegeben werden. Die Reisestelle entscheidet aufgrund von wirtschaftlichen Faktoren nach Vorgabe der Reiserichtlinie.

Fahrzeugbestellung ☐ abweichende Fahrzeugklasse _____

Fahrgemeinschaft wurde realisiert mit Name soweit bekannt oder Angabe der Anzahl der Personen

Datum	Ort der Anmietung	Rückgabedatum	Ort der Rückgabe	Zu erwartende Kilometerleistung	Anmerkungen*

* bei Anmietungen an Flughäfen oder Bahnhöfen ist die Angabe der Zugnummer oder Flugnummer erforderlich, falls separat gebucht und bereits bekannt.

Hinweis für die Nutzung von Mietwagen
Fahrzeuge sind prinzipiell bei der Übernahme auf Vorschäden zu prüfen und ggf. mit dem Vermieter zu klären. Die Fahrzeuge sind voll betankt zurückzugeben. Tankkosten für geschäftliche Fahrten sind über Reisekosten abzurechnen. Der Führerschein ist im Original bei der Fahrzeugübernahme vorzulegen.
Der Mietvertrag ist der Reisekostenabrechnung beizufügen.
Sollte eine Verlängerung notwendig sein, ist dies mit der Reisestelle abzuklären, notfalls ist die Anmietstation direkt in Kenntnis zu setzen und die Reisestelle danach zu informieren.

Übernachtung ☐ abweichende Hotelkategorie _____

Sofern nicht über den Reservierungspartner *(Internetadresse angeben)* selbst gebucht, kann die Reisestelle die Reservierung übernehmen.
Auslandsübernachtungen sind immer durch Reisestelle zu buchen!

Anreise	Ort (inkl. PLZ bzw. Land)	Abreise	EZ	DZ	Besonderheiten*

* z.B. Nichtraucherzimmer gewünscht, Anreise erfolgt nach 18 Uhr, Zimmer ohne Frühstück

Besondere Hinweise für die Reisestelle
(Beispiele: Flugticket bitte für mehrere Wochen im voraus buchen, Anreise immer Montag, Rückreise immer Freitag oder BahnCard Effizienz bitte prüfen, da in den folgenden Wochen ca. 6 x diese Strecke bzw. ähnliche Entfernungen gebucht werden)

_____

Die vorliegende Reisemittelbestellung erfolgt unter Berücksichtigung der Reiserichtlinie.
Mir ist bekannt, dass Mehrkosten durch abweichende Bestellungen zu meinen Lasten gehen, sofern sie nicht vom Projektverantwortlichen bzw. direkten Vorgesetzten/Vorstand abgezeichnet worden sind.

Ort und Datum ______________________
Unterschrift des Reisenden

☐ Ausnahmen von der Richtlinie wurden von mir veranlasst/genehmigt weil, Begründung angeben.

Ort und Datum ______________________
Unterschrift des Projektverantwortlichen/Vorgesetzten

Event-Management

Melanie von Graeve

Professionell Firmenveranstaltungen, Messen und Events organisieren

> Die Organisation von Veranstaltungen ist heute für viele Sekretärinnen längst fester Bestandteil ihres beruflichen Tätigkeitsfeldes – ob es sich dabei um das Mitarbeiterfest, die Weihnachtsfeier oder die Unterstützung bei der Aktionärs-Hauptversammlung handelt. Dieses Kapitel zeigt Ihnen die wichtigsten Bausteine für eine zeit-, budget- und nervenschonende Organisation von Firmenveranstaltungen und Events.

Die Veranstaltungsplanung entpuppt sich oft als nervenaufreibender Marathon. Weil die Aufgaben so vielschichtig sind, droht ständig die Gefahr, etwas zu vergessen. Dieses Kapitel gibt Ihnen wichtige Informationen über

- Grundlagen der Veranstaltungsorganisation: Schlüsselfragen der Veranstaltungsplanung
- Externe Dienstleister: Die wichtigsten Recherchequellen und die Zusammenarbeit
- Die Basics Ihrer Veranstaltung: Veranstaltungsziele und Zielgruppe
- Budgetierung und Kostenkontrolle (inkl. Soll-Ist-Vergleich)
- Das Wann und Wo: Ihr Veranstaltungssetting – inkl. Veranstaltungstermin, Location und Tagungshotels
- Anmeldungen, Versicherungen und Gebühren – inkl. Notfallplanung

Grundlagen der Veranstaltungsorganisation

Ganz gleich, ob Veranstaltung oder Event: Für Ihre Planung, Recherche und Organisation benötigen Sie zahlreiche Hintergrundinformationen rund um das Unternehmen und die geplante Veranstaltung. Die folgenden Fragen sollen Ihnen die Aufgabe der Informationsbeschaffung erleichtern:

Die Schlüsselfragen der Veranstaltungsplanung:

- *Warum* soll es die Veranstaltung geben?
  (Was will Ihr Unternehmen damit bezwecken? Kür oder Pflicht?)
- *Wer* soll die Veranstaltung besuchen?
  (Wer muss, wer soll und wer kann an der Veranstaltung teilnehmen?)
- *Wie viel* darf es kosten?
  (Gibt es ein Gesamtbudget oder ein Budget pro Teilnehmer?)
- *Was* wird den Teilnehmern geboten?
  (An Programm, (Inter)Aktion, Kommunikation, Catering ...)
- *Wann* soll die Veranstaltung stattfinden?
  (Werktags oder am Wochenende? Tagsüber oder abends?)
- *Wie lange* soll die Veranstaltung dauern?
  (Eintägig oder mehrtägig? Mit festem Ende oder „auslaufend"?)
- *Wo* soll die Veranstaltung stattfinden?
  (Exklusive Location oder Tagungshotel? Intern oder extern?)
- *Von wem* wird was erledigt?
  (Projektteam oder Einzelkämpfer? Intern oder mit externer Unterstützung?)
- *Welche* rechtlichen Vorgaben sind zu beachten?
  (Genehmigungen, Künstlersozialkasse, GEMA etc.)
- *Wird* der Veranstaltungserfolg gemessen? Und wenn ja, wie?
  (Diese Frage hängt eng mit der Definition der Ziele zusammen)

Vielleicht werden Sie nur einen Teil dieser Fragen selbst beantworten können oder Sie können noch nicht in der Ausführlichkeit antworten, wie Sie es sich wünschen – manches ergibt sich eventuell auch erst in der Planungs- oder Durchführungsphase. Dennoch lohnt sich die Mühe für Fragen, Recherchen und Rücksprachen, denn Sie legen damit den Grundstein für die gesamte weitere Planung und Durchführung. Versuchen Sie deshalb, möglichst viele der Informationen im Vorfeld zu erhalten.

Praxistipp:

Äußerst hilfreich kann es sein, sich im Team mit der Klärung der Schlüsselfragen zu beschäftigen. Über nützliches Hintergrundwissen verfügen beispielsweise Personen aus folgenden Unternehmensbereichen:

- Personen, die bereits über Veranstaltungserfahrung verfügen
- Personen, die im Unternehmen bereits an früheren Veranstaltungen dieser Art mitgearbeitet haben
- Jemand aus dem Bereich Finanzen und Controlling
- Jemand aus dem Bereich Marketing, Werbung oder Messen
- Jemand mit einem „kurzen Draht nach oben", wie Vorstandssekretariat oder -assistenz

Externe Dienstleister: Wichtige Recherchequellen

Eine der besonderen Herausforderungen bei der Durchführung von Veranstaltungen und Events liegt sicher darin, stets etwas Neues und Überraschendes zu bieten. Das Veranstaltungsbusiness unterliegt dabei weit stärker als andere Branchen Trends und Moden – und zwar von Trends bei Künstlern und Showacts über Moden beim Catering bis hin zu den neuesten technischen Errungenschaften für den Veranstaltungsbereich. Immer auf dem Laufenden zu bleiben, ist besonders wichtig – denn Menschen langweilen sich schnell. Attraktionen, die beim ersten Sehen noch den Atem raubten, wirken nach dem dritten Mal eher ermüdend.

Es gibt gute Anlaufstellen, bei denen Sie Kontakte zu Dienstleistern knüpfen und sich über die aktuellen Trends auf dem Laufenden halten können:

Kontaktbörse Messen

Die „*Best of Events*" ist eine Fachmesse für Event-Marketing und Veranstaltungsservices. Hier treffen sich unter den Ausstellern Anbieter für Kreation, Planung und Durchführung von Veranstaltungen und Events, Veranstaltungstechnik, Catering, Zeltbau, Locations, Künstler und Liveacts.

Die „*Best of Events*" (www.boe-messe.de) findet in Dortmund statt.

IMEX steht für „The Worldwide Exhibition for Incentive Travel, Meetings and Events, incorporating Meetings". Auf der *IMEX* präsentieren sich Unternehmen aus über 150 Ländern, nationale und internationale Tourismusbüros, Hotelgruppen, Fluggesellschaften, DMCs (Destination Management Companies), Dienstleister, Branchenverbände und viele mehr.

Die *IMEX* findet jährlich in der Messe Frankfurt statt. Informationen und Termine finden Sie unter www.imex.frankfurt.com.

LOCATIONS richtet sich an Veranstaltungsplaner, Seminar- und Kongressorganisatoren. Feiern im Fußballstadion, tagen im Museum oder einfach einmal ein Schloss mieten? Wer für ausgefallene Veranstaltungen den passenden Veranstaltungsort sucht, ist auf der

„LOCATIONS" genau richtig. Denn hier präsentieren sich insbesondere solche Locations, die durch ihr besonderes Flair und Ambiente, ihre außergewöhnliche Geschichte, oder durch ihre exponierte Lage überzeugen. Besonders interessant: Die Messe findet jährlich in mehreren deutschen Städten statt. Termine und Infos unter: www.locations-messe.de

Praxistipp:

Bereiten Sie sich auf Ihren Messebesuch gründlich vor! Das Angebot auf Veranstaltungsmessen ist groß, vielfältig und verwirrend. Sie wären nicht der erste Messebesucher, der nach dem Besuch feststellt, dass er nicht oder nur teilweise mit den Ausstellern in Kontakt kam, wegen denen er die Messe eigentlich besucht hatte.

Empfehlung zur Vorbereitung:

- Prüfen Sie, zu welchen Branchen Sie aktuell Kontakte benötigen.
- Über die Internetseite der jeweiligen Messe erfahren Sie, welche Aussteller zu diesen Branchen vor Ort vertreten sein werden und welche Sie noch nicht kennen. Je nach Informationsbedarf können Sie entweder feste Gesprächstermine vereinbaren oder sich den Stand und das Angebot anschauen und dann vor Ort Kontakt aufnehmen.
- Sehen Sie sich vorab die Internetseiten der Aussteller an und prüfen Angebot, Referenzen, Erfahrungen u. ä.

Event-Messen sind spannend und machen Spaß! Lassen Sie daher möglichst mindestens ein Drittel Ihrer Zeit unverplant, um Eindrücke zu sammeln und spontane Kontakte zu knüpfen.

Wichtige Ansprechpartner (mit kostenlosem Service)

Das *GCB German Convention Bureau e.V.* vermarktet Deutschland international und national als Standort für Kongresse, Tagungen, Incentives und Events und ist der Ansprechpartner für alle, die Veranstaltungen in Deutschland planen. Das GCB ist ein Verband mit rund 250 Mitgliedern (z. B. Hotels, Kongresszentren, Destinationen und Dienstleistern der Tagungs- und Kongressbranche). Alle Leistungen werden von den Mitgliedern finanziert. Für die Kunden des GCB sind die Leistungen kostenfrei. Infos und Kontakt unter www.gcb.de.

Tourismuszentralen oder *Tourismus und Congress GmbHs* gibt es in den meisten deutschen Städten und Regionen (ein Verzeichnis aller 18 deutschen Tourismuszentralen können Sie über das GCB anfordern). Über diese erhalten Sie gute und aktuelle Informationen beispielsweise über die Veranstaltungsstadt selbst, Anreisetipps, Freizeitaktivitäten, Dienstleister vor Ort und die Hotellandschaft bis hin zu direkten Buchungsmöglichkeiten.

Fachzeitschriften

Die Auswahl an Fachzeitschriften für den Bereich Events und Marketing ist so umfangreich geworden, dass es zu weit führt, diese hier alle aufzuzählen. Eine Auswahl (einige davon sind nur im Abo erhältlich):

CIM: Conference & Incentive Management, www.cim-publications.de

Events: The magazine for meetings, fairs, incentives, www.events-magazine.de

Event Partner: Fachmagazin für Eventmarketing, www.musikmedia.de

Horizont: Fachzeitschrift für Marketing, Kommunikation, Werbung & Medien. www.horizont.net

MEP: Fachzeitschrift Marketing Event Praxis, www.mep-online.de

Werben & Verkaufen (w&v): Fachzeitschrift für Marketing und Kommunkation. www.wuv.de

Praxistipp:

Bevor Sie gleich ein Abonnement abschließen, können Sie die Verlage um Zusendung eines Probeheftes bitten und so in Ruhe prüfen, ob Ihnen die jeweilige Zeitschrift den erwünschten Nutzen bringt.

Kontaktbörse Veranstaltungen

Die sicher verlässlichste Recherchequelle überhaupt: Besuchen Sie Veranstaltungen und machen Sie sich Ihr eigenes Bild. Der Besuch von Veranstaltungen ist eine hervorragende Möglichkeit, Dienstleister „im Ernstfall" zu erleben – denn dass diese Ihnen auf Messen oder im Akquisegespräch natürlich nur das Beste über ihr Angebot, ihre Erfahrungen und Kapazitäten berichten, ist menschlich. Prüfen Sie bei Veranstaltungen:

- Was machen andere Veranstalter?
- Was kommt gut an?
- Was läuft weniger gut?
- Wo gibt es vielleicht Engpässe, auf die Sie bei Ihren künftigen Veranstaltungen besonders achten wollen?

Fordern Sie von interessanten Dienstleistern Unterlagen an – und scheuen Sie sich auch nicht, bei den genannten Referenzen nachzufassen, welche Erfahrungen diese mit dem jeweiligen Dienstleister gemacht haben.

Praxistipp:

Legen Sie in Ihrem Schreibtisch Hängemappen mit Titeln wie „Veranstaltungsdienstleister", „Caterer", „Locations" etc. an, die Sie mit allen interessanten Zeitungsartikeln füttern, die Ihnen zu diesen Themen begegnen. Das kostet Sie im Tagesgeschäft kaum Zeit, bietet Ihnen im Veranstaltungsfall aber eine nützliche und schnelle Recherchequelle!

Externe Dienstleister: Die Zusammenarbeit

Bei nahezu jeder Veranstaltung werden Sie mit externen Dienstleistern oder Zulieferern zusammenarbeiten – vom Catering bis zum Veranstaltungspersonal. Wichtig für eine erfolgreiche Zusammenarbeit ist die offene Ansprache von Problemen oder Schwierigkeiten (knappes Budget, schwierige VIPs), damit sich die Externen auf diese Gegebenheiten einstellen können. Häufig können Ihnen diese Dienstleister, die durch ihre Tätigkeit bei besonders vielen Veranstaltungen und Events anwesend sind, nützliche Tipps wie beispielsweise zu kostengünstiger Dekoration oder guten Unterhaltungsprogrammen geben. Beachten Sie bei der Zusammenarbeit mit externen Dienstleistern folgendes:

- *Informationen als Bringschuld und nicht als Holschuld behandeln:* Informieren Sie Ihre externen Partner regelmäßig über alle veranstaltungsrelevanten Details und Änderungen.
- *Immer schriftlich:* Zu leicht werden Fakten missverstanden, falsch interpretiert oder schlicht vergessen. Nachträgliche Schuldzuweisungen bringen für die bereits gelaufene Veranstaltung nichts mehr.
- *Verträge schließen und diese auch einhalten:* Bei Angeboten werden Preise und Kapazitäten genau kalkuliert. Finanzielles „Nachbessern" getroffener Absprachen oder Verträge führt häufig zu einer spürbaren Verschlechterung von Qualität oder Service.
- *Stornofristen:* Häufig kommt es in der Zusammenarbeit mit Hotels zu Spannungen, wenn gebuchte Zimmer doch nicht benötigt werden. Generell sind vertraglich vereinbarte Stornofristen für beide Seiten bindend! Mit Hotels können jedoch unterschiedliche Modelle von Stornofristen ausgehandelt werden – entscheidend ist, dass dies vorab bei der Vertragsverhandlung geschieht.
- Immer wenn es darauf ankommt: Besser *Profis beauftragen,* solange man selbst (noch) kein Profi ist. Sicher gibt es Veranstaltungen, die sich gut zu Übungszwecken eignen. Sobald aber besonders wichtige Personenkreise wie Kunden, VIPs oder Presse anwesend sind, ist es ratsam, mit professionellen Partnern zu arbeiten.

Die Basics Ihrer Veranstaltung: Veranstaltungsziele und Zielgruppe

Die Bezeichnung „Event" ist in Mode und wird heute inflationär für beinahe jede Veranstaltung gebraucht. Und oft ist die Verwunderung groß, dass die Formel „Location + Catering + Musik" nicht = Event ergibt!

Veranstaltungsziel

Definieren Sie ein konkretes, messbares und realistisches Ziel für Ihre Veranstaltung! Ohne klares Ziel können Sie nicht feststellen, ob und wann Sie von Ihrem Weg abkommen – oder ob Sie bereits angekommen sind! Eine hilfreiche Frage zur Zielermittlung könnte sein, was Ihre Veranstaltung auslösen oder was nach der Veranstaltung anders sein soll.

Wichtig bei der Definition von Zielen – auch im Hinblick auf eine spätere Erfolgsmessung – ist es, dass diese Ziele genau definiert, vollständig und für alle Verantwortlichen unmissverständlich sind. Allen Verantwortlichen und Beteiligten muss die Relevanz der Ziele für das Unternehmen und die eigene Rolle für die Zielerreichung unbedingt klar sein, damit sich diese mit ihrer ganzen Kraft für die Realisierung der Ziele einsetzen.

Außerdem müssen Ziele realistisch und in dem festgelegten Zeitraum auch erreichbar sein. Denn ein Ziel, bei dem schon im Vornherein klar ist, dass es nicht erreicht werden kann, wird die Beteiligten demotivieren. Klären Sie deshalb rechtzeitig ab, ob Sie zur Zielerreichung interne oder externe Hilfe wie Informationen, Manpower oder Vollmachten benötigen.

Von den Veranstaltungszielen werden häufig auch Veranstaltungstitel und Veranstaltungsmotto abgeleitet.

Praxistipp:

Unter einem Veranstaltungsmotto versteht man eine kurze Phrase, die schlagwortartig die gedankliche Richtung für die Veranstaltung vorgibt (Beispiele: „Back to the roots" oder „Diamonds and pearls" – *Achtung: Beliebt sind englische Mottos – diese aber bitte nur verwenden, wenn Sie sicher sein können, dass sie auch verstanden werden*).

Das Motto sollte sich wie ein roter Faden durch die gesamte Veranstaltungsplanung ziehen und sich in den Veranstaltungsbausteinen von Location bis Catering widerspiegeln. Das Motto soll den Teilnehmer auch gedanklich auf die Veranstaltung einstimmen, Neugierde wecken und Lust auf die Teilnahme machen. Wichtig ist hierbei jedoch, dass die Inhalte, die geboten werden, auch wirklich stimmig zum gewählten Motto sind.

Denken Sie bei der Definition Ihrer Veranstaltungsziele an Ihre Teilnehmer – für Ihre Zielgruppe muss das Ziel relevant sein! Die Ziele, die Sie mit Ihrer Veranstaltung verfolgen, sind Dreh- und Angelpunkt Ihrer Planung. Sie werden auf alle weiteren Planungsschritte Einfluss nehmen und sollten bei allen Entscheidungen berücksichtigt werden.

Ihre Zielgruppe

Stellen Sie Ihre Zielgruppe und deren Interessen und Bedürfnisse in den Mittelpunkt! Eigentlich klingt das ganz einfach: In erster Linie müssen sich Ihre Besucher wohl fühlen und das bekommen, wofür sie gekommen sind – im Idealfall sogar noch etwas mehr! Doch Gäste und Teilnehmer sind mittlerweile viel gewöhnt und dadurch verwöhnt. Ein gutes Catering, eine nette Location, ein guter Vortrag – das setzen heute die meisten Teilnehmer doch als selbstverständlich voraus, damit kann man keine Lorbeeren mehr ernten.

Wichtig ist also, zunächst einmal herauszufinden, wer überhaupt Ihre Zielgruppe ist, um daraus deren Erfahrungen, Bedürfnisse und Erwartungen ableiten zu können. Widmen Sie folgender Frage Ihre ganze Aufmerksamkeit: Wen möchten Sie mit Ihrer Veranstaltung ansprechen, wer soll Ihre Veranstaltung besuchen?

Wenn Sie genau definiert haben, aus welchen Personengruppen Ihre Zielgruppe(n) besteht, sollten Sie beginnen, den abstrakten Begriff „Zielgruppe" in konkrete Teilnehmer mit Bedürfnissen, Erwartungen und Wünschen zu verwandeln. Dies erreichen Sie, indem Sie Ihre Teilnehmer ganz gezielt auf folgende Eigenschaften hin untersuchen:

- Alter und Geschlecht
- Beruf (Funktion/Vorkenntnisse zum Veranstaltungsthema)
- Herkunftsort und -region
- Nationalität, Religion und Kulturzugehörigkeit

Durch diese Merkmale erhalten Sie eine Vielzahl unbezahlbarer Informationen – von der Auswahl der Musik, die gefällt, bis hin zu einem Catering, das ankommt. Hier ein paar Beispiel, welche Informationen sich alleine vom Alter Ihrer Zielgruppe ableiten lassen:

- *Unterhaltungs- oder Musikgeschmack:* Eine Teilnehmergruppe in ihren Zwanzigern „steht" nun einmal auf ein anderes musikalisches Unterhaltungsprogramm als eine Gruppe zwischen 50 und 60 Jahren.
- *Tageszeit:* Junge Leute gehen häufig erst zu Zeiten aus, zu denen andere – vor allem ältere Menschen – schon längst wieder zuhause sein möchten.
- *Rahmenprogramm*: Die Erwartungen an den kulturellen Rahmen oder die Auswahl an sportlichen Aktivitäten hängen ganz stark mit dem Alter der Zielgruppe zusammen.
- *Catering:* Dieses Thema ist besonders wichtig für das Wohlbefinden Ihrer Gäste: Kinder lieben Süßes, Pizza und Speisen, die einfach verzehrt werden können, Erwachsene schätzen Speisen, die vollwertig, aber leicht, delikat und raffiniert sind, Senioren haben wieder andere Anforderungen an die Küche – von der Zusammensetzung der Speisen über den Fettgehalt bis hin zu den Gewürzen!

Praxistipp:

Versuchen Sie, sich möglichst genau in Ihre Teilnehmer hineinzuversetzen!
Wo immer Ihnen das schwer fällt, sprechen Sie Freunde, Bekannte oder Kollegen an, die dieser Teilnehmergruppe entsprechen und befragen Sie diese ganz gezielt nach ihren Erwartungen!

Budgetierung und Kostenkontrolle

Die Gesamtkosten einer Veranstaltung setzen sich aus zahlreichen unterschiedlichen Einzelkosten zusammen, die bei jeder Veranstaltung anders sein können. Da Kosten zudem während des gesamten Zeitraums der Planung, Vorbereitung und Durchführung anfallen und bei aufwendigen Veranstaltungen häufig auch verschiedene Abteilungen und Kostenstellen betreffen können, ist es verständlich, dass bei der Budgetplanung leicht etwas vergessen werden kann.

Die detaillierte Aufstellung möglicher Veranstaltungs-Kostenarten am Ende des Kapitels erfüllt zwei Aufgaben: Zum einen ist sie als Planungshilfe gedacht, damit Sie bereits zu Beginn Ihrer Planung an wichtige Aufgaben und To Dos erinnert werden. Zum anderen hilft Ihnen die Checkliste bei der Bestimmung der Kosten aller Teilbereiche und Einzelleistungen.

Siehe „Aufstellung möglicher Veranstaltungs-Kostenarten" am Ende des Kapitels.

Gehen Sie zu Beginn jeder neuen Veranstaltungs- und Kostenplanung die Gesamtaufstellung kurz durch und legen Sie fest, welche Kostenarten und Leistungen für Ihre Veranstaltung überhaupt relevant und zutreffend sind. Löschen Sie alle Punkte auf der Checkliste, die Ihre jeweilige Veranstaltung nicht betreffen – damit wird diese Liste handlich und auf Ihre individuelle Veranstaltung zugeschnitten.

Praxistipp:

Gerade bei Projekten mit längerer Planungs- und Durchführungsphase ist es besonders wichtig, auch die Gründe für Abweichungen festzuhalten – eventuell auch in Form einer Notiz „freigegeben durch X" oder „beauftragt von X". Sonst lässt sich im Nachhinein nur noch mühsam feststellen, weshalb nun genau welche Änderung gegenüber dem Plan zustande kam. Fügen Sie daher in Ihre Checkliste auch die Spalte „Bemerkung" mit ein, in der diese Details zu den einzelnen Positionen vermerkt werden können!

Sicher planen: Soll-Ist-Vergleich

Besonders hilfreich zur Überwachung der Kosten ist eine Gegenüberstellung der geplanten Kosten, der in den Angeboten genannten Beträge, und der Beträge der Abrechnungen.

Diese Gegenüberstellung sollte kontinuierlich geführt und kontrolliert werden, um Abweichungen sofort erkennen zu können, die beispielsweise durch Änderungen der Teilnehmerzahlen, des Veranstaltungskonzeptes oder Sonderwünsche entstehen. Wichtig zur späteren Rückverfolgung ist es, alle Abweichungen mit einer knappen Begründung bzw. Nennung des Auftraggebers zu versehen.

Eine solchermaßen permanent gepflegte Übersicht ist ein wichtiges Arbeitsmittel für die Erfolgskontrolle der aktuellen Veranstaltung sowie auch für die Planung künftiger Veranstaltungen.

Siehe Übersicht „Kontinuierliche Kostenverfolgung" am Ende des Kapitels.

Das Wann und Wo: Ihr Veranstaltungssetting

Location, Catering, Künstler & Co. – das sind die Veranstaltungsbausteine, an denen die meisten Teilnehmer eine Veranstaltung messen (und bei denen so mancher Teilnehmer auch empfindlich reagiert, wenn etwas schief geht!).

- Die *Location* soll den perfekten Rahmen für Ihre Inszenierung bieten und Lust auf die Veranstaltung machen!
- Das *Catering* darf gerne Erlebnis-Charakter haben – der sich jedoch nicht darauf beschränken sollte, dass mit der berüchtigten Buffet-Schlange gekämpft wird.
- Das *Unterhaltungsprogramm* soll Ihre Veranstaltungsbotschaft aufgreifen und unterstützen, nicht überlagern!

Verlieren Sie bei der Planung auch die Veranstaltungsdramaturgie nicht aus den Augen! Legen Sie Wert auf einen interessanten Ablauf, bei dem die einzelnen Veranstaltungspunkte so aufeinander aufbauen, dass für Ihre Teilnehmer ein spannendes Programm entsteht.

Veranstaltungstermin

Der Veranstaltungstermin stellt in der Praxis bereits häufig die erste große Hürde in der Veranstaltungsplanung dar. Als ob es nicht schwierig genug wäre, alle Teilnehmer, die bei der Veranstaltung anwesend sein müssen, zeitlich unter einen Hut zu bekommen! Zusätzlich muss auch noch an Messen, Großveranstaltungen und Sportereignisse, an Ferientermine, Feier- und Brückentage – und das eventuell auch noch international – gedacht werden.

Wenn Sie eine Veranstaltung planen, an der Prominente und VIPs, bestimmte Referenten oder Moderatoren oder aber Ihr gesamter Vorstand teilnehmen muss, bleiben meist nur ganz wenige Alternativen übrig. Vor dem Terminkalender der Pflichtteilnehmer müssen sich die anderen Teilnehmer, von deren Erscheinen die Veranstaltung nicht zwingend abhängt, beugen.

Die Location

Hinter dem Sammelbegriff „Veranstaltungslocation" können sich ganz unterschiedliche Gebäude und Räumlichkeiten verbergen – vom klassischen Tagungshotel oder der Kongresshalle über artfremde Räume wie Museen bis hin zu den firmeneigenen Räumlichkeiten.

Wichtig ist, dass die Location einen entscheidenden Bestandteil der Veranstaltung darstellt. Sie soll einen Rahmen bieten, in dem sich Ihre Teilnehmer wohl fühlen, Ihr Motto transportieren und Ihre Veranstaltungsziele erreichen helfen.

Neben der Wirkung des Ambientes stehen natürlich auch praktische und finanzielle Gesichtspunkte ganz oben auf der Anforderungsliste für die geeignete Veranstaltungsstätte und nach diesen Kriterien hin sollte die anvisierte Veranstaltungsstätte ausgewählt bzw. geprüft werden.

Das Tagungshotel als Veranstaltungslocation

Ein guter Grund, warum sich Tagungshotels so großer Beliebtheit erfreuen, ist sicherlich, dass sie Raum für Veranstaltung (von Seminar bis Gala-Event) und Unterbringung der Teilnehmer unter einem Dach ermöglichen, also die Kosten für logistischen Aufwand und Wegezeiten für einen Transport der Gäste entfallen.

Der gewünschte positive Effekt kann aber auch gründlich schief gehen, nämlich wenn das Tagungshotel eher durch Mittelmäßigkeit besticht und sich die Teilnehmer in ihrer Freizeit in Haus und Umland langweilen. Um Ihre Veranstaltung im Tagungshotel zu einem wirklichen Highlight zu machen, ist daher besondere Sorgfalt bei der Auswahl des passenden Hauses notwendig.

Da Tagungshotels in Angebot und Ausrichtung völlig unterschiedlich sind, werden Sie nicht *das* perfekte Tagungshotel finden können, sondern nur das Tagungshotel, das optimal zu Ihrer jeweiligen Zielgruppe und Ihrer Veranstaltung passt.

Binden Sie die Vorzüge Ihres Tagungshotels und der Umgebung mit in Ihre Veranstaltungsplanung ein. Lädt beispielsweise ein besonders schöner Garten dazu ein, den Lunch nach draußen zu verlegen? Oder können bei schönem Wetter auch ganze Veranstaltungsteile wie Gruppenarbeiten, Workshops oder Diskussionen outdoor stattfinden?

Sprechen Sie Ihren Ansprechpartner beim Tagungshotel aktiv auf Ideen und individuelle Gegebenheiten des Hauses und der näheren Umgebung an – die Hotelmitarbeiter kennen die Vorzüge und Nachteile ihres Hauses!

Rahmen- und Freizeitprogramme

Der Trend geht weg von der Frontalveranstaltung hin zur Aktivierung der Teilnehmer – und diese wollen sich mit einbringen, ihre fünf Sinne gebrauchen können, kommunizieren und Erfahrungen mitnehmen. Stimmen Sie deshalb den Veranstaltungsablauf auf die Bedürfnisse Ihrer Teilnehmer ab.

Rahmen- oder Freizeitprogramme sollen Ihr Veranstaltungsprogramm aufwerten und bereichern sowie den aktiven Austausch zwischen den Teilnehmern ermöglichen. Angesagt sind momentan sportliche Aktivprogramme – bei diesen ist allerdings Vorsicht geboten: Die Teilnahme an solchen Programmpunkten muss absolut freiwillig sein, niemand sollte sich durch Gruppenzwang zur Teilnahme genötigt fühlen. Ein Mensch mit Höhenangst würde Ihnen beispielsweise einen Ausflug in den Hochseilgarten nie vergessen.

Bieten Sie daher in jedem Falle mehrere attraktive Rahmenprogramme zur Auswahl an, die der Persönlichkeitsvielfalt Ihrer Teilnehmer gerecht werden – also neben Sportprogramm beispielsweise ein Kultur- und ein Genussprogramm.

Versuchen Sie außerdem, Ihren Teilnehmern etwas wirklich Maßgeschneidertes zu bieten – nicht den x-sten Ausflug auf die Kart-Bahn. Holen Sie sich für Outdoor-Programme möglichst Profis oder lassen Sie sich bei kleinem Budget selbst abwechslungsreiche und unterhaltsame Aktivitäten einfallen, die niemanden ausgrenzen oder blamieren. Ein Beispiel könnte eine Firmen-Olympiade sein, bei der sich Ihre Teilnehmer beispielsweise aus fünf angebotenen Aktivitäten wie Kegeln, Tischtennis, Minigolf, Sackhüpfen und Dart drei Disziplinen ihrer Wahl aussuchen und sich in diesen bewähren können.

Machen Sie sich auch Gedanken über einen schönen Rahmen für den Ausklang des Tages. Klären Sie mit dem Hotel auch die Öffnungszeiten von Hoteleinrichtungen, die Sie eventuell in Ihre Veranstaltung integrieren möchten, wie beispielsweise die Hotelbar. Es wäre doch schade, wenn ein stimmungsvoller Abend ein abruptes vorzeitiges Ende fände.

Notfallplanung, Anmeldung, Versicherungen und Gebühren

Wenn Sie eine Veranstaltung durchführen, übernehmen Sie – ob „nur" moralisch oder auch juristisch – Verantwortung. Und Gefahren lauern bei Veranstaltungen auf Schritt und Tritt: Sei es, dass sich lose Kabel oder nasse Fußböden als Stolperfallen erweisen oder dass es nach dem nicht einwandfreien Fischbuffet zu Übelkeits-Attacken bei den Teilnehmern kommt.

Hinzu kommt, dass zahlreiche Veranstaltungen vorab angemeldet und genehmigt werden müssen. Die Nicht-Beachtung der gesetzlichen Vorschriften im Veranstaltungsbereich kann nicht nur teuer werden: Im Extremfall kann dies sogar zum Ausfall Ihrer Veranstaltung führen.

Führen Sie daher bei Ihren Veranstaltungen ein Risikomanagement ein, bestehend aus einer Bestandsaufnahme und Analyse der möglichen Risiken, einer Bewertung der Eintrittswahrscheinlichkeit und Schadenshöhe sowie eines daraus resultierenden Maßnahmenplanes. Ein solches Risikomanagement wird Ihnen nicht nur helfen, vermeidbare Risiken zu erkennen und zu beheben, sondern auch die für den Schadensfall notwendigen Vorsorgemaßnahmen zu treffen.

Notfallplanung

Der erste Schritt dient aktiv der Sicherheit Ihrer Teilnehmer – hier sollen potenzielle Gefahren analysiert und Schäden möglichst bereits im Vorfeld ausgeschlossen werden:

Risikoanalyse und Prävention:

Was können Sie und die Mitarbeiter vor Ort tun, um das Risiko zu minimieren?
Prüfen Sie vor Ort alle gefahrvollen Stellen und Bereiche, zum Beispiel:

- Sind die Wege der Gäste frei und sicher?
- Wurden alle Stolperfallen wie Kabel und Befestigungsmaterial beseitigt?
- Sind eventuell gefährliche Stellen wie Stufen oder Absätze gekennzeichnet?
- Ist die Beleuchtung von Treppen und Absätzen ausreichend?
- Besteht Gefahr durch Leuchtkörper und Kerzen (für die Teilnehmer direkt, aber auch für Dekoration und Material)?
- Ist die Sicherheit auch bei Regen gewährleistet (Rutschgefahr, aufgeweichte Wege)?
- Sind die Parkplätze sicher, befestigt und ausreichend beleuchtet?

Spielen Sie Ihre Veranstaltungen in Gedanken genau durch, halten Sie alle riskanten Punkte fest und achten Sie bei der Veranstaltungsvorbereitung und Durchführung besonders darauf, dass diese auch beachtet werden!

Überlegen Sie im nächsten Schritt, was in welchem Schadensfalle zu tun ist. Hier kann jede Sekunde zählen. Tragen Sie deshalb Sorge dafür, dass Ihr Team und Ihr Personal informiert, geschult und somit in der Lage ist, schnellstmöglich die richtigen Schritte einzuleiten. Machen Sie Ihr Team vor Ort bei einer gemeinsamen Begehung mit folgenden Fakten vertraut:

- Wo befinden sich die Notausgänge (Anzahl, Lage)?
- Wo sind Feuerlöscher angebracht? Sind Sie mit der Bedienung vertraut?
- Sind Sanitäter/Notarzt/Rettungswagen am Veranstaltungsort?
- Wie und wo sind diese erreichbar?

Statten Sie die Mitarbeiter vor Ort außerdem mit einer Liste der wichtigsten Notfall- und Service-Telefonnummern aus, wie zum Beispiel: Notarzt, Polizei, Feuerwehr, Krankenhaus sowie auch die 24-Stunden-Servicenummer der Veranstaltungstechnik und des Taxirufs.

Versicherungen

Veranstaltungsversicherungen sollen greifen, wenn der Schaden passiert ist – und dienen somit der Schadensbewältigung. Risiken, mit denen Sie (und Ihre Teilnehmer) konfrontiert werden, können durch unterschiedliche Versicherungsarten abgedeckt werden.

Lassen Sie sich vor Abschluss einer (vielleicht unnötigen) Versicherung unbedingt von einem seriösen Versicherungsexperten beraten. Hierbei sollte darauf geachtet werden, dass der mögliche Schaden und die Kosten für die Versicherungssumme in einem gesunden Verhältnis stehen. Die Absicherung von Risiken mit geringen Auswirkungen ist nicht zwangsläufig notwendig. Hingegen sollten Risiken mit potenziell hoher Schadenssumme auch bei geringer Eintrittswahrscheinlichkeit abgesichert werden.

Ubrigens lohnt es sich immer, in die Schadensprävention zu investieren – manche Versicherungen honorieren dies sogar mit einer Reduzierung des Beitrages.

Lassen Sie auch prüfen, welche Risiken bereits durch Ihre Firmenhaftpflicht abgedeckt sind. Je nach Situation und Vertrag könnten weitere Versicherungen wie Veranstaltungsausfall-Versicherung, Brandversicherung, Unfallversicherung oder Diebstahlversicherung dann im Bedarfsfalle ergänzt werden.

Praxistipp:

Eine empfehlenswerte Allround-Versicherung ist die Veranstaltungshaftpflicht, die eine große Zahl typischer Schäden, die bei Veranstaltungen auftreten können, abdeckt. Veranstaltungshaftpflichtversicherungen werden von den meisten großen Versicherungen angeboten. Wichtig ist jedoch, dass eine solche Standardversicherung auf Ihren speziellen Fall und Ihre individuellen Risiken angepasst werden kann, damit man eventuelle Lücken nicht erst im Schadensfalle erkennt.

Anmeldungen

Ein Punkt, dem sich Nicht-Fachleute häufig nicht bewusst sind, ist die Anmeldepflicht bestimmter Veranstaltungen. Generell sind Veranstaltungen, die in Räumlichkeiten durchgeführt werden, die nicht für Veranstaltungen vorgesehen und genehmigt sind, anzumelden und müssen genehmigt werden. Es gibt aber noch zahlreiche weitere Faktoren, die eine Anmelde- oder Genehmigungspflicht nach sich ziehen, hier einige Beispiele:

- Veranstaltungen, die auf öffentlichen Flächen wie zum Beispiel Plätzen, Fußgängerzonen, Parks und Grünanlagen durchgeführt werden oder bei denen solche mit einbezogen werden.
- Bei zu erwartender Beeinträchtigung des Straßenverkehrs – je nach Umfang – werden Verkehrsmaßnahmen vom Veranstalter selbst oder durch das Straßenbauamt durchgeführt. Entstehende Kosten trägt der Veranstalter.
- Veranstaltungen in Gebäuden und Locations, bei denen vom genehmigten Einrichtungsplan (dieser liegt dem Betreiber der Versammlungsstätte vor) abgewichen wird. Dies ist besonders für die Einhaltung der erforderlichen Fluchtwege wichtig. Abweichungen muss die Bauaufsicht abnehmen.
- Veranstaltungen, bei denen Speisen und/oder Getränke gegen Entgelt abgegeben werden. Hier muss gegebenenfalls auch an eine Änderung der gesetzlich vorgeschriebenen Sperrzeiten gedacht werden.
- Musikalische Darbietungen (live oder von Tonträgern) und Veranstaltungen mit Beschallungsanlagen im Freien (beispielsweise für Durchsagen, Ansprachen etc.).
- Veranstaltungen, die brandschutzrechtlich gefährlich sind, beispielsweise durch offenes Feuer, Gas und Pyrotechnik. Für diese Veranstaltungsbestandteile erstellt die Branddirektion eine brandschutztechnische Beurteilung und gibt außerdem Auskunft über die Anzahl der benötigten Sanitäter am Veranstaltungsort.
- Bei Feuerwerken sind die maximal zulässigen Endzeiten zu beachten: Im Mai, Juni, Juli bis 23:30 Uhr, in der sonstigen Sommerzeit bis 23:00 Uhr, im übrigen Jahr bis 22:00 Uhr (Ausnahme: Silvester).
- Messen, Ausstellungen, Tombolas, Wochenmärkte, Jahrmärkte, Volksfeste und Großmärkte.
- Veranstaltungen, bei denen sogenannte „Fliegende Bauten“, also Bühnen, Tribünen, Zelte, Messestände aufgestellt werden. Die „Fliegenden Bauten“ müssen von der Bauaufsicht abgenommen werden.

Wir kennen alle aus der Presse Beispiele für schreckliche Katastrophen, die eintreten konnten, weil Sicherheitsbestimmungen oder Vorschriften nicht eingehalten wurden. Und vom moralischen Aspekt einmal abgesehen: Bei Nicht-Einhaltung von Vorschriften und Bestimmungen haften Verursacher und/oder Veranstalter. Beachten Sie daher unbedingt auch die gesetzlichen Vorschriften, die in der Versammlungsstättenverordnung Ihres jeweiligen Bundeslandes geregelt sind (www.versammlungsstaettenverordnung.de/vstaettv_neu/bundeslaender.htm). Hier finden Sie beispielsweise Vorgaben zu Rettungswegen und Notausgängen,

Verwendung von offenem Licht und Feuer, Gewährleistung von Sicherheit bei Dekoration, Sperrzeiten und Lärmschutzverordnung. Die Vorschriften der Versammlungsstättenverordnung mögen zwar manchem Veranstalter lästig erscheinen, dienen aber vor allem der Sicherheit und dem Schutz Ihrer Teilnehmer.

Die erste Anlaufstelle zur Klärung Ihrer Detailfragen zu Ihrer speziellen Veranstaltung sowie auch zur Anmeldung selbst ist Ihr zuständiges Ordnungsamt. Dort erhalten Sie auch einen „Formularsatz für Veranstaltungen", über den Sie die Anmeldung dann schnell und einfach vornehmen können. Bei den Ordnungsämtern sitzen in der Regel Experten, die Ihnen Auskunft über Anmelde-, Informations- und Abnahmebestimmungen für Ihre jeweilige Veranstaltung geben können. Das Ordnungsamt oder weitere von Ihrer Veranstaltung betroffene Stellen (beispielsweise Straßenbauamt, Branddirektion, Bauaufsicht) informieren Sie dann auch über anfallende Kosten oder zu leistende Abgaben und Gebühren.

Abgaben: GEMA und KSK

Vergessen Sie nicht, Veranstaltungen mit musikalischen Darbietungen bei der „Gesellschaft für musikalische Aufführungs- und mechanische Vervielfältigungsrechte", kurz GEMA (www.gema.de), anzumelden und die anfallenden Gebühren zu entrichten. Die Höhe der Gebühren richtet sich unter anderem nach Eintrittspreisen, Teilnehmerzahlen und Quadratmeterfläche des Veranstaltungsortes.

Arbeiten Sie mit Live-Bands, Künstlern und Publizisten, fallen außerdem Beiträge für die Künstlersozialkasse (www.kuenstlersozialkasse.de) an. Mit der Künstlersozialkasse sind selbständige Künstler und Publizisten in den Schutz der gesetzlichen Sozialversicherung eingebunden. Die Künstler selbst müssen nur die Hälfte ihrer Beiträge an die KSK entrichten, die andere Beitragshälfte wird durch die Unternehmen finanziert, die die künstlerische oder publizistische Leistung verwerten.

So vorbereitet und gerüstet werden Sie potenzielle Risiken auf ein tragbares Maß reduzieren können und Ihren Teilnehmern wie auch Ihrem Unternehmen ein Höchstmaß an Sicherheit bieten.

Veranstaltungsnachbereitung und Abschlussbericht

Auch nach Durchführung der Veranstaltung ist die Arbeit noch nicht beendet. Was bleibt nach den üblichen organisatorischen Aufgaben wie Abbau, eventuelle Rückbauten und Entsorgung der Abfälle noch zu tun?

Folgende Punkte sind zu prüfen bzw. durchzuführen

- Kontrollieren Sie, dass Location und Material in ordnungsgemäßem Zustand hinterlassen und zurückgegeben werden.
- Erfassen und melden Sie Schwund, Bruch und Schäden.

- Sprechen Sie allen Beteiligten Ihren persönlichen Dank aus.
- Geben Sie dem Veranstaltungsteam und dem Projektteam ein qualifiziertes Feedback.
- Bedanken Sie sich bei Lieferanten, Sponsoren und Dienstleistern.
- Versenden Sie Dankschreiben an Referenten und Gastredner.
- Kontrollieren Sie, ob und inwieweit Ihre gesetzten Ziele erreicht wurden.
- Erstellen Sie die Endabrechnung, bezahlen Sie Dienstleister, Lieferanten etc.
- Erstellen Sie den Bericht für Ihren Vorgesetzen oder Auftraggeber.
- Arbeiten Sie eventuelle Adress- oder Namensänderungen in die Teilnehmerdatei ein.
- Versenden Sie versprochene Unterlagen, Reden etc.
- Versenden Sie eventuell Reminder an Ihre Teilnehmer (Fotos, Filme etc.).

Die Veranstaltungsnachbearbeitung sollte zeitnah erfolgen, damit die Eindrücke bei allen Beteiligten noch frisch sind. Eine gründliche Nachbereitung spart Ihnen bei künftigen Veranstaltungen Zeit und Geld!

Den Abschluss Ihrer Veranstaltung bildet der Abschlussbericht, in dem alle wichtigen Informationen und Details festgehalten werden. Dies ermöglicht sowohl Ihnen als auch anderen Personen, die sich bei Folgeveranstaltungen zurechtfinden möchten, schnellen Zugriff auf alle relevanten Angaben.

Mindestens folgende Fragen sollten im Abschlussbericht beantwortet werden

- Was waren die (*detaillierten!*) Ziele der Veranstaltung?
- In welchem Zeitraum sollten sie erfüllt werden (*kurz- oder langfristige Ziele)?*
- Wie hoch war das Veranstaltungsbudget? Gab es Abweichungen? Wenn ja, wofür?
- Was kam bei der Veranstaltung besonders positiv an? Was wurde negativ bewertet?
- Was blieb den Teilnehmern in Erinnerung? Kann hierauf aufgebaut werden?
- Wurden die vorab definierten Ziele umgesetzt?
- Wurde eine Erfolgsmessung durchgeführt und wenn ja mit welchen Mitteln/Instrumenten?
- Welche genauen Ergebnisse gab es? Wurde der Event als Erfolg gewertet?

Ihr Abschlussbericht ergibt zusammen mit Ihren Veranstaltungsunterlagen wie Regiebuch, Teilnehmerunterlagen, Aufzeichnungen, Bilder, Berichterstattungen etc. eine aussagekräftige Dokumentation Ihrer Veranstaltung.

Aufstellung möglicher Veranstaltungs-Kostenarten

Position	Leistung	Anzahl	Einzelpreis	Gesamtpreis pro Leistung (zzgl. MwSt.)
A	**Zur Veranstaltungsvorbereitung**			
1.	**Planung, Recherche, Organisation:**			
1.1	**bei Agenturen** gelten unterschiedliche Sätze für verschiedene Tätigkeiten und Hierarchiestufen der Mitarbeiter, beispielsweise für:			
1.1.1	Planung			
1.1.2	Konzeption			
1.1.3	Recherche			
1.1.4	Besichtigung Location			
1.1.5	Sekretariatsdienste			
1.1.6	Reisekosten			
1.1.7	Telefon, Porto, Kopien etc.			
…	…			
	*Auch **bei Eigenleistung** entstehen Kosten für die Leistungen der Mitarbeiter Ihres Unternehmens – sollten Sie diese nicht verfügbar haben, versuchen Sie, wenigstens die Anzahl der benötigten Stunden zu erfassen, damit Sie Erfahrungswerte für den Arbeitsaufwand erhalten*			
	Summe Organisations- & Rechercheaufwand			
2.	**Werbung, Einladung, Rückantwort, Eintrittskarten etc. – unter anderem:**			
2.1	Texter, Grafiker			
2.2	Logo, Motto			
2.3	Layout, Satz und Druck			
2.4	Verbreitung, Porto			
…	…			
	Summe Werbung und Einladung			
3.	**Tagungsunterlagen: Programm, Handouts, Pressemappen … etc.:**			
3.1	Erstellung			
3.2	Material			
3.3	Eventuell auch Übersetzung			
…	…			
	Summe Tagungsunterlagen			
4.	**Teilnehmerregistrierung, beispielsweise:**			
4.1	EDV-Programm zur Teilnehmerregistrierung			

Position	Leistung	Anzahl	Einzelpreis	Gesamtpreis pro Leistung (zzgl. MwSt.)
4.2	Personal zur Teilnehmerregistrierung			
4.3	Nachfassaktionen			
4.4	Telefon, Porto, Kopien etc.			
…	…			
B	**Während des Veranstaltungsablaufs**			
5.1	**Personalkosten: Eigenpersonal**			
5.1.1	Arbeitsstunden			
5.1.2	Überstunden			
…	…			
	Summe Eigenpersonal			
5.2	**Fremdpersonal:**			
5.2.1	Techniker, evtl. Technischer Assistent			
5.2.2	Bild-, Licht- und Tontechniker			
5.2.3	Regisseur, evtl. Regieassistent			
5.2.4	Hostessen			
5.2.5	Personal zur Einlasskontrolle und Security			
5.2.6	Sanitäter/Ersthelfer/Notarzt			
5.2.7	Dolmetscher			
5.2.8	Garderobenpersonal			
5.2.9	Reinigungspersonal/Toilettenfrau			
…	…			
	Summe Fremdpersonal			
6.1	**Location:**			
6.1.1	Raummiete für den Veranstaltungs-zeitraum			
6.1.2	Auf-/Abbautage			
6.1.3	Umbaumaßnahmen und Aufbauten			
6.1.4	Raumausstattung, Bühne			
6.1.5	Mietmöbel			
6.1.6	Technische Geräte wie: Computer, Drucker, Kopierer, Telefax			
6.1.7	Dekoration Location			
6.1.8	Parkkosten			
…	…			
	Summe Location			
6.2	**Cateringkosten, beispielsweise für:**			
6.2.1	Personal: Köche, Service			
6.2.2	Bewirtung der Teilnehmer (Speisen, Getränke, Pausenverpflegung, Wellcomedrink etc.)			
6.2.3	Eventuell separates Catering für Künstler, VIPs ...			
6.2.4	Crewcatering			

Position	Leistung	Anzahl	Einzelpreis	Gesamtpreis pro Leistung (zzgl. MwSt.)
6.2.5	Catering Crew			
6.2.6	Transport, Auf-/Abbau, Handling			
6.2.7	Trinkgeld?			
…	…			
	Summe Catering			
6.3	**Gästetransport, beispielsweise:**			
6.3.1	Fahrer			
6.3.2	Shuttleservice			
6.3.3	Busse			
6.3.4	Parkplatzmiete, Parkplatzanweiser			
6.3.5	Beschilderung/Beleuchtung/Leitsystem			
…	…			
	Summe Gästetransport			
6.4	**Eventuelle sonstige Kosten wie:**			
6.4.1	Strom, Wasser, Abwasser			
6.4.2	Telefonanlagen, ISDN, WLAN			
6.4.3	Kommunikationstechnik wie: Headsets/Walkie-Talkies/Mobiltelefone			
6.4.4	Gastgeschenke, Give-aways, Pressegeschenke			
6.4.5	*Bei Rahmenprogramme und Begleitveranstaltungen fallen eventuell wieder Kosten für Location, Teilnehmerbewirtung, Transport und Logistik, Betreuung etc. an!*			
…	…			
	Summe Nebenkosten			
6.5	**Hotelkosten:**			
6.5.1	Übernachtung der Teilnehmer			
6.5.2	Übernachtung Crew			
6.5.3	Organisations- oder Backoffice			
6.5.4	Eventuelle Nebenkosten im Hotel			
6.5.5	Parkkosten			
…	…			
	Summe Hotelkosten			
6.6	**Künstler, Referenten, Moderatoren:**			
6.6.1	Honorare			
6.6.2	Nebenkosten, Extras, Spesen			
6.6.3	Anreise, Übernachtung			
6.6.4	Eventuell Betreuung, Security			
6.6.5	Präsente			
…	…			
	Summe Künstler, Referenten, Moderatoren			

Position	Leistung	Anzahl	Einzelpreis	Gesamtpreis pro Leistung (zzgl. MwSt.)
6.7	**Dokumentation, beispielsweise:**			
6.7.1	Aufzeichnung der Veranstaltung			
6.7.2	Fotos			
6.7.3	Mitschriften			
…	…			
	Summe Dokumentation			
6.8	**Versicherungen, wie:**			
6.8.1	Veranstalterhaftpflicht			
6.8.2	Veranstaltungsausfallversicherung			
6.8.3	Brand-, Diebstahl- etc.			
…	…			
	Summe Versicherungen			
6.9	**Gebühren, Beiträge etc.:**			
6.9.1	GEMA			
6.9.2	KSK (Künstlersozialkasse)			
6.9.3	Lizenzen			
…	…			
	Summe Gebühren, Beiträge etc.			
C	**Veranstaltungsnachbereitung**			
7.1	Dankesschreiben			
7.2	Rückbauten			
7.3	Abtransport			
7.4	Endreinigung, Müllentsorgung			
7.5	Erfolgsmessung			
7.6	Reminder, Gastgeschenke zur Erinnerung			
…	…			
	Summe Veranstaltungsnachbereitung			
	Summe Grobbudget gesamt			

Kontinuierliche Kostenverfolgung

Pos.	**Maßnahmen:** **(*Beispiele*)**	Kosten (Budget) Stand: (*Datum)*	Kosten (Angebot) Stand: (*Datum)*	Kam es zwischen Budget und Angebot zu Abweichungen? *Höhe der Abweichungen mit Grund*	Kosten (Rechnung) Stand: (Datum) Datum	Kam es zwischen Angebots- und Rechnungsbetrag zu Abweichungen? *Höhe der Abweichungen mit Grund und evtl. Auftraggeber festhalten*
1	**Location**					
1.1	**Raummiete**					
1.2	**Aufbautag**					
1.3	**Dekoration**					
2	**Catering**					
2.1	**Speisen**					
2.2	**Getränke**					
3	**Technik**					
	Gesamtsumme	0,00	0,00	**0,00**	0,00	0,00
	Anzahl Teilnehmer	X	x	**x**	x	x
	Kosten pro Person	0,00	0,00	**0,00**	0,00	0,00

Entscheidungsvorbereitung für den Chef

Susanne Westphal

Die Assistenz als Motor für kluge und schnelle Entscheidungen

Welche Agentur soll sich um unsere Imagebroschüre kümmern? An welchem Ort führen wir das Strategie-Meeting durch? Sollen wir den neuen Fotokopierer kaufen, leasen oder mieten? Manager haben täglich wichtige Entscheidungen zu treffen. Wohl dem, der hilfreiche Unterstützung durch eine professionelle Assistenz genießt, damit schnell die richtigen Entscheidungen getroffen werden können.

Zur optimalen Entscheidungsvorbereitung zählen alle Arbeitsschritte, die es einem Manager erleichtern, wichtige Informationen zu überblicken, um dann die richtige Entscheidung treffen zu können. Idealerweise erhält er einen Überblick über sämtliche Alternativen mit einer Gegenüberstellung aller Vor- und Nachteile. Ist diese Aufstellung inhaltlich verlässlich und vollständig, muss im besten Fall nur noch eine Unterschrift darunter gesetzt werden und der Projektverlauf kann zügig fortschreiten.

Ganz wichtig: Es geht nicht darum, ihm oder ihr die Entscheidung abzunehmen, sondern ausschließlich darum, sie optimal vorzubereiten. Abgesehen davon, dass es manche starke Führungspersönlichkeiten nicht schätzen, wenn sie das Gefühl haben, manipuliert oder gar entmündigt zu werden, tragen sie letztlich die Verantwortung für jede getroffene Entscheidung. Für das Tragen dieser Last werden sie auch bezahlt.

In dem folgenden Kapitel bekommen Sie

- eine Übersicht und Erläuterungen, welche Elemente zur Entscheidungsvorbereitung gehören,
- eine Auflistung der wesentlichen Arbeitsschritte, die bis zur Entscheidungsvorlage für das Management nötig sind und
- einen Überblick über die sieben größten Fehler beim Vorbereiten einer Entscheidung.

Um eine Entscheidung hilfreich vorzubereiten, gilt es, die folgenden sechs wesentlichen Punkte zu beachten:

- *Kriterien für die Entscheidung:* Welche Faktoren spielen eine Rolle (Preis, Schnelligkeit, Auswirkungen auf das Image, Motivation der Mitarbeiter ...)?
- *Priorisierung der Kriterien:* Wie wichtig sind die einzelnen Entscheidungskriterien im Vergleich?
- *Termine:* Bis wann muss eine Entscheidung getroffen werden? Ist die Einhaltung fester Termine zu beachten? Gibt es Termine, die den Projektverlauf beeinflussen (Urlaubszeiten, wichtige Messen ...)?
- *Aufwand/Kosten:* Welche direkten Kosten (Preis durch Einkauf von Waren oder Leistungen) oder indirekten Kosten und Aufwendungen (Arbeitszeit von Mitarbeitern, Verzögerung anderer Projekte) sind mit einer bestimmten Entscheidung verbunden?
- *Nutzen/Gewinn:* Was „bringt" eine Entscheidung? Werden durch sie bestimmte Kosten langfristig eingespart? Was sind die Hauptnutzen?
- *Direkt und indirekt betroffene Personen und Projekte:* Wer wirkt mit, wenn eine bestimmte Entscheidung realisiert wird? Wessen Mitarbeit wird benötigt? Wer muss Bescheid wissen?

Kriterien für die Entscheidung

Um eine Entscheidungsfindung optimal vorbereiten zu können, ist es wichtig, zunächst zu verstehen, welche Kriterien für eine richtige Entscheidung eine Rolle spielen.

Ein Beispiel: Eine Maschinenbaufirma aus Augsburg und ein T-Shirt-Hersteller aus Stuttgart suchen beide eine Werbeagentur, die eine Firmenbroschüre erstellen soll. Die Augsburger Firma legt Wert darauf, dass sich die Agentur mit ihrem Geschäft auskennt und viele Jahre Erfahrung mitbringt. Der Marketing-Chef geht davon aus, dass ein Insider die Produkte und den Markt besser versteht und dadurch eine bessere Leistung erzielen kann als jemand, der sich erst neu einarbeiten muss. Es ist ihm ebenfalls wichtig, dass die Agentur ihren Firmensitz vor Ort hat, weil meist einige Besprechungen nötig sind, bis das passende Ergebnis vorliegt. Die Stuttgarter Textilproduzenten hingegen möchten „frischen Wind" in ihre Werbung bringen und bevorzugen eine Agentur, die Erfahrungen in anderen Branchen gesammelt hat. Räumliche Nähe ist ihnen nicht wichtig, weil sie es gewöhnt sind, Entwürfe per E-Mail freizugeben.

Dieses Beispiel zeigt, wie zwei ähnlich klingende Aufgabenstellungen durch völlig unterschiedliche Herangehensweisen gelöst werden können. Die Kriterien für die Entscheidungsfindung sind unterschiedlich und werden auch unterschiedlich bewertet.

Kriterien	Maschinenbaufirma	T-Shirt-Produzent
Räumliche Nähe	9	2
Branchenkenntnis	10	1
Mindestens 5 Jahre am Markt	8	5

Bewertung: 1= geringe Bedeutung bis 10 = extrem wichtig

Im ersten Schritt ist es also nötig, die für eine Entscheidung relevanten Kriterien in Erfahrung zu bringen und aufzulisten. Diese Kriterienliste kann von einer Sekretärin oder Assistentin vorbereitet werden, sollte jedoch unbedingt mit dem Chef abgestimmt und eventuell korrigiert oder ergänzt werden. Leider gibt es in der Praxis bereits an dieser Stelle sehr häufig Missverständnisse zwischen Führungskraft und Assistenz. Alle weiteren Ausarbeitungen für eine Entscheidungsvorbereitung sind dann für den Manager unbrauchbar.

Priorisierung der Kriterien

Alles soll immer schnell gehen, nichts kosten und einen möglichst hohen Nutzen erzielen. Wer will das nicht? Doch was ist im Zweifel wichtiger? Die Ziele „innovativ sein" und „beste Qualität liefern" sind möglicherweise nicht gleichzeitig erreichbar. Es kann Situationen geben, in denen einem dieser beiden Ziele Priorität eingeräumt werden muss:

Wenn ein Software-Unternehmen ein neues Programm auf den Markt bringen will, sind viele schwerwiegende Entscheidungen zu treffen. Die wichtigste dürfte die Frage nach dem richtigen Moment für den Marktstart sein: soll das neue Produkt weitere Testschleifen durchlaufen? Sollten mehr Probanden während einer längeren Testphase die Funktionalität prüfen und ihre Erfahrungen in die Weiterentwicklung einbringen? Oder kann es sein, dass eine längere Testphase bedeutet, dass der Wettbewerber schneller mit einer ähnlichen Software auf den Markt kommt?

Ist Qualität das oberste Gebot, gibt es für die Entscheidung des richtigen Marktstarts keinen Zweifel. In aller Ruhe und Gründlichkeit wird weiter getestet, bis auch die letzte, mögliche Schwachstelle geprüft wurde. Wenn das Unternehmen jedoch die strategische Entscheidung getroffen hat, Innovationskraft und Schnelligkeit zu den höchsten Prinzipien zu erklären, wird die Entscheidung anders aussehen. Was sind schon ein paar kleine Fehler im Vergleich zu dem Triumph, eine völlig neue Leistung fünf Monate früher als die Konkurrenz anbieten zu können?!

Entscheidungskriterien brauchen Gewichtungen. Nur so ist es möglich, Entscheidungen zu objektivieren und für andere nachvollziehbar zu machen.

Ein Makler, der für eine Parfümeriekette ein neues Ladenlokal sucht, benötigt klar beschriebene Kriterien und deren Gewichtung, um erfolgreich sein zu können. Kein Laden wird alle Kriterien, die der Auftraggeber vorgibt, gleichermaßen erfüllen, denn sie umschreiben die Idealbedingungen: 1A-Lage, kein Wettbewerber im Umkreis von 500 Metern, Mietpreis unter 80 Euro pro Quadratmeter, modernes Gebäude, helle, hohe Räume, ausreichend Parkplätze vor der Tür, gut mit öffentlichen Verkehrsmitteln erreichbar, Mietvertrag ohne Mindestlaufzeit.

Entscheidend ist, zu wissen, welche Punkte die größte Bedeutung haben. Worauf lässt sich am ehesten verzichten? Gibt es keine klaren Vorgaben, erschwert dies die Arbeit des Maklers enorm: Wesentlich mehr Objekte kommen in Frage und müssen besichtigt und beschrieben werden. Mit jedem Vermieter muss eigens verhandelt werden.

Praxistipp:

Eine objektive Möglichkeit, verschiedene Alternativen in ihrer Bedeutung zu bewerten ist das Vergeben von Punkten:
Ein Punkt bedeutet: „unwichtig", die Vergabe von zehn Punkten heißt „extrem wichtig". Mit einer solchen Punkteskala können auch mehrere Personen, die sich mit demselben Projekt befassen, gleichermaßen verstehen, wie der Entscheider selbst die einzelnen Kriterien gewichtet.

Termine beachten

Der Terminkalender ist eines der wichtigsten Werkzeuge in der Entscheidungsvorbereitung. Wer ist wann verfügbar? Stehen parallel wichtige Ereignisse an? All dies gilt es zu recherchieren und zu prüfen. Auch ist manchmal nicht klar, wie kritisch die Überschreitung mancher Termine für die gesamte Entscheidungsvorbereitung sein kann.

Ein Beispiel: Ein Pharma-Unternehmen plant eine zweitägige Fortbildungsveranstaltung für Ärzte mit einem Trainer in einem Seminarhotel. Für diese Veranstaltungen sind verschiedene Vorbereitungen nötig. Eine winzige Terminverschiebung kann die Durchführung der gesamten Schulung in Frage stellen. Die Einhaltung der Termine hat also bei der Entscheidungsvorbereitung zur Durchführung der Veranstaltung eine hohe Priorität. Der Schulungstermin ist für den 18. und 19. September vorgesehen – Tagungsraum und Zimmer sind reserviert, der Trainer ist gebucht. Die Veranstaltung rechnet sich für das Pharmaunternehmen nur, wenn sich mindestens 30 Ärzte zur Tagung anmelden. Die Einladungskarten wurden von einer Agentur entworfen und sollen durch den Marketingchef bis zum 10. Juli freigegeben werden. Er zögert – die Entwürfe gefallen ihm noch nicht. Er korrigiert die Karten erst zum 14. Juli, die Agentur bessert nach und will sie an die Druckerei weiter geben. Doch leider ist dort nun Betriebsurlaub. Man hatte nichts mehr gehört und war davon ausgegangen, dass der Auftrag nicht zustande käme. Wartet man bis nach den Betriebsferien, können die Karten frühestens zum 5. August fertig gestellt werden.

Also gibt es nun während des Projekts eine neuartige Entscheidungssituation:

- *Variante 1:*
  Es wird bis zum 5. August gedruckt und die Einladungen im Anschluss verschickt. Da bis dahin auch viele Ärzte im Urlaub sind, ist es fraglich, ob die 30 Anmeldungen bis zum 18.

August zusammen kommen. Falls nicht, war der gesamte Aufwand der Veranstaltungsvorbereitungen umsonst.

- *Variante 2:*
  Das Unternehmen wartet bis nach den Betriebsferien, beschließt jedoch, den Seminartermin um etwa vier Wochen zu verschieben. Doch nun rutscht der Termin in die Weiterbildungs-Hochsaison: Das Hotel hat erst wieder freie Kapazitäten ab November, der Trainer ist auch über den gesamten Herbst ausgebucht. Ein neues Hotel oder ein anderer Trainer sind natürlich zu finden, allerdings unter erheblichem Aufwand.

- *Variante 3:*
  Es wird eine andere Druckerei gesucht und mit dem Druck beauftragt. Leider gibt es für die speziellen Karten des Unternehmens eine (teure) Stanzform, die jedoch in der Hausdruckerei verwahrt wird. Es muss nun entweder eine neue (teure) Stanzform hergestellt werden oder eine weniger schöne Standardkarte gedruckt werden.

Das Beispiel zeigt, wie wichtig es ist, dem Marketingleiter bereits in der Entscheidungsvorbereitung die hohe Priorität der Termintreue deutlich zu machen, warum der Termin für die Freigabe so früh gesetzt wurde und welche Auswirkungen eine Terminüberschreitung hätte.

Es liegt in der Natur des Menschen, Notwendigkeiten eher zu akzeptieren, wenn ihre Dringlichkeit auf verständliche und freundliche Weise erklärt wurde. Ergänzende Verkehrsschilder mit dem Hinweis auf spielende Kinder sind daher wirkungsvoller als das bloße Aufstellen von Zone-30-Geschwindigkeitsbegrenzungen. Jede Fristsetzung oder jeder Terminhinweis in der Entscheidungsvorbereitung braucht daher auch eine kurze Erklärung, um in seiner Bedeutung erkannt zu werden:

Checkliste Terminüberprüfung:

- **Welche Personen sind in die Entscheidung eingebunden?**
- **Sind diese während des Entscheidungsprozess erreichbar?**
- **Ist jemand im Urlaub?**
- **Stehen wichtige Meetings/Jour fixe-Termine an, bei denen die wichtigsten Ansprechpartner zusammen treffen?**
- **Bis zu welchem Termin muss die Entscheidung spätestens getroffen sein?**
- **Welche wichtigen Termine sind im Rahmen des Projekts, auf das sich die Entscheidung bezieht, bekannt?**
- **Welche der Termine sind intern festgelegt, welche von außen bestimmt?**
- **Sind wichtige Termine als solche gekennzeichnet und wurden diese auch hinreichend erklärt? (Wie werden die Entscheidungskriterien bei Terminüberschreitung beeinflusst?)**

Aufwand und Kosten

Die Höhe der Kosten ist bei vielen Entscheidungen das Hauptkriterium. Daher ist es wichtig, diese vollständig und so exakt wie möglich zu berechnen.

Ein Beispiel: Für eine Konferenz wird ein passendes Tagungshotel gesucht. Drei Alternativen stehen zur Auswahl. Alle drei Hotels haben ein Angebot abgegeben – jetzt muss nur noch das passende ausgewählt werden. Im ersten Schritt werden die drei Angebote geprüft: Sind die angegebenen Preise auch wirklich miteinander vergleichbar? Sind die Leistungen tatsächlich identisch? Gelten die Zimmerpreise inklusive Frühstück? Welche Technik wird im Tagungsraum kostenlos bereitgestellt, welche muss gegen Gebühr zusätzlich gebucht werden? In manchen Häusern ist es mittlerweile möglich, mit dem eigenen Laptop eine kostenlose Internetverbindung zu nutzen. Oft werden die Softgetränke in der Minibar nicht extra berechnet oder die Garage steht für Hotelgäste gratis zur Verfügung. Werden für all diese Dienste noch einmal separat hohe Gebühren in Rechnung gestellt, können diese Nebenleistungen noch einmal 50 Prozent des Übernachtungspreises ausmachen.

Nun stehen drei – vergleichbare – Preise für die verschiedenen Häuser gegenüber. Und doch spiegeln sie die Kosten nicht vollständig wider. Bei Raum- oder Hotelbuchungen wird oftmals die Lage und Erreichbarkeit nicht in der Kostenaufstellung berücksichtigt. Ein Haus, das direkt neben dem Hauptbahnhof liegt, ist unter dem Aspekt des Aufwands als wesentlich attraktiver einzustufen als ein Hotel am Stadtrand, weit entfernt von der nächsten U- oder S-Bahn-Haltestelle.

Um derartige Nebenkosten, wie den Aufwand der Anreise, richtig einschätzen zu können, sind besondere Kenntnisse nötig. Es ist wichtig, Erfahrung mit der Art der Bestellung zu haben, Ortskenntnis ist hilfreich. Wer zum ersten Mal ein Kongresshotel bucht und selbst nie auf einer solchen Veranstaltung war, wird gar nicht auf die Idee kommen, bestimmte Details abzufragen.

Auch bei scheinbar einfachen Warenbestellungen können die Nebenkosten die gesamte Kalkulation durcheinander wirbeln.

Beispiel: Die Marketingabteilung eines Computerherstellers lässt Weihnachtskarten drucken. Es wird dieselbe Menge in Auftrag gegeben wie im Vorjahr und trotz des pfiffigen Designs und des außergewöhnlichen Formats liegen die Druckkosten nicht höher. Üblicherweise bestellen die einzelnen Fachabteilungen nun ihrem Bedarf entsprechend eine gewisse Menge an Karten, die ihrer Kostenstelle zugeordnet wurde. Doch in diesem Jahr bleibt das Marketing auf dem Löwenanteil der Karten sitzen: manche Abteilungen bestellten in diesem Jahr keine, andere wesentlich weniger als im Vorjahr. Erst dann fällt auf: Wegen des besonderen Formats muss beim Versenden ein deutlich höheres Porto bezahlt werden.

Siehe Checkliste „Typische Beispiele für versteckte Nebenkosten“ am Ende des Kapitels.

Nutzen und Gewinn

Die Kostenseite exakt zu berechnen ist in manchen Fällen mühsam, aber immer möglich. Wenn es jedoch darum geht, den Nutzen einer Entscheidung in Zahlen auszudrücken, ist das schwieriger. Wie lässt sich etwa die Mitarbeitermotivation messen? Sorgt das Ausrichten eines Sommerfests tatsächlich dafür, dass die Belegschaft bessere Laune bekommt und dadurch effizienter arbeitet? Einen messbaren finanziellen Gewinn hat das Unternehmen nur, wenn

- Kosten eingespart werden,
- Arbeitszeit reduziert wird oder
- Mehreinnahmen generiert werden.

Darüber hinaus können natürlich noch qualitative, also nicht quantitativ messbare, Nutzen entstehen. Um diese benennen zu können, ist es zunächst wichtig, die Ziele des Unternehmens zu kennen. Jeder Nutzen, der zur Erfüllung dieser Ziele beiträgt, kann auch als echter Gewinn verstanden werden.

Ein Beispiel: Ein Verlag möchte auf eine neue Buchreihe aufmerksam machen und plant in diesem Zusammenhang eine PR-Veranstaltung. Es stehen verschiedene Veranstaltungskonzepte zur Auswahl. Nun soll verglichen werden, welche Art von Veranstaltung „am meisten bringt“.

Typische Unternehmensziele	Was zur Erfüllung beiträgt	Das kann gemessen werden
Die neue Buchreihe soll bekannter werden.	Viele Besucher auf der Veranstaltung; Presseveröffentlichungen über die Veranstaltung oder über die Buchreihe; Buchbesprechungen in der Presse	Anzahl der Besucher einer Veranstaltung; Anzahl der Journalisten, die die Veranstaltung besuchen/die Material anfordern/die berichten
Das Image des Verlags soll verbessert werden.	positive Presseveröffentlichungen	Anzahl der positiven PR-Artikel in Relation zu kritischen Beiträgen
Neue Mitarbeiter sollen akquiriert werden.	Bekanntheit des Unternehmens bei potenziellen Mitarbeitern; zufriedene Mitarbeiter	Anzahl der Mitarbeiter die sagen „Ich würde meinen Arbeitgeber weiter empfehlen"; Anzahl der Initiativbewerbungen
Neue Vertriebskanäle sollen aufgebaut werden (Bücher in Hotels/Tankstellen/Coffee-shops verkauft werden).	Bekanntheit des Verlags bei Händlern	Anzahl der Presseveröffentlichungen im Wirtschaftsteil

Ein Veranstaltungskonzept, das auch für Journalisten attraktiv aufbereitet ist, wirkt in diesem Zusammenhang natürlich wesentlich stärker als ein Rahmen der „nur" Kunden anspricht. Auch kann es stark imagefördernd sein, wenn viele Mitarbeiter an einer solchen Veranstaltung mitwirken. Sie sind die besten Botschafter für den Verlag und können sicherlich mehr Begeisterung vermitteln als Hostessen, die sich freundlich um Gäste kümmern aber inhaltlich wenig Beitrag leisten.

Betroffene Personen und Projekte

Wer wirkt mit, wenn eine bestimmte Entscheidung realisiert wird? Wessen Mitarbeit wird für die Umsetzung benötigt? Nur, wenn es eine vollständige Übersicht der beteiligten Personen gibt, kann auch der Zeitaufwand einer Umsetzung realistisch berechnet werden. Es ist wichtig, alle Betroffenen zeitnah und regelmäßig zu informieren. Doch ähnlich wie bei den versteckten Kosten von Projekten, gibt es auch indirekt betroffene Personen, die einbezogen werden müssen.

Beispiel: Ein Pharmakonzern strukturiert seine Abteilungen neu. Die Mitarbeiter im Haus haben das Bedürfnis, genaueres über die neue Organisationsstruktur zu erfahren. Da das Unternehmen an drei verschiedenen Standorten tätig ist, können nicht alle Fragen im direkten Austausch beantwortet werden. Die Leiterin der internen Kommunikation beschließt, im Intranet ein Live-Forum einzurichten. Hier sollen Führungskräfte ihren neuen und alten Teams Rede und Antwort stehen.

Im ersten Schritt geht es darum, die Führungskräfte in dieses Vorhaben mit einzubeziehen. Sie müssen sich Zeit für den bevorstehenden Arbeitsaufwand einplanen und sich auch inhaltlich vorbereiten. Darüber hinaus sind jedoch noch weitere Personen betroffen:

- *Juristen:* Die Rechtsabteilung sollte unbedingt involviert sein, wenn solche heiklen Themen diskutiert werden. Jede kleine Bemerkung, die in ein solches Chat-Forum mal eben eingetippt wird, kann rechtliche Folgen haben. Deshalb ist es in der Praxis durchaus üblich, gleich mehrere juristische Berater im Raum zu haben, wenn ein Geschäftsführer in einem internen oder externen Forum chattet.
- *IT-Abteilung:* Wie schnell kann ein solcher Chat programmiert und bereitgestellt werden? Ist gewährleistet, dass sich auch sehr viele Mitarbeiter gleichzeitig an einem solchen Chat beteiligen können, ohne dass es zu Kapazitätsproblemen kommt?
- *Produktion/Kundenservice:* Ist es überhaupt möglich, allen Mitarbeitern gleichzeitig die Gelegenheit einzuräumen, sich bei einem Chat zu beteiligen? Wie kann gewährleistet werden, dass die Maschinen in dieser Zeit nicht stillstehen oder die Service-Hotline des Unternehmens weiterhin erreichbar bleibt?

Wie bei einem Schachspiel reicht es nicht, lediglich den nächsten Spielzug zu betrachten. Welche weit reichenden Folgen hat eine Entscheidung? Welche Menschen sind im zweiten oder dritten Schritt betroffen? Wer muss die Entscheidung mit tragen, damit sie erfolgreich umgesetzt werden kann?

Werden wichtige Personen vergessen, kann das teuer werden, was nachfolgendes Beispiel belegt: Ein Unternehmen aus der Automobilbranche beschließt, Mitarbeiterfernsehen einzuführen, um auch die Kollegen in den Werkhallen mit Unternehmensinformationen erreichen zu können. Zu diesem Zweck werden an verschiedenen Stellen auf dem Werksgelände Fernsehgeräte aufgestellt, die für alle Mitarbeiter zugänglich sind. In Endlosschleife werden regelmäßig aktualisierte Fernsehbeiträge gezeigt. Zusätzlich können diejenigen, die in den Büros an einem Bildschirmarbeitsplatz tätig sind, die Filmbeiträge über das Intranet abrufen und ansehen. Bei der Projektplanung wurden alle Kosten sauber berücksichtigt: Die Fernsehgeräte wurden berechnet, die Produktionskosten für die Filme; auch war klar, dass die Mitarbeiter einen Teil ihrer Arbeitszeit für das Ansehen der Filme aufwenden würden. Aus Sicht der Geschäftsleitung lohnte sich der gesamte Aufwand, weil durch diese Maßnahme Mitarbeiter schneller und wirksamer erreicht werden können, als über andere Medien.

Ein Faktor wurde bei der Realisierung übersehen: Die mittlere Führungsebene wurde nicht in die Entscheidung mit einbezogen. Die Teamleiter sträubten sich hartnäckig dagegen, die Fernsehzeiten ihrer Mitarbeiter zu erdulden. Sobald einige Arbeiter nur einige Minuten an einem der Bildschirme verweilten, mussten sie damit rechnen, von ihren Vorgesetzten angesprochen zu werden. Da dieses neue Medium keinerlei Akzeptanz bei den Team- und Gruppenleitern erfuhr, war der Nutzen des Projekts sofort in Frage gestellt. Ein weiterer Nebeneffekt der aufgestellten Geräte war, dass sich diejenigen Mitarbeiter, die ihren Arbeitsplatz in unmittelbarer Nähe der Lautsprecher hatten, schnell durch die Dauerbeschallung belästigt fühlten. Das ständige Wiederholen der Beiträge wirkte derartig nervtötend, dass sie irgendwann den Ton abstellten. Nur über Bilder konnten viele Botschaften gar nicht vermittelt werden.

Das Projekt „Mitarbeiterfernsehen“ wurde nach kurzer Zeit eingestellt. Ein teurer Versuch, die Kommunikation zu verbessern. Er scheiterte daran, dass in der Entscheidungsvorbereitung wichtige Kriterien übersehen wurden.

Die wichtigsten Arbeitsschritte zur Entscheidungsvorbereitung für den Vorgesetzten – in chronologischer Reihenfolge – sind:

- Briefinggespräch mit dem Chef
- sämtliche Alternativen aufzeigen
- alle Informationen sammeln
- strukturieren und ordnen
- Management Summary
- Visualisierung und Darstellung
- Erinnerung und Wiedervorlage

Briefinggespräch mit dem Chef

Bitten Sie um einen Gesprächstermin, um die wichtigsten Fragen zu klären: Welche Entscheidung muss überhaupt vorbereitet werden? Welche Entscheidungs-Alternativen gibt es? Welche Kriterien müssen berücksichtigt werden, um die Entscheidung treffen zu können? Wie gewichtet der Chef diese Kriterien? Bis wann genau muss die Entscheidung für den Chef vorbereitet werden?

Sämtliche Alternativen aufzeigen

Bereits im Briefing-Gespräch hat der Chef die Alternativen genannt, die er selbst kennt. Überprüfen Sie diese Auflistung und ergänzen Sie sie um mögliche weitere Alternativen. Insbesondere sollten Sie auch die Frage mit aufnehmen: „Was passiert, wenn keine Entscheidung getroffen wird?“ Denn auch dies ist eine mögliche Alternative.

Ein Beispiel: Eine Führungskraft ist mit einem seiner Mitarbeiter sehr zufrieden. Durch die gut ausgebildete Fachkraft konnten einige neue Kunden gewonnen werden und das Umsatzziel wurde übertroffen. Der Chef möchte den engagierten Kollegen nun zu weiteren Höchstleistungen motivieren und sieht dabei folgende Möglichkeiten:

- Er gewährt ihm eine Gehaltserhöhung oder bietet ihm eine attraktive Zusatzleistung an, wie etwa einen Firmenwagen.
- Er überträgt ihm mehr Verantwortung und erhöht damit seinen Stellenwert im Team.
- Er bietet ihm aktiv an, zusätzliche Weiterbildungsangebote zu nutzen.

Eine weitere Möglichkeit sollte auf jeden Fall auch durchdacht werden: Er macht erst einmal gar nichts. Im letzten Fall kann es sein, dass der Mitarbeiter sich in seiner besonderen Leistung nicht wahrgenommen fühlt. Möglicherweise vermisst er Anerkennung und Wertschätzung. Die Gefahr: Der Mitarbeiter bekommt ein attraktiveres Jobangebot von der Konkurrenz und wechselt bei nächster Gelegenheit den Arbeitgeber.

Alle Informationen sammeln

Nacheinander werden nun die einzelnen Alternativen abgearbeitet:

Welches sind messbare Kosten oder Nutzen? Was bedeuten die Alternativen? Welche Personen sind betroffen?

Recherchieren Sie zunächst, ob in der Vergangenheit bereits ähnliche Kalkulationen oder Aufstellung gemacht wurden und prüfen Sie, ob Sie diese Informationen auf das aktuelle Beispiel übertragen können.

Mögliche Quellen für Ihre Recherche:

- Intranet des Unternehmens
- Internetsuche
- Gespräche mit Kollegen
- Gespräche mit Fachleuten aus der Branche
- Gespräche mit Zulieferern

Es kann durchaus sein, dass sich einige Fragen nicht sofort exakt beantworten lassen. Manchmal ist es ausreichend, einen ungefähren Rahmen der zu erwartenden Kosten (oder Gewinne) anzugeben. Eine Größenordnung zu kennen, kann für manche Entscheidungen bereits völlig ausreichend sein.

Der Arbeitsaufwand für die Vorbereitung einer Entscheidung sollte in einer sinnvollen Relation zur Tragweite der Entscheidung selbst stehen. Bei der Anschaffung eines neuen Lochers wird es kaum eine Rolle spielen, exakt zu wissen, wie oft dieser im kommenden Jahr zum Einsatz kommen wird. Bei der Bestellung eines teuren Farbdruckers ist dies deutlich wichtiger. Hier lohnt es sich, die Kollegen nach einer Einschätzung ihres Bedarfs zu fragen um dann eine Angabe wie „50.000 bis 60.000 Seiten pro Monat“ in die Kalkulation einfließen zu lassen. Könnte diese Zahl nur nach wochenlanger Kleinstrecherche genauer eingegrenzt werden, lohnt sich dieser Aufwand wohl nicht.

Strukturieren und ordnen

Um einen Überblick über alle wichtigen Informationen zu erhalten, werden diese zunächst in eine einheitliche Form gebracht. Sämtliche Zahlenangaben werden in dieselben Messeinheiten übertragen, damit sie später leichter vergleichbar sind. Wird beispielsweise der nötige Zeitaufwand für ein Projekt immer in Mitarbeiterstunden ausgedrückt, lassen sich diese einzelnen Zeiteinheiten ganz einfach addieren oder gegenüberstellen. Wenn es auch eine Rolle spielt, wie teuer die beteiligten Mitarbeiter sind, ist es genauer (aber auch sehr viel aufwändiger), Bruttolohn-Einheiten zu benennen.

Management Summary

Eine Management-Zusammenfassung erlaubt es dem eiligen Betrachter, in wenigen Sekunden die wesentlichen Argumente zu erfassen. Dabei wird streng von „wichtig" zu „unwichtig" hin strukturiert. Eine chronologische Reihenfolge spielt bei einer solchen Auflistung dagegen keine Rolle.

Werden im Rahmen einer Entscheidungsvorbereitung alle relevanten Fakten schriftlich erläutert und ausführlich dokumentiert, können da schon einmal einige Seiten Text zusammen kommen. Eine Führungskraft muss vor allem schnelle und sichere Entscheidungen treffen können. Da ist es nicht zumutbar, dass ein Manager sich erst einmal durch eine 30-seitige Präsentation hindurch arbeitet, diese erst vollständig lesen und verstehen muss, bis er die Ergebnisse einordnen und bewerten kann. Daher hat es sich durchgesetzt, vor ausführlichere Unterlagen vorab eine Zusammenfassung zu heften.

Visualisierung und Darstellung

- *Tabellarische Übersicht:*
  Einfache Entscheidungsalternativen können in einer Tabelle übersichtlich dargestellt werden. Auf einen Blick sind hier die Fakten präsentiert und können anschließend über eine Text-Erklärung weiter erläutert werden.

- *Der Entscheidungsbaum:*
  Über einen Entscheidungsbaum können komplexere Entscheidungsketten dargestellt werden.

Jede einzelne kleine Entscheidung wird wie eine Weggabelung dargestellt und zeigt so die vielfältigen, möglichen nächsten Schritte und Ergebnisse auf.

Erinnerung und Wiedervorlage

Die Entscheidungsvorbereitung wurde rechtzeitig weitergegeben – nun ist die Führungskraft am Zug. Zum vorgesehenen Entscheidungstermin kann nun frühestens wieder nachgehakt werden: Wie wurde entschieden? Welches sind die nächsten Schritte?

Im turbulenten Alltag von Unternehmen, in denen sich vieles bewegt, kann es häufig passieren, dass ein Entscheidungsgremium kurzfristig die Agenda ändert: Ursprünglich vorgesehene Themen werden auf ein nächstes Treffen vertagt, andere Projekte vorgezogen.

Für die unterstützende Vorbereiterin – die Sekretärin oder Assistentin – bleibt nun nur noch: Die Termine im Auge behalten, vorher eventuell die gesammelten Fakten aktualisieren und neue Erkenntnisse einarbeiten.

Die sieben größten Fehler bei der Entscheidungsvorbereitung

Trotz sorgfältiger Durchführung passiert es immer wieder, dass Entscheidungen nicht optimal vorbereitet werden. Befragt man Manager, welches ihre Hauptkritikpunkte an Entscheidungs-Assistenzen sind, erhält man folgende Antworten:

Den Entscheider drängeln

Kann ich das Hotel nun buchen? – Herr Winkler fragt gerade zum zehnten Mal an, ob der Folder nun so in den Druck gehen kann – Ist der Vertrag schon unterschrieben? Die Post geht gleich raus.

Solche oder ähnliche Fragen mögen nötig erscheinen, um Klarheit über die weitere Vorgehensweise zu erhalten. Für denjenigen, an den sie gerichtet sind, können sie sehr lästig oder gar nervtötend wirken. Im Übermaß gestellt, provozieren solche Fragen vielleicht sogar eine Trotzreaktion: Es wird nun gar nichts entschieden (Ich mache hier die Termine!) oder eilig eine unüberlegte Entscheidung getroffen (damit endlich Ruhe ist).

Wichtig: Bei Termindruck sollte unbedingt geprüft werden, ob die Dringlichkeit von außen gesteuert wird oder ob das Unternehmen selbst ein Eigeninteresse an einer Beschleunigung der Entscheidung hat.

Unvollständig vorbereiten

Es ist höchst ärgerlich, wenn wesentliche Informationen fehlen. Ein Manager muss sich auf seine Entscheidungsvorbereitung verlassen können. Wenn er nun sein Thema vor seinen Vorgesetzten präsentiert, muss er auf mögliche Fragen vorbereitet sein und bereits eine Antwort parat haben.

Wichtige Personen nicht einbeziehen

„Da hat jemand die Rechnung ohne den Wirt gemacht,“ besagt ein altes Sprichwort.

Jedermann sieht sofort ein, dass bestimmte Menschen zwingend mit einbezogen werden müssen, bevor eine Entscheidung getroffen werden kann. Um niemanden zu vergessen, können folgende Fragen helfen:

- Wer wird die Kosten tragen?
- Wer hat möglicherweise einen Schaden?
- Wer erwartet einen Nutzen?
- Wer wird die Umsetzung realisieren?
- Welche Auswirkungen hat die Entscheidung auf das Unternehmen?

Die Entscheidung abnehmen

Eine hervorragende Assistenz zieht ihren Vorgesetzten durch ihre Entscheidungsvorbereitung nicht an der Hand durchs Leben. Sie zeigt ihm nur auf: Wenn Sie nach links gehen, wird Folgendes passieren. Wenn Sie nach rechts abbiegen, wird der Weg so und so weiter gehen. Subjektive Einschätzungen sind fehl am Platz.

Zu viel Text schreiben

Eine Führungskraft beauftragt seine Sekretärin, ihn bei seiner Vorbereitung einer Entscheidung zu unterstützen, um Zeit zu gewinnen. Eine perfekt ausgearbeitete Entscheidungsvorlage ist daher kurz gefasst und übersichtlich.

Rechenfehler oder unsaubere Darstellung von Fakten

Ist die Aufstellung der Kosten oder die Gegenüberstellung von Auswirkungen lückenhaft oder mit Fehlern versehen, kann dies schwerwiegende Folgen haben. Möglicherweise fällt eine Entscheidung zu Gunsten der vermeintlich preisgünstigeren Lösung oder gegen einen vermeintlich zu hohen Aufwand.

Die Zusammenfassung fehlt

Ohne Zusammenfassung ist eine Entscheidung nur zur Hälfte vorbereitet. Die erste Seite mit einer Essenz der wichtigsten Ergebnisse, die die Entscheidung betreffen, bereitet die größte Mühe. Doch sie verschafft dem Ergebnis auch den größten Nutzen.

Wohl dem, der hier hilfreiche Unterstützung genießt, damit Entscheidungen schnell und sicher getroffen werden können. Mit der richtigen Vorbereitung ist in wenigen Minuten die passende Agentur für die Imagebroschüre ausgewählt, der Tagungsort für das Strategie-Meeting gebucht, der Mietvertrag für den Fotokopierer unterschrieben und die freundliche Absage an den lokalen Fußballverein diktiert.

Typische Beispiele für versteckte Nebenkosten

Mailings

Berücksichtigt wird fast immer:

- Agenturkosten für die Gestaltung
- Druckkosten für die geplante Auflage

Eher übersehen werden kann:

- höheres Porto (durch ein besonderes Format oder Gewicht)
- falzen & kuvertieren (wenn mehrere Blätter auf bestimmte Weise gefaltet und in den Umschlag gesteckt werden müssen)
- Zeit = Personalkosten für persönliche Unterschriften oder ähnliches

Warenbestellungen

Neben dem absoluten Preis für die Ware spielen auch folgende Punkte eine Rolle:

- Versand und Lieferung,
- eventuell: Zahlungsbedingungen des Lieferanten (ein längeres Zahlungsziel oder unverzinste Ratenzahlung ist natürlich vorteilhafter als sofortige Barzahlung bei Lieferung oder gar Vorkasse),
- eventuell: Zoll bei Bestellungen im Ausland,
- Lagerkosten (bei Großbestellungen kann es unter Umständen interessanter sein, öfter kleinere Mengen abzurufen, als das eigene Lager mit großen Paletten voll zu stellen).

Hotelbuchungen

Zimmerpreise sind nicht unmittelbar vergleichbar. Berücksichtigt werden sollten auch:

- Aufwand für die Anreise
- Stornobedingungen (es kann ein großes Plus bedeuten, wenn eine Buchung relativ kurzfristig kostenfrei storniert werden kann, falls sich etwas ändert)
- Agenturprovisionen oder Servicegebühren

Einführen einer neuen Software

Neben den Kosten für die Software ist es auch wichtig, folgende Faktoren zu prüfen:

- Kosten für zusätzliche Arbeitsplatz-Lizenzen
- Aufwand, Daten aus der alten Software in die neue zu überspielen
- Schulungsaufwand für Mitarbeiter
- längere Bearbeitungszeiten während einer Umgewöhnungsphase

Weiterführende Quellen

Literatur

GRAEBIG, MARKUS/JENNERICH-WÜNSCHE, ANJA/ENGEL, ERNST: Wie aus Ideen Präsentationen werden. Planung, Plot und Technik für professionelles Chart-Design mit PowerPoint. Gabler Verlag 2010.

HERMANN-RUESS, ANITA: Sell Limbic – Einfach verkaufen! Entdecken Sie täglich neue Verkaufspotenziale – werden Sie zum Spitzenverkäufer. Businessvillage Verlag 2007.

HERMANN-RUESS, ANITA: Speak Limbic – Das Ideenbuch für wirkungsvolle Präsentationen: Argumente, Formulierungen und Methoden um alle anzusprechen. Businessvillage Verlag 2007.

MAY, SIBYLLE: Praxishandbuch Chefentlastung, Band 2. Der Leitfaden für effiziente Kommunikation, emotionale Intelligenz und Motivation im Office. Gabler Verlag 2009.

SCHMITT, IRMTRAUD: Praxishandbuch Event Management. Das A – Z der perfekten Veranstaltungsorganisation – Mit zahlreichen Checklisten und Mustervorlagen. 3. Auflage. Gabler Verlag 2012.

SCHMITT, IRMTRAUD: change@office – virtuelle Chefentlastung. Die neue Form des Management-Supports. Gabler Verlag 2011.

ZIMMERMANN, ANDREA/OTTO-RIEKE, GERD: Wirksame Reiserichtlinien: Vom Genehmigungsverfahren bis zur Abrechnung. 2. Auflage. Alabasta Verlag 2005.

Linktipps

www.auswaertiges-amt.de: Hier finden Sie Reiseinformationen sowie Hinweise zur Sicherheitslage in einzelnen Staaten. Sie werden informiert, wie Sie schon vor einer Reise Notfällen im Ausland vorbeugen können.

www.fit-for-travel.de: Aktuelle Informationen für die Geschäftsreise in fremde Länder, beispielsweise zu Impfschutz und länderspezifische Informationen.

www.memo-media.de: Onlineverzeichnis mit Kontaktdaten von Künstlern, Dienstleistern, Agenturen und Locations für Ihr nächstes Event.

www.fastagent.de: Tipps für die gute Präsentation und Tricks, die das Arbeiten mit PowerPoint und Co. erleichtern.

Teil IV

Kommunikation

Konfliktmanagement

Carolin Fey

Konflikte frühzeitig erkennen, konstruktiv bearbeiten und kreativ lösen

Wer freut sich schon über Probleme und Konflikte?

Können Sie jedoch! Denn unser Gehirn ist vor allem dafür geschaffen, Probleme zu lösen. Auch wenn Konflikte erst einmal Zeit und Energie kosten, so sind sie immer eine Chance, neue Erfahrungen zu machen, persönlich daran zu wachsen und vor allem Beziehungen zu intensivieren. Nichts bindet mehr als ein gemeinsam bewältigter Konflikt! Besonders wir Frauen sind längst erfahrene Konfliktmanagerinnen. Wir sind eher in der Lage, Konflikte zu erspüren, bereit über Gefühle und Unzulänglichkeiten zu sprechen und gemeinsam nach Lösungen zu suchen.

Konfliktbewältigung

Konflikte sind erstmal unangenehm und energieraubend
Mancher Konflikt kostet uns schlaflose Nächte, manche Konflikte tragen wir lange mit uns herum und so manche begegnen uns in ähnlicher Form immer wieder, manche werden sogar zu unserem ständigen Begleiter.

Oft stehen Lebensmuster und Erfahrungen dahinter, die es uns schwer machen, bestimmte Konflikte anders und konstruktiv anzugehen. Oder es stehen uns unsere inneren Stimmen im Weg, die da sagen, „Das schaffst du sowieso nicht“ oder „Das kannst du nie!“ Diese Stimmen hemmen uns, Konflikte offen, wertschätzend und kreativ zu meistern.

Konflikte sind Chancen
Ganz gleich, ob es sich nun um Konflikte im Büro handelt, um Konflikte mit Kolleginnen, mit Vorgesetzten, Mitarbeitern oder Kundinnen und Kunden, um Schwierigkeiten mit bestimmten Strukturen, um innere Konflikte oder um Konflikte im Privatbereich: Konflikte bergen grundsätzlich die Chance, wichtige Dinge voranzutreiben, sich besser kennen zu lernen und Beziehungen zu festigen. Gute Beziehungen zeigen sich gerade im Umgang mit einem Konflikt. Deshalb scheuen Sie den Konflikt nicht. Zumindest dann nicht, wenn es

Chancen gibt, dass Sie nicht in jeder Hinsicht verlieren werden. Jeder konstruktiv überstandene Konflikt macht nämlich sicherer, glücklicher, leistungsfähiger und bringt Sie ihren Zielen näher.

Wenn Sie dann einen Konflikt gut überstanden haben, verinnerlichen Sie am besten Ihren Erfolg ganz bewusst, damit Sie ihn in der nächsten Krise parat haben! Oder noch besser: Sie schreiben große und kleine Erfolge in Ihren Kalender oder in ein extra dafür angelegtes Erfolgstagebuch. Auch Lob und Anerkennung von anderen haben hier Platz und erinnern Sie in kritischen Situationen an Ihre guten Seiten und erbrachten Leistungen. Oder machen Sie es wie Jutta, die einige aufmunternde SMS in ihrem Handy gespeichert hat und die sie liest, wenn sie sich niedergeschlagen fühlt. Das baut sie dann wieder auf. Denn in Konfliktsituationen vergessen wir leicht, wie erfolgreich wir schon waren.

Besonderheit Büro: Konflikte im Office

Im Office müssen viele Dinge gleichzeitig erledigt werden. Störungen wie das Telefonklingeln und Kolleginnen, die ganz dringend etwas brauchen, sind an der Tagesordnung. Sie müssen den Überblick behalten. Viele arbeiten unter hohem Lärmpegel und Zeitdruck, manche für mehrere Chefs, manche arbeiten in der Reklamationsabteilung, wo es aufgrund der Sachlage schon häufiger zu Ärger und Unmut kommt. Konflikt- und Stresspotenzial genug!

Wer mit Kolleginnen zusammen im Büro dem Chef zuarbeitet, bekommt es möglicherweise außerdem mit Konkurrenzgerangel um den einen Mann zu tun: Wer bekommt die meiste Aufmerksamkeit vom Chef? Wer bekommt die spannendsten Aufgaben? Wer hat eine Sonderstellung?

Offene Konkurrenz ist völlig in Ordnung, solange die Spielregeln klar sind und ein fairer Wettbewerb stattfindet. Doch unterschwellige Konkurrenzen, wie üble Nachrede und Informationsverweigerung oder offene Feindseligkeit in Form von Sticheleien und Unverschämtheiten, schaffen unnötige Reibungspunkte. Ergebnis: Leistungsabfall und ungute Stimmung!

Sie können zu einer offenen und wertschätzenden Office-Atmosphäre beitragen, indem Sie selbst sensibel mit ihren Emotionen umgehen und Neid und Konkurrenzgefühle bei sich (und anderen) bewusst wahrnehmen und anerkennen. Alle haben diese Gefühle mal, nur geben es die meisten nicht zu!

Spielen Sie unfaire Konkurrenzspiele nicht mit und schenken Sie Gerede über andere und Intrigen keine Aufmerksamkeit. Manchmal lohnt es sich, Zivilcourage zu zeigen und auf derlei Verhaltensweisen hinzuweisen.

Wir erleben und bewerten Konflikte unterschiedlich

Wie wir Umstände und Konflikte bewerten oder verarbeiten ist individuell höchst unterschiedlich. Manche Menschen sind enorm belastbar, andere fühlen sich schnell gestresst. Sozialisation, Konstitution und unsere innere Haltung bestimmen, in welchem Maße wir stressanfällig sind und konfliktfähig werden. Schon im Mutterleib wird ein Teil unserer Stressanfälligkeit angelegt.

Je wichtiger uns eine Beziehung, ein Job oder eine Aufgabe ist oder je abhängiger wir uns fühlen, umso mehr sind wir bei einem Konflikt emotional beteiligt. Und umso mehr werden dann Stresshormone wie Adrenalin und Cortisol ausgeschüttet. Dadurch wird das Stammhirn aktiviert, das für alle emotionalen und vegetativen Reaktionen wie Schwitzen, Rotwerden, Zittern am Körper vor Wut usw. steht. Wenn das Stammhirn aktiviert ist, reagieren wir programmiert, wir reagieren nach archaischem Prinzip: Wir flüchten, schlagen drauf oder fallen in einen lähmungsähnlichen Zustand. Je nach emotionalem Grad des Konfliktstresses werden auch eingeschliffene Muster, die wir in jungen Jahren gelernt haben, reaktiviert. Daher kommt es, dass wir uns manchmal so irrational hilflos und unfähig fühlen. Das Großhirn dagegen steht für rationales Bewusstsein und objektives Einschätzen der Realität, also für das Denken. Daher ist es so wichtig, in der Konfliktbearbeitung in einen Zustand zurückzukehren, in dem wir die Dinge realistisch einschätzen können.

Wenn Sie nun vor Wut kochen und losbrüllen könnten, wenn Sie vor Zorn oder Unglück den Tränen nahe sind oder sich vor Verzweiflung wie gelähmt fühlen, dann sorgen Sie erstmal für genügend Abstand zum Konflikt.

- *Räumlich*
  Gehen Sie weg vom Konflikt, stellen Sie sich auf den Balkon zum Kopf kühlen, begeben Sie sich einfach in einen anderen Raum, zur Not auf die Toilette. Machen Sie einen Spaziergang, die Bewegung und die Luft helfen, schneller wieder zu sich zu kommen.
- *Zeitlich*
  Die Redewendungen „Erstmal tief durchatmen“ und „eine Nacht drüber schlafen“ haben hier durchaus ihre Berechtigung. Warten Sie mindestens solange, bis sich der starke körperliche Impuls, z. B irgendwo draufschlagen zu wollen, abgebaut hat.
- *Innerlich*
  „Ich war traurig, weil ich keine Schuhe hatte, bis ich einen sah, der keine Füße hatte“ (afrikanisches Sprichwort).
  Relativieren Sie ihren Ärger oder Kummer. Versuchen Sie, nüchtern und realitätsnah damit umzugehen, sich die verschiedenen Aspekte des Konflikts von außen, wie wenn Sie Beobachterin des Konfliktes wären, anzuschauen und mögliche Chancen darin zu entdecken.

Konflikte können auch krank machen
Innerpsychische Prozesse wie innere Zerrissenheit, das grundsätzliche Gefühl, nicht gut genug zu sein oder Belastungen von außen wie andauernde Konflikte, Mobbing oder Kündigungsdrohung können so stark belasten, dass eine ständige Stresshormonausschüttung stattfindet und Magengeschwüre, Hörsturz, Depressionen und viele andere psychosomatische Beschwerden verursachen.

In solchen Härtefällen ist es umso wichtiger, rechtzeitig und mit der richtigen Unterstützung zu reagieren. Ärztinnen und Ärzte betonen, dass solch stark belastende Situationen nicht über ein Jahr andauern dürfen, sonst ist die Gefahr, dass die Krankheiten chronisch werden zu groß. Deshalb registrieren Sie die Signale ihres Körpers und nehmen Sie sie ernst! Sorgen Sie dafür, dass Sie Orte haben, an denen Sie genügend auftanken können und holen Sie sich private und professionelle Unterstützung. Es gibt z. B. in den meisten Großstädten Beratungsstellen gegen psychosozialen Stress und Mobbing. Dort ist das erste Telefongespräch kostenfrei und die Mitarbeiterinnen und Mitarbeiter überlegen dort mit Ihnen, wie es weitergehen kann. In kirchlichen Einrichtungen ist die gesamte Beratung meist völlig gebührenlos. Eine Liste von Beratungsstellen deutschlandweit finden Sie im Internet

„Love it, change it or leave it": Ändere deine Einstellung, verändere die Situation oder gehe

Love it

Am wichtigsten ist unsere Einstellung, zu uns selbst, den anderen und der Situation. Je positiver und realistischer die Einstellung ist, umso leichter und gelassener können wir schwierige Situationen handhaben.

Wenn wir sicher sind, dass alles schief gehen wird, so wird es wahrscheinlich schief gehen. Das Unterbewusstsein ist dann auf Misserfolg programmiert und beeinflusst unser Handeln so stark, dass die self-fulfilling-prophecy in die negative Richtung greift. Sich-selbst-erfüllende Prophezeiung bedeutet, dass wir die Geschehnisse mit unseren Gedanken und Gefühlen steuern. Berühmt geworden ist dazu das Hammer-Beispiel des Kommunikationspsychologen Paul Watzlawick.

Darin möchte ein Mann einen Nachbarn bitten, ihm einen Hammer zu leihen. Nun überlegt er sich aber, dass der Nachbar ja neulich mal nicht gegrüßt hat und auch bei dem Gartenfest von Meiers hat er sich komisch verhalten, überhaupt ist der Nachbar in letzter Zeit immer unfreundlicher geworden. Der will ihm vielleicht gar nicht mit einem Hammer aushelfen. Außerdem … usw. Schließlich klingelt er an der Nachbarstür und brüllt: „Behalt deinen blöden Hammer doch selber!"

Manchmal reicht es nicht, sich zu sagen: „Der Nachbar wird mir den Hammer schon geben", um das Unterbewusstsein, das möglicherweise voller Zweifel ist, zu überlisten. Eingeschliffene Muster verabschieden sich nicht so lässig. Haben Sie Geduld mit sich. Damit Sie mit allen Fasern ihres Seins immer mehr an sich und an Ihren Erfolg glauben, sorgen Sie am besten auf mehreren Ebenen für ein gesundes Selbstvertrauen, ein stabiles Selbstwertgefühl, positive Grundstimmung und klare Zielrichtung.

- Finden Sie heraus, was Sie möglicherweise bremst, den Konflikt offen anzugehen.
- Welchen Gewinn haben Sie dadurch, nichts zu sagen oder dem Konflikt auszuweichen? In welchem Verhältnis steht dieser Gewinn zum Verlust, aktiv etwas zu verändern?
- Entscheiden Sie bewusst, was Sie jetzt tun. Egal, wie die Entscheidung ausfällt – bitte ohne schlechtes Gewissen! Ist ihre Entscheidung ethisch nicht vertretbar, entscheiden Sie sich anders! Doch wenn Sie sich für das Nichtstun oder Aushalten entscheiden, bestrafen Sie sich nicht außerdem noch mit kritischen Sätzen wie: „Jetzt hast du dich schon wieder vor einer Auseinandersetzung gedrückt", sondern stehen Sie dazu, dass Sie sich im Mo-

ment nicht in der Lage sehen, den Aggressionen ihres Chefs oder der Arroganz ihrer Kollegin zu begegnen. Alles andere schwächt.

- Suchen Sie für sich und ihre Situation passende Bestätigungsformeln, und sprechen Sie sie am besten laut immer wieder zu sich selbst: „Ich darf meine Bedürfnisse äußern!“, „Ich schaffe das!“, „Ich bin gut genug!“ usw. Je treffender Sie Ihr Problem formulieren, umso besser.
- Rufen Sie sich positive Rückmeldungen Ihrer Mitmenschen ins Gedächtnis. Manchmal ist es der Satz von einer nahestehenden Person, einer Lehrerin oder einem Onkel, dessen „Du schaffst das!“ eine beruhigende und stärkende Wirkung auf Sie hatte.
- Unterstützen Sie ihr Wohlbefinden mit Körperübungen, z. B. aus der Kinesiologie. Sie wurde in den 60iger Jahren basierend auf der Traditionellen Chinesischen Medizin (TCM) für den Westen mit dem Ziel der Ganzheitlichkeit von Körper, Geist und Seele entwickelt. Diese Übungen helfen insbesondere auch das Großhirn zu aktivieren, irrationale Fantasien los zu werden und unsere beiden Hirnhälften zu vernetzen.

Übungstipps aus der Kinesiologie

Drei Übungen, die helfen, rationaler und gestärkter an Konflikte heranzugehen

1. *Energiegähnen*
   dient zur Entspannung des Zentralnervensystems und erhöht die Ausdrucksfähigkeit.

Anleitung:

Beginnen Sie zu gähnen und massieren Sie dabei die Kaumuskulatur. Geben Sie einen tiefen, entspannten Gähnton von sich, während Sie alle Verspannungen wegstreichen. Wiederholen Sie das Energiegähnen mindestens dreimal. Wundern Sie sich nicht, wenn Sie bald noch ein viertes Mal gähnen. Deshalb nie unmittelbar vor einem Klärungsgespräch anwenden, sondern immer mindestens zehn Minuten vorher.

2. *Positive Punkte*
   fördern rationale Reaktionen und Kreativität.

Anleitung:

Oberhalb der Augen, in der Mitte zwischen jeder Augenbraue und der Haaransatzlinie, finden Sie zwei kleine Erhebungen. Legen Sie jeweils drei Finger leicht auf beide Erhebungen. Schließen Sie die Augen und halten Sie diese Punkte für die Dauer von mindestens sechs langsamen, vollständigen Atemzügen.
Lassen Sie nun die stressauslösende Situation Revue passieren und gehen Sie alternative Möglichkeiten durch.

3. *Erden*
   fördert das Gleichgewicht, die innere Stabilisierung und Problemlösefähigkeit

> **Anleitung:**
>
> Stehen Sie aufrecht, rechtes Bein eine Schrittlänge in 45 Grad nach vorne, sodass Ihr rechter Fuß zur rechten Seite zeigt. Verlagern Sie nun beim Ausatmen Ihr Gewicht auf das rechte Bein bis das Knie die Fußspitze bedeckt. Atmen Sie beim Zurückgehen in die Ausgangstellung ein. Das gleiche mit dem linken Bein, jeweils mindestens drei Mal. Diese Übung erdet und befreit von übermäßigen Schreckensfantasien.

Change it

Verändern Sie, was Sie verändern können. Sprechen Sie Konflikte an, beziehen Sie Leute, die Ihnen helfen können mit ein, entwickeln Sie kreative Ideen, gehen Sie neue Wege. Nicht nur drüber reden, sondern tun, was Sie sich vorgenommen oder angekündigt haben.

Machen Sie sich aber auch klar, dass Sie oft in Strukturen stecken, die nicht oder nur langsam veränderbar sind und Ihren Handlungsspielraum begrenzen:

„Gib mir die Kraft, zu verändern, was ich ändern kann,
gib mir die Gelassenheit, hinzunehmen, was ich nicht verändern kann,
gib mir die Weisheit, das eine vom anderen zu unterscheiden."

Leave it

Nicht alle Konflikte sind gemeinsam mit allen Beteiligten lösbar. Manchmal braucht es eine übergeordnete Instanz, die entscheidet. Um einen Konflikt nach der Win-win-Methode zu lösen, braucht es immer das „Good will" aller Konfliktparteien.

Die Win-win-Methode oder auch „non-lose-method" genannt, ist von Thomas Gordon Anfang der Siebzigerjahre entwickelt worden. Das bedeutet, dass bei einem Konflikt die verschiedenen Interessen und dahinter liegenden Bedürfnisse aller Beteiligten herausgearbeitet werden, um eine Lösung zu finden, die alle Bedürfnisse so berücksichtigt, dass niemand am Schluss als Verlierer oder Verliererin dasteht.

Ausgelöst werden kann ein Konflikt durch eine Person, doch die Lösung eines Konflikts auf der Win-win-Ebene braucht die Mitwirkung aller beteiligten Parteien. Zum Beispiel, wenn der Vorgesetzte mit der Arbeitsleistung nicht zufrieden ist, die Assistentin sich aber nichts zuschulden hat kommen lassen. Wenn die Bereitschaft des Vorgesetzten da ist, genau zu erörtern, was ihm nicht gefällt, eine Veränderung für die Assistentin möglich ist und sie auch die Bereitschaft dazu hat, ist der Konflikt schnell gelöst. Doch wenn die Kritikpunkte für die Assistentin nicht veränderbar sind (z. B. er wünscht sich eigentlich eine erfahrenere Assistentin) oder sie nicht an einer Lösung mitwirken will, ist der Konflikt auf der Win-win-Ebene nicht lösbar.

Wenn Sie in so einer Situation stecken, in der Sie nichts verändern können oder wollen, dann finden Sie einen guten Umgang mit der Situation.

Pauline W., 29 Jahre alt kommt neu zum zweiköpfigen Büro-Team hinzu. Ute S. und Claudia P. (beide Mitte 40) sind im Office seit Jahren ein eingeschworenes Team. Sie arbeiten Hand in Hand und verstehen sich auch privat sehr gut. Nun kommt Pauline als Dritte hinzu. Paulines Eltern sind mit dem Chef befreundet. Pauline soll Ute und Claudia entlasten, weil Claudia eine zusätzliche Aufgabe übernimmt und Ute eine zweijährige Zusatzausbildung plant. Trotzdem sind die beiden überhaupt nicht begeistert. Und das zeigen sie Pauline.

Stellen Sie sich nun vor, Sie sind Pauline und egal, was sie tun, Sie werden immer wieder von den beiden ausgegrenzt und boykottiert. Neben vielen Möglichkeiten, die Pauline zur Konfliktbearbeitung offen standen und die sie, wie sie erzählte, ausprobiert hat, hat sie sich entschieden, sich nach einer neuen Position umzusehen, um den Schmähungen nicht länger ausgesetzt zu sein. Auch wenn es ihr gegenüber ihren Eltern und dem Chef peinlich war. Pauline war jung und flexibel. Sie hatte daher viele Möglichkeiten und fand auch schnell eine neue Stelle, die ihr nun viel besser gefällt.

Natürlich geht das nicht immer so leicht. Heike M. aus Berlin, 58 Jahre, fühlt sich als einzige Ältere mit einer Sonderaufgabe beschäftigt, seit Jahren als Außenseiterin. Ihre Strategie ist die Reduzierung der Kontakte im sechsköpfigen Team auf sachliche Belange, um so nicht ständig mit der Ausgrenzung konfrontiert zu sein. Doch sie sagt, sie belaste es dennoch. Sie will durchhalten und noch mal das Gespräch mit dem Vorgesetzten und den Teammitgliedern suchen und diesmal ehrlich von ihren Gefühlen sprechen.

Neue Wege

Der Preis bei sehr belastenden Arbeitssituationen ist hoch. Zu oft habe ich es erlebt, dass Dauerkonflikte zu Persönlichkeitsveränderungen und zu Suizidgedanken führten. Deshalb überlegen Sie gut, welchen Preis Sie zahlen wollen. Ich halte nichts von Flucht, wenn nicht vorher geklärt ist, ob es nicht auch andere Wege gibt. Doch manchmal ist es eben vernünftiger zu gehen.

Wenn Sie wirklich neue Wege gehen wollen und das „Neue“ Platz in Ihrer Vorstellung hat, gelingt oft vieles, was vorher schwierig aussah. Haben Sie Vertrauen und unterstützen Sie Ihr neues Ziel und Ihre Pläne mit Affirmationen wie „ich finde einen neuen Job“, „ich kann mich integrieren“, „ich habe Vertrauen, dass …“, am besten laut gesprochen. Es hat dann doppelte Wirkung.

Darüber hinaus empfehle ich autogenes Training. Autogenes Training bedeutet mit Autosuggestionen (Selbstbeeinflussung) zu arbeiten. Das wiederum heißt, ich rede mir selbst gut zu und zwar mit dem passenden Bild oder der passenden Vorstellung dazu. Denn die Kraft eines Bildes ist stärker als das gesprochene Wort. Wenn ich mir also sage, ich werde sicher bald eine Lösung haben, mir gleichzeitig vorstelle, wie sich der Konflikt zuspitzt, wird das Bild der Konfliktverschärfung stärker wirken als die gesprochenen Worte. Also sorgen Sie für Kongruenz! Wenn Sie sowohl per Wort als auch per Bild an einen guten Verlauf glauben, dann potenzieren Sie die Wirkung.

Zusammenhänge erkennen

Damit Sie besser einschätzen können, ob love it, change it oder leave it das Richtige ist, überlegen Sie sich, mit was für einem Konflikt Sie es zu tun haben. Die Analyse hilft, inneren Abstand zu bekommen und den Konflikt besser zu verstehen. Wenn der Konflikt sehr komplex ist und mehrere Menschen oder Parteien involviert sind, dann hilft es, sich die Zusammenhänge mit Zuordnungen, wer wie zu wem steht, auf ein Blatt Papier zu zeichnen.

Konfliktanalyse

Konfliktarten

Konflikt kommt vom lateinischen „confligere", was zusammenstoßen, zusammenprallen bedeutet. Bei einem Konflikt prallen unterschiedliche Interessen aufeinander. Darauf folgen Auseinandersetzungen verschiedener Intensität unter Personen, Gruppen, Organisationen oder Staaten. Die unterschiedlichen Interessen beziehen sich auf Werte, Ziele, Wünsche, Status- und Machtverhältnisse.

Paul Gamber unterscheidet in seinem Buch „Konflikte und Aggressionen im Betrieb" fünf Konfliktarten: Zielkonflikte, Beurteilungs- und Wahrnehmungskonflikte, Rollenkonflikte, Verteilungs- und Beziehungskonflikte. Gerhard Schwarz ergänzt in seinem Buch „Konfliktmanagement" weitere Konfliktarten wie Generationenkonflikt, Geschlechterkonflikt, Nähe- und Distanzkonflikte, Dreieckskonflikte und einige mehr.

Außerdem werden verschiedene Ebenen berücksichtigt: innere Konflikte, Konflikte, in denen wir selbst involviert sind und Konflikte, die wir in unserer Funktion als Vorgesetzte oder Betriebsrätin (oder Mutter) für andere lösen müssen.

Außerdem berücksichtigt man interpersonale und intrapersonale Konflikte.

Interpersonal bedeutet ein Konflikt zwischen zwei oder mehreren Personen, intrapersonal bedeutet ein Konflikt innerhalb eines Systems, beispielsweise eines Teams. Oft ist es so, dass sowohl inter- als auch intrapersonale Konflikte bestehen.

Auf das Beispiel „Pauline" bezogen war es ein Konflikt zwischen einer Gruppe (Ute und Claudia) und einer Person. Der intrapersonale Konflikt spielte sich in Pauline ab, die durch die Ablehnung der beiden immer mehr an sich zweifelte und lange nicht wusste, soll sie durchhalten und kämpfen oder nachgeben und gehen.

Es handelt sich insgesamt um einen Beziehungskonflikt. Hier sahen Claudia und Ute wahrscheinlich ihren Einfluss und ihren Status gefährdet. Sie sahen einen Verteilungskonflikt auf sich zukommen. Immerhin kannte Pauline den Vorgesetzten schon. Möglicherweise vermuteten die beiden, dass sie weniger Aufmerksamkeit von ihrem Vorgesetzten erhalten würden und hatten Angst vor Machtverlust. Dieses sind Vermutungen. In den Gesprächen, die Pauline geführt hatte, hatten Claudia und Ute anders argumentiert. Neid usw. gehören zu den Tabuthemen, die selten ausgesprochen werden, jedoch oft im Hintergrund wirken.

Achtung! Das heißt jetzt nicht, dass wir immer alle unsere Gefühle aussprechen sollen. Dazu braucht es immer einen vertrauensvollen Rahmen, in dem dies nicht gegen uns verwandt wird. Doch wenn wir die Karten auf den Tisch legen, ist echte Konfliktbearbeitung möglich.

Ute und Claudia waren zu zweit, daher konnten sie sich einfacher gegen Pauline wenden, als wenn eine allein gewesen wäre. Dreier-Konstellationen sind aufgrund der möglichen Parteienbildung „zwei gegen eine" oft schwierig.

Konfliktmerkmale

Sie erkennen einen Konflikt bei sich selbst und anderen an:

- eingeschränkter Kommunikation, da sagt einer z.B. nicht mal mehr „Guten Morgen", es werden Informationen vorenthalten und nicht mehr offen miteinander gesprochen,
- der immer „schwärzer" werdenden Einstellung zur Arbeit und zu den Menschen: „Hier kommen wir eh nicht mehr weiter", „Sich hier zu engagieren hat doch keinen Sinn",
- Ablehnung und Widerstand, Gereiztheit und Aggressivität,
- Rückzug und Desinteresse, Sturheit und Unnachsichtigkeit, ohne sachlichen Grund,
- körperliche Symptome und Krankheit,
- Förmlichkeit und Überanpassung.

Letztes klingt zunächst paradox: Doch wer Angst hat, kritisiert zu werden oder um seine Position fürchtet, versucht möglicherweise durch Förmlichkeit und eine korrekte überangepasste Arbeitshaltung dem Konflikt auszuweichen.

Wegweiser ist, wenn etwas anders ist als sonst. Selbst dann, wenn man es erstmal nicht in Worte fassen kann, sondern intuitiv erfasst.

Eskalationsstufen

Die Eskalationsstufen gehen auf Friedrich Glasl zurück. Die neun Eskalationsstufen beschreiben den Stand und die Intensität des Konflikts.

- *Stufe 1: Verhärtung*
  Die Konfliktparteien sind über einen mehr oder minder schweren Anlass verstimmt.
- *Stufe 2: Polarisation und Debatten*
  Entweder der Konflikt kommt jetzt auf den Tisch und es kommt zum offenen Streit oder diese Stufe wird übersprungen und es kommt gleich zur
- *Stufe 3: Aktionen/Taten statt Worte*
  Die Spannungen werden größer, man geht sich aus dem Weg.
- *Stufe 4:Sorge um Image/Koalitionen*
  Die Konfliktparteien suchen sich Verbündete, um sich psychisch zu entlasten.

- *Stufe 5: Gesichtsverlust*
  Die Rückendeckung durch Dritte verschafft neues Selbstbewusstsein. Strategien und Gegenstrategien werden entwickelt, die dem Gesichtsverlust der anderen dienen.
- *Stufe 6: Drohstrategien*
  Der Konflikt bestimmt die Wahrnehmung, Gedanken und Gefühle. Es wird Druck ausgeübt, die Gegenpartei wird z. B. durch Intrigen sabotiert.
- *Stufe 7: Begrenzte Vernichtungsschläge*
  Die Konfliktparteien neigen zu paranoiden Wahrnehmungs- und Deutungsmustern.
- *Stufe 8: Zersplitterung*
  Es kommt zur offenen Sabotage und Behinderung der gegnerischen Ziele und zu Angriffen auf die Person.
- *Stufe 9: Gemeinsam in den Abgrund*
  Die/der Gegner/in soll psychisch, beruflich oder gesellschaftlich zerstört werden.

„Der Rosenkrieg“, ein amerikanischer Film aus den Achtzigerjahren ist ein sehr gutes Abbild dieser neun Eskalationsstufen. Das Ehepaar „Rose“ lässt sich scheiden. Der Streit um das gemeinsame Haus entbrennt. Sie hängt sehr an dem Haus und will es unbedingt behalten, weil sie es gefunden und liebevoll hergerichtet hat. Er meint, es sei seins, weil er es bezahlt hat. Zuerst streiten sie sich noch, wem das Haus wohl eher zusteht (Stufe zwei). Dann folgen Taten statt Worte – sie ziehen mit farbigen Streifen am Boden Grenzlinien durch das Haus: grüne für ihre Felder und rote für seine. (Stufe drei) Beide wenden sich an den befreundeten Rechtsanwalt und bemühen sich um den Gesichtsverlust des anderen (Stufe vier und fünf). Bei Stufe sechs stört er die Dinnerparty von ihr und pinkelt in der Küche über den Fisch. Vor Wut verarbeitet sie (Stufe sieben) seinen kleinen Oldtimer, den er so liebt, mit ihrem Allrad-Antrieb-Jeep zu einem Wellblech. Ab jetzt geht es richtig rund – sie bekriegen sich offen und direkt. Er sägt die Hacken ihrer Schuhe ab und sie zerstört Teile seiner Porzellansammlung. Und weiter geht's mit Angriffen auf Leib und Leben (Stufe acht). Sie verbarrikadieren ihr Haus und haben nur noch die Zerstörung des anderen im Kopf (Stufe neun). Am Schluss stürzen sie gemeinsam mit dem schönsten Schmuckstück des Hauses, ihrem Kronleuchter, in den Tod.

Glasl unterscheidet neun Stufen in drei Phasen: Stufe eins bis drei gilt als heiße Phase, drei bis fünf als kalte und sieben bis neun wieder als heiße Phase. In der kalten Phase werden die Konflikte nicht direkt ausgetragen, sondern indirekt. Es wird zwar über den Konflikt gesprochen aber nicht mit den Konfliktgegnern. In den heißen Phasen besteht direkter Kontakt zwischen den Konfliktparteien und ist in der Phase eins in den ersten beiden Stufen „Verhärtung“ und „Debatten“ noch von den Konfliktgegnern selbst und allein bearbeitbar.

Übertragen auf die Büro-Situation bedeutet das, wenn zwei Kolleginnen nicht mehr miteinander sprechen wollen (Stufe drei), führt der Vorgesetzte mit den beiden gemeinsam ein Gespräch, dass er moderiert, bei Stufe vier bis sechs stehen zuerst Einzelgespräche an, in denen der Vorgesetzte zwischen der einen und der anderen vermittelt, danach sollte es möglich sein, entweder auf Stufe drei oder besser noch auf Stufe zwei den Konflikt zu lösen. Ab Stufe sieben entscheidet der oder die Vorgesetzte, wer beispielsweise versetzt wird.

Falls Sie keine Hilfe bekommen: Sie können an jeder Stelle aus dem Programm aussteigen. Nur nicht ohne Verluste – das heißt, Sie müssen vielleicht auf das Haus verzichten. Doch was nutzt es, etwas durchzusetzen, was wahrscheinlich nicht durchsetzbar ist und dann womöglich größere Verluste in Kauf nehmen zu müssen.

Im Fall von Pauline W. kam es bereits zur offenen Sabotage und Behinderung ihrer Arbeit (Stufe acht). Der gemeinsame Vorgesetzte lehnte eine Vermittlung ab mit den Worten „Das müsst ihr unter euch regeln." Übrigens eine Führungsschwäche, die mir häufig begegnet. Führungskräfte scheuen sich insbesondere vor Konflikten unter Frauen. Dann bleibt bei größeren Unternehmen noch der Betriebs- oder Personalrat, die Gleichstellungsstelle oder der Soziale Dienst, den Sie einschalten können oder Sie wenden sich an externe Beratungsstellen und holen sich dort Rückendeckung.

Konfliktlösungsstrategien

Es gibt fünf Lösungsstrategien:

Durchsetzung bedeutet, dass ich mich auf Kosten der anderen durchsetze (win – lose). Das klingt erstmal sehr negativ und im „Rosenkrieg" ist es das auch. Doch manchmal ist es angemessen, sich durchzusetzen, z. B. wenn uns etwas sehr wichtig ist. Durchsetzung ist oft auch eine Frage der Macht. Wer vorgesetzt ist, hat die Macht und kann sich daher besser durchsetzen.

Nachgeben bedeutet, anderen den Vortritt zu lassen: (lose – win), entweder weil man nicht in der Position ist, um etwas durchzusetzen, weil es strategisch sinnvoller ist oder weil es zu anstrengend wird hier weiterzukämpfen.

Rückzug bedeutet, den Konflikt gar nicht erst anzusprechen, sondern ihn unter den Teppich zu kehren. Grundsätzlich keine gute Lösung, doch manchmal darf man sich auch mal für das Ausweichen entscheiden, wenn keine Kraft oder Zeit mehr übrig ist für Auseinandersetzungen. Dann aber bitte mit gutem Gewissen!

Kompromiss bedeutet, alle gewinnen zum Teil. Eine Lösungsmöglichkeit, die schnell geht und häufig angemessen ist. Manchmal geht es aber auch nicht, weil eine optimale Lösung gefordert ist.

Zwei Schwestern streiten sich um eine Orange. Was schlagen Sie vor? Fällt Ihnen da auch als erstes die Teilung der Orange, also der Kompromiss ein? Wenn wir die Schwestern jedoch fragen, wozu sie die Orange brauchen, sagt die eine: „Ich möchte einen Kuchen backen und brauche die Schale der Orange." Die andere: „Ich möchte gerne einen Orangensaft trinken." Hätten Sie geteilt, hätten sie beide nur die Hälfte gehabt.

Konsens bedeutet, in der Regel viel Zeit, manchmal auch viel Kreativität zu investieren. Doch wenn alle zufrieden sind mit dem Ergebnis, also die Interessen und Bedürfnisse aller berücksichtigt oder zumindest anerkannt wurden, wird auch niemand aus Anpassung heraus zwar nachgeben, aber innerlich unzufrieden sein. Innere Unzufriedenheit nämlich kommt dann an anderer Stelle heraus und produziert wiederum neue unterschwellige Konflikte.

Stellen Sie sich vor, Sie bauen gemeinsam mit anderen im Team ein neues Auto. Wenn Sie sich hier auf Kompromisse einlassen, wird es nicht mal ein durchschnittliches Auto. Hier müssen alle so lange tüfteln, bis wirklich alle vollständig vom neuen Auto überzeugt sind und das braucht einen Konsens.

Konfliktursachen und Lösungen

Digitalisierung

Dies ist ein Begriff, der auch auf Paul Watzlawick zurückgeht. Er benutzt dieses Wort dafür, dass wir alle versuchen, über Sprache Gedanken und Gefühle auszudrücken, wir aber nur einen Bruchteil dessen, was wir denken oder empfinden, tatsächlich über Sprache vermitteln. Das heißt, wir sagen nicht alles, was wir meinen. Missverständnisse sind so vorprogrammiert. Zu selten sichern wir uns ab, ob das, was wir meinen auch so angekommen ist. Zu oft gehen wir selbstverständlich davon aus, dass andere das gleiche verstehen wie wir meinen.

Was verstehen wir unter „gerecht" oder „korrekt"? Was bedeutet für mich „engagiert sein" oder „Leistung bringen"?

So sagte die Abteilungsleiterin des „Kundenservice" eines großen Automobilherstellers, Frau Brandt neulich zu ihren Mitarbeiterinnen: „Wenn Frau Ahlers in Mutterschutz ist, werde ich den Dienstplan strenger gestalten."

Frau Brandt hatte schon vorher immer wieder Bedenken angemeldet, ob die Servicezeiten von 8:00 bis 18:00 Uhr genügend besetzt seien. Denn außer ihr und ihrer Stellvertreterin Frau Ahlers arbeiten alle Mitarbeiterinnen wegen ihrer Kinder in Teilzeit, in der Regel von 8:00 bis 12:00 Uhr. Durch das Engagement und die Flexibilität von Frau Ahlers ging es bisher immer gut. Doch nun ist Frau Ahlers nur noch einige Tage da. Die mitarbeitenden Mütter wissen um diese Schwierigkeit und fürchten nun, dass es sie mit dem Spätdienst „erwischt". Doch die Befürchtungen, die dieser Satz ausgelöst hatte, kamen erst an einem Team-Tag ans Licht. Die Abteilungsleiterin spürte, dass sich eine bedrückende Stimmung breit gemacht hatte und dass die Mitarbeiterinnen sich ihr gegenüber distanzierten. Doch dass dies an diesem einen Wort „streng" festzumachen war und dass dies eine solch enorme Wirkung mit sich brachte, damit hatte sie nicht gerechnet.

An diesem Team-Tag kam außerdem auf den Tisch, dass Frau Brandt sich von den Mitarbeiterinnen allein und im Stich gelassen gefühlt hat. Was wiederum die Mitarbeiterinnen erstaunte, dass sie dies nicht zum Ausdruck brachte.

Dieses Beispiel zeigt, was ein Wort, anders verstanden als gemeint, auslösen kann. Denn bei allen Beteiligten steht diese Aussage in einem bestimmten Kontext, in dessen Bezugsrahmen es interpretiert wird. (Mitarbeiterinnen: Angst, nachmittags arbeiten zu müssen und nicht wissen, wohin mit den Kindern; Abteilungsleiterin: mit sämtlichen Nachmittagsdiensten allein dazustehen und außerdem Erklärungsnot gegenüber ihren Vorgesetzten wegen ungenügender Besetzung des Kundeservice). Daher ist es so wichtig, genau zu erklären, was hinter einer bestimmten Aussage steht.

Gut ist dabei, wenn ich unterscheiden kann, was mein Interesse ist (Dienstplan sinnvoll besetzen) und was mein Bedürfnis ist (nachmittags nicht allein verantwortlich sein).

Hier haben alle noch benannt, was ihre Ängste sind. Damit war es möglich, eine Win-win-Lösung zu schaffen. Heute ist es zwar umständehalber (überproportional viele Teilzeitkräfte) immer noch schwierig, aber nur auf der Sachebene! Als Team sind sie zusammengeschweißter denn je, halten zusammen und wissen, dass sie sich selbst bei schwierigen Fragen offen äußern können.

Bezugsrahmen

Ich sprach im vorangehenden Kapitel von Bezugsrahmen, ein Begriff aus der Transaktionsanalyse. Die Transaktionsanalyse ist eine Theorie der menschlichen Persönlichkeit, die darauf abzielt, sowohl die Entwicklung wie auch die Veränderung der Persönlichkeit zu fördern.

Erst kürzlich erzählte mir Judith H. aus Hannover, Personalleiterin in einer Kosmetikfirma und Teilnehmerin in einem meiner Konflikt-Seminare, dass sie eine Kollegin innerhalb einer berufsbegleitenden Ausbildung ansprach: „Bei dir in der Firma werden doch neue Leute in der Marketing-Abteilung gesucht. Du hast doch dahin gute Verbindungen. Kannst du dort ein gutes Wort für mich einlegen und mich dabei unterstützen?“ Darauf antwortete Judith H.: „Ja, mache ich gerne, doch ist es mir lieber, wir sprechen über eine Unterstützung erst nach unseren Prüfungen.“ Die Kollegin reagierte: „Ja, o.k., dann habe ich ja auch einen Abschluss vorzuweisen.“ Hier wurden die beiden unterbrochen und so kam Judith H. nicht mehr dazu, das Missverständnis aufzuklären. Denn ihre Aussage, noch bis nach den Prüfungen zu warten, hatte nichts damit zu tun, dass sie die Grundlage der Prüfung für notwendig hielt, sondern sie wollte einem Rollenkonflikt vorbeugen, einerseits ihre Prüfungskollegin und andererseits ihre Vermittlerin zu einem neuen Job und dann Zuständige als ihre Personalverantwortliche zu sein.

Auch wenn hier aus dem Missverständnis kein Konflikt entstanden ist, kann dies an anderer Stelle, wenn es unaufgeklärt bleibt, zu weiteren Missverständnissen und irgendwann zu einem Konflikt kommen. Unaufgeklärte Missverständnisse sind im Nachhinein oft schwer nachvollziehbar, weil sich zwar ein unangenehmes Gefühl festgesetzt hat, aber die Erinnerung über den genauen Verlauf des Dialogs oder der Situation fehlt. Deshalb ist rechtzeitige und offene Kommunikation so wichtig.

Grundpositionen

„Ich bin o. k., du bist o. k.“: Grundannahme und wichtiges Konzept in der Transaktionsanalyse.

Wenn wir uns selbst nicht „o. k.“ fühlen, sind wir weniger konfliktfähig. Die Gefahr wächst, dass wir uns unbefriedigt zurückziehen oder unangemessen zurückschlagen. Dann passiert nämlich häufig Folgendes: wir wechseln von der Haltung: „ich bin nicht o. k. – du bist o. k.“ in die Haltung „ich bin o. k. – du bist nicht o. k.“, um das unangenehme „nicht-o. k.-Gefühl“ nicht spüren zu müssen.

Klaus beschwert sich (mal wieder) bei Kathrin, dass sie ihre Kaffeetasse immer nur in die Teeküche zurück, aber nicht in die Spülmaschine räumt. Kathrin muss in diesem Moment dringend zu einer Sitzung und schafft es nicht mehr, die Tasse jetzt sofort in die Spülmaschine zu räumen. Zuerst hat sie ein schlechtes Gewissen (ich bin nicht o. k., du bist o. k.), weil sie Klaus versprochen hatte, ihre Tasse immer aufzuräumen, dann wandelt sich ihr Gefühl und sie bekommt eine Wut auf Klaus. „Mein Gott, ist der kleinlich, wegen einer Kaffeetasse so einen Zirkus zu machen, ich kümmere mich doch dafür um den Kopierer, dass der immer funktioniert“ (ich bin o. k. – du bist nicht o. k.).

Manchmal wechseln wir danach sogar noch in eine nächste Position: „Ich bin nicht o. k. – du bist nicht o. k.“. Kathrin spürt Verzweiflung: „Wir kommen einfach nicht miteinander zurecht. Wie soll das nur mit uns beiden weitergehen.“

Jetzt weder resignieren noch wüten! Gehen Sie raus aus dem Gefühl, z. B. mit der Zuhilfenahme einer Affirmation „Alles wird gut“ oder „Ich bin gut genug.“ Dann überlegen Sie sich, was Sie tun wollen, sodass der Konflikt konstruktiv lösbar wird. Kathrin könnte Klaus noch mal ansprechen und ihn bitten, ihr gegenüber toleranter zu sein, wenn sie es eilig habe.

Die wichtigsten Regeln für erfolgreiche Klärungsgespräche

- Terminieren Sie das Gespräch und sagen Sie, um was es geht, damit auch das Gegenüber sich auf das Gespräch vorbereiten kann. Die Gefahr besteht, dass Sie sofort mitten im Thema sind, deshalb gut begrenzen.
- Sorgen Sie für einen ungestörten Rahmen und genügend Zeit. Achten Sie auf eine günstige Sitzordnung – am besten über Eck mit gleich hohen Stühlen (sich auf gleicher Augenhöhe begegnen). Es soll weder Konfrontation (sich gegenüber sitzen) noch Hierarchie (ich bin mächtiger als du) demonstriert werden.
- Machen Sie sich ihre eigenen Anteile am Konfliktgeschehen klar. Was haben Sie versäumt? Wann waren Sie unfair? Was könnte das Problem der anderen mit Ihnen sein?
- Bitte den Einstieg positiv gestalten, dabei aber verbindlich bleiben und schnell zur Sache kommen. Oft reicht es, die Wichtigkeit des Gesprächs zu betonen oder die Bereitschaft auf gute Zusammenarbeit zu signalisieren.
- Unklares abfragen, immer auch die GesprächspartnerInnen Stellung beziehen lassen. Ein Kritikgespräch darf keine Standpauke werden.
- Kritisieren Sie nie die ganze Person, sondern immer ein bestimmtes Verhalten oder eine bestimmte Leistung. Nehmen Sie dabei keine Vorwurfshaltung ein, sondern sagen Sie klar und konkret, was ist. Am besten mit Beispielen. Tatsachen als Tatsachen und Vermutungen als Vermutungen äußern.
- Argumentieren Sie nutzen- und partnerorientiert. Es zählt nicht nur, was Sie überzeugend finden, sondern vor allem, was ihre GesprächspartnerInnen überzeugt.
- Immer wenn es um Einschätzungen geht (nicht bei eindeutigen Begebenheiten) in ICH-Botschaften sprechen: „Mich hat es geärgert, dass du Einzelheiten unseres Gesprächs von letzter Woche Gerda weitererzählt hast“ oder „Ich habe das als kränkend erlebt.“
- Benennen Sie nach einer Kritik immer auch ihren Wunsch an die Person. „Ich möchte, dass du mit Informationen, die ich dir gebe, sorgsamer umgehst und mich fragst, was du

weitererzählen kannst." Oder „Ich wünsche mir, dass du mich nicht vor den anderen angreifst, sondern mit mir allein sprichst."

- Ein konkretes Ergebnis festhalten, was, wie bis wann anders werden soll.

Unterschiedliche Ziele

Vorstand A will die Qualität des Produkts erhöhen, Vorstand B den Gewinn maximieren, Office-Managerin A bevorzugt kreative neue Wege; Office-Managerin B bevorzugt bewährte Methoden. Ist es jetzt möglich, eine Lösung zur Zufriedenheit der Beteiligten zu finden? Nur dann, wenn alle ihre Karten offen auf den Tisch legen, also ihre Ziele und auch ihre Bedürfnisse benennen. Nicht wenn z. B. Office-Managerin A verheimlicht, dass sie gerne was Neues ausprobieren würde, auch wenn der Erfolg auf wackeligen Beinen steht oder Office-Managerin B nicht sagt, dass ihr bei A`s Ideen ganz mulmig wird und sie befürchtet, dass es dann Ärger gibt.

Gerade bei unterschiedlichen Zielen müssen die dahinter liegenden Bedürfnisse benannt werden, sonst gelingt konstruktive Konfliktlösung nicht. Sprechen die beiden offen miteinander und bringen sie kreatives Potenzial mit ein, werden sie sicher eine Lösung finden, in der beide Bedürfnisse Berücksichtigung finden.

Für mehr Kreativität hier noch mal eine kinesiologische Übung, die Denkmütze: Massieren Sie sich die Ohren, bis sie ganz heiß werden, das fördert die Durchblutung auch im Gehirn und verbessert das Zuhörvermögen und die kreative Leistung.

Werte und Glaubenssätze

Wir sind mit bestimmten Werten groß geworden. In Deutschland sind z. B. Pünktlichkeit, Ehrlichkeit und Verbindlichkeit wichtige Werte. Wir haben jedoch auch individuell unterschiedliche Werte. Den einen ist es enorm wichtig, Versprechen zu halten, den anderen ständig hilfsbereit zu sein oder hohe Leistungen zu bringen.

Wenn wir gegen unsere Werte handeln müssen, z. B. wir ein Versprechen nicht einlösen können, weil wir keine Zeit mehr dafür haben, bringt uns das wahrscheinlich in innere Not. Ein schlechtes Gewissen wiederum verleitet zu Notlügen. Notlügen führen zum Gefühl von Unehrlichkeit. Damit stecken wir dann in der Zwickmühle. Sind uns diese Mechanismen und unsere Werte bewusst, können wir uns schneller für ein unbelastetes Vorgehen entscheiden.

Manchmal verstehen wir etwas als Kritik, was gar nicht so gemeint war. „Kannst du das bitte einsortieren?" Wenn das auf den Boden von schlechtem Gewissen fällt, weil da jemand von sich denkt, also den Glaubenssatz von sich hat: „Ich bin unordentlich", versteht sie diesen Satz wahrscheinlich als Kritik.

Es passiert so oft, dass wir die Dinge auf eine selbstabwertende Art auf uns beziehen. Selbstkritisch zu sein ist eine positive Eigenschaft. Kritik anzunehmen auch. Doch wenn es dazu führt, dass wir uns zu viele Schuhe anziehen und uns deshalb häufig schlecht fühlen, bringt es das Gegenteil von konstruktiver Konfliktbehandlung und persönlicher Entwicklung. Deshalb machen Sie sich ihre Glaubenssätze und ihre grundsätzliche Einstellung zu Konflikten klar.

Wer ein gesundes Selbstwertgefühl hat, bezieht nicht alles auf sich, kann bei versteckter Kritik nachfragen, kann unangemessene Kritik abweisen und kann mit angemessener Kritik gut umgehen: auf der Handlungsebene und auf der emotionalen Ebene.

Eleonor Roosevelt sagte einmal: *„Niemand kann dich zwingen, dich minderwertig zu fühlen."*

Zehn goldene Regeln im Umgang mit Konflikten

1. **Begegnen Sie Konflikten rechtzeitig**. Gucken Sie nicht weg und hoffen, dass sich die Dinge von alleine wieder einrenken. Meistens tun sie es nicht. Frühzeitig angesprochen, lassen sich die meisten Konflikte noch gut bearbeiten.
2. **Lassen Sie nicht zu viele Kritikpunkte zusammenkommen**. Zu viel Kritik auf einmal ist schwer auszuhalten, manche fühlen sich nahezu demontiert. Auch neigen wir stärker zur Vorwurfshaltung. Wollen wir die Beziehung nicht gefährden, achten wir immer auch auf die Betonung der guten Seiten.
3. **Seien Sie mutig!** Das Ansprechen so mancher Konflikte bedeutet, über den eigenen Schatten zu springen und Ängste zu überwinden.
4. **Nehmen Sie sich ernst!** Tun Sie das Problem nicht ab, indem Sie sich einreden, dass es doch nicht so wichtig sei. Seien Sie es sich selbst wert, eine Klärung herbeizuführen.
5. **Sorgen Sie gut für sich!** Je gesünder, stabiler und gerüsteter wir uns fühlen, umso eher können wir Konflikten begegnen. Manche Typen bauen Stress und Konfliktpotenzial am besten über Bewegung ab. Andere erholen sich besser beim Nichtstun auf dem Sofa. Sorgen Sie auf jeden Fall für genügend „Tankstellen", Orte an denen Sie sich ausruhen und Kraft tanken können.
6. **Fragen Sie sich, welchen Preis Sie bereit sind zu zahlen.** Wieviel Energieaufwand ist es, den Konflikt aufzudecken, anzugehen und zu lösen? Lohnt es sich? Oder ist dann die Beziehung, der Job oder sonst was in Gefahr? Achtung! Manchmal dient dies auch als Ausrede! Denken Sie an 4. „Nehmen Sie sich ernst!" Es kommt immer auch auf das WIE bei der Konfliktbearbeitung an.
7. **Prüfen Sie ihre innere Haltung.** Je positiver und gleichzeitig realistischer Sie an den Konflikt herangehen, umso eher haben Sie die Chance auf konstruktive Lösungen.
8. **Überlegen Sie, mit was für einem Konflikt Sie es zu tun haben.** Welche Konfliktmerkmale nehmen Sie wahr? Welche Konfliktart? Was war die (vermutliche) Konfliktursache? Eskalationsstufe? Mögliche Zugänge und Lösungsschritte? Je genauer Sie den Konflikt benennen können, umso eher können Sie die richtige Entscheidung treffen, was damit zu tun ist.
9. **Trennen Sie Sach- und Beziehungsebene**: Auch Gefühle wie Verletzungen, Ärger, Wut können benannt und damit zur Sachebene werden. Lassen Sie diese Gefühle nicht unterschwellig mitschwingen. Spüren tut sie mein Gegenüber ja doch, aber so bleiben sie dann unbearbeitet und vergiften die Atmosphäre.
10. **Zu einer Win-win-Lösung braucht es immer zwei!** Zweifeln Sie nicht an sich. Vielleicht will da jemand nicht mit Ihnen reden oder kooperieren. Sie können die anderen nicht zwingen. Tun Sie das, was Sie tun können. Und das ist genug! Auch wenn ein Konflikt sich nicht für alle Beteiligten konstruktiv lösen lässt, einen Weg heraus aus dem Konflikt gibt es immer. Auf ihre innere Haltung kommt es an! Auch im Glauben an die anderen. Wer wirklich lösungsbereit ist, wird auch bei den KonfliktpartnerInnen eher Konfliktlösungsbereitschaft auslösen.

Meetings professionell moderieren

Denise Maurer

Professionelle Vorbereitung, Moderation und Nachbereitung von Besprechungen

> Jede Besprechung braucht einen Moderator, der die Richtung vorgibt und die Fäden in der Hand hält. Das erkennen auch die Chefs – immer öfter. Und immer öfter sind es die Assistentinnen, die auf Wunsch der Vorgesetzten in die Moderatorenrolle schlüpfen. Sie kennen Personen, Themen, Prozesse und Strukturen. Sie sind für diese Aufgabe also bestens geeignet. Und mit dem nötigen Handwerkszeug sowie einigen Tipps und Tricks sind sie auch bestens gewappnet. Denn Moderieren kann jeder lernen. Wetten dass?!

Monolog oder Meeting?

Das Einzige, das immer bei einer Besprechung herauskommt, sind die Teilnehmer, die am Anfang hineingegangen sind. Was ein wenig überzogen formuliert ist, entspricht nur allzu oft der Realität. Fast mechanisch wird die Einladung zum nächsten Meeting per Mausklick bestätigt. Montagmorgen, 9:00 Uhr, das Meeting beginnt. Worum sollte es noch gehen? Sieben Kollegen teils mit geballtem Fachwissen, teils mit dem unguten Gefühl, hier fehl am Platz zu sein, warten darauf, dass etwas passiert. Endlich betritt der Chef in letzter Minute den Raum. Er kündigt atemlos eine kurze Information an, maximal zehn Minuten. Nach 35 Minuten, in denen drei Kollegen wegen eines wichtigen Anrufs den Raum verlassen mussten, ist der Vortragende fertig, die Teilnehmer sind unzufrieden. Nun soll diskutiert werden. Aber worüber? Immerhin, drei Verständnisfragen hallen durch den Raum. Und nachdem die letzte Frage beantwortet ist, sind 80 Minuten verstrichen. Zeit für das nächste Meeting, das bereits vor 20 Minuten begonnen hat! Das Resultat: Der Chef ist mit sich sehr zufrieden, die Mitarbeiter sprechen von Zeitverschwendung.

Das Gegenteil kann der Fall und sollte die Regel sein. Denn Meetings sind im Idealfall das beste Motivationsmittel überhaupt: Mitarbeiter werden zeitnah und zeitgleich informiert. Sie werden beteiligt, in dem ihre Meinung gehört wird. Sie erkennen den Sinn und erhalten Orientierung. Das motiviert und schafft Teamgeist. Meetings bringen Menschen zusammen, Projekte und Unternehmen weiter.

Moderieren kann jeder lernen

Das Rezept für erfolgreiche Meetings ist ganz einfach: Vorbereitung, Moderation und Nachbereitung. Die Experten für die Vor- und Nachbereitung sind meist die Assistentinnen und Sekretärinnen. Immer öfter übernehmen sie aber auch die Moderation der Meetings. Sie sind mit den Inhalten vertraut, haben den Überblick und kennen alle Personen. Damit sind sie für die Moderatorenrolle bestens geeignet!

Der Moderator ist unparteiischer Schiedsrichter und Hebamme für das Ergebnis

Der Moderator hat Rechte, Pflichten und muss die Kür beherrschen. Zu den Rechten des Moderators gehören Autorität und Unterbrechungen, wenn das Meeting Gefahr läuft, das gesteckte Ziel zu verfehlen. Der Moderator hat zudem Pflichten. Hierzu zählen Zuhören und Neutralität. Der Moderator ist einerseits unparteiischer Schiedsrichter und andererseits Hebamme für das Ergebnis. Seine persönliche Meinung darf in seinem Handeln keine Rolle spielen. Die Kunst ist die Kür: Der Moderator zeigt hier seine persönliche Fitness in der Themen- und Methodenwahl, ist spontan, kreativ und setzt Humor und Charme wohl dosiert ein. Im Folgenden werden Tipps und Tricks aufgezeigt, die die Rolle des Moderators mit Leben und Professionalität füllen. Und wie so oft gilt auch hier: Übung macht den Meister!

Gute Vorbereitung ist die halbe Miete und für Assistentinnen ein Klacks

Ohne Vorbereitung wird auch der beste Moderator Schwierigkeiten haben, sein Ziel zu erreichen. Assistentinnen haben hier leichtes Spiel. Denn in der Regel sind sie Profis in Sachen Vorbereitung. Im Vorfeld des Meetings sollte immer ein Abstimmungsgespräch mit dem Initiator bzw. dem Vorgesetzten erfolgen. Dabei empfiehlt sich folgende Checkliste:

- Welche Vorstellungen hat die Assistentin von der Moderatorenrolle? Was erwartet der Initiator/Vorgesetzte von ihr? *Insbesondere sollte vereinbart werden, dass der Moderator die Rednerliste führt. Er entscheidet, wer wann etwas sagt. Daran sollte sich auch der Vorgesetzte strikt halten. Bei Unklarheiten oder Streitigkeiten hinsichtlich der weiteren Vorgehensweise bittet der Moderator den Meetinginitiator um Entscheidung. Die Initiative geht immer vom Moderator aus.*
- Wer übernimmt die Begrüßung? *Es ist zu empfehlen, dass der Initiator die Begrüßung übernimmt. Bei dieser Gelegenheit stellt er den Moderator vor, bereitet ihm so die Bühne und übergibt das Wort.*
- Wer stellt die Agenda vor? *Als Hüter der Agenda sollte der Moderator diese vorstellen.*

- Wer schreibt das Protokoll? *Der Moderator kann dies nicht tun. Er braucht seine gesamte Aufmerksamkeit und Konzentration für das Meeting. Rechtzeitig im Vorfeld der Besprechung muss deshalb ein Protokollführer benannt werden.*
- Was möchte der Initiator mit dem Meeting erreichen? *Das Meetingziel sollte sehr präzise in einem Satz formuliert und schriftlich festgehalten werden.*
- Wie kann das Ziel erreicht werden? *Es muss geklärt werden, ob zu Beginn Informationen oder Präsentationen erforderlich sind, um alle Teilnehmer auf den gleichen Wissensstand zu bringen. Im weiteren Verlauf kann eine moderierte Diskussion stattfinden, die offen ist oder sich an zuvor definierten Leitfragen orientiert. In letzterem Fall gibt der Moderator das jeweilige Thema vor.*
- Kennen sich die Teilnehmer untereinander? *Eventuell sollte das Meeting mit einer Vorstellungsrunde starten, in der auch die Erwartungen an das Meeting abgefragt werden können.*

Die Gestaltung und Atmosphäre des Besprechungsraumes beeinflusst den Verlauf des Meetings erheblich. Auch hier ist eine kleine Checkliste hilfreich:

- Überflüssiges rauswerfen. *Überzählige Tische, Stühle, Medien und andere Gegenstände aus dem Raum räumen. Ein guter Gastgeber deckt den Tisch auch nicht für zehn Personen und sechs Gänge ein, obwohl er nur acht Gäste erwartet und nur vier Gänge serviert!*
- Gut temperieren. *Der Raum muss angenehm temperiert sein. Ist er zu kalt, reagieren frierende Teilnehmer mit schlechter Stimmung. Ist er zu warm, können sich die Teilnehmer nicht mehr konzentrieren und schlafen ein.*
- Freier Blick für alle. *Jeder muss jeden und alles sehen können. Insbesondere muss der Moderator alle Teilnehmer gut im Blick haben. Für die Teilnehmer ist ein freier und guter Blick auf die Präsentationsfläche wichtig.*
- Schokolade und mehr. *„Volle und leere Bäuche studieren nicht gern." Auch bei einem einstündigen Meeting sollten Tagungsgetränke bereit stehen. Bei längeren Meetings freuen sich die Teilnehmer über frisches Obst und Schokolade, die nachweislich die Stimmung hebt!*
- Jeder hat einen Namen. *Namensschilder sind besonders bei großen, heterogenen Gruppen zu empfehlen.*
- Medienvielfalt. *Würze und Wirkung eines Meetings werden auch durch die Wahl der Medien bestimmt. Beamer, Flipcharts, Pinboards, Metaplanwände und Moderationskoffer können gut miteinander kombiniert werden und bieten Abwechslung.*
- Schriftliche Begrüßung. *Ein Flipchart mit einer kurzen Begrüßungsformel und dem Besprechungsthema zeigt den Teilnehmern, dass sie hier richtig sind und erwartet werden.*
- Rundumcheck. *Zu guter Letzt sollte der Moderator mindestens 30 Minuten vor Beginn des Meetings im Raum sein, um in Ruhe überprüfen zu können, ob die Raumgestaltung passt, alles geliefert wurde und die Technik funktioniert.*

Jeder Gastgeber begrüßt seine Gäste persönlich

Wenn der Moderator die Basics der Vorbereitung beherzigt und rechtzeitig abschließt, kann er die Teilnehmer entspannt und mit voller Aufmerksamkeit in Empfang nehmen. Das wirkt auf die Teilnehmer sehr professionell und erzeugt schnell eine „Wohlfühlatmosphäre". Der Moderator tut sich damit den größten Gefallen, denn der erste Eindruck bekommt keine zweite Chance! Sekretärinnen wissen meist sehr viel über die Teilnehmer. Das ermöglicht eine individuelle Begrüßung und erleichtert den Small Talk.

In dieser ersten Phase muss der Moderator sehr aufmerksam sein. So kann er schon zu Beginn Stimmungen einfangen und erste Erwartungen der Teilnehmer an das Meeting abfragen. Das Zeitmanagement hat er dabei immer fest im Griff. Der pünktliche Start gibt dem Moderator nicht nur ein gutes Gefühl, sondern zeugt auch von Professionalität.

Wer den Überblick hat, hat Interesse

Wenn die Teilnehmer ihren Platz eingenommen haben, ist es Zeit für die offizielle Begrüßung und den Überblick. Der Moderator wird vorgestellt oder stellt sich selbst vor. Dabei sollte er auf jeden Fall etwas zu seiner Rolle sagen, damit die Teilnehmer sich auf die Vorgehensweise einstellen können.

Wenn die Gruppe sich untereinander nicht kennt, ist eine Vorstellungsrunde zu Beginn sehr empfehlenswert. Die Teilnehmer wissen dann, mit wem sie diskutieren. Das schafft Vertrauen. Der Moderator kann die Teilnehmer bitten, sich kurz mit Namen und Funktion vorzustellen.

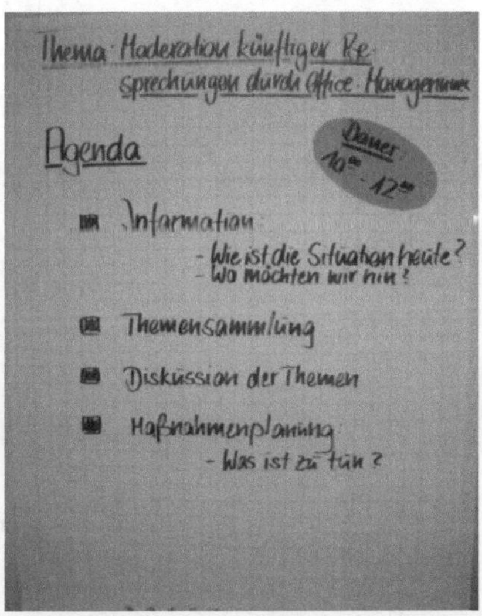

Abbildung 1: *Agenda*

Es folgt die Vorstellung der Agenda. Jeder Teilnehmer möchte wissen, was ihn erwartet. Deshalb sollte sich der Moderator für diesen Punkt Zeit nehmen. Die Agenda muss jedem

Teilnehmer vorliegen, darüber hinaus aber auch für alle und zu jeder Zeit sichtbar im Raum vorhanden sein. Ergänzend zur ausführlichen Vorstellung der Agenda wird die Zielsetzung des Meetings insgesamt erläutert. Dabei hat der Moderator immer den Teilnehmernutzen vor Augen. Teilnehmer arbeiten nur dann gut und interessiert mit, wenn sie wissen, warum sie da sind und was sie davon haben! Die Aufgabe des Moderators ist es, den Teilnehmern deutlich zu machen, warum gerade sie eingeladen wurden und was ihnen die Teilnahme am Meeting bringt.

Die Erwartungen der Teilnehmer helfen dem Moderator

Nachdem der Moderator das Ziel des Meetings und damit die Erwartung des Initiators erläutert hat, bekommen die Teilnehmer ihrerseits die Gelegenheit, ihre Erwartungen in einem Satz zu formulieren. Wichtig: Die Erwartungsabfrage sollte immer erst nach Vorstellung der Agenda erfolgen. Denn diese gibt eine Art inhaltlichen Rahmen vor. Andernfalls würden die Antworten der Teilnehmer viel weitläufiger ausfallen. Die Gefahr, Teilnehmererwartungen nicht zu erfüllen, ist dann sehr groß. Um die Teilnehmer immer wieder an die Fragestellung zu erinnern, sollte die Frage auf einem Flipchart visualisiert werden.

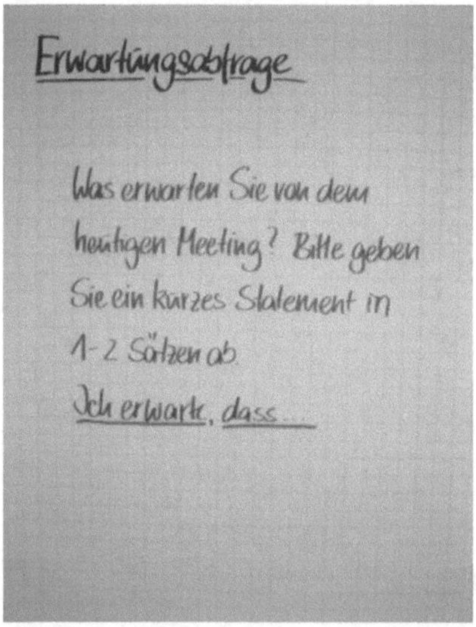

Abbildung 2: *Erwartungsabfrage*

Spielregeln sind auch für Erwachsene ein Muss

Bevor das Meeting so richtig beginnt, stellt der Moderator einige Spielregeln auf, die das Miteinander der Gruppe im weiteren Verlauf regeln. Hier macht der Ton die Musik: Charmant und locker vorgetragen, werden Verhaltensregeln akzeptiert. Sobald jedoch der erhobene Zeigefinger dominiert, werden sie gerne und oft ignoriert. Zusätzlich sollten sich die Spielregeln auf einem Flipchart wieder finden, damit sich der Moderator jederzeit wieder auf sie berufen kann. Für die Teilnehmer werden sie so zudem verpflichtender.

Abbildung 3: *Spielregeln für Besprechungen*

Zehn Minuten Information: In der Kürze liegt die Würze

Die Besprechung startet in der Regel mit der Informationsphase. Kurze Präsentationen und Informationen bringen alle Teilnehmer auf den gleichen Wissensstand. Der Moderator kündigt jeden Redner mit ein paar netten Worten an. Das schafft Aufmerksamkeit für den Redner und gibt ihm die notwendige Bühne. Dabei sollten sich die Redner so kurz wie möglich fassen. Maximal zehn Minuten je Präsentation sind ideal – die Informationsfülle ist für die Teilnehmer bekömmlich, die Aufmerksamkeit gewährleistet. Die Präsentationen sollten sich zudem auf die Inhalte beschränken, die nötig sind, um das Meetingziel zu erreichen. Wichtige Frage: Welche Informationen benötigen die Teilnehmer, um das Meetingziel erreichen zu können? Alle anderen Themen haben in den Präsentationen nichts verloren. Zu Beginn einer Präsentation sollte der Moderator darauf aufmerksam machen, dass im Nachhinein ausreichend Zeit für Diskussionen zur Verfügung steht. Während des Vortrags beschränken sich die Teilnehmer auf Verständnisfragen. Der Moderator überwacht dieses Vorgehen und hält sich strikt daran. Andernfalls enttäuscht und verärgert er die Teilnehmer, die die Regeln befolgen und bekommt schnell ein Disziplin-Problem.

Nach einem Vortrag stellt der Moderator über Fragen sicher, dass alle Teilnehmer die Informationen verstanden haben.

Diskussionsthemen sammeln

Nach der Information beginnt die Diskussion. Zunächst gibt der Moderator den Teilnehmern die Gelegenheit, weitere Themen für die Diskussion zu benennen. Vielleicht waren aber im Vorfeld gar keine Präsentationen notwendig. Dann beginnt der Moderator direkt mit der Nennung und Erläuterung des nächsten Agendapunktes, der ersten Diskussionsrunde.

Der Moderator motiviert die Teilnehmer, sich erneut mit dem Besprechungsthema auseinanderzusetzen. Die Teilnehmer sollen all die Aspekte benennen, die wichtig sind, um eine Entscheidung herbeiführen zu können bzw. um das Besprechungsziel erreichen zu können. Die Nennungen der Teilnehmer hält der Moderator für alle sichtbar schriftlich fest. Dabei kann er das Flipchart oder Moderationskarten nutzen, die er auf ein Pinboard heftet oder klebt. Die Arbeit mit Moderationskarten empfiehlt sich insbesondere dann, wenn die Themen im Anschluss priorisiert werden.

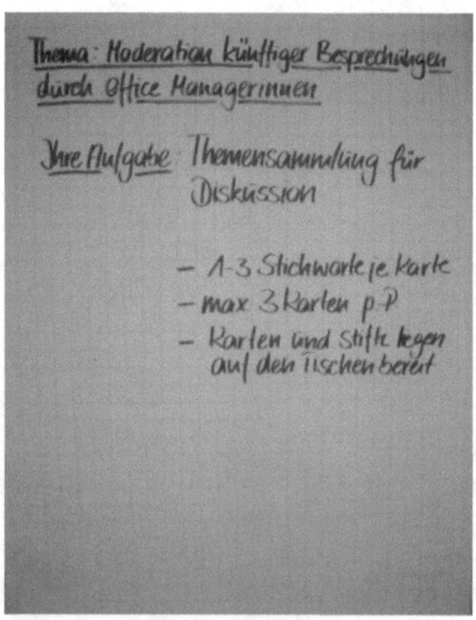

Abbildung 4: *Instruktion für die Themensammlung*

Es muss nicht immer der Moderator sein, der die Notizen macht. Er kann die Teilnehmer im Vorfeld bitten, ihre Themen in ein bis drei Stichworten selbst auf eine Moderationskarte zu schreiben. Das hat mehrere Vorteile: Der Moderator kann sich voll und ganz auf die Moderation konzentrieren. In unruhige Gruppen kehrt durch diese Form der Stillarbeit wieder Ruhe ein. Jeder Teilnehmer wird sich sehr genau überlegen, welches Thema er nennt, da er ob der Schriftform jederzeit mit dem Ergebnis in Verbindung gebracht werden kann. Die Qualität der Gruppenergebnisse wird also gesteigert. Ein paar Dinge muss der Moderator im Vorfeld dieser kleinen Gruppenarbeit berücksichtigen: Die Karten je Teilnehmer sollten auf drei beschränkt werden. Andernfalls verlieren alle Beteiligten schnell den Überblick und auch das Interesse. Der Moderator muss geeignete Stifte bereitstellen. Kugelschreiber-Notizen auf dem großen Pinboard sind für die Teilnehmer nicht lesbar.

Der Moderator sammelt die beschriebenen Karten ein, liest sie der Gruppe vor und heftet sie dann an das Pinboard. Wichtig: Bevor er mit der Präsentation beginnt, muss er die Karten gut durchmischen, um zu vermeiden, dass hintereinander alle drei Karten eines Teilnehmers präsentiert werden. Das langweilt die anderen Kollegen. Bei gemischten Karten bleibt jeder am Ball, denn die nächste Karte könnte wieder die eigene sein. Während der Präsentation der Karten achtet der Moderator stets darauf, ob die Themen zu der Gesamtzielsetzung der Besprechung passen. Sollte er Bedenken haben, nennt der den Teilnehmern noch einmal das Ziel und befragt die gesamte Gruppe, ob das Thema passt. Kommt die Gruppe zu dem Schluss, dass das Thema zu einem anderen Zeitpunkt behandelt werden soll, darf die Karte nicht einfach verschwinden. Es empfiehlt sich ein Themenspeicher. Das kann ein Flipchart oder Pinboard mit entsprechender Überschrift sein. Hier wird die Karte sichtbar positioniert. Die Wertschätzung des Beitrags bleibt gewahrt. Die Inhalte des Themenspeichers werden auf jeden Fall mit in das Protokoll aufgenommen.

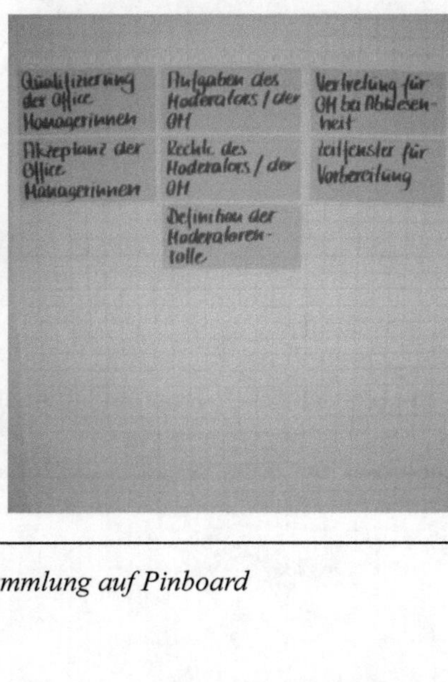

Abbildung 5: *Themensammlung auf Pinboard*

Bei der Präsentation der relevanten Themen versucht der Moderator bereits eine grobe thematische Zuordnung vorzunehmen und verwandte Themen untereinander zu hängen. Die Entscheidung, wohin eine Karte gehängt wird, trifft letztlich immer der Kartenschreiber.

Punkte kleben, um Themen zu priorisieren

Wenn alle Karten hängen, bedankt sich der Moderator für den Input der Teilnehmer und erläutert noch einmal die Zielsetzung des Workshops. In der Regel werden die Teilnehmer mehr Themen identifizieren als in der festgesetzten Besprechungszeit bearbeitet werden können. Die Themen müssen also priorisiert werden. Natürlich übernehmen diese Aufgabe auch die Teilnehmer. Schnell, visuell und gruppendynamisch funktioniert der Einsatz von Klebepunkten. Jeder Teilnehmer erhält zum Beispiel drei Klebepunkte, mit denen er für seine drei wichtigsten Themen stimmen kann. Er markiert die Themen am Pinboard mit den Klebepunkten. Die Themen, die die meisten Klebepunkte erhalten haben, werden im folgenden Besprechungsverlauf diskutiert. Einigkeit ist nun nur noch über die Reihenfolge der Themen zu erzielen. Diese ergibt sich aber meist von selbst. Hier ist auch der Initiator des Meetings gefragt, der den Moderator in diesem Punkt inhaltlich unterstützen sollte.

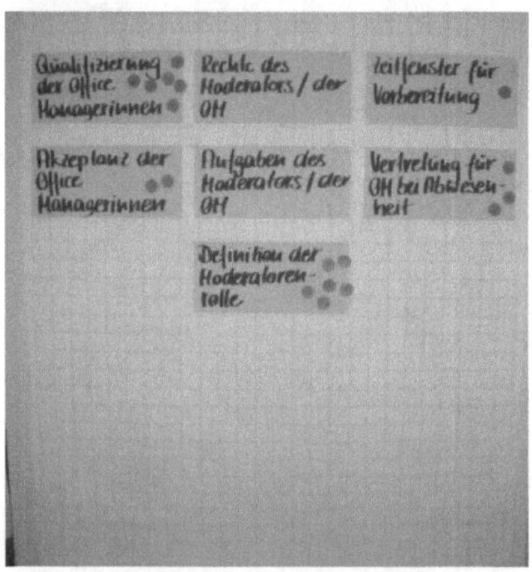

Abbildung 6: *Priorisierung der Themen*

Der Moderator markiert die zu behandelnden Themen, damit für alle Teilnehmer sichtbar ist, worüber in der verbleibenden Besprechungszeit geredet wird. Er erläutert anschließend das Vorgehen und weist noch einmal auf das Gesamtziel hin. Zudem kann es sinnvoll sein, auch die für die Diskussion relevanten Spielregeln noch einmal zu nennen. Bevor der Moderator die Diskussion eröffnet, fragt er die Teilnehmer, ob sie mit dem Vorgehen einverstanden sind.

Aktivierungsfragen bringen die Diskussion in Gang

Das erste Diskussionsthema schreibt der Moderator auf ein Flipchart und beginnt mit Aktivierungsfragen an die Teilnehmer, um die Diskussion in Gang zu bringen. Dabei achtet er darauf, nur offene Fragen, auf die die Teilnehmer nicht mit ‚ja' oder ‚nein' antworten können, zu stellen. Offene Fragen beginnen mit ‚wie', ‚wo', ‚wann' oder ‚warum'. Spätestens zu diesem Zeitpunkt beginnt die Arbeit des Protokollführers. Der Moderator macht sich ebenfalls Notizen zu den Redebeiträgen. So kann er jederzeit Verbindungen zwischen den einzelnen Beiträgen herstellen, Nach- oder Ergänzungsfragen in die Runde geben und zum Ende die Diskussion zusammenfassen.

Der Moderator hält das Diskussionsruder fest in der Hand

Der Moderator bleibt stets Leiter der Diskussion, lässt sich das Ruder nicht aus der Hand nehmen. Einige rhetorische und körpersprachliche Tricks unterstreichen seine Autorität:

- Nicht vor der Gruppe in der Rolle des Außenseiters oder Lehrers stehen bleiben, sondern ebenfalls hinsetzen und sich auf Augenhöhe mit den Teilnehmern begeben; stets darauf achten, für alle Teilnehmer gut sichtbar zu sein.
- Den Blick immer wieder über die gesamte Gruppe schweifen lassen, um neue Wortmeldungen zu erfassen, Unmut oder Zustimmung, Langeweile oder Neugierde frühzeitig wahrzunehmen.
- Wenn die Teilnehmer mit Privatunterhaltungen beginnen oder sich anderen Dingen widmen, ist es an der Zeit, das jeweilige Thema zu beenden und einen neuen inhaltlichen Happen in die Runde zu werfen.
- Nach vorne beugen und einem Redner fest in die Augen schauen, um das Ende der Redezeit zu signalisieren.
- Teilnehmern, die Wortmeldung signalisieren, zunicken und Namen notieren.
- Am Ende einer Wortmeldung Teilnehmer kurz danken, dann namentlich dem nächsten Redner das Wort übergeben.
- Regelmäßig nach einigen Wortbeiträgen eine kurze Zusammenfassung machen.
- Bei längeren Rednerlisten hin und wieder die nächsten drei Redner auf der Liste nennen, um Teilnehmer einerseits auf ihren Beitrag vorzubereiten andererseits, um Teilnehmer zu signalisieren, dass sie Geduld haben müssen.
- Um ein Thema abzuschließen, nach kurzer Zusammenfassung einen Themenwechsel und Schließung der Rednerliste zu diesem Thema ankündigen; den Teilnehmern aber Gelegenheit geben, wichtige Beiträge noch zu äußern.

- Wenn ein Teilnehmer unterbricht, sofort freundlich, aber bestimmt dazwischen gehen; dem Teilnehmer versichern, dass sein Name nun auf der Rednerliste steht, dann das Wort wieder an den Unterbrochenen übergeben.
- Wenn ein Teilnehmer in einem Redebeitrag direkt angesprochen oder kritisiert wird, erhält dieser, unabhängig von der Rednerliste, unmittelbar im Anschluss Gelegenheit Stellung zu nehmen.

Der Umgang mit schwierigen Teilnehmern ist ganz einfach

In dieser entscheidenden Phase des Meetings ist der Moderator besonders gefordert. Solange die Teilnehmer diszipliniert und engagiert diskutieren, hat der Moderator leichtes Spiel. Doch entpuppen sich einige Teilnehmer als schwierig oder verlieren am Ende eines langen Arbeitstages die Lust am Diskurs, wird es für den Moderator spannend. Im Folgenden hilft eine kleine Checkliste, diese Herausforderungen souverän zu meistern:

- *Der Schüchterne.* Teilnehmer mit Namen ansprechen und rhetorische Frage stellen, die er nur bejahen oder verneinen muss. Beispiel: Herr Meier, das haben Sie doch bestimmt auch schon erlebt, oder?
- *Der Schwätzer.* Zunächst den Augenkontakt suchen. Oftmals reicht der kurze Blick bereits aus. Redet der Teilnehmer trotzdem weiter, direkt ansprechen und um Mitteilung an alle Teilnehmer bitten. Beispiel: Frau Müller, ich habe Ihre Wortmeldung wohl übersehen. Ich setze Sie gerne auf die Liste und gebe Ihnen ein Zeichen, wenn die Bühne Ihnen gehört.
- *Der Skeptiker.* Er stellt alle Ideen und Beiträge in Frage, ohne konstruktive Alternativen zu nennen. Das Erfolgsrezept heißt hier nachfragen und nicht locker lassen. Beispiel: Frau Schäfer, Sie sagen, dass der Vorschlag Ihrer Kollegin nicht funktionieren kann, da er keine Mehrheit findet. Was wird denn Ihrer Meinung nach der entscheidende Grund für eine Ablehnung sein? Was schlagen Sie alternativ vor?
- *Der Gelangweilte.* Den Teilnehmer aktiv in das Gruppengeschehen einbinden. Das kann einerseits über rhetorische Fragen wie im Fall des schüchternen Teilnehmers erfolgen. Andererseits kann der Teilnehmer aktiv in Beispiele einbezogen oder direkt um einen Beitrag gebeten werden. Beispiel: Stellen Sie sich vor, meine Damen und Herren, ich würde Herrn Schneider einfach vor vollendete Tatsachen stellen. Wie wird er reagieren? Herr Schneider, wie würden Sie reagieren?
- *Der Unterbrecher.* Teilnehmer sofort, freundlich, aber bestimmt unterbrechen und auf Spielregeln hinweisen. Beispiel: Frau Schulze, ich führe ganz gewissenhaft meine Rednerliste, um die Spielregeln einzuhalten. Ich habe Ihren Namen bereits vermerkt und darf Sie nun höflich bitten, Herrn Meier ausreden zu lassen. Herr Meier, bitte. Sollte der Teilnehmer wiederholt unterbrechen, in der Pause das klärende Gespräch suchen.

Jedes Diskussionsergebnis verlangt eine konkrete Maßnahme

Wenn alle Themen diskutiert worden sind, ist es Zeit für die wichtige Schlussphase des Meetings. Hier zeigt sich, wie gut inhaltlich gearbeitet wurde. Hier zeigen sich aber auch die Zeitmanagement-Qualitäten des Moderators. Für die Schlussphase, bestehend aus Zusammenfassung der Ergebnisse und Maßnahmenplanung, sollte etwa ein Fünftel der gesamten Meetingdauer eingeplant werden. Wichtig: Die Schlussphase ist wesentlicher Bestandteil eines Meetings und darf niemals als Zeitpuffer für die Diskussion dienen. Ohne eine ausführliche Schlussbetrachtung sind die Ergebnisse kaum etwas wert!

Der Moderator fasst die Ergebnisse der Diskussion zusammen und gibt die Frage nach den nächsten Schritten in die gesamte Gruppe. Die Schlussdiskussion findet unter folgenden Leitfragen statt:

- Was ist als nächstes zu tun?
- Wer ist dafür verantwortlich?
- Bis wann müssen Ergebnisse vorliegen?

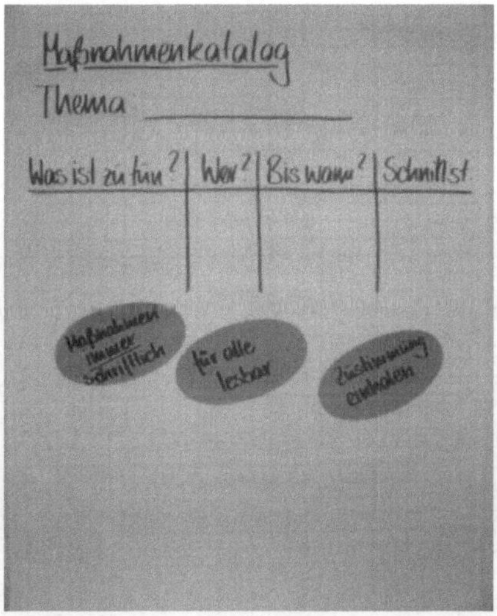

Abbildung 7: *Maßnahmenplanung*

Das weitere Vorgehen hängt stark von den Inhalten des Meetings ab. Es kann angebracht sein, dass nur der Initiator ein Schlusswort spricht und über die nächsten Schritte auf Basis der Ergebnisse informiert. Dieses Vorgehen ist dann sinnvoll, wenn zunächst kein direkter Handlungsbedarf auf Seiten der Meetingteilnehmer besteht. Ist hingegen die Gruppe selbst gefordert, sollten auch die Maßnahmen gemeinsam erarbeitet werden. Der Moderator behandelt jedes Diskussionsergebnis entlang der drei Leitfragen und hält die Ergebnisse schriftlich und für alle Teilnehmer lesbar fest.

Die Teilnehmer haben das letzte Wort

Kein Meeting darf ohne die Zustimmung und das Feedback der Teilnehmer enden. Der Moderator lässt das gesamte Meeting kurz Revue passieren, skizziert den Verlauf, fasst die Ergebnisse noch einmal kurz zusammen, erläutert die geplanten Maßnahmen und nennt die Zuständigkeiten. Er geht abschließend auf die konkreten nächsten Schritte ein, kündigt das Ergebnisprotokoll an. Er fragt dann die Teilnehmer, ob sie einverstanden sind oder ob etwas vergessen wurde. Je nach Zeitrahmen kann der Moderator jeden Teilnehmer um ein kurzes Schlussstatement bitten. Beispiele für Fragen:

- Was ist für Sie das wichtigste Ergebnis des Meetings?
- Welches Ergebnis ist für Ihr Team am wichtigsten?
- Wurden Ihre Erwartungen erfüllt?

Abschließend dankt der Moderator den Teilnehmern für die Mitarbeit und verabschiedet sie. Diesen Schlussakt kann auch der Initiator des Meetings übernehmen.

Der gute Gastgeber verabschiedet seine Gäste persönlich

Die Besprechung endet erst mit der Verabschiedung der Teilnehmer. Für diesen letzten Eindruck nimmt sich der Moderator Zeit und verabschiedet jeden Teilnehmer persönlich.

Erst, wenn der letzte Teilnehmer den Raum verlassen hat, beginnen die Aufräumarbeiten. Die Teilnehmer sollen von Anfang bis Ende das gute Gefühl haben, dass dieses Meeting nur für sie stattgefunden hat. Das zeugt von Wertschätzung und sichert langfristig die Bereitschaft, Motivation und Unterstützung der Mitarbeiter.

Der Moderator fertigt von Medien, die während des Meetings erarbeitet wurden, eine Fotodokumentation an (Flipcharts, Pinboards, Whiteboards). Der Moderator trägt außerdem dafür Sorge, dass keine vertraulichen oder persönlichen Informationen im Raum zurück gelassen werden.

Weniger ist mehr: Auch das Protokoll steht im Dienst der Teilnehmer

Das Protokoll zum Meeting sollte so zeitnah wie möglich verschickt werden. Doch nicht nur das. Wie auch das Meeting selbst, muss es Zielgruppen und Nutzen orientiert sein. Nur die Informationen und Ergebnisse finden Erwähnung, die für die Teilnehmer interessant und für das Meeting-Ergebnis relevant sind. Im Protokoll können gerne Visualisierungen, Grafiken oder Fotodokumentationen verwendet werden. Immer gilt: „Weniger ist mehr."

Moderationen von Meetings sind kein Hexenwerk, sondern solides Handwerk, das jeder lernen kann. Für Office-Managerinnen gilt das in besonderem Maße, denn sie bringen bereits einige grundlegende Eigenschaften mit. Sie haben ein gutes Gespür für Menschen und Situationen, kennen zudem Unternehmensprozesse und -strukturen. Das erleichtert die Moderatorenrolle ungemein. Assistentinnen in der Moderatorenrolle schaffen eine ganz neue Meetingkultur. Denn moderierte Meetings gewinnen immer!

Gesprächsführung

Birgit Preuß-Scheuerle

Im Gespräch agieren und reagieren, ohne in die Defensive zu geraten

> Eine souveräne Gesprächsführung zu praktizieren, bedeutet, wertschätzend zu sein, Gefühle anderer wahrzunehmen und zu respektieren sowie deren Interessen und Bedürfnisse als berechtigt zu akzeptieren. Gleichzeitig bedeutet es, die eigenen Interessen zu vertreten und nach Möglichkeiten zu suchen, wie alles miteinander in Einklang gebracht werden kann.

Eine gute Gesprächsführung ist immer wieder eine Herausforderung. Grundlage dafür ist die ausführliche Vorbereitung auf ein Gespräch. Um den Aufwand dazu zu minimieren, lohnt sich ein Blick auf die Gemeinsamkeiten aller Gespräche. Die daraus entwickelte Struktur bietet auch während eines Gespräches Orientierung. Mithilfe von Fragetechniken und positiven Formulierungen gelingt es Ihnen dann, sich der „Führungsaufgabe" zu stellen.

Gemeinsamkeiten aller Gespräche

Es gibt Zweier- und Dreiergespräche, Besprechungen, Teamsitzungen, Meetings und Diskussionen in größeren Runden, Beratungs- und Verkaufsgespräche, Bewerbungsgespräche etc. Es gibt Gespräche mit dem Partner, den Kindern und Familienangehörigen, Gespräche mit Vorgesetzten, Kolleginnen und Kollegen, mit Mitarbeiterinnen und Mitarbeitern und so weiter.

Sicher fallen Ihnen noch mehr Situationen ein. Der Unterschied der jeweiligen Gesprächssituation besteht in der Anzahl der Personen, in den unterschiedlichen Themen, den unterschiedlichen Zielsetzungen, einer anderen Vertrautheit und einem jeweils anderen Kontext, in dem die Gespräche stattfinden.

Doch was haben alle diese Gespräche gemeinsam?

Zunächst: Alle Gespräche verlaufen nach einer bestimmten *Struktur.* Außerdem verfolgen Sie in allen Gesprächen ein bestimmtes *Ziel.* Alle diese Gespräche verlaufen erfolgreicher, wenn Sie sie *vorbereiten* (schriftlich oder auch nur in Gedanken). Und zu guter Letzt kann es in allen Gesprächen durch unklare Formulierungen und einseitiges Hörverhalten zu *Missverständnissen* oder durch unangemessene Forderungen oder Kritik zu Angriffen und *Konflikten* kommen.

Es lohnt sich daher, Gespräche vorzubereiten.

Gesprächsvorbereitung

Planen Sie Ihr Gespräch schriftlich. Wenn Sie etwas aufschreiben, motivieren Sie sich, vorher etwas gründlich zu durchdenken. Außerdem haben Sie im Gespräch eine Gedächtnisstütze. Damit behalten Sie Ihr Ziel leichter im Auge und vermitteln Ihren Gesprächspartnerinnen und -partnern außerdem das Gefühl, wichtig zu sein und ernst genommen zu werden.

Folgende sieben Punkte helfen Ihnen, sich gut vorzubereiten:

- *Wer sind meine Gesprächspartnerinnen und -partner?*
  Welches Alter, Bildungsniveau, welche Stellung haben sie? Diese Faktoren beeinflussen, was Sie sagen, wie Sie es sagen und wie viel Sie vorab informieren. „Alte Hasen" fühlen sich nicht ernst genommen, wenn sie über Selbstverständlichkeiten informiert werden. Neue unerfahrene Kolleginnen und Kollegen brauchen noch mehr Informationen, um Sicherheit zu gewinnen. Entscheidungsträger möchten gerne direkt angesprochen werden, obwohl das Thema hauptsächlich Sie und Ihre Kollegen betrifft. Wenn Sie sich auf diese Befindlichkeiten einstellen, vermeiden Sie unnötigen Widerstand. Überlegen Sie sich ebenfalls Themen für den Small Talk. „Aufhänger" könnten sein:
  - Gemeinsames wie zum Beispiel das Wetter, Getränke, Anfahrt,
  - Naheliegendes wie der Raum oder die Landschaft,
  - Komplimente über Accessoires, Schmuck, Krawatte, Frisur,
  - Frage und Bitten: „Mögen Sie auch eine Tasse Kaffee?"
- *Informieren Sie sich inhaltlich*
  Nur dann können Sie fundiert argumentieren, und Sie bleiben auch bei Gegenargumenten und Angriffen ruhiger.
- *Wie werden Sie eingeschätzt?*
  Oft hatten Sie schon vorher am Telefon Kontakt. Waren Sie freundlich und kompetent, dann werden sich die Gesprächsteilnehmenden positiv auf Sie einstellen. Waren Sie eher ungeduldig und kurz angebunden, wird Sie von Beginn an eher ein kühleres Gesprächsklima erwarten. Wenn sich die Teilnehmenden schon lange kennen, dann kennen sie auch Schwächen und Stärken der einzelnen. Wenn Sie dafür bekannt sind, dass Sie leicht zu provozieren sind, dann werden andere dieses Spielchen auch gerne spielen. Wie Sie verbal entschärfen, erfahren Sie in diesem Kapitel.
- *Definieren Sie Ihre Gesprächsziele*
  Wenn Sie wissen, was Sie erreichen wollen, können Sie auch gezielt verhandeln. Teilen Sie dabei Ihre Ziele in drei Kategorien ein: Hauptziele, Nebenziele und Rückzugsziele.

Sie möchten beispielsweise mit Ihrer Vorgesetzten über eine Gehaltserhöhung verhandeln. Ihr Hauptziel ist eine Gehaltserhöhung um 200 Euro. Ihr Nebenziel sind verbesserte Arbeitsbedingungen durch einen neuen PC. Ihr Rückzugsziel ist ein erneutes Gespräch in vier Monaten, wenn im Moment keine Gehaltserhöhung möglich ist.

- *Was wollen die anderen erreichen?*
  Überlegen Sie, was die anderen wahrscheinlich erreichen wollen. Welche Gemeinsamkeiten und welche Unterschiede bestehen dabei in der Zielsetzung? Ihr Chef sieht im Moment keine Möglichkeit für eine Gehaltserhöhung, er möchte jedoch, dass Sie ein Office-Management-Seminar besuchen, damit er anschließend mehr Argumente für die Gehaltserhöhung gegenüber seinem Vorgesetzten hat.
- *Überlegen Sie sich mögliche Kompromisse*
  Wenn Sie sich zuvor ein paar Kompromiss-Vorschläge überlegt haben und Ihren Verhandlungsspielraum, also Ihr Haupt- und Rückzugsziel abgesteckt haben, können Sie klar verhandeln.
- *Entwickeln Sie Nutzenargumente*
  für die anderen ist es wichtig, welchen Nutzen sie davon haben und weniger interessant, was es Ihnen nutzt.

Checkliste Gesprächsvorbereitung

- **Wer sind meine Gesprächspartner?**
  - Alter
  - Stellung
  - Bildungsniveau
  - Informationsstand
  - Small Talk-Themen
- **Welche inhaltlichen Informationen benötige ich – welche die anderen?**
- **Wie werde ich eingeschätzt?**
- **Meine Gesprächsziele?**
  - Hauptziel
  - Nebenziel
  - Rückzugsziel
- **Was wollen die anderen erreichen?**
- **Mögliche Kompromisse?**
- **Nutzenargumente?**

Gesprächsverlauf

Ein Gespräch besteht aus vier Sequenzen: der Gesprächseinleitung, der Gesprächseröffnung, dem Hauptteil und dem Gesprächsabschluss.

Die Gesprächseinleitung

Die Gesprächseinleitung ist die Aufwärmphase. Seien Sie von Anfang an körperlich präsent, achten Sie auf eine selbstsichere Körpersprache: aufrechter Gang, gerade Kopfhaltung, festen Stand beziehungsweise eine offene Sitzhaltung und Blickkontakt. Wenn Sie zu Beginn Unsicherheit über die Körpersprache signalisieren, werden Sie im Gespräch mehr an Überzeugungsarbeit leisten müssen.

Begrüßen Sie Ihre/n Gesprächspartner/in mit Namen und lockern Sie die Situation durch einen Small Talk auf.

Auch wenn das Plaudern über Belangloses oder Persönliches für viele angenehmer ist, als zum Thema zu kommen, ist es wichtig, dass Sie verbindlich sind und bleiben. Leiten Sie nach kurzer Zeit zur Gesprächseröffnung über. Ansonsten besteht die Gefahr, dass Sie nie zum eigentlichen Thema des Gesprächs kommen. Wenn Sie ein Gespräch von einer Stunde führen wollen, kann die Anwärmphase zirka fünf Minuten dauern. Für einen ungeduldigen Gesprächspartner sind auch drei Minuten ausreichend.

Die Gesprächseröffnung

In der Gesprächseröffnung klären Sie die Situation. Benennen Sie das Gesprächsthema oder die Themen klar und eindeutig. Sonst kann es passieren, dass sich Themen vermischen oder Sie sogar über unterschiedliche Dinge sprechen. Viele Gespräche scheitern schon in der Gesprächseröffnung, weil die Gesprächsthemen und Ziele nicht deutlich geklärt werden.

Überlegen Sie sich bei schwierigeren Gesprächssituationen genau, *wie* Sie das Thema ansprechen wollen, und lernen Sie diese Vorüberlegungen unter Umständen auswendig, damit Sie klar und eindeutig das Gesprächsthema und Ziel formulieren.

Signalisieren Sie bei der Gesprächseröffnung Einfühlungsvermögen und Offenheit: zum einen über die Körpersprache, zum anderen durch Ihr Gesprächsverhalten, indem Sie ihr Gegenüber nicht mit Argumenten überfallen, sondern Schritt für Schritt im Dialog die Problemlösung erarbeiten.

Der Hauptteil

Den Hauptteil des Gesprächs gestalten Sie durch

- aktives Zuhören,
- eine zielgerichtete Argumentation,
- Fragetechniken (Tipps dazu erhalten Sie im Folgenden),
- positives Formulieren (Tipps dazu erhalten Sie im Folgenden),
- eine selbstsichere Körpersprache,
- indem Sie sich Notizen machen,
- das Aushalten von Gesprächspausen,
- die Klärung von Missverständnissen und Unklarheiten durch Fragen.

Der Gesprächsabschluss

Zu einem erfolgreichen Gespräch gehört ein guter Gesprächsabschluss, ohne ihn bleibt häufig unklar, was im Verlauf des Gesprächs erreicht wurde. Ein schlechter oder fehlender Gesprächsabschluss ist ebenso oft Ursache für misslungene Gespräche wie eine verpatzte Gesprächseröffnung.

Führen Sie den Abschluss bewusst herbei, indem Sie eine Gesprächszusammenfassung machen. Benennen Sie Gemeinsamkeiten und Differenzen, und halten Sie die Ergebnisse eindeutig mündlich oder schriftlich fest. Falls notwendig, vereinbaren Sie einen weiteren Gesprächstermin. Bedanken Sie sich für das angenehme Gespräch oder für das konstruktive Feedback, für die konstruktive Diskussion oder die guten Ergebnisse. Verabschieden Sie sich mit Namen.

Vergleichen Sie im Folgenden die beiden Gesprächsabschlusssequenzen:

„Ja, Frau Schatt, dann ist ja soweit alles geklärt, Sie wissen, was zu tun ist, und wir brauchen uns keine Gedanken mehr über diese Themen zu machen."

„Gut Frau Schatt, Sie klären die Hotelfrage für die Tagung, verschicken die Einladungen und koordinieren die Anmeldungen. Die Reklamation der Firma Nöller werde ich übernehmen. In puncto Einarbeitung der neuen Kollegin erstellen Sie gemeinsam mit ihr eine Checkliste und nehmen sich jeden Tag 20 Minuten Zeit, um Fragen gesammelt zu klären."

Dieses Beispiel zeigt, dass eine Gesprächszusammenfassung kurz, klar und prägnant sein kann. Wenn irgendein Punkt in der Zusammenfassung fehlt, haben Sie immer noch die Möglichkeit nachzufragen und zu klären oder zu vertagen. Sie ersparen sich und Ihren Gesprächspartnern dadurch späteres Nachbessern und Nachfragen.

Wer fragt, führt – aber wie?

Fragen helfen, Missverständnisse zu vermeiden oder aufzuklären. Durch Fragen erhalten Sie Informationen auf der Sach- und/oder der Beziehungsebene. Fragen schützen Sie vor unüberlegten emotionalen Ausbrüchen und Rechtfertigungen. Fragen signalisieren Offenheit, erzeugen Empathie und schaffen dadurch eine angenehme Gesprächsatmosphäre, in der es leichter fällt, auch kritische Punkte zu klären. Nutzen Sie dieses Instrument der Gesprächsführung und trainieren Sie die folgenden Fragetechniken:

- *Die offene Frage:*
  Die offene Frage lässt alle Antwortmöglichkeiten zu. Die sogenannten W-Fragen – was, wieso, weshalb, warum – sind offene Fragen, Sie fördern die Kommunikation, fragen Meinungen und Informationen ab. Offene Fragen helfen zu Beginn eines Gesprächs, mehr über andere zu erfahren. Achten Sie jedoch darauf, dass Ihnen das Gespräch nicht entgleitet, denn oft führen die Antworten auf Nebensächlichkeiten hin. Wenn Sie mit offenen Fragen arbeiten, reflektieren Sie während der Antworten, ob diese wirklich noch zum Thema gehören.

  Beispielsweise die Frage: „Wie stellen Sie sich Ihre weitere berufliche Entwicklung vor?" Wenn Ihnen in einem Personalentwicklungsgespräch diese Frage gestellt wird, haben Sie alle Antwortmöglichkeiten und können ohne Beeinflussung Ihre Vorstellungen darlegen.

- *Die geschlossene Frage:*
  Die geschlossene Frageform lässt sich nur mit Ja oder Nein beantworten:

  „Gehen Sie nach der Arbeit noch mit zu unserer Feier?", „Arbeiten Sie mit Ihrer Kollegin gut zusammen?", „Möchten Sie sich umorientieren?"

  Sie erhalten durch diese Fragestellung zwar kurze, knappe Antworten und können so weiter Fragen stellen. Sie erfahren aber nicht unbedingt Hintergründe und weiterführende Informationen. Geschlossene Fragen stellen Sie während des Gesprächs, wenn Sie eine kurze Antwort benötigen oder am Gesprächsende, um abzuklären, ob die Gesprächspartner mit den Vereinbarungen einverstanden sind.

  Selbstverständlich können Sie als Antwortende das Schema der geschlossenen Frage auch durchbrechen und mit: „Weder ja noch nein, ich habe mich noch nicht entschieden", antworten.

- *Alternativfragen:*
  Die Alternativfrage ist eine Variante der geschlossenen Frage. Sie lässt vorgegebene Antwortmöglichkeiten zu und dient ebenfalls am Gesprächsende zur Entscheidungsfindung:

  „Möchten Sie die Aufgabe alleine übernehmen oder möchten Sie Unterstützung von einer Kollegin?"

  Sie lenkt die Gedanken auf zwei Alternativen. Dadurch kann diese Frageform auch manipulativ eingesetzt werden. Sie können selbstverständlich auch drei Alternativen anbieten. Wenn Sie mehr als vier Möglichkeiten anbieten, verwirrt das die gefragte Person, und die

Frage verliert ihren Sinn. Wenn Ihnen eine Alternativfrage gestellt wird, können Sie das Raster durchbrechen und antworten: „Weder A noch B, Variante C wäre mir lieber."

- *Quasi-geschlossene Fragen:*
  Diese lassen nur eine Antwortmöglichkeit zu, obwohl sie W-Fragen sind: „Wie spät ist es?", „Was steht da?" Wenn Sie gezielt eine Information benötigen, dann ist die quasigeschlossene Frage eine gute Möglichkeit, um eine Antwort zu erhalten.
- *Bestätigungsfragen:*
  Sie gehören ebenfalls zur Kategorie der geschlossenen Fragen. Sie erhalten ein Ja oder ein Nein am Ende. Sie fragen jedoch zuvor: „Habe ich Sie richtig verstanden, wenn ...?" Oder: „Meinen Sie damit ...?" Sie dienen zur Motivation, indem sie signalisieren, dass Sie zuhören und verstehen wollen, und zur Absicherung, dass Sie Ihre Gesprächspartner richtig verstanden haben.
- *Rhetorische Fragen:*
  Die rhetorische Frage beantworten Sie sich selbst: „Wie gehen wir nun weiter vor?" Im Anschluss kommen Ihre Vorschläge für das weitere Vorgehen. Sie dient der Orientierung im Redebeitrag für die Zuhörenden und erweckt Aufmerksamkeit.
- *Kettenfragen:*
  In der Kettenfrage stellen Sie mehrere Fragen hintereinander. Das widerspricht der Grundregel, immer nur eine Frage zu stellen. Auf Kettenfragen erhalten Sie auch keine vernünftigen Antworten, da die Gefragten sich nicht alle Fragen merken können. Eine Kettenfrage macht nur Sinn, wenn Sie andere verwirren möchten oder in einer Diskussion ein Stillstand erreicht ist. Dann können Sie eine Kettenfrage stellen, in der Hoffnung, dass irgendjemand auf irgendeine Frage antwortet.
- *Die Gegenfrage:*
  Nicht alle Fragen müssen beantwortet werden. Wird Ihnen eine unfaire Frage gestellt, können Sie diese unbeantwortet lassen und eine Gegenfrage stellen, um persönliche Angriffe abzuwehren. Gehen Sie mit dieser Frageform jedoch sehr sparsam um, denn wir haben alle gelernt, dass eine Frage nicht mit einer Gegenfrage beantwortet werden soll. Deshalb reagieren viele Menschen ärgerlich auf diese Strategie.
- *Die Suggestiv-Frage:*
  Sie ist eine manipulative Frage und aus diesem Grund nicht empfehlenswert. Es ist jedoch wichtig, sie zu kennen, um darauf angemessen reagieren zu können: „Sie sind doch sicher auch der Meinung, dass die neue Kollegin nicht in unser Team passt?" Wird Ihnen eine solche Frage gestellt, ist es wichtig, mit einem klaren „Nein" die Manipulation zu beenden und die eigene Meinung darzulegen oder nach dem Grund dieser Frage zu fragen.

Damit Ihre Fragen auch ihr Ziel erreichen ist es wichtig, folgende Regeln zu beachten:

- *Stellen Sie immer nur eine Frage*
  Dann warten Sie die Antwort ab. Oder können Sie sich selbst eine Flut von Fragen merken?
- *Nennen Sie den Grund der Frage vor der Frage*
  Viele Fragen werden nicht beantwortet, weil sie wieder vergessen wurden. Fragen Sie also nicht: „Wie beurteilen Sie die neuesten Entwicklungen im Unternehmen? Wissen Sie, ich habe da gestern einen Artikel gelesen, der das Ganze recht optimistisch schildert …"

  Fragen Sie besser: „Ich habe gestern einen Artikel zur Entwicklung unseres Unternehmens gelesen, der sehr optimistisch war. Wie beurteilen Sie die Situation?"
- *Fragen Sie einfach und positiv*
  Fragen Sie klar: „Ist Herr Maier da?" Mit Negationen verwirren Sie Ihr Gegenüber („Ist Herr Maier nicht da?"). Eine Antwort wäre nämlich schwierig. Korrekt beantwortet würde ein Ja heißen: „Ja, Herr Maier ist nicht da." Antworten Sie mit Nein, würde das bedeuten: „Nein, Herr Maier ist da." Da das Spielchen sehr verwirrend ist, fragen Sie lieber positiv, dann können Sie die Antwort auch richtig interpretieren, und die gefragte Person weiß, wie sie antworten soll.
- *Stellen Sie Fragen kurz und präzise, aber nicht nur in Stichwörtern*
  Berücksichtigen Sie, dass die Gefragten auch ungefragt Ergänzungen vornehmen können und es bei Stichwortfragen auf den Zusammenhang ankommt, ob Sie richtig verstanden werden.

  Wenn die Kellnerin im Restaurant fragt: „Lamm?", und Ihr Begleiter sagt: „Ich, das bin ich …" ist in dieser Situation sehr wahrscheinlich, dass die Kellnerin meinte: „Wer hat Lammfleisch bestellt?"

  Wenn Ihre Chefin fragt: „Fertig?", wird es schon schwieriger, denn wenn Sie Ja sagen, weil Sie den Bericht meinen, Ihre Chefin aber nach der Präsentation fragt und die noch nicht fertig ist, wird die Situation etwas konfliktträchtiger als im Restaurant.

Fragen haben viele Vorteile: Durch Fragen zeigen Sie Interesse an Ihren Gesprächspartnern. Sie sichern ab, ob Sie etwas richtig verstanden haben. Sie führen das Gespräch und Sie erfahren mehr.

Fragen Sie deshalb künftig mehr, auch wenn Sie als Kind gelernt haben, dass man nicht so viel fragen sollte. Wenn Sie Fragetechniken trainieren möchten, empfehle ich Ihnen bekannte Gesellschaftsspiele: zum Beispiel das heitere Berufe raten. Dabei müssen die Mitspielenden durch ihre Fragestellung möglichst viele Informationen herausfinden, erhalten aber immer nur ein Ja oder Nein.

Auch Rätsel sind interessante Übungen. Sie schildern beispielsweise eine Situation, und Ihre Mitspieler müssen erfragen, was passiert sein könnte. Sie dürfen nur mit Ja oder Nein antworten.

Positiv formulieren

Positiv zu formulieren hat viele Vorteile. Sie erhöhen Ihre Überzeugungskraft, Sie öffnen die Ohren anderer und sagen das, was Sie erreichen wollen. Sie sind dabei klar, eindeutig und lösungsorientiert.

Ihre Wirkung erzielen positive Formulierungen jedoch nur, wenn Sie selbst auch eine positive Ausstrahlung haben, die sich in Körperhaltung und Sprechweise widerspiegelt. Ihr Körper ist den Gesprächspartnern zugewandt, Ihre Gestik offen und Ihre Mimik freundlich. Die Stimme klingt kraftvoll und engagiert. Ihre Sprechweise ist angemessen in Tempo und Tonfall. Im Umkehrschluss bedeutet das, Sie brauchen dazu auch die positive innere Einstellung, zu sich selbst, gegenüber anderen und den Dingen gegenüber.

Wenn Sie denken, dass Ihr Gesprächspartner ein Idiot ist und seine Vorschläge nichts als Müll, wird es Ihnen kaum gelingen, positiv zu reden und zu handeln.

Von unklaren zu klaren Formulierungen

Sie selbst können entscheiden, ob Sie klar formulieren und damit für andere Klarheit schaffen und Hilfestellung geben, oder ob Sie andere im Trüben fischen lassen:

„Bitte schicken Sie mir die Präsentation rechtzeitig zu.“ Was ist rechtzeitig? Für den einen ist es fünf Minuten vorher, für die anderen einen Tag vorher.

„Ich versuche, den Projektplan bis morgen fertig zu haben.“ Sie versuchen nur? Und was bedeutet morgen?

Durch eine unklare Kommunikation entstehen überflüssige Missverständnisse, und Sie klingen nicht sehr kompetent, wenn Sie es nur *versuchen.*

Worte wie *vielleicht, irgendwie, eigentlich* sind sprachliche „Weichspüler“. Sie schränken die Aussage ein, relativieren sie und verringern dadurch Ihre Überzeugungskraft und Verbindlichkeit:

„Wenn Sie eigentlich kompetent sind, könnten Sie es doch vielleicht irgendwie schaffen, den Bericht bis morgen zu aktualisieren. Alles klar?“

Im Gegensatz dazu steht eine klare Aussage: „Da Sie kompetent sind, schaffen Sie es, den Bericht bis morgen zu aktualisieren. Alles klar?“

Von negativen zu positiven Formulierungen:

Negativ zu formulieren, haben Sie schon recht früh gelernt. Wie oft haben Sie als Kind gehört: „Tu dies nicht, tu jenes nicht.“

Als Erwachsener haben Sie dann ganz automatisch diese negativen Formulierungen übernommen. Sie sagen:

- „Seien Sie bloß nicht unpünktlich.“, statt „Bitte kommen Sie morgen pünktlich um 9:00 Uhr.“

Was ist die Folge solcher negativen Formulierungen? Sie richten damit den Fokus genau auf das, was Sie vermeiden wollen. Wenn man Ihnen sagt: „Denken Sie nicht an einen heißen Cappuccino!“ Woran denken Sie dann? Genau! An einen heißen Cappuccino.

Übung:

Formulieren Sie folgende Sätze positiv um:

- **Fall nicht herunter.**
- **Störe ich Sie gerade?**
- **Verlieren Sie die Unterlagen bloß nicht.**
- **Ich kann Ihnen nicht wirklich helfen.**
- **Ich bin morgen nicht zu erreichen.**
- **Ich kann das heute nicht erledigen.**

Lösungsvorschläge:

- Halte dich gut fest.
- Haben Sie zehn Minuten Zeit für mich?
- Bitte achten Sie auf die Unterlagen.
- Frau X kann Ihnen in dieser Frage weiterhelfen. Darf ich Ihren Anruf weiterleiten?
- Ich bin am Dienstag ab 8:30 Uhr wieder zu erreichen.
- Ich kann das bis morgen 14:00 Uhr erledigen.

In den Lösungsvorschlägen wurde auch das Prinzip der Klarheit umgesetzt. Statt zu sagen: „Ich kann das heute nicht erledigen“, wäre es auch möglich zu sagen: „Ich erledige das bis morgen.“ Wenn Sie noch eine Uhrzeit nennen, sofern diese auch einzuhalten ist, klingen Sie verbindlicher und kompetenter.

Positive Formulierungen haben noch einen weiteren wichtigen Aspekt: Unser Unterbewusstsein kann Verneinungen nicht umsetzen.

Ein Beispiel: Wenn am Hotelparkplatz steht: „Bitte nicht rückwärts einparken“, wird das Einparken kompliziert. Würde auf dem Schild stehen: „Bitte vorwärts einparken“, wüssten alle genau, was zu tun ist, die Bitte wäre freundlicher, da Gebote eher akzeptiert werden als Verbote.

Ein anderes Beispiel: Ihre Kollegin telefoniert sehr laut, das stört Sie beim konzentrierten Arbeiten. Negativ formuliert würde Ihre Kritik so lauten: „Du telefonierst so laut, da kann ich mich nicht konzentrieren.“ Auf welchem Ohr würde Ihre Kollegin diese Botschaft wohl hören? Sehr wahrscheinlich auf der Beziehungsebene als Vorwurf: „Du bist schuld, dass ich mich nicht konzentrieren kann.“

Positiv formuliert lautet die Bitte: „Ich bitte dich, etwas leiser zu telefonieren, damit ich mich besser auf die Auswertung konzentrieren kann. Herr Mach braucht sie bis Donnerstag, und ich bin gerade sehr unter Druck. Du würdest mir dadurch wirklich helfen."

Das ist zwar länger, aber positiv und entspricht dem Modell des Nachrichten-Quadrates:

- Selbstoffenbarungsebene – ich bin unter Druck
- Beziehungsebene – du würdest mir dadurch sehr helfen
- Appell – bitte telefoniere etwas leiser
- Sachebene – ich muss einen Bericht schreiben, Herr Mach braucht ihn bis Donnerstag.

Sicher ist Ihre Kollegin nach der positiven Formulierung eher bereit, Sie zu unterstützen als nach der Anschuldigung.

Von passiven zu aktiven Formulierungen

Passive Formulierungen sind ungenau und wirken weniger verbindlich. Als Person reduzieren Sie durch passive Formulierungen Ihren Anteil am Ergebnis. Schreiben Sie nicht den Umständen den Erfolg oder Misserfolg zu, sondern übernehmen Sie Verantwortung. Statt bei Erfolg zu sagen: „Ich hatte Glück", formulieren Sie aktiv und sagen: „Ich habe hart gearbeitet und ein gutes Ergebnis erzielt."

Formulieren Sie auch bei Misserfolg aktiv und übernehmen Sie Verantwortung. Statt: „Ich konnte nichts dafür, dass der Termin ausgefallen ist, mein Zug hatte Verspätung." Besser: „Mein Zug hatte Verspätung, deshalb habe ich den Besprechungstermin um zwei Tage verschoben."

Formulieren Sie auch bei Komplimenten aktiv. Das klingt glaubwürdiger. Statt zu sagen: „Das Mittagessen wurde von allen sehr genossen." Formulieren Sie aktiv und sagen: „Wir haben das Mittagessen alle sehr genossen."

Auch bei Kritik haben aktive Formulierungen eine bessere Wirkung. Statt: „Der Vorschlag war nicht annehmbar", zeigen Sie ihre Kompetenz durch: „Ich habe den Vorschlag abgelehnt, da wir die Maßnahmen in der kurzen Zeit nicht umsetzen können."

Formulieren Sie aktiv und zeigen Sie dadurch Kompetenz.

Von vergangenheits- zu zukunftsorientierten Formulierungen

Um Schuldzuweisungen und damit Angriffe und Vorwürfe zu vermeiden, gibt es eine einfache Möglichkeit. Sie fragen nicht nach dem Warum, sondern nach dem Wie.

Wenn Sie fragen: „Warum hat das nicht funktioniert?", werden Sie immer wieder gleiche Reaktionen erleben: „An mir lag es nicht …", „Was kann ich denn dafür, wenn der Kunde selbst nicht weiß, was er will?" Auf diese Frage reagieren Menschen mit Rechtfertigungen oder schieben die Verantwortung auf andere.

Fragen Sie deshalb nach dem Wie. Es ist in die Zukunft gerichtet und lenkt die Gedanken auf die Lösung. „Wie bringen wir das ganze zum Funktionieren?"

Auf diese Frage können alle Beteiligten ihre Ideen und Erfahrungen einbringen, ohne Schuldeingeständnisse machen zu müssen, ohne Angst, Schuld zugeschoben zu bekommen. Niemand fühlt sich gern schuldig. Verantwortung zu übernehmen ist wesentlich angenehmer.

Von verurteilenden zu wertschätzenden Formulierungen

Verurteilende Formulierungen sind Worte wie *immer, nie, schon wieder.* „Du hast schon wieder vergessen, mir Rückmeldung zu geben." Wieso kommst du immer zu spät?"

Diese Formulierungen, verknüpft mit der DU-Botschaft: „Du machst nie", „Du machst immer", werten die andere Person ab und greifen an.

Formulieren Sie daher wertschätzend. Übernehmen Sie die Verantwortung für Ihre Gefühle und schieben Sie sie nicht den anderen zu. Statt zu sagen: „Sie verärgern mich, wenn Sie den Beamer nach dem Meeting anlassen", übernehmen Sie die Verantwortung für Ihre Gefühle und sagen: „Ich ärgere mich, wenn Sie den Beamer nach dem Meeting anlassen, da das hohe Kosten verursacht. Bitte schalten Sie ihn nach dem Meeting ab."

Äußern Sie Ihre Bitten klar und eindeutig und für den anderen machbar, auch das ist eine Frage der Wertschätzung. Üben Sie, Ihre Bitten klar zu formulieren. Finden sie die folgenden Bitten klar?

Übung:

Welche der folgenden Formulierungen sind klar und eindeutig?

1. Ich hätte gerne, dass du mich öfter unterstützt.
2. Bitte hilf mir nach dem Abendessen beim Aufräumen in der Küche.
3. Ich hätte gerne, dass Sie mehr Engagement zeigen.
4. Bitte halte dich an die Geschwindigkeitsbegrenzungen.
5. Versteh mich doch bitte.

Lösungsvorschläge:

1. Eine unklare Bitte. Was heißt öfter, und in was unterstützen?
2. Eine klare Bitte und eine machbare Handlung.
3. Eine unklare Bitte. Was ist mehr, und Engagement in was? Eine klare Bitte würde benennen, was zu tun ist.
4. Eine klare Bitte und eine machbare Handlung.
5. Eine unklare Bitte. Was ist mit Verstehen gemeint? Verständnis oder verbales Verstehen, oder ist das eine Bitte um Unterstützung?

Wenn Sie andere so unklar bitten, wissen Sie oft selbst nicht, was Sie sich wünschen. Definieren Sie daher Ihre Wünsche genau, dann gelingt es Ihnen auch, klar zu bitten.

Nutzen Sie Gesprächsförderer

Signalisieren Sie Offenheit, Kompetenz und Verbindlichkeit durch:

- Ihre klare Körpersprache und Stimme,
- Ihr aktives Zuhören, das Inhalt und Gefühl erfasst,
- klare Nachrichten, indem Sie die Seiten im Nachrichten-Quadrat ansprechen, die für Ihre Nachricht wichtig sind,
- sinnvoll eingesetzte Fragen,
- das Aufgreifen und Weiterführen von Ideen und Gedanken,
- positive Formulierungen,
- das Ansprechen und Akzeptieren von Gefühlen und Interessen,
- das Herausarbeiten von Wünschen,
- das gemeinsame Erarbeiten von Lösungen,
- das Erfragen von Lösungen,
- das Zusammenfassen der Gesprächsergebnisse.

Wenn Sie so Gespräche führen, vermeiden Sie die im Folgenden behandelten Gesprächsfallen, die den Erfolg von Gesprächen verhindern.

Meiden Sie Gesprächsfallen

Sie vermeiden durch Ihre wertschätzende und offene Gesprächsführung, dass Sie:

- Befehle geben und dadurch Trotz auslösen,
- warnen, drohen oder erpressen und dadurch Druck ausüben,
- andere nicht ernst nehmen oder gar verspotten und dadurch verletzen,
- Vorwürfe machen und dadurch andere zu Rechtfertigungen nötigen,
- Gegenbehauptungen aufstellen und dadurch das Gespräch in die Sackgasse gerät,
- mit der Tür ins Haus fallen und andere überrennen,
- Wichtiges herunterspielen und andere sich nicht ernst genommen fühlen,
- überreden, statt zu überzeugen, und deshalb andere nicht zum Ergebnis stehen,
- von sich reden, statt zuzuhören, und deshalb andere nicht hören,

- bewerten, statt wahrzunehmen, und deshalb andere verurteilen,
- auf Vermutungen bauen, statt auf Tatsachen, und deshalb andere bloßstellen,
- mit Ihren Vorschlägen und Lösungen andere ausschließen und eine einvernehmliche Lösung verhindern.

Erkennen Sie Fallstricke

Trotz Ihrer positiven Gesprächsführung kann es sein, dass Ihre Gesprächspartner versuchen, Fallstricke auszulegen. Sie bringen Einwände, Angriffe, stellen provozierende Fragen und wollen Sie dadurch aufs Glatteis führen. Trainieren sie daher den Umgang mit Einwänden und Angriffen, damit Sie korrekt, höflich, ruhig und freundlich bleiben.

Entkräften Sie Einwände geschickt, lassen Sie Ihr Gegenüber auf jeden Fall ausreden, hören Sie aktiv zu, und nehmen Sie den Einwand ernst.

- Ist der Einwand auf die Sache bezogen, können Sie mit dem Raster „einerseits – andererseits – deshalb" anknüpfen und Ihre Argumentation erweitern oder wiederholen.
- Ist der Einwand auf die Beziehungsebene bezogen, können Sie mit Hilfe der Fragetechnik Wünsche und Bedürfnisse herausarbeiten.
- Ist Ihnen unklar, was Ihr Gegenüber mit dem Einwand sagen möchte, können Sie entweder mit Hilfe der offenen Frage herausfinden, worauf sich der Einwand bezieht, oder mit einer Bitte um eine genauere Erklärung die Sache auf den Punkt bringen.
- Beruht der Einwand auf einem möglichen Missverständnis, können Sie dieses mit Hilfe einer Bestätigungsfrage („Wenn ich Sie richtig verstanden habe …") bestätigen lassen und dann das Missverständnis aufklären.
- Müssen Sie erst Ihre Gedanken strukturieren, können Sie den Einwand als berechtigt oder nachvollziehbar aufgreifen. Fassen Sie ihn dann zusammen, ohne ihn zu bewerten, und versuchen Sie ihn in eine richtungweisende Frage zu verwandeln.
- Sollte Ihnen das nicht gelingen, oder Sie haben keine Antwort auf den Einwand, erzählen Sie nicht irgendetwas oder etwas Falsches. Verschieben Sie die Klärung des Punktes auf später, und lassen Sie den Punkt vorläufig offen. In schwierigen Situationen können Sie auch eine kurze Gesprächspause vorschlagen, um Zeit zum Nachdenken zu haben oder Informationen einzuholen. Eine einfache Variante ist zu sagen: „Mag sein …", und dann führen Sie Ihren Gedanken weiter. Es hilf Ihnen für den Moment, einen Einwand stehen zu lassen, sich nicht darauf zu versteifen. Lassen Sie Einwand auch mal Einwand sein, denn manchmal stimmen beiden Seiten.

Betrachten Sie Einwände als normal und positiv. Versuchen Sie sie als eine Bereicherung der Diskussion zu sehen. Wichtig ist, dass Sie dabei Ihr Ziel nicht aus den Augen verlieren. Behandeln Sie daher einen Einwand nicht länger als nötig.

Scheinbar schwieriger wird die Situation, wenn Sie angegriffen werden. Während bei einem sachlichen Einwand viele noch sehr gelassen reagieren können, ist die Reaktion bei einem Angriff oft sehr emotional. Entweder schlagen Sie zurück, oder Sie ziehen sich zurück und sagen gar nichts mehr. Beide Reaktionen sind für Sie wenig vorteilhaft. Bleiben Sie auch in solchen Situationen gelassen.

Interkulturelle Kompetenz

Lilli Wilken

Geheime Regeln beachten und unsichtbare Barrieren überwinden

Wer im Beruf erfolgreich sein will, benötigt infolge der Globalisierung vor allem interkulturelle Kompetenz. Der Umgang im internationalen Geschäftsverkehr bei unterschiedlichen Gelegenheiten erfordert spezifische Kenntnisse von Land und Leuten und auf einen Besuch sollte man sich immer gut vorbereiten.

Über den norwegischen Schriftsteller Knut Hamsun gibt es eine nette Anekdote: Als er von einem Paris-Aufenthalt zurückgekehrt war, fragte ihn ein Freund: „Sicher hatten Sie in der ersten Zeit Schwierigkeiten mit Ihrem Französisch?“ – „Ich nicht“, erwiderte der Schriftsteller, „aber die Franzosen“.

Internationale Geschäftsfreunde haben sich zu einem Besuch angesagt. Um sie professionell zu empfangen, sollten Sie die Sitten und Gebräuche des jeweiligen Landes kennen, aus dem der Gast kommt. Es geht nicht darum, die Landessprache des Gastes perfekt zu beherrschen (ausgenommen das international gebräuchliche Englisch). Wenn Sie ein paar Sätze beherrschen, um den Gast in seiner Muttersprache zu begrüßen oder landestypische Gesten kennen, zeigt das Ihr Interesse am Menschen, das weit über das Geschäftliche hinausgeht.

Es gehört Gespür für die jeweilige Situation und die Menschen dazu, sich angemessen zu verhalten und dem Gast dadurch das Gefühl zu geben, willkommen zu sein. Ignoranz gegenüber kulturellen Eigenheiten ist ebenso fehl am Platze, wie übereifriges Anpassen. Ihre eigene Kultur und Identität müssen Sie nicht verstecken. Wer im Umgang mit Menschen der eigenen Nationalität schon über angemessene Umgangsformen verfügt, der wird auch im Kontakt mit ausländischen Gästen nicht anecken.

Europas Norden (Norwegen, Schweden, Dänemark, Finnland)

Im Norden Europas finden Sie Frauen in allen Positionen. Aufgrund der Gleichberechtigung werden sie ohne Vorbehalt akzeptiert. In den skandinavischen Ländern wird Wert auf hierarchischen Status gelegt. Man sollte den Geschäftspartner unbedingt mit seinem hierarchischen Titel (zum Beispiel Herr Direktor) ansprechen. Achten Sie unbedingt auf Pünktlichkeit und legen Sie keine Geschäftstermine aufs Wochenende oder nach Büroschluss gegen 16:00 Uhr. Berücksichtigen Sie, dass *Dänen* eine Mittagspause zwischen 11:30 und 14:30 Uhr halten.

Diskutiert wird überall ehrlich, sachlich und zielorientiert. Small Talk ist nicht unbedingt Sache der Skandinavier. Mit einer Einladung in die Sauna machen Sie finnischen Gästen eine große Freude. Bedenken Sie jedoch, dass der Saunabesuch streng nach Geschlechtern getrennt ist.

Westeuropa (Frankreich, Großbritannien, Irland)

In *Frankreich* werden Firmen häufig sehr autoritär geführt. Chefs delegieren kaum und Akademiker aus Eliteschulen und Großgrundbesitzer sitzen in den Führungsetagen. Sehr wichtig sind Titel und es wird Wert auf Beziehungen und Netzwerke gelegt. Pünktlichkeit wird von Deutschen erwartet, allerdings gilt das nicht für die französischen Geschäftspartner. Begrüßt wird mit kurzem Händedruck und wer sich besser kennt, küsst sich auf die Wangen, einmal links, einmal rechts (regional auch öfter).

Bei Tisch sind drei Gänge ein Muss. Baguette wird gebrochen und auf den Tisch gelegt, falls kein Extrateller vorhanden ist. Krümel stören nicht und Saucen dürfen mit dem Brot aufgetunkt werden.

Die Geschäftsgarderobe dunkel, elegant und formell. Franzosen wollen Ihre Geschäftspartner beim Essen besser kennen lernen. Warten Sie aber mit Geschäftsbesprechungen bis nach dem Essen.

Das Beherrschen der französischen Sprache wird erwartet. Punkten können sie mit Kenntnis über die Kultur der Franzosen. Gute Themen sind Essen und Wein aus Frankreich. Außerdem ist die Wahrung der Privatsphäre oberstes Gebot bei den Franzosen. Bei der Begrüßung und Verabschiedung oder einer Antwort mit „Ja“ oder „Nein“, gehört immer ein „Monsieur“ oder „Madam“ dazu.

In *Großbritannien* gelten Verhaltensformen, die von der Tradition geprägt sind. Mit vornehmer Zurückhaltung kommen Sie gut an: Understatement bringt Punkte. Achten Sie unbedingt auf die unterschiedliche regionale Herkunft und sprechen Sie nie von „dem Engländer“, wenn Sie von Briten, Schotten oder Wallisern sprechen. Pünktlichkeit, Geduld und Höflichkeit sind genau wie gute Tischmanieren sehr wichtig. Im Umgang mit Briten begrüßt man sich nur beim Kennen lernen mit Handschlag. Umarmungen und „Küsschen, Küsschen“ sind eher selten. Verwenden Sie reichlich „please“ und „thank you“ oder „sorry“ und „excuse me“.

Tabus: Fragen nach der Familie, das Thema Nordirland-Konflikt, mangelnde körperliche Distanz, lautstarkes Sprechen und extrovertiertes Verhalten. Fettnäpfchen lauern auch bei den Themen „Rinderwahnsinn“ und „Königshaus“. In Großbritannien gibt man sich emotionslos und beherrscht. Die Kleidung ist äußerst konservativ, besonders bei Frauen. Bei einer Abendeinladung sollten Sie keine Geschäftsthemen ansprechen.

Iren gelten als humorvoll und gastfreundlich doch bei den Themen Innenpolitik, das Verhältnis zu Großbritannien, Terrorismus und Nordirland-Konflikt hört der Spaß auf. Von Ihnen wird Pünktlichkeit erwartet, wenn auch die irischen Geschäftspartner selbst nicht immer pünktlich erscheinen.

Iren geben sich lockerer als Briten, zwanglose informelle Umgangsformen sind üblich. Im Geschäftlichen können sie auf hartnäckig verhandelnde Partner stoßen.

Südeuropa (Italien, Spanien, Portugal, Türkei)

Kleiden Sie sich korrekt und sehr elegant, auf modisch-stilvolle Garderobe legen besonders Norditaliener wert.

Die Familie spielt in *Italien* grundsätzlich eine große Rolle, deshalb ist es bei Geschäftsessen üblich, von der Familie zu erzählen. Es kommt gut an, wenn sie nach der Familie der Geschäftspartner fragen oder von ihrer eigenen berichten. Titel sind sehr beliebt. Tabus sind die Themen Innenpolitik, Südtirol-Problematik, Mafia und Korruption. Es ist nicht unhöflich den Redefluss Ihres italienischen Gastes zu unterbrechen. Halten Sie Ergebnisse bei Besprechungen immer schriftlich fest. Bei Tisch geht es auch im Restaurant sehr locker zu. Loben Sie die italienische Küche und zeigen Sie, wie wohl Sie sich fühlen und wie gut Sie sich amüsieren. Allerdings: Ein Schwips oder gar Trunkenheit hinterlassen einen sehr schlechten Eindruck.

Im *spanischen* Geschäftsleben gehen die Uhren anders als in Deutschland: Man beginnt um 9:30 Uhr, hält Mittagspause von 13:30 bis 15:30 Uhr und arbeitet dann bis 22:00 Uhr. Pünktlichkeit wird sehr großzügig ausgelegt. 15 bis 30 Minuten Verspätung sind üblich. Im Job ist man allerdings eher pünktlich. Effizienz, Zuverlässigkeit und direkte Kontakte werden von spanischen Geschäftspartnern geschätzt. Persönliche Beziehungen sind wichtig und Essenseinladungen wirken sich positiv auf die Geschäftsbeziehungen aus. Bei der Begrüßung ist der Handschlag üblich. Der Unterschied Fräulein/Frau Senorita/Senora besteht nach wie vor. Wie in Italien ist die Familie von großer Bedeutung und es gilt auch unter Geschäftspartnern als höfliche Geste, sich nach ihr zu erkundigen. Kritik an Stierkämpfen sollten sie vermeiden, ebenso Äußerungen über den Terrorismus.

In *Portugal* trägt man bei Geschäftsterminen korrekte dunkle Kleidung, bei Frauen sollten die Knie bedeckt sein. Auch bei 40 Grad im Schatten verzichten Geschäftsleute nicht auf ihr Jackett, das langärmlige Hemd und Krawatte. Termine pünktlich einzuhalten ist selbstverständlich. Geschäftsverhandlungen können sehr langwierig sein, nehmen sie sich dafür Zeit. Es kann auch ratsam sein, dafür einen Anwalt hinzuzuziehen. Tabu sollten Vergleiche zwischen Portugiesen und Spaniern sein.

Das äußere Erscheinungsbild spielt bei den *Türken* eine größere Rolle als bei den Deutschen. Türkische Geschäftsleute treten sehr korrekt mit Anzug und Krawatte oder einem eleganten Kostüm auf. Man legt sehr großen Wert auf die Einhaltung der Etikette. Dazu gehören auch Ehre, Professionalität und Zurückhaltung. Es braucht sehr viel Fingerspitzengefühl, denn

Türken sagen gerne alles durch die „Blume“, das verlangt die Höflichkeit. Wenn Sie Bedauern ausdrücken möchten, legen Sie die rechte Hand aufs Herz. Machen Sie reichlich Komplimente und verwenden Sie das Wort „Bitte“ sehr häufig.

Bei Mittagseinladungen trinken Türken selten Alkohol. Am Abend ist dieser jedoch erlaubt. Fürs Essen bringt man Zeit mit. Steht jemand auf, wartet man mit dem Essen, bis er wieder zurück ist. Essen Sie niemals mit der linken (unreinen) Hand. Putzen Sie die Nase nie lautstark. Bei Verhandlungen mit türkischen Geschäftspartnern sollten Sie Geduld und einen Dolmetscher mitbringen.

Mitteleuropa (Polen, Ungarn, Tschechen, Slowaken, Bulgaren)

Ordnen Sie diese Länder Mitteleuropa zu und nicht dem Osten!

Im geschäftlichen Umfeld ist ein Handschlag zur Begrüßung üblich. In *Polen* hat sich ansonsten der Handkuss und die elegante Verbeugung gehalten. Die Kleidung ist konservativ, wobei Frauen gerne ihre weibliche Seite betonen. Gastfreundschaft wird hochgehalten und Geschenke werden gerne gesehen, wobei häufig auch der Gast ein Geschenk bekommt.

Bulgaren sind begeisterungsfähig und lieben das Gespräch. Fixieren Sie möglichst Ergebnisse schriftlich. Kopfschütteln heißt „Ja“ und Nicken „Nein“.

Ein großer Fauxpas ist es, die Tschechische Republik mit „Tschechei“ zu betiteln. Unbedingt an die offizielle Länderbezeichnung halten oder alternativ „Tschechien“ sagen. Mit einer vornehmen, zurückhaltenden Art werden Sie sich eher Freunde machen, da die Tschechen Deutsche häufig plump und überheblich finden.

Es begab sich einmal vor einiger Zeit, da wurden Manager aus aller Welt aufgefordert, eine Geschichte über Elefanten zu schreiben. Man wollte herausfinden, wie die verschieden geprägten Manager ihre Projekte angehen:

- **Der Franzose lieferte ein zehnseitiges Essay ab mit dem Titel: „Der Elefant und die Liebe“.**
- **Der Amerikaner schrieb eine taschenbuchgroße Zusammenfassung darüber, wie man „schnelle Arbeitselefanten züchtet und sie besser verkauft“. Um sein Werk benutzerfreundlich zu gestalten, nahm er es auch als Hörbuch auf Kassette auf.**
- **Als der Deutsche an die Reihe kam, um seine Geschichte vorzustellen, legte er seinen ersten Rohentwurf von 300 Seiten vor, den er wie folgt betitelte: „Die soziodynamische Natur und die fundamentale psychologische Konstitution des Elefanten: Band 1: Der Burmesische Zeremonieelefant, Kapitel 1: Von Karl dem Großen bis zur Neuzeit“.**

Aus: „Geschäftlich erfolgreich in den USA“ von Eugene Rembor

USA und Kanada

Pünktlichkeit, diszipliniertes, sehr freundliches Verhalten und Höflichkeit sind im amerikanischen und kanadischen Geschäftsleben wichtige Tugenden. Besonders gegenüber Frauen erwartet man, dass bestimmte Höflichkeitsformen eingehalten werden. Vermeiden sollten Männer intensiven Blickkontakt, Blicke auf den Körper und selbst Komplimente gegenüber Geschäftspartnerinnen: In den *USA* kann das schon als sexuelle Belästigung gelten. Geschlechtsspezifische Diskriminierungen und Bemerkungen über Rassen, Alter oder Herkunft sind absolute Don'ts, Männer und Frauen erwarten absolute Gleichbehandlung. Themen wie Innenpolitik, Religion oder Patriotismus sollten Sie nicht ansprechen.

Amerikaner kommen schnell aufs Geschäftliche zu sprechen und führen ergebnisorientierte Diskussionen, frei nach dem Motto „Time is money". Ziehen Sie bei Verhandlungen immer einen erfahrenen Anwalt hinzu. Die Geschäftsgarderobe ist für Männer unbedingt ein dunkelgrauer oder blauer Anzug, immer mit Krawatte. Je höher die Position, umso formeller ist die Kleidung. Frauen sollten Business-Kostüme tragen, lange, enge Hosen sind im Geschäftsleben unüblich und nackte und unrasierte Beine verpönt.

Auch wenn es nach außen oft anders aussieht, Rangfolgen nicht immer klar erkennbar sind und die Umgangsformen eher leger wirken, herrscht in den USA strenges Hierarchiedenken. „Please, call me Bob" heißt noch lange nicht, dass jemand geduzt werden will. „Im Amerikanischen existieren ein „Du-You" und ein „Sie-You", und selbst wenn die erste Form gemeint ist, besteht kein Anlass zur Entspannung. Amerikaner klingen locker und sind im Business knallhart!" so Eugene Rembor in „Geschäftlich erfolgreich in den USA". Titel in der Anrede sind hingegen nicht so wichtig. Begrüßung mit Handschlag eher unüblich. Visitenkarten werden nur bei Bedarf ausgetauscht.

Amerikaner sind besessen von einer Sache, die sie als „Richtig" erkannt haben und entwickeln missionarischen Eifer, andere zu überzeugen. Präsentationen sind ihnen heilig. Sie lieben Charts und machen oft aus einem Vortrag eine Show. Wer seine Zuhörer mit endlosen Zahlenkolonnen langweilt, läuft Gefahr, kurzerhand gestoppt zu werden. Amerikaner sind nicht an Problemen interessiert, sondern an Lösungen. Klatsch und Tratsch sind für Amerikaner tabu. Wer Gerüchte streut gilt als teamschädigend und illoyal. Mobiltelefone heißen in USA auf keinen Fall „Handy" sondern „Mobile". Handy ist der Ausdruck für eine unanständige Handlung.

„Wir sollten uns mal zum Mittagessen treffen" ist keineswegs verbindlich gemeint sondern nur ein freundlicher Kommentar. Eine verbindliche Verabredung erkennen wir an ganz konkreten Angaben: „Kommen Sie doch am Samstag vorbei. Wir geben ein kleines BBQ".

Small Talk ist ein Begriff aus den USA, der bei uns nicht sehr beliebt ist. Dabei ist Small Talk nur ein „kleines Gespräch". Der große Unterschied zu USA ist: Wer zu schnell Privates preisgibt, bringt den Frager in Verlegenheit, denn er wird sich schuldig fühlen, überhaupt gefragt zu haben. Darum: Small Talk ja, aber bitte keine Details.

Ähnlich wie in den USA herrscht auch im *kanadischen* Geschäftsleben eine strenge Kleiderordnung: Männer tragen immer dunkle Anzüge mit Krawatte und nie Kombinationen, für Frauen sind Hosen tabu. Unterlassen sie Gleichsetzungen mit den USA und Diskussionen über die Sprach- und innenpolitischen Probleme mit dem französisch sprechenden Quebec. Als unhöflich gilt es, sich bei Tisch die Nase zu putzen.

Tipp:

Wenn Sie bei einem amerikanischen Vorgesetzten einen Fehler machen, reißt Ihnen dieser nicht den Kopf ab. Wohl aber bei Verschleierung von Fehlleistungen. Wer seinen amerikanischen Chef nicht sofort und umfassend über ein Missgeschick informiert, braucht am nächsten Tag nicht mehr zu erscheinen. Wenn Sie Fehler eingestehen, kriegen Sie auf jeden Fall eine neue Chance. Denn: Nur wer nichts tut, macht keine Fehler!!!

Südamerika

Der Einfluss der europäischen Vorfahren ist in *Südamerika* recht deutlich. Es wird auf die korrekte Anrede geachtet und akademische Titel gehören unbedingt zum Namen. Pünktlichkeit bei Privateinladungen wird nicht erwartet; im Job sollten Sie jedoch höchstens 15 Minuten zu spät kommen. Im Kontakt mit Deutschen bemüht sich auch der Südamerikaner pünktlich zu sein. Geduld ist die größte Herausforderung im Geschäftsleben. Integrieren Sie in Meetings gutes Essen und Trinken um einen guten Verlauf zu garantieren. Drei ist die magische Zahl. Erst beim dritten Gang oder dritten Drink werden die aktuellen Themen besprochen. Eine Sitte ist es, ein paar Tropfen Wein auf den Boden zu gießen: Das ist für „Pachamama“ – die Mutter Erde.

Die Kleidung in Südamerika ist chic, elegant und gepflegt. Internationaler Standard ist angesagt. Achten sie auf hochglanzpolierte Schuhe!

Asien

Die wirkliche Verständnisbarriere zwischen Asiaten und Westlern ist einerseits die Sprache, aber die kann man lernen. Die eigentliche Ursache des Nichtverstehens ist die unterschiedliche Denkweise. „Sein Gesicht nicht zu verlieren“ gilt in asiatischen Ländern als wichtige Regel. Man gibt nicht zu, etwas nicht zu wissen oder nicht zu wollen. Offene Konfrontation wird vermieden. Ein „Nein“ ist in *Asien* unbekannt und auch wenn Sie sich auf Englisch verständigen, muss „Ja“ keine verbindliche Zusage sein. Es gehört ein bisschen Kunst dazu herauszufinden, was das Gegenüber wirklich meint. Wer als Europäer Verhandlungen vor allem mit Chinesen führt, bemerkt sehr schnell, dass immer wieder die „Freundschaft“ angesprochen wird. Chinesen werden in ihrer Heimat hoch angesehen, wenn sie einen „Freund“ im Westen haben. In dieser Hinsicht nutzt man das Wort Freundschaft als Prestigegewinn. Dazu ein Beispiel, das Chin-Ning Chu in ihrem Buch „China Knigge für Manager“ schreibt:

„Mr. Jones hatte monatelang einen chinesischen Geschäftsmann umworben, der landwirtschaftliche Erzeugnisse im Wert von mehreren Millionen Dollar einkaufen wollte. Aus mehreren Gründen glaubte Mr. Jones gegenüber seinem Hauptkonkurrenten, einem Makler aus dem Mittleren Westen, in der günstigeren Ausgangsposition zu sein. Zwischen Mr. Jones und dem chinesischen Käufer entwickelte sich ein enger, persönlicher Kontakt und man war bereits handelseinig, als der Chinese um eine Gefälligkeit bat. Er wollte, dass sein Sohn ein Jahr in den Vereinigten Staaten studiere, und erkundigte sich, ob der Junge bei Mr. Jones wohnen könne. Mr. Jones entgegnete, leider sei in seinem Haus nicht genügend Platz, um den Jungen bequem unterzubringen, daher müsse er die Bitte ablehnen. Kurze Zeit danach schloss sein chinesischer Kunde den Vertrag mit seinem Konkurrenten aus dem mittleren Westen ab, der – nicht zufällig – in seinem Haus ein Gästezimmer hatte, in der er den Sohn des Kunden unterbringen konnte. Letztlich hat also Mr. Jones fehlende Bereitschaft, die mit einer Freundschaft verbundene Pflichten auf sich zu nehmen, ihn um ein Geschäft im Wert von über zehn Millionen Dollar gebracht."

Im Geschäftsleben sind Visitenkarten sehr wichtig, sie sollten zweisprachig sein und mit beiden Händen übergeben und entgegengenommen werden. Begrüßt wird mit einer leichten Verbeugung. Händeschütteln ist nicht üblich, wird aber oft – den Europäern zuliebe – mit weichem Händedruck praktiziert. Gastgeschenke erleichtern geschäftliche Verbindungen. Wenn Sie Gäste aus Asien haben, halten Sie immer Geschenke bereit. Es gibt zwei Kategorien von Geschenken: Zur ersten gehören Artikel, die deshalb ausgewählt werden, weil sie in irgendeiner Verbindung zu Ihnen und Ihrem Unternehmen stehen. Es können auch Gegenstände aus Ihrer Region oder Ihrer Stadt sein. Die zweite Kategorie sind Prestigeartikel. Je nach Auftragsvolumen können das hochwertige Dinge, wie beispielsweise ein Schreibset von Cartier oder Tiffany oder ausgewählte Designer-Accessoires sein. Je höher der Wert eines Geschenkes, umso größer das Ansehen des Beschenkten. Zum angemessenen Verhalten gehört es, höflich, pünktlich und geduldig zu sein. Die Geschäftsgarderobe ist konservativ. Übereinander geschlagene Beine werden nicht gerne gesehen und absolut tabu ist das Präsentieren der Schuhsohlen. Ebenso zeigt Schnäuzen in ein Taschentuch und das Wiedereinstecken des benutzten Taschentuchs von höchst schlechten Manieren.

In *China* gehören Schwarz und Weiß zu den Trauerfarben und sind deshalb auf Geschäftsveranstaltungen unpassend. In Japan, China und Korea ist Rot die Farbe des Glücks und alles Guten. Bei einem Geschäftsbesuch von asiatischen Gästen dekorieren Sie den Besuchertisch in Rot und ziehen Sie etwas Rotes an. Finden Geschäftsessen abends statt, dauern diese selten länger als 21 Uhr – und nach dem Essen verabschiedet man sich sofort. Vergessen Sie nicht, eine Gegeneinladung auszusprechen. Großzügige Bewirtung und Gastfreundschaft ist ein Muss.

„Haben Sie Ihren Reis schon gegessen?" ist die gebräuchliche Begrüßungsformel in Asien zur Essenszeit. Essen ist die wichtigste Voraussetzung, um einen guten Tag zu haben und ein gutes Leben zu leben. Asiaten essen leidenschaftlich gern und sie tun das nicht nur mit allen Sinnen, sondern mit „Verstand". Speisen sollen Genuss sein und dienen der Gesundheit und Lebensverlängerung, sie gehören zum Lebensglück. „Der Himmel liebt den Mann, der gut isst!" sagt ein altes chinesisches Sprichwort. Vor und nach dem Essen wird Tee getrunken.

Tipp:

Halten Sie für Chinesische Gäste stets grünen Tee bereit. Dieser sollte nicht aus dem Teebeutel sein, sondern aus losen Blättern bestehen, die mit 80 Grad heißem Wasser übergossen werden. Servieren Sie diesen Tee in hohen Gläsern oder Tassen und bieten Sie heißes Wasser zum Nachgießen an.

Beim Essen wird immer mindestens ein Gericht mehr aufgetischt, als Gäste eingeladen sind. Schlürfen und Schmatzen ist für Chinesen erlaubt und wer kein Anstandshäppchen auf dem Teller lässt, bekommt permanent nachgelegt. Asiaten essen mit Stäbchen. In *Korea* sind diese aus Edelstahl. Die Schale mit dem Reis wird zum Mund geführt und nicht umgekehrt. Nach dem Essen werden die Stäbchen auf die Ablage oder auf den Tisch gelegt, aber nie parallel nebeneinander über das Schälchen. Stecken Sie die Stäbchen nie in den Reis und lassen Sie sie möglichst nicht auf den Boden fallen, denn das bringt Unglück. Nie mit dem Stäbchenende, das sie in den Mund stecken, von gemeinsamen Platten nehmen. Sprechen mit vollem Mund ist nicht tabu und häufig werden nach dem Essen die Zähne mit einem Zahnstocher gereinigt. Wundern Sie sich nicht, wenn dabei noch mit einem Getränk gegurgelt wird. Milch und Zucker wird automatisch in den Kaffee geschüttet, das heißt, ohne den Gast zu fragen. Wenn Koreaner einen Drink aus dem eigenen schon benutzten Glas anbieten, so ist das ein Zeichen von Vertrauen und Freundschaft. Auch schenkt man sich gegenseitig das Glas voll, niemals sich alleine. Chinesen legen häufig Knochen und ungewünschtes Essen direkt neben den Teller auf den Tisch. Der Gast bekommt von allen vorbereiteten Speisen stets die besten Stücke. Nach dem Essen erfolgt der Aufbruch schnell und abrupt. Danach geht man gerne in eine Bar, besonders gerne in eine Karaoke-Bar.

Hierarchien sind sehr wichtig, sodass nur gleichrangige Personen miteinander verhandeln dürfen. Große Bedeutung haben Vertrauen und freundschaftlicher Kontakt zu Geschäftspartnern. Das Zauberwort heißt „Guanxi“ = Beziehungen. Deshalb unterhält man sich bei Geschäftsessen vor dem Geschäftlichen über Persönliches. Tabu sind kritische, laute Äußerungen über das Stören der Privatsphäre.

Chinesische Namen bestehen aus dem zuerst genannten Nachnamen und dem folgenden Vornamen.

Ungeschriebene Gesetze bestimmen das Leben der *Japaner*. Frauen spielen im Geschäftsleben keine große Rolle, in der Gesellschaft hingegen schon. Echte Gleichberechtigung werden Sie nicht finden und als Frau kann es Ihnen passieren, von Männern ignoriert zu werden. Stark verankert ist Gemeinschaftsdenken, das sich besonders in der Firmenkultur widerspiegelt. Geschäftlichen Verabredungen sollten immer auch private Einladungen folgen. Geschenke sind sehr wichtig, wobei auf Qualität und ausgewählte Verpackung Wert gelegt wird. CDs mit deutschen Komponisten oder schöne Bierkrüge sind gern gesehene Geschenke. Überreichen Sie das Geschenk bescheiden („nur eine Kleinigkeit“) mit beiden Händen. Im Restaurant übernimmt der Gastgeber die Bestellung. Trinksprüche müssen erwidert werden und die Rechnung bezahlt derjenige, der als Erster nach ihr verlangt. Pünktliches Erscheinen zu verabredeten Terminen muss sein. Sie kurzfristig abzusagen gilt als unhöflich – und einen Anwalt zu Verhandlungen mitzubringen, als misstrauische Geste. Falls es dennoch unumgänglich ist, erklären Sie, dass der Anwalt nur mitgekommen sei, um den Geist des erarbeiteten Vertrages korrekt ins den juristischen Jargon zu übersetzen. Als Beleidigung fassen es Japaner auf, wenn sie ihnen den Rücken zudrehen oder die Fußsohlen entgegenstrecken. Älteren Menschen zollt man in Japan grundsätzlich Respekt. Eine wohlerzogene Person, die ihre Achtung vor der fremden Kultur bekundet, wird auch dann, wenn sie sich gelegentlich einen „Schnitzer" leistet, wohlwollender angenommen, als der „Asien-Experte", dessen Selbstsicherheit an Arroganz grenzt.

Tipp:

Wenn Sie für einen japanischen Gast ein Zimmer buchen, achten Sie darauf, ein Zimmer mit Bad und Badewanne zu bestellen. Die höchste Form der Entspannung für Japaner ist das Wannenbad. Es dient nicht der Reinigung, denn die wird vorher unter der Dusche absolviert.

Indien ist stark vom Kastensystem geprägt und die Hierarchien sind sehr starr. Man wird sich immer nur innerhalb seines Ranges bewegen. Eine nette Unterhaltung mit einem Portier beispielsweise, kann zu einem rapiden Imageverlust führen.

Bieten Sie einem Hindu kein Rindfleisch und einem Moslem kein Schweinefleisch an. Vegetarische Gerichte sind eine gute Alternative. Seien Sie auch vorsichtig mit Alkohol. Viele Inder trinken keinen Alkohol.

Kleiden Sie sich korrekt. Tabu ist das Verhältnis Indiens zu Pakistan und China. Frauen wird nicht die Hand geschüttelt. Die linke Hand ist tabu; Füße gelten als unrein. Lernen Sie die vielfältigen Kopfbewegungen: Nicht jedes Kopfschütteln bedeutet „Nein". Es könnte auch ein „Ja" oder „Vielleicht" sein.

Naher Osten und arabische Staaten

Mündlichen Zusagen misst man eine große Bedeutung bei, weshalb sie auch eingehalten werden sollten. Man ist in Geschäftsverhandlungen immer auf einen Ausgleich bedacht und daher sollten europäische Geschäftspartner eine gewisse Flexibilität zeigen. Die Kleidung ist formell, die Begrüßung erfolgt unter Männern mit Handschlag. Zurückhaltung ist für Frauen auf jeden Fall angesagt. Auch eine Businessfrau sollte nicht jedem Mann die Hand geben. Wenn Sie Zeit und Geduld mitbringen und Ihre international geprobten Umgangsformen, werden Sie überall willkommen sein. Man erwartet Respekt von Ihnen, wird Ihnen aber mit ausgesuchter Höflichkeit begegnen.

Alkohol ist für Moslems tabu – bedenken Sie das bei Ihren Veranstaltungen. Servieren Sie niemals lauwarmen Tee. „Man muss sich am Glas die Finger verbrennen können, sonst taugt er nichts." Sorgen Sie dafür, dass der Zuckervorrat nie zur Neige geht. Vor und nach dem Essen werden die Hände gewaschen.

Wochentage haben ein anderes Gewicht. Der Donnerstag entspricht unserem Samstag, der Freitag dem Sonntag. Bedenken Sie bei Ihrer Terminplanung, dass diese beiden Tage arbeitsfrei sind.

Russland

Signalisieren Sie Interesse an Kultur und Leuten und Ihre Bereitschaft sich an Gepflogenheiten anzupassen, indem Sie sich die wichtigsten Redewendungen in Russisch aneignen. Verhandlungen ziehen sich oft hin und Pläne werden aufgeschoben, da eine gewisse Vorsicht herrscht. Treten Sie selbstbewusst aber zurückhaltend auf, drängeln Sie nicht und vermeiden Sie Arroganz. Geschäftliche Besprechungen finden üblicherweise nicht bei einem Mittag- oder Abendessen statt, sondern im offiziellen Rahmen, auch wenn intensive Geschäftsbeziehungen oft einen privaten Anstrich erhalten und dabei persönliche Beziehungen entstehen können.

Zum Essen wird reichlich aufgetischt und solange Sie Ihren Teller leer essen, wird immer nachgelegt. Oft wird auch zu Beginn des Essens ein Glas „versehentlich" vom Gastgeber umgeworfen, damit der Gast sich nicht unwohl fühlt, falls ihm ein Missgeschick passiert. Lernen Sie einen Trinkspruch. *Russen* lieben Trinksprüche und Sie müssen diese erwidern. Es wird „auf ex" getrunken und wer nicht mitmacht, gilt als unhöflich.

Der persönliche Kontakt und die persönliche Bindung ist von nicht zu unterschätzender Bedeutung und kann auch den Umgang mit Behörden erleichtern. Zu geschäftlichen Besprechungen wird von Ihnen Überpünktlichkeit erwartet.

Kleiden Sie sich korrekt und konservativ. Die Begrüßung erfolgt üblicherweise mit Handschlag. Akademische Grade werden im Sprachgebrauch nicht verwendet; und seien Sie nicht brüskiert, wenn Sie nur mit Ihrem Nachnamen und ohne ein vorangestelltes Frau oder Herr angesprochen werden – dies liegt in der russischen Sitte, den Gesprächspartner mit Vornamen und Vatersnamen anzusprechen, begründet.

Andere Kulturen schätzen

Anpassung, Verständnis, Toleranz und Einfühlungsvermögen sind die Schlüssel zum Umgang mit ausländischen Gästen.

Verstehen, dass beispielsweise das direkte und sachorientierte Vorgehen in Geschäftsangelegenheiten, wie es in einigen europäischen Ländern und in den USA sehr hoch geschätzt wird, eine Brüskierung für Ihre asiatischen Geschäftspartner darstellen. Hier handelt es sich nicht um eine Schwäche oder einem Unvermögen, sondern um eine vollkommen andere Denkweise. Je mehr Sie über eine fremde Kultur wissen, desto erfolgreicher wird die Kommunikation sein.

Aber alle Kenntnisse werden nicht genügen, um ein Gelingen der interkulturellen Kommunikation zu erreichen. Das erfordert Sensibilität gegenüber dem Fremden, die Sie nur durch Aufmerksamkeit und Geduld erlangen. Und alle Handlungen und Äußerungen, egal wem gegenüber, sollten von einem getragen sein – von Respekt!

Gleiches gilt für Geschäftsessen, wenn ungewohnte Speisen serviert werden. Probieren ist Pflicht, um den Gastgeber (wenn sie eingeladen sind) nicht zu enttäuschen.

Bedenken Sie beim Kontakt mit Ihren Gästen, wen und welche Kultur Sie vor sich haben. Setzen Sie sich mit dem Land, aus dem Ihr Gast kommt, auseinander. Ziehen Sie angemessene Garderobe an! Denken Sie daran, ein dezentes Kostüm mit einem nicht zu kurzen Rock in einer gedeckten Farbe wird weltweit akzeptiert.

Wenn Sie einen Restaurantbesuch planen, wählen Sie ein Restaurant, in dem auf Vorlieben und Einschränkungen Ihrer Gäste eingegangen wird. In verschiedenen Religionen existieren Speisenvorschriften, oder die Gäste sind möglicherweise Vegetarier, vielleicht leidet jemand unter einer bestimmten Lebensmittelallergie. All das sollten sie – wenn möglich – vorab mit ihnen klären.

Tipps:

1. Bereiten Sie sich auf den Gast intensiv vor. Lernen Sie Sitten und Gebräuche kennen.
2. Begegnen Sie anderen Kulturen mit Respekt.
3. Sprechen Sie langsam und deutlich und achten Sie auf Ihre Körpersprache. Was bei uns lässig oder freundlich sein mag, kann in anderen Kulturen beleidigend sein.
4. Treten Sie niemandem zu nahe. Achten Sie auf die nötigen Distanzzonen und warten Sie, dass man Ihnen die Hand reicht.

Weiterführende Quellen

BAUM, TANJA: Konfliktmanagement für Frauen. Clever umgehen mit schwierigen Kunden und Kollegen. Redline Wirtschaftsverlag 2008.

BONNEAU, ELISABETH: Der große GU Knigge. Gräfe & Unzer Verlag. 2008.

EDMÜLLER, ANDREAS/JIRANKE, HEINZ: Konfliktmanagement. Haufe Lexware 2010.

NITZSCHE, ISABEL: Business-Spielregeln rund um den Globus. 2. Auflage. BW Verlag 2006.

PUTTENAT, DANIELA: Praxishandbuch Krisenkommunikation. Von Ackermann bis Zumwinkel. PR-Störfälle und ihre Lektionen. Gabler Verlag 2010.

WEISBACH, CHRISTIAN-RAINER/SONNE-NEUBACHER, PETRA: Professionelle Gesprächsführung: Ein praxisnahes Lese- und Übungsbuch. dtv/Beck 2008.

Linktipps

www.business-wissen.de: Plattform für betriebswirtschaftliches Wissen und Management-Techniken – mit Fachinformationen, Vorlagen und mehr zu Themen, wie Marketing, Organisation, Recht, Controlling, Finanzen und mehr.

www.perspektive-mittelstand.de: Informations-, Kommunikations- und Dienstangebote rund um den unternehmerischen und beruflichen Alltag die Wissensbildung, Kommunikation und Interaktion von und zwischen Existenzgründern, Unternehmern, Fach- und Führungskräften und sonstigen Erwerbstätigen.

www.workingoffice.de: Magazin für professionelles Büromanagement. Im Newsletter – jede Woche neu – erhalten Sie Expertentipps für die Kommunikation im Arbeitsalltag.

Teil V

Assistenz im Management

Projektmanagement

Margit Gätjens

So managen Sie Projekte professionell und zielorientiert

Immer häufiger arbeiten Sekretärinnen und Assistentinnen in Projektgruppen mit oder leiten sogar eigene Projekte. Wir vermitteln Ihnen in diesem Artikel wichtiges Grundlagenwissen rund um das Projektmanagement. Von den wesentlichen Charakteristika eines Projekts, über die Projektidee und den unterschiedlichen Phasen bis zum erfolgreichen Projektabschluss.

Projektdefinition

Der Begriff Projekt leitet sich ab aus dem lateinischen „proiectum“: „Das nach vorn Geworfene“. Zunächst einmal ist ein Projekt also ein Entwurf, ein Plan, ein Vorhaben. Typisch für „richtige“ Projekte ist, dass es sich dabei immer um etwas Neues, Innovatives handelt, das es in dieser Form bisher noch nicht gibt. Wer also dieselbe Veranstaltung Jahr für Jahr immer wieder auf dieselbe Weise organisiert, hat es nicht mehr mit einem Projekt zu tun, sondern einfach mit einer komplexen Aufgabe, deren Ziel und Weg bekannt und bereits erprobt sind.

Projektziele beinhalten also immer das Erreichen eines neuartigen Zustandes – einer Innovation oder Verbesserung: zum Beispiel ein neues Gebäude, eine neue EDV-Konfiguration, ein neues Verfahren zur Herstellung eines Produktes oder ein neues Produkt selbst, auch eine neue Teamkultur, ein besseres Qualifikationsniveau für Mitarbeiter durch Schulungen oder ein anderes Kantinenkonzept mit leistungsförderndem Essen.

Zeitlicher Rahmen

Weiterhin typisch für Projekte ist, dass sie – zumindest bei professioneller Durchführung – zeitlich begrenzt sind. Anfang und Ende werden von vornherein definiert. Wenn der Erfolg des Projektes – und oft auch des gesamten Unternehmens – zum Beispiel davon abhängt, dass der Kunde sein Flugzeug zum vereinbarten Termin ausgeliefert bekommt (weil er ab diesem Zeitpunkt damit Geld verdienen will) oder eine Zertifizierung erreicht ist (weil sonst der große Auftrag nicht rechtzeitig hereinkommt), sind Verzögerungen äußerst gefährlich. Kein Wunder, dass in vielen Unternehmen in den Wochen vor dem Projektendtermin die ganze Nacht über das Licht brennt!

Ressourcenplanung

Da bei Projekten immer eine Art Neuland betreten wird, gibt es viele unbekannte Größen – schließlich kann man nicht auf Erfahrungen zurückgreifen. Unter Ressourcen ist alles zu verstehen, was quasi Arbeit im Projekt verrichtet, also in erster Linie Menschen und Maschinen. Die Planung der Projektressourcen ist also eine kniffelige Sache: Welche Arten von Mitarbeitern werden benötigt? Wie lange werden sie für die Projektaufgaben brauchen? Je innovativer und neuartiger das Projekt, desto mehr wird man die benötigten Ressourcen schätzen müssen – und diese Schätzungen sollten natürlich so realistisch wie möglich ausfallen, da sie die Basis für die Kostenplanung sind. Außerdem sind die Ressourcen bei Projekten in der Regel – genau wie die Zeit – begrenzt.

Komplexität

Komplexität ist ein weiteres typisches Merkmal von Projekten. Der Begriff Komplexität bedeutet, dass in einem System (zum Beispiel dem Projekt) viele verschiedenartige Elemente durch viele, verschiedenartige Beziehungen miteinander verknüpft sind, sodass es schwierig, wenn nicht unmöglich ist, vorherzusagen, wie das System oder einzelne Elemente auf Veränderungen reagieren.

So setzen sich Projektteams oft aus Mitarbeitern zusammen, die aus verschiedenen Fachgebieten (interdisziplinär) und/oder Hierarchieebenen stammen beziehungsweise auch als externe Fachleute hinzugezogen werden.

So wird zum Beispiel der Bau oder die Erweiterung eines Flughafens die Erarbeitung eines umfangreichen Zielsystems mit Gesamt- und verknüpften Teilzielen erforderlich machen und auch von der Planung und Durchführung der einzelnen Aufgaben und ihrer logischen und zeitlichen Verknüpfung ganz andere Anforderungen stellen, als zum Beispiel der Bau eines Einfamilienhauses. Je höher die Komplexität, desto schwieriger wird es natürlich, diese zu kalkulieren.

Know-how-Zuwachs

Ein letztes wichtiges Merkmal für Projekte ist, dass während der Projektarbeit oft explosionsartig neues Know-how entsteht. Immer mehr Unternehmen erkennen, dass das Wissen ihrer Mitarbeiter ein ganz wesentliches Potenzial darstellt, mit dem sie im Wettbewerb die Nase vorn haben können – wenn sie es schaffen, dieses Wissen transparent und nutzbar zu machen.

In Projekten besteht die große Gefahr, dass wichtiges Wissen nach dem Projektende verloren geht. Die Herausforderung in Projekten besteht daher darin, schon vom Projektstart an neues Wissen zu identifizieren und zu sichern.

Definition Projekt

„Ein Projekt ist ein zeitlich begrenztes Vorhaben zur Schaffung eines einmaligen Produktes oder einer Dienstleistung." Diese Definition stammt aus dem *Project Management Body of Knowledge* (*PMBOK*), dem führenden internationalen Standard für Projektmanagement.

Typisch an Projekten ist:

- die Einmaligkeit und der innovative Charakter
- die Zielorientierung
- die zeitliche Begrenzung
- die Notwendigkeit und Schwierigkeit der Ressourcenschätzung
- das hohe, oft schwer kalkulierbare Risiko
- die heterogene Zusammensetzung des Projektteams
- die Gefahr des Know-how-Verlustes nach Projektabschluss

Checkliste zur Feststellung, ob ein Projekt vorliegt

(Fragen bitte ausführlich beantworten)

- Welche Ziele sollen mit dem Projekt erreicht werden?
- Was ist an dem Vorhaben innovativ?
- Gibt es eine zeitliche Begrenzung? (Anfang/Ende)
- Ist eine Schätzung des Aufwandes (Ressourcen) notwendig oder ist dieser bereits bekannt?
- Wer arbeitet an diesem Projekt mit? (Komplexe Zusammensetzung der Beteiligten/Betroffenen)
- Wie wird das Risiko eingeschätzt?
- Welche Art von neuem Know-how wird das Projekt mit sich bringen?

Projektgliederung nach Phasen

Was Projekte oft so unvorhersehbar macht ist, dass keines einem anderen gleicht. Unterschiedliche Rahmenbedingungen, Zielvorgaben oder unterschiedliche Zusammensetzungen der Projektteams machen jedes Projekt einzigartig. Trotzdem gibt es bei allen Projekten notwendige Gemeinsamkeiten, zum Beispiel die Einteilung in Abschnitte oder Projektphasen. Diese Strukturierung gibt den Weg vor von der ersten Idee bis zur Erfüllung des Projektauftrags.

Phase 1 – Vorphase

In der Vorphase – auch Vorstudie oder Kurzanalyse genannt – wird geklärt, ob das Projekt als solches Sinn macht, also ob es:

- die richtige Lösungsidee für das zugrunde liegende Problem enthält,
- machbar, also realisierbar – zum Beispiel in Hinblick auf technische Voraussetzungen oder Finanzierbarkeit – ist,

- wirklich neuen Nutzen bringt, also zum Beispiel einen Prozess verbessert, beschleunigt, Kosten senkt oder durch Innovation den Umsatz steigern kann,
- wirtschaftlich durchführbar ist, also Aussichten hat, sich zu rechnen.

Außerdem wird das Projektziel so genau, wie jetzt schon möglich, definiert und mit dem Auftraggeber abgestimmt. Nach erfolgreicher Präsentation der Vorstudie und Konsens über das Projektziel erteilt der Auftraggeber den Projektplanungsauftrag.

Phase 2 – Projektplanung

Ziel der Projektplanungsphase ist es, alle Aufgaben und Aktivitäten zu erkennen, die notwendig sind, um das Projektziel zu erreichen und sie in geeigneter Form darzustellen sowie den zeitlichen und finanziellen Aufwand hierfür realistisch einzuschätzen.

Die Planungsphase dient also dazu, dass folgende Fragen beantwortet werden können:

- Welche Aufgaben und einzelnen Aktivitäten sind erforderlich, um das Projektziel zu erreichen? (Die ermittelten Aufgaben und Aktivitäten lassen sich optisch am übersichtlichsten in einer hierarchischen Baumstruktur darstellen, die als Projektstrukturplan bezeichnet wird.)
- Wie lange dauert jede einzelne Aktivität beziehungsweise wie lange darf sie dauern?
- Welche Ressourcen sind dafür erforderlich? Was kosten diese Ressourcen?
- Wann kann die Aktivität frühestens beginnen?

Nachdem die zeitliche Verknüpfung der Aktivitäten untereinander definiert, also festgelegt wurde, wann ein Arbeitsschritt frühestens starten kann, kann daraus nun ein Projektablaufplan in Form einer Liste erstellt werden.

In jedem Projekt spielt auch das Informationsmanagement eine große Rolle:

- Wer muss wann von wem in welcher Form worüber informiert werden?
- Wie können notwendige Informationen am effizientesten beschafft und dann auch verwaltet werden, sodass wichtiges Know-how gesichert wird und allen Berechtigten schnell und vollständig zur Verfügung steht?
- Wie wird sichergestellt, dass alle am Projekt Beteiligten effizient miteinander arbeiten?
- Wie kann vermieden werden, dass Widerstände und Risiken im Projekt gar nicht oder zu spät erkannt werden und damit den Projekterfolg gefährden?

Diese Fragen werden durch die Organisationsplanung für das Berichtswesen und die Dokumentation im Projekt geklärt.

Die Durchführung einer Risikoanalyse oder – bei entsprechend komplexen und riskanten Projekten – die Einrichtung eines professionellen Risikomanagements – ist ebenfalls eine wichtige Aufgabe in der Planungsphase.

Nachdem alle Pläne fertig gestellt sind, steht der geplante Projektendtermin fest, der sich aus der geschätzten Dauer der Aktivitäten sowie den geplanten Ressourcen ergibt. Ebenfalls sind die geschätzten Gesamtkosten für das Projekt bekannt. Ist der Auftraggeber damit einverstanden, vergibt er nun den Projektauftrag.

Ist er mit dem Endtermin nicht einverstanden, so kann überlegt werden, wo welche Kapazitäten erhöht werden können, um das Projektziel früher zu erreichen. Der zukünftige Projektleiter kann all diese Änderungen besprechen und aufgrund der Planung die jeweiligen Folgen aufzeigen. So weiß jeder Partner, worauf er sich einlässt.

Phase 3: Projektsteuerung – Realisierungsphase

Nach Erteilung des Projektauftrages beginnt die eigentliche Durchführung des Projektes. In dieser Realisierungsphase heißt Projektmanagement im Wesentlichen steuern. Steuern bedeutet, dafür zu sorgen, dass die Planung umgesetzt wird, dass also zum Beispiel Arbeitsschritte an die Verantwortlichen delegiert und die zeit-, kosten- und qualitätsgerechte Durchführung überwacht sowie die Ergebnisse geprüft werden. Steuern heißt vor allem auch Projektcontrolling, also Soll-Ist-Abweichungen möglichst verhindern, aber mindestens rechtzeitig erkennen, sodass geeignete Gegensteuerungsmaßnahmen möglich sind und die Erreichung des Projektzieles nicht gefährdet wird.

Phase 4: Projektabschluss

Die letzte Phase ist der Projektabschluss mit Zielerreichungskontrolle, Entlastung der Projektleitung sowie Evaluierung, also Überprüfung des Projektnutzens und Bewertung des Projekterfolges. Auch die abschließende Dokumentation sowie die Ermittlung des Know-how-Extraktes für eine Weiterverwendung, eventuell im Wissensmanagement des Unternehmens, gehört in diese Phase.

Projektideen formulieren und präsentieren

Viele gute Projektideen scheitern schon in der Frühphase an einem kleinen Detail: Die Betroffenen – das können Kunden, Mitarbeiter in anderen Abteilungen oder auch Kollegen in der eigenen Abteilung sein – werden zu spät oder unzureichend über das Vorhaben und mögliche Veränderungen informiert. Die Folge: Sie fühlen sich übergangen, mauern, und das Projekt geht baden. Daher ist es unabdingbar, dass Sie als Projektinitiatorin oder auch als Projektleiterin alle Beteiligten frühzeitig informieren und ins Boot holen. Der vorzeitige Informationsaustausch mit anderen ist auch deshalb von Bedeutung, weil Sie so schon vor dem eigentlichen Start etwaige Risiken oder Schwachstellen in Ihrem Projektvorschlag identifizieren können. Auch die Macht der Bedenkenträger dürfen Sie nicht unterschätzen. Schenken Sie ihren Einwänden nicht vor dem Start aufmerksam Gehör, können sie ganz schön viel Sand ins Projektgetriebe streuen.

Um andere von Ihrer Idee zu überzeugen, ist es wichtig, dass Sie ihnen den Nutzen für jeden Einzelnen darlegen. Spart das Unternehmen Geld? Werden Prozesse einfacher oder transparenter? Bringt es Arbeitsentlastung? Das sind zum Beispiel Überlegungen, die Sie in der Präsentation Ihrer Projektidee unbedingt hervorheben müssen. Jeder, der in der einen oder anderen Form in ein Projekt involviert ist, wird fragen: „Und was bringt mir das?"

So holen Sie die Entscheider ins Boot

Die wichtigste Zielgruppe für die Präsentation Ihrer Projektidee ist naturgemäß Ihr Vorgesetzter oder Ihr Unternehmen, da er bzw. es die finanziellen Mittel oder auch den Zeitfreiraum für die Durchführung des Projekts gewähren muss.

Kommt die Idee vom Kunden oder Auftraggeber selbst, muss sie diesem natürlich nicht mehr vorgestellt werden. Anders ist es, wenn für eine gute Idee erst ein Projektauftraggeber gefunden oder gewonnen werden muss. So können Mitarbeiter, die gute Ideen zur Verbesserung ihrer Arbeitsprozesse haben, oft nicht selbst entscheiden, dass diese umgesetzt werden. Sie benötigen dazu einen offiziellen Auftrag. Geeignete Formulare oder Checklisten stellen sicher, dass wichtige Fragen, die zur Bewertung und Entscheidung über die Umsetzung der Idee notwendig sind, beantwortet werden.

Je nach Bedeutung und Komplexität der Idee kann es ausreichen, ein Formular auszufüllen und dieses an das betriebliche Vorschlagswesen zu schicken. Oder es ist tatsächlich eine Präsentation vor einem Entscheidungsgremium erforderlich. Diese sollte entscheidungsrelevante Informationen enthalten und dramaturgisch geschickt aufgebaut sein – zum Beispiel nach folgender Checkliste:

- Was ist die Idee?
  Stellen Sie Ihre Projektidee kurz und verständlich in wenigen Sätzen vor.
- Wie sieht der Ist-Zustand aus?
  Beschreiben Sie kurz das Problem, das Sie mit Ihrer Idee lösen wollen.
- Wie sieht der Soll-Zustand aus?
  Erklären Sie, wie es sein wird, wenn die Idee umgesetzt ist und wem dies auf welche Weise nutzt.
- Welche Maßnahmen sind erforderlich?
  Umreißen Sie, wer welche Schritte tun muss, um zum Soll-Zustand zu gelangen.
- Wie rechnet sich Ihr Projekt?
  Zeigen Sie auf, dass der Projektnutzen größer als der Projektaufwand sein wird.
- Welche Risiken enthält Ihr Projekt?
  Sprechen Sie die bereits erkennbaren Risiken an und zeigen Sie Möglichkeiten zur Vermeidung beziehungsweise Gegenmaßnahmen auf.
- Warum sind Sie überzeugt?
  Fassen Sie kurz und motivierend zusammen, warum Sie von Ihrem Projekt überzeugt sind.

Da es sich bei dieser ersten Präsentation lediglich um die Vorstellung der Idee handelt, spielen Details noch keine Rolle. Es geht in erster Linie darum, die entscheidenden Parteien davon zu überzeugen, dass es sich lohnt, die Idee weiterzuverfolgen und einen Auftrag zur Durchführung der Vorstudie zu geben.

Die wichtigsten Fixpunkte

1. Klare Definition des Projektvorhabens: Worum geht es?
2. Ausgangssituation darlegen: Was ist das Problem?
3. Verbesserung aufzeigen: Was wird durch das Projekt optimiert?
4. Auftraggeber definieren: Wer ist der Ansprechpartner, der über die Projektfortschritte informiert werden muss?
5. Soll-Zustand skizzieren: Welches Ziel soll mit dem Projekt erreicht werden?
6. Beschleunigungen aufzeigen: Welche Zeitersparnis bringt das Projekt?
7. Projektleiter/in definieren: Wer ist für das Projekt als Leiter verantwortlich?
8. Risiken aufzeigen: Welche Faktoren könnten den Erfolg des Projekts verhindern?
9. Kostenreduzierung aufzeigen: Wie viel Geld kann das Unternehmen durch das Projekt sparen?
10. Team definieren: Wer sollte am Projekt mitarbeiten?
11. Wirtschaftlichkeit darlegen: Wann rechnet sich das Projekt?
12. Nutzen aufzeigen: Wer profitiert außer dem Unternehmen selbst noch von der erfolgreichen Durchführung?

Tipp:

Auch wenn es Ihre Projektidee ist – und Sie noch so überzeugt von dem Nutzen und der Sinnhaftigkeit Ihrer Idee sind – seien Sie offen und suchen Sie den Meinungsaustausch mit kompetenten Kollegen.

Vom Problem zum Projekt

Kein Berufsalltag ohne Schwierigkeiten, ob arbeitstechnisch oder zwischenmenschlich. So kommen Sie Problemen systematisch auf den Grund und finden so fast automatisch zu einer Lösung.

Problembeschreibung

Die Analyse der Ausgangssituation und ihrer Problematik beginnt mit einer genauen Beschreibung. Dabei helfen zum Beispiel die folgenden Fragen:

- Was genau ist das Problem?
- Wer ist daran beteiligt, wer davon betroffen?
- Seit wann gibt es das Problem?
- Wann und wie oft tritt es auf?
- Wo tritt es auf?

Wichtig ist, das Problem exakt, eindeutig und unmissverständlich zu beschreiben. Alle Beteiligten – vor allem auch der Auftraggeber – sollten die gleiche Problemwahrnehmung entwickeln.

Vor allem sollte man darauf achten, dass als Problembeschreibung nicht etwa eine „verkappte" Lösung herauskommt. Wer zum Beispiel sagt: „Mein Problem ist, dass ich nicht die richtige Software besitze", liegt mit seiner Problembeschreibung falsch. Die „richtige Software" ist ein Mittel zur Lösung eines Problems, wie zum Beispiel einer umständlichen und daher zu aufwändigen Zeiterfassung. Wer über seine Arbeit quasi Buch führen muss – jeder, der in verschiedenen Projekten arbeitet, kennt dieses Problem – braucht sicher ziemlich viel Zeit, wenn er handschriftliche Stundenzettel führt, die dann hinterher noch vielleicht in Excel-Listen eingegeben werden müssen. Das Problem ist also der Zeitaufwand. Eine Spezialsoftware zur Zeiterfassung könnte dagegen eine mögliche Lösung sein. Um sich jedoch nicht bereits in der Problemanalyse auf eine spezifische Lösung festzulegen (möglicherweise gibt es ja noch viel bessere Möglichkeiten), muss darauf geachtet werden, wirklich zuerst das Problem zu beschreiben.

Hilfreich bei der Problembeschreibung sind auch Quantifizierungen, zum Beispiel Höhe des tatsächlichen Zeitaufwandes, den das Problem verursacht oder Häufigkeit von Fehlern, Menge des Ausschusses oder der Mehrfacharbeiten.

Oft reichen aber Stichproben und daraus abgeleitete Hochrechnungen aus, um herauszufinden, ob das Problem tatsächlich groß genug ist, ein Projekt auszulösen, das ja immerhin auch Kosten verursacht und sich nur rechnet, wenn der problematische Aufwand der Ist-Situation in Zukunft entfällt oder zumindest reduziert wird.

Zufriedenheitsskala

Sicher lässt sich jedoch nicht jede Problematik in Zahlen ausdrücken – zum Beispiel wenn es um individuelle menschliche Probleme geht. Unzufriedenheit kann schlecht objektiv gemessen werden. Da es aber hauptsächlich darum geht, den problematischen Ist-Zustand bewerten zu können, helfen hier auch exakte Situationsbeschreibungen, die später mit der erreichten Soll-Situation verglichen werden können.

So kann zum Beispiel eine *Mitarbeiter-Zufriedenheitsskala* etwa nach dem Schulnotensystem helfen, durch subjektive Einschätzungen der Mitarbeiter herauszufinden, wie viele sich jeweils vor und nach dem Projekt in welchem Bereich dieser Skala sehen.

Nachdem die problematische Ausgangssituation erkannt und beschrieben ist, wird überlegt, wozu es führen könnte, wenn das Projekt nicht durchgeführt wird. Gefragt wird also nach den Auswirkungen oder Konsequenzen bei Verzicht auf das Projekt. Wichtig ist hierbei, nicht zu früh mit dem Nachdenken aufzuhören. Was würde zum Beispiel passieren, wenn man sich nicht um die Unzufriedenheit von Mitarbeitern kümmert? Die erste direkt anzunehmende Auswirkung wäre wohl, dass die Unzufriedenheit stiege und auch andere, bisher noch zufriedene Mitarbeiter anstecken würde. Und was passiert dann? Die Reaktionen auf Unzufriedenheit können sehr unterschiedlich sein – innere oder tatsächliche Kündigung, Streik, Änderungsvorschläge von Seiten der Mitarbeiter, Zeitverluste durch sehr viel Kommunikation zu diesem Thema und so weiter. Auf diese Weise wird schnell deutlich, welche Priorität das Projekt im Vergleich mit anderen anstehenden Projekten hat; so wird die Entscheidung für oder gegen das Projekt erleichtert.

ABC-Analyse

Sind mehrere Auswirkungsketten erkennbar, macht es Sinn, sie zu gewichten – zum Beispiel mit einer ABC-Analyse. Welche Auswirkungen wären die schlimmsten, welche könnte man gegebenenfalls vernachlässigen? Diese Priorisierung schärft den Blick für das, was mit dem Projekt unbedingt erreicht werden muss.

Nun kommt die wichtigste Frage innerhalb der Problemanalyse: Wie ist es überhaupt zu dem Problem gekommen, wer oder was hat es verursacht? Geforscht wird also jetzt nach den Ursachen. Und genau wie beim Unkrautjäten kommt es auch hier darauf an, möglichst alle Wurzeln und ihre Verästelungen untereinander zu erkennen, sodass sie komplett beseitigt werden können.

Ist das Problem sehr komplex, wird es viele Ursachenketten aufweisen, sodass auch hier wieder – wie bei den Auswirkungen – eine Priorisierung Sinn machen kann. So wird sichergestellt, dass mit Hilfe des Projektes zumindest die Hauptwurzeln des Übels eliminiert werden.

Wie bei den Auswirkungen muss auch bei den Ursachen konsequent bis an den Ursprung des Problems zurückgedacht werden. Hört man zu früh damit auf, kann das zu falschen Lösungsansätzen führen. Ein einfaches Beispiel hierzu.

Gesetzt den Fall, Mitarbeiter beklagen sich, dass sie zu viel Zeit für Kopierarbeiten aufwenden, dann könnte die Nachforschung folgende Ursachen ergeben:

- die Wege zu den Kopiergeräten sind zu lang,
- es gibt zu wenige Kopiergeräte,
- die Geräte sind häufig defekt,
- es wird zu viel Unnötiges kopiert und so weiter.

Nehmen wir an, die Hauptursache wäre, dass die Geräte häufig defekt sind. Wer jetzt aufhört, genau nachzufragen, warum das der Fall ist (also die Ursache der Ursache), würde vielleicht auf den Gedanken kommen, neue Geräte zu beschaffen oder die Wartung zu verbessern, weil angenommen wird, dass die Geräte eben nicht mehr ganz neu und funktionsfähig sind. Sind die häufig auftretenden Störungen und Defekte jedoch auf Bedienungsfehler zurückzuführen, dann würden neue Geräte kaum etwas nützen, da deren Bedienung wahrscheinlich technisch noch mehr Know-how erfordert, das den Mitarbeitern schon in Bezug auf die vorhandenen Geräte fehlt. Vielleicht sind die Bedienungsfehler jedoch gar nicht auf fehlendes Know-how, sondern eher auf Bequemlichkeit zurückzuführen. Wer unter Zeitdruck steht, glaubt womöglich, nicht die Zeit zu haben, ausgerechnet jetzt einen Papierstau zu beseitigen und verdrückt sich lieber unauffällig.

Die A-B-C-Analyse

Die A-B-C-Analyse hilft, potenzielle Risiken zu identifizieren und zu bewerten. Effektiv und erfolgreich arbeiten bedeutet, sich auf das Wesentliche zu konzentrieren und Prioritäten zu setzen. Die A-B-C-Analyse ist ein professionelles Hilfsmittel zur Bewertung potenzieller Risiken und deren Einfluss auf den weiteren Projektverlauf. Die prinzipielle Vorgehensweise läuft nach folgendem Schema ab:

- Zusammenstellung der Aufgaben, Positionen, Aktivitäten etc.
- Bewertung nach einem Maßstab direkter Wertigkeit (z. B. Kosten)
- Bewertung nach einem Maßstab strategischer Wertigkeit (z. B. Bedeutung für den Projekterfolg, beispielsweise 1 (niedrig) bis 4 (hoch))
- Multiplikation der Wertigkeiten
- Bildung einer Rangreihe
- Kategorisierung der Items nach ABC
  - die ersten 15 Prozent haben die Priorität A
  - die zweiten 25 Prozent haben die Priorität B
  - die restlichen 60 Prozent haben die Priorität C

Hier ein Beispiel: Die Risiken in dem Projekt „Entwicklung einer neuen Software" umfassen Zeitüberschreitung, Kostenüberschreitung, Gewährleistung, Implementierung.

Die Risikoabschätzung durch das Team bringt folgendes Ergebnis:

Risikoart	Schaden	Wertigkeit	Kosten
Zeitüberschreitung	5.000	2	10.000
Implementierung	1.000	3	3.000
Kostenüberschreitung	10.000	4	40.000
Gewährleistung	7.000	1	7.000

Daraus ergibt sich folgende Rangliste:

Risikoart	Wertigkeit	Beitrag zum Gesamtrisiko
Kostenüberschreitung	40.000	66 %
Zeitüberschreitung	10.000	17 %
Gewährleistung	7.000	13 %
Implementierung	3.000	4 %

Das A-Risiko ist die Kostenüberschreitung mit 66 Prozent, die B- und C-Risiken sind Zeitüberschreitung und Gewährleistung.

Klarheit führt zu Lösungen

Dieses simple Beispiel aus dem Büroalltag zeigt, dass es gefährlich ist, sich in der Ursachenforschung nur auf Vermutungen zu stützen oder nicht konsequent genug nachzuforschen. Besser sind exakte Untersuchungen, die Klarheit bringen. Eine professionelle Ursachenforschung enthält im Prinzip schon die Lösung oder zeigt zumindest auf, wo sie ansetzen muss.

Risikoanalyse

Risiko analysieren, Lösungen finden

Bereits im Stadium einer Vorstudie lassen sich Gefahren und Risiken für ein Projekt erkennen: Je eher Widerstände, Blockaden oder sogar technische „K. o.-Kriterien" bekannt sind, desto besser. Mit einer realistischen Risikobetrachtung gleich zu Beginn wäre so manches Projekt gar nicht erst gestartet worden. Besonders bei Organisationsprojekten würden die Betroffenen meist viel früher informiert und eingebunden, als das in der Praxis häufig der Fall ist. Rechtzeitiges Nachdenken kann Arbeit, Geld und Enttäuschung ersparen.

Wie kann eine Risiko-Abschätzung in der Vorstudie durchgeführt werden? Nachdem Ziel und Nutzen definiert sind, listet man auf, was die Zielerreichung blockieren oder verhindern könnte. Kreatives Denken im Rahmen eines Brainstormings ist gefragt. Um Betriebsblindheit auszuschließen, können ein oder mehrere nicht am Projekt beteiligte Mitarbeiter bei diesem Brainstorming mitwirken. So wird von innen und von außen auf das Projekt geschaut.

Risikoabschätzung

Je nachdem wie viele Widerstände oder sonstige Risiken bereits in der Vorphase identifiziert werden, sollten sie – zum Beispiel mit einer A-B-C-Analyse – gewichtet werden. Danach hätten zum Beispiel 20 Prozent der Risiken die höchste anzunehmende Wahrscheinlichkeit, verbunden mit der größten Auswirkung für das Projekt. Die weitere Planung muss diese Risiken auf jeden Fall berücksichtigen und durch entsprechende Präventivmaßnahmen zu verhindern suchen.

Machbarkeit

Bereits in der Vorstudie sollte geklärt werden, welche Lösungsvarianten in Frage kommen und finanzierbar sind. Wenn die technische und wirtschaftliche Machbarkeit überprüft und bestätigt wurde, wird eine Variante gewählt.

Ursachenforschung

Bei wissenschaftlichen Projekten ergibt eine Vorstudie womöglich, dass ein bestimmtes Produktionsverfahren zu teuer ist (Problem) und auf Dauer der Gewinn sinken wird (Auswirkungen), wenn nichts dagegen unternommen wird. Die Ermittlung von Lösung und Weg kann je nach Komplexität aber auch Bestandteil des Projektes selbst werden. Stellt man durch die Ursachenforschung fest, dass bestimmte Zusammenhänge gar nicht als gesichertes Wissen vorliegen, muss vielleicht erst eine Grundlagenforschung betrieben werden, mit der ermittelt werden kann, ob überhaupt die Chance besteht, günstigere Produktionsverfahren zu entwickeln.

Zieldefinition

Damit wird auch klar, dass das Projektziel *Kostensenkung in der Produktion* heißen muss und nicht etwa *Entwicklung eines günstigeren Produktionsverfahrens*, was ja eine Lösung wäre, zu der es möglicherweise Alternativen gibt. Denn fehlen die Möglichkeiten oder Erfolgsaussichten bei der Grundlagenforschung, könnte man ja vielleicht woanders produzieren lassen oder sogar das Produkt als solches ändern.

Strategisch vorgehen

Man kann also nicht grundsätzlich abgrenzen, ob die Entwicklung von Lösungen und Wegen zum Ziel bereits in die Vorstudie gehört oder in eine spätere Projektphase – es hängt ganz vom jeweiligen Projekt ab. Man muss sich also fragen, was jeweils sinnvoll ist. Bisweilen ist es auch einfach politisch unklug, bereits in der Vorstudie die Katze aus dem Sack zu lassen und Lösungen, die einem vorschweben, bereits in dieser Phase zu präsentieren. Wie bei der ersten Projektidee besteht dann die Gefahr, dass alles zerredet wird, bevor man überhaupt richtig angefangen hat.

Zeitmanagement

Die Zeitleiste fest im Blick

Während aus dem Projektplan hervorgeht, welche Aufgaben zum Ziel führen, zeigt der Projektablaufplan, in welcher Reihenfolge sie erledigt werden müssen. Es geht also um die zeitliche Anordnung der Arbeitsschritte, die natürlich die gegenseitigen Abhängigkeiten berücksichtigen muss.

Statt in einer Baumstruktur werden die Projektschritte mit ihren Voraussetzungen in numerischer Reihenfolge aufgelistet (siehe Abb. 1).

Projektablaufplan für den „Turmbau"

Nummer	Arbeitspaket (Vorgang)	Voraussetzungen (Vorgang)
1	Planung	
1.1	Teambildung	-
1.2	Aufgabe analysieren	1.1
1.3	Anforderungsprofil definieren	1.2
1.4	Entwürfe machen	1.3
1.5	Bewerten und auswählen	1.4
1.6	Materialbedarf auflisten	1.5
2	Bau	
2.1	Material einkaufen	1.6
2.2	Turm bauen	2.1
2.3	Statik testen	2.2
3	Kontrolle	
3.1	Höhe messen	2.3
3.2	Kosten pro cm feststellen	3.1
3.3	Dokumentation erstellen	1.1
3.4	Turm abnehmen	3.2

Abbildung 1: *Projektablaufplan für ein Projekt mit dem Namen Turmbau*

Übersicht mit Software-Einsatz

Bei größeren und vor allem sehr großen Projekten mit vielen Arbeitsschritten ist es so gut wie unmöglich, bereits in der Projektstruktur die genaue zeitliche Reihenfolge zu berücksichtigen und darzustellen. Denn hier entspricht die geforderte logische Gliederung nicht immer der chronologischen Reihenfolge. Um bei der Erarbeitung des Projektablaufplanes und der daran anknüpfenden Zeit-, Ressourcen-, Kapazitäts- und Kostenplanung nicht den Überblick zu verlieren, macht es Sinn, streng systematisch vorzugehen und zunächst jeden Arbeitsschritt, eventuell noch zerlegt in seine einzelnen Aktivitäten, in die Projektablaufliste zu übertragen und dabei jeweils den oder die Vorgänger sowie eine eventuell vorhandene Zeitabstandsbeziehung zu übertragen.

Rein technisch könnte das problemlos mit einer dreispaltigen Excel-Datei geschehen. Diese kann auch Schritt für Schritt mit weiteren Spalten ergänzt werden – zum Beispiel für die Dauer der Arbeitsschritte und für die zeitliche Darstellung in einem Balkenterminplan. Allerdings ist diese Vorgehensweise – im Vergleich mit der Nutzung einer professionellen Projektplanungssoftware – doch ziemlich arbeitsaufwändig und wird mit zunehmender Anzahl der Arbeitsschritte immer schwieriger, da vieles manuell erledigt werden muss, was ein professionelles Programm automatisch ausführt (zum Beispiel Terminbalken zeichnen). Auch wird die Übersicht mit steigender Anzahl immer schwieriger.

Empfehlenswert ist es daher, ab der Erstellung des Projektablaufplanes mit einer professionellen Software zu arbeiten. Für die Beispiele wird MS-Project verwendet, eine Software, die sich gut für die Planung und Steuerung kleiner und mittlerer Projekte einsetzen lässt. Der erste Schritt ist, die Informationen des Projektstrukturplanes unter *Vorgänge* einzugeben und die jeweiligen Vorgänger einzutragen (siehe Abb. 2).

Beispiel Projektablaufplan: Aufgaben, Arbeitspakete, Vorgänge und Vorgänger

Nr.	ⓘ	Vorgangsname	Vorgänger
1		**1 Projektmanagement**	
2		**1.1 Vorphase**	
3		**1.1.1 Projektidee präsentieren,genehmigen**	
4		1.1.1.1 Präsentation vorbereiten	
5		1.1.1.2 Präsentation durchführen, genehmigen lassen	4
6		1.1.2 Vorstudie durchführen, präsentieren, genehmigen	12
7		**1.2 Teambildung**	
8		1.2.1 Team zusammenstellen	5
9		**1.2.2 Kick-off-meeting durchführen**	**8**
10		1.2.2.1 Vorbereiten	8
11		1.2.2.2 Durchführen	10
12		1.2.3 Teamentwicklungsaktivitäten durchf.	11
13		**1.3 Projektplanung**	
14		1.3.1 Projektstrukturplan entwickeln	6
15		1.3.2 Arbeitspakete beschreiben	14
16		1.3.3 Projektablaufplan erstellen	15
17		1.3.4 Termin-/Meilensteinplan erstellen	16
18		1.3.5 Ressourcen-/Kapazitätsplan erstellen	17
19		1.3.6 Kostenplan erstellen	18
20		1.3.7 Risikoanalyse durchführen	19
21		1.3.8 Berichtswesen installieren	20
22		1.3.9 Dokumentation aufbauen	21
23		**1.4 Projektsteuerung**	
24		1.4.1 Ist-Daten erfassen	33
25		1.4.2 Soll/Ist-Abweichung analysieren	24
26		1.4.3 Gegensteuern	25
27		1.4.4 Berichtswesen führen	26
28		1.4.5 Dokumentieren	27
29		1.5 Projektplanung präsentieren und Projektauftrag erteilen lassei	22
30			

Abbildung 2: *Projektablaufplan (PAP) „Turmbau“ in MS-Project*

Terminplan

Sobald der Projektablaufplan fertig ist, kann der Terminplan erstellt werden. Dazu ist mindestens erforderlich die

- Definition des Kalenders,
- Eingabe der Dauer jedes einzelnen Vorgangs sowie die
- Festlegung eines Start- oder Endtermins.

Zunächst muss definiert werden, mit welcher Art Kalender gearbeitet wird. Standardmäßig ist bei MS-Project ein Kalender mit vierzig Stunden Wochenarbeitszeit – jeweils von 8:00 bis 17:00 Uhr – und zwanzig Arbeitstagen pro Monat eingestellt. Dieser Kalender kann beliebig verändert und den Unternehmenserfordernissen angepasst werden.

Auch wenn Sie nicht mit einem professionellen Planungsprogramm arbeiten, macht es Sinn, eine solche Kalenderdefinition festzulegen, damit klar ist, wie viel Arbeitszeit pro personeller Ressource maximal pro Tag zur Verfügung steht.

Wenn nichts anderes eingegeben wird, nimmt das Programm automatisch den Termin der ersten Dateneingabe als Projektstarttermin an. Soll das Projekt zu einem anderen Termin starten, wird dieser als *Anfangstermin* eingegeben. Aus der Dauer und den Verknüpfungsbeziehungen der einzelnen Arbeitsschritte ergibt sich dann schließlich der Endtermin. Würde man den Endtermin quasi als *Deadline* angeben, ergäbe sich aus der Rückwärtsrechnung, wann das Projekt spätestens beginnen müsste. (Sollte dabei vorgestern herauskommen, bleibt nur die Möglichkeit, durch Kapazitätserhöhung oder Verringerung von Pufferzeiten Zeit einzusparen.)

Die Dauer der einzelnen Vorgänge wurde bereits, abhängig von den verfügbaren Ressourcen, definiert. Sie kann nun in geeigneten Zeiteinheiten (Minuten, Stunden, Tage etc.) eingegeben werden. Verwendet man MS-Project, wird die jeweilige Dauer sofort durch einen Balken in entsprechender Länge visualisiert. Sie erhalten also einen Balkenterminplan, auch Gantt-Chart genannt.

Da die Verknüpfung der einzelnen Vorgänge bereits in der Spalte *Vorgang* eingetragen wurde, werden die Balken – im Standard-Layout – gleich durch entsprechende Pfeile verbunden. Besteht eine Aufgabe aus mehreren Vorgängen, wird jeweils die Dauer der einzelnen Schritte bei der Aufgabe aufsummiert und erscheint als schwarzer Balken.

Da in dem Turmbeispiel der Schritt *Dokumentation* unter der letzten Aufgabe *Abschluss* steht und das Dokumentieren gleich nach dem Schritt *Teambildung* beginnt, zieht sich der schwarze Rollup-Balken der letzten Aufgabe fast über die gesamte Projektdauer (siehe Abb. 3).

Meilensteine

Ist der Balkenterminplan fertig gestellt, können Meilensteine eingefügt werden. Sie markieren die Erreichung wichtiger Teilschritte auf dem Weg zum Projektziel. Ein Meilenstein ist also kein Vorgang, sondern der Zeitpunkt, an dem ein bestimmtes Ergebnis erreicht oder ein bestimmtes Ereignis eingetreten ist.

Deshalb muss zunächst eine Ereignisliste erstellt werden, in der genau definiert wird, welcher Meilenstein welches Ereignis enthält und wann es eintreten soll. Da Meilensteine wichtige Eckpunkte im Projekt markieren, an denen genau festgestellt werden kann, ob bestimmte Zwischenergebnisse wie geplant vorliegen, nennt man sie auch Review oder Gateway. Mit Erreichen eines Meilensteins kann dann einerseits überprüft werden, ob der bisherige Plan erreicht wurde, und anschließend entschieden werden, ob wie geplant weitergemacht wird oder ob nachgebessert, geändert, wiederholt oder das Projekt sogar abgebrochen werden muss. Typischerweise fallen daher in der Regel Meilensteintermine und Berichtstermine zum Projektstatus zusammen (siehe Abbildung 4).

Ereignislisten

Aus der Ereignisliste können die Meilensteine in den Projektablauf- oder Terminplan eingegeben werden, und zwar genau wie ein Vorgang, allerdings mit der Dauer „0“. Sie werden im Standardlayout des Balkenterminplanes dann als schwarze Raute dargestellt

Balkenterminplan für „Turmbau" in MS-Project

Nr.		Vorgangsname	Dauer	Anfang	Ende	Vorgänger
1		**1 Planung**	**16 Tage**	**Mo 05.01.04**	**Mo 26.01.04**	
2		1.1 Team biden	1 Tag	Mo 05.01.04	Mo 05.01.04	
3		1.2 Aufgabe analysieren	5 Tage	Di 06.01.04	Mo 12.01.04	2
4		1.3 Anforderungsprofil definieren	1 Tag	Di 13.01.04	Di 13.01.04	3
5		1.4 Entwürfe machen	6 Tage	Mi 14.01.04	Mi 21.01.04	4
6		1.5 Bewerten und auswählen	2 Tage	Do 22.01.04	Fr 23.01.04	5
7		1.6 Materialbedarf auflisten	1 Tag	Mo 26.01.04	Mo 26.01.04	6
8		**2 Realisierung**	**7 Tage**	**Di 27.01.04**	**Mi 04.02.04**	
9		2.1 Material einkaufen	1 Tag	Di 27.01.04	Di 27.01.04	7
10		2.2 Turm bauen	5 Tage	Mi 28.01.04	Di 03.02.04	9
11		2.3 Statik testen	1 Tag	Mi 04.02.04	Mi 04.02.04	10
12		**3 Abschluß**	**24 Tage**	**Mi 07.01.04**	**Mo 09.02.04**	
13		3.1 Höhe messen	1 Tag	Do 05.02.04	Do 05.02.04	11
14		3.2 Kosten/cm feststellen	1 Tag	Fr 06.02.04	Fr 06.02.04	13
15		**3.3 Dokumentation erstellen**	**23 Tage**	**Mi 07.01.04**	**Fr 06.02.04**	**2**
16		3.3.1 Dokumentation erstellen	1 Tag	Mi 07.01.04	Mi 07.01.04	
17		3.3.2 Dokumentation erstellen	1 Tag	Fr 09.01.04	Fr 09.01.04	
18		3.3.3 Dokumentation erstellen	1 Tag	Mi 14.01.04	Mi 14.01.04	
19		3.3.4 Dokumentation erstellen	1 Tag	Fr 16.01.04	Fr 16.01.04	
20		3.3.5 Dokumentation erstellen	1 Tag	Mi 21.01.04	Mi 21.01.04	
21		3.3.6 Dokumentation erstellen	1 Tag	Fr 23.01.04	Fr 23.01.04	
22		3.3.7 Dokumentation erstellen	1 Tag	Mi 28.01.04	Mi 28.01.04	
23		3.3.8 Dokumentation erstellen	1 Tag	Fr 30.01.04	Fr 30.01.04	
24		3.3.9 Dokumentation erstellen	1 Tag	Mi 04.02.04	Mi 04.02.04	
25		3.3.10 Dokumentation erstellen	1 Tag	Fr 06.02.04	Fr 06.02.04	
26		3.4 Turm abnehmen	1 Tag	Mo 09.02.04	Mo 09.02.04	14

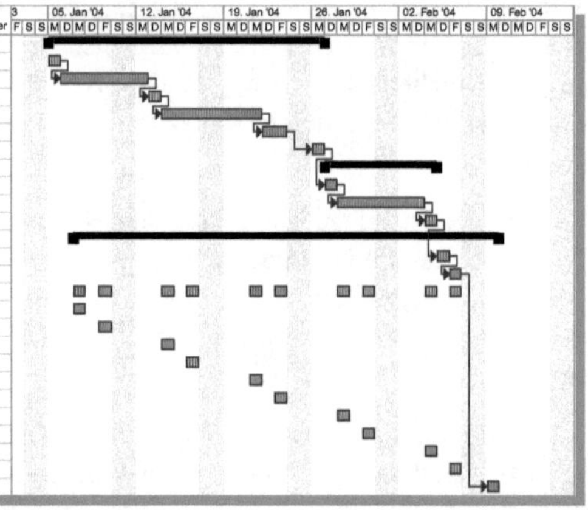

Abbildung 3: *Der Balkenterminplan (auch „Gantt-Chart" genannt) visualisiert die Zeitdauer der einzelnen Aktivitäten*

Ereignisliste / Meilensteine

Nr.	Projekttitel	Auftraggeber	Projektleiter	
	Turmbau	Gätjens-Reuer	Alma und Lina	
Nr.	**MS-Titel**	**MS-Verantwortlicher**	**Ergebnis**	**Termin**
1	Planungsabschluß	PL	Entscheidung für bestimmten Entwurf mit Materialbedarfs-liste liegt vor	26.01.04
2	Fertigstellung	PL	Turm steht, Statik erfolgreich getestet	04.02.04
3	Abnahme	PL	Erfolgreiche Abnahme durch Auftraggeber, Dokumentation abgeschlossen	09-02-04

Abbildung 4: *In der Ereignisliste werden die Meilensteine genau definiert. Hier das Beispiel für den Turmbau*

Kostenkalkulation

Zwei Hauptursachen sind laut Umfragen verantwortlich dafür, wenn Projekte aus dem Ruder laufen: die Zeit- und die Kostenplanung. Während ein Zeitverlust mitunter noch aufgefangen oder kompensiert werden kann, kann eine optimistische Kostenplanung ein Projekt auf halbem Wege regelrecht zu Fall bringen, wenn die Mittel ausgehen. Deswegen tun Projektverantwortliche gut daran, alle auch noch so gering erscheinenden Aufwendungen mit zu kalkulieren. Eine differenzierte Betrachtung der Aufwandsarten erleichtert die Kalkulation.

Bei der Kostenplanung wird unterschieden nach

- zeitaufwandsabhängigen Kosten und
- zeitaufwandsunabhängigen Kosten (in MS-Project feste Kosten genannt).

Zeitaufwandsabhängige Kosten sind zum Beispiel Stundensätze für die Personalressourcen im Projekt, Maschinenstundensätze oder pauschale Kalkulationssätze für die Nutzung von Räumen und Ausstattung (die aber oft schon in den Personalstundensätzen enthalten sind).

Zeitaufwandsunabhängige Kosten sind zum einen Einsatzkosten, wie zum Beispiel Reisekosten und Spesen für Projektmitarbeiter oder die Rüstkosten für Maschinen. Diese sind deshalb zeitaufwandsabhängig, weil sie pro Einsatz der jeweiligen Ressource anfallen, unabhängig davon, wie lange dieser Einsatz dauert.

Zum anderen gehören die *festen Kosten* dazu. Bei einem Bauprojekt sind das zum Beispiel die meisten Materialkosten, denn ganz gleich, wie langsam oder schnell ein Maurer eine Hauswand erstellt – die Anzahl der Ziegelsteine wird stets die gleiche bleiben.

Kostenentwicklung erkennen

Bei Verwendung einer Planungssoftware werden die Kosten in einer Ressourcen-/Kostensatztabelle als Kosten pro Einheit (pro Stunde oder pro Stück) hinterlegt. Das Programm rechnet dann die Gesamtkosten je nach geplantem Zeitaufwand hoch. Die festen Kosten müssen dagegen pro Arbeitsschritt, in dem sie anfallen, gesondert eingegeben werden.

Aufgabe der Kostenplanung im Projekt ist es, dafür zu sorgen, dass möglichst frühzeitig erkannt wird:

- was das gesamte Projekt laut Planung kosten wird,
- was die einzelnen Projektphasen kosten werden,
- was jeder einzelne Arbeitsschritt kostet,
- welche Kostenarten (Personal, Material) im Projekt anfallen und wie hoch diese jeweils insgesamt, pro Projektphase sind,
- wann welche Kosten in welcher Höhe im Projektverlauf anfallen.

Diese Informationen sind notwendig, um rechtzeitig zu erkennen, ob sich die geplanten Projektkosten im verfügbaren Budget bewegen und, wenn nicht, an welcher Stelle Kosten schon im Planungsstadium reduziert werden können. Außerdem ist es für die Liquiditätsplanung wichtig zu wissen, wann welche Beträge zur Zahlung anstehen werden.

Bevor also sämtliche Kostenübersichten, die zum Beispiel MS-Project zur Verfügung stellen kann, ausgedruckt werden, sollten Sie sich fragen, was Sie eigentlich genau wissen wollen und sich dann gezielt die geeigneten Übersichten erstellen. Im Prinzip können Sie sich nämlich fast jede denkbare Kombination von Informationen über Kostenarten, -höhen, Zeiträume und so weiter zusammenstellen lassen.

Der Kostenplan zeigt, was das Projekt kosten soll. Die Kosten können dabei auf verschiedene Weise dargestellt werden, zum Beispiel als

- Gesamtkosten
- Kosten pro Phase
- Kosten pro Vorgang
- Kosten pro Ressource
- Kosten pro Kostenart (zeitaufwandsabhängige und -unabhängige – also feste – Kosten)

Projektabschluss

Es ist soweit: Das Projekt ist abgeschlossen. Nun liegt es dem Auftraggeber zur Abnahme vor. Zweck dieser Abnahme ist die Feststellung, ob das Projektziel wie geplant erreicht wurde und die Entlastung der Projektleitung. Dabei hängt die Vorgehensweise stark von der Art des Projektes ab. Ein fertig gestelltes Haus beispielsweise geht durch die Abnahme, die in Form einer Begehung mit Erstellung eines Abnahmeprotokolls erfolgt, in den Verantwortungsbereich des Auftraggebers über. Das Haus wird offiziell übergeben. Bei einem Event-Projekt, zum Beispiel einer Firmenveranstaltung, wird die Abnahme ein Abschlussgespräch sein. In einem Organisationsprojekt, wie der Neustrukturierung der Ablage, muss zunächst der erreichte neue Zustand dokumentiert und überprüft sein, bevor die Projektleitung entlastet werden kann.

Was mindestens in einem Abnahmeprotokoll stehen sollte, zeigt das Formular in Abbildung 5. Je nach Projektgegenstand sind vor allem zum Punkt *Ergebnis/Qualität* detaillierte Prüflisten erforderlich, mit deren Hilfe die Zielerreichung kontrolliert werden kann.

Abnahmeprotokoll

Projekt-Titel/Nr.	**Auftraggeber**	**Projektleiter**
Plan-Fertigstellungstermin	Plankosten	Planergebnis/Qualität (Details lt. Anlage)
Ist-Fertigstellungstermin	Ist-Kosten	Ist-Ergebnis/Qualität (Details lt. Anlage)
Abweichung/Begründung	Abweichung/Begründung	Abweichung/Begründung (Details siehe Anlage)
Sonstige Bemerkungen	Projekt abgenommen Datum/Unterschrift Auftraggeber	Entlastung der Projektleitung Datum/Unterschrift Auftraggeber

Abbildung 5: *Das Abnahmeprotokoll dokumentiert den erreichten Ist-Zustand nach Projektabschluss*

Projektabschlussbericht

In der Regel gehört zur Abschlussphase auch die Erstellung eines Projektabschlussberichtes. Er dokumentiert die Stationen der Realisierung mit allen erfolgten Änderungen, den zum Projektabschluss erreichten Status sowie die Fertigstellung der Dokumentation. Die Entscheidung und Veranlassung, welche Extrakte aus den in dem Projekt gewonnenen Erkenntnissen als relevantes Know-how gesichert werden sollen, ist ebenfalls eine wichtige Aufgabe. Gerade erfolgreiche Projekte liefern wertvollen Input für das Wissensmanagement eines Unternehmens.

Je nach Projektart müssen eventuell auch Pflege, Service und Wartung organisiert, beauftragt oder eingerichtet werden. So wird zum Beispiel nach Abschluss des Projekts *Ablageorganisation* mit Sicherheit jemand verantwortlich sein für die weitere Betreuung der Anwender und für die Pflege und Weiterentwicklung der eingeführten Ablage- und Wissensmanagement-Systeme.

Handelte es sich um ein größeres Projekt mit umfangreichen Ressourcen, müssen diese nun wieder aufgelöst und entweder anderen Projekten zugeteilt oder wieder zur Linie zugeordnet werden.

Für die materiellen Ressourcen sind Bestandlisten erforderlich, gegebenenfalls muss sogar eine Art Inventur gemacht werden. Die menschlichen Ressourcen müssen ebenfalls wieder integriert werden, was zum Beispiel bei Projekten mit erforderlichen Auslandseinsätzen auch noch einmal erheblichen Arbeitsaufwand – zum Beispiel in Form von Relocation-Maßnahmen (Heimkehrer-Betreuung und Integration) – erforderlich machen kann.

Denken Sie auch daran, dass ein erfolgreicher Projektabschluss positiv für das Image der Projektleitung, der Teammitglieder und natürlich auch für Ihr Unternehmen ist. Klappern gehört ja bekanntlich zum Handwerk, deshalb bietet sich ein Erfolgsprojekt geradezu für PR-Maßnahmen an. Organisieren Sie eine Abschlussfeier und präsentieren Sie das Projekt in geeigneten Medien – Presse, Internet, Intranet oder zumindest in den Hausmitteilungen. Mit Aktionen dieser Art stellen Sie Ihre durch das Projekt hinzugewonnenen Kompetenzen professionell dar. Sie machen KollegInnen überdies Mut, eigene Projekte in Angriff zu nehmen.

Projektnutzen

Unter dem Begriff Evaluierung versteht man die Begutachtung bzw. Bewertung des mit dem Projekt tatsächlich erzielten Nutzens. Wie Sie dabei grundsätzlich vorgehen, zeigt die Checkliste Evaluation. Im bereits erwähnten Ablage-Projekt würde eine Evaluierung wie in den in der Checkliste genannten Schritten ablaufen. Zunächst wird der Nutzen beschrieben. Hier liegt ja bereits eine Formulierung aus der Vorstudie vor:

- mindestens 15 Minuten Zeiteinsparung pro Mitarbeiter/Tag
- schnellere Einarbeitung bei Neueinstellungen und Vertretungen
- bessere Arbeitsergebnisse durch höheren Informationsgrad der Mitarbeiter
- besseres Image bei Kunden

Als Prüfkriterien kommen in Frage:

- erreichte Zeiteinsparung pro Mitarbeiter
- erreichte Zeiteinsparung bei Neueinstellungen und Vertretungen
- Verbesserung des Informationsgrades nach subjektiver Einschätzung der Mitarbeiter
- Reduzierung negativen Kunden-Feedbacks zum Thema Ablage-/Informationsmanagement

Sinnvolle Kennzahlen wären beispielsweise:

- durchschnittliche Zeiteinsparung pro Mitarbeiter/Tag
- gesamte Zeiteinsparung aller Mitarbeiter/Jahr
- dadurch erreichte jährliche Kosteneinsparung
- Rentabilität des Projektes
- Amortisationsdauer des Projektes

- Mitarbeiterbefragungs-Ergebnisse zur Informationsgradverbesserung in Prozent
- Mitarbeiterbefragungs-Ergebnisse zu Kunden-Feedback in Prozent

Checkliste Evaluierung

- **Beschreiben Sie den Nutzen, der mit der Projektzielerreichung gewonnen werden soll:**
  - quantitativ (z. B. Zeitgewinn oder Kostenreduzierung)
  - qualitativ (z. B. Kundenzufriedenheit, Mitarbeitermotivation etc.)

- **Entwickeln und definieren Sie Prüfkriterien, mit deren Hilfe Sie das Ausmaß des erzielten Nutzens bewerten können:**
  - für den finanziellen Nutzen (z. B. Kostensenkungen, Umsatzsteigerung etc.)
  - für den immateriellen Nutzen (z. B. Bekanntheitsgrad, Mitarbeitermotivation, Kundenzufriedenheit, Qualifikationsniveau der Mitarbeiter etc.)
  - für den ideellen Nutzen (z. B. Auszeichnungen, Visions-/Leitbilderfüllung etc.)

- **Entwickeln und definieren Sie Kennzahlen, mit denen Sie den Grad des erzielten Nutzens messen können:**
  - für den finanziellen Nutzen (z. B. Rentabilität (ROI), Amortisationsdauer etc.)
  - für den immateriellen Nutzen (z. B. Befragungsergebnisse in Prozent etc.)
  - für den ideellen Nutzen (z. B. Anzahl, Bedeutung der Auszeichnungen etc.)

- **Bewerten Sie nun den durch das Projekt erzielten Nutzen, indem Sie**
  - die entsprechenden Kennzahlen ermitteln und mit den Soll-Werten vergleichen,
  - die ermittelten Kennzahlen mit denen anderer ähnlicher Projekte vergleichen (Benchmarking).

Am Schluss des Projektes zeigt sich noch einmal eindrucksvoll, wie sinnvoll es ist, von Beginn an professionell zu arbeiten. Wenn Sie bereits in der Vorstudie die Ist-Situation, so weit es geht, quantitativ erfassen und auch den Nutzen sehr genau definieren, dürfte Ihnen in der Evaluierungsphase der Nachweis Ihres Erfolges nicht allzu schwer fallen. Selbst wenn Ihr Projekt aufgrund seines Inhaltes eher schwer zu rechnen ist, können Sie mit der Definition der Nutzenkriterien – die Sie natürlich mit Ihrem Auftraggeber abstimmen und vereinbaren sollten – dennoch Ihren Projekterfolg schwarz auf weiß dokumentieren.

Führungswissen im Sekretariat

Matthias Siebert

So unterstützen Assistentinnen ihre Führungskräfte bei der Mitarbeiterentwicklung und -motivation

> Auch wenn viele Sekretärinnen nicht offiziell in einer Führungsposition sind und Personalverantwortung tragen, geht es für sie in der Praxis oft darum, ihre Vorgesetzten auch in Fragen der Motivation und Mitarbeiterführung – direkt oder indirekt – zuzuarbeiten. Was hat dazu aus dem breiten Gebiet der Theorie eine wirkliche praktische Relevanz für den Arbeitsalltag im Sekretariat oder in der Assistenz?

Mitarbeiterführung – worum es geht

„Führung ist die zielorientierte soziale Einflussnahme zur Erfüllung gemeinsamer Aufgaben", lautet eine Definition. Es geht also bei der Führung von Mitarbeitern darum, Menschen dazu zu bewegen, etwas zu tun. Jede Führungskraft wird also bestrebt sein, auf die Mitarbeiter einzuwirken: sie zu motivieren, sie anzuleiten, zu unterstützen oder zu kritisieren mit dem Hintergrund, *gemeinsame Ziele* zu erreichen. Eine Sekretärin kann ihren Chef am besten unterstützen, wenn sie über die Ziele, die er erreichen möchte, informiert ist. Im Rahmen von Mitarbeiterjahresgesprächen sollte jeder Chef seine Assistentin oder Sekretärin regelmäßig über seine Zielvorstellungen informieren, damit sie als wertvoller „verlängerter Arm" seine Führungsarbeit auch tatsächlich unterstützen kann.

Das Führungsdreieck

Rasch wird ersichtlich, dass mit einer Führungsaufgabe viel mehr gemeint ist, als lediglich ein Team „zu verwalten", „verantwortlich zu sein" oder einfach bloß Entscheidungen zu treffen: Führung ist mehr als Management oder Geschäftsführung und spielt sich immer in einem Dreieck verschiedener Anforderungen, Bedürfnisse und Beziehungsgeflechte ab:

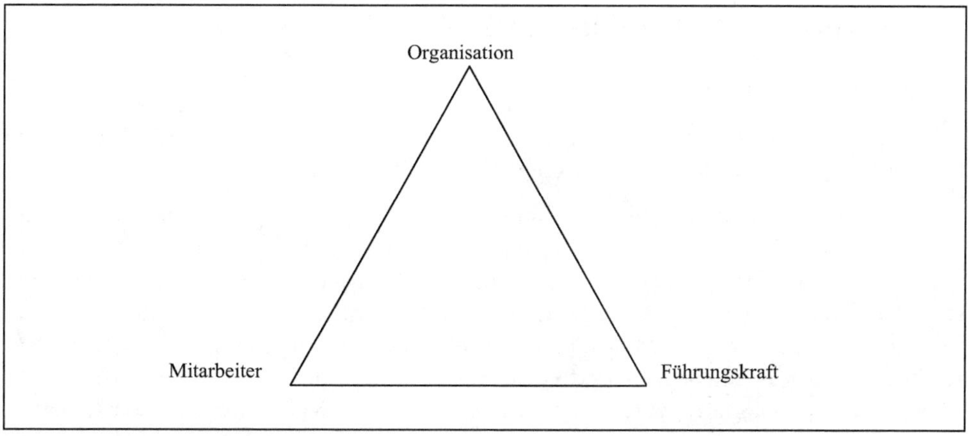

Abbildung 1: *Führungsdreieck*

Es geht innerhalb des Dreiecks darum, eine ausgewogene Mischung der Berücksichtigung von Zielen zu erreichen. Also braucht es eine angemessene Auseinandersetzung mit den Bedürfnissen der Organisation – denen der Mitarbeiter und den eigenen Wünschen und Zielen.

Sekretärinnen können zum Beispiel ihren Vorgesetzten auf besondere Interessenlagen von Mitarbeitern hinweisen. Denn in Zeiten hoher Arbeitsbelastung ist es für viele Chefs oft schwierig, einen engeren persönlichen Kontakt zu allen Mitarbeitern zu halten. Dieser Part fällt dann häufig den Sekretärinnen und Assistentinnen zu. Sie halten ihre Chefs „auf dem Laufenden“, auch was die Stimmung im Team oder Probleme der Zusammenarbeit betrifft. Um richtige Personalentscheidungen zu treffen, muss jeder Chef erst einmal wissen, wo Handlungsbedarf besteht. Hier sind die Informationen der Sekretärin Gold für ihn wert.

Ein großes Problem für viele Mitarbeiter gerade des mittleren Managements stellt die sogenannte *„Sandwichposition“* dar, in der Führungskräfte noch eine oder mehrere Führungsebenen über sich und Mitarbeiter, gegenüber denen sie weisungsbefugt sind, unter sich haben. Betrachtet man in diesem Fall nochmals das Dreieck der Führung, wird schnell klar, dass es zu einer Verkomplizierung der Situation kommt, da sich die Ansprüche, die an solche Führungskräfte gestellt werden, potenzieren.

Fragen zur Selbstreflexion:

- Welche Anforderungen werden seitens der Organisation an mich gestellt?
- Was erwarten meine Mitarbeiter von mir?
- Was sind dabei meine Ansprüche an Führung und Leitung?

Anforderungen an eine Führungskraft

Führungseigenschaften

„Was sind hilfreiche Persönlichkeitseigenschaften in einer Führungsposition?" Diese Frage hat in der Vergangenheit viele Forschergruppen intensiv beschäftigt.

Ergebnis aller Studien ist, dass die Bedeutung von Persönlichkeitseigenschaften für den Führungserfolg von Situation zu Situation sehr unterschiedlich sein kann: In einer Abteilung für Forschung und Entwicklung wird wissenschaftliche Intelligenz sehr viel wichtiger sein als in einer Marketingabteilung, in der z. B. kommunikative Fähigkeiten einer Führungskraft wesentlich mehr Bedeutung einnehmen. Man kann also festhalten, dass es „die" Führungseigenschaften, die über Erfolg oder Misserfolg entscheiden, nicht gibt. Individuelle Eigenschaften beeinflussen den Führungserfolg in jedem Fall, allerdings eben immer situationsabhängig. Übergreifend können einige Führungskompetenzen aufgezählt werden, die häufig benannt werden:

- Kommunikations- und Konfliktfähigkeit
- Kreativität und Flexibilität
- Überzeugungskraft
- Ziel- und Erfolgsorientierung
- Führungswissen
- Mut und Entscheidungsfreude
- Authentizität

Vor allem die Eigenschaft „Authentizität" wird in der Führungsliteratur häufig diskutiert und als Voraussetzung für erfolgreiche Führung genannt. Wer authentisch führt, zeigt sich aufrichtig als Person und führt so, dass es zu ihm passt. Das heißt: Eine authentische Führungskraft wirkt nach außen rund und überzeugend. Führungskräfte, die einstudiert und unecht wirken, haben bei weitem nicht soviel Erfolg wie Manager, die an das, was sie tun auch tatsächlich glauben. Charisma und Ausstrahlung spielen für den Führungserfolg eine große Rolle. Wenn eine Führungskraft sich anders verhält, als sie es von den Mitarbeitern verlangt, führt dies zu Irritationen. „Practice what you preach!", ist ein wichtiger Leitsatz in der Führung – also selbst als Vorbild voranzugehen, durchaus als „starke Persönlichkeit", die ihre Botschaft gut vermitteln kann. „Practice what you preach" gilt im gleichen Atemzug aber auch für alle Sekretärinnen und Assistentinnen, die ein Teil der Führungsmannschaft sind. Denn nur wenn sie sich solidarisch und konform zum Führungsstil ihrer Vorgesetzten zeigen, werden sie von den übrigen Mitarbeitern als zugehörig und nicht als dissonant zu ihrem Chef wahrgenommen.

Selbstreflexion – Das JoHari-Fenster

Das JoHari-Fenster wurde im Jahre 1955 von John Luft und Harry Ingham entwickelt. Es verdeutlicht, dass für die erfolgreiche Arbeit als Führungskraft zwei Punkte besonders wichtig sind:

1. das Einholen von Feedback über die Mitarbeiter und
2. die „Selbstoffenbarung", was so viel bedeutet wie „Dinge über sich preiszugeben".

Abbildung 2: *Das JoHari-Fenster*

Open: Der öffentliche Bereich, die öffentliche Person. Das ist der Teil unserer Person, der sowohl uns als auch anderen bekannt ist und die wir offen und frei zeigen.

Hidden: Das ist der Bereich des Verhaltens, der mir bekannt und bewusst ist, den ich aber anderen nicht bekannt gemacht habe oder machen will. Dieser Teil des Verhaltens ist für andere verborgen. Dazu gehören Gedanken und Aktionen, die wir anderen nicht gerne mitteilen, weil sie zu unseren empfindlichen Stellen gehören.

Blind: Ist der blinde Fleck der Selbstwahrnehmung, d. h. der Teil des Verhaltens, der für andere sichtbar und erkennbar ist, mir selbst hingegen nicht bewusst ist. Beispielsweise Gewohnheiten, Vorurteile, Körpergesten oder meine Reaktionsweisen in bestimmten Situationen, die andere durch Beobachtung bemerken.

Unknown: Er erfasst Vorgänge, die weder mir noch andern bekannt sind und sich in dem Bereich bewegen, der in der Tiefenpsychologie unbewusst genannt wird. Die Inhalte dieses Bereichs zu erschließen erfordert eine Psychotherapie oder eine Psychoanalyse, und selbst dann kommt es oft nicht ans Tageslicht.

Mit Hilfe des JoHari-Fensters ist leicht zu verstehen wie authentische Führung erreicht werden kann. Denn durch die Vergrößerung des öffentlichen Bereichs OPEN werden die Bereiche HIDDEN und BLIND verkleinert. Warum?

- *Feedback einholen:*
  Die Fläche des „blinden Flecks" wird kleiner. Wer sich in seiner Führungsrolle Feedback von Mitarbeitern einholt erfährt mehr darüber, wie er wahrgenommen wird.
- *Sich selbst mitteilen:*
  Die Fläche des „privaten Bereichs" (Hidden) wird kleiner, indem man Feedback über seine Wahrnehmungen und Befindlichkeiten gibt.

Die Selbsteinschätzung, die eine Führungskraft von sich hat, kann so weitgehend in Übereinstimmung mit der Einschätzung durch die Mitarbeiter gebracht werden. Selbst- und Fremdwahrung kommen so immer mehr in Einklang, was letztendlich Authentizität bewirkt.

Natürlich geht es nicht darum, wie ein offenes Buch durch die Firma zu laufen und sein Innerstes nach außen zu kehren oder ständig um Rückmeldungen zu bitten. Wie immer steht der goldene Mittelweg im Vordergrund – also eine ausgewogene Mischung von beidem zur rechten Zeit. Für Mitarbeiterinnen in den Bereichen Sekretariat und Assistenz kann es eine wertvolle Hilfe sein, das JoHari-Fenster als Grundlage für die Beziehung zwischen Chef und Assistenz zu nehmen. Das heißt: Regelmäßiges Feedback geben und nehmen – und zwar von beiden Seiten – trägt zu einer offenen und ehrlichen Beziehung bei und erlaubt damit ein effizientes und effektives gemeinsames Arbeiten.

Der Führungsstil

Ein Patentrezept für erfolgreiche Führung würde natürlich gerne jede Führungskraft besitzen, allerdings gibt es keines. Das Einzige, worin sich alle Führungsexperten einig sind ist, dass Extremhaltungen für die Mitarbeiterführung schädlich sind. Sie haben sich in der Vergangenheit nicht bewährt. „Dominant-autoritäres Führungsverhalten" nach militärischer Machart ist hierbei genauso unangemessen wie „planloses Laufenlassen" der Mitarbeiter oder etwa Kumpanei. Studien belegen, dass es vielmehr das Konzept des „Situativen Führens" ist, das Erfolg verspricht.

Die Führungsexperten Paul Hersey und Kenneth Blanchard (1977) unterscheiden zwei Dimensionen im Führungshandeln, die in ihrer Kombination zu vier verschiedenen Führungsstilen führen.

- *Aufgabenorientierung:*
  Wer stark aufgabenorientiert führt, führt nah am Inhalt dessen, was erledigt werden muss. Es wird viel angeleitet und vorgegeben sowie in hohem Maße kontrolliert.
- *Mitarbeiterorientierung:*
  Wer die Mitarbeiterorientierung betont, räumt den Mitarbeitern Mitspracherecht und Entscheidungsfreiheit ein; der Mitarbeiter wird an Entscheidungen beteiligt – diese werden gemeinschaftlich getroffen, zusammen entwickelt oder zumindest diskutiert.

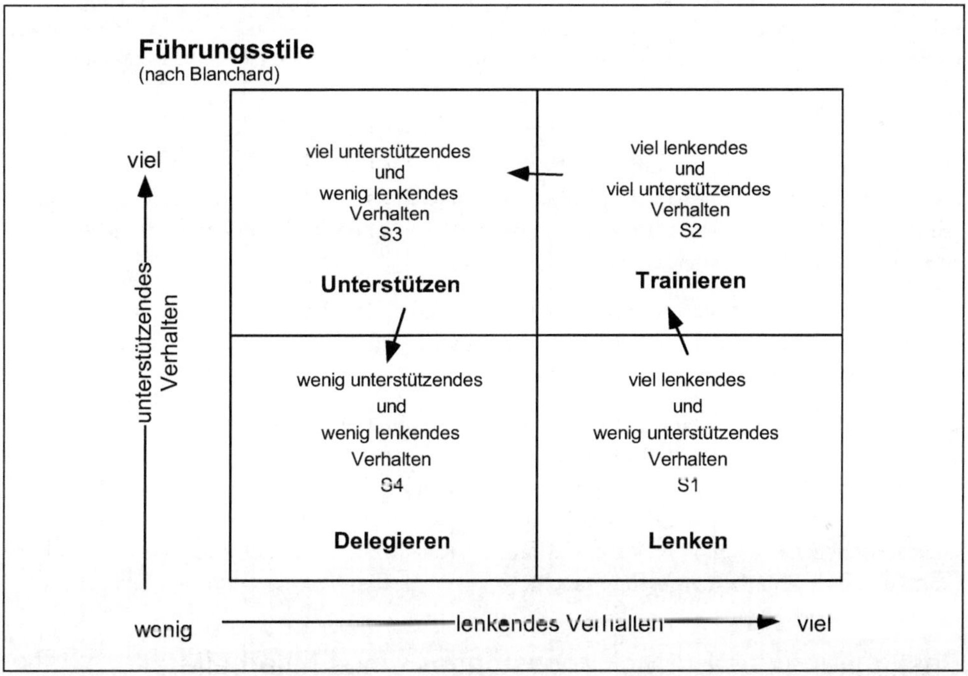

Abbildung 3: *Situatives Führen*

Im Diagramm wird ersichtlich, dass die Kombination beider Faktoren zu insgesamt vier übergeordneten Führungsstilen führt, je nachdem wie stark die einzelnen Faktoren „Aufgabenorientierung“ und „Mitarbeiterorientierung“ ausgeprägt sind und zusammenspielen.

Lenken

Das ist dirigierendes Verhalten in reinster Form, d. h. die Führungskraft gibt ganz genaue und detaillierte Anweisungen und kontrolliert die genaue Durchführung dieser Aufgabe. Die Führungskraft gibt sozusagen ihre Entscheidungen bekannt, die Kommunikation verläuft recht einseitig. Der Mitarbeiter mit seinen Interessen steht hierbei im Hintergrund.

Trainieren

Bei diesem Stil kommt das unterstützende Verhalten dazu. Die Führungskraft lenkt und überwacht immer noch genau die Durchführung der Aufgabe, jedoch bespricht sie die Entscheidungen mit dem Mitarbeiter, bittet ihn um Vorschläge und unterstützt seine Fortschritte.

Unterstützen

Hier tritt das fördernde Verhalten in den Vordergrund. Die Führungskraft unterstützt und fördert den Mitarbeiter bei der Durchführung seiner Aufgaben. Zudem teilt er sich die Verantwortung für die Entscheidung mit ihm, soweit sie den Mitarbeiter betreffen. Es beginnt die Übertragung von verantwortungsvollen Aufgaben, Mitarbeiter werden hier individuell motiviert.

Delegieren

Die Führungskraft übergibt dem Mitarbeiter die volle Verantwortung, damit dieser die Probleme nach eigenem Ermessen lösen und die entsprechenden Entscheidungen selbstständig fällen kann. Die Führungskraft tritt nur in besonderen Fällen in Erscheinung, der Mitarbeiter agiert weitgehend selbstständig.

Alle Variationen der Führung kann die Sekretärin und Assistentin unterstützen, indem sie den Kommunikationsprozess zwischen Chef und Mitarbeitern begleitet und bei Missverständnissen, Problemen oder Konflikten moderierend eingreift.

Situative Führung empfiehlt also nicht, alle gleich zu führen, sondern eben jeden Mitarbeiter individuell und bezogen auf die jeweilige Tätigkeit anzuleiten. Daher wird dieses Modell auch *Reifegradmodell der Führung* genannt. Hersey und Blanchard haben das Modell um einen weiteren, für die Führungsarbeit hilfreichen Teil erweitert: die Dimension des Reifegrades eines Mitarbeiters, der kurz und präzise Rückschlüsse darauf zulässt, welchen Führungsstil dieser Mitarbeiter gerade braucht.

Bestimmung des Entwicklungsstandes eines Mitarbeiters

Der Entwicklungsstand lässt sich zum einen an der Kompetenz feststellen. Einen zweiten Hinweis liefert das Engagement bei der Arbeit. Verantwortlich dafür sind vor allem die Motivation und das Selbstvertrauen.

Wenn ein junger Mitarbeiter nach seiner Ausbildung oder seinem Studium seine Arbeit in einem Unternehmen beginnt, ist die fachliche Kompetenz, was die Anforderungen des Unternehmens betrifft, meist relativ gering ausgeprägt. Warum? Viele junge Mitarbeiter berichten, dass sie das, was sie nun im Rahmen der täglichen Arbeit an Rüstzeug benötigen, nicht in Studium oder Ausbildung, sondern erst in der Praxis lernen. Also steigt die Kompetenz in der Regel mit der Zugehörigkeit in einer Organisation an oder wird durch Zugehörigkeit in vielen verschiedenen Organisationen, wenn das Arbeitsfeld ähnlich ist, sukzessive aufgebaut. Daher nimmt Kompetenz über die verschiedenen Phasen der Entwicklung eines Mitarbeiters stetig zu.

Anders verhält es sich mit dem Engagement, der Motivation. Ein Mitarbeiter, der seine Arbeit in einem Unternehmen gerade neu aufnimmt, ist im Regelfall hoch motiviert. Er möchte sich einbringen, sich beteiligen und vielleicht mit vielen Ideen etwas verändern. Vielleicht ist es auch sein Anliegen, sich im Rahmen der Probezeit zu bewähren, um als fähiger und engagierter neuer Mitarbeiter wahrgenommen zu werden. Auf den ersten Blick mag es deshalb erstaunlich anmuten, dass nach dem hohen Engagement gleich zu Beginn in der nächsten Entwicklungsstufe „wenig Engagement" folgt.

Dies ist jedoch leicht zu erklären: Routine hat sich eingestellt, der Mitarbeiter ist bezüglich seiner Aufgaben etwas abgeklärter, vielleicht ist auch schlicht und ergreifend die Probezeit vorbei. „Schwankendes Engagement" in der folgenden Abbildung heißt, dass es zeitweise Unterschiede in der Motivation des Mitarbeiters gibt, die in der Personalführung berücksichtigt werden sollten. Hohes Engagement stellt sich in der Regel dann ein, wenn der Mitarbeiter seine Aufgaben vollkommen eigenverantwortlich wahrnimmt.

Die vier Entwicklungsstufen

Ausgereifte Kompetenz - hohes Engagement	Hohe Kompetenz - schwankendes Engagement	Einige Kompetenz - wenig Engagement	Wenig Kompetenz - hohes Engagement
E4	**E3**	**E2**	**E1**

entwickelt ← entwicklungsfähig

So brauchen Mitarbeiter auf den unterschiedlichen Entwicklungsstufen verschiedene Führungsstile:

Entwicklungsstufe und Führungsstil				
Entwicklungsstufe	**E4** Ausgereifte Kompetenz - hohes Engagement	**E3** Hohe Kompetenz - schwankendes Engagement	**E2** Einige Kompetenz - wenig Engagement	**E1** Wenig Kompetenz - hohes Engagement
Angemessener Führungsstil	**S4** Delegieren Verantwortung für Entscheidungen übertragen	**S3** Unterstützen Zuhören, anerkennen und fördern	**S2** Trainieren Lenken und unterstützen	**S1** Lenken Vorgeben, strukturieren, kontrollieren

Führungskräfte können so ein Reifegradmodell bezogen auf die einzelnen Mitarbeiter erstellen:

- Die Anforderungen der Stelle werden der Kompetenz des Mitarbeiters gegenübergestellt.
- Der Mitarbeiter wird bezüglich seines Engagements eingeschätzt.
- Daraufhin wird ein Führungsplan für den Mitarbeiter entwickelt, eventuell unter Einsatz unterschiedlicher Führungsstile für verschiedene Aufgabenfelder.

Eine gute Führungskraft hilft entweder das Engagement (Motivation, Selbstvertrauen) des Mitarbeiters (wieder) zu fördern und/oder seine Kompetenz zu verbessern. Die Aufgabe der Sekretärin in diesem Bereich: Sie ist meist näher dran an der Mitarbeiterbasis und kann durch Beobachtung feststellen, ob ein Mitarbeiter gerade in einem Motivationsloch steckt. Diese Beobachtung teilt sie ihrem Chef mit. Außerdem kann sie in Gesprächen mit Mitarbeitern erfahren, wo es Probleme gibt, wo Förderungsbedarf ist und wo es eventuell Informationsdefizite gibt.

Gerade bei den Führungsstilen „Lenken" und „Trainieren" ist es aufgrund der hohen Aufgabenorientierung erforderlich, den Mitarbeiter stark zu kontrollieren. Kontrolle ist, genau so wie Delegation, ein für jede Führungskraft sehr anspruchsvolles Thema. Unangemessene Kontrolle in Form von „Gängelei" kann bei den Mitarbeitern zu großer Unzufriedenheit oder dem Gefühl, dass die Führungskraft eigentlich keine Verantwortung abgeben möchte, führen. Daher gibt es für erfolgreiches Controlling einige hilfreiche Tipps, die beachtet werden können.

- *Respektvoll und fair führen:*
  Mitarbeiter sollten nicht das Gefühl haben, zu unrecht kontrolliert oder vollkommen eingeengt zu werden. Hier kann die Sekretärin unterstützend tätig sein, indem sie mit viel Fingerspitzengefühl erspürt, ob das Maß der Kontrolle für den Mitarbeiter erträglich und noch förderlich ist.
- *Konkret und transparent führen:*
  Führungskräfte sollten ihre Kontrolle auf konkrete Situationen beziehen und mit dem Mitarbeiter bereits im Vorfeld bei der Zieldefinition besprechen, *was* genau kontrolliert werden wird.

Dies setzt die Arbeit mit Zielen, die den Namen auch verdienen, voraus. Denn Ziele werden allzu oft mit Wünschen, Absichtserklärungen oder Vorsätzen verwechselt. Was ist ein gutes Ziel? Ein gutes Ziel ist

- schriftlich fixiert,
- messbar und terminiert,
- aus eigener Kraft erreichbar und
- positiv formuliert.

Um Ziele mit Mitarbeitern zu entwickeln, ist das sogenannte „ZIEL Schema" eine bewährte Arbeitshilfe:

Ausformuliertes Ziel:	
ZWECK (Warum?)	INHALT (Wie – der Weg zum Ziel)
ERGEBNIS (Messbares Resultat)	LÄNGE (Termin der Zielerreichung)
Meilensteine: (Zwischenziele)	
Datum:	Zielerreichungsgrad:
Datum:	Zielerreichungsgrad:

Wenn eine Führungskraft in ihrem Führungsstil die Mitarbeiterorientierung stark betonen will, sollte sie den Mitarbeitern im ZIEL-Schema den Inhalt, also den Weg zum Ziel, selbst erarbeiten und ausformulieren lassen.

Fazit:

Sekretärinnen brauchen von ihren Chefs Informationen darüber, welchen Reifegrad Mitarbeiter einnehmen und wie sie demzufolge geführt werden müssen. So wissen sie, welcher Mitarbeiter welche Ansprache benötigt, wenn sie z. B. Entscheidungen des Chefs an die Mitarbeiter weitergeben müssen. Mitarbeitern mit ausgereifter Kompetenz brauchen sie dann z. B. nur die Aufgabenstellung nennen, während sie Mitarbeitern mit wenig Kompetenz die Anweisungen des Chefs detailliert erklären müssen. Auf diese Weise kann sichergestellt werden, dass die Mitarbeiter auch indirekt durch die Sekretärin oder Assistentin richtig geführt werden. In der Praxis heißt das also für Sekretärinnen, mit ihren Chefs genau zu besprechen wie welcher Mitarbeiter „angepackt" werden sollte. Gemeinsame Überlegungen wie die Mitarbeiter geführt werden sollen, kann die Führungskraft enorm entlasten. Denn letztendlich führt jeder Chef seine Mitarbeiter in hohem Ausmaß auch über das Sekretariat.

Motivation – es gibt kein Verhalten ohne Motiv

Eines der schwierigsten und meist diskutierten Bereiche im Themenkreis Personalführung ist die Mitarbeitermotivation. Führung als „Überzeugungsarbeit" mit dem Ziel, Engagement und eigenverantwortliches Arbeiten zu steigern und zu ermöglichen, ist automatisch sehr eng mit Motivation verwoben. Führungsarbeit ist Motivationsarbeit.

Die Schwierigkeit besteht hierbei in der Erkenntnis, das jeden Menschen unterschiedliche Dinge motivieren: Den einen motiviert vielleicht eine finanzielle Belohnung, den anderen die Übernahme von mehr Verantwortung und die Einbindung in interessante Projekte. So ist es mit der Motivation genau so wie mit der Führungstheorie: ein Patentrezept und die „Lösung für alle" gibt es nicht.

Der Psychologe Abraham Maslow hat ein Modell entworfen, das eine Hierarchie der Bedürfnisse abbildet.

Eine Kernaussage des Modells ist, dass für einen Menschen erst bestimmte Grundbedürfnisse erfüllt sein müssen, bevor er sich anderen Ebenen zuwenden kann. Also bedingt jede Ebene innerhalb des Modells die jeweils darüber liegenden Schichten. Praktisch gesprochen: Jemand, dessen Arbeitsplatz aktuell gefährdet ist (Bedürfnisebene „Sicherheit") wird sich nicht um soziale Motive oder Ich-Motive wie Status, Macht und Anerkennung kümmern können und wollen.

Eine weitere Aussage in Maslows Modell ist die Differenzierung von Defizit- und Wachstumsmotiven. So sind die unteren vier Ebenen der Pyramide den Defizitmotiven zuzuordnen, nur die letzte, oberste Ebene der „Selbstverwirklichung" ist ein Wachstumsmotiv. Die Nicht-Erfüllung von Ebenen der Defizitmotive führt, wie der Name schon sagt, zum Erlebnis eines Defizits. Sind die Bedürfnisse auf diesen Ebenen erfüllt, entsteht nach Maslow lediglich keine Unzufriedenheit – mehr nicht. Es entsteht also nicht automatisch Zufriedenheit.

Eine zusätzliche Art, verschiedene Bedürfnislagen zu unterscheiden, ist die Differenzierung in intrinsische und extrinsische Motivation. Die extrinsische Motivation ist auf den vier unteren Ebenen bei Maslow anzusiedeln. Das heißt, die Impulse kommen von außen. Intrinsische Motivation dagegen ist all das, was Menschen von innen heraus motiviert – wenn die Arbeit an sich Spaß macht, man sie mit einem tieferen Sinn verbindet. Es ist erwiesen, dass intrinsische Motivation Menschen sehr viel stärker motiviert, als externe Reize.

So kann mit Fug und Recht behauptet werden, dass finanzielle Anreize wie Boni-Systeme überschätzt, und andere Dinge wie eine gute Unternehmenskultur oder ein funktionierendes Bereichsklima oft unterschätzt werden. Ich habe viele Fälle erlebt, in denen finanzielle Anreizsysteme in Organisationen für ganz unterschiedliche Themen eingeführt wurden, und sich anschließend nichts verändert hat oder sogar negative Auswirkungen beobachtet werden konnten (Verkaufs- oder Umsatzzahlen gehen bergab). Woran liegt das? Menschen wünschen sich oft Anerkennung und Wertschätzung im Rahmen eines persönlichen Gesprächs mit dem Vorgesetzten vielmehr als eine Belohnung für etwas, das eigentlich niemanden „wirklich" interessiert.

Auch hier kann die Sekretärin und Assistentin – was die Führungsarbeit anbelangt – wiederum enorm unterstützend wirken: durch „menschliche" Gespräche mit den Mitarbeitern auch außerhalb des beruflichen Rahmens. Und: Indem Sie Ihren Chef darauf aufmerksam macht, dass ein Mitarbeiter ein ganz persönliches Gespräch mit dem Chef braucht.

Fragen zur Selbstreflexion:

- Erstellen Sie Ihre eigene Bedürfnispyramide – welche Ebenen sind wie stark ausgeprägt?
- Wie hat sich wohl die Bedürfnispyramide im Laufe der letzten Jahre bezüglich der Ausprägung der einzelnen Ebenen verändert? Woran liegt das und was hat das für Auswirkungen auf die Motivation von Mitarbeitern heute?

- Auf welchen Ebenen der Bedürfnispyramide können Sie als Assistentin motivierend auf Mitarbeiter einwirken?

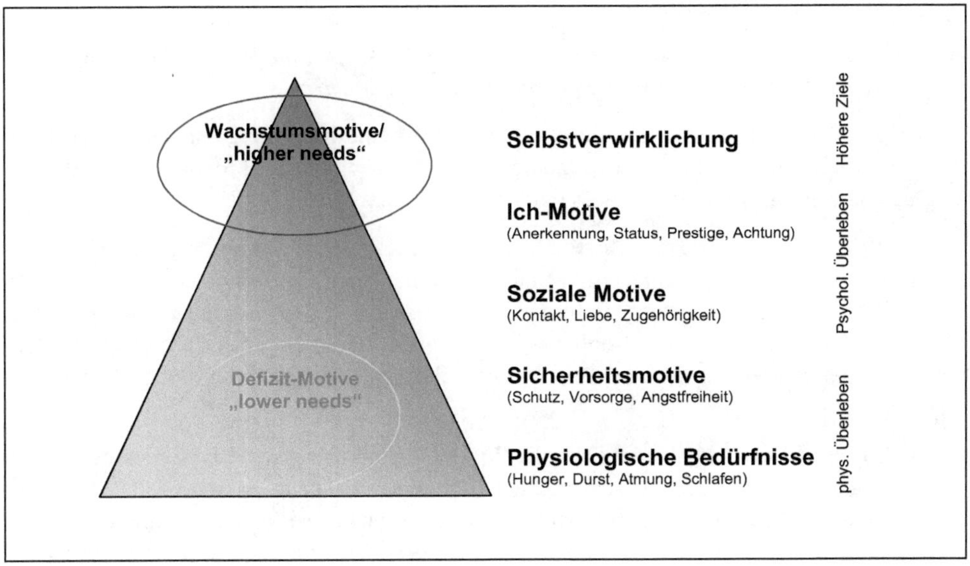

Abbildung 4: *Individuelle Bedürfnisse berücksichtigen: Maslows Bedürfnispyramide*

Zufriedenheit entwickeln, Unzufriedenheit verhindern: Zwei-Faktoren-Theorie nach Herzberg

Auf Maslows Theorie aufbauend entwickelte der Arbeitswissenschaftler und Psychologe Frederick Herzberg ein Zwei-Faktoren-Modell der Arbeitsmotivation. Herzberg unterscheidet ebenfalls zwei Arten von menschlichen Bedürfnissen: Defizit-Bedürfnisse und Entwicklungsbedürfnisse, die er jedoch in seinem Modell mit „Hygienefaktoren" und „Motivatoren" bezeichnet:

- *Defizit-Bedürfnisse oder „Hygienefaktoren":*
  Ein Defizit wird als unbefriedigend empfunden, aber die Beseitigung des Defizits schafft keine Zufriedenheit, sondern nur Beseitigung der Unzufriedenheit – mehr als ein Loch zu stopfen, ist nicht möglich. Sind Defizitbedürfnisse nicht erfüllt, entsteht Unzufriedenheit. Deshalb heißen sie auch Hygienefaktoren – sie machen zwar sauber, aber nicht unbedingt schön.

- *Entwicklungsbedürfnisse oder „Motivatoren":*
  Sie richten sich nach der Steigerung des Selbstwertgefühls durch Erreichen einer Leistung, Anerkennung durch andere, Übernehmen von Verantwortung und Entwicklung neuer Fähigkeiten. Faktoren, die diese Bedürfnisse befriedigen, führen zu hoher Motivation (Motivatoren). Fehlen sie, so wird das Entstehen von Zufriedenheit verhindert – werden sie erfüllt, ist eine gesteigerte Arbeitszufriedenheit das Ergebnis.

Das Zwei-Faktoren-Modell bietet folgende Denkansätze für die tägliche Arbeit:

- Die Unterscheidung zwischen Motivatoren und Hygienefaktoren und der jeweilige Wirkungsgrad sind von Mensch zu Mensch verschieden.
- Jeder Hygienefaktor hat auch eine Motivationsfunktion und umgekehrt – nur eben nicht ganz so stark ausgeprägt wie die eigentliche Funktion.
- Ein gutes Betriebsklima, ein „guter" Führungsstil, eine hohe Vergütung und eine hohe Arbeitsplatzsicherheit führen nicht automatisch zu einer höheren Motivation am Arbeitsplatz. Sie verhindern vielmehr, dass ein Mitarbeiter unzufrieden wird.
- Die Wahrnehmungsbrille des Mitarbeiters muss berücksichtigt werden: Das Modell basiert auf den Ergebnissen verschiedener Mitarbeiterbefragungen. Menschen neigen dazu, positive Erlebnisse (z. B. Leistung, Beförderung) eher sich selbst zuzuschreiben, bei negativen Erlebnissen wird jedoch nicht unbedingt das eigene Versagen genannt, sondern eher die Schuld bei anderen gesucht (z. B. schlechter Führungsstil, unzureichende Arbeitsbedingungen).
- Die Botschaft Herzbergs lautet nicht, die Wirklichkeit in dieses Modell zu pressen und die Führungsarbeit strikt danach auszurichten. Sie lautet vielmehr, dass man als Führungskraft, die ihre Mitarbeiter zu motivieren versucht, bedenken sollte, dass es nicht nur einen oder zwei Einflussfaktoren auf die Arbeitsmotivation gibt, sondern dass eine Vielzahl von Faktoren Einfluss auf die Motivation haben *kann*. Welche das sind und wie stark sie jeweils ausgeprägt sind, hängt vom Einzelfall ab.

Leitgedanken zur Motivation

Obwohl sich aus der Wissenschaft und der Praxis für eine Führungskraft keine allgemeingültigen Verfahrensanweisungen zur Sicherstellung der eigenen und der Mitarbeitermotivation ableiten lassen, so kann man doch einige Leitgedanken formulieren, die einem in der täglichen Führungsarbeit als Orientierung dienen können:

- Gemeinsame Grundüberzeugungen finden (z. B. Lebensphilosophie, Hobbys, Familie)
- (Wirkliches) Interesse an der gesamten Person des Mitarbeiters entwickeln
- Authentisch und konsequent im Verhalten sein
- Anerkennung und konstruktive Kritik regelmäßig aussprechen
- Gemeinsam Ziele vereinbaren und später mit der Wirklichkeit abgleichen mit gemeinsamer Ursachenanalyse und Entwicklung von Verbesserungsmaßnahmen
- Mitarbeitern ein Vorbild sein (schafft natürlichen Respekt)
- Mitarbeiter durch Delegation von Aufgaben selbstständig arbeiten lassen
- Herausfordernde Aufgaben entwickeln
- Unterstützung anbieten

Grundlegendes Ziel des Führungsprozesses ist es, eine Übereinstimmung zwischen den Bedürfnissen der Organisation und den Bedürfnissen des Mitarbeiters zu schaffen. Sekretärinnen und Assistentinnen haben in Organisationen oftmals einen großen Gestaltungsspielraum und Einfluss. So können sie ihren Chefs z. B. Anregungen in folgenden Bereichen weitergeben:

- Wie kann das Arbeitsumfeld (im Modell von Herzberg also die Arbeitsbedingungen) angenehmer gestalten werden?
- Wie kann das Betriebsklima durch gezielte Aktionen verbessert werden?
- Wie können den Mitarbeitern zeitnahe Rückmeldungen über erzielte Leistungen und Erfolge gegeben werden?

Motivation von Mitarbeitern ist also kein „Buch mit sieben Siegeln“, sondern kann, insbesondere von der Stabstelle Sekretariat, aktiv unterstützt werden. Vorschläge von Sekretärinnen und Assistentinnen bezüglich der Mitarbeitermotivation sind eine wertvolle Hilfe für den Chef, der unter Umständen stark vom Tagesgeschäft eingenommen wird und nicht bemerkt, wo dringend Handlungsbedarf besteht. Jede Sekretärin sollte in diesem Fall ihren Chef proaktiv und selbstbewusst ansprechen, vor allem, wenn sie bemerkt, dass sich das Betriebsklima verschlechtert oder Verbesserungen erzielt werden können.

Checkliste

So schaffen Sie als Sekretärin/Assistentin ein motivierendes Arbeitsumfeld:

Faktoren und *Hinweise für Sekretariat und Assistenz*	✓	Ø	☒
Klare Definition von Funktionen, Aufgaben, Kompetenzen und Vollmachten – jeder Mitarbeiter muss wissen, wie seine Stellung ist und welche Bedeutung seine Arbeit für das Gesamtunternehmen hat. *Überprüfen Sie ggf. die Qualität und Angemessenheit der Geschäftsverteilung und regen Sie Reflexion/ Modifikation derselben an!*			
Ganzheitlich informieren: rechtzeitig und ausreichend und dem Mitarbeiter nicht nur das „Was“ und „Wie“, sondern auch das „Warum“ erläutern (Sinnstiftung). *Geben Sie dem Chef Rückmeldung, dass es wichtig ist, Mitarbeiter rechtzeitig und umfassend über anstehende Veränderungen zu informieren und diese auch zu beteiligen, wenn sie direkt betroffen sind, um das Entstehen von Angst und Unsicherheit zu vermeiden und etwas für ein gutes Betriebsklima zu tun.*			
Versprechungen sind nur motivierend, wenn sie gehalten werden. *Sollte die Führungskraft häufiger Versprechungen geben und diese nicht halten, geben Sie eine ehrliche Rückmeldung darüber, dass es wichtig ist, zu Zusagen zu stehen und diese umzusetzen, um keine Arbeitsunzufriedenheit entstehen zu lassen.*			

Faktoren und *Hinweise für Sekretariat und Assistenz*	✓	Ø	☒
Für die Erfüllung einer Aufgabe müssen die notwendigen Rahmenbedingungen gegeben sein. *Tragen Sie dafür Sorge, dass diese Rahmenbedingungen bestehen bleiben können, verbessert oder eingeführt werden.*			
Gewährleistung einer guten Einführung neuer Mitarbeiter durch Hilfestellungen, soziale und fachliche Unterstützung. *Die Führungskraft wird womöglich nicht selber dafür sorgen können, dass neue Mitarbeiter den Betrieb umfassend kennen lernen können. Stellen Sie „den Neuen" Kolleginnen und Kollegen vor, zeigen Sie alles, was für die Arbeit wichtig ist und weisen Sie auch auf ungeschriebene Regeln und Gesetze hin, die eine neue Kollegin bei Ihnen im Hause kennen sollte!*			
Herausforderungen und interessante Tätigkeiten für Mitarbeiter schaffen. *Entwickeln Sie Ideen darüber, wie „lästige" Tätigkeiten auf alle Teammitglieder gerecht verteilt werden können – und gehen Sie mit Aufgaben, die Spaß machen genau so um. Es wirkt demotivierend, wenn immer die Gleichen die schönen/unangenehmen Aufgaben erledigen müssen!*			
Mehr Anerkennung und Lob – Kleinigkeiten aus Sicht der Führung sind manchmal „Heldentaten" aus Sicht der Mitarbeiter. *Weisen Sie den Chef darauf hin, dass Kollege X mal ein Lob vertragen könnte, wenn er z. B. durch regelmäßige kleine Beiträge viel zum guten Klima der Abteilung/Gruppe beiträgt und sich über ein Feedback hierüber sehr freuen würde!*			
Konstruktive, angemessene Kritik und Regeleinhaltung in der Kommunikation, z. B. Vier-Augen-Gespräche, keine Kritik vor Dritten etc. *Achten Sie auf Ihr eigenes Kritikverhalten und optimieren Sie es! Sollten Sie mit Kollegen zu tun haben, die regelmäßig unangemessen und unprofessionell kritisieren, bitten Sie sie konkret um Verbesserungen (nur hinter verschlossener Tür, konstruktiv etc.)!*			
Ermöglichung von selbstständiger Arbeit oder Arbeitsanteilen und Delegation von Entscheidungsspielräumen. *Bitten Sie Ihre Führungskraft bei Aufgaben, die Sie selbstständig erledigen können, dass Sie gerne dafür verantwortlich zeichnen würden oder geben Sie Hinweise, „… dass es doch für Frau X schön wäre, dies vielleicht eigenverantwortlich zu lösen".*			
Entwicklung von gemeinsamen Zielen zwischen Führungskraft und Mitarbeitern, professionelle (!) Beurteilungen zur Potenzialermittlung durchführen und mit den Mitarbeitern besprechen. *Regen Sie die professionelle Einführung von Mitarbeiterjahresgesprächen und die regelmäßige Durchführung von Teambesprechungen mit allen Teammitgliedern in Ihrem Team an! Wir wissen aus unserer Arbeit, dass dies mit zu den wichtigsten Punkten eines motivierten Teams gehört.*			

Faktoren und *Hinweise für Sekretariat und Assistenz*	✓	Ø	☒
Anreize durch die Installierung eines Motivationssystems. Entwerfen *Sie in einem Brainstorming mit Kolleginnen und Kollegen Ideen, wie man die Motivation im Team steigern kann und bedenken Sie hierbei, dass Prämien nicht die erste Wahl sind – sondern vielmehr gemeinsame Teamaktivitäten und ein wertschätzender Umgang miteinander sowie die Beteiligung von Betroffenen, wenn es um Änderungen im Team geht!*			
Rechtzeitige Schulungen und planvolle Weiterbildung. *Entwickeln Sie ein System, in dem die Qualifikationen einzelner Teammitglieder abgebildet werden (Wissensmanagement, z. B. mit einer Wissenslandkarte) und führen Sie einen Fragebogen zur Bedarfserhebung ein, über den der Fortbildungs- und Entwicklungsbedarf des Teams erfasst werden kann und werten Sie die Ergebnisse gemeinsam mit Ihrem Chef aus.*			

✓ = *gut aufgestellt;*
Ø = *durchschnittlich, in Ordnung*
☒ = *kann verbessert/aufgebaut/entwickelt werden*
Quelle: nach Oppermann-Weber

Die Sekretärin sollte natürlich die in der Tabelle angeführten Aktivitäten und Aktionen zuvor mit der Führungskraft abstimmen; sicher wird der Vorgesetzte erkennen, dass diese Art von Arbeit ihn sehr entlastet und zur Steigerung des Teamerfolgs einen wertvollen Beitrag leistet.

Erfolgreiche Kritikgespräche führen

„Jede Angst enthält auch einen Wunsch", lautet ein Zitat von Sigmund Freud.

Mit persönlichen Angriffen, Mobbing oder unangemessener Kritik verhält es sich genauso. Man könnte sagen: „Hinter jedem Vorwurf verbirgt sich ein nicht erfülltes Bedürfnis". Folgende Checkliste hilft bei der Vorbereitung und Durchführung von Kritikgesprächen im Büro.

Um Mitarbeiter auf Missstände anzusprechen braucht es eigentlich nur etwas Mut und die Anwendung von ein paar Techniken, die leicht zu erlernen sind. Wichtig ist, hier Initiative zu zeigen und nicht darauf zu hoffen, dass jemand anders diese „unangenehme Aufgabe" übernimmt – denn das Kritisieren von Mitarbeitern ist eine direkte Aufgabe zwischen dem, der Hinweise geben möchte und dem, der sie empfangen soll.

Direkte Ansprache von Mitarbeitern

Das Wort „direkt" ist hier in zweifachem Sinne gemeint:

Zum einen ist mit „direkt" gemeint, Mitarbeiter persönlich anzusprechen und die Kritik nicht bei Kolleginnen oder Kollegen vorzubringen. Kritik muss also „direkt" dort platziert werden, wo sie hingehört – bei der Person, die sie betrifft. So wird Unmut und Widerstand vermieden, weil Kommunikation sich nicht hinter dem Rücken des Betreffenden abspielt. Sekretärinnen können ihren Chef durchaus darauf hinweisen, wenn sie der Ansicht sind, dass ein Kritikgespräch mit einem Teammitglied notwendig ist. Sofern sie – was den Sachverhalt anbelangt – selbst betroffen sind, ist es zunächst ratsam, alleine zu versuchen, den Konflikt beizulegen. Wenn das nicht gelingt, ist es an der Zeit, den Chef zu informieren oder im nächsten Schritt um sein persönliches Eingreifen zu bitten.

Zum anderen heißt „direkt" „sobald wie möglich". Das Thema sollte nicht auf die lange Bank geschoben werden. Die meisten Probleme werden dadurch lediglich zum Dauerproblem und schleichen sich ein. Selten verschwindet unerwünschtes Verhalten von selbst. Je unmittelbarer Kritik angebracht wird, desto nachvollziehbarer ist sie für den Mitarbeiter, weil er sich besser an die Situation erinnern kann.

Angemessener Rahmen

Die Konfrontation vor Dritten ist nicht geeignet. Das fällt auf denjenigen, der die Kritik ausspricht zurück, weil jeder Beteiligte dieses Kommunikationsverhalten ablehnen wird. Eine professionelle Art der Kommunikation besteht in diesem Fall darin, sich mit dem Betroffenen zurückzuziehen und die Tür zu schließen, sich Zeit zu nehmen und zu gewährleisten, dass das Gespräch in Ruhe stattfinden kann.

Orientierung an konkreten Situationen

Der Fokus liegt im Gespräch auf „ZDF" („Zahlen, Daten, Fakten"); durch die Schilderung konkreter Situationen und die Vermeidung von Wertungen und Interpretationen besteht die Möglichkeit zu schildern worum es geht, ohne auf die Situation eskalierend einzuwirken. Es geht um die Beschreibung der Situation lediglich so, *wie sie eine Videokamera hätte filmen können* ohne Verallgemeinerungen.

Welches Verhalten ist gewünscht und gewollt?

Das Ziel ist hier Verständnis darüber zu erzielen, was an Verhalten gewollt und gewünscht ist. So kann man sicher sein, dass der Mitarbeiter wirklich das tut, was man von ihm will. Durch das Äußern konkreter Bitten kann man unmissverständlich ausdrücken, was wichtig ist und warum.

Fragen, ob das Gesagte verstanden wurde

… und zwar nicht drohend: „Haben Sie das jetzt endlich verstanden?", sondern besser in Form einer Nachfrage: „Würden Sie bitte noch einmal wiederholen, was wir gerade besprochen haben? So können wir beide ausschließen, das es erneut zu einem Missverständnis kommt." Wenn Einigkeit über den Sachverhalt besteht, empfiehlt sich die Anschlussfrage, ob der Mitarbeiter noch etwas braucht, damit er das Besprochene auch umsetzen kann: „Brauchen Sie noch etwas, um das umzusetzen?" Damit unterstreicht man die Rolle als Vorgesetzter, der seine Mitarbeiter bei Problemen gerne unterstützt.

Je klarer und präziser der Sender dem Empfänger gegenüber seine Nachricht formuliert, umso größer ist die Chance, dass der Sender das hört, worum es geht. Es ist eine wichtige Erkenntnis, dass Druck niemanden weiterbringt: Druck erzeugt immer Gegendruck! Wenn ein Chef also beim Mitarbeiter Druck erzeugt hat, wird dieser nicht mehr willens sein, motiviert das zu hören, was der Chef von ihm möchte.

Häufig versuchen Menschen, die sich von einem anderen ein verändertes Verhalten wünschen, auf folgende Arten Einfluss zu nehmen: Bewertungen, Vorwürfe, Ermahnungen, Kritik, beschuldigen, beschämen und bestrafen. Dabei ist das Denken darauf gerichtet, was der andere „falsch" macht oder was er „ist", weil er dies oder jenes „tut". Solche Satzanfänge sind für viele Situationen typisch:

- „Du musst endlich mal …"
- „Sie sind … (+ eine Bewertung)"
- „Immer tut er …"
- „Genau wie XY, noch viel schlimmer, so ist es …"

Wer sich in die Empfängerrolle solcher Nachrichten versetzt, dem wird schnell klar, dass die Bereitschaft, das Verhalten zu ändern und zu kooperieren nach einer solchen verbalen Attacke nicht besonders groß sein wird. Der Sender bleibt also mit seinem Anliegen, sein Gegenüber zu erreichen, auf der Strecke. Was also kann man tun, um zu einer grundsätzlich anderen, hilfreicheren Einstellung zu kommen?

- Einerseits die eigenen Bedürfnisse und Anliegen mitteilen, andererseits einfühlend auf die Anliegen und Bedürfnisse des anderen hören.
- Die Aufmerksamkeit verschieben, weg von einer bewertenden und verurteilenden Sprache hin zu einer Sprache, die sich an den Bedürfnissen von mir und dem anderen orientiert.
- Die Anliegen des Anderen genau so wichtig nehmen wie meine eigenen.

Fazit:

Hinter jedem Angriff und hinter jeder unbegründeten, ungerechtfertigten Kritik steckt ein nicht erfülltes Bedürfnis des Kritikers. Der Versuch, dieses Bedürfnis beim anderen zu entdecken und danach/davor seine eigenen Bedürfnisse mitzuteilen, wird die Kommunikationskultur nachhaltig positiv verändern bzw. diese erfolgreich entwickeln.

Mit Sekretärinnen und Assistentinnen steht und fällt der Führungserfolg von Vorgesetzten. Seien Sie mutig.

Viele Vorgesetzte „landen“ auf Führungspositionen, weil sie fachlich brillant sind, sich eine Führungslaufbahn als Karriere vorstellen oder in eine Managementposition gedrängt werden – ohne vorher etwas über das Thema Personal- und Teamführung gehört zu haben. Niemand wird hören wollen, dass er in einem bestimmten Bereich Defizite hat. Trotzdem gibt es eine Menge Chefs, die wenig Ahnung von guter Führungsarbeit haben. Eine sozial kompetente Sekretärin oder Assistentin kann Schwachstellen Ihres Chefs im Bereich Führung sehr gut ausgleichen. Wenn sich „die rechte Hand“ gut mit Führungsthemen auskennt, wird jeder Chef davon profitieren. Diplomatie, Einfühlungsvermögen und vielleicht auch „charmante Penetranz“ durch gezielte Hinweise, was an welchen Stellen verbessert werden kann, sind hier die Stichworte. Mut und Aufrichtigkeit der Führungskraft gegenüber sind dabei unerlässlich, denn nur so kann eine von gegenseitigem Vertrauen und Respekt getragene Beziehung zwischen zwei wichtigen Funktionsträgern der Organisation entstehen: dem Chef und seiner Sekretärin.

Rechtswissen im Sekretariat

Dr. Stephanie Kaufmann-Jirsa

Die wichtigsten Rechte + Pflichten im Office-Management

In nahezu jedem Beruf müssen einige rechtliche Grundlagen bekannt sein, um Aufgaben verantwortungsvoll zu erledigen. Im Sekretariatsbereich ist das ganz besonders der Fall. Sie kommen mit dem Vertragsrecht genauso wie mit dem Arbeitsrecht oder der Zwangsvollstreckung in Berührung. Damit Sie nicht unter Druck geraten und auch diesen Teil Ihrer Aufgaben souverän erledigen können, müssen Sie die wichtigsten Rechte und Pflichten kennen.

So kommt ein Vertrag zustande

Definition Vertrag:

Ein Vertrag ist ein Rechtsgeschäft, in dem mindestens zwei Vertragspartner eine Einigung über eine Rechtsfolge treffen. Der Vertrag kommt zustande durch zwei übereinstimmende Willenserklärungen – nämlich Angebot und Annahme.

Ein Beispiel: Assistentin A hat das Triathlon-Training aufgegeben. Ihr Rennrad bietet sie zum Preis von 500 Euro ihrer sportbegeisterten Kollegin B zum Kauf an. Nach zähen Verhandlungen geht A mit dem Preis herunter auf 350 Euro. Dieses Angebot nimmt B an. Jetzt tritt die Rechtsfolge dieses Rechtsgeschäfts ein: Das Fahrrad wechselt den Besitzer und die Kollegin B schuldet A 350 Euro.

Diese Grundsätze gelten zunächst für jeden Vertrag – gleichgültig, ob Sie in der Firma eine Spedition für die Lieferung einer Ware beauftragen oder privat einen Fernseher kaufen. Das Vertragsrecht kennt verschiedene Arten von Verträgen. Im Wesentlichen lassen sich drei Arten unterscheiden:

- die typischen *Schuldverträge* (Kaufvertrag, Werkvertrag, Dienstvertrag usw.)
- die besonderen *Verträge des Erb- und Familienrechtes* (Erbvertrag, Ehevertrag)
- die *atypischen Verträge* (Leasingvertrag, Franchisingvertrag usw.).

Vertragsvoraussetzungen: Willenserklärung, Angebot, Annahme, Rechts- und Geschäftsfähigkeit

a) Willenserklärungen, Angebot und Annahme

Sie einigen sich mit Ihrem Vertragspartner, indem Sie beide je eine Willenserklärung mit gleichem Inhalt abgeben. Viele Verträge des täglichen Lebens werden dabei „stumm" abgeschlossen.

Ein Beispiel: Sie stellen Ihre Einkäufe auf das Laufband an der Kasse im Supermarkt und die Kassiererin scannt ein. Der Preis wird Ihnen auf dem Display angezeigt, was gleichzeitig das Angebot an sie darstellt, zu diesem Preis die Waren zu kaufen. Sie bezahlen den Preis und haben damit das Angebot angenommen.

Definition Willenserklärung:

Willenserklärungen sind Erklärungen einer Person, die eine bestimmte Rechtsfolge bezwecken sollen.

Eine Annahme kann also einfach durch ein bestimmtes Verhalten von statten gehen: Sie steigen in den Bus ein und automatisch wird ein Beförderungsvertrag abgeschlossen.

Wichtig: Das heißt nicht, dass Schweigen als eine Vertragsannahme verstanden werden kann. Bloßes Schweigen stellt keine Willenserklärung dar. Hiervon gibt es aber im Geschäftsleben eine Ausnahme.

b) Schweigen als Annahme: Das kaufmännische Bestätigungsschreiben

Das Schweigen auf ein kaufmännisches Bestätigungsschreiben ist ausnahmsweise als Willenserklärung zu verstehen.

Ein Beispiel: Ein Kaufmann schreibt den Inhalt eines bereits mündlich verhandelten Vertrages nieder und sendet das Schreiben an seinen Vertragspartner. Widerspricht dieser dem Geschäft nicht sofort, wird sein Schweigen als Zustimmung gewertet, sodass der Vertrag zu den im kaufmännischen Bestätigungsschreiben beschriebenen Konditionen zustande kommt.

Diese Wirkung tritt nur ein, wenn

- der Empfänger des Schreibens ein Kaufmann ist oder zumindest in größerem Umfang am Geschäftsleben teilnimmt. Achtung: Das kann auch beispielsweise auf Assistentinnen zutreffen, die für den Abschluss bestimmter Verträge zuständig sind und dafür beispielsweise regelmäßig Angebote formulieren usw.
- Der Absender muss zwar kein Kaufmann sein, aber er muss ähnlich einem Kaufmann am Wirtschaftleben teilnehmen. Auch diese Voraussetzung kann eine Sekretärin je nach Aufgabenfeld erfüllen.
- Dem Schreiben müssen Vertragsverhandlungen vorausgehen und es muss zum Ausdruck bringen, dass der Bestätigende von einem bereits erfolgten Vertragsschluss ausgeht.

- Es darf sich nicht um eine Auftragsbestätigung handeln.
- Das Schreiben muss unmittelbar nach den Vertragsverhandlungen abgeschickt werden und dem Empfänger zugehen.
- Wird im Schreiben etwas anderes bestätigt, als zuvor verhandelt wurde, kommt kein Vertrag durch Schweigen zustande.

c) Rechts- und Geschäftsfähigkeit

Wer einen Vertrag abschließen will, muss *rechtsfähig* sein. Wer nicht selbst *geschäftsfähig* ist, kann sich entsprechend vertreten lassen.

Rechtsfähig sind beispielsweise:

- natürliche Personen, d. h. jeder Mensch ab Vollendung der Geburt,
- eingetragene Vereine (e. V.)
- Aktiengesellschaften (AG)
- Gesellschaften mit beschränkter Haftung (GmbH)
- eingetragene Genossenschaften (eG)
- Stiftungen des bürgerlichen Rechts

Eine Aktiengesellschaft kann also Verträge schließen, da der Vorstand aus geschäftsfähigen Personen besteht und dieser die AG vertritt.

Auch mit Minderjährigen kann ein Vertrag abgeschlossen werden. Unter welchen Voraussetzungen dies möglich ist, zeigt die folgende Übersicht:

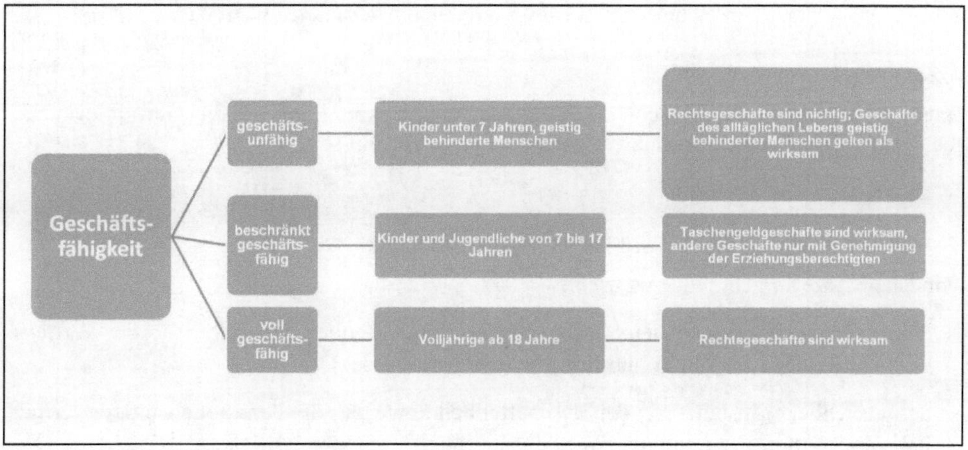

Abbildung 1: *Unter welchen Voraussetzungen es möglich ist, mit Minderjährigen Verträge abzuschließen*

Besonderheiten des Kaufvertrags

Nicht nur privat, sondern auch im Job ist der Kaufvertrag der am häufigsten auftretende Vertragstyp. Und wenn es Ärger gibt, dann meistens mit den Kaufverträgen.

a) Leistungsstörungen

Ist ein Vertrag zustande gekommen, kann es zu Umständen kommen, aufgrund derer der Vertrag zu spät, schlecht oder gar nicht erfüllt wird. Diese Leistungsstörungen sind Umstände, die die vertragsgemäße Erbringung der Leistung behindern können, so zum Beispiel der Verzug des Lieferanten. Zur ordentlichen Erfüllung des Vertrags gehört, dass die Leistung nach

- Ort
- Zeit und
- Qualität

ordnungsgemäß angeboten wird.

Ein Beispiel: Sie buchen ein Hotelzimmer für Ihren Chef. Die Leistung hat das Hotel erbracht, wenn Ihr Chef ein sauberes Zimmer mit dem gebuchten Komfort für die betreffende Nacht bezieht. Steht das Zimmer unter Wasser, weil es hereingeregnet hat, tritt keine Erfüllung ein, wenn Ihr Chef dankend ablehnt. Das Hotel bleibt weiter zur Leistung verpflichtet.

Es kann jedoch vorkommen, dass eine Leistung trotz erheblicher Mängel angenommen wird. Nimmt der Gläubiger eine solche Leistung an, tritt die Erfüllungswirkung trotzdem ein. Einen Erfüllungsanspruch gibt es dann nicht mehr. Gewährleistungsrechte und Ansprüche wegen Schlechterfüllung kann man aber immer noch geltend machen. Beispielsweise funktioniert in dem von Ihnen gebuchten Hotelzimmer das Heißwasser nicht. Ihr Chef bezieht das Zimmer trotzdem, da in Hannover zur Messezeit keine Alternative zu haben ist.

b) Gewährleistungsrechte

Hat der Verkäufer also schlecht, zu spät, mangelhaft usw., kommen die Gewährleistungsrechte zum Zug. Dafür müssen zwei Voraussetzungen erfüllt sein:

- Es liegt ein *Mangel* vor.
- Es liegt ein Mangel zum *Zeitpunkt des Gefahrübergangs* vor.

Von einem *Mangel* geht man aus, wenn

- der tatsächliche Zustand der Sache von der Beschaffenheit abweicht, die bei Vertragsschluss zwischen Verkäufer und Käufer vereinbart wurde.
- der tatsächliche Zustand von der Beschaffenheit abweicht, die dem üblichen oder vertraglich vereinbarten Verwendungszweck entspricht.

Der Verkäufer haftet nur für Mängel, nicht für Verschleiß.

Wichtig: Wird der Mangel innerhalb von sechs Monaten ab Übergabe an den Käufer sichtbar, wird vermutet, dass er bereits bei Übergabe vorhanden war. Bis zu diesem Zeitpunkt muss also der Verkäufer beweisen, dass der Mangel tatsächlich erst später entstand. Danach muss der Käufer beweisen, dass der Mangel zwar erst jetzt sichtbar wurde, jedoch schon bei Übergabe vorlag. Der Käufer muss aber von Anfang an beweisen, dass ein Mangel überhaupt vorgelegen hat. Die *Verjährungsfrist* beträgt insgesamt zwei Jahre.

Die Sache muss im Zeitpunkt des Gefahrenübergangs mit einem Mangel behaftet sein. Der Gefahrenübergang findet normalerweise bei Übergabe statt. Aber: Wenn Sie eine Spedition beauftragen, die eine Sache auf Wunsch des Käufers an einen bestimmten Ort liefert, so geht die Gefahr bereits in dem Moment auf den Käufer über, in dem die Sache der Spedition übergeben wird.

Wichtig: Das gilt nicht, wenn Sie privat (Verbrauchsgüterkauf) als Verbraucher von einem Unternehmer etwas erwerben. Hier geht die Gefahr erst auf Sie als Käufer über, wenn Sie die Sache tatsächlich erhalten.

Tritt ein Mangel an einer Sache auf, hat der Verkäufer die Möglichkeit, die Sache nachzubessern. Es steht ihm frei eine neue, mangelfreie Sache zu liefern oder die defekte zu reparieren. Wenn Ihnen beispielsweise mangelhaftes Büromaterial geliefert wurde, fordern Sie den Verkäufer auf, mangelfreie Ware zu liefern. Was Sie nicht tun sollten: Den Verkäufer anrufen und ihm sagen, dass er seinen „Mist“ wieder abholen kann, die Rechnung nicht bezahlen und bei einem anderen Händler einkaufen. Grundsätzlich muss der Käufer vor der Geltendmachung anderer Rechte den Verkäufer auffordern, eine Nacherfüllung bzw. Nachbesserung vorzunehmen. Sämtliche Kosten der Nachbesserung trägt immer der Verkäufer, zum Beispiel Wege-, Transport- oder Arbeitskosten.

Ein Beispiel: Sie fahren 50 Kilometer, um den nächsten Elektro-Discounter zu erreichen. Dort kaufen Sie sich einen Laptop, der bereits nach zwei Wochen den Geist aufgibt. Nun müssen Sie wieder 100 Kilometer fahren, um den Laptop abzugeben und noch einmal, um ihn wieder zu holen. Bei den heutigen Benzinpreisen sollten Sie überlegen, dem Verkäufer Ihre Kosten in Rechnung zu stellen.

Wichtig: Lassen Sie sich bei einer Reklamation nicht an den Hersteller verweisen. Ist Ihre Digitalkamera, die noch keine zwei Jahre alt ist, defekt, muss der Verkäufer sie annehmen. Anhand des Kassenzettels kann er überprüfen, ob die Ware bei ihm gekauft wurde. Sind sie damit einverstanden, sich an den Händler zu wenden, müssen Sie meistens auch noch die Versandkosten selbst tragen. Deshalb: Bleiben Sie hartnäckig.

Tipp:

Händigt man Ihnen einen Bon auf Thermopapier aus, sollten Sie eine Kopie davon machen. Zwei Jahre hält die Schrift auf diesem Papier nämlich nicht.

Die weiteren *Gewährleistungsrechte* können beansprucht werden, wenn folgende Voraussetzungen erfüllt sind.

- Der Verkäufer ist trotz *angemessener Nachfrist* seiner Pflicht zur Nacherfüllung nicht nachgekommen. Angemessenheit bedeutet, dass die Dauer der Frist mit dem Aufwand der Nacherfüllung in Einklang steht. Dabei kommt es darauf an, wie dringend der Mangel beseitigt werden muss. Eine kurze Frist von ca. 48 Stunden gilt als angemessen, wenn die Heizung im Winter ausfällt. Anders ist das, wenn Sie eine klemmende Küchenschublade reklamieren.
- Die Nacherfüllung ist nach dem *erfolglosen zweiten Versuch* fehlgeschlagen.
- Der Verkäufer *verweigert* beide Arten der Nacherfüllung (Nachbesserung oder Ersatzlieferung).
- Wenn der Verkäufer die Leistung zu einem im Vertrag *bestimmten Termin oder innerhalb einer bestimmten Frist* nicht bewirkt und der Käufer im Vertrag den Fortbestand seines Leistungsinteresses an die Rechtzeitigkeit der Leistung gebunden hat, ist eine Nachfristsetzung entbehrlich. Das heißt: Wenn Sie eine Hochzeitstorte für Ihren Hochzeitstag bestellen und diese wird nicht geliefert, müssen Sie keine Nachfrist mehr setzen.

Wann Sie von einem Vertrag zurücktreten können:

Der Rücktritt zielt auf eine *rückwirkende Auflösung des Vertrages* ab, sodass auch die Leistungsansprüche aus dem Vertrag erlöschen. Bereits erbrachte Leistungen sind zurückzugewähren. Das Recht auf Rücktritt verjährt innerhalb von zwei Jahren. Die Frist läuft ab dem Tag, an dem der Käufer die Kaufsache erhalten hat.

Sie können auch mindern: Statt zurückzutreten, kann der Käufer den Kaufpreis *mindern*. Der Preis ist dabei in dem Verhältnis herabzusetzen, wie der Wert der Sache in mangelfreiem Zustand zum tatsächlichen Wert steht. Eine Berechnung wird im Streitfall vom Gericht vorgenommen.

Manchmal gibt es Schadenersatz: Ein Anspruch auf Schadenersatz ist neben Nacherfüllung, Rücktritt oder Minderung möglich, wenn der Verkäufer den *Schaden verschuldet* hat, also zumindest fahrlässig herbeigeführt hat. Neben dem Schaden des Mangels selbst sind auch solche Schäden ersatzfähig, die durch den Mangel der Kaufsache oder auf Grund der Verzögerung der Nacherfüllung an anderen Rechtsgütern des Käufers entstanden sind.

Wichtig: Bei einem Handelskauf – also wenn zwei Kaufleute einen Vertrag schließen – gilt eine besondere *Untersuchungs- und Rügepflicht*. Danach ist der Käufer zur *unverzüglichen Untersuchung bei Wareneingang* verpflichtet. Kommt er dieser Verpflichtung nicht nach, gilt die Ware als genehmigt. Nur bei versteckten Mängeln, die bei der Kontrolle der Ware nicht entdeckt werden konnten, bleiben die Gewährleistungsansprüche bestehen.

c) Was man unter Garantie versteht

Im Gegensatz zur gesetzlichen Gewährleistung ist die Garantie eine *freiwillige Haftungsübernahme des Herstellers oder Händlers.* Aus diesem Grund kann der Garantiegeber die Garantie auch nach seinem Ermessen gestalten. Meistens haftet der Garantiegeber dafür, dass die Sache eine bestimmte Beschaffenheit aufweist oder für eine bestimmte Dauer keine Mängel aufweisen wird. Anders als die Gewährleistung umfasst dies nicht nur Mängel, die schon bei Übergabe bestanden, sondern auch solche, die nachträglich und sogar auf Grund von Abnutzung oder natürlichem Verschleiß auftreten. Umfang der Garantie und Rechte des Kunden daraus sind allein aus der Garantieerklärung des Unternehmers zu bestimmen. Wenn Sie also neben den oben genannten Gewährleistungsrechten eine Garantie haben möchten, muss diese klar und verständlich formuliert sein und Folgendes enthalten:

- Name und Anschrift des Garantiegebers,
- Auskunft, für welche Defekte, wie lange und wo sie gilt und
- einen Hinweis, dass die gesetzlichen Mängelrechte unabhängig von der Garantie bestehen.

Die Garantie ist jedoch zu Gunsten des Kunden auch dann wirksam, wenn diese Anforderungen nicht eingehalten wurden, wenn zum Beispiel in einem Prospekt oder einer Werbung mündlich etwas versprochen wurde.

Begriffe wie „zusichern“, „versprechen“ usw. können bereits eine Garantie begründen.

Fazit:

Bei Verträgen – und insbesondere Kaufverträgen – kann unter Kaufleuten vieles ausgeschlossen werden, sodass der Käuferschutz nicht ganz so großzügig ist wie bei einem Verbraucher. Als Verbraucher haben Sie die besseren Rechte: Zwei Jahre beträgt die Verjährung und in den ersten sechs Monaten nach einem Kauf wird zu Ihren Gunsten vermutet, dass ein Mangel schon beim Kauf vorhanden war. Solche Möglichkeiten gibt es im Business meistens nicht.

Vertretung und Vollmacht: Wer was wie unterschreibt

Wenn ein Unternehmen keine Ein-Mann-Show (mehr) ist, ist auch schnell der Zeitpunkt erreicht, dass der Chef nicht mehr alles selbst entscheidet und unterschreibt. Die Geschäftsleitung greift dann zurück auf Vollmachten, die zu unterschiedlichen Handlungen berechtigen. Mit einer Vollmacht erreicht man Folgendes:

- Ein Mitarbeiter erhält die Befugnis, bestimmte Geschäfte abschließen zu dürfen (*Innenverhältnis*) und
- er erhält die Möglichkeit, namens und im Auftrag des Unternehmens für dieses rechtlich verbindliche Verträge zu schließen (*Außenverhältnis*).

Diese Vollmachten müssen Sie kennen:

Prokura (ppa)

Die Prokura ist die *umfassendste Bevollmächtigung* für einen Mitarbeiter. Sie ermächtigt den Prokuristen zu allen Geschäften, die der Betrieb des Unternehmens mit sich bringt.

Tipp:

Wird ein neuer Prokurist benannt, sind drei Dinge zu erledigen:
1. Eine *notarielle Beglaubigung* muss eingeholt werden,
2. damit der Prokurist in das *Handelsregister eingetragen* werden kann und
3. die Geschäftspartner sind darüber zum Beispiel mit einem *Rundschreiben* zu informieren.

Der Umfang der Prokura ist gesetzlich festgelegt. Der Prokurist darf alle gerichtlichen und außergerichtlichen Geschäfte und Rechtshandlungen vornehmen, die in irgendeiner Weise mit Gewerbe zu tun haben. Diese Dinge darf der Prokurist allerdings nicht:

- das Geschäft auflösen,
- das Unternehmen verkaufen,
- Gesellschafter aufnehmen,
- anderen Prokura erteilen,
- die Bilanz unterschreiben.

Wichtig: Nur wer die Prokura hat, verwendet den Unterschriftenzusatz ppa.

Handlungsvollmacht (i. V.; i. A.)

Mit einer Handlungsvollmacht wird die *Art der Vertretungsmacht* eines Mitarbeiters festgelegt. Der Geschäftsinhaber kann den Umfang der Handlungsvollmacht selbst bestimmen. Sie ist meistens weit weniger umfangreich als die Prokura und sie wird nicht ins Handelsregister eingetragen.

Wichtig: Eine mündlich erteilte Handlungsvollmacht ist auch wirksam. Aus Beweisgründen sollte man aber immer die Schriftform wählen.

Bei den Handlungsvollmachten unterscheidet man wie folgt:

- *Generalvollmacht:* Sie gilt für alle Geschäfte, die der Betrieb des Unternehmens mit sich bringt. Ausgeschlossen sind zum Beispiel Immobilienkäufe oder -verkäufe, Darlehensgeschäfte usw. Der Generalbevollmächtigte nutzt den Unterschriftenzusatz i. V.
- *Gattungs- bzw. Artvollmacht:* Ein Gattungsbevollmächtigter erhält eine Vollmacht für eine bestimmte Art von Geschäft. Häufig erhalten Assistentinnen solche Vollmachten zum Beispiel für das Buchen von Geschäftsreisen oder den Einkauf von Bürobedarf usw. Weitere Artvollmachten sind zum Beispiel die Postvollmacht oder die Bankvollmacht. Der Gattungsbevollmächtigte verwendet den Unterschriftenzusatz i. A.

- *Einzelvollmacht:* Diese Vollmacht berechtigt zu ganz bestimmten – meist einmaligen – Geschäften und erlischt anschließend wieder. Auch hier wird der Unterschriftenzusatz i. A. verwendet.

Die beste Lösung: Eine Unterschriftenregelung

Mit einer Unterschriftenregelung wird für alle im Betrieb festgelegt, wer was mit welchem Zusatz unterschreibt. Damit sind Sie in Sachen Haftung auf der sicheren Seite: Gibt es Ärger nach einem Geschäftsabschluss, haftet das Unternehmen, wenn es eine Unterschriftenregelung gibt und diese bis auf das Weglassen des Zusatzes richtig umgesetzt wurde. Gibt es keine solche Regelung und Sie unterzeichnen zum Beispiel ganz selbstverständlich alles mit dem Zusatz i. A., kann das Unternehmen gegen Sie u. U. Schadenersatzansprüche geltend machen.

Muster: Betriebliche Unterschriftenregelung

An alle Arbeitnehmer der Firma ...,

für alle Briefe und sonstige Schriftstücke, die extern an Dritte gerichtet sind, werden folgende Regeln bzgl. der Unterschriften festgelegt:

1. Je nach Vollmacht, die dem einzelnen Arbeitnehmer erteilt wurde, werden die folgenden Unterschriftenzusätze verwendet:

- **Geschäftsführer unterschreiben ohne Zusatz,**
- **Prokuristen unterschrieben mit dem Zusatz ppa.,**
- **Handlungsbevollmächtigte unterschreiben mit i. V.,**
- **alle anderen Mitarbeiter unterschreiben mit i. A.**

2. Die Zeichnungsbefugnis ist auf das vereinbarte und festgelegte Aufgabengebiet des einzelnen Arbeitnehmers beschränkt.

3. Alle Briefe und sonstige Schriftstücke an externe Dritte müssen von zwei Arbeitnehmern unterschrieben werden. Diesbzgl. gelten folgende Grundsätze:

- **Die zweite Unterschrift hat der jeweilige Vorgesetzte zu leisten.**
- **Der in der Hierarchie übergeordnete unterschreibt auf der linken Seite, der andere Arbeitnehmer rechts daneben.**
- **Der für den Inhalt Verantwortliche unterschreibt auf der linken Seite für den Fall, dass beide Arbeitnehmer über die gleiche Vollmacht verfügen.**

____

Ort, Datum, Unterschrift Arbeitgeber

Persönlich, vertraulich usw.: Wer welche Post öffnen darf

Immer wieder kommen Briefe im Betrieb an, die wie folgt adressiert sind:

Herrn
Professor Hans Schlaf
Trödel AG
...

Steht nur der Name des Empfängers vor dem Firmennamen, ist der Brief nicht persönlich adressiert und darf von anderen Personen im Unternehmen geöffnet werden. Dasselbe gilt für Briefe, die zuerst den Firmennamen und dann die Person oder nur die Person nennen. Wer sicherstellen will, dass geschäftliche Post nur von einem bestimmten Empfänger geöffnet wird, muss die Adresse um den Vermerk „Persönlich" oder „Vertraulich" ergänzen. Ein wie folgt adressierter Brief dürfte nur von Herrn Schlaf persönlich geöffnet werden:

Persönlich
Herrn Proessor. Hans Schlaf
Trödel AG
...

Das Landesarbeitsgericht Hamm hat in seinem Urteil (LAG Hamm, Urteil vom 19.2.2003, Az: 14 Sa 1972/02) klargestellt, dass das *Briefgeheimnis* und das *Persönlichkeitsrecht* des einzelnen nicht verletzt ist, wenn Post, die an eine Person und eine Firma gerichtet ist, zum Beispiel in der Poststelle geöffnet wird. Etwas anderes gilt nur dann, wenn aus der Postsendung durch *Zusatzvermerke* eindeutig erkennbar ist, dass die Postsendung ausschließlich an eine Person persönlich gerichtet ist.

Fazit:

Prüfen Sie, ob es in Ihrem Unternehmen eine Regelung gibt, nach der die Post zu öffnen ist. Wenn nicht, sollten Sie nur die Post öffnen, die keinen Vertraulichkeitsvermerk wie zum Beispiel „Persönlich" oder „Vertraulich" trägt. Berücksichtigen Sie das auch dann, wenn Sie selbst Ihre Post adressieren.

Formvorschriften: Was für Rechnung, Geschäftspapier und E-Mails gilt

Immer wieder kommt es zu Streitigkeiten darüber, was auf einem Geschäftspapier bzw. einer E-Mail vermerkt sein muss. Dabei können Fehler in diesem Bereich teuer zu stehen kommen, denn „Abmahnprofis" warten nur darauf, eine solche Unzulänglichkeit zu entdecken und abzumahnen. Die Pflichtangaben für die Geschäftspapiere richten sich nach der Rechtsform des Kaufmanns bzw. des Unternehmens.

Das gilt für die GmbH-Geschäftspost

Unter einem Geschäftsbrief versteht man alle von einem Unternehmen ausgehenden schriftlichen Mitteilungen, die die geschäftliche Betätigung gegenüber Dritten betreffen und an einen bestimmten Empfänger gerichtet sind. Gemeint sind damit auch Postkarten, E-Mails, Faxe, Preislisten, Lieferscheine, Auftragsbestätigung, Bestellscheine usw. Nicht zu den Geschäftsbriefen gehören zum Beispiel schriftliche Mitteilungen an die Gesellschafter (Einberufung der Gesellschafterversammlung) oder Mitteilungen an einen unbestimmten Personenkreis (Postwurfsendungen, Werbeflyer).

GmbHs sind gesetzlich zur Aufnahme folgender Angaben auf ihren Geschäftsbriefen verpflichtet:

- Firma
- Rechtsformzusatz (GmbH)
- Sitz der Gesellschaft
- Registergericht des Sitzes
- Handelsregisternummer
- Namen aller Geschäftsführer (Nachname und mindestens ein ausgeschriebener Vorname)
- Familienname und ein ausgeschriebener Vorname des Vorsitzenden des Aufsichtsrates, sofern ein Aufsichtsrat vorhanden ist

Sollten Sie Zweifel haben, ob es sich bei einem bestimmten Schriftstück nun um einen Geschäftsbrief handelt, auf dem alle o. g. Angaben zu machen sind, dann entscheiden Sie sich besser dafür, diese Angaben zu machen. Denn: Wer auf Geschäftsbriefen nicht die erforderlichen Angaben macht, kann hierzu vom Registergericht angehalten werden – und zwar mit der Festsetzung eines Zwangsgeldes von bis zu 5.000 Euro.

Das gilt für die GmbH-Rechnungen

Die Rechnung muss folgende Pflichtangaben enthalten:

- vollständiger Name und Anschrift des leistenden Unternehmers
- vollständiger Name und Anschrift des Leistungsempfängers
- vom Finanzamt erteilte Steuernummer oder Umsatzsteuer-Identifikationsnummer des leistenden Unternehmers
- Ausstellungsdatum
- Rechnungsnummer (fortlaufend)
- Menge und Art der gelieferten Gegenstände bzw. Art und Umfang der Leistung
- Zeitpunkt der Lieferung oder sonstigen Leistung (Monatsangabe reicht)

- Entgelt, nach Steuersätzen und Steuerbefreiungen aufgeteilt und darauf entfallender Steuerbetrag
- im Voraus vereinbarte Minderungen des Entgelts wie Rabatte, Boni, Skonti etc.
- anzuwendender Steuersatz (19 Prozent oder 7 Prozent) oder im Fall einer Steuerbefreiung entsprechender Hinweis

Für *Kleinbetragsrechnungen,* deren Gesamtbetrag 150 Euro nicht übersteigt, gelten weniger strenge Anforderungen. Es genügen folgende Angaben:

- vollständiger Name und Anschrift des leistenden Unternehmers
- Ausstellungsdatum
- Menge und Art der gelieferten Gegenstände bzw. Art und Umfang der Leistung
- Entgelt und darauf entfallender Steuerbetrag in einer Summe (= Gesamtbetrag)
- anzuwendender Steuersatz (19 Prozent oder 7 Prozent) bzw. im Fall einer Steuerbefreiung entsprechender Hinweis

Kleinbetragsrechnungen müssen keine fortlaufende Rechnungsnummer enthalten.

Das gilt für GmbH-E-Mails

Für geschäftliche E-Mails oder andere elektronische Schreiben gelten dieselben gesetzlichen Formvorschriften wie für Geschäftsbriefe in Papierform. Angaben über die Rechtsform und den Ort der Handelsniederlassung, das Registergericht und die Handelsregisternummer müssen bei jeder geschäftlichen Korrespondenz unbedingt angegeben werden. In E-Mails, die als Geschäftsbriefe an einen bestimmten Empfänger gerichtet sind (z. B. Angebote, Rechnungen, Quittungen, Bestell- und Lieferscheine) müssen dieselben Angaben enthalten sein, wie auf Schreiben in Papierform. Die Regelung gilt für alle Firmen, die im Handelsregister eingetragen sind. Die Pflichtangaben für die geschäftlichen E-Mails unterscheiden sich – wie bei den Pflichtangaben für Schreiben in Papierform – nach der Rechtsform des Kaufmanns oder Unternehmens. Immer angegeben werden müssen in einer gewerblichen E-Mail die Firma mit Rechtsform, der Ort der Handelsniederlassung, das zuständige Registergericht und die Handelsregisternummer. Bei einer GmbH sind zusätzlich alle Geschäftsführer mit ausgeschriebenem Familiennamen und mindestens einem Vornamen zu nennen. Hat die GmbH einen Aufsichtsrat, ist dieser in derselben Form zu nennen.

Wichtig: Ein Link auf das Impressum der Webseite des Kaufmanns oder Unternehmens reicht nicht aus.

Das gilt für die Geschäftspost einer AG

Nicht nur bei der GmbH, auch bei der AG sind spezielle Anforderungen an die Geschäftspapiere gestellt. Der Begriff „Geschäftspapiere" umfasst auch hier den gesamten externen Schriftwechsel des Gewerbetreibenden an einen bestimmten Empfänger. Auf die Art der

Übermittlung kommt es nicht an, sodass auch in per Fax oder *E-Mail* übermittelten Geschäftsbriefen folgende Angaben gemacht werden müssen:

- Rechtsform der Gesellschaft (AG)
- Sitz der Gesellschaft (z. B. Starnberg)
- Registergericht des Sitzes der Gesellschaft (z. B. Amtsgericht Starnberg)
- Nummer, unter der die Gesellschaft in das Handelsregister eingetragen ist (z. B. HRB 100)
- alle Vorstandsmitglieder mit ihrem Familiennamen und mindestens einem ausgeschriebenen Vornamen
- der Vorsitzende des Vorstandes (als solcher kenntlich zu machen)
- der Vorsitzende des Aufsichtsrats mit seinem Familiennamen und mindestens einem ausgeschriebenen Vornamen

Auf *Rechnungen* – nicht auf sonstigen Geschäftsbriefen – muss neben den o. g. Angaben auch die vom Finanzamt erteilte Steuernummer angeben werden.

Das gilt für Einzelkaufleute

Der Geschäftsbrief eines Einzelkaufmanns muss Folgendes enthalten:

- vollständige Firma in Übereinstimmung mit dem im Handelsregister eingetragenen Wortlaut
- Rechtsformzusatz „eingetragener Kaufmann", „eingetragene Kauffrau" bzw. eine allgemein verständliche Abkürzung (z. B. e. K.; e. Kfm.; e. Kfr.),
- Ort der Handelsniederlassung,
- Registergericht des Sitzes und die Handelsregisternummer.

Fazit:

Überprüfen Sie Geschäftspapiere, Rechnungsformulare usw. regelmäßig und gleichen Sie diese mit den entsprechenden Bestimmungen ab. Informationsmaterial hierzu erhalten Sie auch bei der zuständigen IHK bzw. HWK.

Mahnung und Vollstreckung: So kommt man ans Geld

Mit säumigen Zahlern müssen sich viele Assistentinnen herumschlagen. Mit den folgenden Tipps kommen Sie zunächst gut durchs *außergerichtliche Mahnverfahren*.

Das außergerichtliche Mahnverfahren

Die Fälligkeit einer Rechnung bedeutet, dass ab diesem Zeitpunkt der Rechnungsbetrag zu zahlen ist. Achten Sie deshalb darauf, dass bereits bei Rechnungslegung, spätestens aber mit der Mahnung, Vorkehrungen getroffen werden, die den Schuldner möglichst bald in *Verzug* setzen. Denn während der Dauer des Verzuges ist der Schuldner für jegliche Verzugsschäden, die sich aus der verspäteten Zahlung ergeben, ersatzpflichtig. Befindet sich kein konkretes *Zahlungsziel* auf der Rechnung, so gerät der Schuldner erst dann in Verzug, wenn er eine *schriftliche Mahnung* erhält. Ein Schuldner gerät *„automatisch" in Verzug,* wenn er 30 Tage nach Fälligkeit und Zugang der Rechnung keine Zahlung geleistet hat. Zur Bestimmung dieser Frist ist es erforderlich, das genaue Datum des Zugangs der Rechnung beim Schuldner zu kennen. Hierfür bietet es sich an, die Rechnung zu überreichen und dies zu dokumentieren. Ist der Geschäftspartner ein Verbraucher – also kein Kaufmann, GmbH usw. – muss sich in der Rechnung ein Hinweis darauf befinden, dass er bei Nichtzahlung innerhalb von 30 Tagen automatisch in Verzug gerät.

Muster:

„Der Gesetzgeber verpflichtet uns darauf hinzuweisen, dass Sie ohne weitere Mahnung in Verzug geraten, wenn diese Rechnung nicht innerhalb von 30 Tagen nach Erhalt beglichen wird."

Das gerichtliche Mahnverfahren

Wenn die außergerichtlichen Erinnerungen und Mahnungen erfolglos bleiben, müssen Sie das Geld gerichtlich einfordern. Zum einen lässt sich nur über den Gerichtsweg der Anspruch realisieren, zum anderen können Sie den Eintritt der Verjährung verhindern, wenn Sie einen Titel erwirken. Ihnen stehen hierfür zwei Wege offen:

- Sie leiten das gerichtliche Mahnverfahren ein oder
- Sie erheben Klage.

Das gerichtliche Mahnverfahren ist einfacher, zeitsparender und kostengünstiger gegenüber einer Klageerhebung und kann problemlos auch ohne anwaltliche Hilfe durchgeführt werden. Das entsprechende Formular, das ausgefüllt werden muss, erhalten Sie unter www.online-mahnantrag.de. Dort finden Sie auch weiterführende Hinweise, die für Ihr Bundesland gelten. Bei erfolgreichem Abschluss des gerichtlichen Mahnverfahrens erhalten Sie einen gegen den Schuldner ausgestellten *Vollstreckungsbescheid.* Bei erfolgreichem Abschluss eines Klageverfahrens bekommen Sie ein Urteil. Beides sind sogenannte Titel, mit denen Sie die Zwangsvollstreckung durchführen können.

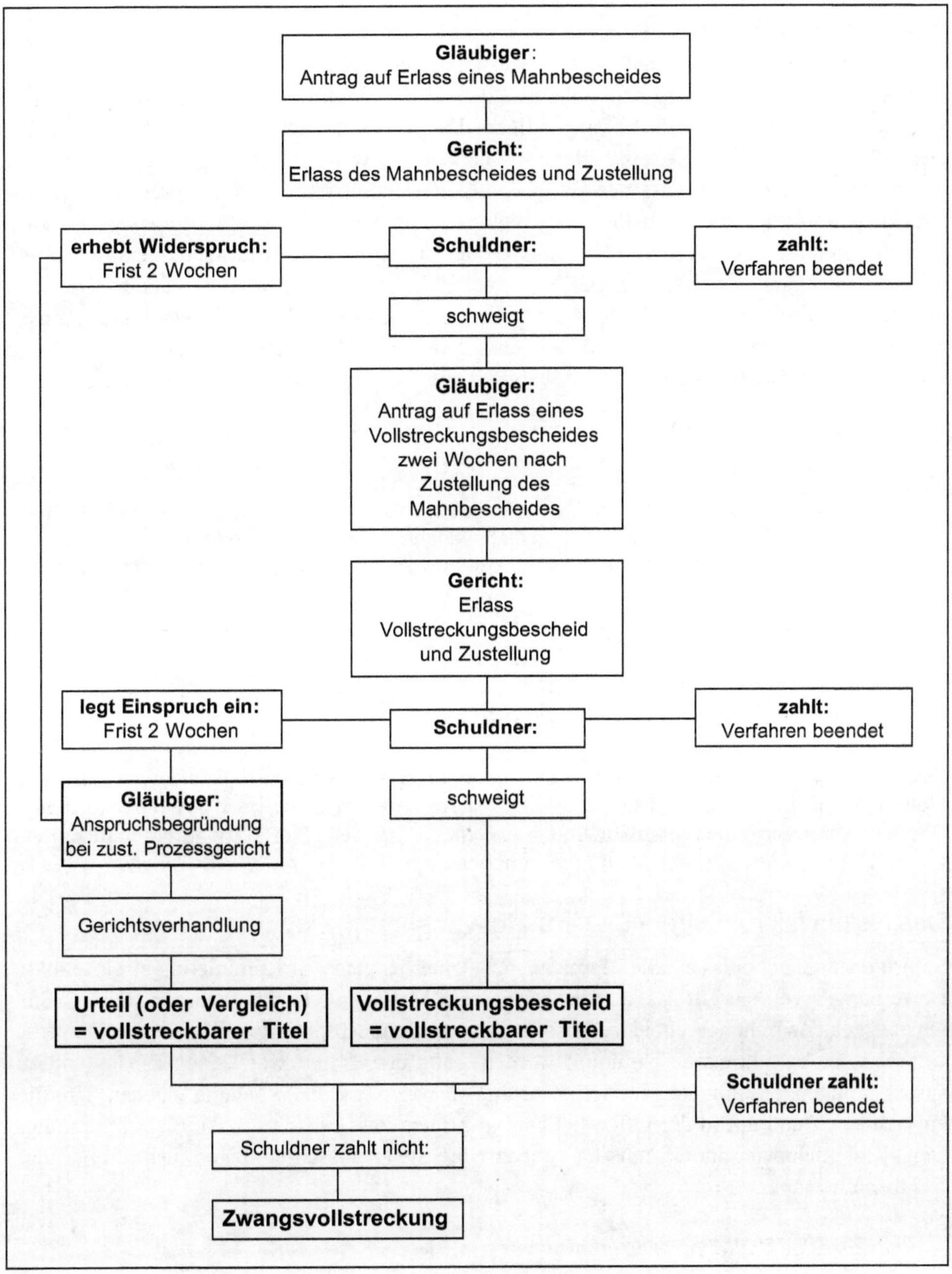

Abbildung 2: *Übersicht über das gerichtliche Mahnverfahren*

Die Zwangsvollstreckung

Sobald Ihnen ein *vollstreckbarer Titel* (Vollstreckungsbescheid oder rechtskräftiges Urteil) vorliegt, stellen Sie beim Amtsgericht, bei dem der Schuldner seinen Wohnsitz hat, einen Antrag auf Durchführung der Zwangsvollstreckung. Das Gericht leitet den Antrag an den zuständigen Gerichtsvollzieher weiter, der dann die Zwangsvollstreckung vornimmt. Oft verhält es sich leider so, dass der Gerichtsvollzieher keine Möglichkeiten zur Zwangsvollstreckung vorfindet und deshalb dem Gläubiger eine *Unpfändbarkeitsbescheinigung* übersendet. Wenn Sie keine weiteren Kenntnisse über die Verhältnisse des Schuldners haben und zum Beispiel nicht den Arbeitgeber, die Bankverbindung usw. kennen, können Sie beim Amtsgericht den Antrag zur Ladung zur Abgabe der *eidesstattlichen Versicherung* (früher: Offenbarungseid) stellen. Der Schuldner muss dann seine Vermögensverhältnisse offenbaren und beeiden, dass diese Auskünfte der Wahrheit entsprechen (Vermögensverzeichnis).

Fazit:

Das Mahn- und Vollstreckungsverfahren ist langwierig. Wenn Sie die Möglichkeit haben, dann geben Sie nach einem außergerichtlichen Mahnverfahren, das nicht erfolgreich war, die Sache an einen *Rechtsanwalt* ab, der im weiteren Verfahren die Fristen und Formvorschriften beachtet.

Arbeitsrecht: Das gilt für die Arbeitsverhältnisse

Die Aufgaben rund um die Arbeitnehmer gehören zu den sensibelsten und wichtigsten im Unternehmen. Eine verantwortungsvolle Assistenz erfordert aktuelles Know-how in diesem Bereich. Sie müssen sich arbeitsrechtlich auskennen, um den Chef aktiv zu unterstützen und um im Unternehmen kompetent zu kommunizieren.

Das diskriminierungsfreie Bewerbungsverfahren

Selbstverständlich müssen alle Bereiche des Unternehmens diskriminierungsfrei sein. Im Bewerbungsverfahren gilt das aber im besonderen Maße, da das Unternehmen sich mit Stellenanzeigen, Zwischenbescheiden, Absagen usw. nach außen präsentiert. Sollte ein Bewerber während des Verfahrens diskriminiert werden, kann er hieraus zwar keinen Einstellungsanspruch ableiten, er kann aber immerhin *Schadenersatzforderungen* geltend machen. Um dies zu vermeiden und um in der Öffentlichkeit zu zeigen, dass es sich um ein diskriminierungsfreies Unternehmen handelt, müssen zunächst die Stellenausschreibungen diskriminierungsfrei formuliert sein.

a) Die korrekte Stellenausschreibung

Die Ausschreibung darf also nicht gegen das Allgemeine Gleichbehandlungsgesetz (AGG) verstoßen. Die Stellenausschreibung darf weder unmittelbar noch mittelbar an ein Benachteiligungsmerkmal des § 1 AGG anknüpfen:

- Rasse,
- ethnische Herkunft,
- Geschlecht,
- Religion oder Weltanschauung,
- Behinderung,
- Alter und
- sexuelle Identität.

Ausnahmsweise darf eine Stellenausschreibung an ein Diskriminierungsmerkmal des § 1 AGG anknüpfen, wenn es sich dabei um eine *positive Maßnahme* (§ 5 AGG) handelt. Mit einer positiven Maßnahme sollen bestehende Nachteile wegen eines der Diskriminierungsmerkmale ausgeglichen werden.

Ein Beispiel: Ein Unternehmen stellt fest, dass keine Frauen in den Führungsetagen arbeiten und schreibt deshalb in die Stelle „Leiter/in Einkauf" hinein, dass bevorzugt Frauen eingestellt werden. Oder ein Unternehmen will bevorzugt Behinderte einstellen, da die Quote noch nicht erfüllt ist.

Darüber hinaus kann eine unterschiedliche Behandlung wegen beruflicher Anforderungen auch bei der Ausschreibung möglich sein.

Tipp:

Zulässige Ausschreibungstexte wären zum Beispiel:

- **Männliches Model für Herrenmodenschau gesucht.**
- **Theater sucht Schauspielerin für eine weibliche Rolle.**
- **Für das Vorstandssekretariat wird jemand gesucht, der die deutsche Sprache in Wort und Schrift beherrscht.**
- **Für die Leitung der Vertriebsabteilung wird jemand mit zehnjähriger Berufserfahrung gesucht.**

Unzulässige Ausschreibungstexte wären zum Beispiel:

- **Gesucht wird junger, kräftiger Mann für Transportarbeiten.**
- **Für die Damenoberbekleidung im Kaufhaus wird eine christliche Verkäuferin gesucht.**
- **Ein Verlag sucht einen Redakteur arischer Herkunft.**

b) Der korrekte Zwischenbescheid

Spätestens nach zwei Wochen sollten die Einladungen zum Vorstellungsgespräch oder die Absagen versendet werden. Dies zu realisieren ist nicht immer möglich, da oft sehr viele

Bewerbungen eingehen. In diesem Fall sollten Sie den Bewerbern einen Zwischenbescheid zukommen lassen. Sie bestätigen damit den Eingang der Bewerbung und können den weiteren Ablauf schildern. Außerdem können Sie in diesem Zwischenbescheid den zuständigen Ansprechpartner im Unternehmen benennen, falls dies gewünscht ist.

Muster Zwischenbescheid

Gebr. Schlau GmbH
...

Herrn/Frau
... ...

Datum ....

Ihre Bewerbung vom ...

Sehr geehrte/r Herr/Frau ...,

wir danken Ihnen für die Zusendung Ihrer Bewerbungsunterlagen und das damit gezeigte Interesse an der ausgeschriebenen Position in unserem Unternehmen.

Ihre Bewerbungsunterlagen werden von uns sorgfältig auf den möglichen Einsatz in unserem Unternehmen geprüft. Wir bitten Sie daher um Verständnis, dass wir Ihnen erst nach dem ... eine Entscheidung mitteilen können.

Sollten Sie in der Zwischenzeit Fragen haben, freuen wir uns jederzeit über Ihren Anruf. Wenden Sie sich in diesem Fall bitte an Frau/Herrn ...

Mit freundlichen Grüßen

Unterschrift

c) Die korrekte Absage

Eines ist sicher: Es ist vorbei mit feinfühligen und besonders freundlichen Absagen, die jede Menge Angriffsfläche bieten. Eine Absage darf nunmehr nur noch eines sein: sachlich! Statt persönlicher Absageschreiben sind jetzt Standardfloskeln gefragt. Bei Nachfragen am Telefon sollten Sie sich bedeckt halten, statt Rede und Antwort zu stehen.

Abgelehnte Bewerber können klagen, wenn sie sich erfolgreich auf Diskriminierung berufen können. Beachten Sie dabei Folgendes:

- Das Verschulden des Arbeitgebers wird dabei stets vermutet.

- Der Arbeitgeber muss nachweisen, dass ein etwaiger Verstoß gegen das Benachteiligungsverbot unverschuldet war.
- Er muss nachweisen, dass der abgelehnte Bewerber die Auswahlkriterien nicht bzw. nicht so gut, wie andere Bewerber erfüllt hat.

Wichtig: Der Anspruch des Bewerbers unterliegt einer Frist: Er muss binnen zwei Monaten schriftlich geltend gemacht werden.

Dokumentieren Sie das Auswahlverfahren akribisch. Jede positive Entscheidung sollte gut begründet und dokumentiert werden. Für alle Mitarbeiter, die nicht berücksichtigt wurden, sollte es eine – ebenso dokumentierte – Begründung geben, möglichst anhand von Unterlagen, aus denen sich die geringere Qualifikation, wie zum Beispiel aus einem Zeugnis oder einer fehlenden Weiterbildung usw. ergeben. Bewahren Sie alle Unterlagen von allen Bewerbern auf. Vertretbar ist ein Aufbewahrungszeitraum bis zum Ablauf der Ausschlussfrist von zwei Monaten. Kommt es zum Streit, dürfen Sie die Unterlagen noch länger aufbewahren.

Lassen Sie sich schon im Vorfeld schriftlich das *Einverständnis* des Bewerbers für eine längere Aufbewahrungszeit geben.

Muster Absage

„...

Wir danken Ihnen noch einmal für Ihre Bewerbung und für Ihr Interesse an einer Mitarbeit in unserem Unternehmen. Zwischenzeitlich haben wir die ausgeschriebene Stelle anderweitig besetzt. ...“

Die Kündigung des Arbeitsverhältnisses

Kündigungen sind eine unangenehme Sache und nicht selten wird die Assistentin dabei um Unterstützung gebeten. Gehen Sie und Ihr Chef hierbei nicht rechtswirksam vor, ist ein Termin vor dem Arbeitsgericht schon fast sicher. Muss einem Mitarbeiter gekündigt werden, sollte Ihr Ablaufplan wie folgt aussehen:

Alternativen prüfen

Prüfen Sie zunächst, ob das Arbeitsverhältnis nicht doch fortgesetzt werden kann und es Alternativen zur Kündigung gibt. Das kann beispielsweise eine *Abmahnung* sein. Vielleicht reicht auch ein *klärendes Gespräch*. Bestehen keine Chancen mehr, sollte das Thema *Aufhebungsvertrag* diskutiert werden. Vielleicht kann man sich einvernehmlich trennen.

Keine milderen Maßnahmen

Eine Kündigung hat sehr einschneidende Folgen für einen Arbeitnehmer. Deshalb darf sie nur das letzte Mittel sein, was dem Arbeitgeber noch bleibt. Alle milderen Maßnahmen müssen ausgeschlossen sein. Sollte eine *Änderungskündigung* möglich sein, müssen Sie zunächst diesen Weg wählen. Dies bedeutet, dass das Arbeitsverhältnis des Mitarbeiters zwar gekündigt wird, dem Mitarbeiter aber gleichzeitig mit der Kündigung die Fortsetzung des Arbeitsverhältnisses zu geänderten Arbeitsbedingungen angeboten wird.

Kündigungsverbote sind zu beachten

Es gibt Kündigungsverbote: Prüfen Sie deshalb, ob der Arbeitnehmer in *Elternzeit* ist, eine *Schwangerschaft* angezeigt wurde oder der Arbeitnehmer *Mitglied des Betriebsrats* ist. Trotz eines solchen Kündigungsverbots bleibt eine *fristlose Kündigung aus wichtigem Grund* möglich. Dafür muss es aber Gründe geben.

Ein Beispiel: Eine Schwangere unterschlägt die Tageseinnahmen.

Der besondere Kündigungsschutz ist zu beachten

Beachten Sie den besonderen Kündigungsschutz, den zum Beispiel Schwerbehinderte haben. Hier ist das *Integrationsamt* einzuschalten.

Was nach dem Kündigungsschutzgesetz gilt

Prüfen Sie, ob Kündigungsschutz nach dem Kündigungsschutzgesetz (KSchG) besteht. Wenn ja, muss die Kündigung *sozial gerechtfertigt* sein. Es muss also ein Kündigungsgrund im Sinne des KSchG vorliegen. Handelt es sich um eine betriebsbedingte Kündigung, müssen Sie eine *Sozialauswahl* vornehmen. Ob das Kündigungsschutzgesetz auf ein Arbeitsverhältnis Anwendung findet, hängt von der Größe des Betriebes und vom Beginn des Arbeitsverhältnisses ab.

- Hat das Arbeitsverhältnis am 1. Januar 2004 oder danach begonnen, findet das Kündigungsschutzgesetz Anwendung, wenn in dem Betrieb in der Regel mehr als zehn Arbeitnehmer (ausschließlich der Auszubildenden) beschäftigt sind.
- Hat das Arbeitsverhältnis bereits am 31. Dezember 2003 bestanden, findet das Kündigungsschutzgesetz Anwendung, wenn in dem Betrieb am 31. Dezember 2003 in der Regel mehr als fünf Arbeitnehmer (ausschließlich der Auszubildenden) beschäftigt waren, die zum Zeitpunkt der Kündigung des Arbeitsverhältnisses noch im Betrieb beschäftigt sind. Arbeitnehmer, die nach dem 31. Dezember 2003 neu eingestellt worden sind, werden hierbei nicht mitgezählt.
- Kündigungsschutz besteht außerdem nur dann, wenn der Mitarbeiter in Ihrem Unternehmen seit mindestens sechs Monaten unterbrechungsfrei beschäftigt ist.

Verschiedene Arten der Kündigung:

Personenbedingte Kündigung: Bei einem personenbedingten Kündigungsgrund erfolgt die Kündigung aufgrund persönlicher Eigenschaften und mangelnder Fähigkeiten des Arbeitnehmers. Personenbedingte Kündigungsgründe können zum Beispiel sein: Fehlende Arbeitserlaubnis, mangelnde Leistungsfähigkeit, Ungeschicklichkeit, Alkoholkrankheit usw.

Verhaltensbedingte Kündigung: Verhaltensbedingte Kündigungsgründe können zum Beispiel Zuspätkommen, Straftaten, Alkoholmissbrauch, Wettbewerb zum Arbeitgeber, Arbeitsverweigerung, Fehlleistungen, eigenmächtiger Urlaubsantritt usw. Wichtig: Meistens ist eine Abmahnung vor der Kündigung erforderlich.

Betriebsbedingte Kündigung: Betriebsbedingte Kündigungsgründe liegen beispielsweise vor bei Absatzschwierigkeiten, Aufgabe des Betriebs, Auftragsmangel, Wegfall einer Arbeitsstelle usw. Wichtig: Bei betriebsbedingten Kündigungen muss vorab eine Sozialauswahl durchgeführt werden.

Wirksame Abmahnung muss meistens vorausgehen

Im Falle einer verhaltensbedingten Kündigung müssen Sie prüfen, ob eine wirksame Abmahnung bereits erteilt wurde. In besonders schwerwiegenden Fällen kann eine Abmahnung entbehrlich sein. In der Abmahnung muss Folgendes deutlich gemacht werden:

- Der Sachverhalt muss detailliert beschrieben werden. Allgemeine Vorwürfe reichen nicht aus. *Beispiel:* „… Sie haben am …, um … Uhr mehrere Gläser Wein an Ihrem Arbeitsplatz getrunken, obwohl in unserem Betrieb ein Alkoholverbot besteht …“
- Das Fehlverhalten muss beanstandet werden. *Beispiel:* „… Sie verletzten mit diesem Verhalten Ihre arbeitsvertraglichen Pflichten …“
- Fordern Sie auf, das Verhalten zu korrigieren. *Beispiel:* „… Den Konsum von alkoholischen Getränken können wir nicht dulden. Wir erwarten deshalb von Ihnen, jeden Genuss von alkoholischen Getränken in unserem Betrieb unverzüglich zu unterlassen …“
- Drohen Sie unmissverständlich mit arbeitsrechtlichen Konsequenzen: „… Im Wiederholungsfall oder bei vergleichbaren arbeitsvertraglichen Pflichtverletzungen sehen wir uns zu unserem Bedauern gezwungen, das Arbeitsverhältnis zu kündigen …“

Fristlose Kündigungen unterliegen sehr hohen Anforderungen: Soll fristlos gekündigt werden? Hier liegt die Messlatte besonders hoch.

Wenn Sie fristlos kündigen, dann erklären Sie gleichzeitig hilfsweise die ordentliche – also fristgerechte – Kündigung. Beispiel: *„… Sehr geehrte Frau Meier, hiermit kündigen wir Ihr Arbeitsverhältnis fristlos, hilfsweise ordentlich, zum 31. Mai 2009 …“*

Zunächst muss ein *wichtiger Grund* vorliegen, der geeignet ist, eine fristlose Kündigung zu rechtfertigen. Der ist nur dann gegeben, wenn dem Arbeitgeber unter Berücksichtigung der Interessen beider Seiten die Fortsetzung des Arbeitsverhältnisses bis zum Ablauf der Kündigungsfrist nicht zugemutet werden kann. Das kann zum Beispiel der Fall sein, wenn ein Arbeitnehmer eine Straftat im Betrieb begangen hat. Zudem muss die Kündigung innerhalb einer *Frist von zwei Wochen* erfolgen, nachdem der Arbeitgeber vom Sachverhalt erfahren hat.

So berechnen Sie die Kündigungsfrist

Bei der ordentlichen Kündigung müssen in jedem Fall die gesetzlichen bzw. vertraglich vereinbarten Kündigungsfristen eingehalten werden. Was im Vertrag steht hat Vorrang. Deshalb: Prüfen Sie zunächst, ob im Arbeitsvertrag eine besondere Frist geregelt ist. Wenn nicht, dann gelten die gesetzlichen Fristen, es sei denn, in Ihrem Betrieb findet ein Tarifvertrag Anwendung, der die Kündigungsfristen regelt.

Wichtig: Während der Probezeit beträgt die gesetzliche Kündigungsfrist nur zwei Wochen.

Beschäftigungsdauer	Kündigungsfrist
weniger als 2 Jahre	4 Wochen zum 15. oder zum Ende eines Kalendermonats
2 Jahre	1 Monat zum Ende eines Kalendermonats
5 Jahre	2 Monate zum Ende eines Kalendermonats
8 Jahre	3 Monate zum Ende eines Kalendermonats
10 Jahre	4 Monate zum Ende eines Kalendermonats
12 Jahre	5 Monate zum Ende eines Kalendermonats
15 Jahre	6 Monate zum Ende eines Kalendermonats
20 Jahre	7 Monate zum Ende eines Kalendermonats

Abbildung 3: *Übersicht über gesetzliche Kündigungsfristen*

Betriebsratsanhörung nicht vergessen

Vor jeder Kündigung eines Mitarbeiters muss der Betriebsrat ordnungsgemäß angehört werden. Aus Beweisgründen sollte die Anhörung immer schriftlich erfolgen. Unterbleibt die Anhörung, ist eine Kündigung schon allein aus diesem Grund unwirksam. Gleiches gilt, wenn die Anhörung nicht ordnungsgemäß erfolgt ist.

Das muss dem Betriebsrat mitgeteilt werden:

- Personaldaten des Mitarbeiters
- Sozialdaten des Mitarbeiters: Alter, Familienstand, Zahl der Kinder, Unterhaltspflichten
- Betriebszugehörigkeit
- Sonderkündigungsschutz (Schwerbehinderung, Schwangerschaft usw.)
- Art der Kündigung
- Kündigungsgrund
- Kündigungszeitpunkt
- gegebenenfalls Änderungsangebot

- Kündigungsfrist
- Kündigungstermin
- gegebenenfalls erteilte Abmahnungen

Teilen Sie im Zweifel zu viel als zu wenig mit, denn der Arbeitgeber kann sich nur auf die Dinge berufen, die er dem Betriebsrat mitgeteilt hat.

Eine mündliche Kündigung ist unwirksam. Sie muss schriftlich erfolgen. Das Gleiche gilt für den Abschluss eines Aufhebungsvertrags. Dieses Schriftformerfordernis kann auch nicht im Arbeitsvertrag ausgeschlossen werden.

Sorgen Sie dafür, dass die Kündigung rechtzeitig zugeht.

Tipp:

Die Kündigung sollte persönlich gegen Empfangsbekenntnis überreicht werden. Falls das nicht möglich ist, ist die sicherste Variante eine Zustellung per Boten, denn der Arbeitgeber muss im Streitfall beweisen, dass die Kündigung den Arbeitnehmer tatsächlich erreicht hat.

Bei einer persönlichen Übergabe sollten Sie folgendes Empfangsbekenntnis unterschreiben lassen.

Muster Empfangsbekenntnis Kündigung

„... Ich .... bestätige die Kündigung vom ... am .... überreicht von .... erhalten zu haben ...“

____

Datum, Unterschrift

Wenn der Mitarbeiter nicht anwesend ist, müssen Sie beachten, dass eine Kündigung per *Einschreiben* oder auch per *Einschreiben mit Rückschein* nicht absolut wasserdicht ist. Es kann sein, dass die Kündigung nicht zugeht, weil beispielsweise der Briefträger den Empfänger nicht erreicht oder dieser das Einschreiben mit Rückschein später bei der Post nicht abgeholt. Außerdem kann mit einem Einschreiben nur belegt werden, dass etwas abgesandt bzw. eingeworfen wurde. Nicht mehr und nicht weniger. Worum es sich inhaltlich handelte, kann damit gerade nicht klargestellt werden. Verweigert der Empfänger nachweislich und ohne Grund die Annahme, gilt das Schreiben zwar als zugegangen, allerdings wird der Absender auch hierbei im Streitfall belegen müssen, dass das Schreiben eine Kündigung enthielt.

Die Kündigung sollte durch einen *Boten* zugestellt werden. Gehen Sie dabei wie folgt vor:

1. Zeigen Sie dem Boten das Schreiben und bitten ihn, es sich durchzulesen und zur Kenntnis zu nehmen.

2. Im Beisein des Boten machen Sie die Kündigung versandfertig.
3. Beauftragen Sie den Boten, die Kündigung in den Briefkasten des Mitarbeiters zu werfen oder dem betroffenen Mitarbeiter persönlich gegen Quittung auszuhändigen.
4. Der Bote soll Ihnen ein Protokoll zu kommen lassen, auf dem er vermerkt, wann (Datum, Uhrzeit) er wie (Einwurf in den Briefkasten, Aushändigung an Dritte, persönliche Übergabe usw.) die Zustellung vorgenommen hat.

Arbeitszeugnisse richtig verstehen und formulieren

Bei der Erstellung eines Arbeitszeugnisses müssen die folgenden Punkte mindestens berücksichtigt werden:

		ok?
1.	Klären Sie zunächst, ob ein einfaches, ein qualifiziertes oder ein Zwischenzeugnis verlangt wird.	☐
2.	Kennzeichnen Sie im Betreff die Zeugnisart. Ein vorläufiges Zeugnis muss durch den Begriff „Zwischenzeugnis" deutlich gekennzeichnet sein, die Beurteilung eines Azubis als „Ausbildungszeugnis" usw.	☐
3.	In der Einleitung geben Sie den Namen des Mitarbeiters, seine Tätigkeit sowie das Eintritts- und Austrittsdatum an.	☐
4.	Anschrift und Geburtsdatum des Mitarbeiters sind nur mit dem Einverständnis des Mitarbeiters aufzunehmen.	☐
5.	Es folgt die Tätigkeitsbeschreibung. Je genauer und ausführlicher die Aufgaben beschrieben werden, desto positiver ist dies für den Gesamteindruck.	☐
6.	In der Leistungsbeurteilung bewerten Sie den Mitarbeiter. Nutzen Sie dazu die typischen Zeugnisformulierungen. Damit ist gewährleistet, dass die Beurteilung auch genau so verstanden wird, wie sie gemeint ist.	☐
7.	Auch die Gesamtbeurteilung ist für den Wert eines Zeugnisses von Bedeutung.	☐
8.	Die Beendigungsgründe dürfen nur bzw. müssen auf Wunsch des Mitarbeiters in das Zeugnis aufgenommen werden. Klären Sie, ob dieser Wunsch geäußert wurde.	☐
9.	Die persönliche Schlussformulierung rundet das Zeugnis ab. Fehlt sie, bedeutet auch dies einen entscheidenden Minuspunkt.	☐
10.	Die Originalunterschrift eines Bevollmächtigten muss auf dem Schriftstück stehen. Der Name des Zeugnisausstellers zusätzlich maschinenschriftlich, Hinweis auf die Rechtsstellung des Ausstellers bei Vertreter des Arbeitgebers und Hinweis auf die Funktion des Ausstellers sowie Ort und Datum.	☐
11.	Nach einem Urteil des Bundesarbeitsgerichtes muss das Zeugnis einige formale Kriterien erfüllen: Es muss sauber geschrieben sein und darf keine Flecken, Radierungen oder Änderungen enthalten. Für das Zeugnis muss ein offizieller Firmenbriefbogen verwendet werden. Das Zeugnis darf durch die Form oder den Inhalt nicht den Eindruck erwecken, dass sich der Arbeitgeber vom Inhalt distanziert.	☐

Bei Arbeitspapieren – und dazu gehört das Zeugnis – handelt es sich um den typischen Fall einer „Holschuld". Der Arbeitgeber muss also das Zeugnis bereithalten und der Arbeitnehmer muss es am Arbeitsort abholen.

So hat das Zeugnis auszusehen

Das Arbeitszeugnis spielt bei jeder Bewerbung eine wesentliche Rolle. Es stellt einen wichtigen Faktor im Arbeitsleben dar. Einerseits muss es wahr sein – andererseits darf es das weitere Fortkommen des Mitarbeiters nicht ungerechtfertigt erschweren. Ein Zeugnis muss allen voran der vorgeschriebenen äußeren Form entsprechen. Das Bundesarbeitsgericht hat dafür Kriterien festgelegt:

- Papier von guter Qualität
- sauber und ordentlich geschrieben
- keine Flecken, Radierungen, Verbesserungen, Durchstreichungen oder ähnliches
- ordnungsgemäßer Briefkopf, aus dem der Name und die Anschrift des Ausstellers erkennbar sind
- Unterschrift und Firmenstempel
- einheitliche Maschinenschrift

So sollte ein Zeugnis aufgebaut sein

Für den Zeugnisaufbau gibt es einen Standard, an den Sie sich halten sollten.

1. Einleitung: Ausstellungsdatum (evtl. auch zum Schluss), Überschrift (Definition der Zeugnisart), Name, Geburtsdatum, Einstellungsdatum, Unternehmensname, Unternehmensbeschreibung, Einsatzort, berufliche Positionen innerhalb des Unternehmens

2. Tätigkeitsbeschreibung: Tätigkeitsbeschreibungen, Kompetenzen und Vollmachten, Mitarbeiterführung

3. Leistungsbeurteilung: Arbeitsbefähigung, fachliche Qualifikationen und Praxiswirksamkeit dieses Wissens, Arbeitsbereitschaft, Arbeitsweise, Erfolg, Führungsleistung, Leistungszusammenfassung

4. Verhaltensbeurteilung: Sozialkompetenzen, Verhalten gegenüber Vorgesetzten und Kollegen, Verhalten gegenüber Externen

5. Schluss: „Beendigungsformel", Dankes- und Bedauernsformel, Zukunfts- und Erfolgswünsche, Unterschrift von befugtem Zeugnisaussteller

Unterscheiden Sie zwischen qualifiziertem und einfachem Zeugnis: Bei Beendigung eines Arbeitsverhältnisses besteht grundsätzlich ein Anspruch des Arbeitnehmers auf Erteilung eines Zeugnisses. Man unterscheidet zwei Zeugnisarten:

- das einfache Zeugnis, das Angaben über die Person und Art und Dauer der Beschäftigung enthält und
- das qualifizierte Zeugnis, das neben den Inhalten des einfachen Zeugnisses auch eine Bewertung des Leistungs- und Sozialverhaltens des Arbeitnehmers enthält.

Das qualifizierte Zeugnis muss der Arbeitgeber nur dann ausstellen, wenn der Arbeitnehmer danach verlangt. Ohne diese Aufforderung ist seine Pflicht mit einem einfachen Zeugnis erfüllt. Außer bei sehr kurzen Beschäftigungsverhältnissen ist es aber in fast allen Branchen üblich, qualifizierte Zeugnisse zu erteilen.

Auch während des bestehenden Arbeitsverhältnisses haben Sie unter Umständen einen Anspruch auf ein qualifiziertes Zeugnis (Zwischenzeugnis). Das ist zum Beispiel der Fall, wenn Sie die Abteilung wechseln, einen neuen Vorgesetzten bekommen usw. Für qualifizierte Zeugnisse haben die Arbeitsgerichte Grundsätze entwickelt, die erfüllt sein müssen:

Grundsatz der Zeugniswahrheit und Zeugnisklarheit:

Danach müssen die über den Mitarbeiter gemachten Aussagen objektiv wahr sein. Das Zeugnis muss alle wesentlichen Tatsachen und Bewertungen enthalten, die für eine Gesamtbeurteilung des Bewerbers bedeutsam und für den künftigen Arbeitgeber von Interesse sind. Das schließt zum Beispiel aus, dass einmalige „Ausreißer" egal ob sie negativ oder positiv für den Arbeitnehmer sind, in ein Zeugnis aufgenommen werden.

Grundsatz der Wahrung des Interesses Dritter:

Unwahre Aussagen, die einen künftigen Arbeitgeber über bestimmte Eigenschaften des Arbeitnehmers täuschen können, müssen unterbleiben.

Grundsatz der Wahrung des Mitarbeiterinteresses:

Zeugnisse dürfen das berufliche und wirtschaftliche Fortkommen des Mitarbeiters nicht behindern. Darüber hinaus sind Zeugnisaussagen zwar objektiv, jedoch wohlwollend und berufsfördernd zu fassen.

Das hat in einem Zeugnis nichts zu suchen

Nach den oben beschriebenen Grundsätzen haben viele Dinge in einem Zeugnis nichts zu suchen. So dürfen zum Beispiel Krankheiten, auch wenn sie Kündigungsgrund waren und der Arbeitnehmer sogar über ein Jahr vor der Kündigung ununterbrochen krank war, im Zeugnis nicht erwähnt werden. Außerdem sind negative Beobachtungen und Bemerkungen im Arbeitszeugnis unzulässig. Umgekehrt ist der Arbeitgeber aber auch nicht dazu verpflichtet, dem Ausscheidenden gute Wünsche für seine berufliche und private Zukunft mitzugeben. Die folgenden Themen sind in einem Arbeitszeugnis tabu:

- Gehalt
- Kündigungsgründe
- Vorstrafen
- Abmahnungen
- Krankheiten
- Fehlzeiten
- Leistungsabfall

- Alkoholabhängigkeit
- Behinderungen
- Betriebsratstätigkeit
- Gewerkschaftsengagement
- Parteizugehörigkeit
- religiöses Engagement
- Nebentätigkeiten
- Ehrenämter
- Urlaubs- und Fortbildungszeiten

Wichtig: Darüber hinaus darf im Text nichts unterstrichen, kursiv gedruckt oder gefettet werden. Ausrufe-, Frage- und Anführungszeichen sind ebenfalls unzulässig.

So prüfen Sie ein Arbeitszeugnis

Checkliste zur Prüfung eines Arbeitszeugnisses:

	ja	**nein**
Trägt das Zeugnis eine Überschrift?	☐	☐
Sind der Vor- und Nachname sowie gegebenenfalls der Geburtsname korrekt geschrieben?	☐	☐
Werden Geburtsdatum und Geburtsort richtig wiedergegeben?	☐	☐
Stimmen die Angaben zu Beginn und Ende des Arbeitsverhältnisses?	☐	☐
Wird die ausgeübte Tätigkeit genau und vollständig beschrieben?	☐	☐
Wurde das Zeugnis auf dem üblicherweise verwendeten Firmenbogen geschrieben?	☐	☐
Sind Ort und Datum der Ausstellung des Zeugnisses genannt?	☐	☐
Ist das Zeugnis vom Firmenchef oder einer vertretungsberechtigten Person unterschrieben?	☐	☐

Handelt es sich um ein **qualifiziertes Zeugnis**, müssen Sie zusätzlich folgende Punkte prüfen:

	ja	nein
Bei einem akademischen Titel: Ist er berücksichtigt?	☐	☐
Wenn über spezielle Fachkenntnisse und besondere Erfahrungen verfügt wird: Sind diese im Zeugnis angemessen berücksichtigt?	☐	☐
Sind die Leistungen ausführlich und richtig beurteilt?	☐	☐
Entsprechen die Angaben zur Führung im Dienst der Tatsachen?	☐	☐
Bei Vorgesetztentätigkeit: Ist die Führungsfähigkeit korrekt beurteilt?	☐	☐
Wird der Grund für die Beendigung des Arbeitsverhältnisses genannt?	☐	☐
Äußert der Arbeitgeber sein Bedauern über Ihr Ausscheiden aus dem Arbeitsverhältnis?	☐	☐
Dankt der Arbeitgeber für die geleisteten Dienste?	☐	☐
Enthält die Schlussformulierung Wünsche des Arbeitgebers für die berufliche Zukunft?	☐	☐

So werden die Leistungen beurteilt

Für Arbeitszeugnisse gibt es gängige Formulierungen, die die Leistungen im Unternehmen bewerten. Dabei gilt ein System, dass an das Schulnotensystem erinnert.

Sehr gut:

„seine Leistungen haben in jeder Hinsicht unsere volle Anerkennung gefunden"

„erledigte seine Aufgaben stets selbstständig mit äußerster Sorgfalt und Genauigkeit"

„erledigte zugeteilte Aufgaben stets zu unserer vollsten Zufriedenheit"

„war im höchsten Maße zuverlässig"

„arbeitete stets zuverlässig und genau"

Gut:

„wir waren mit seinen Leistungen immer sehr zufrieden"

„er hat unseren Erwartungen in jeder Hinsicht und bester Weise entsprochen"

„arbeitete stets zuverlässig und gewissenhaft"

„hatte neue Ideen"

„meisterte neue Arbeitssituationen erfolgreich"

Befriedigend:

„er hat unseren Erwartungen in jeder Hinsicht entsprochen"

„war verantwortungsbewusst"

„führte zugeteilte Arbeiten systematisch aus"

„Arbeitsqualität war überdurchschnittlich"

„arbeitete gewissenhaft und zuverlässig"

Ausreichend:

„er hat die ihm übertragenen Aufgaben zu unserer Zufriedenheit erledigt"

„er hat unseren Erwartungen entsprochen"

„zeigte keine Unsicherheiten bei der Ausführung seiner Aufgaben"

„Arbeitsqualität entsprach den Anforderungen"

Mangelhaft:

„er hat die ihm übertragenen Arbeiten mit großem Fleiß und Interesse durchgeführt"

„er hatte Gelegenheit, alle innerhalb der Abteilung zu erledigenden Arbeiten kennen zu lernen"

„war in der Regel erfolgreich"

„entsprach im Allgemeinen den Anforderungen"

Ungenügend:

„er hat nach Kräften versucht, die Leistungen zu erbringen, die wir an diesem Arbeitsplatz fordern müssen"

„Arbeitsqualität entsprach meistens den Anforderungen"

„war um zuverlässige Arbeitsweise bemüht"

„war stets bemüht den üblichen Arbeitsaufwand zu bewältigen"

So erkennen Sie einen Geheimcode

Schon lange liegt die Sache klar auf der Hand: Geheimcodes haben in Zeugnissen nichts zu suchen. Über solche versteckten Hinweise wird jedes Arbeitsgericht zu urteilen wissen. Trotzdem finden sich in Arbeitszeugnissen immer wieder Geheimcodes. Problematisch werden diese dann, wenn sie zunächst unentdeckt bleiben. Prüfen Sie deshalb genau, ob ein Zeugnis „sauber" ist. Geht es um Ihr eigenes Zeugnis, dann haben Sie bei der Verwendung solcher Formulierungen einen gerichtlich durchsetzbaren Anspruch auf Entfernung aus dem Arbeitszeugnis. Wenn Sie im Zeugnis eines Bewerbers einen Geheimcode finden, kann es sich bei einem interessanten Kandidaten lohnen, beim Aussteller des Zeugnisses nachzuhaken.

Formulierung	Bedeutung
Für die Belange der Belegschaft bewies er immer Einfühlungsvermögen.	(= Er suchte sexuelle Kontakte im Kollegenkreis)
Für die Belange der Belegschaft bewies er immer umfassendes Einfühlungsvermögen.	(= Er suchte sexuelle Kontakte im Kollegenkreis) oder (= Er suchte homosexuelle Kontakte im Kollegenkreis)
Sie war tüchtig und wusste sich gut zu verkaufen.	(= Eine unangenehme Mitarbeiterin, der es an Kooperationsbereitschaft mangelt)
Mit seinen Vorgesetzten ist er gut zurechtgekommen.	(= Ein Mitläufer und Ja-Sager, der sich gut verkaufen kann)
Er verfügt über Fachwissen und hat ein gesundes Selbstvertrauen.	(= Überspielt mit Arroganz sein mangelndes Fachwissen)
Er zeigte stets Engagement für Arbeitnehmerinteressen außerhalb der Firma.	(= Er hat an Streiks teilgenommen)
Er hat mit seiner geselligen Art zur Verbesserung des Betriebsklimas beigetragen.	(= Er hat Alkoholprobleme)
Er trat engagiert für die Interessen der Kollegen ein.	(= Er war Mitglied des Betriebsrats)
Er trat sowohl innerhalb als auch außerhalb unseres Unternehmens engagiert für die Interessen der Arbeitnehmer ein.	(= Er war gewerkschaftlich aktiv)
Er machte sich mit großem Eifer an die ihm übertragenen Aufgaben.	(= Trotz Fleiß hatte er keinen Erfolg)
Er zeigte Verständnis für seine Arbeit.	(= Er brachte keine Leistung)
Er erledigte alle Aufgaben pflichtbewusst und ordnungsgemäß.	(= Er war ein Bürokrat ohne Eigeninitiative)
Sie verstand es, alle Aufgaben mit Erfolg zu delegieren.	(= Sie drückte sich vor der Arbeit)
Er war seinen Mitarbeitern jederzeit ein verständnisvoller Vorgesetzter.	(= Er besaß keine Durchsetzungsstärke und wurde nicht respektiert)
Er koordinierte die Arbeit seiner Mitarbeiter und gab klare Anweisungen.	(= Er beschränkte sich auf Anweisen und Delegieren)
Sie hat alle Aufgaben in ihrem und im Firmeninteresse gelöst.	(= Sie hat Firmeneigentum gestohlen)
Im Umgang mit Kollegen und Vorgesetzten zeigte er durchweg eine erfrischende Offenheit.	(= Er war sehr vorlaut)
Ihre umfangreiche Bildung machte sie zu einer gesuchten Gesprächspartnerin.	(= Sie führte lange Privatgespräche)

Formulierung	Bedeutung
Seine Auffassungen wusste er intensiv zu vertreten.	(= Er hat ein übersteigertes Selbstbewusstsein)
Er zeichnete sich insbesondere dadurch aus, dass er viele Verbesserungsvorschläge zur Arbeitserleichterung machte.	(= die aber nicht umgesetzt werden konnten)
Wir bestätigen gerne, dass er mit Fleiß, Ehrlichkeit und Pünktlichkeit an seine Aufgaben herangegangen ist.	(= Ihm fehlt die fachliche Qualifikation)
Vorgesetzten und Kollegen war er durch seine aufrichtige und anständige Gesinnung ein angenehmer Mitarbeiter.	(= Ihm mangelt es an Tüchtigkeit)
Die ihm gemäßen Aufgaben ...	(= Die anspruchslosen Aufgaben ...)
Er arbeitete sehr genau und erledigte seine Aufgaben ordnungsgemäß.	(= uneffektiv und bürokratisch)
Er war mit Interesse bei der Sache.	(= aber ohne Erfolg)
Er zeigte reges Interesse an seiner Arbeit.	(= Er hatte keinen Erfolg)
Er hatte Gelegenheit, die ihm übertragenen Aufgaben zu erledigen.	(= Aber es gelang ihm nicht)
Wegen seiner Pünktlichkeit war er stets ein gutes Beispiel.	(= Aber nicht wegen seiner Leistung)
Sie war tüchtig und in der Lage, ihre Meinung zu vertreten.	(= Sie hat eine hohe Meinung von sich und verträgt keine Kritik)
Er arbeitete sehr nach eigener Planung.	(= Aber nicht nach der Planung des Arbeitgebers)
Das Produktionsniveau konnte durch ihre Leistung gehalten werden.	(= Sie erreichte keine Verbesserung)
Ihm wurde die Gelegenheit zu Fortbildungsmaßnahmen geboten.	(= die er nicht genutzt hat)
Er war Neuem gegenüber aufgeschlossen.	(= Aber nicht, um es zu verarbeiten)
Er hatte auch brauchbare Vorschläge gemacht.	(= Sie wurden aber nicht übernommen)
Sie gab viele Anregungen, die geprüft wurden.	(= Sie wurden aber nicht übernommen)
Seine Standpunkte stellt er in selbstbewusster Art vor.	(=arrogant, anmaßend; besser: Er ist eine selbstständige Persönlichkeit, die seinen Standpunkt vertritt, doch stets in angemessener Weise)
Er ist ein anspruchsvoller und kritischer Mitarbeiter.	(= Er ist egozentrisch und nörgelt gerne)

Formulierung	Bedeutung
Er war kontaktbereit.	(= Aber nicht kontaktfähig)
Bei Kunden war er schnell beliebt.	(= Er machte viele Zugeständnisse, besitzt keine Verhandlungsstärke)
Er praktizierte einen kooperativen Führungsstil und war deshalb von seinen Mitarbeitern sehr geschätzt.	(= Er kann sich nicht durchsetzen)
Sie führte mit fester Hand.	(= Autoritärer Führungsstil)
Er führte konsequent.	(= Autoritärer Führungsstil)
Er führte straff demokratisch.	(= Autoritärer Führungsstil)
Er scheidet aus, um in einem anderen Unternehmen eine höherwertige Tätigkeit zu übernehmen.	(= die wir ihm nicht zutrauten bzw. anbieten wollten)
Er schied aus, um sich finanziell zu verbessern.	(= Wir waren nicht bereit, ihm mehr zu bieten)
Er schied im beiderseitigen Einvernehmen aus.	(= Kündigung durch den Arbeitgeber – eine wirklich einvernehmliche Aufhebung wird umschrieben mit „im besten beiderseitigen Einvernehmen")
Wir haben uns einvernehmlich getrennt.	(= Auf Initiative des Arbeitgebers erfolgte Eigenkündigung des Arbeitnehmers oder Abschluss eines Aufhebungsvertrages)
Das Arbeitsverhältnis endet am ... (krummes Datum)	(= Fristlose Kündigung oder Vertragsbruch, üblich ist der 30./31. eines Monates als Ausscheidungsdatum)
Unsere besten Wünsche begleiten ihn.	(= Ironie, wenn der Arbeitgeber gekündigt hat)
Seine Mitarbeiter schätzten ihn als umgänglichen Vorgesetzten.	(= Er achtete zu wenig auf deren Leistung)
Wir lernten sie als umgängliche Kollegin kennen.	(= Sie war unbeliebt)
Wir wünschen ihm für die Zukunft alles nur erdenklich Gute.	(= Ironie)
Wir wünschen alles Gute, insbesondere auch Erfolg.	(= den er bei uns nicht hatte)
Er stand stets voll (!) hinter uns.	(= Trunksucht)

Managementwissen im Sekretariat

Petra Lumblatt

Die wichtigsten Unternehmensstrategien und -techniken im Überblick

Märkte, Kundenbedürfnisse, Technologien, alles ist in Bewegung. Dieser stetige Wandel stellt Unternehmen vor große Herausforderungen. Anstatt immer erst auf die Veränderung zu reagieren, versuchen viele Unternehmen, mit Hilfe von gezielter Unternehmensstrategie den Wandel aktiv zu gestalten. Wir erklären, was sich hinter den Schlagwörtern verbirgt und schildern an Beispielen, wie sich die Trends auf das Unternehmen auswirken. Mit diesem Wissen können Sekretärinnen und Assistentinnen mitreden und den Chef bei der Mitgestaltung der Unternehmenszukunft unterstützen.

Unternehmen müssen sich stetig wandeln

Ständige Veränderungen von Märkten und Kundenbedürfnissen stellen Unternehmen vor große Herausforderungen. Management-Techniken sollen dabei helfen, zukunftsweisende Entscheidungen zu treffen. Mittlerweile gibt es eine Fülle von unterschiedlichen Theorien und Ansätzen. Viele haben die Anfangseuphorie nicht überlebt. Einige Techniken gehören aber mittlerweile zum Standard in vielen Unternehmen. Sie beleuchten jeweils unterschiedliche Perspektiven und verfolgen andere Schwerpunkte. Jedes Unternehmen entscheidet selbst, mit welchen Instrumenten die anstehenden Aufgaben am besten zu lösen sind.

Sekretärinnen und Assistentinnen erfahren oft unmittelbar, wenn sich die Geschäftsleitung entschieden hat, eine bestimmte Technik oder ein Programm im Unternehmen anzuwenden. Um diese Unternehmensentscheidungen nachvollziehen zu können und die Maßnahmen richtig einzuordnen, werden in diesem Kapitel wichtige Management-Trends beschrieben.

Total Quality Management (TQM) – umfassende Qualitätskontrolle

Total Quality Management bedeutet, dass es bei diesem Ansatz um die Sicherstellung von Qualität geht. Dabei bezieht man sich auf alle Bereiche des Unternehmens, nicht nur auf die Produktion. Ziel dieses umfassenden Qualitätsanspruchs ist es, seine Kunden zufrieden zu stellen. Deshalb gilt es, kontinuierlich an der Qualität zu arbeiten, Fehler zu vermeiden, effizienter zu werden und Verschwendung abzuschaffen. Im TQM werden alle Bereiche einer umfassenden Qualitätskontrolle unterzogen und Schwachstellen konsequent ausgeräumt. In einem ersten Schritt bestimmt man die gewünschten Ergebnisse und plant das Vorgehen für die Umsetzung. Danach werden die Maßnahmen durchgeführt, das Ergebnis bewertet und überprüft, ob die gewünschten Ziele erreicht wurden.

Folgende Bereiche werden durch das TQM systematisch erfasst:

- *Qualität der Produkte und Dienstleistungen*
  TQM arbeitet daran, die Abläufe in der Produktion zu optimieren, um so dem Kunden einwandfreie Waren oder Dienstleistungen zu liefern. Dazu gehört auch, die Produktion kostengünstig zu gestalten, um dem Kunden günstige Preise anzubieten. Zusätzlich betrachtet TQM alles rund um das Produkt. Ist das Produkt bedienungsfreundlich, leicht in Betrieb zu nehmen? Gibt es eine verständliche Bedienungsanleitung oder Dokumentation? Ist die Anlieferung für den Kunden komfortabel?

- *Qualität des Kundenservice*
  Im TQM wird die Auftragsabwicklung so optimiert, dass der Kunde termingerecht seine Ware erhält. Darüber hinaus geht es um Flexibilität bei der Befriedigung von Sonderwünschen, die Handhabung von Reklamationen und die Kundennähe beim Service.

- *Qualität der Lieferantenbeziehungen*
  Damit dem Kunden die bestellte Ware pünktlich, zuverlässig und ohne Fehler geliefert werden kann, integriert TQM auch die Lieferanten in den Qualitätsprozess. In diesem Zusammenhang ist zum Beispiel bei vielen Firmen die Anlieferung von Zubehörteilen *Just in Time* bzw. Just in Sequence eingeführt worden, das heißt, die Zubehörteile kommen so zeitgerecht in der Montagefabrik an, dass sie ohne Zwischenlagerung direkt vom LKW in den Produktionsprozess eingeschleust werden. Bei Just-in-Sequence-Lieferungen geschieht die Anlieferung auch noch in der benötigten Reihenfolge.

- *Qualität der Unternehmensprozesse*
  Zur Optimierung der Prozesse betrachtet TQM nicht nur den Produktionsprozess. Auch in der Verwaltung und bei den internen Dienstleistern wird Qualität definiert und optimiert. Ziel ist es hier vor allem, Überflüssiges abzubauen, Kosten zu senken und die Wege zum Beispiel bei der eingehenden Post oder bei der Behebung von Störungen in der EDV zu verkürzen und so den Kunden indirekt zufrieden zu stellen.

TQM benötigt die volle Unterstützung aller Mitarbeiter, um den gewünschten Erfolg zu erzielen. Das bedeutet vor allem auch, dass TQM von der oberen Führungsebene vorgelebt wird. Auch hier gilt es, Verschwendung abzuschaffen und im Sinne des Kunden Qualität sicherzustellen. Warum sollte sich nicht auch ein Geschäftsführer bücken, um Abfall vor der Eingangshalle aufzuheben? Insofern ist TQM nicht nur ein Modell zur Prozessoptimierung, sondern auch ein Führungsmodell. Ständige Motivation aller Mitarbeiter und turnusmäßige Schulungen gehören daher mit zum Konzept des TQM.

Das wichtigste TQM-Konzept in Deutschland ist das EFQM-Modell für Business Excellence der European Foundation for Quality Management. Man schätzt, dass weltweit über 10.000 Unternehmen danach arbeiten. Die Kriterien dieses Modells werden zur Vergabe des wichtigsten deutschen Qualitätspreises, des Ludwig-Erhard-Preises, herangezogen.

Six Sigma

Six Sigma ist ein Verfahren zur Steuerung und Verbesserung von Prozessen im Unternehmen. Ähnlich wie TQM setzt sich Six Sigma zum Ziel, im Rahmen einer umfassenden Kundenorientierung, Prozesse so zu gestalten, dass möglichst keine Fehler mehr auftreten. Jeder weiß aber, dass es immer Fehler geben wird. Wenn eine Fluggesellschaft eine Million Koffer im Monat transportiert und nur ein Prozent davon nicht richtig zugeordnet werden, entspricht das immerhin 10.000 verloren gegangenen Koffern. Das ist für heutige Ansprüche zu viel. Six Sigma definiert deshalb, dass es in einem Prozess nur noch 3,4 Fehler auf eine Million Möglichkeiten geben darf.

Der Name Six Sigma steht für diesen Grundsatz. Das griechische Zeichen Sigma (σ) beschreibt in der Mathematik die Standardabweichung von einem gewünschten Wert. Die Zahl sechs steht für die zugelassene Toleranz. Als Six Sigma in den 80er Jahren in den USA bei Motorola eingeführt wurde, klang dieser Anspruch sehr ambitioniert. Heutzutage unterbieten viele Prozesse bereits diese Fehlertoleranz.

Six Sigma basiert auf dem Grundsatz, dass Qualität auf allen Ebenen des Unternehmens oberste Priorität hat. Dazu definiert Six Sigma drei Systemkomponenten, die zusammenwirken:

Strategische Geschäftsführung und Kennzahlen

Das Top-Management richtet den Blick in erster Linie auf diejenigen Leistungen, die für den Kunden am wichtigsten sind und somit voraussichtlich den größten Einfluss auf den finanziellen Erfolg des Unternehmens haben. Für diese Prozesse werden klar messbare Ziele zur Verbesserung des Prozesses formuliert und Kennzahlen definiert.

Six Sigma Organisation

Alle mit der Problemlösung beschäftigten Mitarbeiter werden umfassend in der Anwendung von Methoden zur Problemlösung und zur Prozessoptimierung geschult. Je nach Funktion im

Projekt erhalten die Mitarbeiter einen sogenannten Belt (Gürtel) – angelehnt an die Rangkennzeichen bei japanischen Kampfsportarten. Alle Führungskräfte werden mindestens zwei Tage in der Six Sigma Philosophie geschult. Projektleiter sind entweder Green Belt mit neun bis zwölf Tagen Schulung oder Black Belt mit 20 Tagen Schulung. Für jeden Projektleiter steht ein Master Black Belt als Coach zur Verfügung, der in schwierigen Fragen Hilfestellung leistet. Das Top-Management, die Six Sigma Champions, werden in routinemäßig stattfindenden Reviews über den Stand der einzelnen Projekte informiert.

Strukturierte Vorgehensweise DMAIC

Six Sigma verfügt über eine klare Struktur bei der Umsetzung. Wie in einem Drehbuch durchläuft jeder Prozess einen sogenannten DMAIC-Zyklus bestehend aus fünf Phasen:

Define → Measure → Analyse → Improve → Control

Mit diesem Verfahren werden bestehende Prozesse messbar gemacht und anschließend nachhaltig verbessert. Folgende Aktionen finden in den einzelnen Phasen statt:

Define = Definieren
In einer Ist-Analyse werden alle relevanten Daten und Fakten aufgenommen, die Probleme definiert, Ziele formuliert und der angestrebte finanzielle Gewinn errechnet. Danach erstellt das Team einen Projektplan.

Measure = Messen
Alle relevanten Größen werden identifiziert, gemessen und bewertet. Der Ist-Zustand wird präzise in einem Flussdiagramm aufgezeichnet.

Analyse = Analysieren
In dieser Phase analysiert man die Messergebnisse, identifiziert die Ursachen des Problems und bestimmt die Abweichung vom Soll-Wert.

Improve = Verbessern
Jetzt erst werden Lösungsvarianten getestet und das, was zur Verbesserung der Messergebnisse beiträgt, umgesetzt. Die verbesserte Prozessleistung wird überprüft.

Control = Kontrollieren
Jetzt müssen noch alle Prozessbeteiligten geschult werden. Die Messwerte unterliegen einer dauerhaften Überwachung. Das Gelernte wird danach auch auf andere Prozesse übertragen.

Six Sigma gilt heute als der Maßstab für Qualität. Über 25 Prozent aller US-Konzerne wenden mittlerweile Six Sigma an, um ihre Prozesse nachhaltig zu verbessern und erzielen dabei zum Teil große finanzielle Erfolge.

Kaizen

Kaizen kommt aus dem Japanischen. Kai bedeutet frei übersetzt: Veränderung, Zen bedeutet: zum Besseren. Das heißt, auch Kaizen beschäftigt sich mit dem Optimierungspotenzial im Unternehmen. Entsprechend der Philosophie des Kaizen geht es hierbei nicht um die einmalige Verbesserung zum Beispiel durch Innovation oder Reengineering, sondern um die schrittweise Perfektionierung eines bewährten Produktes oder Prozesses. Aus der Überzeugung heraus, dass es immer etwas zu verbessern gibt, leitet sich eine stetige Suche nach Optimierungsmöglichkeiten auf allen Ebenen des Unternehmens ab.

Ziel der Optimierung ist die Zufriedenheit der Kunden. Der Fokus liegt auf drei Faktoren:

- Kostensenkung
- Qualitätssicherung
- Schnelligkeit und Zeiteffizienz

Jeder Mitarbeiter hat die Aufgabe, seine Kunden zufrieden zu stellen. Dabei wird zwischen internen und externen Kunden unterschieden. Interne Kunden sind zum Beispiel für die EDV-Abteilung oder das Personalwesen diejenigen Mitarbeiter, denen sie ihre Dienstleistung anbieten und die sie zufrieden stellen. Auch diese Prozesse unterliegen der kontinuierlichen Optimierung.

Wichtiger Bestandteil von Kaizen ist ein von allen Mitarbeitern getragenes gut funktionierendes betriebliches Vorschlagswesen. Jeder macht in seinem Umfeld Vorschläge zur Optimierung. Es geht dabei nicht um die perfekte Lösung. Jeder kleine Schritt ist ein Schritt in die richtige Richtung. Die Vorschläge werden zügig geprüft und schnell umgesetzt. Dadurch entsteht ein sogenannter PDCA-Zyklus – **P**lan – **D**o – **C**heck – **A**ct (planen, umsetzen, kontrollieren und reagieren). Wenn eine Verbesserung umgesetzt wurde, wird dies als neuer Standard definiert und ist ab diesem Zeitpunkt für alle verbindlich. Im Anschluss daran kann eine neue Optimierung für denselben Prozess beginnen. Eine durchschnittlich große Firma erhält auf diese Weise in Japan pro Jahr 40 bis 50.000 Verbesserungsvorschläge. Die Mitarbeiter treiben Kaizen zur Optimierung ihrer eigenen Arbeitsbedingungen selbst voran. Ihre Aktionen und Ideen werden weder befohlen noch belohnt.

Im Kaizen unterscheidet man zwischen wertschöpfenden und nicht wertschöpfenden Tätigkeiten. Unter Wertschöpfung wird dabei alles verstanden, was zu einem Mehrwert führt. Alles andere gilt als Verschwendung. Dazu zählen Überproduktion, Lagerbestände, Wartezeiten, Fehler oder unnötige Bewegung von Waren und Menschen. Wenn an jeder Stelle Verschwendung abgeschafft wird, spart das Unternehmen automatisch Zeit und Geld und die Zufriedenheit der Kunden und der Mitarbeiter steigt. So wartet man bei Toyota in Japan auf einen Neuwagen nicht mehr als zwei Tage und eine individuell ausgesuchte Brille in der richtigen Sehstärke kann man eine halbe Stunde nach Bestellung beim japanischen Optiker abholen.

Im Westen wurde Kaizen unter dem Namen „**K**ontinuierlicher **V**erbesserungs **P**rozess (KVP)“ in vielen Unternehmen eingeführt. Doch ist es schwierig, die Philosophie des Kaizen in die westliche Unternehmenskultur zu integrieren. Deshalb hat KVP im Westen vor allem eine produktbezogene Bedeutung erhalten. Dabei hat sich gezeigt, dass vielfach nicht die gewünschten Erfolge erzielt wurden. Wer den Schwerpunkt wie beim japanischen Ansatz aber tatsächlich im Geist der „ewigen Veränderung“ sieht und auf langsame und kontinuierliche Verbesserung in kleinen Schritten setzt, kann seiner Konkurrenz gegenüber langfristig Wettbewerbsvorteile erlangen.

Balanced Scorecard (BSC)

Die Balanced Scorecard, von Robert Kaplan und David Norton in den 90er Jahren entwickelt, setzt bei den übergeordneten Zielen zur Steuerung des Unternehmens an. Ihre Erfahrung hat gezeigt, dass es einseitig und zum Teil sogar gefährlich sein kann, ein Unternehmen nur über die Kennzahlen aus dem Finanzbereich zu steuern. Wenn Unternehmen nicht in die Weiterentwicklung ihrer Produkte oder Mitarbeiter investieren, können sie kurzfristig mehr Gewinn erzielen, langfristig könnte das aber genau ins Gegenteil umschlagen. Deshalb identifizierten sie weitere Felder, die zur Steuerung eines Unternehmens maßgeblich sind:

- Finanzen
- Kunden und Märkte
- Prozesse
- Mitarbeiter und Entwicklung

In einem ersten Schritt entwickelt das Top-Management aus der Unternehmensvision eine klar und eindeutig formulierte Unternehmensstrategie, die das langfristige Überleben der Organisation sichert. Auf Basis der übergeordneten Ziele werden dann für jeden Bereich Unterziele und Maßnahmen definiert. So verfolgt man die strategischen Ziele aus unterschiedlichen Perspektiven weiter. Für jedes Ziel in jedem Bereich werden Messgrößen, sogenannte Kennzahlen, konkretisiert, an denen man die Zielerreichung misst. Dabei ist es wichtig, eindeutige Zahlen und Zahlenrelationen zu benennen, an denen abgelesen wird, wie der Ist-Zustand ist und wann das angestrebte Ziel erreicht wird. Alles das schreibt man auf sogenannten Scorecards, den Zählkarten, fort.

Die Dimensionen der Balanced Scorecard werden für jede Organisation individuell festgelegt. Die Herausforderung liegt in der Auswahl weniger und zugleich relevanter Kennzahlen, die sich idealerweise in den verschiedenen Sichtweisen auch direkt beeinflussen. So sollten zum Beispiel die Sachbearbeiter eines Unternehmens nicht auf die Idee kommen, zur Erhöhung der Anzahl ihrer zu bearbeitenden Fälle die Öffnungszeiten ihrer Büros für die Kunden zu verkürzen. Hier würde sofort auffallen, dass Ziele miteinander kollidieren. Eine optimale Balanced Scorecard arbeitet mit nicht mehr als 20 Kennzahlen. An der konsequenten Auswahl und Reduzierung auf wenige Kennzahlen scheitern viele Unternehmen.

Mit dem Instrument der Balanced Scorecard hat das Management die Möglichkeit, nicht nur die finanzielle Entwicklung des Unternehmens zu betrachten. Durch die Berücksichtigung aller Felder kommt man zu einem ausgewogenen („balanced") Bild. Durch die Übersetzung von strategischen Zielen in messbare Größen und die Ableitung von geeigneten Maßnahmen wird die Strategie umsetzbar gemacht. Die Balanced Scorecard verpflichtet jeden, keine vagen Ziele zu formulieren. Kundenzufriedenheit ist ein gutes Ziel, aber woran misst man, ob der Kunde wirklich zufriedener geworden ist? Mit der Balanced Scorecard könnte zum Beispiel die Produktionsabteilung als Ziel formulieren, die Anzahl der Reklamationen auf einen Fall pro 100.000 Stück ausgelieferte Ware zu begrenzen. Die Reklamationsabteilung könnte festlegen, die Bearbeitungszeiten für Reklamationen auf einen Tag zu reduzieren. Dann legen beide fest, wie sie ihre Ziele erreichen wollen.

Durch dieses zielgerichtete Arbeiten eignet sich die Balanced Scorecard hervorragend als Basis für eine Mitarbeiterführung über Zielvereinbarungen. Von den übergeordneten Zielen und Kennzahlen kann die Führungskraft zusammen mit jedem Mitarbeiter individuelle Ziele festlegen und messbar machen. So können auch Mitarbeiter, die durch ihre Tätigkeit nicht direkt mit Kunden und Umsätzen zu tun haben, einen messbaren Beitrag zur Umsetzung der Gesamtstrategie des Unternehmens leisten.

Change-Management

Change-Management setzt bei der Tatsache an, dass sich die Welt rund um Unternehmen und Märkte permanent verändert. Es gibt einen Technologieschub nach dem anderen. Das Internet verändert die Erwartungen der Kunden an Service und Information. Produkte und Dienstleistungen sind heutzutage über einen Mausklick weltweit vergleichbar. Unternehmen, die von solchen Veränderungen überrascht werden, erleiden oft schwere finanzielle Einbußen. So hat IBM den Sprung von einem Schreibmaschinenhersteller zum Computerhersteller geschafft. Andere Produzenten von Schreibmaschinen sind auf der Strecke geblieben.

Die Zukunft ist nicht vorhersehbar und insofern auch nicht planbar. Change-Management strebt an, das ganze Unternehmen so auszurichten, dass alle auf Veränderungen vorbereitet sind. Ziel ist es, die Zukunft selbst aktiv zu gestalten, anstatt sich von ihr überraschen zu lassen.

Was diesem Ziel entgegensteht, ist der Wunsch eines jeden Menschen nach Stabilität und Routine. Menschen ändern ihr Verhalten ungern. Das fällt sehr deutlich auf, wenn man in Großbritannien mit dem Auto auf der „falschen" Seite fahren muss. Zu häufige Veränderung am Arbeitsplatz bringt oft Hektik und Überforderung für die Mitarbeiter. Insofern hat Change-Management zwei wichtige Faktoren zu berücksichtigen:

1. Im Change-Management werden auf der Basis von permanenten Marktbeobachtungen und der Analyse des Kundenverhaltens zukunftsfähige Strategien entwickelt und die Strukturen und Geschäftsprozesse an die sich wandelnden Gegebenheiten angepasst.

2. Im Change-Management wird darauf hingearbeitet, dass die Mitarbeiter Veränderung als Herausforderung und Chance ansehen und nicht als Bedrohung.

Die Unternehmen, die beides in den Griff bekommen, erhöhen ihren Wettbewerbsvorteil und führen so das Unternehmen auch in schwierigen Zeiten sicher zum Erfolg.

Zu den wichtigen Erfolgsfaktoren des Change-Managements gehören deshalb folgende Aufgaben:

- *Strategie-Entwicklung*
  Kunden ändern ihre Bedürfnisse, der Wettbewerb ist kreativ und neue Technologien bieten ungeahnte Möglichkeiten. Change Manager nutzen z. B. die Szenario-Technik zur Entwicklung von unterschiedlichen Zukunfts-Szenarien, um auf unterschiedliche Entwicklungen vorbereitet zu sein.
- *Projektmanagement*
  Mitarbeiter arbeiten weniger in festen Strukturen, sondern eher in Projektgruppen, in denen bestimmte Probleme gelöst werden. Nach Ende des Projektes löst sich die Gruppe auf und Mitarbeiter finden sich in anderen Konstellationen zusammen, um andere Probleme zu lösen.
- *Unternehmenskommunikation*
  Um Veränderungsprozesse im Unternehmen so zu gestalten, dass die Mitarbeiter es als Herausforderung sehen, ist weit mehr erforderlich als eine wertschätzende zwischenmenschliche Kommunikation über alle Hierarchie-Ebenen hinweg. Es gilt, eine große Menge Menschen in ihrer Meinungsbildung und Entscheidungsfindung positiv zu beeinflussen. Das fängt an bei Betriebsversammlungen, Workshops und Meetings, geht über Internet basierte Kommunikationsformen bis hin zu Veranstaltungen nach dem Modell des „open space“, in denen Mitarbeiter selbstorganisiert und selbstverantwortlich ihre Anliegen gemeinschaftlich bearbeiten. Führungskräfte müssen entscheiden können, welche Methode je nach Zielvorstellung und Thema die richtige ist.
- *Führen durch Moderation und Konfliktmanagement*
  Change-Management erwartet Qualifikationen von Führungskräften, die weit über das Fachliche hinausgehen. Change Manager haben die Aufgabe, ihre Mitarbeiter innerlich für Veränderungen zu öffnen und ihnen Sicherheit zu geben in unsicheren Zeiten. Sie müssen Meinungsbildungsprozesse steuern und Entscheidungen herbeiführen, an die sich alle, auch wenn sie vorher nicht einverstanden waren, halten. Dafür benötigen sie das Werkzeug der Moderation, wenn es keine besonderen Streitpunkte gibt. In Konfliktsituationen müssen Change-Manager wissen, mit welchen Methoden sie das Thema wieder verhandelbar machen.

Change-Management ist in unserer schnelllebigen Zeit unverzichtbare Voraussetzung, um das Unternehmen zukunftsfähig zu halten. Nur scheitert es oft an den besonderen Fähigkeiten, die von den Führungskräften erwartet werden. Deshalb behaupten böse Zungen auch, Change-Management würde bedeuten, man tausche das Management aus.

Lernende Organisation

Wörtlich macht der Begriff „Lernende Organisation“ keinen Sinn, denn nicht Organisationen lernen, sondern Menschen. Peter Senge, der in seinem Buch „Die Fünfte Disziplin“ den Begriff geprägt hat, geht wie beim Change-Management davon aus, dass nur diejenigen Unternehmen langfristig überleben, die das Neue permanent neu gestalten. So wie bei einem Mannschaftssport, bei dem alle gemeinsam an einem großen Ganzen arbeiten und zusammen im Stande sind, Außergewöhnliches zu leisten, soll ein Unternehmen sich zu einem gut aufeinander eingespielten Team entwickeln, das gemeinsam die Herausforderungen der Zukunft meistert. Schwächen der einen werden durch die Stärken der anderen ausgeglichen. Jeder gibt das, was er am besten kann.

Eine lernende Organisation ist für Senge idealerweise ein System, das sich ständig in Bewegung befindet. Damit geht Senge weit über den Ansatz des Change-Management hinaus. Sein Idealbild einer Lernenden Organisation ist ein offenes Unternehmen, das durch die Individualität und Innovation seiner Mitarbeiter lebt.

Um dorthin zu gelangen, hat Senge fünf Disziplinen identifiziert, in denen sich die Organisationen, d. h. alle Mitarbeiter aller Hierarchiestufen üben müssen.

1. *Personal Mastery – Individuelle Reife*
   Personal Mastery ist die Disziplin der Selbstführung und Persönlichkeitsentwicklung. Wer Personal Mastery besitzt, ist offen für Neues und hört nie auf zu lernen. Er hat die Fähigkeit, seine Ziele konsequent zu verwirklichen. Personal Mastery bildet die geistige Grundlage der Lernenden Organisation.

2. *Mental Models – Mentale Modelle*
   Mentale Modelle sind tief in unserer Psyche verwurzelte Annahmen und Verallgemeinerungen, die großen Einfluss darauf haben, wie wir die Welt wahrnehmen und wie wir handeln. Hierzu zählt zum Beispiel die innere Einstellung zu Autorität oder zu Geld. Diese Mentalen Modelle müssen aufgedeckt und kritisch betrachtet werden, damit sie der Organisation nicht unbewusst im Weg stehen.

3. *Shared Visioning – Gemeinsame Vision*
   Auch für Peter Senge kann ein Unternehmen nur zum Erfolg geführt werden, wenn es eine klare Vision von der Zukunft hat. Er legt aber Wert darauf, dass diese Vision nicht nur der Chef kennt, oder ein paar Führungskräfte. Eine gemeinsame Vision entsteht, wenn alle Mitglieder der Organisation die gemeinsame Vision nicht nur verstehen, sondern verinnerlichen und zu ihrer Vision machen. Jeder weiß, was seine Aufgabe zum Erreichen dieses gemeinsam getragenen Zukunftsbildes ist und handelt danach.

4. *Team Learning – Team-Lernen*
   Team-Lernen ist etwas anderes als Lernen im Team. Es geht darum, dass alle Mitglieder im Team die Fähigkeit besitzen, eigene Annahmen aufzugeben und sich auf ein gewolltes gemeinsames Denken einzulassen. Dazu gehört auch, dass das Team erkennt, was ihr Lernen behindert. Das Team-Lernen ist eine Grundlagen-Disziplin für die Lernende Organisation, weil Teams und nicht Individuen die elementare Lerneinheit der Organisation bilden.

5. *Systems Thinking – Systemdenken*
   Systemdenken ist die fünfte Disziplin, nach der das Buch von Peter Senge benannt ist. Sie bildet die Voraussetzung für Lernende Organisationen. Das Wesentliche an der Disziplin des Systemdenkens ist ein grundsätzliches Umdenken. Nicht mehr einfache Ursache-Wirkungs-Ketten stehen im Vordergrund. Systemdenken baut auf die Wechselwirkung zwischen verschiedenen Faktoren. Die Vorgänge werden nicht mehr linear gesehen, wie etwa in Flussdiagrammen, sondern als Systeme mit unterschiedlichen Variablen. So hilft das Systemdenken dem Unternehmen, die übergreifenden Muster zu verstehen und damit Veränderungen am System selbst vorzunehmen.

Das Modell der Lernenden Organisation setzt dort an, wo der Umgang mit Veränderung zu scheitern droht – bei den Menschen, die die Veränderung gestalten. Dieses zu beeinflussen, erfordert ein Umdenken auf allen Ebenen.

Knowledge-Management – Wissensmanagement

Mehr denn je hängt heutzutage der Erfolg eines Unternehmens am Know-how und an der Kreativität seiner Mitarbeiter. So ist es in vielen Branchen zum kritischen Erfolgsfaktor geworden, das Wissen der Mitarbeiter im Unternehmen zu halten und für alle verfügbar zu machen. Wissensmanagement bezeichnet alle Managementaktivitäten, die darauf abzielen, das Wissen, das im Unternehmen vorhanden ist, einzusetzen und zu entwickeln, um die Unternehmensziele zu erreichen. Dabei umfasst das Wissen alle Daten und Informationen, aber auch alle Fähigkeiten, die die Organisation zur Lösung ihrer vielfältigen Aufgaben benötigt. Man spricht davon, dass das Wissen innerhalb eines Unternehmens als weiterer Produktionsfaktor neben Kapital, Arbeit und Boden angesehen wird. Wie wichtig die Information für Unternehmen geworden ist, kann man daran ablesen, dass Vorstände vieler Unternehmen um die Position des Chief Information Officers (CIO), mit dem Arbeitsschwerpunkt Informationsmanagement erweitert werden.

Unter dem Oberbegriff „People-to-Document" wird explizit vorhandenes Wissen in Form von Datenbanken und Dokumenten-Management-Systemen gesammelt, aufbereitet und ausgewertet. Die so entstandenen Datenbanken waren aber oft schwerfällig und mit nutzlosem Wissen vollgestopft. Was drin stand, wusste man auch selbst und die aktuellen Fragen konnte man damit nicht beantworten. Die neuen Entwicklungen im Internet und Intranet bieten heutzutage Lösungen, die Wissensdatenbanken zu einem lebenden Instrument machen.

War das Internet früher ein Ort, an dem zentralisiert Wissen von anonymen Dritten zur Verfügung gestellt wurde, ist durch Web 2.0 eine veränderte Wahrnehmung und Benutzung des Webs zu verzeichnen. Web 2.0 beschreibt keine Software, wie der Name vermuten lassen könnte. Web 2.0 ist ein unscharfer Oberbegriff für eine Reihe von interaktiven Möglichkeiten und Techniken des Internet. Mit Web 2.0-Anwendungen kann jeder leicht und ohne technische Vorkenntnisse Texte im Internet oder Intranet veröffentlichen, ergänzen, verändern und fortschreiben. So ist es wesentlich leichter, in einen Dialog einzusteigen und das Wissen zu einem lebendigen Teil des Unternehmens zu machen. Hierzu gibt es unterschiedliche technische Möglichkeiten:

Weblogs oder Blogs

Weblogs oder abgekürzt Blogs werden vor allem im Intranet verwendet, um das Wissen und die Erfahrung der Mitarbeiter zu sammeln, auszutauschen und dem Unternehmen unabhängig von der Person zur Verfügung zu stellen. Mitarbeiter führen ein persönliches Journal über ein bestimmtes Thema. Alle können darauf zugreifen, es erweitern, kommentieren, Fragen stellen oder auf Fragen anderer antworten. Über Blogs ist es über die Wissensvermittlung hinaus technisch möglich, dass ein Mitarbeiter in den USA mit seinem Kollegen in Japan oder China Erfahrungen austauscht oder jungen Kollegen an einem anderen Standort mit seiner Erfahrung zur Seite steht. Um den Mitarbeitern dieses lebendige Wissen zur Verfügung zu stellen, werden im Intranet eines Unternehmens zu wichtigen Themen und Stichworten sogenannte Corporate Blogs eingerichtet, die verschiedene Aufgaben übernehmen. In Knowledge-Blogs geht es vielleicht um technisches Wissen oder Wissen über Kundenbedürfnisse, in Project-Blogs über die Erfahrung mit Umsetzungsproblemen in Projekten. Es gibt sogar Krisen-Blogs, in denen sich Mitarbeiter darüber austauschen, wie sie Krisen gemeistert haben.

Wikis

In Ergänzung zu Blogs werden in unternehmenseigenen Wikis Texte, Bilder, Grafiken zu einem bestimmten Thema zusammengestellt. Auch hier können Mitarbeiter nicht nur lesen, sondern auch ergänzen und ändern. Die Bedienung ist so einfach, dass dies schnell und leicht geschehen kann. Durch Querverweise und Links werden die Wikis miteinander verbunden. Der Name Wiki stammt aus Hawaii. Dort bedeutet wiki schnell.

Wikis eignen sich firmenintern hervorragend zur Sammlung und ständigen Aktualisierung des vorhandenen Wissens. Die Texte können zum Beispiel um aktuelle Fragestellungen ergänzt werden. Neue Erkenntnisse werden dazugeschrieben. Überholte Statements werden gelöscht.

Voraussetzung für die Nutzung dieser Wikis ist,

- dass es eine nachvollziehbare Struktur gibt, in der man sich schnell und intuitiv zurecht findet.
- dass die Mitarbeiter vom Nutzen und den Vorteilen überzeugt sind.
- dass die Mitarbeiter das Instrument engagiert und verantwortlich nutzen.
- dass es eine Kontrolle der dort hinterlegten Informationen gibt.

Der Einsatz von Systemen zum Wissensmanagement führt zu größerer Transparenz im Unternehmen und hilft dabei, Fehler zu vermeiden. So können Mitarbeiter weltweit auf das Wissen ihrer Kollegen zurückgreifen, ohne den Kollegen überhaupt persönlich zu kennen. Zunehmend werden heute schon die Erfahrungen externer Experten oder sogar der Kunden mit in den Austausch einbezogen, um so noch effizienter zu arbeiten.

Customer Relationship Management (CRM) – Kundenbeziehungsmanagement

Auch im Customer Relationship Management (CRM) geht es um Wissen – um das Wissen über Kunden. Ziel des CRM ist es, durch die Sammlung und Interpretation von unterschiedlichen Kundendaten den Kunden mit seinen Bedürfnissen besser zu verstehen und ihm das anzubieten, was für ihn einen wahren Nutzen darstellt. Zum Beispiel kann die Uhrzeit des Einkaufes, die auf dem Kassenbon gespeichert ist, ausgewertet werden im Hinblick darauf, zu welcher Uhrzeit wie viele Kassen besetzt sein sollten, um lange Warteschlagen zu vermeiden.

Lange schon ist bekannt, dass es fünf Mal so teuer ist, einen neuen Kunden zu akquirieren als einen bestehenden zu binden. Damit der Kunde bleibt, ist es für das Unternehmen wichtig, so zu agieren, dass er sich gut betreut fühlt. Dabei ist es ihm egal, wer im Unternehmen wofür zuständig ist. Wenn ein Kunde zum Beispiel eine Lieferung reklamiert hat und der Außendienstmitarbeiter im Anschluss daran den Kunden besucht, wird der Kunde ihn darauf ansprechen. Wenn der Außendienstler die Information über die Reklamation aber gar nicht kennt, weil Reklamationen von der Buchhaltung bearbeitet werden, kann er den Kunden nicht optimal betreuen.

Um alle Informationen über Kunden zu bündeln, werden Daten und Transaktionen in Datenbanken gespeichert. Dabei helfen standardisierte oder individuell zugeschnittene CRM-Softwarelösungen, die idealerweise auch die Daten aus anderen Programmen, wie der Finanzbuchhaltung oder dem Einkauf über Schnittstellen direkt mit verarbeiten. Diese Daten werden so aufbereitet, dass sie jedem Mitarbeiter im Unternehmen zur Verfügung stehen.

Mit Hilfe der Daten können viele Marketingziele besser verfolgt werden:

- Für die Neukundengewinnung können in der Datenbank gespeicherte Interessenten über Direktmarketing mit genau den Informationen angesprochen werden, die für sie auch wirklich von Interesse sind.
- Für die Kundenbindung können spezielle Angebote oder Informationen für bestimmte Kundengruppen zusammengestellt werden; z. B. werden nur die Kunden über neue Spezifikationen eines Produktes informiert, die das Produkt bereits gekauft haben.
- Für die Kundenrückgewinnung wird z. B. von einem Call-Center nach den Gründen für den Wechsel gefragt, um dann alle Kunden mit gleichen Gründen über maßgeschneiderte Angebote zurück zu gewinnen.

Der Vorteil dieser gezielten Ansprache liegt darin, dass die Kunden solche auf ihre Bedürfnisse zugeschnittenen Informationen nicht als lästige Werbung abtun, sondern als nützliche Information schätzen.

Diese Art der Kundenbetreuung führt zu einer Individualisierung des Leistungsangebotes und zu einer differenzierten Kundenbetreuung auf der Basis der Interpretation von Daten und Fakten.

CRM wird von vielen Kunden aber längst nicht so positiv bewertet, wie es aus Unternehmenssicht scheint. Viele Kunden sehen ihre Datenschutzinteressen gefährdet oder befürchten unfaire Verkaufstechniken.

Die Zukunft von CRM wird deshalb weniger darin liegen, noch mehr Daten und Fakten zu sammeln, sondern eher in die Richtung gehen, mit dem Kunden in einen persönlichen Dialog zu treten, um mit ihm gemeinsam die Zukunft zu gestalten. Der Dialog mit Kunden hat im Internet eine weite Plattform gefunden. Über soziale Netzwerke wie Facebook oder Twitter treten die Kunden freiwillig und offen in Kontakt mit Unternehmen. Sie äußern Wünsche und Bedürfnisse und geben positives oder negatives Feedback. Diese Rückmeldung ist für Firmen wertvoll, denn sie erhalten so schnell und fast kostenlos wertvolle Informationen von ihren Kunden. Darüber hinaus können die Unternehmen ihre Kunden auch selbst aktiv ansprechen, Marktforschung betreiben, Produkteinführungen beschleunigen und ihren Bekanntheitsgrad steigern. Über die sozialen Netzwerke ist es nicht nur möglich, Daten und Fakten zu sammeln, sondern auch Gefühle und Stimmungen zu identifizieren. Da Kunden zum großen Teil auf Basis ihres Gefühls eine Kaufentscheidung treffen, kann man mithilfe sozialer Netzwerke Kundenbedürfnisse noch genauer identifizieren und zukünftige Trends schneller erkennen. Denn es bleibt die große Herausforderung der Unternehmen, Produkte und Dienstleistungen zu entwickeln, die für den Kunden in Zukunft wichtig sein werden.

Weiterführende Quellen

BRÜCK, JUTTA: Management im Chefsekretariat: Grundlagen und Impulse für die qualifizierte Sekretärin und Assistentin. Feldhaus Verlag 2007.

GÄTJENS-REUTER, MARGIT: Betriebswirtschaft und Sekretariat. Zusammenhänge verstehen, unternehmerisch denken, den Chef entlasten. 3. Auflage. Gabler Verlag 2008.

GOLDFUß, JÜRGEN W.: Erfolg durch professionelles Delegieren. Handelsblatt Karriere und Management. Band 5. Campus Verlag 2006.

PREIßNER, ANDREAS: Praxiswissen Controlling. Grundlagen – Werkzeuge – Anwendungen. Hanser Fachbuch Verlag. 2007.

WEDMANN-TOSUNER, BÄRBEL: Qualifizierte Management-Assistenz: Mit Fach- und Sozialkompetenz nach oben. Walhalla U. Praetoria 2007.

Linktipps

http://pm-blog.com: Anregungen, Tipps und Tricks rund um das Thema Projektmanagement, darüber hinaus Links zum Thema und Vergleiche der Eignung von verschiedenen Software-Anwendungen.

www.pm-handbuch.com: Leitfaden für Projektmanager. Das Handbuch erklärt einzelne Schritte des Projektmanagements, von der Initiierung bis zum Abschluss eines Projekts. In dem Blog zur Seite werden aktuelle Themen rund um das Projektmanagement behandelt.

Teil VI

Selbstmanagement

Modernes Zeitmanagement

Brigitte Jahn

Wege zum modernen Zeitmanagement

Wenn man sich ein wenig umhört, hat scheinbar niemand mehr Zeit. Der Eindruck entsteht, dass es „modern“ ist, keine Zeit zu haben. Erfolg wird mit Zeitdruck gleichgesetzt, ganz so als wäre Stress ein Statussymbol. Stopp! Es ist nicht unanständig, Zeit zu haben. Im Gegenteil: Wir sollten lernen, es als persönlichen Erfolg zu werten, wenn wir mit unserer Zeitplanung zufrieden sind und unsere Termine und die des Chefs im Griff haben. Eine Entschuldigung ist völlig überflüssig, wenn man es schafft, um 17.00 Uhr das Büro zu verlassen – viele Sekretärinnen haben dabei aber ein schlechtes Gewissen.

Ohne Ziel keine Richtung

„Wer das Ziel nicht kennt, kann den Weg nicht finden.“

Verfasser unbekannt

Wozu benötigen wir überhaupt Ziele?

Bei einer Autofahrt oder einer Reise stehen im Normalfall ein Ort oder eine Stadt als konkretes Ziel fest und auf Grund dieses Ziels wird die Strecke in Erfahrung gebracht. Auf keinen Fall fährt man in die Gegenrichtung und selten Umwege, um zu diesem Ziel zu gelangen.

Bei einer Autofahrt oder einer Reise ist ganz klar: Ohne Ziel keine Richtung. Sobald wir ins Büro kommen, sieht unser Vorgehen aber häufig ganz anders aus: Der Eingangskorb quillt über, die Wiedervorlage ist voll, das Telefon klingelt und Chef und Kollegen kommen mit unvorhergesehenen Aufgaben auf Sie zu. Dabei können wir leicht unsere Ziele aus den Augen verlieren. Ein Tag nach dem anderen vergeht mit der Erledigung vieler kleiner Aufgaben und am Ende des Tages liegt vieles unerledigt weiterhin auf dem Schreibtisch. Das ist nicht nur unbefriedigend, sondern kann sich zu einer enormen Belastung entwickeln.

Frau Fuchs, Assistentin von Direktor Fuchsiger, soll eine Roadshow organisieren. Sie hat den Schreibtisch übervoll und weiß nicht recht, wie sie vorgehen soll. Bei einer Autofahrt ist die Vorgehensweise klar, nur wie geht sie bei der Planung dieser wichtigen Roadshow zu einer Vielzahl von möglichen Investoren vor? Wie leicht schleichen sich Fehler ein ...

Es ist also unbedingt notwendig, Ziele ganz klar zu formulieren und sie schriftlich zu fixieren.

Hilfreich für das Formulieren von Zielen ist die SMART-Formel. Im Englischen ist „smart" das Wort für klug, umsichtig. Für uns ist es eine wunderbare Richtlinie, wie wir aus Wünschen Ziele machen:

S **Spezifisch:** Damit ein Ziel kein Wunsch bleibt, muss jedes Ziel spezifisch, klar und eindeutig formuliert werden.
Frage: Was genau möchte ich erreichen?
Beispiel: Ich erstelle eine detaillierte und übersichtliche Reiseplanung für die nächste große Reise (Roadshow) des Chefs.

M **Messbar:** Damit Ziele nicht aus den Augen verloren werden, muss der Erfolg messbar sein.
Frage: Woran sehe ich, wie weit ich meinem Ziel bereits näher gekommen bin, was sind sinnvolle Messkriterien?
Beispiel: Hotels und Flüge sind gebucht, die letzten Termine müssen noch bestätigt werden.

A **Aktionsorientiert:** Ziele müssen positiv aktivierend formuliert werden.
Frage: Was genau tue ich dafür?
Beispiel: Ich arbeite jeden Tag eine Stunde konzentriert und ohne Ablenkung an der Terminplanung und bespreche die einzelnen Termine im Vorfeld mit meinem Chef.

R **Realistisch:** Es macht keinen Sinn, Ziele zu hoch zu stecken und dann nach kurzer Zeit aufzugeben. Ziele müssen realistisch erreicht werden können.
Frage: Kann ich die Roadshow selbstständig planen oder benötige ich die Hilfe einer anderen Abteilung?
Beispiel: Ich benötige Informationen aus der Marketing- oder Investor-Relations-Abteilung, um sinnvolle Termine zu vereinbaren.

T **Terminiert:** Ziele funktionieren nur, wenn sie mit einem festen Termin verbunden sind.
Frage: Bis wann genau muss das Ziel erreicht sein?
Beispiel: Bis spätestens eine Woche vor Beginn der Reise müssen alle Termine bestätigt und die gesamte Reise vom Chef abgesegnet sein.

Wenn Frau Fuchs die SMART-Formel anwendet wird ihr klar, wie sie vorgehen kann. Sie hat jetzt einen konkreten Plan – ähnlich dem Routenplan (Navigationssystem) im Auto –, kann ganz motiviert die Arbeit beginnen und weiß jederzeit, ob sie noch Richtung Ziel unterwegs ist.

Tunichtgut und Zeitdieb

Was könnten wir alles fertig bringen, wie schön wäre die Arbeit, wenn – ja, wenn wir nicht ständig gestört würden. Aber wer oder was stört uns, wer oder was sind diese so genannten Zeitdiebe?

Hierzu die provokanteste These gleich zu Beginn: Der „schlimmste“ Zeitdieb ist der Chef!

Aber ist diese These zu halten? Immerhin gibt es unzählige Arten von Störungen:

Zuerst ist da mal das *Telefon:* Es klingelt, und zwar punktgenau dann, wenn man sich gerade in eine Arbeit hineingedacht hat. Egal ob das Telefonat dann wirklich für uns, für einen Kollegen oder den Chef klingelt: die angefangene Arbeit bleibt erst einmal liegen und man muss wieder von vorne damit anfangen, sich zu konzentrieren. Das nächste Telefonat kommt natürlich postwendend.

Das ist schon störend genug, wenn man ein Büro für sich alleine hat. Noch störender ist die Situation, wenn zwei oder mehr Sekretärinnen in einem Zimmer sitzen:

Jede bekommt die Telefonate der anderen mit, denn nicht allen ist es möglich, sich völlig in die eigene Arbeit hinein zu versenken. So findet also ein Teil der nicht für uns bestimmten Telefonate doch den Weg in unser Ohr, vor allem, wenn eine Kollegin auch noch mit einer etwas lauteren Stimme gesegnet ist. Wird das Telefonat dann hinterher auch noch mit den übrigen Kolleginnen besprochen, verdreifacht sich die Ausfallzeit.

Für eine Aufgabe, die volle Konzentration verlangt, ist das Umstellen des Telefons auf einen Kollegen oder die Zentrale der empfehlenswerte Weg. Sobald die Aufgabe fertig ist, kann man dann seine volle Aufmerksamkeit wieder den Anrufern widmen. Diese Vorgehensweise hat entscheidende Vorteile:

- Die schwierige Aufgabe kann ohne Unterbrechung in kürzester Zeit erledigt werden.
- Die Kollegen, die aushelfen, dürfen später auch das Telefon eine Weile umstellen und können so ebenfalls für eine Weile ungestört arbeiten.
- Man kann sich wirklich auf die Anrufer einstellen und wirkt am Telefon nicht genervt.
- In einem Büro mit mehreren Kolleginnen wird so signalisiert, dass man gerade an einer wichtigen Arbeit sitzt und nicht gestört werden möchte.

Ich empfehle, das Telefon in Notfällen auch einmal auf den Chef umzustellen. Das geht nicht? Nun, vielleicht nicht mit jedem Chef, aber mit ein wenig Fingerspitzengefühl ist der eine oder andere sicherlich dazu bereit: Angenommen, der Chef bringt eine Powerpoint-Präsentation, die er unbedingt in den nächsten 30 Minuten geändert wieder zurück haben möchte. Dann könnte er doch in einem solchen „Notfall“ selbst ans Telefon gehen. Es ist auf jeden Fall einen Versuch wert.

Grundregeln für zeitsparendes Telefonieren

Wie aber sieht es aus, wenn wir selbst Telefonate zu führen haben? Auch dann kann Zeit gespart werden, indem Anrufe kurz gehalten oder gar ganz vermieden werden und das eigene Telefonverhalten verbessert wird:

- Gesprächsvorbereitung: Alle benötigten Informationen oder Fragen werden vor dem Telefonat notiert, so kann nichts in Vergessenheit geraten – wodurch dann ein zweiter Anruf notwendig wäre.
- Am Schluss des Telefonats: Prüfen, ob schwierige Sachverhalte von beiden Seiten richtig verstanden wurden, Zusammenfassung des Telefonats: „Lassen Sie mich das Ergebnis noch einmal kurz zusammenfassen …".
- Nach dem Telefonat: Alle Aufgaben in Outlook oder in einen Zeitplan eintragen, Ergebnisse des Gesprächs notieren.
- Mehrere zu erledigende Anrufe immer in einem Block abarbeiten. Diese Vorgehensweise ist vor allem bei vielen kurzen Telefonaten sinnvoll.
- Viele Telefonate können durch E-Mails oder Faxe ersetzt werden.

Das Telefon ist nun unter Kontrolle, aber wie steht es mit den lieben **Kollegen**? Kaum ist man in eine Arbeit vertieft, steht ein Kollege vor dem Schreibtisch und hat „nur mal ganz kurz" eine Frage. Egal wie kurz diese Unterbrechung ist: eine Störung der Konzentration ist es auf jeden Fall. Und eine kurze Unterbrechung ist nur die günstigste Annahme. Wie schnell schließt sich an eine kurze Frage ein kleines Schwätzchen an und als Krönung sieht ein vorbei kommender Kollege erfreut das Geplauder und schließt sich dem Kaffeekränzchen an.

Was aber erst, wenn es sich nicht nur um eine schnell abzuhandelnde Frage sondern um eine zeitraubende Aufgabe handelt, womöglich auch noch eine unangenehme? Die wenigsten von uns sind darauf „trainiert", dann mit einem konsequenten Nein zu antworten, obwohl dies häufig die richtige Antwort wäre.

Die Gründe für unsere Unfähigkeit NEIN zu sagen sind vielfältig:

- fehlendes Selbstvertrauen
- Perfektionismus
- Höflichkeit und falsche Rücksicht
- Überrumpelung
- Sucht nach Anerkennung
- Furcht vor Unbeliebtheit

Zugegeben: Ein klares hartes NEIN klingt nicht nur unhöflich, es kann dadurch auch zu ernsten Missstimmungen im Kollegenkreis kommen – und wenn die Fronten erst einmal verhärtet sind, kostet es viel Energie und Zeit, um die Harmonie wieder herzustellen. Eine diplomatisch formulierte Absage ist also auf jeden Fall zumindest eine Überlegung wert.

Tipp zum Zeitsparen:

Doodle – Mit „Gekritzel" Zeit sparen
Doodle (vom englischen Verb „to doodle" – kritzeln) wurde entwickelt, um Umfragen schnell zu erstellen und Termine einfach zu vereinbaren. Das Programm kann so dabei helfen, Zeit zu sparen.
Frau Fuchs registriert sich dabei mit einem kostenlosen Benutzerkonto bei www.doodle.de und kann sofort starten, andere Teilnehmer in ihre Umfrage einzubinden. Die Bedienung ist schnell und einfach.

Die elegante Art „Nein" zu sagen

„Nein" sagen kann man lernen. Wie bei allem, das wir erst lernen müssen, geht das nicht von heute auf morgen, auch Rückfälle sind möglich. Aber wie heißt es so schön in der Werbung: „Nicht immer – aber immer öfter" – heißt das Zauberwort. Es muss ja auch nicht immer ein klares NEIN sein. Viel einfacher und zudem eleganter ist es, mit Angabe der folgenden Gründe zu reagieren:

- Gegenvorschlag oder Alternative aufzeigen
- Keine Zeit
- Kosten – Nutzen aufzeigen
- Freundliche Erklärung
- Aufgaben delegieren

Wir neigen dazu, uns ein zu enges Zeitgerüst anzulegen, wenn wir Aufträge annehmen. Besser und entspannter ist es, sofort zu reagieren, wenn jemand mit einer neuen Aufgabe an uns herantritt: "Ist es für Sie in Ordnung, wenn ich die Sache bis morgen Vormittag erledige?" Wenn der Chef (oder Kollege, oder ein Kunde) zustimmt, kann die wichtige Arbeit, die für heute fest auf dem Tagesplan stand, ohne Zeitdruck fertig gestellt werden.

Genauso wichtig ist es natürlich, dass wir auch dem Chef kein zu enges Zeitgerüst anlegen. Selbst der netteste Chef wird ungehalten (weil gestresst), wenn er um 10:00 Uhr aus einem Meeting kommt und für 10:00 Uhr schon der nächste Anruf auf ihn wartet – nur weil wir dem Anrufer diese Zeit genannt haben. Hier ist Fingerspitzengefühl gefragt. Als erfahrene Assistentin erkennen wir, ob der Anruf wirklich so wichtig ist, oder der Anrufer dies nur vorgibt.

Last but not least die Ausgangsthese: Der schlimmste Zeitdieb ist der Chef.

Wer kennt das als Sekretärin oder Assistentin nicht: Eine wichtige Aufgabe für den Chef ist zu erledigen, die Zeit drängt. Im günstigsten Fall ist das Telefon umgestellt, die Kollegen nehmen Rücksicht und stören nicht. Wer – als Einziger – ruft alle paar Minuten um Hilfe, sucht etwas oder fühlt den unüberwindbaren Drang in sich, seine Gedanken mitzuteilen? Richtig: der Chef. Dabei wartet immerhin er auf die Erledigung der Aufgabe.

Natürlich ist die Sekretärin die Zuarbeiterin des Chefs und genau dafür hat er sie eingestellt. Von Zeit zu Zeit ist es aber notwendig, ein gewisses Maß an Rückgrat zu zeigen und auch dem Chef gegenüber auf elegante Art Nein zu sagen. Und keine Angst: Mit ein wenig Fingerspitzengefühl ist das kein Problem, schließlich ist es ja nur zu seinem Besten. Und ehrlich: Chefs sind auch Menschen – und mit den meisten kann man wunderbar reden.

Weg mit dem Hemmschuh „Aufschieberitis"

Natürlich gehört die Aufschieberitis zu den Zeitdieben, da sie aber so vielfältige Auswirkungen hat steht ihr ein eigener Abschnitt zu.

Es gibt kaum ein Wort, das sowohl im Alltags- wie auch im Berufsleben so bekannt ist – und gegen das doch kaum ein Kraut gewachsen ist. Die Aufschieberitis ist unglücklicherweise auch noch eine „Unpässlichkeit", die immer mit schweren Nebenwirkungen einhergeht – vom schlechten Gewissen über Unstimmigkeiten mit Kollegen und Chef bis hin zu ausufernden Anfällen von Stress.

Gute Gründe, um der Aufschieberitis den Kampf anzusagen, denn sie hemmt uns, zieht Arbeiten unnötig in die Länge, lässt uns vor anderen schlecht dastehen und zwingt uns, ständig neue Ausreden zu erfinden – kurzum, sie kostet uns wertvolle Zeit, und das Tag für Tag. Und, was noch schlimmer ist: je länger eine Aufgabe aufgeschoben wird, umso höher türmt sie sich vor uns auf, wird größer und mächtiger.

Aus welchen Gründen aber überlassen wir der Aufschieberitis so viel Raum in unserem Leben? Gehen wir den Ursachen auf den Grund:

- **Angst zu versagen:**
  Die Angst ist einer der häufigsten Gründe, eine Aufgabe vor sich her zu schieben. Bei Frau Fuchs ist es zum Beispiel die umfangreiche Reisekostenabrechnung von der letzten Geschäftsreise Direktor Fuchsigers. Die Reise führte ihn zwei Wochen lang in verschiedene Länder und Frau Fuchs ist sich nicht sicher, ob sie dieser Aufgabe gewachsen ist.

  Lösung:
  Frau Fuchs stellt sich die Reisekostenabrechnung nicht mehr als einen Riesenberg vor, den sie kaum erklimmen kann, sondern unterteilt die Abrechnung in mehrere kleine Teilbereiche, die sie nacheinander abarbeitet. So kommt sie Land für Land voran und mit jedem Schritt wird die Aufgabe kleiner und überschaubarer. Aus der Aufgabe „Reisekosten

- **Arbeitsüberlastung:**
  Der Schreibtisch von Frau Fuchs liegt so voll, dass sie keine Zeit findet, sich auf die doch sehr zeitintensive Reisekostenabrechnung zu konzentrieren.

  Lösung:
  Frau Fuchs delegiert einen Teil der auf ihrem Tisch schlummernden Aufgaben an eine Kollegin, die mit diesen Arbeiten vertraut ist. So kann sie sich ungestört der Abrechnung widmen.

- **Unangenehme Aufgaben:**
  Es gibt Aufgaben, die wir gerne machen, und es gibt Aufgaben, die uns unangenehm sind. So ist das Leben nun einmal und da gibt es auch kein Schönreden. Auch Frau Fuchs kennt das: Sobald es um das Thema Ablage geht, fallen ihr tausend kleine Erledigungen ein, die unbedingt vor der Ablage vom Tisch sollen. So wird die Ablage immer größer, der Stapel immer höher und die Anfälle von Aufschieberitis immer heftiger.

  Lösung:
  Hier helfen leider nur die drei großen D: Disziplin, Disziplin und nochmals Disziplin. Konkret heißt das, dass die Ablage zum Beispiel immer an einem bestimmten Tag zu einer festgelegten Zeit erledigt wird. Als Belohnung winkt aber nach erledigter Ablage ein unglaubliches Glücksgefühl.
- **Unklare Ziele:**
  Wenn ich das Ziel nicht kenne, kann ich auch nicht die richtige Richtung einschlagen. Ziele müssen also ganz klar und eindeutig formuliert sein. Direktor Fuchsiger zum Beispiel erlaubt sich Frau Fuchs gegenüber Sätze wie: „Bei Gelegenheit müssen wir Herrn Müller einen Brief zum letzten Besuch schreiben.“ Frau Fuchs wartet nun auf weitere Anweisungen, sie weiß, dass etwas getan werden muss, aber: Sie weiß nicht genau was.

  Lösung:
  Frau Fuchs schreibt sich für die Chefabsprache genau auf, welche Fragen sie an ihn hat – so kann sie konkret erfahren, was Inhalt des Briefes sein soll – und zwingt ihn, sich selbst darüber klar zu werden.
- **Lustlosigkeit:**
  Es heißt zwar, gegen Faulheit ist kein Kraut gewachsen, aber hier ein Trost: Dieser Punkt kann zwar auch eine Ursache für Aufschieberitis sein, aber der Prozentsatz liegt wesentlich niedriger als in den vier oben genannten Fällen.

Tipps zum Überwinden der Aufschieberitis:

- Ziele müssen klar definiert werden: Was will ich bis wann erreichen?
- Größere Aufgaben werden in kleinere Aufgaben mit Teilzielen unterteilt
- Der Morgen sollte mit einer „großen“ Aufgabe angefangen werden
- Abendliche Kontrolle, ob die Aufgaben erledigt wurden
- Belohnung nach überwundener Aufschieberitis

Achterbahn zwischen Leistungshoch und Leistungstief

Dass wir nicht zu jeder Stunde des Tages in gleichem Maße leistungsfähig und aufnahmebereit sind, ist weder ein Geheimnis noch etwas Neues. Trotzdem lassen wir diese Erkenntnis bei unserer täglichen Arbeit häufig außer Acht. Aber ehrlich gesagt ist es im normalen Büroalltag ja auch nicht immer möglich, dieser Tatsache Rechnung zu tragen. Durch die vielfältigen Aufgaben und Anforderungen, Termine die wahrgenommen werden müssen und die ein oder andere Krisensituation ist oft volle Konzentration gefordert. Zeiten des Leistungstiefs werden ignoriert – aber es passiert auch, dass wir zwar gerade in unserem persönlichen Leistungshoch jubilieren, uns aber die Zeit mit unwichtigen Arbeiten vertreiben.

Niemand wird seinem Chef, der mit einer wichtigen Terminsache kommt, in der Art „Entschuldigung, aber mein Biorhythmus ist gerade dagegen, dass ich mich dieser Aufgabe widme“ einen Korb geben.

Erfolg versprechend ist es aber, sich auf seine Leistungshochs zu konzentrieren. Wann ein Mensch sein Leistungshoch hat, ist individuell unterschiedlich.

In der Regel ist das Leistungshoch am Vormittag. Zur Überprüfung ist die nachstehende Tabelle eine gute Möglichkeit: Einfach eintragen, zu welchen Zeiten des Tages man am leistungsfähigsten ist – und wann es besonders schwer fällt.

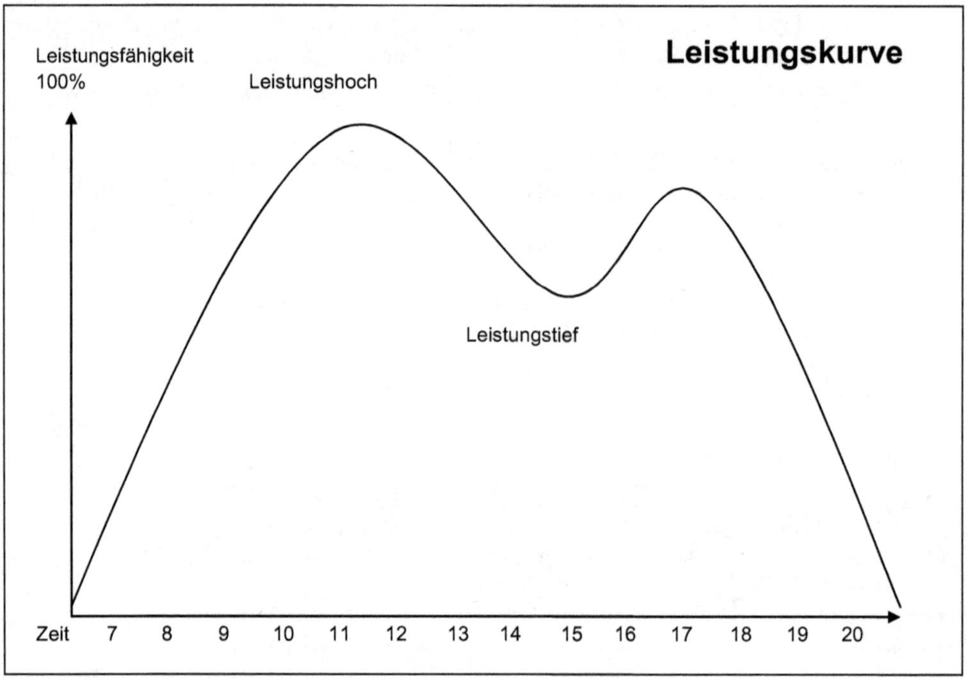

Abbildung 1: *Leistungskurve*

Direktor Fuchsiger legt sehr viel Wert auf die Mitarbeiterzeitung und seine Sekretärin Frau Fuchs ist für die Koordination des Teams und die Einhaltung der Termine zuständig. Wie so häufig sind zum vorgesehenen Zeitpunkt von zwölf zu erwartenden Artikeln nur fünf Artikel da. Da der Redaktionsschluss in greifbare Nähe rückt, streicht Frau Fuchs ihre Mittagspause, um den Termindruck aufzufangen. Als Mittagessen muss ein Müsliriegel reichen – das Leistungstief in der Mittagszeit wird damit künstlich übergangen.

Viele Sekretärinnen fordern von sich selbst ständig 100 % Leistungsfähigkeit. Vor allem, wenn der Chef da ist und ständig neue Wünsche und Aufgaben anbringt. Die Missachtung von Leistungstiefs geht eine Weile gut, irgendwann aber rächt sich der Körper und es kommt zu massiven Beschwerden, die Anzeichen von ernsthaften Krankheiten sein können.

Regelmäßige Pausen sind unerlässlich. Nach einer Stunde konzentrierter Arbeit sollte eine Fünf-Minuten-Pause eingelegt werden – am besten mit Frischluft und etwas Bewegung.

Frau Fuchs hat daraus gelernt und bearbeitet zukünftig die Aufgaben (Artikel schreiben und verbessern, Kollegen anschreiben) für die Mitarbeiterzeitung gleich früh am Morgen – und legt nach einer Stunde die Arbeit zur Seite, atmet am geöffneten Fenster tief durch. Das kurze Leistungstief nutzt sie, um z. B. in ihre E-Mails zu sehen und schnell die eine oder andere Mail zu löschen oder kurze E-Mails zu beantworten. Auch kurze Telefonate, in denen sie Termine für den Chef vereinbart, können in dieser Zeit erledigt werden.

Vergessen wir über unserer eigenen Leistungskurve aber nicht, dass der Chef genauso seine Leistungshochs und -tiefs hat. Auch seine Termine sollten so gelegt werden, dass er Zeit zum Kräfte sammeln hat – die kleine Mühe lohnt sich, denn die Zusammenarbeit wird weitaus produktiver.

Kleine Tipps für das Leistungstief:

- Die Erledigung von kurzen Telefonaten passt hervorragend in Zeiten des Leistungstiefs.
- Kleinere Aufräumaktionen (eine Schublade, Ablage) sind wunderbare Aufgaben, bei denen keine große Konzentration notwendig ist.
- Dehnübungen können auch im Sitzen durchgeführt werden.

Alle diese kleinen Arbeiten vermitteln trotzdem das Gefühl, etwas geleistet zu haben; und die vielen kleinen „Erledigt"-Häkchen sind ungemein motivierend.

Prioritäten: Der Primus inter pares

„Prioritäten setzen heißt auswählen, was liegen bleiben soll"

Helmar Nahr, dt. Mathematiker und Wirtschaftswissenschaftler

„Alles ist wichtig" ist eine Aussage, die zwar von einigen Chefs gerne gemacht wird, dafür aber trotzdem nicht stimmen muss. „Prioritäten setzen" ist das Zauberwort, um die zur Verfügung stehende Zeit bestmöglich zu nutzen. Prioritäten setzen heißt, dass Entscheidungen getroffen werden müssen – und hier liegt wohl das eigentliche Problem. Entscheidungen werden oft deshalb nicht getroffen, weil dann Verantwortung übernommen werden muss. Auch wenn es um Prioritäten geht, sind unsere Hemmungen, NEIN zu sagen, ein ernst zu nehmendes Thema, die Gründe wurden in Kap. 3 bereits ausführlich erörtert.

Mit der ALPEN-METHODE haben wir die Möglichkeit einer systematischen Aufgliederung und Beurteilung für Vorgänge und Aufgaben, sie dient daher auch als Entscheidungshilfe:

A: Aufschreiben von Aufgaben

Auf ihrem Weg durch die Flure, ins Lager, an vielen Büros vorbei, wird unsere Sekretärin Frau Fuchs von Kollegen angesprochen. Herr Flott aus dem Personalbüro erinnert sie daran, ihre fehlende Lohnsteuerkarte abzugeben, Herr Pfiffig aus der Buchhaltung fragt noch nach ein paar Informationen zu Belegen des Chefs und der Lagerverwalter bittet um ein kurzes Gespräch mit dem Chef. Frau Fuchs hat ein trainiertes Gedächtnis und hin und wieder leiht sie sich bei einem Kollegen einen Zettel, um sich eine Notiz zu machen. Eine Kollegin richtet ihr noch aus, dass sie bitte einen Kunden, Herrn Lästig, anrufen soll und es folgt noch ein kleines privates Schwätzchen. Frau Fuchs kehrt an ihren Platz zurück, erledigt den Anruf, macht sich dann an die Aufgaben, die auf ihrem Tisch liegen – und vergisst, dass sie Herrn Pfiffig noch Informationen zuschicken wollte.

Frau Fuchs kann solche Pannen auf zwei unterschiedliche Weisen vermeiden: Aufgaben, die sofort im Superbuch notiert werden, können nicht mehr in Vergessenheit geraten.

Wenn sie keinen Stift zur Hand hat, kann sie den Kollegen bitten, ihr eine E-Mail mit der Bitte zuzuschicken. So wird die Aufgabe an den Kollegen zurück delegiert – auch das ist eine elegante Art, Nein zu sagen.

L: Länge der Aufgaben abschätzen

Frau Fuchs kommt morgens pünktlich um 8:00 Uhr ins Büro. Sie schaut „kurz“ in ihre E-Mails:

Herr Müller von der Marketingabteilung benötigt einen Besprechungstermin beim Chef.

Frau Fuchs schaut also schnell in den Kalender des Chefs, entdeckt eine Lücke um 14.00 Uhr und schickt Herrn Müller eine Terminbestätigung – natürlich trägt sie den Termin auch im Kalender von Direktor Fuchsiger ein.

Die nächste E-Mail ist ein Newsletter – eine willkommene Abwechslung mit interessanten Tipps zur neuen Rechtschreibregelung. Frau Fuchs liest den Newsletter begeistert durch, druckt ihn aus und heftet sich die neuen Regeln so ab, dass sie bei Bedarf schnellen Zugriff darauf hat

Drei Werbe-Mails werden gelöscht, bevor Frau Fuchs die E-Mail von Frau Gerber von der Personalabteilung liest. Frau Gerber sagt einen Termin morgen um 9:00 Uhr ab, da der Wunschbewerber seinen Vorstellungstermin kurzfristig abgesagt hat. Direktor Fuchsiger, der an diesem Gespräch teilnehmen wollte, kann nun wieder über diese Zeit verfügen – also streicht Frau Fuchs den Termin im Chefkalender und leitet die E-Mail von Frau Gerber mit einem Erledigungsvermerk an Direktor Fuchsiger weiter.

Da haben wir das Problem: „Mal kurz“ ist die größte Zeitfalle, in die wir hineintappen können. Die Aussage „Ich mach mal eben schnell“ beinhaltet schon eine große Menge an Stress. Wenn auf eine solche Bemerkung gefragt wird, wie viel Zeit die Tätigkeit beanspruchen wird, weiß es der Betreffende meist selbst nicht – er hat sich keine Gedanken darüber gemacht und die Zeit wird unterschätzt.

Wir müssen also üben und abschätzen: Wie viel Zeit wird für die tägliche Bearbeitung der E-Mails aufgebracht? Dreißig Minuten oder eher eine Stunde? Zu Beginn wird die Dauer meist unterschätzt aber mit der Zeit bekommt man Routine und schätzt die einzelnen Bearbeitungszeiten besser ein. So wird schnell klar, wo die Zeitfresser sich versteckt halten und man kann realistisch planen.

P: Pufferzeiten reservieren

Frau Fuchs beginnt ihren Tag hochmotiviert und hat sich die Bearbeitung von insgesamt vier Aufgaben fest vorgenommen, dazu gehören: a) Einladung für die Hauptversammlung mit allen Tagesordnungspunkten schreiben und versenden, b) Powerpoint-Präsentation über die Entwicklung einer neuen Geschäftsstrategie entwerfen.

Für jede dieser Aufgaben hat sie zwei Stunden Zeit eingeplant. Am Ende des Tages bemerkt sie jedoch, dass sie nur Aufgabe a) geschafft hat und ist frustriert, weil sie doch den ganzen Tag geschuftet hat. Sie hatte doch „nur“ das ganz normale Tagesgeschäft abzuwickeln, wie Post bearbeiten, E-Mails beantworten, Telefon bedienen …

Frau Fuchs hat den „Kardinalfehler“ begangen, indem sie versäumt hat, Pufferzeiten einzubauen. Ein Tag darf niemals komplett verplant sein. Häufig finden wir die Formel 60:40 (60 % verplante Zeit und 40 % freie Zeit) – davon dürfen wir uns aber nicht täuschen lassen. Gerade im Sekretariat sieht die Realität nämlich entscheidend anders aus. Hier übernehmen bereits im Gros der Fälle die Arbeiten für den Chef mindestens 60 % der Zeit, die übrigen 40 % müssen aber dann noch für die allgemeinen Sekretariatsarbeiten plus Pufferzeiten herhalten. Wenn also nun für „unsere“ 40 % ebenfalls die

60:40 Formel gilt, dann bleibt uns sowieso nicht wirklich viel an Zeit für Unvorhergesehenes.

Behandeln wir also unsere Pufferzeiten wie Wasser in der Wüste: als etwas ganz besonders kostbares, das wir uns von niemandem nehmen lassen.

E: Entscheidungen treffen

Frau Fuchs hat von Direktor Fuchsiger am Vormittag eine Liste mit Aufgaben erhalten. Schon am Nachmittag kommt er mit einer weiteren Fülle von Aufgaben. Alles, was vom Chef kommt ist eilig und wichtig, aber jetzt ist selbst die tüchtige Frau Fuchs überfordert. Soll sie alles der Reihe nach abarbeiten oder „brennt da etwas an“, das erst am Ende der Liste auftaucht? Außerdem hat Frau Fuchs einen Vorgang bereits seit drei Monaten auf ihrem Schreibtisch liegen, ohne dass die Bearbeitung Fortschritte macht. Sie hat den Chef schon oft darauf angesprochen, doch er hat einfach keine Zeit. Dabei ist es gar nicht so schwer: Es geht um eine neue Beschilderung der Zimmertüren und des Haupteingangs, verschiedene Angebote von Werbeagenturen liegen vor. Jetzt muss „nur“ noch eine Entscheidung getroffen werden.

Was spricht denn dagegen, dass Frau Fuchs schon vorab für den Chef einen Entscheidungsvorschlag ausarbeitet und ihm diesen dann vorlegt? Dann ist die Chance, dass der Vorgang schnell vom Tisch kommt, wesentlich größer. In unserem Beispiel scheidet z. B. das Angebot der Firma X aus, weil es zu einfach und zu billig erscheint. Das Angebot von Z fällt raus, weil es zu hoch ist und den Finanzrahmen sprengt. Frau Fuchs schlägt daher das Angebot Y vor. Der Chef braucht den Entscheidungsvorschlag nur noch abzunicken, hat aber immer noch die Möglichkeit, sich den ganzen Vorgang noch einmal anzusehen. In der Regel wird er froh sein, dass ihm jemand die Entscheidung gut vorbereitet.

N: Nachkontrolle

Frau Fuchs hat einen Schreibblock, auf dem sie sich alles schnell notiert: Aufgaben, die an sie herangetragen werden, Notizen zu Telefonaten, Telefonnummern und alles, was ihr sonst noch an zu erledigenden Arbeiten einfällt. Ein paar Kritzeleien sind zur Entspannung auch dabei, man gönnt sich ja sonst nichts. Erledigte Aufgaben streicht sie schwungvoll durch. Der Block wird Seite für Seite gefüllt und von Zeit zu Zeit blättert Frau Fuchs den Block um. Dabei bemerkt sie zu spät, dass sie eine Aufgabe auf der drittletzten Seite übersehen hat. Sie ärgert sich und kommt in Zeitdruck, das bedeutet Stress.

Dieses Problem kennen viele von uns. Wir konzentrieren uns auf die Arbeit und versuchen, alles so gut wie möglich zu erledigen. Es werden Notizen gemacht die dann wieder verlegt werden, manche haben sogar mehrere Notizblöcke, um nur ja alles aufschreiben zu können. Und dann wird zwischen all den vielen Notizen die wichtigste übersehen. Auch für die Notizen kann man sich ein wirkungsvolles System aneignen. Sinn und Zweck des Aufschreibens ist es, nachvollziehbar zu machen, welche Aufgaben zu bearbeiten sind und welche bereits erledigt wurden. Frau Fuchs notiert sich in Zukunft alles in ihrem Superbuch und bedient sich der Vorteile des elektronischen Wiedervorlagesystems von Outlook.

Wirkungsvolle Waffen gegen die Zettelwirtschaft

Frau Fuchs ist wieder einmal in Eile, jeder will etwas von ihr und die Unterlagen häufen sich auf ihrem Schreibtisch. Gut, dass sie ausreichend Notizzettel hat; selbst der Bildschirm hat eine Zettelfrisur, denn er ist über und über mit Post-its beklebt, einige wurden sogar so oft mit Tesafilm wieder angebracht, dass er wie ein verspäteter Hippie aussieht. Das sieht zwar geschäftig aus, wirkt aber nicht professionell. Ganz abgesehen davon ist es auch eine recht unsichere Methode, denn Prioritäten kann Frau Fuchs so nicht mehr erkennen.

Wie es aussieht, kennt Frau Fuchs die Superwaffen der modernen Büroamazone gegen die Zettelwirtschaft noch nicht.

- **Superbuch**

Das Superbuch ist ein handelsübliches gebundenes Notizbuch, am besten in DIN A4. Für „Langstreckenläufer" innerhalb des Betriebs kann aber auch ein kleineres Notizbuch in der Größe eines Vokabelheftes gute Dienste tun.

Für jeden Tag wird nun eine neue Seite angefangen und das entsprechende Datum oben vermerkt. Alle Aufgaben werden aufgeschrieben und mit einem kleinen Kästchen am linken Rand versehen. Alle erledigten Aufgaben werden in diesem Kästchen abgehakt, unerledigte Aufgaben auf den nächsten Tag übertragen oder – besser noch – in Outlook vermerkt.

Da die erledigten Seiten komplett oben abgehakt werden, kann nichts mehr übersehen oder vergessen werden.

Auch wenn Frau Fuchs nun im Unternehmen unterwegs und so der PC mit Outlook nicht ständig verfügbar ist, hat sie nun mit dem Superbuch eine effiziente Alternative zur Zettelwirtschaft. Auch wenn Frau Fuchs nun im Unternehmen unterwegs und so der PC mit Outlook nicht ständig verfügbar ist, hat sie nun mit dem Superbuch eine effiziente Alternative zur Zettelwirtschaft.

- **Outlook**

In Outlook können ganz einfach und schnell Aufgaben notiert werden. Da Frau Fuchs sowieso die überwiegende Zeit an ihrem PC sitzt, geht das Eintragen von Arbeiten über Outlook sogar schneller, als das Schreiben eines Notizzettels – und alle Ideen, Aufgaben und kleine Gedankenstützen werden übersichtlich und mit Terminangaben festgehalten. Hier haben sich schon einige schlaue Leute für uns Gedanken gemacht und Frau Fuchs hat die Gewissheit, dass ihr keine Aufgabe „durchrutschen" kann.

Die Vorgehensweise ist denkbar einfach:

- in der Outlook-Leiste wird das Symbol für „Aufgabe" angeklickt,
- anschließend auf die Schaltfläche „Neu" klicken,
- die Aufgabe wird mit allen Angaben in das Aufgabenformular eingetragen,
- anschließend „Speicher und Schließen" – die neue Aufgabe wird automatisch im Ordner „Aufgaben" abgelegt.

- **OneNote**

OneNote ist ein Programm, das von Microsoft als eine Art digitales Supernotizbuch entwickelt wurde. Im Gegensatz zu den Notizen, die in Outlook hinterlegt werden, bietet OneNote sehr viel mehr an Nutzungsmöglichkeiten.

Textelemente und Bilder können leicht verschoben werden, das gleichzeitige Arbeiten von verschiedenen Personen ist ebenfalls möglich. Ganze Textdateien und Grafiken können gespeichert werden, in Rubriken unterteilt und alphabetisch geordnet werden. Selbst Audiodateien können aufgezeichnet werden – wenn das Gerät von Frau Fuchs diese Funktion zulässt, kann sie sogar Handschriftliches mit aufnehmen.

Das Notizbuch – oder bei Bedarf auch eine größere Zahl von Notizbüchern – kann von überall her abgerufen werden und mit ihrem Smartphone synchronisiert werden.

Das Wiederfinden von Notizen wird nicht nur durch die alphabetische oder thematische Sortierungsmöglichkeit erleichtert – Frau Fuchs muss nun nur einen speziellen Suchbegriff eingeben, und schon durchsucht das Programm alle Dateien danach.

Belohnung muss sein

Langer Rede kurzer Sinn: was bringt uns nun ein gutes Zeitmanagement? Ein arbeitsreicher Tag muss noch lange keinen Stress bedeuten. Im Gegenteil: Eine gut gelöste, schwierige Aufgabe wird Befriedigung und sogar ein Gefühl der Erholung bringen. Stress wird nicht von erledigten, sondern von unerledigten Aufgaben erzeugt. Stress resultiert häufig aus mangelhafter Planung und Disziplin, falsch verstandener Rücksichtnahme, mangelndem Durchsetzungsvermögen und verursacht dann auch noch ein schlechtes Gewissen.

Wer gut plant, kann Stress vorbeugen. Durch die Vorbereitung von Gesprächen z. B. kann schon im Voraus der Verlauf und die Dauer des Gesprächs geplant werden und wichtige Besprechungspunkte werden nicht vergessen.

Nutzen und Vorteile einer guten Zeitplanung:

- Die daraus gewonnene Sicherheit hilft über viele Hürden hinweg, die im Arbeitsalltag immer wieder auftauchen.
- Mangelhafte Planung erfordert viel Zeit für die Beseitigung von Fehlern und Mängeln. Ein gutes Zeitmanagement beugt diesem Ärger vor und dient der Motivation.
- Die Arbeiten werden nacheinander und nicht zeitraubend parallel erledigt.
- Durch die Zeitersparnis können kurze Entspannungszeiten eingeplant werden – selbst Kleinigkeiten wie eine Tasse Kaffee oder eine kleinen Pause am geöffneten Fenster kann man mit einem kleinen Zeitpolster bewusster genießen.
- Der Tag wird klarer und greifbarer, es türmt sich kein unüberwindlicher Berg auf.
- „Große" Aufgaben werden gleich erkannt und können so gezielter bearbeitet werden.
- Ablenkung durch Nebensächlichkeiten erfolgt weniger.
- Durch professionelles Arbeiten ist das eigene Ansehen bei Chef und Kollegen höher.
- Durch Lob von anderen fühlt man sich besser (es ist durchaus erlaubt, entsprechendes „Feedback" einzufordern).
- Am Abend hat man das gute Gefühl, etwas geleistet zu haben.

Zeit ist immer auch Lebensqualität – und Lebensqualität ist eine wunderbare Belohnung!

Von Multitasking bis Burnout – Ursachen und Gegenmaßnahmen

Multitasking ist zwar ein Begriff, der aus der Computersprache stammt, längst aber wird er auf das tägliche Leben, insbesondere den Arbeitsalltag, übertragen. Was ursprünglich die Fähigkeit eines Betriebssystems, mehrere Vorgänge gleichzeitig zu bearbeiten beschrieb, wird ohne großes Hinterfragen als wünschenswerte Eigenschaft zur Bewältigung der Büroarbeit angesehen.

Im Fall von Frau Fuchs heißt das an „ganz normalen" Tagen, dass sie nicht nur die Installation der neuen Telefonanlage überwacht, die Terminänderungen für Ihren Chef erledigt, die Zurufe ihrer Kollegen notiert, schnell noch einige E-Mails beantwortet und ganz nebenbei die nächste Aufsichtsratssitzung vorbereitet. Direktor Fuchsiger geht ganz selbstverständlich davon aus, dass Frau Fuchs multitaskingfähig ist und somit den Anforderungen quasi „mit links" gerecht wird, so dass auch die Aufgaben, die er ihr ganz zwischendurch noch auf den Tisch legt, ohne große Verzögerungen in ihren Arbeitsablauf mit einbaut.

Ganz normaler Alltag, sagen Sie? Dann wird es höchste Zeit, sich die Situation klar vor Augen zu führen. Fakt ist, dass das menschliche Gehirn nicht in der Lage ist, mehrere Dinge gleichzeitig zu tun. Ebenso ist es eine Tatsache, dass wir umso effizienter arbeiten, je ungestörter wir an einer Aufgabe dranbleiben können. Warum also möchten wir unter allen Umständen den Eindruck erwecken, dass wir problemlos allen Anforderungen gerecht werden können?

Multitaskingfähigkeit ist sozusagen das Zauberwort, das uns dazu bringen soll, genau all diese Anforderungen erfüllen zu WOLLEN! Es soll der Anschein erweckt werden, dass diese Fähigkeit erstrebenswert ist und die Chancen in der Arbeitswelt erhöht. Die Auswirkungen können fatale Ausmaße annehmen:

Da niemand mehrere Aufgaben zur exakt gleichen Zeit erfüllen kann, ist das gesteckte Ziel nicht zu erreichen. Demotivation und Frust sind die Ergebnisse.

Gleichzeitig ist es aber verpönt, zuzugeben, dass man nicht multitaskingfähig ist – es ist ein Tabu-Thema, denn wer wagt schon anzuzweifeln, was den Kollegen scheinbar mühelos gelingt? Um den Anforderungen trotzdem gerecht zu werden, strengen sich viele noch mehr an, wollen zeigen, wie belastbar und flexibel sie sind. Stress wird erzeugt und im schlimmsten Fall ist das Burnout-Syndrom die gefährliche Folge.

Burnout-Symptome

Die ersten Anzeichen, dass sie auf ein Burnout-Syndrom zusteuern, können Sie im besten Fall noch selbst erkennen, meist aber sind wir so in unserem Arbeitskosmos gefangen, dass wir die Anzeichen verleugnen und ignorieren. Immer noch ist das Burnout-Syndrom negativ behaftet, als Zeichen von Schwäche wird es lieber vertuscht als den Anfängen zu wehren.

Die häufigste Ursache eines Burnout-Syndroms ist die Diskrepanz zwischen beruflicher Anforderung und persönlicher Anerkennung. Im Klartext heißt das, dass ein Mensch, der viel Verantwortung trägt, permanent unter Zeitdruck steht und sich in seinen immer anspruchsvoller werdenden Aufgaben häufig gestört fühlt, gleichzeitig das Gefühl erhält, dass seine Anstrengungen nicht gesehen und seine Ergebnisse nicht gewürdigt werden. Folgen sind wachsende Unsicherheit und Angst um die berufliche Zukunft.

Die einzelnen Phasen des Burnout-Syndroms verlaufen schleichend: Will man zunächst noch beweisen, dass man den Anforderungen gerecht wird – was mit übermäßigem Ehrgeiz versucht wird – werden immer stärker wichtige Lebensbereiche vernachlässigt:

Um beruflich zu funktionieren, werden soziale Kontakte eingeschränkt, später ganz gekappt. Entstehende Probleme werden verleugnet, Zweifel an den eigenen Fähigkeiten entstehen.

Der Teufelskreis hat begonnen: Um nicht auf die scheinbare eigene Wertlosigkeit aufmerksam zu machen, werden Kontakte völlig eingestellt, Selbstzweifel überwiegen und münden schließlich in innerer Leere bis hin zu Depressionen. Ein völliger Zusammenbruch ist dann nur noch eine Frage der Zeit.

Dass das Burnout in allen Gesellschaftsschichten und in allen Berufsgruppen auftreten kann, liegt an der Vielzahl der persönlichen Ursachen: Wann immer ein Mensch besonders hohe Ansprüche an das eigene Verhalten stellt, hat Burnout eine Chance: Sei es durch das Streben nach Perfektionismus, die Unfähigkeit „Nein" zu sagen oder übertriebener Ehrgeiz – all dies kann Grund zu einem innerlichen Ausgebranntsein sein. Und wenn Sie jemals das Ergebnis eines Flächenbrands gesehen haben, dann wissen Sie, dass die Erholungsphase einen sehr, sehr langen Zeitraum erfordert.

Gegenmaßnahmen

Überforderung durch Arbeitsüberlastung erzeugt Stress – diesem gilt es, entgegen zu wirken, denn durch Stress entstehen vor allem Gereiztheit (was zu Problemen mit den Personen in Ihrem Umfeld und damit unter Umständen zur völligen Isolation führt) und Fehler (wodurch Ihre Professionalität in Frage gestellt wird und Ihr Arbeitsplatz gefährdet wird).

Achten Sie auf die wichtigsten Alarmsignale:

- Ihre Wochenarbeitszeit liegt bei über 50 Stunden
- Ihr Privatleben wird durch das Arbeitspensum stark vernachlässigt
- Trotz der vielen Arbeitsstunden haben Sie das Gefühl, Ihren Aufgaben nicht gewachsen zu sein
- Ruhepausen sind nicht mehr möglich
- Termine werden immer wieder kurzfristig verschoben
- Sie betreiben immer öfter Schadensbegrenzung statt ein Problem zu lösen
- Sie haben permanent ein schlechtes Gewissen wegen nicht erledigter Aufgaben

Da die Folgen von Stress so gravierend sind, sollten Sie nicht lange nachdenken, bevor Sie diese Maßnahmen zur Stressvermeidung oder -bewältigung ergreifen:

- Bearbeiten Sie Ihre Aufgaben systematisch und vermeiden Sie Störungen von außen
- Gönnen Sie sich regelmäßige Ruhepausen und entspannen Sie bewusst
- Machen Sie sich klar, dass eine hohe Anzahl an Wochenarbeitsstunden nicht gleichbedeutend mit effektiver Arbeit ist. Durch Entspannung werden Sie oft schneller und kommen leichter zum Ziel
- Schreiben Sie Ihre Tätigkeiten eine Woche auf und notieren Sie auch die Störungen und die erreichten Ergebnisse – dies zeigt Ihnen nicht nur, wo und wann Sie erfolgreich waren, es weist auch mögliche Störfaktoren auf, die Sie dann ausschalten können
- Nehmen Sie Ihr Privatleben wichtig – oft ist der Rückhalt in diesem Lebensbereich genau das, was Sie zur besseren Bewältigung von Stress benötigen
- Identifizieren Sie Ihre Stärken und akzeptieren Sie Ihre Schwächen – mit diesem Wissen fällt es Ihnen leichter, Ihre Arbeiten zu planen und die Dauer einzuschätzen – die Akzeptanz unserer Unzulänglichkeiten befreit und hilft somit, Stress zu vermeiden
- Beachten Sie Ihre Leistungskurve

Checklisten zur Erleichterung im Alltag

„Man lernt nur dann und wann etwas; aber man vergisst den ganzen Tag."

Arthur Schopenhauer

Um dem Vergessen vorzubeugen, werden Gedankenstützen benötigt. Am wirkungsvollsten für viele Tätigkeiten sind Checklisten. Diese haben nicht nur für uns selbst Vorteile, sie machen auch die Einarbeitung von neuen Kollegen oder der Urlaubsvertretung einfacher und zeitsparender. Das gute Gefühl, nichts vergessen zu haben, ist unbezahlbar. Hier einige Beispiel-Checklisten als Anregung:

Checkliste für effektive E-Mail-Bearbeitung

- Eingegangene E-Mails werden möglichst unverzüglich und gebündelt bearbeitet
- Die Ordner „E-Mail-Eingänge" und „gesendete E-Mails" sollten – wie der Schreibtisch – immer leer sein
- Die Ablage der E-Mails erfolgt nach der gleichen Struktur wie die Papierablage
- E-Mails, die wichtiger Bestandteil eines ansonsten schriftlich abgelegten chronologischen Vorgangs sind, werden ausgedruckt und zu dem Vorgang gelegt.
- Spam-Filter einsetzen
- ungewollte Newsletter kündigen
- Ordner „gelöschte E-Mails" regelmäßig leeren

Checkliste für Konferenzen/Besprechungen

- Einladungen
  - mindestens 14 Tage vor Veranstaltung die Einladung verschicken,
  - Inhalt: Zweck, Inhalt, Termin, Ort, Zeit, Dauer und Teilnehmer,
  - Anmeldevordruck für die Teilnahme.
- Teilnehmer
  - die Teilnehmer erhalten eine Anmeldebestätigung und Tagungsunterlagen,
  - auswärtige Teilnehmer bekommen Hotelinformationen, Reservierungsbetätigungen,
  - Preise, An- und Abreise sowie Parkmöglichkeiten.
- Presse
  - mindestens 14 Tage vor der Veranstaltung einladen,
  - Presseplätze reservieren,
  - Presseunterlagen herstellen.

- Konferenztische
  - Namensschilder und Erfrischungsgetränke aufstellen,
  - Schreibpapier, Kugelschreiber und Programme auslegen.
- Technik und Hilfsmittel
  - rechtzeitig bestellen und prüfen, ob die technischen Hilfsmittel in Ordnung bzw.
  - vorhanden sind – das sind z. B. Mikrofon, Lautsprecher, Filmprojektor, Diaprojektor, Soft- und Hardware, Beamer, Videorecorder, Anschlüsse, Verlängerungskabel, Tafel, Flipchart, Ersatzteile und Farbstifte.
- Beschilderung
  - der Weg zum Konferenzraum muss ausgeschildert und leicht zu finden sein,
  - Schilder für Garderobe, Telefon und Toiletten anbringen.
- Bewirtung
  - Imbiss für Vormittagspause und Nachmittagspause vorsehen,
  - leicht bekömmliches Menü für die Mittagspause bestellen,
  - Abend-Menü vorsehen.
- Protokoll
  - festlegen, wer das Protokoll führt,
  - Protokoll enthält: Tagesordnung, Themen, Teilnehmer, Vorsitzender, Protokollführer, Tagungsort, Tag und Zeit.
- Kontrolle
  - alle Vorbereitungen noch einmal kontrollieren,
  - Risikoplanung: Was könnte schief laufen und wie könnte abgeholfen werden?

Checkliste Reisevorbereitung

Maßnahme	**nötig x**	**Name**	**erl. x**
Besprechung mit dem Chef			
vorläufiger Reiseplan			
Terminvereinbarungen			
Verkehrsmittel a) Kfz bestellen b) Bahnreise buchen c) Flug buchen			
Hotelzimmer buchen			
Mietwagen bestellen			
endgültiger Reiseplan			
Reisefinanzen besorgen a) Vorschuss aus Kasse b) Bargeld von Bank c) Schecks d) Währung einwechseln			
Personalausweis in Ordnung			
Reisepass in Ordnung			
Kfz-Papiere			
Reiseunterlagen a) allgemeine Reisemappe b) fallgebundene Unterlagen c) Werbegeschenke			
Postvorschriften a) was geschieht mit Post b) wer unterschreibt Post			
Besuchervorschriften a) Besucher abbestellen b) an wen Besucher verweisen			
Wer muss von der Reise erfahren?			
Wer darf von der Reise erfahren?			
Wer darf nichts von der Reise erfahren?			

Checkliste gegen Stress

Maßnahmen gegen den Stress	
Ich plane jeden Tag mit einer Aufgabenliste	□
Ich setze Prioritäten	□
Ich erledige eine Arbeit nach der anderen	□
Ich mache regelmäßige Pausen	□
Ich verbringe meine Mittagspause außerhalb des Büros	□
Ich höre in Besprechungen und Gesprächen konzentriert zu	□
Ich bereite Telefonate und Besprechungen gründlich vor	□
Ich bereite Telefonate und Besprechungen gründlich nach	□
Ich setze Termine bewusst und halte sie konsequent ein	□
Ich nehme mir am Ende eines Arbeitstages fünf Minuten Zeit, um die Ergebnisse zu notieren	□
Ich entspanne bewusst, lasse die Arbeit im Büro und trenne Privates und Berufliches	□
Ich lege Wert auf meinen Schlaf und gönne mir gesunde sieben bis acht Stunden	□
Ich pflege meine Hobbys und privaten Bekanntschaften	□

Kreativitätstechniken

Thorsten Schildt

Kreative Lösungen im Arbeitsalltag finden

Die meisten beruflichen Tätigkeiten sind heutzutage sehr gut durchorganisiert und bestehen überwiegend aus Routineaufgaben. Dennoch kommt es häufig zu Situationen, in denen Lösungen gefordert sind, für die es keinen vordefinierten Ablauf gibt. Hier ist Kreativität gefragt.

In unserer schnelllebigen und von hartem Wettbewerb geprägten Zeit reichen Standardlösungen oft nicht mehr aus. Es werden neue Ideen benötigt. Wir brauchen anwendbare Lösungen, die wir unseren Routineabläufen hinzufügen können. Insbesondere im Sekretariats- und Officebereich, in dem die Fäden in den Unternehmen zusammen laufen, müssen immer wieder neue Wege beschritten werden. Doch wie können wir bei all dem Stress in unserem Job kreativ sein? Was ist Kreativität überhaupt? Sind wir selber kreativ und ist Kreativität erlernbar?

Es gibt keine einheitliche Definition des Begriffes Kreativität. Eine Umschreibung, die den Begriff gut trifft, ist die folgende:

„Kreativität ist die Fähigkeit des Menschen, bei Problemlösevorgängen neue Lösungsmöglichkeiten zu entdecken und flexibel ungewöhnliche, aber sinnvolle Ideen in verschiedenen Lebensbereichen zu produzieren.“

Um kreativ sein zu können, ist es wichtig, in der Lage zu sein, klassische Denkbahnen zu verlassen und neue Perspektiven einzunehmen. Es gibt ohne Zweifel Menschen, denen es leichter als anderen fällt, Ideen zu entwickeln. Letztendlich hat aber jeder Mensch die Fähigkeit kreativ zu sein. Ideen und Lösungen zu entwickeln sind zum einen eine Sache der Übung und zum anderen eine Sache des richtigen Handwerkzeugs. In diesem Kapitel stellen wir Ihnen Kreativitätstechniken vor, die leicht erlernbar und direkt umsetzbar sind und Ihnen helfen, den Arbeitsalltag erfolgreich zu meistern.

Der kreative Prozess

Verschaffen Sie sich im ersten Schritt Klarheit über die Aufgabe bzw. die Fragestellung. Formulieren Sie schriftlich einen Zustand, den Sie erreichen möchten. Achten Sie darauf, dieses Ziel nicht zu allgemein, aber auch nicht zu konkret auszuarbeiten.

Lassen Sie nun etwas Zeit vergehen, in der Sie sich einen Überblick zu dem Thema verschaffen und Ihre Gedanken reifen lassen. Da unser Unterbewusstsein immer aktiv ist, ist diese Inkubationsphase sehr sinnvoll.

Im dritten Schritt sammeln und entwickeln Sie Ideen mit Hilfe der Techniken, die wir Ihnen in diesem Kapitel vorstellen.

Anschließend bewerten Sie die Ideen und wählen diejenigen aus, die Sie umsetzen möchten.

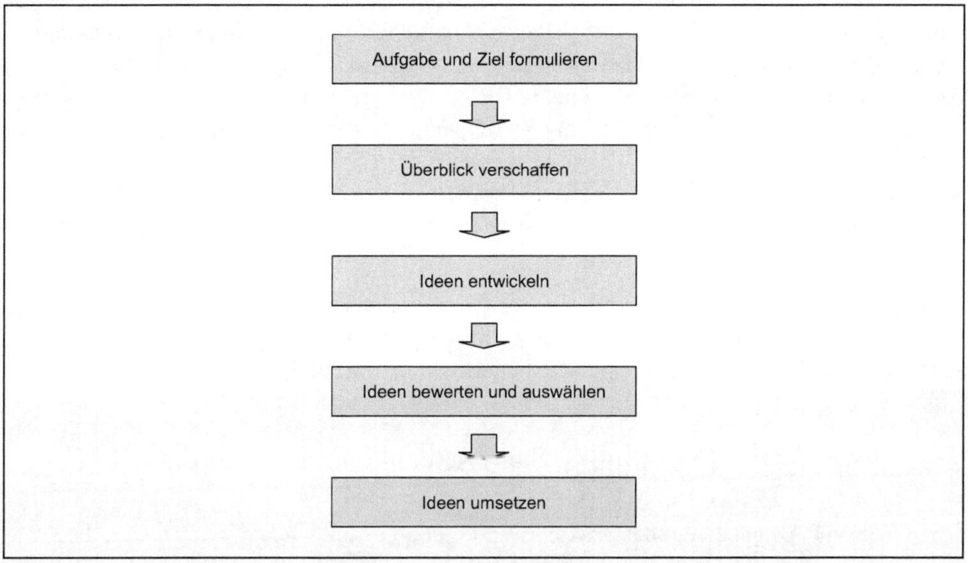

Abbildung 1: *Kreativer Prozess*

Voraussetzungen für kreatives Arbeiten

Viele Ideen entstehen im stillen Kämmerlein und sind das Produkt eines Einzelnen. Von daher hat die kreative Einzelarbeit ihre Berechtigung. In einer Gruppe ist es aber möglich sich gegenseitig den *Ideenball* zuzuspielen, sodass es zum sogenannten *Leitereffekt* kommt. Es ist nicht verwunderlich, dass viele bahnbrechende Ideen im Kollektiv entstanden sind. Wir stellen Ihnen aus diesem Grund überwiegend Methoden vor, die Sie sowohl allein als auch in der Gruppe anwenden können.

Wichtig bei kreativen Prozessen ist das Umfeld. Der Presslufthammer vor dem Büro ist genauso hinderlich wie das ständige Klingeln des Telefons. Schaffen Sie sich ein Umfeld, in dem Sie ungestört sind und in dem Sie sich wohl fühlen. Führen Sie den Prozess der Ideenfindung nach Möglichkeit nicht in Ihrer normalen Umgebung durch. Schließlich wollen Sie gedanklich die Perspektive wechseln und sich in neuen Denkbahnen bewegen. Ergründen Sie, welche Faktoren Ihre Kreativität fördern und versuchen Sie diese mit einfließen zu lassen. Die Menschen sind unterschiedlich und so muss jeder für sich herausfinden, was ihm beim schöpferischen Denken hilft und was ihn blockiert.

Wenn Sie feststellen, dass Sie blockiert sind und Ihr Gedankenstrom versiegt, ist es meist ratsam das Problem loszulassen und eine Pause einzulegen. Vielen Menschen hilft es, sich körperlich zu bewegen. Ein Spaziergang oder etwas Sport können Wunder bewirken. Wenn sich unser Körper bewegt, lässt der Geist meist nicht lange auf sich warten.

Generell ist es eine gute Methode, Ideen, die uns durch den Kopf schießen, schriftlich festzuhalten. Dabei ist es völlig unerheblich, ob die Ideen mit einer konkreten Fragestellung in Zusammenhang stehen oder ob sie uns einfach nur so in den Sinn kommen. Das Aufschreiben führt dazu, dass wir unseren Einfall konkretisieren. Wir geben unseren Gedanken eine Struktur, können die Idee zu jedem beliebigen Zeitpunkt wieder aufgreifen und verschwenden keine Energie darauf, sie bloß nicht zu vergessen. Legen Sie am besten einen Ideenspeicher an. Das können ein Blatt Papier oder eine Datei sein, in die Sie all Ihre Einfälle hineinschreiben. Es kommt oft vor, dass eine zunächst *unbrauchbare* Idee zu einem späteren Zeitpunkt hohen Nutzen erzielt.

Unabhängig davon, ob Sie allein oder in der Gruppe arbeiten, sollten Sie Ihre Fragestellung grundsätzlich visualisieren. Dadurch stellen Sie sicher, dass Sie nicht vom Thema abschweifen und dass jeder Teilnehmer die gleiche Fragestellung bearbeitet.

Aufgaben- und Zieldefinition

Um die genaue Aufgabe oder das exakte Ziel formulieren zu können, ist es wichtig, die Problemstellung genau zu durchleuchten. Erst dann, wenn wir genauere Informationen zu dem Problem haben, können wir es zielgerichtet bearbeiten.

Die Sechs-W-Methode

Mit Hilfe der *Sechs-W-Methode,* die dem Journalismus entstammt, können Sie das Wichtigste einer Aufgabe oder eines Problems schnell erfassen. Wenn Sie zum Beispiel die Aufgabe bekommen, die Anzahl der telefonischen Beschwerden zu reduzieren, könnten Sie folgende Fragen stellen:

- *Wer* meldet das Problem?
- *Was* genau ist das Problem?
- *Wann* tritt das Problem auf?

- *Wo* tritt das Problem auf?
- *Wie* äußert sich das Problem?
- *Warum* ist es ein Problem?

Wenn Sie diese Fragen systematisch abarbeiten, können Sie sich sicher sein, die wesentlichen Aspekte Ihrer Fragestellung erfasst zu haben.

Das Ursachen-Wirkungs-Diagramm

Eine weitere Methode, mit der Sie recht schnell der Ursache eines Problems auf den Grund gehen können, ist das Ursachen-Wirkungs-Diagramm. Der auch als Fischgrätendiagramm bekannten Technik werden vier Hauptarme zugeordnet, die mit den Begriffen *Mensch, Maschine, Methode* und *Material* gekennzeichnet werden. Diese Begriffe helfen dem Anwender, in die entsprechenden Richtungen zu denken und das Problem aus verschiedenen Blickwinkeln zu betrachten.

Der Vorteil dieser Methode ist, dass sich insbesondere Ursachen im quantitativen Bereich systematisch analysieren lassen. Die Aufmerksamkeit der Anwender ist durch die vorgegebene Struktur auf die wichtigsten Kategorien gelenkt. Nachteilig ist, dass Ursachen außerhalb dieser Kategorien kaum erfasst werden.

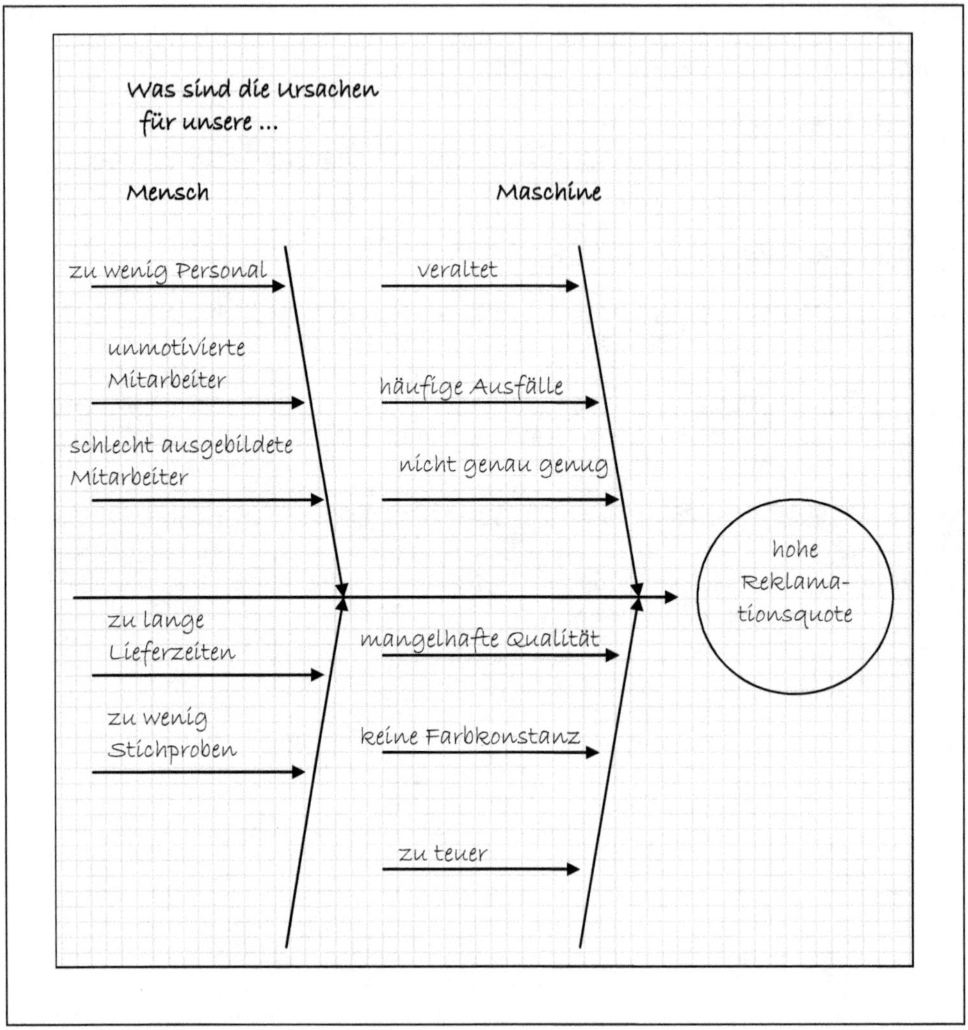

Abbildung 2: *Ursachen-Wirkungs-Diagramm*

Sie haben nun die Ursächlichkeit des Problems erfasst und können sich darauf aufbauend mit den nachfolgenden kreativen Techniken auf Lösungssuche begeben.

Die Techniken

Brainstorming

Das *Brainstorming* ist die wohl bekannteste und grundlegendste aller Kreativitätstechniken. Sie wird meist in der Gruppe durchgeführt. Dabei wird jede Idee, die von den Teilnehmern produziert wird, schriftlich festgehalten. Das kann auf einem DIN A4-Blatt oder einem Flipchart geschehen. Letzteres hat den Vorteil, dass jedes Teammitglied mitlesen kann. Beim Brainstorming darf und soll gesponnen werden. Damit dieses auf eine konstruktive Art und Weise geschieht, gelten für das Brainstorming folgende Regeln:

- *Keine Kritik in der Sammelphase*
  In der Sammelphase, die nicht länger als eine halbe Stunde dauern sollte, geht es ausschließlich darum, viele Ideen zu produzieren. Die Ideen werden in dieser Phase nicht bewertet.
- *Quantität vor Qualität*
  Es gilt das Prinzip Quantität vor Qualität. Sie werden feststellen, dass sich manchmal hinter einem scheinbar verrückten Gedankengang die Lösung Ihrer Probleme befindet.
- *Freier Lauf von Assoziationen*
  Jedes Gedankenspiel ist erlaubt. Spinnen Sie herum und greifen Sie jede Anregung auf.
- *Aufgreifen und Weiterentwickeln von Ideen Dritter*
  Brainstorming ist eine Gruppenarbeit. Es ist nicht wichtig, wer die Idee in der Gruppe hatte, sondern welches Ergebnis erzielt wird. Insofern ist das Aufgreifen und Weiterentwickeln von Ideen anderer Gruppenmitglieder nicht nur erlaubt sondern sogar erwünscht.

Diese Regeln sind im Grunde genommen auf alle Kreativitätstechniken übertragbar. Es ist von entscheidender Bedeutung, das Sammeln der Ideen strikt von der Phase des Aus- und Bewertens zu trennen.

Das Brainstorming kann als isolierte Methode durchgeführt werden, eignet sich aber auch hervorragend als Einstieg und Vorbereitung auf ergänzende Techniken. So kann es sinnvoll sein, nach Formulierung von Aufgabe und Ziel ein kurzes Brainstorming durchzuführen, um sich damit gedanklich in das Thema hineinzubegeben. Nach einer angemessenen Inkubationszeit, in der Sie sich einen Überblick verschafft haben und Ihr Unterbewusstsein schon aktiv geworden ist, können Sie den Prozess dann mit anderen Methoden fortführen.

Selbstverständlich können Sie auch alleine brainstormen. Dass bei diesem *Solo-Brainstorming* die Ideenvielfalt nicht so groß ist wie bei einer Gruppensitzung liegt auf der Hand. Dennoch ist es meist effektiver als nur den klassischen Gedanken zu folgen.

Eine weitere Variante des Brainstormings ist das *Stop-and-go-Brainstorming.* Bei dieser Version wechseln sich relativ kurze Phasen der Ideenproduktion mit ebenso kurzen Phasen der Bewertung ab. Beide Phasen werden somit mehrmals durchlaufen.

Bei schwierigen Gruppen kann es sinnvoll sein, ein *anonymes Brainstorming* durchzuführen. Jedes Teammitglied brainstormt für sich allein und reicht die eigenen Ideen bei einem Moderator ein, der die Ideen aller Gruppenmitglieder vorliest. Dieses Vorgehen hat den Vorteil, dass mitunter Konflikte zwischen einzelnen Teilnehmern vermieden werden. Ein großer Nachteil ist jedoch, dass sich einzelne Teilnehmer schon vor der gemeinsamen Gruppensitzung auf die eigenen Lösungsansätze festlegen.

Brainwriting

Das *Brainwriting* ist eine Abwandlung des Brainstormings. Bei dieser Technik arbeitet in der Phase des Sammelns jeder Teilnehmer still für sich und schreibt seine Ideen auf. Das Brainwriting ist auch unter dem Namen *6-3-5-Methode* bekannt geworden. Sechs Teilnehmer produzieren pro Runde jeweils drei Ideen und haben dafür fünf Minuten Zeit. Das Vorgehen ist folgendes:

Jedes Teammitglied erhält ein vorbereitetes Blatt mit vier Spalten und sieben Zeilen. In die erste Spalte tragen die Teilnehmer ihren Namen ein, in die weiteren Spalten ihre Ideen. Jedem Gruppenmitglied steht eine Zeile zur Verfügung.

Name	1. Idee	2. Idee	3. Idee

Abbildung 3: *Tabelle für 6-3-5-Methode*

Im ersten Schritt schreiben alle Teilnehmer die Fragestellung oben auf das Blatt Papier. Nun haben sie fünf Minuten Zeit, um drei Ideen zu entwickeln, die sie in die drei Spalten eintragen. Dann reicht jeder seinen Zettel im Uhrzeigersinn an seinen Nachbarn weiter und es wird die zweite Runde eingeläutet, in der die Teilnehmer wieder fünf Minuten Zeit haben, um drei weitere Ideen zu produzieren. Durch die bereits eingetragenen Ideen des Nachbarn erhält jedes Mitglied der Gruppe neue Anregungen. Es ist wie beim Brainstorming alles erlaubt, insbesondere die Ideen der Kollegen aufzugreifen und weiterzuentwickeln. Nach der zweiten Runde wird der Zettel wieder weiter gereicht und jeder findet nun bereits sechs Ideen vor, die ihn stimulieren. Nach sechs Runden und 30 Minuten Zeiteinsatz hat die Gruppe insgesamt 108 Ideen entwickelt. Wenn doppelte Ideen gestrichen werden, dürften etwa 80 bis 90 Einfälle übrig bleiben, in einer halben Stunde eine beachtenswerte Anzahl.

Diese Methode können Sie selbstverständlich auch in anderer Gruppengröße und mit einem anderen Zeitfaktor durchführen. Fünf Minuten sind für geübte Gruppen oft eine sehr lange Zeitspanne, sodass es durchaus sinnvoll sein kann, die Zeit auf zwei oder drei Minuten zu reduzieren.

Bei Gruppen, in denen die Teilnehmer ein sehr unterschiedliches Arbeitstempo haben, ist der *Brainwriting-Pool* eine tolle Alternative. Das Vorgehen ist exakt dasselbe wie bei der 6-3-5-Methode. Nur gibt es hier einen weiteren Zettel, der in der Mitte des Tisches liegt und auf dem eventuell bereits Lösungsvorschläge eingetragen sind. Wenn ein Teilnehmer auf seinem Zettel drei Ideen notiert hat oder ihm nichts mehr einfällt, tauscht er seinen Zettel mit dem auf dem Tisch aus. Somit kann jedes Gruppenmitglied seinem eigenen Rhythmus folgen und sich immer wieder durch die Vorschläge der anderen Teammitglieder anregen lassen.

Eine phantastische Möglichkeit, Ideen zu sammeln, bietet das *E-Mail-Brainwriting*. Es entspricht vom Procedere her der 6-3-5-Methode, findet aber via Internet oder Intranet statt. Damit haben Sie die Möglichkeit, sich gemeinsam mit anderen Menschen, die sich an verschiedensten Orten befinden, auf Ideenjagd zu begeben. Wichtig ist hierbei vorab eine Reihenfolge und Zeitintervalle festzulegen, in denen die entsprechenden Dateien weitergeleitet werden.

Wie auch das Brainstorming können Sie auch das Brainwriting alleine durchführen. Der Nachteil des *Solo-Brainwritings* ist allerdings, dass Sie nach jeder Runde eine etwas längere Pause einlegen müssen. Wenn Sie über sechs Runden gehen, empfiehlt es sich, die Sammelphase über zwei Tage zu erstrecken.

Eine weitere Variation dieser Technik ist, mehrere Fragen gleichzeitig zu bearbeiten. Das ermöglicht, dass jeder Teilnehmer mit einer anderen Fragestellung in die Gruppe geht. Wie bei der 6-3-5-Methode werden die Zettel im Uhrzeigersinn weitergegeben. Auf diese Weise erhält jedes Teammitglied 18 Lösungsvorschläge zu dem eigenen Problem.

Delphi-Befragung

Die *Delphi-Befragung* ist der Brainwriting-Methode sehr ähnlich. Es handelt sich bei ihr um ein mehrstufiges Interviewverfahren, bei dem gezielt Experten in den Lösungsfindungsprozess eingebunden werden. Es kann ebenfalls per E-Mail durchgeführt werden. In der ersten Runde wird den Experten ein Problem vorgelegt, zu dem diese spontan fünf Lösungsvorschläge unterbreiten sollen. Die eingereichten Ideen werden in der zweiten Runde allen Beteiligten mit der Bitte vorgelegt, ergänzende Vorschläge daraus zu entwickeln. Daraufhin erhalten die Experten die komplette Liste aus den ersten beiden Runden, um in der dritten Runde alle Vorschläge zu bewerten und die besten fünf auszuwählen.

Karteikarten-Methode

Die *Karteikarten-Methode* weist zunächst große Ähnlichkeiten mit dem Brainstorming auf. Anders als beim Brainstorming werden hier die Ideen auf einzelnen Karteikarten notiert.

Am besten führen Sie diese Methode in der Gruppe durch, wobei ein Moderator benötigt wird. Der Moderator visualisiert die Fragestellung und bittet die Gruppe um die schriftliche Beantwortung. Dabei gelten folgende Regeln:

- Stichwörter verwenden
- Eine Idee – eine Karte

- Groß und leserlich schreiben
- Nur die Vorderseite beschriften

Nachdem die Teilnehmer ihre Ideen aufgeschrieben haben, sammelt der Moderator die Karten ein und liest sie der Reihe nach vor. Die Gruppe sortiert die Karten nach inhaltlichen Zusammenhängen auf einer Pinnwand, wobei die Karten jederzeit ergänzt werden können. Wenn alle Karten angeheftet worden sind, werden die Zuordnungen der Karten noch einmal überprüft und die Gruppe legt Oberbegriffe für die jeweils zusammen gehörigen Karten fest.

Nach dieser Phase des Sammelns besteht nun die Möglichkeit, bei der Suche nach der besten Lösung zwischen den Kategorien und/oder den Einzelideen zu wählen. Hierfür bietet sich die Mehrpunktabfrage an, bei der jeder Teilnehmer in Form von Klebepunkten für bestimmte Ideen abstimmen kann. Die Anzahl der Klebepunkte, die jeder Teilnehmer vergeben darf, entspricht der Anzahl der Alternativen, dividiert durch zwei, wobei bei einer ungeraden Anzahl von Möglichkeiten abgerundet wird. Es dürfen maximal zwei Klebepunkte pro Alternative vergeben werden. Der große Vorzug der Mehrpunktabfrage besteht darin, dass es nicht zu unnötig langen Diskussionen kommt und dass diese Art der gemeinsamen Entscheidungsfindung von allen Personen akzeptiert und mitgetragen wird.

Der Vorteil der Karteikartenmethode ist, dass alle Teilnehmer gleichberechtigt einbezogen werden. Es entsteht ein Gemeinschaftswerk, in dem jeder die von ihm geschriebenen Karten wieder erkennt, wodurch eine recht hohe Identifikation entsteht.

Der große Nachteil ist, dass diese Methode recht zeitaufwändig ist. In großen Gruppen kann es daher sinnvoll sein, die Anzahl der Karten pro Teilnehmer zu limitieren.

Wenn Sie diese Technik in Einzelarbeit einsetzen, empfiehlt es sich, Sie in mehreren Runden durchzuführen, wobei Sie zwischen den Runden längere Pausen einlegen sollten. Da unser Gehirn auch nachts weiter arbeitet, ist es hier ebenfalls sinnvoll, die Sammelphase über zwei Tage zu strecken.

MindMapping

Eine Technik, die sehr vielseitig einsetzbar ist und die Sie unbedingt kennen sollten, ist das *MindMapping*. Diese Methode, bei der Sie ausgehend von einer Fragestellung ein Netzbild erstellen, können Sie sowohl allein als auch in der Gruppe durchführen. Sie benötigen für diese Übung lediglich einen Stift und ein Blatt Papier. Das Vorgehen ist folgendes:

Sie schreiben das Thema bzw. die Fragestellung in einen Kreis in der Mitte des Blattes. Von dort aus ordnen Sie Hauptäste an, die die wichtigsten Aspekte des Themas beinhalten. Von den Hauptästen aus gehen weitere, immer feiner werdende Verzweigungen ab. Dadurch gelangen Sie nach und nach von den Hauptaspekten zu den Detailinformationen. Sie ergänzen das MindMap so lange, bis Sie alle relevanten Inhalte erfasst haben oder Ihnen keine weiteren Einzelheiten mehr einfallen. Berücksichtigen Sie bei kreativen Prozessen bitte diese Regeln:

- Möglichst großes weißes Blatt Papier verwenden
- Im Querformat arbeiten
- Schlüsselwörter statt Sätze verwenden
- Äste möglichst waagerecht anordnen
- Möglichst viele Bilder einbauen
- Unterschiedliche Farben verwenden
- Wichtige Äste und Wörter dicker zeichnen bzw. schreiben

MindMaps sind sehr individuell und können sehr unterschiedlich aussehen. Wichtig ist, dass Sie Ihr Netzbild mögen. Lassen Sie Ihrer Kreativität bei der Gestaltung daher freien Lauf.

Für die Arbeit in der Gruppe gibt es zwei Möglichkeiten, um ein MindMap zu erstellen. Der erste Weg ist, dass Sie von vorneherein ein gemeinsames MindMap anfertigen. Die andere Möglichkeit ist, dass jeder Teilnehmer allein für sich ein MindMap erstellt und dass die einzelnen MindMaps anschließend in einem gemeinsamen MindMap zusammengeführt werden.

MindMaps können nicht nur zur Ideenfindung und Problemlösung eingesetzt werden. Sie kommen auch für nachstehende Anwendungen in Frage:

- zum Strukturieren
- zum Organisieren
- zum Protokollieren
- zum Bearbeiten von Texten
- zur Vorbereitung von Besprechungen, Präsentationen
- zur Konzepterstellung
- etc.

Wenn Sie das MindMap für nicht-kreative Prozesse einsetzen, können Sie in der Regel auf die Verwendung von Bildern und Farben verzichten. Dadurch reduziert sich der Zeitaufwand erheblich.

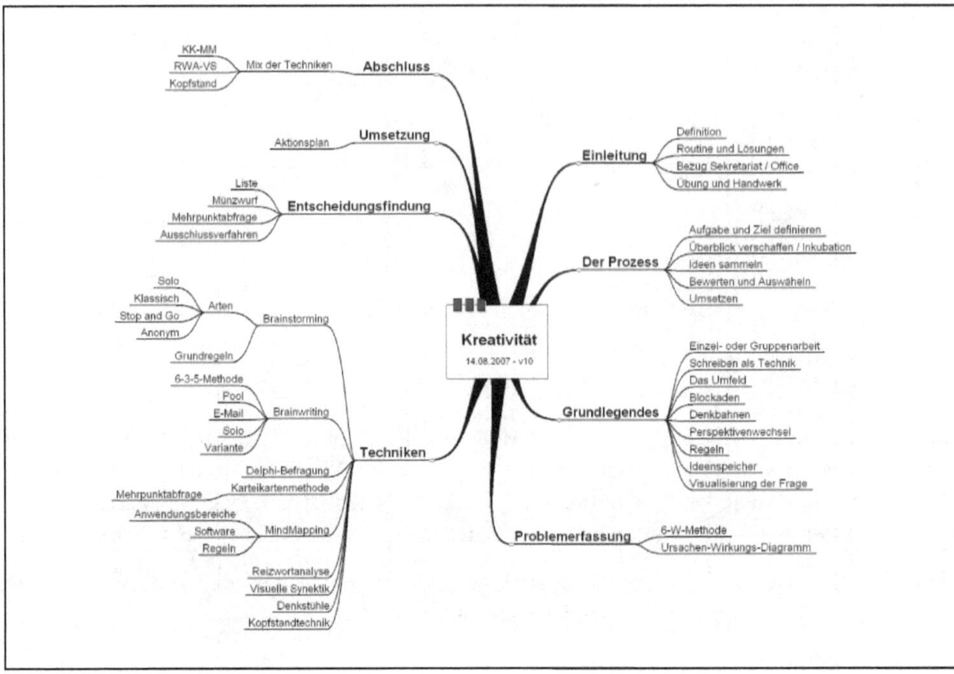

Abbildung 4: *Am Computer erstelltes MindMap*

Inzwischen gibt es sehr gute Computerprogramme, mit denen sich MindMaps erstellen lassen. Diese sind weniger für die Ideensuche geeignet, wohl aber für alle anderen Anwendungsbereiche. Der Vorteil ist, dass die Erstellung mit der Software weniger zeitintensiv ist und dass Sie das entstehende Netzbild immer wieder verändern und anpassen können. Die Programme wie der MindManager sind recht preisgünstig und bieten einen großen Nutzen. Mit FreeMind liegt eine kostenlose, im Internet downloadbare Version vor, die zahlreiche Gestaltungsmöglichkeiten bietet.

Die Reizwortanalyse

Es gibt mittlerweile einige Methoden, die darauf basieren, fremde und zufällig ausgewählte Elemente bei der Ideenfindung einzusetzen. Eine dieser Methoden, die es in unterschiedlichen Varianten gibt, ist die *Reizwortanalyse.* Bei dieser Technik, die Sie sowohl in Einzel- als auch Gruppenarbeit durchführen können, bietet sich nach der Formulierung der Ausgangsfrage und einem ersten Brainstorming folgendes Vorgehen an:

- Sie wählen per Zufall einen Begriff aus! Schlagen Sie dafür ein Wörterbuch auf, eine Zeitschrift oder erstellen Sie vorab eine Liste oder Kärtchen mit willkürlich ausgewählten Begriffen. Wählen Sie nun per Zufall einen Begriff aus.

- Analysieren Sie das Reizwort! Was ist das Besondere an dem Begriff? Welche Eigenschaften hat er? Wie sieht er aus? Welche Funktion hat er? Womit steht er in Verbindung? Was kann man mit ihm machen?
- Schaffen Sie eine Verbindung zu der Ausgangsfrage! Versuchen Sie die Aspekte des Reizwortes auf Ihr Problem zu übertragen. Lassen Sie Ihren Assoziationen dabei freien Lauf und trauen Sie sich, insbesondere in der Gruppe, laut zu denken. Welche Verbindungen gibt es zwischen dem Reizwort und Ihrem Problem? Was ist vergleichbar? Welche Aspekte sind auf Ihr Problem übertragbar?
- Suchen Sie die Lösung Ihres Problems! Auch in dieser Phase sollten Sie frei assoziieren. Der Ansatz für eine Lösung ist oft schon gegeben, wobei häufig noch ein paar Gedankenschritte erforderlich sind, um zum Ziel zu gelangen.

Die Reizwortanalyse ist einfach anwendbar, bereitet anfangs aber häufig Probleme. Insbesondere im kreativen Denken ungeübte Teilnehmer sind zu Beginn oft gehemmt und mit der Aufgabenstellung überfordert. Lassen Sie sich davon nicht abschrecken. Die Methode ist mit etwas Übung äußerst wirkungsvoll und sie ist es auf jeden Fall wert, auch ungeübte Gruppen an sie heranzuführen.

Visuelle Synektik

Die *visuelle Synektik* entspricht vom Vorgehen her der Reizwortanalyse, arbeitet aber im Gegensatz zu dieser nicht mit Reizwörtern sondern mit Bildern. Während bei der Arbeit mit Begriffen unsere linke Gehirnhälfte angesprochen wird, aktivieren Bilder unsere rechte Gehirnhälfte. Die linke Gehirnhälfte ist unter anderem für die Logik, die Analyse, die Sprache und das einzelheitliche Denken zuständig. Die rechte Gehirnhälfte hingegen ist unter anderem verantwortlich für unsere Emotionalität, die Intuition, die Synthese, das bildhafte Denken, die Musikalität und die ganzheitliche Informationsverarbeitung. Insofern leuchtet es ein, dass durch Bilder andere Hirnaktivitäten in uns hervorgerufen werden als durch Worte. Daher werden bei diesen beiden fast identischen Methoden mitunter sehr unterschiedliche Ergebnisse produziert.

Es gibt Teilnehmer, die sehr gut auf Worte reagieren, während andere stark durch Bilder angeregt werden. Es kann sinnvoll sein, beide Techniken miteinander zu kombinieren. Zum Beispiel in der Form, dass abwechselnd Reizwörter und Bilder als Stimuli angeboten werden.

Denkstühle

Bei bestimmten Kreativitätstechniken geht es darum, sich bewusst in eine andere Person oder in eine andere Rolle hineinzuversetzen. Ein Kind betrachtet ein Problem oder eine Fragestellung ganz anders als ein Erwachsener. Ein Maurer hat eine andere Perspektive als ein Jurist. Es ist durchaus sinnvoll und ergiebig, ganz gezielt in eine andere Haut zu schlüpfen.

Von Walt Disney sagt man, dass er bei seiner Arbeit drei Stühle verwendet hat, mit Hilfe derer er in die Rolle des Träumers, die des Kritikers und die des Realisten geschlüpft ist. Später soll er für diese drei Rollen sogar komplette Räume geschaffen haben. Auf dem Stuhl des Träumers hat er die verrücktesten Ideen produziert, herumgesponnen und die unmöglichsten Dinge im Kopf durchgespielt. Auf dem Stuhl des Realisten hat er die Ideen des Träumers weiterentwickelt, auf ihre Realisierbarkeit überprüft und nach pragmatischen Lösungen gesucht. Der Stuhl des Kritikers diente ihm dazu, die Ideen in Frage zu stellen und einer schonungslosen Kritik zu unterziehen. Auf diese Art und Weise soll er zum Beispiel einige seine Figuren entwickelt haben.

Auch wenn es Ihnen anfangs komisch erscheinen mag, für eine andere Denkhaltung einen anderen Stuhl zu verwenden, so ist der Erfolg dieser Methode an dieses Vorgehen gekoppelt. Sie können die Stühle dabei beliebig oft wechseln. Wie oft Sie das tun und wie lange Sie dabei die einzelnen Positionen einnehmen, bleibt Ihnen selbst überlassen.

Kopfstandtechnik

Eine Methode, die sich ebenfalls sehr bewährt hat, ist die *Kopfstandtechnik.* Der Grundgedanke dieser Methode ist sehr einfach und beruht darauf, dass die Fragestellung ins Gegenteil verkehrt wird. Statt sich zu fragen, wie die Reklamationsquote im Unternehmen gesenkt werden kann, wird nach Antworten auf die Frage gesucht, was getan werden muss, um die Anzahl der Reklamationen zu steigern. Die Frage, wie Sie Störungen in Ihrem Arbeitsbereich vermeiden können, wandeln Sie in die Frage um, was Sie tun müssen, damit Sie vor lauter Störungen nicht mehr zum Arbeiten kommen. Sie nehmen dadurch eine andere Perspektive ein und suchen nach Lösungen für das Gegenteil Ihrer ursprünglichen Frage. Damit diese Technik effektiv ist, sollten Sie die Übung in vier Schritten durchführen:

1. Formulieren Sie die Aufgabe bzw. die Fragestellung.
2. Stellen Sie die Aufgabe auf den Kopf und wandeln Sie die Frage ins Gegenteil um.
3. Suchen Sie nach Antworten und Lösungen.
4. Kehren Sie abschließend die Lösungen ins Gegenteil um.

Nach der Formulierung der Aufgabe können Sie mit einem Brainstorming zu der ursprünglichen Frage alternativ einen Zwischenschritt einlegen, um dann erst in einem weiteren Schritt Antworten auf die Umkehrfrage zu suchen. Probieren Sie es einfach mal aus und sammeln Sie in einem ersten Schritt Ideen zu der Frage, was Ihre Kreativität fördert. Beantworten Sie danach die Frage, was Ihre Kreativität blockiert. Sie werden feststellen, dass durch die zweite Frage neue Aspekte aufgeworfen werden.

Entscheidungsfindung

Nachdem Sie ausreichend Ideen gesammelt haben, müssen Sie diese auswerten und eine Entscheidung darüber treffen, welche Ideen Sie in die Tat umsetzen wollen. Diese Entscheidung ist nicht immer einfach und will gut überlegt sein. Im Team werden Sie über das Für und Wider der einzelnen Lösungsvorschläge diskutieren und diese gegeneinander abwägen. Manchmal kristallisiert sich sehr schnell eine gemeinsame Lösung heraus, manchmal ist es schwer sich in der Gruppe zu einigen. Eine gute Möglichkeit in einem Team einen Konsens zu erzielen, haben Sie mit der Mehrpunktabfrage bei der Karteikartenmethode kennen gelernt.

Doch was machen Sie, wenn Sie allein vor einer wichtigen Entscheidung stehen? Wenn Sie zwischen mehreren Lösungsmöglichkeiten wählen müssen, hilft oft das Ausschlussverfahren. Sie können sich noch nicht für eine Lösung entscheiden, eventuell aber dagegen. Streichen Sie diese Alternativen und reduzieren Sie die Anzahl der Optionen. Auf diese Weise kommen Sie der Entscheidung schnell einen Schritt näher.

Führen Sie gegebenenfalls eine Liste mit Pro- und Contra-Argumenten. Diese Form der Visualisierung zeigt oft recht schnell, zu welcher Lösung Sie tendieren. Sie können sich vorab vornehmen, die Idee umzusetzen, für die Sie die meisten Argumente finden. Wenn Sie sich für diese Seite dann ohne zu zögern entscheiden können, wissen Sie, was zu tun ist. Merken Sie aber, dass Sie mit der Entscheidung nicht glücklich sind, räumen Sie den Argumenten der anderen Seite anscheinend mehr Gewicht ein, was ebenfalls aussagekräftig ist. Das Bauchgefühl, was unseren Entscheidungen zugrunde liegt, ist meist ein guter Berater. Es entsteht dadurch, dass wir die Problemstellung im Unterbewusstsein bearbeiten und beruht durchaus auf rationalen Überlegungen.

Eine noch banalere aber wirkungsvolle Methode ist der Münzwurf. Legen Sie Kopf oder Zahl für zwei Lösungsalternativen oder eine Ja/Nein-Entscheidung fest und werfen Sie eine Münze. Auch hier wird Ihnen Ihr Bauchgefühl sofort rückmelden, welche Entscheidung die richtige ist.

Davon abgesehen sollten Sie sich bewusst machen, dass es nur in den seltensten Fällen die hundertprozentig korrekte Entscheidung gibt. Viel wichtiger als die richtige Entscheidung zu treffen ist häufig, überhaupt eine zu fällen.

Ideenumsetzung

Viele gute Ideen werden zwar entwickelt, häufig aber nicht umgesetzt. Erstellen Sie für die Umsetzung einen Aktionsplan, in der alle für die Realisierung erforderlichen Aktivitäten festgehalten werden. Dieser sollte folgende Punkte beinhalten:

- Was soll erledigt werden?
- Was ist das Ziel?
- Wer ist zuständig?
- Bis wann wird es gemacht?
- Wann wird es von wem kontrolliert?

Aktionsplan

Nr.	Was?	Wozu?	Wer?	Wann?	Check?

Abbildung 5: *Aktionsplan zur Ideenumsetzung*

In der Praxis ausprobieren

Sie haben mit diesem Kapitel eine Vielzahl von Techniken kennen gelernt, die Ihnen helfen sollen, kreativ zu sein und neue Ideen und Lösungen zu entwickeln. Trauen Sie sich, die Methoden einmal auszuprobieren. Sie können nicht viel falsch machen und Sie werden schnell merken, welche Methoden Ihnen persönlich liegen, welche Sie mögen und mit welchen Sie die gewünschten Ergebnisse erzielen.

Scheuen Sie sich nicht, mit diesen Methoden kreativ umzugehen. Sie können sie beliebig variieren, miteinander ergänzen und neue Vorgehensweisen entwickeln. So kann es zum Beispiel durchaus sinnvoll sein, das MindMapping mit der Kopfstandtechnik zu kombinieren. Sie erstellen zunächst ein MindMap mit der eigentlichen Frage, dann ein zweites mit der Umkehrfrage und anschließend führen Sie die beiden zusammen, indem Sie die Antworten des zweiten Netzbildes umkehren und das erste durch dieses ergänzen. Im Grunde genommen können Sie jede Methode mit der Kopfstandtechnik kombinieren, ebenso, wie Sie jede Methode mit dem Brainstorming verknüpfen können. Oder Sie sammeln zunächst per Kartenabfrage Ideen und ordnen diese dann in einem zweiten Schritt zu einem MindMap. Ihrer Phantasie sind keine Grenzen gesetzt. Es ist alles erlaubt, was zum Erfolg verhilft.

Kopf oder Zettel? Die Informationsflut im Büro beherrschen

Oliver Geisselhart

Mit der Geisselhart-Technik Namen, To Dos und Zahlenkombinationen speichern

Täglich strömt eine riesige Flut an Informationen, vor allem auf Assistentinnen und Sekretärinnen, ein. Während sich die Chefinnen und Chefs des Gedächtnisses der Sekretärin bedienen, muss diese häufig sehen, wo sie bleibt – und wehe es wird was vergessen. Mit ein paar Übungen und Tipps bringen Sie Ihr Gedächtnis auf Vordermann.

Wie beruhigend wäre es, sich auf sein Gedächtnis verlassen zu können – in jeder Situation, egal ob hektisch oder stressig, ob laut und durcheinander. Das weibliche Gehirn ist dem des Mannes in Sachen Merkfähigkeit zwar überlegen, trotzdem ist es vielen Office-Managerinnen nicht möglich, alles sofort abzuspeichern und im gefragten Moment wieder abzurufen. Zu groß und komplex sind die Mengen an Stoff, zu viel die Anzahl der Termine, zu unübersichtlich die To-Do-Listen, zu unaussprechlich die Namen, die es zu behalten gilt. Aber: Es ist möglich, sich alles, wirklich alles zu merken, was lohnend ist. Dafür gibt es eine Technik, die erlernbar ist. Damit merkt sich die erfolgreiche Sekretärin, was immer sie möchte. Das Ganze funktioniert auf relativ einfache Art und Weise und macht sogar Spaß.

Grundlage dieser Technik ist das Assoziieren, also das Denken in Bildern und das Verknüpfen von Bildern. Gleichzeitig werden die dabei empfundenen Gefühle zugelassen. Weil Gefühle die Sprache unseres Unterbewusstseins sind, werden Informationen so wesentlich besser, länger, genauer und sicherer abgespeichert, als nur durch einfaches Wiederholen. Weil unser Unterbewusstsein Bilder besser abspeichert, als bloße Fakten oder Daten, ist es von großem Vorteil alles, was im Gedächtnis bleiben soll, in Bilder zu transformieren.

Zahlensymbole

Wären Zahlen Bilder, könnten wir auf sehr einfache und effektive Weise Datenlisten aller Art abspeichern und bei Bedarf souverän abrufen. Weil das nicht so ist, müssen wir uns behelfen, indem wir Zahlensymbole nutzen. Bei der Geisselhart-Technik ist jeder Zahl ein Symbol, also ein Bild, zugeordnet. Dieses Symbol lässt von der Gestalt her einfach auf die entsprechende Zahl schließen. Die Ziffer 2 beispielsweise erinnert von der Form an einen Schwan. Die fünf Finger einer Hand erinnern uns an die Zahl 5. Auch die restlichen Zahl-Bild-Symbole sind eingängig.

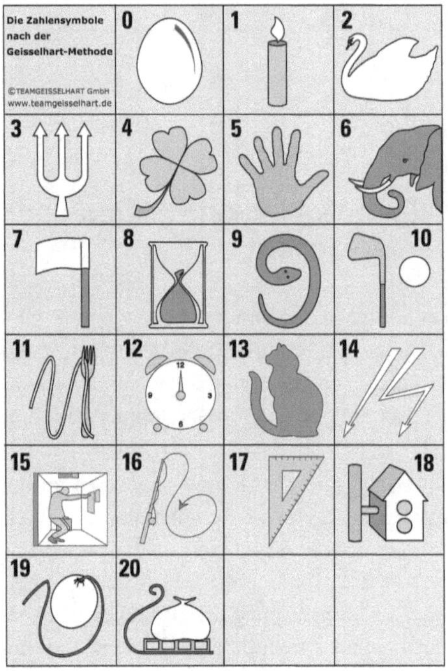

Quelle: © TEAMGEISSELHART GmbH
Abbildung 1: *Zahlensymbole*

Diese 20 Symbole werden in Zukunft Ihr Ordnungssystem fürs Gehirn sein, wie ein Regal mit 20 Fächern. Die Null ist nur der Vollständigkeit halber abgebildet. Wir brauchen sie erst wirklich, wenn es ums Zahlen merken geht. Die Symbole erklären sich folgendermaßen:

- die O sieht aus, wie eine Ei-Form,
- die 1 wie eine Kerze,
- der Schwan mit seinem gebogenen Hals erinnert an eine 2,
- der Dreizack hat 3 Zacken,
- das Kleeblatt 4 Blätter,

- die Hand 5 Finger,
- der Rüssel des Elefanten sieht aus wie eine 6,
- die Fahne erinnert uns von der Form her an eine 7,
- in der Silhouette einer Sanduhr kann man eine 8 erkennen,
- die Schlange kringelt sich zur 9,
- Golfschläger und Ball stehen für die 10,
- gekochte Spaghetti sehen – wenn sie wie im Bild über einer Gabel hängen, aus wie eine 11,
- beide Zeiger des Weckers stehen auf der 12,
- die Katze formt mit ihrem Schwanz eine 1, die Silhouette ihres Körpers sieht aus wie eine 3. Außerdem soll eine schwarze Katze Unglück bringen, die Zahl 13 ja angeblich auch,
- der gerade Blitz stellt eine 1 dar, der gezackte eine 4,
- der Aufzug hält im 15ten Stock, die schraffierte Wand des Liftes symbolisiert eine 1, zusätzlich macht die Person im Aufzug mit dem ausgestreckten Arm und der Tasche eine 5,
- die Angelrute stellt die Ziffer 1 dar, der Haken die 6,
- die linke, lange und gerade Seite des Zeichendreieckes formt eine 1, der hintere Teil sieht aus wie eine 7,
- der Baum oder Stock, an welchem das Vogelhäuschen hängt, soll an eine 1 erinnern, Ein- und Ausgang im Häuschen sind die 8,
- die Schnur erinnert uns an eine 1, sie geht zusammen mit dem Ballon über in die 9,
- der Schlitten stellt die Ziffer 2 dar, der Sack darauf die 0.

Der wandelnde Kalender – so merken Sie sich To-Do-Listen

Stellen Sie sich vor, auf Ihrer To-Do-Liste für den heutigen Tag stehen folgende Aufgaben:

1. Ein Präsent für einen Kunden muss besorgt werden.
2. Für die Geschäftsreise benötigen Sie das Kostüm, das in der Reinigung zur Abholung bereit ist.
3. Ein Paket soll in die Poststelle gebracht werden.
4. Der Tisch für das Mittagsessen muss reserviert werden.
5. Am Nachmittag steht ein Mitarbeitergespräch an.
6. Sie möchten Konzertkarten bestellen.
7. Der vereinbarte Zahnarzttermin passt doch nicht und muss wieder abgesagt werden.

8. Außerdem müssen Sie den Zahlungseingang einer Rechnung prüfen.

9. Ihr Rechner soll schon seit längerem vom IT-Support gecheckt werden.

10. Sie möchten Folien für eine Präsentation ausdrucken.

Im ersten Schritt werden die Zahlen der Reihenfolge mit den Zahlensymbolen verknüpft: Punkt 1 mit der Kerze, Punkt 2 mit dem Schwan, Punkt 3 mit dem Dreizack usw. Mit den nun folgenden Verknüpfungen erreichen Sie, dass Ihnen automatisch die Aufgabe einfällt, wenn Sie an das entsprechende Zahlensymbol denken.

Übrigens: Jeder kann seine individuellen Verknüpfungen kreieren. Am Anfang ist das ungewohnt. Im Folgenden sehen Sie anhand verschiedener Beispiele, welche Verknüpfungen möglich sind. Bei jeder weiteren Übung wird es schon leichter fallen, sich selbst etwas einfallen zu lassen.

Verknüpfungsbeispiele

1. *Ein Präsent für einen Kunden muss besorgt werden.*
   Um diese Aufgabe zu behalten, müssen Sie sie mit der Kerze bildhaft und auf möglichst skurrile Weise verknüpfen.

   Beispiel:
   Ein schön verpacktes Geschenk mit Schleife und einer schicken Kerze obendrauf. Die Kerze brennt, das Wachs fließt und bedeckt bald das ganze Präsent. Eine schöne Bescherung. Die Geschichte sollte intensiv und bildhaft vor Ihrem geistigen Auge ablaufen, damit sie im Gedächtnis haften bleibt.

2. *Für die Geschäftsreise benötigen Sie das Kostüm, das in der Reinigung zur Abholung bereit ist.*

   Beispiel:
   Stellen Sie sich vor, Sie stehen in der Reinigung. Plötzlich kommt ein Schwan in die Reinigung, den Abholzettel im Schnabel, der sein gereinigtes Kostüm abholt. Er bekommt das Kostüm mit dem Haken des Kleiderbügels um den Hals gehängt und erhebt sich sogleich mit seiner Fracht in die Lüfte.

3. *Ein Paket soll in die Poststelle gebracht werden.*

   Beispiel:
   Malen Sie sich aus, wie Sie wegen Ihres Pakets zur Poststelle gehen. Der Postbedienstete holt einen Dreizack hinter dem Tresen hervor, spießt Ihr Paket auf und schleudert es auf die Waage. Dann befördert er es weiter auf einen Haufen mit vielen Päckchen und Paketen. Alle sind von dem Dreizack gelöchert und beschädigt.

4. *Der Tisch für das Mittagsessen muss reserviert werden.*

   Beispiel:
   Sie möchten selbstverständlich in das Restaurant „Klee“ gehen. Sehen Sie den Eingangsbereich des Restaurants? Dort liegen statt einem Teppich tausende Kleeblätter auf dem Boden. Die Tische sind ebenfalls mit einer dünnen Erdschicht mit darauf wachsendem

vierblättrigem Klee bedeckt. Das ist praktisch, sie können die Suppe direkt mit dem Klee würzen und dekorieren.

5. *Am Nachmittag steht ein Mitarbeitergespräch an.*

   Beispiel:
   Stellen Sie sich vor, eine Mitarbeiterin/Kollegin kommt zu Ihnen und gibt Ihnen die Hand. Aber Ihre Hände lassen sich nicht mehr lösen. Die Kollegin hatte sie mit Superkleber bestrichen. Sie lässt Sie erst wieder gehen, wenn Sie ihren Ideen zugestimmt haben.

6. *Sie möchten Konzertkarten bestellen.*

   Beispiel:
   Malen Sie sich aus, die Musiker wären Elefanten, die mit Ihren Rüsseln trompeteten. Elefanten mit großen Rüsseln spielen Bass, Elefanten mit kleinen singen Alt und Sopran. Auf den Stoßzähnen haben die Elefanten die Konzertkarten aufgespießt.

7. *Der vereinbarte Zahnarzttermin passt doch nicht und muss wieder abgesagt werden.*

   Beispiel:
   Ihr Zahnarzt schreibt die Termine auf Fahnen und gibt sie den Patienten mit. Der Termin auf Ihrem Wimpel kommt Ihnen ungelegen. Da der Zahnarzt genau im Gebäude gegenüber sitzt, schleudern Sie den Wimpel hinüber in seine Praxis. Sie freuen sich, als Sie ein neues Fähnchen mit einem passenden Termin zurückgeworfen bekommen.

8. *Sie müssen den Zahlungseingang einer Rechnung prüfen.*

   Beispiel:
   Das Geld aus den bezahlten Rechnungen Ihrer Kunden wird in eine überdimensionale Eieruhr hinein gekippt. Sie haben an der engsten Stelle der Eieruhr einen Schieberegler, mit dem Sie den Geldfluss stoppen und dadurch den Zahlungseingang einer Rechnung prüfen können.

9. *Ihr Rechner soll schon seit längerem vom IT-Support gecheckt werden.*

   Beispiel:
   Damit die Rechner zur Diagnose nicht mühsam geöffnet werden müssen, haben die Techniker speziell dressierte Schlangen, die durch die Lüftungsschlitze des Rechners in das Innere kriechen, alles checken und mit der Diagnose wieder zurückkommen. Kleine Fehler wie wacklige Kabel, beheben die Schlangen gleich.

10. *Sie möchten Folien für eine Präsentation ausdrucken.*

    Beispiel:
    Weil Ihr Drucker zu weit entfernt steht, nehmen Sie Ihre Golfausrüstung und spielen den Golfball mit einem kräftigen Schlag auf den „Drucken"-Knopf. Die Folien für die Präsentation schießen danach nur so heraus.

Wer sich alle Szenen im Geiste vorstellen konnte, wer sich dabei eventuell auch wundern musste und vielleicht sogar das eine oder andere Mal etwas gehört und gespürt hat, müsste gleich sehr erfolgreich sein. Halten wir also fest: Je mehr Sinnesorgane eingebracht werden, je echter die jeweiligen Filmchen sind, desto besser sind diese dann auch abgespeichert. Prüfen Sie, was Sie sich merken konnten. Tragen Sie dazu unten in die dafür vorgesehenen Zeilen die entsprechenden Aufgaben ein. Es reicht, wenn Sie das stichpunktartig tun. Danach vergleichen Sie Ihr Ergebnis mit der Originalliste.

Ab sechs richtigen Einträgen können Sie sich erfolgreich fühlen. Vielleicht haben Sie mehr geschafft, vielleicht sogar alle? Sollten Ihnen ein paar Punkte durchgerutscht sein, gehen Sie diese einfach noch ein zweites Mal durch. Dann müsste es klappen.

So werden Assoziationen gebildet:

1. Je ungewöhnlicher desto einprägsamer!
2. Bilder vor dem „geistigen Auge“ abspulen.
3. Spontan sein und nicht lange über die passende Verknüpfung nachgrübeln. Die erste, die in den Sinn kommt, ist oft die beste.
4. Das Bild hören, fühlen, riechen und schmecken.
5. Übertreiben.
6. Bekanntes mit in die Geschichte integrieren.
7. Kein Druck, locker bleiben!

So arbeiten Gehirn und Gedächtnis

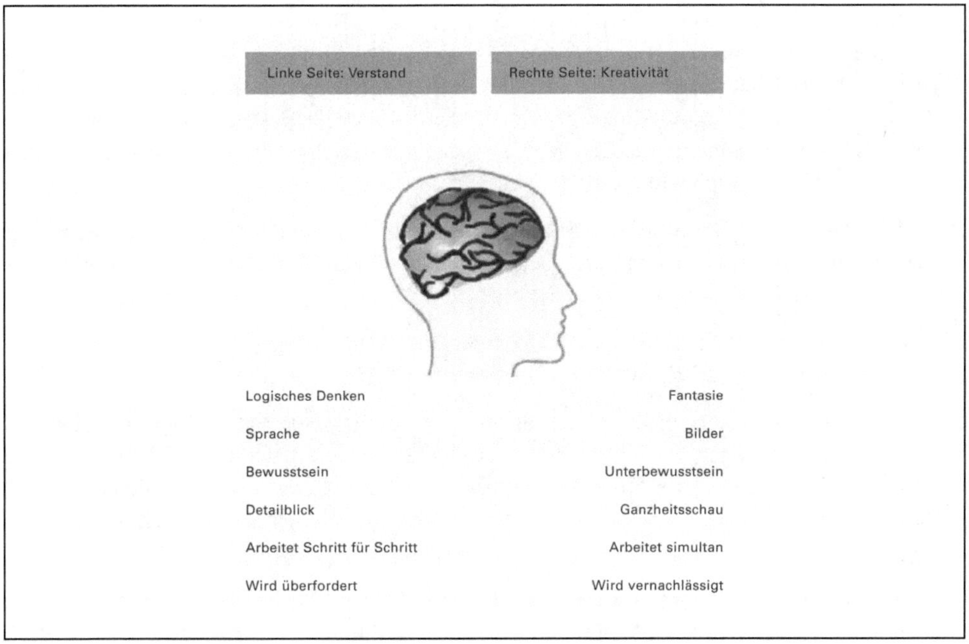

Quelle: © TEAMGEISSELHART GmbH
Abbildung 2: *Die linke und rechte Gehirnhälfte*

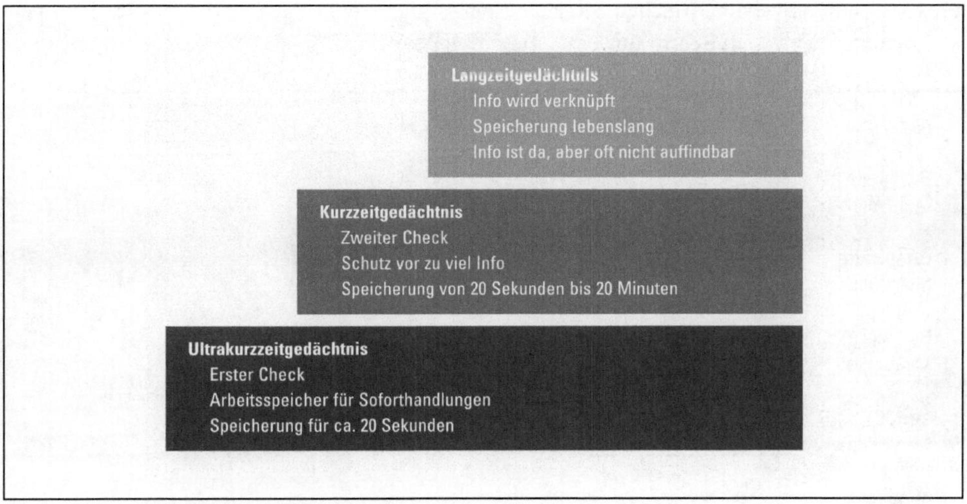

Quelle: © TEAMGEISSELHART GmbH
Abbildung 3: *Welches Gedächtnis hat welche Aufgaben*

Fremdwörter und Fachbegriffe abspeichern

Fremdwörter und Fachbegriffe sind etwas schwieriger in Bilder zu übersetzen. Haben Sie schon einmal von *Pediculose* gehört? Nein? Sehr gut. Welche Bilder „hören" Sie, wenn Sie *Pediculose* lesen. Richtig gelesen: Bilder hören. Wir gehen nach dem Klang, die Schreibweise ist egal. Natürlich müssen Sie auch wissen, wie das Wort korrekt geschrieben wird, aber zunächst müssen Sie wissen, welches Wort Sie schreiben möchten. Sie müssen sich also erst an das entsprechende Fachwort erinnern.

Zurück zu *Pediculose.* Beim Wortteil *Pedicu-* müssen Sie vielleicht an *Pedi*küre denken. Und das Wortende ist nicht fest, es ist *-lose.* Bei der *Pedi*küre ist der Zehennagel *lose.* Merken Sie etwas? Wir „verbildern" gerade einen Fachbegriff.

Zerlegen Sie Fachbegriffe in Silben oder nehmen sinnvolle Silben zusammen. Dann überlegen Sie sich, was sich ähnlich anhört, wie besagter Wortteil.

Pediculose ist übrigens der medizinische Fachbegriff für *Lausbefall beim Menschen.* Um die Bedeutung des Begriffes noch mit Ihrer Geschichte zu verknüpfen stellen Sie sich vor, wie unter einem losen Zehennagel *Läuse* hervor kriechen. Eklig? Richtig so. Gefühle sind Merkverstärker. Und mit dieser Verknüpfung vergessen Sie die Bedeutung so schnell bestimmt nicht.

Ein anderes Beispiel: Was hören Sie bei dem Begriff *Heliosis*? Na klar: *Heli*kopter und *Ossis.* Stellen Sie sich vor, wie ein *Heli*kopter ein paar *Ossis* mitnimmt. Diese fliegen dann direkt in Richtung Sonne und holen sich dort einen *Sonnenstich. Sonnenstich* ist nämlich die medizinische Bedeutung des Wortes *Heliosis.* Eine andere Möglichkeit sind *Heli*um und die Band *Oasis.* Es gibt immer mehrere Varianten. Ihre eigenen Ideen können Sie bei der nächsten Praxis-Übung anwenden. Machen Sie zuerst ein Bild aus dem Fachbegriff. Dieses Bild verknüpfen Sie im zweiten Schritt mit Bedeutung des Begriffs.

Übung:

Bagatelle
Mein Bild: ____________________

Banquette
Mein Bild: ____________________

Ballistik
Mein Bild: ____________________

frenetisch
Mein Bild: ____________________

haptisch
Mein Bild: ____________________

affin
Mein Bild: ____________________

Akrophobie
Mein Bild: ____________________

belcanto
Mein Bild: ____________________

Nun folgt der zweite Part. Verknüpfen Sie nun auf möglichst „merk-würdige" Art und Weise Ihr Bild mit dem Bild der Bedeutung.

Bagatelle:	Kleinigkeit
Meine Verknüpfung:	____________________
Banquette:	Sprungwall, -hecke
Meine Verknüpfung:	____________________
Ballistik:	Flugbahn- Schusslehre
Meine Verknüpfung:	____________________
frenetisch:	leidenschaftlich
Meine Verknüpfung:	____________________
haptisch:	auf den Tastsinn ausgerichtet
Meine Verknüpfung:	____________________
affin:	verwandt, bindend
Meine Verknüpfung:	____________________
Akrophobie:	Höhenangst
Meine Verknüpfung:	____________________
belcanto:	virtuoser, italienischer Gesangsstil
Meine Verknüpfung:	____________________

Testen Sie nun, ob Sie sich die Bedeutung der Worte gemerkt haben:

Bagatelle	____________________
____________________	Sprungwall, -hecke
Ballistik	____________________
____________________	leidenschaftlich
haptisch	____________________
____________________	verwandt, bindend
Akrophobie	____________________
____________________	virtuoser, italienischer Gesangsstil

Hat es gut funktioniert? Dann sollten Sie zirka fünf Begriffe problemlos in Bilder übersetzt haben, bei zweien ist es Ihnen vielleicht schwer gefallen. Unter Umständen konnten Sie bei drei Begriffen gar kein Bild finden. Wenn Sie über diesen Erwartungen liegen, gehören Sie zu den Guten. Wenn Sie darunter liegen, sollten Sie sich die vorangegangen Übungen noch einmal anschauen. Übung macht den Meister.

Beispiele zur „Verbilderung"

- *Bagatelle (Kleinigkeit)*
  Klingt wie Bagger und Teller. Stellen Sie sich vor, Sie brauchen einen Bagger um einen Teller zu transportieren. Dabei ist das doch eine Kleinigkeit.
- *Banquette (Sprungwall/-hecke beim Reitsport)*
  Klar: Bank und Kette. Stellen Sie sich in einem Park eine Bank vor, die mit einer straff gezogenen Kette umwickelt ist. Plötzlich kommen Reiter im scharfen Galopp an und springen über diese Bank-Kette, wie über ein Sprungwall bzw. -hecke bei einem Turnier.
- *Ballistik (Flugbahn-Schusslehre)*
  Ball ist dick. Wenn der Ball dick ist, fliegt er nicht so weit. Die Flugbahn ist sehr kurz, man kann diese leicht berechnen.
- *frenetisch (leidenschaftlich)*
  Frech – Nähtisch. In Ihrer Vorstellung setzen Sie sich frech an den Nähtisch und beginnen leidenschaftlich mit Ihrem Hobby. Das freche Nähen am Tisch ist Ihre ganze Leidenschaft.
- *haptisch (auf den Tastsinn ausgerichtet)*
  Hab und Tisch. In Ihrer Phantasie sehen Sie eine Person mit einem Tisch als rechte Hand. Sie fragen was das soll. Er antwortet: „Hab Tisch" und tastet damit alles ab.
- *affin (verwand, bindend)*
  Affin klingt wie Äffin. Affen sind verwandt mit uns Menschen. Oder binden Sie in Ihrer Phantasie eine Äffin mit einer Schnur an sich selbst an.

- *Akrophobie (Höhenangst)*
  Akro wie Akrobat und Phobie wie Photo-Biene. Also stellen Sie sich bitte im Geiste vor, wie der Akrobat in luftiger Höhe, eventuell auf dem Hochseil, Angst hat, Höhenangst, wenn eine Photo-Biene heransummt.

- *belcanto (virtuoser, italienischer Gesangsstil)*
  Bel wie bellen und canto hört sich ähnlich an wie „kannst du". Aha, er dachte also, er könne virtuos singen. Sie sagen es ihm deutlich: „Bellen kannst du, aber von virtuosem, italienischem Gesang bist du weit entfernt."

Vokabeln lernen leicht gemacht

Geübte schaffen es, mit der Geisselhart-Technik 200 Vokabeln und mehr in nur einer Stunde zu lernen, dauerhaft. Das hört sich unglaublich an, ist aber wahr. Allerdings gehört dazu Talent. Doch selbst wer das nicht hat, schafft relativ schnell 100 Vokabeln pro Stunde. So wird Fremdsprachen lernen zum Kinderspiel. Gerade für Assistentinnen sind Fremdsprachenkenntnisse sehr wichtig. Mit drei einfachen Schritten ist jede Office-Managerin in der Lage, etwas Kreativität vorausgesetzt, selbst schwierige Vokabeln schnell und langfristig zu speichern.

Vokabel „verbildern"

Die Technik funktioniert ähnlich wie das Speichern von Fachbegriffen. Aus der lateinischen Vokabel „cubare" wird so beispielsweise die Kuh auf der Bahre.

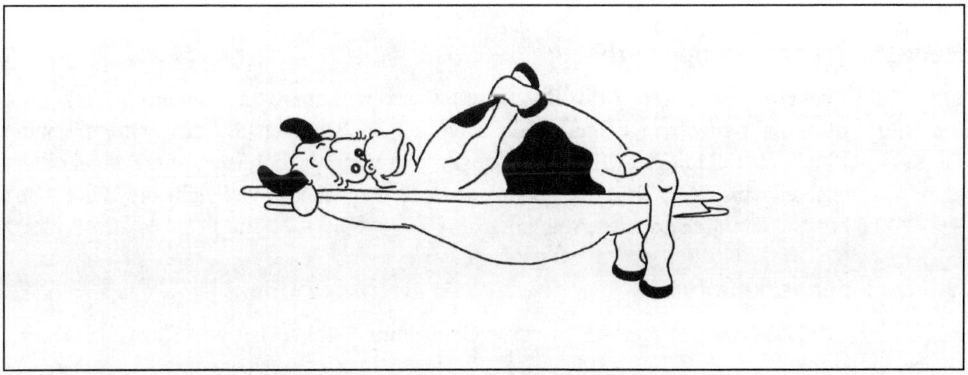

Quelle: © TEAMGEISSELHART GmbH
Abbildung 4: *Aus der Vokabel „cubare" wird die Kuh auf der Bahre.*

Mit den folgenden Hilfestellungen fällt es ihnen leichter, entsprechende Bilder zu finden.

- Welches andere Wort hört sich ähnlich an? Dies sollte Ihre erste Frage sein. Bolso (spanisch: Tasche) hört sich beispielsweise ähnlich an wie bolzen (Fußball spielen). Die Ähnlichkeit reicht dem Gedächtnis schon. Es muss keineswegs perfekt sein, ähnlich reicht. Merken Sie sich daher die *Egal-Regel*:
  Egal, wenn es nicht 100 Prozent passt. Hauptsache, es ist ähnlich im Klang. Es reicht auch schon, wenn die erste Silbe passt.
- Zerhacken Sie Vokabeln in Silben und suchen Sie für jede einzelne oder zusammengefasste Silbe nach ähnlichen Worten: Cubare wird so zu cu, ba, re. Aus cu wird Kuh, ba und re zusammengefasst ergibt Bahre.
- Aus Silben neue Worte kreieren: Helios (griechisch: Sonne) wird so zu he, li, os. Daraus entstehen die Worte Helikopter, Liege, Ostern. Film: Im Helikopter steht eine Liege mit Ostereiern darauf.
- Vokabeln nicht in Silben sondern entsprechend zerhacken: Bei vendredi (französisch: Freitag), ausgesprochen „Woandredie", wären die Silben: ven, dre, di. Besser passt allerdings: vend, red, i. Also Wand, rede, ich.
- Einzelne Buchstaben der Vokabel doppelt nutzen: Bei hostigar (spanisch: bedrängen) ausgesprochen „ostigar" benutzen wir das T doppelt. Einmal für Ost und das zweite Mal für Tiger.
- Dialekte und andere Sprachen mit einbeziehen: L´embouchure (französisch: die Flussmündung) ausgesprochen „loambuschür" klingt ähnlich wie Lampenschirm, ausgesprochen „Loambeschürm", auf Schwäbisch.

Bedeutung der Vokabel „verbildern"

Oft ist die Bedeutung schon ein Bild. Die Bedeutung von „cubare" ist liegen und liegen ist ein Bild. Sollte die Bedeutung keinem Bild entsprechen, benutzen Sie das erste, spontane Bild (wie bei den abstrakten Begriffen). Die Bedeutung von but (englisch: aber), gesprochen „batt", ist beispielsweise kein Bild. Das erste spontane Bild könnte vielleicht die Band Abba sein. Abba hört sich ähnlich an wie „Aber".

Beide Bilder verknüpfen

Auch hier gilt: Das Normale merkt sich unser Gedächtnis nicht so gut wie Skurriles, Abnormales. Deshalb:

- Verknüpfung möglichst skurril „verbildern": Eine liegende Kuh auf einer Bahre ist skurril (cubare).
- Nicht lange nachdenken, die erste Verknüpfungsidee ist meist die beste.
- Auf den Kern konzentrieren und Unnötiges weglassen.
- Verknüpfungsbild bzw. -film deutlich im Kopfkino sehen und erleben.

- Alle Sinnesorgane ansprechen.
- Gefühle mit einbeziehen.

Übung zum Vokabeln lernen

Testen Sie selbst, wie gut Sie im „Verbildern" von Vokabeln bereits sind. Halten Sie sich an obige Regeln und achten Sie nicht so sehr auf die Zeit, die Sie benötigen. Schnelligkeit kommt von ganz alleine.

Lassen Sie Ihrer Phantasie freien Lauf und nehmen Sie die ersten Bilder, die Ihnen in den Kopf kommen. In der Klammer hinter der Vokabel finden Sie die korrekte Aussprache falls diese von der Schreibweise abweicht. Ihre Bilder sollten auf der Aussprache basieren. Hören Sie sich also nun die folgenden Vokabeln einmal an, sprechen Sie sie aus und erfinden Sie dazu Ihre individuellen Bilder.

choukran (gesprochen: schukran)
Mein Bild: ______________________________

livre (gesprochen: liefre)
Mein Bild: ______________________________

bolso
Mein Bild: ______________________________

sorcerer (gesprochen: sorserer)
Mein Bild: ______________________________

primavera
Mein Bild: ______________________________

Nun folgt Schritt 2: Verknüpfen Sie das gerade entwickelte Bild mit einem zweiten Bild für die Bedeutung der jeweiligen Vokabel.

choukran (Arabisch: Danke)
Meine Verknüpfung: ______________________________

livre (Französisch: Buch)
Meine Verknüpfung: ______________________________

bolso (Spanisch: Tasche)
Meine Verknüpfung: ______________________________

sorcerer (Englisch: Zauberer)
Meine Verknüpfung: ______________________________

primavera (Italienisch: Frühling)
Meine Verknüpfung: ______________________________

Ob Ihre Verknüpfungen erfolgreich waren, zeigt Ihnen der folgende Test:

Danke heißt auf Arabisch: ______________________________

Buch heißt auf Französisch: ______________________________

Tasche heißt auf Spanisch: ______________________________

Zauberer heißt auf Englisch: ______________________________

Frühling heißt auf Italienisch: ______________________________

Verknüpfungsvorschläge zur Übung

- choukran (Arabisch: Danke)
  Hört sich an wie Schuh und Kran. Mein Schuh fiel ins Wasser. Er wird mit einem Kran heraus gefischt. Ich sage: „Danke“.
- *livre (Französisch: Buch)*
  Hört sich an wie „liefre“, also liefern auf schwäbisch. Ich lasse mir also ein „Buch liefre“.
- *bolso (Spanisch: Tasche)*
  Hört sich ähnlich an wie bolzen, also Fußball spielen. Und ähnlich wie „beult so“. Die Kinder bolzen nun eben mit einer Tasche. Oder ich brauche eine neue Tasche, meine alte beult so.
- *sorcerer (Englisch: Zauberer)*
  Klingt wie Sauciere. Oder auch wie „Sauce rühren“. Der Zauberer zaubert also leckere Sauce in die Sauciere. Oder: Wer ständig in der Sauce rührt (oder im Zaubertrank) muss wohl ein Zauberer sein.
- *primavera (Italienisch: Frühling)*
  Prima ruft Vera und hüpft im Frühling umher.

Namen und Gesichter abrufen

Wer im Büroalltag die Namen wichtiger Personen kennt, ist eindeutig im Vorteil. Der eigene Name ist eines jeden Menschen liebstes Wort. Besonders punkten kann die Sekretärin, wenn Sie der Chefin oder dem Chef im richtigen Moment auf die Sprünge hilft.

Mit den folgenden sechs Punkten können in Zukunft die meisten Namen in kurzer Zeit dauerhaft erinnert werden:

1. Person, Gesicht, auffällige Merkmale beachten
2. Namen deutlich hören
3. Namen „verbildern“

4. Bilder verknüpfen
5. Verknüpfung mit allen Sinnen erleben
6. Verknüpfung bleibt Geheimnis!

Person, Gesicht, Merkmale oder Verhalten nutzen

Viele Menschen zeigen wenig Interesse an ihrem Gegenüber, ein großer Fehler. Interesse ist wichtig für Ihr Gedächtnis! Sie sollten Ihren Mitmenschen besondere Beachtung schenken. Je genauer beobachtet wird, desto genauer kann die Person wieder als Bild im Geiste entstehen.

Auffällige Merkmale können beispielsweise sein: Frisur/Haare, Nase, Ohren, Narben, Augenbrauen, Muttermale, Warzen, Bart usw. Sogar Schmuck und Kleidung ist zulässig. Sogar mit Taten funktioniert dies. Auch Taten der Person können als auffälliges Merkmal und damit als Bild benutzt werden.

Ein auffälliges Verhalten ist sehr hilfreich. Oft bleibt ganz im Gedächtnis haften, was die besagte Person gemacht hat, nur fällt uns leider der Name nicht ein.

Namen richtig verstehen

Wiederholen Sie den Namen der Person und achten Sie dabei auf die korrekte Aussprache und eventuell die Schreibweise. Hier lauert die zweite Fehlerquelle. Wir hören oft nicht richtig hin, wenn uns jemand vorgestellt wird. Deshalb: Namen bewusst wiederholen und nachfragen, ob Sie den Namen korrekt aussprechen bzw. richtig verstanden haben. Dies signalisiert Ihrem Gegenüber Interesse und damit auch Respekt.

Namen „verbildern"

Die beste Methode, sich Namen sowie alles Wissenswerte zu merken, ist es, sie sich als Bilder vorzustellen. Wie das in der Praxis bei Namen funktioniert haben Sie bei den Fachbegriffen und Vokabeln schon gesehen. Wie Sie zur Expertin werden, zeigen Ihnen die Beispiele im Folgenden.

Bild der Person, das Gesicht oder das auffällige Merkmal bzw. Verhalten mit dem Bild des Namens verknüpfen

Nun werden auf möglichst lustige Art und Weise die beiden Bilder (Name und Person) miteinander verknüpft. Näheres dazu in den Beispielen.

Verknüpfung mit allen Sinnen erleben

Gerade beim Namenmerken ist es ungeheuer wichtig, diesen Punkt zu beachten. Es ist mitunter das Wichtigste überhaupt. Hiermit steht und fällt die Geschichte! Die Verknüpfung muss lebhaft und mit allen Sinnen im Kopfkino ablaufen. Lassen Sie Gefühle zu, reden Sie mit sich selbst, gucken Sie genau hin und wundern Sie sich. Hören Sie sich sagen: „Das gibt es doch nicht" oder „Das ist ja ulkig" oder „So was habe ich ja noch nie erlebt" und Ähnliches. Tun Sie also so, als sei die Sache wirklich echt. Als würden Sie die Geschichte, die Verknüpfung, gerade wirklich erleben. Sie steigern Ihre Erinnerungschance damit ungemein. Wer in der Lage ist, sich hierbei ein wenig selbst zu veräppeln, sich etwas vorzuspielen, ist beim Namenmerken ganz weit vorn!

Die Verknüpfung bleibt Ihr Geheimnis

Es kann vorkommen, dass sehr ungewöhnliche Verknüpfungen entstehen. Das ist absolut gewollt, denn Sie wissen ja: je ungewöhnlicher, je „merk-würdiger", desto besser erinnern Sie sich daran. Die Bilder sind allerdings für die betreffende Person nicht immer lustig. Daher behalten Sie die Verknüpfungen lieber für sich. In jedem Fall gilt: Egal wie absurd Ihnen eine Verknüpfung erscheinen mag – wenn Sie sich wieder an den Namen der betreffenden Person erinnern, ist sie gut.

Und da Sie den Namen unter Umständen bewusst verunstaltet haben, wird Ihnen dieser neue „Spitzname" auch nicht einfach so herausrutschen. Bitte verwechseln Sie diese Technik nicht mit dem unbewussten Spitznamen-Geben. Der Name muss nicht genauso sein wie das Bild, das Sie abgespeichert haben, meist hört er sich so ähnlich an. Und Ihr Gehirn wird unter Zuhilfenahme des Ähnlichkeitsgedächtnisses in den meisten (ca. 90 von 100) Fällen darauf kommen.

Übungsbeispiele zu Namen

- *Tiernamen:* Bei Tiernamen wie *Wolf, Bär*, ... stellen Sie sich die betreffende Person beispielsweise mit einem *Wolf* im Arm vor. Frau *Fuchs* verkriecht sich vielleicht gerade in ihren *Fuchs*bau. Oder falls sie Zöpfe als auffälliges Merkmal hat, ersetzen Sie diese durch *Fuchs*schwänze.
- *Berufsnamen:* Berufsnamen wie zum Beispiel *Müller* oder *Schmied:* ... Herrn *Müller* stellen wir uns vor wie er einen riesigen *Mehlsack* schleppt, oder wir stäuben ihn komplett mit *Mehl* ein. Herr *Bauer* fährt mit *Trecker* und *Pflug* durch die Gegend usw.
- *Namen aus zusammengesetzten, konkreten Begriffen:* Namen, die aus zusammengesetzten, konkreten Begriffen bestehen, sind ebenfalls denkbar einfach zu „verbildern". Herr *Kochendorf kocht* für ein ganzes *Dorf* eine leckere Mahlzeit. Frau *Goldmund* versprüht lauter *Gold*stücke wenn sie den *Mund* aufmacht.
- *Namen, die konkrete Begriffe beschreiben, aber eine leicht veränderte Schreibweise besitzen:* Namen die eine leicht veränderte Schreibweise besitzen sind auch kein Problem. Herr *Tanner* sägt im Wald eine *Tanne* ab. Frau *Bardt* stellen wir uns mit einem dicken Rausche*bart* vor.
- *Namen ohne Bedeutung:* Auch Namen ohne jede Bedeutung sind mit der "Geisselhart-Technik" leicht zu erinnern. Sie benötigen nur Ihre Phantasie. Damit fällt Ihnen leicht ein Ersatzwort ein. Herr *Traimer* wird zum *Träumer*, Herr *Lambro* isst gerne *Lamm* mit *Brot,* Frau *Nuskowsky* fährt mit einer *Nuß* auf dem *Kopf Ski*, Herr *Papadoppolus* lacht mit seinem Papa um die Wette denn sein *Papa* ist *doppelt lus*tig, Herr *Rommel* fährt nach *Rom* um *Mehl* zu besorgen und Frau *Koufalis* besitzt eine *Kuh* die einen *Pfahl isst.*

So merken Sie sich Namen und Gesichter:

1. Namen deutlich hören.
2. Namen „verbildern".
3. Person, Gesicht, evtl. auffällige Merkmale beachten.
4. Bild des Namens mit Bild der Person, Gesicht oder auffälligem Merkmal verknüpfen.
5. Mit allen Sinnen erleben.
6. Die Verknüpfung bleibt Ihr Geheimnis!

Namen speichern am Telefon

Im Office-Alltag spielt das Telefon eine wichtige Rolle. Oft kennt die Sekretärin den Anrufer nur vom Telefon – sie hat also keine optische Vorstellung von der Person. Braucht sie auch nicht, denn: Kein Mensch erwartet, dass eine Office-Managerin jemanden erkennt und mit Namen anspricht, den sie noch nie gesehen hat. Eines aber kann erwartet werden:

Zum Namen des Anrufers sollte das Anliegen bzw. das Unternehmen abgespeichert sein. Dann können Sie beispielsweise Frau Schackmann, nachdem diese ihren Namen genannt hat und Sie sie begrüßt haben, fragen ob die letzte Lieferung Prospekte, die Sie von Ihnen angefordert hatte, auch gut angekommen ist. Dies demonstriert Professionalität und Nähe zum Kunden bzw. Geschäftspartner. Mit der folgenden Übung sehen Sie, dass dies bei Ihnen schon sehr gut funktioniert.

Übung:

1. Herr Cron braucht eine bestimmte *CD*, die er Ihnen zugeschickt hat wieder zurück.
2. Frau Theis, eine neue, noch unbekannte Kundin, will mit Ihnen zusammen *Mittagessen*.
3. Herrn Krause sollen Sie die *Folien* zusenden, wenn Sie sie fertig gestellt haben.
4. Frau Seidel von der Änderungsschneiderei hat Ihre *Bluse* fertig gemacht, Sie können sie abholen.
5. Frau Busse rief an und musste Ihr *Treffen verschieben*.

Prüfen Sie, ob Sie sich die Anliegen merken können:

Herr Cron – ______________________________

Frau Theis – ______________________________

Herr Krause – ______________________________

Frau Seidel – ______________________________

Frau Busse – ______________________________

Verknüpfungsvorschläge für die Übung

1. *Herr Cron – CD zurücksenden*
   Der Name *Cron* klingt wie *Krone*. Stellen Sie sich die *CD*, die Sie zurückgeben sollen, als *Krone* für Herrn *Cron* vor. Sie schwebt wie ein Heiligenschein über seinem Kopf.

2. *Frau Theis – zusammen Mittagessen*
   Klingt wie *Eis*. Fehlt nur das *Th* davor. Dafür nehmen wir *T*ee oder *T*oast. In Ihrer Phantasie sitzen Sie mit ihr beim *Mittagessen*. Frau *Theis* isst ein *T*oast mit *Eis* darauf. Dazu trinkt sie *T*ee auch mit *Eis*.

3. *Herr Krause – OHP-Folien (OverHeadProjektor) zuschicken*
   Sehen Sie in Ihrem Inneren: *Krause*, also nicht glatte, *OHP-Folien*.

4. *Frau Seidel – Bluse fertig, abholen*
   Der Name *Seidel* klingt fast wie *Seide*. Da denken Sie gleich an Ihre *Bluse*, die (in Ihrer Vorstellung) auch aus *Seide* ist.

5. *Frau Busse – Treffen verschieben*
   Malen Sie sich aus, wie Sie zum *Treffen* mit Frau *Busse* fahren, aber mit dem *Bus* natürlich. Sie wohnt so ungünstig, dass Sie nur mit dem *Bus* zu ihr kommen. Da sitzen Sie also schon im *Bus* und sie ruft Sie auf dem Handy an und will das *Treffen verschieben*.

Aus Zahlen werden Geschichten

Mit der gerade erlernten Technik ist es nun ein Kinderspiel, sich Zahlen zu merken. Auch bei der folgenden Übung ändert sich nichts: Wir verknüpfen wieder auf möglichst skurrile Art und Weise. Diesmal allerdings sind es nur die Zahlensymbole untereinander, die verknüpft werden.

Stellen Sie sich vor, Sie möchten sich eine Telefonnummer merken. Dann müssen Sie darauf achten, dass Sie sich nicht nur die Nummer merken – auch die Person, um deren Nummer es geht, soll mit in die Geschichte integriert werden.

Ein kleines Beispiel vorab: Sie stehen in einer Bank. Die Tür geht auf und ein Schwan kommt herein. Er hebt seinen linken Flügel und holt dort einen Dreizack hervor. Damit spießt er die Kerze, die auf dem Banktresen steht auf und hält Sie Ihnen unter die Hand bis Ihre Finger ganz heiß werden. Um welche Zahl geht es in unserem Beispiel?

Es ist natürlich die Geheimzahl einer Bankkarte. Deshalb spielt sich die komplette Geschichte in der Bank ab. Die Geheimzahl lautet 2315.

Aufmerksame Gedächtnisprofis werden überlegen, ob Sie die 1 und 5 zur 15 zusammenfassen können. Damit hätten Sie nur ein Bild, statt zweien wie bei Kerze und Hand, nämlich den Aufzug. Dadurch sparen Sie eine Verknüpfung und sind schneller. Das entscheiden Sie selbst. Natürlich hätte der Schwan auch mit dem Dreizack in den Aufzug der Bank steigen können.

Mit den nächsten Übungen können Sie Ihr Zahlengedächtnis noch ein bisschen trainieren. Viel Spaß und Erfolg dabei.

Übung:

Denken Sie sich Geschichten zu folgenden Nummern aus:

- **Zahlenkombination für Ihren Trolleykoffer: 679**
- **PIN eines Handys: 1063**
- **Geheimnummer für eine Bankkarte: 2495**
- **Telefonnummer einer Freundin: 151463**
- **Telefonnummer einer Firma: 6349794**
- **Handynummer eines Kunden: 0153/9206158**

Wenn Ihre Geschichten gut waren und Sie diese im Geiste gesehen haben, wenn Sie sogar noch den „Merk-Turbo", also Gefühle, eingeschaltet haben, kann nichts mehr schief gehen. Tragen Sie die gesuchten Zahlen ein und prüfen Sie deren Richtigkeit. Ist eine Ziffer in der Zahlenreihe falsch, ist leider die ganze Zahl falsch. Drei richtige Zahlen sind gut, vier sind klasse, fünf top.

Zahlenkombination für einen Trolleykoffer: ______________________

PIN eines Handys: ______________________

Geheimnummer für eine Bankkarte: ______________________

Telefonnummer einer Freundin: ______________________

Telefonnummer einer Firma: ______________________

Handynummer eines Kunden: ______________________

Wenn Sie Schwierigkeiten hatten mit den Geschichten, was übrigens normal wäre, schauen Sie sich folgende Verknüpfungsvorschläge an und starten erneut. Es braucht ein wenig Übung. Übrigens: Haben Sie sich überlegt, welch kurze Zeit Sie sich erst mit der Geisselhart-Technik beschäftigen? Dafür klappt es doch schon prima oder nicht?

Verknüpfungsvorschläge

- *Zahlenkombination für einen Trolleykoffer: 679*
  Vorsichtig öffnen Sie in Gedanken den Trolleykoffer. Sie sehen darin einen kleinen Elefanten (6) umher laufen, der einen Wimpel (7) trägt. Mit dessen spitzen Ende spießt er eine Schlange (9) auf und setzt sie behutsam außerhalb des Trolleykoffers ab.
- *PIN eines Handys: 1063*
  Sie schleudern Ihr Handy mit dem Golfschläger (10) durch die Luft. Dabei treffen Sie einen Elefanten (6). Dieser wehrt Ihr Handy aber gerade noch rechtzeitig mit einem Dreizack (3) ab und spießt es auf. Etwas verdutzt überreicht er Ihnen Ihr Handy dann wieder.

- *Geheimnummer für eine Bankkarte: 2495*
  In der zur Karte gehörenden Bank ist der Fußboden mit Rasen ausgelegt. Ein Schwan (2) läuft auf dieser Wiese durch die Bank. Er erkennt in Windeseile vierblättrige Kleeblätter (4). Er pflückt und sammelt sie. Dabei wird eine Schlange (9) aufgescheucht. Diese fangen Sie mutig mit Ihrer Hand (5) und überreichen Sie dem Bankdirektor.
- *Telefonnummer einer Freundin: 151463*
  Stellen Sie sich vor, Sie möchten Ihre Freundin besuchen. In dem Haus gibt es einen Aufzug. Sie sehen den Aufzug (15), der gerade ankommt und die Türen öffnet. Ihre Freundin steht im Aufzug. In dem Moment kommt aus dem Aufzug ein Donnern und Grollen und Blitze (14) zucken Ihnen entgegen. Ihre Freundin verfehlen die Blitze knapp. Dann kommt ein Elefant (6) und packt Ihre Freundin mit dem Rüssel auf seinen Rücken. Kaum sitzt sie richtig, schleudert Ihnen der Elefant einen Dreizack (3) mit dem Rüssel entgegen.
- *Telefonnummer einer Firma: 6349794*
  In Ihrem Kopfkino sehen Sie die Firma in einem parkähnlichen Grundstück liegen. In diesem Garten grast ein Elefant (6). Er hat einen Dreizack (3) im Rüssel und spießt damit vierblättrige Kleeblätter (4) auf. Eine Schlange (9), die sich dort versteckt hält erkennt die Gefahr und winkt mit einem weißen Friedensfähnchen (7). Als wieder Ruhe eingekehrt ist kommt noch eine Schlange (9) dazu und frisst sich am Klee (4) satt.
- *Handynummer eines Kunden: 0153/5920615*
  Die ersten beiden Zahlen 0 und 1 brauchen Sie sich nicht zu merken, Sie wissen ja bereits, dass jede Handynummer mit 01 beginnt. Stellen Sie sich nun den Kunden (jetzt eine fiktive Person) vor. Während Sie diesen Kunden betrachten, sehen Sie erstaunt wie sich dessen Hand (5) in einen Dreizack (3) verwandelt. Dann sehen Sie auf seine andere Hand (5), und diese verwandelt sich nun in eine Schlange (9). So bewaffnet, dreht sich Ihr Kunde um und sieht einen großen Schlitten (20) vor sich stehen. Auf dem Schlitten sitzt ein Elefant (6). Dieser kutschiert Ihren Kunden auf eine Türe zu. Die Türe öffnet sich automatisch und Sie erkennen jetzt, dass es sich um einen Aufzug (15) handelt. Darin verschwindet das Gespann.

Mit ein bisschen Training kann die Geisselhart-Technik schnell verinnerlicht werden. In Zukunft werden wichtige Gespräche mit Kerze, Schwan und Dreizack vorbereitet. Damit sind alle nötigen Argumente parat. Wichtige Namen werden mit einprägsamen Bildern verknüpft. Damit wird Ihr Namensgedächtnis brillant. Die Post-it-Zettelwirtschaft verschwindet. Besorgungen werden ebenfalls auf diese Weise abgespeichert. Auch am Telefon läuft alles professionell, Dank der Verknüpfungsbilder. Es wird sofort erinnert, was mit dem entsprechenden Anrufer beim letzten Telefonat besprochen wurde. Wichtige PIN-Nummern können mit den Zahlensymbolen sicher verinnerlicht werden, dass eine Verwechslung der Zahlenfolge ausgeschlossen ist. Durch die beschriebene Technik wird außerdem die Kombinationsgabe, Denkleistung, Konzentration und Kreativität rasant zunehmen. Denn die meisten Bilder sind völlig absurd und lustig. Wer hier Phantasie wie ein Kind beweist, hat Vorteile. So steigt mit der Geisselhart-Technik in kürzester Zeit die Merkfähigkeit und das auf witzige Art und Weise. Lachen kann man schließlich nie genug.

Stil & Etikette im Büro

Gabriele Krischel

Mit guten Umgangsformen zum Erfolg

Wer beruflich und gesellschaftlich weiterkommen möchte, kommt an guten Umgangsformen nicht vorbei. Ob Vorstellungs- oder Verkaufsgespräch, ein Restaurantbesuch mit Kunden oder Freunden: Durch gute Umgangsformen fühlen sich die beteiligten Personen ernst genommen und respektiert. Es geht nicht um die Kunst der hohen Etikette, sondern um grundsätzliche Regeln und Umgangsformen.

Benimm ist in

Manieren, Tischmanieren und das äußere Erscheinungsbild waren einige Zeit in Vergessenheit geraten, doch heute achten Unternehmen wieder auf gute Umgangsformen und korrekte Kleidung ihrer Mitarbeiter. So beklagen rund 55 Prozent der deutschen Unternehmer einen Mangel an Sozialkompetenz und 47 Prozent an persönlicher Kompetenz. Unternehmen stellen eher jemanden ein, der fachlich noch etwas dazu lernen muss, als jemanden mit Defiziten in der sozialen Kompetenz. Das Fachliche kann man schnell erlernen. Aber Höflichkeit gegenüber seinen Kollegen, Vorgesetzten und Kunden?

Zu guten Umgangsformen gehört es

- alle Gesprächspartner/innen mit ihrem Namen anzusprechen,
- sich für eine Unhöflichkeit zu entschuldigen,
- die Tür für Nachkommende aufzuhalten,
- sich korrekt zu kleiden,
- sich nicht gehen zu lassen,
- anzuklopfen,
- nicht ungefragt in Kollegen-Schreibtischen wühlen,
- sich auf deren Schreibtische zu setzen,
- pünktlich zu sein,
- wichtige Unterlagen unter Verschluss zu halten, besonders nach Arbeitsende.

Gäste im Büro

Beispiel

Der Kunde Michenfelder meldet sich am Empfang. Der Pförtner ruft im Sekretariat an, dass ein „Herr Michenfeld“ da sei und schickt den Kunden in das Büro „Da lang“. Der Besucher kommt ins Sekretariat: Die Sekretärin ist in ein Telefongespräch vertieft und schaut nicht hoch. In der Ecke steht ein Besucherstuhl, doch auf dem liegen Akten. Endlich hat die Dame ihr Gespräch beendet. Sie nickt dem Gast zu und führt ihn in das Besprechungszimmer. Der Kunde – er ist heute schon die Strecke Stuttgart–Düsseldorf gefahren – hat Durst. Leider wird ihm nichts angeboten, die Firma muss schließlich sparen.

Abholen am Empfang

Eine nette Begrüßung ist die erste Visitenkarte der Firma. Dazu gehört, dass der Empfang den Besucher meldet und er dort abgeholt wird. Es sollte selbstverständlich sein, dass der Empfang die Namen korrekt nennt. Es ist sehr ärgerlich, wenn der Empfang sagt „Hier ist Besuch. Ein Herr Michenfeld für Sie“ und der Gast heißt Michenfelder. Professioneller klingt es „Herr Michenfelder ist eingetroffen/ist für Sie da“.

Nach dem Termin verabschiedet man den Gast in der Regel dort, wo man ihn abgeholt hat. Das heißt, man begleitet ihn wieder zum Empfang.

Wer geht vor?

Laut offizieller Etikette geht der Gast vor. Da diese Etiketteregel nicht sehr praktikabel ist, ist es sinnvoll, dass der Firmenangestellte vorangeht. Um zu zeigen, dass man die Regeln beherrscht, sagt man kurz „Darf ich vorgehen?“ und führt den Gast zum Besprechungsraum. Man kann den Weg für ein Gespräch nutzen und schafft somit eine freundliche Atmosphäre. Der Gastgeber öffnet die Tür, aber der Gast geht zuerst hindurch. Auch im Fahrstuhl hat der Besucher den Vortritt. Den Weg kann man dazu nutzen, etwas Small Talk zu betreiben.

In dem Moment, in dem der Kunde das Büro betritt, ist man Gastgeber. Daher sorgt man dafür – wie bei sich zu Hause – dass die Umgebung aufgeräumt ist. Der Besucherstuhl ist frei von Ordnern und Papierstapeln.

Mantel abnehmen

Ist der Gast eine Dame, kann man ihr den Mantel abnehmen. Bei einem Herrn reicht es aus, den Bügel zu reichen. Man muss nicht aus dem Mantel hinaus- oder hineinhelfen. Ein Tabu: Es wird nicht nach der Aktentasche gegriffen.

Getränke anbieten

Es ist sinnvoll, dem Gast eine Auswahl anzubieten, damit er weiß, welche Getränke vorhanden sind. Deshalb fragt man: „Möchten Sie einen Kaffee oder Tee oder lieber etwas Kaltes? Wir haben Wasser, Orangensaft oder Apfelsaft“.

Je nach Anlass ist größer eingedeckt. Kaltgetränke sollten kalt sein und Kaffee und Tee nicht schon stundenlang dort stehen. Gebäck muss ebenfalls frisch sein (im Sommer bitte keine Schokoladenplätzchen). Im Sommer bietet sich klein geschnittenes Obst als erfrischende Zwischenmahlzeit an. Flaschenöffner und ein paar Servietten befinden sich ebenfalls auf dem Tisch. Eine nette Geste: Süßstoff. Standfeste Gläser – ohne Stil – sind leichter zu benutzen.

Bedienung

Es wird immer von rechts eingeschenkt. Wenn man die Tassen auf dem Tisch stehen lässt, vermeidet man Zitterpartien. Ein kleiner Trick: Papieruntersetzer zwischen Tasse und Teller legen.

Sind an jedem Platz Gläser und Flaschen, kann der Gast sich selbst bedienen. Dies gilt auch für Kuchen und Schnittchen (bei Torte bedient man besser). Meistens hat man als Gast jedoch Hemmungen, daher sollte man bei der erste Runde bedienen und dann zur Selbstbedienung auffordern. Wenn man sieht, dass der Gast vor einer leeren Tasse sitzt, sollte man ruhig noch einmal fragen und erneut nachschenken.

Spricht der Vorgesetzte mit mehreren Besuchern, übernimmt er die Gastgeberrolle, das heißt, er schenkt ein. Nimmt die Assistentin an der Besprechung teil, kann sie diese Rolle übernehmen. Am besten spricht sie dies vorher mit dem Chef ab.

Einzelner Besucher:	Sollte man immer bedienen, auch wenn dieser rangniedriger ist.
Mehrere Gäste:	Der Ehrengast oder Ranghöchste wird vor allen anderen bedient.
Gäste sitzen „bunt gemischt“ im Kreis:	Man beginnt beim Ranghöchsten, danach im Uhrzeigersinn servieren.
Eigene und fremde Gäste:	Zuerst die fremden (wenn möglich nach Rangfolge), danach die eigenen Gäste bewirten. Bevor man jedoch zu viel hin- und herläuft, bedient man der Reihe nach.
Ausländische Gäste:	Werden zuerst bedient.
Firmenintern – größerer Kreis:	Der Reihe nach bedienen, der Chef kommt dran, wenn er an der Reihe ist. So kann man auch vorgehen, wenn mehrere Führungspersonen sich treffen.
Damen:	Wenn sie Ehrengast ist, kommt sie zuerst dran. Sonst geht es nach Rangordnung bzw. Sitzfolge.

Der Besprechungsraum

Der Besprechungsraum ist vorbereitet und während der Besprechung erfolgen keine Störungen.

Wie sollte der Besprechungsraum aussehen?

- Gut temperiert und vorher gelüftet.
- Blumen werden gepflegt, erhalten regelmäßig Wasser und haben schöne Untertöpfe. Wenn die Pflege nicht sichergestellt werden kann, verzichtet man besser darauf.
- Das Geschirr ist sauber, nicht angeschlagen.
- Es liegen keine vertraulichen Unterlagen herum.
- Während der Gast wartet, hört er keine Kollegengespräche (womöglich noch Beschwerden oder Interna etc.).
- Bitte ebenfalls prüfen, ob auf der Besuchertoilette ausreichend Handtücher und Ersatz-Toilettenrollen vorhanden sind.

Praxistipp:

In einer Gästekartei kann man zum Beispiel notieren, welche Vorlieben oder Hobbys der Besucher hat. Guter Service: Den Gast mit Informationsmaterial, einer Wegbeschreibung und Hinweisen, wo er parken kann (ggf. Parkausweis) vorab zu versorgen.
Wenn man Gastgeschenke überreicht, ist es sinnvoll zu notieren, was man schenkt.

Begrüßen und Vorstellen

Beispiele

Die Assistentin sitzt im Vorzimmer, ein ranghoher Kunde kommt herein. Da sie in diesem Moment Gastgeberin ist, steht sie auf, geht um ihren Schreibtisch herum und gibt dem Besucher die Hand. Die Rangordnung wird also in diesem Fall außer Acht gelassen.

Der Vorgesetzte ist auf einer Messe. Dort trifft er den Geschäftsführer einer befreundeten Firma, Herrn Schneider, und eine seiner Mitarbeiterin, Frau Ebel. Frau Ebel leitet die Abteilung Marketing. Grüßt der Vorgesetzte den Geschäftsführer zuerst oder gilt hier die Regel „Ladys first"? Da Frauen im Berufsleben gleichberechtigt sind, grüßt der Vorgesetzte die ranghöhere Person zuerst mit Handschlag, also den Geschäftsführer, Herrn Schneider.

Eine verzwickte Situation: Man kennt die Gesprächspartner (noch) nicht persönlich, zum Beispiel wenn eine Besprechung mit einem neuen Kunden geplant ist. Falls sich beim Hereinkommen in den Besprechungsraum keiner als „Ranghöchster" zu erkennen gibt, sagt man der am nächsten stehenden Person zuerst „Guten Tag". Auf keinen Fall vom Aussehen auf das Alter und die Position schließen.

Grüßen im Beruf

Grundsätzlich gilt, dass derjenige zuerst grüßt, der die andere Person zuerst sieht. Wer einen Raum betritt, grüßt zuerst. Je nach Situation durch ein Kopfnicken oder durch „Guten Tag", „Hallo".

Offiziell gibt es eine Rangordnung, wer wen zuerst grüßt:

Es grüßt

- der Herr die Dame,
- der Jüngere den Älteren,
- der Rangniedere den Ranghöheren,
- der Inländer den Ausländer.

Wichtig: Frauen im Berufsleben sind gleichberechtigt. Das heißt, dass Frauen nicht automatisch zuerst begrüßt werden, sondern nur dann, wenn sie ranghöher sind.

Begrüßen mit Händedruck

Mit Handschlag begrüßt man in der Regel Kunden und Gäste. Es ist in unserer Kultur nicht unbedingt üblich, Kollegen, die man tagtäglich sieht, mit Handschlag zu begrüßen. Firmen, die dies praktizieren, haben oftmals ein entspanntes und mobbingfreies Betriebsklima. Zur Geburtstagsgratulation – oder anderen Gratulationen – gibt man die Hand. Dies kann man auch tun, wenn der Kollege in Urlaub fährt bzw. zurückkommt.

Im Osten Deutschlands ist es allerdings Tradition, dass der Vorgesetzte seine Mitarbeiter täglich mit Handschlag begrüßt.

Die offizielle Rangordnung entspricht der des Grüßens, es wird die Erlaubnis zum Anfassen erteilt. Also:

- Ältere geben der jüngeren Person die Hand,
- „Sie" gibt „Ihm" die Hand,
- die ranghöhere Person reicht die Hand.

Das gleiche gilt für die Verabschiedung.

Männer stehen grundsätzlich auf, Frauen im beruflichen Alltag ebenfalls. Herren schließen das Jackett. Eine nette Geste: Wenn man hinter dem Schreibtisch hervorkommt, um dem Besucher die Hand zu geben.

Ein Händedruck ist immer zu beachten, auch wenn danach die Reihenfolge der Begrüßung nicht mehr stimmt! Entweder wird allen die Hand gegeben oder keinem.

Vorstellung

Beispiele

Die neue Kollegin (Sachbearbeiterin) wird herumgeführt und man kommt zu einer Abteilungsleiterin: Die Abteilungsleiterin erfährt zuerst den Namen der neuen Kollegin. „Frau Santen, dies ist unsere neue Kollegin in der Presseabteilung, Ines Behrends".

Man hat den Kunden am Empfang abgeholt und kommt nun zum Vorgesetzten. Auch hier gibt es wieder eine offizielle Regelung, von der aus Gründen der Höflichkeit aber abgewichen wird. Offiziell erfährt die Führungskraft den Namen des Kunden zuerst. Höflicher ist es jedoch, wenn der Kunde zuerst den Namen des Gastgebers erfährt. Ein guter Vorschlag: Das Begrüßungszeremoniell mit dem Chef abstimmen.

Man trifft außerhalb des Berufslebens auf den Vorgesetzten mit Frau. Der Mitarbeiter sollte sensibel reagieren und abwarten, ob der Chef überhaupt ein persönliches Gespräch mit ihm führen möchte. Ist dies nicht der Fall, grüßt man sich kurz mit Kopfnicken. Der Mitarbeiter sollte nicht zuerst das Wort an den Chef richten. Bleibt der Chef stehen, dann ist dieser in der Pflicht und stellt nun seine Frau (die in diesem Fall die Ranghöhere ist), dem Mitarbeiter vor.

Der Ranghöhere erfährt zuerst den Namen der Person, die vorgestellt wird. Das bedeutet, dass derjenige, der den Ranghöheren kennt, ihn zuerst anspricht. Treffen sich mehrere in etwa gleichrangige Damen oder Herren, bestimmt das Alter den Rang. Das heißt, man stellt der älteren Person die jüngere vor:

- „Ich möchte Sie bekannt machen mit ..."
- „Dies ist Frau Göbel."

Darauf antwortet man:

- „Freut mich (sehr)",
- „Schön, dass ich Sie endlich kennen lerne, (Frau X)."

„Angenehm" oder „Sehr erfreut" zu sagen, gilt als veraltet.

Selbstvorstellung

Der Rangniedere nennt seinen Namen zuerst. Titel nennt man bei der Selbstvorstellung nicht. Bei Gleichrangigkeit kann man sich selbst vorstellen und erwartet dies natürlich auch vom anderen. Als Frau stellt man sich immer mit der femininen Form des Berufes vor: Kauffrau, Ingenieurin, Chemikerin, Ministerin, Amtsrätin, Rechtsanwältin, Lehrerin.

Duzen und Siezen

Es hängt von der Unternehmenskultur ab, ob Duzen gerne gesehen wird. Auf jeden Fall soll man einseitiges Duzen (der Vorgesetzte zum Auszubildenden) vermeiden.

Namen

Hat man den Namen nicht richtig verstanden, darf man ruhig nachfragen. Oft nennt man seinen eigenen Namen nicht deutlich genug, was daran liegt, dass man ihn tagein, tagaus mehrmals nennt. Um es dem Gesprächspartner leicht zu machen, sollte man ihn klar und vernehmlich aussprechen, vielleicht sogar mit einer Assoziation für den anderen versehen: „Ich heiße Münzberg – wie die Münze und der Berg". Der Gesprächspartner wird für diese Eselsbrücke sehr dankbar sein. Doppelnamen werden immer ausgesprochen.

Titel

Akademische Titel werden bei der Anrede immer genannt „Herr Doktor Köhler", „Frau Professorin Peters". Hat jemand mehrere Titel (Professor Doktor oder Doktor Doktor) zählt nur einer und dann der Ranghöchste (Frau Professorin Peters). Journalisten und Politiker, sofern sie Titel haben, lassen ihn untereinander häufig wegfallen.

Auch wenn sowohl Standesrechte als auch Adelstitel bereits durch die Reichsverfassung abgeschafft wurden, gelten sie als Bestandteil des Namens. Zwar besteht kein Rechtsanspruch auf die offizielle Anrede mit dem Adelstitel, aber im privaten und geschäftlichen Umgang wird man aus Gründen der Höflichkeit nicht auf ihn verzichten. Dies bedeutet, dass man Adelstitel mit ausspricht, es sei denn, der Titelträger wünscht es nicht.

Visitenkarte

Es ist unhöflich, eine Visitenkarte ungelesen einzustecken. Man wirft einen kurzen Blick darauf und macht, falls es zur Situation passt, eine Bemerkung: „Ein interessantes Logo hat Ihre Firma", „Sie sind für die Öffentlichkeitsarbeit zuständig?"

Eine kurze Zusammenfassung – das hat sich im Berufsleben geändert:

- Auch „Sie" kann heutzutage das „Du" anbieten.
- Sie steht bei der Begrüßung auf.
- Die Frau ist im Berufsleben nicht mehr Ranghöchste.
- Auch der Ranghöhere hält einem Rangniedrigeren die Tür auf, besonders wenn diese Person schwer bepackt ist.
- Der Ranghöhere grüßt zuerst, wenn er den Rangniedrigeren zuerst sieht.
- Statt „Angenehm" sagt man lieber „Schön, Sie kennen zu lernen" oder ähnliches.

Dos und Don'ts im Berufsleben

Dos	Don'ts im Berufsleben
Türen aufhalten, auch für Rangniedere	Kaugummi kauen
anklopfen	fremde Schreibtische zu belegen
Hand aus der Hosentasche bei Begrüßung	sich gehen lassen
pünktlich sein	Kollegenklatsch
Termine frühzeitig absagen	einseitiges Duzen
den Besucher an der Tür abholen	Besucherstühle mit Akten belegen
gute Tischmanieren	Mobbing
E-Mails innerhalb von 24 Stunden beantworten, spätestens jedoch nach drei Tagen	E-Mails nicht beantworten
Handys in bestimmten Phasen ausschalten	lautes Radio (hört man auch am Telefon)
Rückrufe einhalten	eine Visitenkarte ungelesen einstecken
als Frau die weibliche Berufsbezeichnung nennen (Bürokauffrau, Ingenieurin etc.)	Comics im Büro „Ich bin auf der Arbeit, nicht auf der Flucht"
hereinkommende Besucher grüßen, auch wenn man gerade telefoniert	Nägel kauen (insbesondere vor Kunden)
aufstehen, wenn jemand kommt	vertrauliche Dokumente offen liegen lassen
Gesprächspartner mit Namen anreden	unbekannte Abkürzungen in Briefen verwenden
sich korrekt kleiden	in diversen Körperöffnungen bohren (Ohr Nase – gilt auch im Auto!)
Nase rechtzeitig putzen (statt hochziehen!)	
korrekte Haltung (Hand aus der Hosentasche, Sitzhaltung)	

Der erste Eindruck – Businesskleidung

Beispiele

Ein Bewerbungsgespräch

Jutta Weber hat ein Vorstellungsgespräch in einer Werbeagentur. Sie zieht ihren neuen zinnoberroten Hosenanzug an. Da sie nicht sehr groß ist, wählt sie hochhackige Schuhe. Zu ihren kurzen Haaren passen die tollen, großen Silberohrringe. Ist sie angemessen gekleidet?

Ein roter Hosenanzug ist für ein Vorstellungsgespräch sicher eine zu auffällige Farbe. Ein Schuh mit einem Absatz von ca. sechs Zentimetern wäre richtig. Wenn Frau Weber gerne großen Schmuck trägt: Warum nicht, man muss sich nicht immer verbiegen. Aber sie muss sich ihrer Wirkung bewusst sein. Und Achtung: Die großen Ohrringe klackern beim Telefonieren.

Sommer in der Bank

Christine Meinolf arbeitet als Vorstandsassistentin einer Bank. Im Sommer kleidet sie sich gerne luftig. Sie zieht ein Oberteil mit Spaghettiträgern an, einen bunten Rock und zu ihren offenen Sandalen trägt sie natürlich keine Strümpfe. Ihre Zehennägel sind sorgfältig lackiert. Sie hat Bein- und Achselhaare rasiert. Ist sie korrekt gekleidet?

Frau Meinolf sollte besser ein Oberteil mit einem angeschnittenen Ärmel tragen. Ob der bunte Rock wohl in eine Vorstandsetage passt? Strümpfe sind auf jeden Fall ein Muss, dazu trägt sie geschlossene Schuhe. Auch in Deutschland setzt sich der Trend aus den USA durch, die Achsel- und Beinhaare zu rasieren.

Das äußere Erscheinungsbild

„Für den ersten Eindruck gibt es keine zweite Chance." Der erste Eindruck basiert ausschließlich auf Äußerlichkeiten! Der Kommunikationsforscher Paul Watzlawik hat gesagt „Man kann *nicht* nicht kommunizieren". Ebenso kann man *nicht* nicht wirken.

Eine zweite Chance gibt es sicherlich, doch ist die Hürde, die man dann überwinden muss, wesentlich größer. Außerdem braucht der andere Zeit, denn man hat festgestellt, dass man innerhalb der nächsten 30 Minuten nicht in der Lage ist, den ersten Eindruck zu revidieren.

Kleidung dient als Erkennungszeichen. Man wird in eine Schublade sortiert und der andere checkt ab, wen er vor sich hat. Kleidung ist ein nonverbales Signal für Außenstehende.

Stilsicherheit bei der Kleidung

Wer andere managen möchte, sollte zeigen, dass er/sie sich selbst managen kann. Auf den oberen Etagen ist eine klassische Kleiderordnung angesagt. Qualität sollte vor Quantität gehen.

Gepflegte Kleidung ist: gebügelt, hat keine Flecken, ist nicht gestopft und der Stoff sieht nicht abgenutzt aus. Die Knöpfe sind vollständig, sehen noch gut aus und hängen nicht an einem Faden.

Bekleidungsregeln im Beruf

Hört man den Begriff „Berufsbekleidung", dann denkt man eher an den Malerkittel oder die weiße Kochmütze. Unklarheit herrscht oft darüber, inwieweit der Betrieb eine Kleiderordnung aufstellen darf. Er darf! Viele Firmen vermeiden dies allerdings, ärgern sich aber andererseits häufig über unkorrekt gekleidete Mitarbeiter. Eine gute Idee: Zusammen mit den Mitarbeitern eine Kleiderregelung aufzustellen (und diese dann auch einzuhalten).

In vielen Branchen sind Jeans – oder sogar Freizeit- oder Sportbekleidung – tabu. Dies gilt natürlich erst recht für Damen und Herren in Führungspositionen.

Businesskleidung für die Frau

Die Grundgarderobe sollte von guter Qualität sein, dies muss nicht heißen, dass sie teuer ist. Diese zeitlosen Basicteile kann man regelmäßig durch modische Teile ergänzen und mit Blusen und T-Shirts aufpeppen. Vermeiden sollte man zu weibliche Accessoires wie Rüschenkleider, Leopardentops oder Ähnliches. Strümpfe sind ein Muss.

Basics können zum Beispiel sein: dunkelblaue, schwarze oder graue Hosenanzüge bzw. Kostüme in den vorgenannten Farben, natürlich auch mit Nadelstreifen. Dazu passen weiße, beige, pastellfarbene T-Shirts oder Blusen. Die T-Shirts sollten qualitativ hochwertig sein. Bei Blusen sollten Sie darauf achten, dass der Kragen zum Reverskragen der Jacke passt.

Auch die Schuhe sollten in der Farbe passen. Mit schwarzen Schuhen macht man in der Regel nichts verkehrt.

Auf gute Stoffqualität achten

Es muss nicht immer Baumwolle sein. Es gibt gute, atmungsaktive Stoffe, die wenig knittern und pflegeleicht sind. Leinen hingegen knittert sehr schnell. Wer öfter auf Reisen ist, sollte auf bügelleichte und schnell waschbare Kleidung achten. Gerade hier ist Kleidung, die man kombinieren kann, vorteilhaft. Falls man mehrere Grundfarben bevorzugt, sollte man daran denken, dass man dann zusätzliche Schuhe und manchmal sogar eine passende Handtasche benötigt.

Zur Businesskleidung gehören:	**dazu gehören nicht:**
Kostüme, Hosenanzüge	Spaghettiträger
dezente Kleider, zum Beispiel Etuikleider	Rüschenkleider
Strümpfe bzw. Strumpfhosen	zu viel Dekolleté
Schultern bedeckt, das heißt	herausschauende BH-Träger
auch im Sommer zumindest kurze Ärmel	BH mit Spitzenmuster unter glatten Oberteilen
klassische Blusen, T-Shirts	dunkle Unterwäsche unter hellen Oberteilen
Röcke, Kleider ca. knielang	Minis
dezentes Make-up	Jeans (je nach Branche)
farblich passende Strumpffarben zu Hosen	bauchfrei
gepflegte Nägel	„High heels“
	Abendkleidung (die tagsüber im Büro getragen wird, wie Leoparden-Top etc.)
	(Nylon-) Söckchen unter Hosen
	abgesplitterte Nägel

Den Kleiderschrank entrümpeln

Regelmäßig den Kleiderschrank sichten und eine Bestandsaufnahme machen, erspart Fehlkäufe und gibt Sicherheit, was genau gebraucht wird.

Für den nächsten Einkauf macht man sich Notizen:

- Was möchte man ersetzen?
- Was möchte man ändern?
- Was fehlt grundsätzlich?
- Womit kann man vorhandene Kleidung aufpeppen?

Das meiste Geld sollte für Garderobe angelegt werden, in der man sein Geld verdient:

- 75 Prozent für berufliche Kleidung
- 20 Prozent für Freizeit
- 5 Prozent für festliche Kleidung

Proportionen

Kleinere Menschen sollten auf zu viele Unterbrechungen und Hosen mit Aufschlag verzichten. Helle Farben treten hervor, dunkle lassen zurücktreten. Muster lenken Blicke auf sich, hier ist also Vorsicht angebracht, wenn man eher korpulent oder klein ist.

Farben und Muster

Möglichst nicht mehr als drei Farben kombinieren. Dezente Farbtöne wirken eleganter. Je heller und gemusterter, desto auffallender. Vorsicht bei allzu kräftigen oder schreienden Farben. Die Variationsvielfalt beim Kombinieren ist größer, wenn man sich auf unifarbene Stoffe konzentriert. Dunkelhaarige können eher kräftige Farben tragen, Blonden und Hellhäutigen stehen weiche und dezente Farben häufig besser.

Accessoires

Auch hier gilt: Weniger ist mehr. Accessoires sollten nicht zu auffällig sein. Nicht zu viele und zu starke Akzente setzen. Bei auffallenden Ohrringen kann die Kette wegfallen. Bitte daran denken: Beim Telefonieren klackern große Ohrringe. Der Gesprächspartner am anderen Ende hört dies und könnte irritiert sein. Körpergröße und Größe des Schmucks sollten übereinstimmen.

Das Image des Brillenträgers hat sich in den letzten Jahren grundlegend verändert. Ob auffällig mit einer farbigen Fassung oder randlos und unauffällig: Die Brille ist zu einem modischen Beiwerk geworden, sie kann den Typ äußerlich schnell verändern.

Gürtel sollten immer benutzt werden, wenn Hosen- oder Rockbund Gürtelschlaufen haben. Farblich passend – wenn möglich, einen Ton dunkler – zur Kleidung aussuchen oder passend zu den Schuhen.

Schuhe

Damit macht man nichts verkehrt: Unifarbene Pumps ohne Schnickschnack mit halbhohem Absatz in den Farben schwarz, dunkelblau, dunkelgrau oder braun. Nicht zu hoch, nicht zu spitz, nicht in Gold oder Silber. Keine Kreppsohlen, keine Joggingschuhe im Berufsleben. Selbstverständlich darf man die derzeitige Mode mitmachen (wenn es nicht zu ausgefallen ist).

Bekleidungsvorschriften bei offiziellen Anlässen

Der Gastgeber kann die Wünsche zur Kleiderordnung äußern. Er wird dies auf der Einladung vermerken. Ein solcher Vermerk könnte wie folgt aussehen:

- Straßenanzug
- dunkler Anzug
- sportlich-elegant
- kleiner Gesellschaftsanzug
- Abendanzug
- Frack oder großer Gesellschaftsanzug

Der Vermerk ist immer auf die Herrenkleidung bezogen. „Frau" weiß dann, was sie zu tragen hat. Dieser Vorschlag ist bindend.

Wenn man die gewünschte Kleidung nicht hat und sie sich auch nicht kaufen oder leihen möchte, dann sollte man der Veranstaltung fern bleiben. Man folgt weder under- noch overdressed einer solchen Einladung. Wenn man nicht die passende Kleidung besitzt, sollte man absagen.

Zu welcher Gelegenheit trägt man welche Kleidung

- *Festakt oder Akademische Feier*
  elegantes Kostüm, schwarzer Anzug (auch Stresemann, Cut) mit weißem Hemd
- *Vormittagsempfang*
  Kostüm, normaler Geschäftsanzug
- *Brunch/Lunch*
  Kostüm oder elegantes Kleid, Geschäftsanzug
- *Cocktailparty*
  elegantes Kleid, Cocktailkleid, dunkler Anzug oder gedeckter Straßenanzug
- *Ball, Dinner*
  Abendkleid (kurz oder lang, aber eher lang), Smoking, Fliege, schwarze Abendschuhe bzw. Lackschuhe (vor 19 Uhr kommt der Smoking nicht ans Tageslicht!)

Arbeits- und Geschäftsessen

Gerne schafft man eine angenehme Verhandlungs- oder Arbeitsatmosphäre, indem man die Besprechung mit einem Essen verknüpft. Ein Arbeitsessen unterliegt nicht dem offiziellen Protokoll, trotzdem gilt es, einige Dinge zu beachten: Der Gast kann sein Menü selbst auswählen. Der Gastgeber wird das Getränk wählen. Die Frau ist in diesem Fall nicht die Ranghöchste, gibt aber das Zeichen zum Essensbeginn. Geschäftliche Angelegenheiten werden vor oder besser nach dem Essen besprochen, nicht jedoch während des Essens.

Handelt es sich um einen offiziellen Termin, wählt der Gastgeber den Wein aus. Die Devise „zu hellem Fleisch nur weißen Wein" gilt nicht mehr. Man kann also getrost die Weinsorte bestellen, die man mag. Die Gäste wählen das Menü. Der Ehrengast bestellt zuerst, dann geht es der Reihe nach. Der Gastgeber bestellt für sich selbst zuletzt.

Der Einladende erhebt das Glas, danach erheben alle anderen ihre Gläser. Die Gastgeberin gibt das Zeichen zum Essen durch ein Kopfnicken. Der Begriff „Mahlzeit" war nie ein offizieller Gruß. Bei offiziellen Essen wird nur mit dem Kopf genickt. Inoffiziell, im kleinen Kreis sagt man „Guten Appetit".

Gute Tischmanieren

Besteck

Das Besteck wird von außen nach innen gedeckt und ebenso benutzt. Die Gabel hält man zwischen Daumen, Zeigefinger und Mittelfinger fest, sie wird nicht in der Faust gehalten.

Möchte man sein Besteck ablegen, so geschieht dies auf dem Teller. Ist dies nicht möglich, hält man das Besteck solange in der Hand, bis der Teller wieder zur Verfügung steht.

Die Bedienung erkennt an der Lage des Bestecks, ob der Gast noch etwas essen möchte:

- Messer und Gabel liegen parallel nebeneinander auf dem Teller:
  „Ich möchte nichts mehr essen, der Teller kann abgeräumt werden."
- Messer und Gabel liegen gekreuzt auf dem Teller:
  „Ich möchte gerne noch etwas essen" bzw. „Ich bin noch nicht fertig, mache nur gerade eine Pause".

Gedeck

Der Platzteller wird erst vor dem Dessert weggeräumt. Links neben dem Speisenteller oder Platzteller steht der kleine Brotteller (auch Beisatzteller), meist mit einem kleinen Messer, das auch für die Butter benutzt werden muss. Der Brotteller sollte nach der Vorspeise vom Service abgeräumt werden. Der Salatteller steht – dann statt des Brottellers – ebenfalls links neben dem Speisenteller.

Der Suppenteller kann angehoben werden, um den letzten Rest herauszubekommen. Der Teller wird leicht nach hinten gekippt. Eine Suppentasse darf man sogar an einem Henkel anfassen, um den Rest auszutrinken.

Gläser

Sekt- bzw. Champagnergläser und Weingläser fasst man grundsätzlich am Stiel an. Das dem Besteck am nächsten stehende Glas wird als erstes genommen, alle weiteren von rechts nach links.

Serviette

Die Serviette wird nicht in den Hemd- oder Blusenkragen hineingestopft sondern entfaltet und auf den Schoß gelegt (Ausnahme: Krebsessen). Sie wird zur Hälfte gefaltet, mit der offenen Seite zu einem hin auf dem Schoß gelegt. Nun kann die obere Hälfte noch einmal nach innen eingeschlagen werden. So ist sichergestellt, dass weder Kleidung noch Tischtuch schmutzig werden. Vor jedem Trinken tupft man sich leicht die Lippen ab, bevor das Glas zum Mund geführt wird.

Wenn man zwischendurch aufsteht oder das Essen beendet ist, wird die Serviette locker zusammengefaltet und links neben dem Teller abgelegt. Dies gilt auch für die Papierserviette.

Büffet

Das Büfett wird immer von den Gastgebern eröffnet. Nie eröffnet man es selbst, mag der Hunger noch so groß sein. Selbstverständlich stellt man sich hinten an. Man beginnt mit der Vorspeise – warm oder kalt –, meist werden dafür kleinere Teller bereitstehen. Vor- und Hauptspeisen werden nicht auf einen Teller gehäuft. Für den Hauptgang nimmt man einen neuen Teller, ebenso für das Dessert. Benutzte Teller verbleiben am Platz, sie werden weggeräumt. Findet man den Teller noch vor, wenn man vom Büffet kommt, stellt man ihn einfach beiseite.

Kaffee

Die Kaffee- bzw. Teetasse wird zum Nachschenken grundsätzlich mit Untertasse angereicht. Der Kaffee- oder Teelöffel wird nur zum Umrühren benutzt und danach wieder auf die Untertasse gelegt. Er wird nie abgeleckt, auch wenn sich noch Sahnereste etc. daran befinden sollten.

Rauchen

Während eines Essens wird nicht geraucht. Geraucht wird offiziell erst nach dem Dessert.

Rechnung

Die Gesamtrechnung erhält die Person, die danach fragt. Eine Dame, die einen Herrn einlädt, kann den Kellner darauf aufmerksam machen, dass sie die Rechnung erhält. War man zufrieden, gibt man ca. zwischen fünf und zehn Prozent des Rechnungsbetrages als Trinkgeld.

Restaurantbesuch: Wer geht vor?

1. Der Herr öffnet die Tür und die Dame tritt ein und wartet.
   Der Herr übernimmt wieder die Führung.
   Beim Herausgehen hat die Dame den Vortritt.
2. Gibt es zwei Türen hintereinander, dann geht der Herr vor.
3. Ist die Dame Gastgeberin, dann geht sie vor.
4. Der Kellner begleitet die Gäste: Dann geht zuerst der Kellner vor, danach folgt die Dame und dann der Herr.

Umgangsformen bei Tisch – Zusammenfassung:

- Der Gastgeber bietet ggf. einen Aperitif an und wählt einen leichten Wein aus.
- Besteck und Gläser werden von außen nach innen genommen.
- Darauf achten, das Besteck korrekt zu halten.
- Eine lockere, aber aufrechte Sitzhaltung einnehmen. Der Ellbogen wird nicht auf dem Tisch abgestützt.
- Nicht mit vollem Mund sprechen, aber durchaus ein leichtes Gespräch während des Essens aufrechthalten.
- Das Bezahlen diskret abwickeln.
- Ist die Gastgeberin eine Frau, geht sie im Restaurant vor und bestellt und probiert natürlich auch den Wein (selbstverständlich kann sie dies auch einer anderen Person überlassen, wenn sie keine Weinkennerin ist).
- Natürlich kann eine Dame einen Herrn einladen.
- Wenn die Mitarbeiterin rangniedriger ist, aber die einzige Frau, gibt sie das Signal zum Essensbeginn, indem sie das Besteck in die Hand nimmt und freundlich in die Runde nickt.
- Ein Fauxpas ist es, die Spaghetti zu schneiden.

Das hat sich geändert:

- Die Garnitur darf gegessen werden.
- Die Papierserviette wird neben den Teller abgelegt.
- Kartoffeln, Spargel und auch Salat dürfen geschnitten werden.
- Suppenteller werden nach hinten gekippt, um den Rest auszulöffeln.
- Linkshänder dürfen natürlich wie gewohnt mit links essen.
- Nicht nur der Gastgeber, auch die Gastgeberin kann sich einen Probierschluck einschenken. Sie erhält auch im Restaurant einen Probierschluck, wenn sie den Wein bestellt hat.
- Es heißt nun nicht mehr: Nur heller Wein zu hellem Fleisch. Zu hellem Fleisch oder Fisch passen ein Rosé- oder ein leichter Rotwein.

Bei der Auswahl eines Restaurants sollten Sie folgende Fragen beantworten

- Stimmt das Preis-Leistungs-Verhältnis?
- Ist das Restaurant für den freundlichen Service bekannt?
- Wie ist die verkehrstechnische Anbindung?

- Wenn man ein „exotisches“ Restaurant aussucht: Ist sichergestellt, dass die Gäste diese Gerichte mögen?
- Kann man ungestört auch über Geschäftliches reden?

Schönes Wetter heute, nicht wahr? – Small Talk

Es gibt Personen, die Small Talk ablehnen, weil sie ihn zu oberflächlich finden. Doch das „kleine Gespräch“ ist sehr nützlich. Kontakte knüpfen, für eine entspannte Atmosphäre sorgen, neue Leute kennen lernen, mit der Führungskraft ins Gespräch kommen oder über die neue Kollegin etwas mehr erfahren. Leicht und locker über unverfängliche Themen sprechen, zu denen jeder etwas sagen kann.

Zeitung lesen, Nachrichten schauen, sich über aktuelle Filme und Veranstaltungen auf dem Laufenden halten: So kann man sich auf Small-Talk-Situationen vorbereiten. Ein guter Einstieg ist immer der Anlass. Man kann mit einem „Eisbrecher“ starten: „Das Buffet sieht köstlich aus, eine tolle Dekoration"... Wenn jemand negativ spricht, sollte man versuchen, das Gespräch wieder in positive Bahnen zu lenken.

Neutrale Themen sind beispielsweise die Anreise, das Wetter, der Anlass des Zusammentreffens, Sport, Hobbys, Bücher, Reisen und Reiseziele, Kultur wie Kino, Theater, Oper, Konzerte, Ausstellungen, Museen, aktuelle Themen, Essen und Restauranttipps. Nicht sprechen sollte man über Politik, Religion, Anstößiges, die finanzielle Situation, Firmeninterna, Krankheiten und Tod, Reizthemen wie Abtreibung, Krieg, Brisantes wie Atomversuche, pauschale Urteile und Schwächen.

Dos	Don'ts
aktiv zuhören	viel reden und andere zuquatschen
Komplimente machen	sagen, wie mies alles ist
Positives erwähnen	nur negativ daherreden
Fragen stellen	den Gesprächspartner ausfragen
sich für den anderen interessieren	den Rechtsanwalt/Steuerberater/Arzt um geschäftlichen Rat fragen
über Verbindendes reden (tolles Büffet, wer sich das alles ausgedacht hat)	Trennendes ansprechen (ich esse kein Fleisch)

Wie stellt man den Kontakt zu einer Gruppe her?

Am Besten stellt man sich in die Nähe einer Gruppe, die eine Lücke hat (nicht zu denen, die eng zusammenstehen und sich intensiv unterhalten). Entweder – nach einem Blickkontakt mit einer Person aus der Gruppe – dazustellen oder lauschen und auf ein Stichwort warten. Einen freundlichen Blickkontakt suchen und beginnen mit

- der eigenen Vorstellung
- einer Frage, einer Tatsache
- der eigenen Meinung (Achtung: Fettnäpfchen)

Wenn es passt: Ein dezentes Kompliment geben, Interesse an einem Schmuckstück zeigen oder um einen Gefallen bitten „Können Sie mir auch ein Glas Wein besorgen?“ Gut zuhören und gezielt nachfragen: So hält man ein Gespräch in Gang.

Auch Small Talk kann man üben: Am Besten fängt man sofort damit an: In der Mittagspause ein nettes Gespräch mit den Kollegen (statt immer nur über die Firma zu meckern), im Bus ein nettes Kompliment an die Dame mit dem tollen Schmuckstück und ein nettes Wort an die Kassiererin vom Supermarkt.

Selbstmotivation

Judith Breskot

Selbst-Motivation für Sekretärinnen und Assistentinnen

Ob es um eine lästige Routinearbeit im Büro geht, um die Fremdsprache, die man schon immer besser beherrschen wollte oder um ein anderes großes Ziel, von dem man schon lange geträumt hat: Ausschlaggebend für den dauerhaften Erfolg ist die Fähigkeit, sich selbst zu motivieren. Nur dann ist man mit Interesse, Spaß und Freude bei der Sache. Um sich selbst motivieren zu können, muss man von allem eines: sich selbst kennen- und wahrnehmen lernen.

Das wichtigste zuerst

Ob der Stress der Alltagsaufgaben zu groß ist oder ob man sich unterfordert oder gelangweilt fühlt ist egal: Motivation muss her … und das dauerhaft! Meist macht man sich motiviert auf den Weg, nimmt heiter und leicht die ersten Schritte hin zu neuen Vorsätzen. Doch diese werden meist innerhalb kürzester Zeit gebrochen. Bekannt ist, dass dies bei den Neujahrsvorsätzen meist schon in den ersten 48 Stunden geschieht.

Daher stelle ich dem Kapitel zuerst eine erfolgreiche Methode voran, die die Grundlage bildet, sich nachhaltig selbst zu motivieren: Die 21-Tage-Methode.

21 Tage benötigt ein neues Verhalten, bis es Gewohnheit wird. Nach 21 Tagen hat das Unterbewusstsein verinnerlicht: „Ah, jetzt geht es einen neuen Weg".

Ist es wirklich lohnenswert sich selbst zu motivieren? Soll es auch noch einfach und wie von selbst gehen? Ja? Dann los:

Man nehme:

- Ein Armband oder einen Ring, der sowohl an der linken als auch an der rechten Hand getragen werden kann.
- Einen Zettel auf den man mit Schönschrift das Ziel schreibt, zum Beispiel: „Ich möchte mich in Zukunft selbst motivieren, weil es mich erfolgreicher und zufriedener macht".

Jetzt arbeitet man 21 Tage an diesem Ziel. Das Entscheidende dabei ist, dies konsequent **21 Tage in Folge** zu tun. Jeden Tag muss man etwas für dieses Ziel tun. Mehr nicht!!!

Es müssen keine großen Schritte sein. Man kann z. B. jeden Tag einen Abschnitt dieses Kapitels durchlesen. Damit sind die ersten 7 Tage schon erledigt. Dann überlegt man am Tag 8: Welche der geschilderten Methoden probiere ich aus, welche liegt mir? Vom Tag 9 bis 14 probiert man ein paar Methoden aus. Am Tag 15 freut man sich, dass 2/3 schon vorbei sind und macht ein Foto von sich nach dem Motto „so sehen Menschen aus, die etwas durchziehen, was sie sich vorgenommen haben".

Ja, es ist in der Tat so einfach. Hat man das 21 Tage ohne Unterbrechung durchgehalten ist es eine Gewohnheit geworden.

Sollte man jedoch nur einen Tag aussetzen, beginnen die 21 Tage von vorn. Hier kommt das Armband ins Spiel: Bei jeder Unterbrechung muss das Armband den Arm wechseln. Das Wechseln des Armbands ist der Startschuss für eine neue 21-Tages-Periode.

Um das Ziel nicht aus den Augen zu verlieren, sollte man regelmäßig den Zielzettel hervorholen und diesen immer mal wieder lesen.

Das hört sich einfach an? Ja, aber … zwischendurch kommt bestimmt mal eine Phase, wo man nach Ausreden sucht oder denkt, der eine Tag heute ist nicht entscheidend. Gerade hier muss man konsequent sein und darf sich nicht selbst betrügen. Auch wenn man am Tag 20 nichts für sein Ziel getan hat, muss man das Armband wechseln und den Zyklus von vorne beginnen.

Ich verspreche, wenn man es schafft, das Armband 21 Tage am selben Arm zu tragen ist man da. Die Gewohnheit ist im Unterbewusstsein etabliert und die Stolperfalle ist eliminiert.

Nachdem nun der Zettel geschrieben ist und das Armband auf Startposition ist, geht es mit Theorie weiter.

Aber jetzt:

Klischees begegnen uns tagein tagaus. Glücklicherweise ist das Bild der kaffeekochenden Vorzimmerdame mittlerweile größtenteils ausgeräumt. Assistentinnen werden mehr und mehr zur Co-Managerin ihres Vorgesetzten, die ihren Chef nachhaltig entlastet und organisiert. Die Bundesagentur für Arbeit beschreibt den Beruf der Sekretärin wie folgt: *„Sekretäre/Sekretärinnen erledigen allgemeine Büro- sowie Assistenzaufgaben, insbesondere die Korrespondenz und übernehmen bereichsbezogene kaufmännisch-verwaltende Tätigkeiten."*

Katarina Münk, Sekretärin und Autorin des Buches „Und morgen bringe ich ihn um", beschreibt den Beruf auf ihre Weise: *„Schließlich hatte ich mich ja einmal voller Elan für den Beruf Sekretärin entschieden: effektive Topmanagement-Entlastung der neuen Generation, international und kommunikativ orientiert, verantwortungsvoll, mit einem Schuss Diplomatie und Psychologie. Coach für Führungspersönlichkeiten, Krisenmanager und heimlicher Wegbereiter für wahrhaft große Entscheidungen."*

So sehen die neuen Power-Frauen im Office aus. Multitalente auf der ganzen Linie – und vielerorts findet man diese „neuen Sekretärinnen", wie sie Katarina Münk beschreibt, schon; andernorts ist man noch im Umbruch. Aber eines ist allen gemeinsam: Sie vermissen Anerkennung. Wenn diese fehlt, wirkt das demotivierend. Doch Sekretärinnen, die selbst ab und an ihren Chef ermuntern sollen, die als *„Coach für Führungspersönlichkeiten und Krisenmanager"* fungieren, sollten in der Lage sein, sich selbst – unabhängig von äußerer Anerkennung – zu motivieren.

Von außen oder von innen

Das Wort „Motivation" kommt aus dem Lateinischen von „Motus" und bedeutet „die Bewegung" – in Bewegung geraten kann man sowohl durch äußere Anstöße wie Lob und Anerkennung. Diese Form der Motivation wird extrinsische Motivation genannt. Motivation kann aber auch durch eigenen Antrieb entstehen. In diesem Fall spricht man von intrinsischer Motivation. Bei der extrinsischen Motivation gibt es zwei verschiedene Varianten: die Belohnungs- und die Bestrafungsmotivation. Folgende Beispiele erklären den Unterschied:

Belohnungsmotivation

Der Chef zu seiner Assistentin: „Frau Müller, wie Sie wissen, kaufen wir jetzt das Unternehmen in Tokyo. Wenn Sie sich bereit erklären, japanisch zu lernen, werden wir Ihr Gehalt entsprechend anpassen."

Bestrafungsmotivation

Der Vorgesetzte zu seiner Co-Managerin: „Also wirklich Frau Meier, als Assistentin sollten Sie bereit sein, sich eine weitere Fremdsprache anzueignen, wenn es erforderlich ist. Sonst weiß ich wirklich nicht, ob Sie für diese Stelle noch die richtige Besetzung sind."

Intrinsisch ist die Motivation, die aus jedem selbst heraus kommt und die dauerhaft zu Höchstleistungen anspornt. Ein Beispiel:

Intrinsische Motivation

Die Assistentin im Selbstdialog: „Genial, jetzt habe ich die Gelegenheit, meinen Sprachschatz noch um das Japanische zu erweitern. Und ich kann es dann jederzeit im Job anwenden und trainieren." Assistentin zum Chef: „Herr Dr. Schmitt, da wir ab jetzt sehr viel Kontakte mit Japanern haben, werde ich einen Sprachkurs belegen, damit ich Sie hier noch besser unterstützen kann!"

Der Unterschied ist deutlich spürbar: Intrinsische Motivation ist Selbstmotivation und unabhängig von anderen Menschen. Sie kann individuell gesteuert werden und beflügelt dauerhaft. Es lohnt sich, diesen Zustand zu erreichen!

Nicht jeder ist von Natur aus fähig, sich selbst zu motivieren. Aber: Selbst-Motivation ist erlernbar und kann trainiert werden! Es gibt die unterschiedlichsten Übungen und Trainingsmöglichkeiten, doch zunächst, sollte man sich einige Fragen stellen, um sich über die eigenen Motivatoren klar zu werden.

- Was motiviert mich?
- Was veranlasst mich, auf mich stolz zu sein?
- Was beflügelt mich?
- Motiviert es mich, wenn andere bessere oder schlechtere Leistungen erbringen?
- Wie reagiere ich auf Lob?

Vor allem die letzte Frage ist sehr wichtig. Denn oft erlaubt man sich gar nicht, Lob und Anerkennung anzunehmen und auszukosten. Man freut sich zwar, aber man schwächt es doch ganz gern ab. Wer hat nicht schon einmal auf ein paar lobende Worte geantwortet: *„Ach, das war doch gar nicht so schwer"* oder *„Schon okay."* Bescheidenes Kopfnicken oder die schweigende Kenntnisnahme eines Lobs haben den gleichen Effekt.

Vorsicht: Man nimmt sich selbst dadurch die ganze Wirkung. Die bessere Reaktion auf ein Lob ist eine stolze Haltung und ein Dank mit kraftvoller Stimme: *"Danke! Herr Dr. Ansporn."* Diese Reaktion motiviert auch den anderen zur wiederholten Anerkennung. Der Chef ist zum Lob ermutigt, wenn er merkt, dass das, was er sagt, freudig aufgenommen und nicht nur schlicht hingenommen wird. Ein Lob ist ein Geschenk! Und Geschenke sollten auch gewürdigt und vor allem angenommen werden.

Selbstmotivation – hält länger

Extrinsische Motivation, wie beispielsweise Gehaltserhöhungen, Belobigungen oder auch disziplinarische Maßnahmen haben zwar oft einen starken, dafür aber auch kurzfristigeren Effekt. Intrinsische Motivation dagegen, wie das eigene Streben nach verantwortungsvollen Tätigkeiten, Entscheidungsfreiheit und interessanten Arbeitsinhalte zeigen langfristige Wirkung: Der Betreffende „bewegt sich", weil ihm das Ziel, das er sich selbst gesteckt hat, sinnvoll und erstrebenswert erscheint.

Lob und Anerkennung von Dritten ist sicher gut. Es erfreut und motiviert. Aber keiner sollte sich davon abhängig machen. Denn damit gibt er anderen Menschen die Macht, das eigene Leben zu beeinflussen. Jeder der ausschließlich von außen motivierbar ist, ist im Umkehrschluss auch leicht von außen demotivierbar. Wichtig ist daher, sich mehr und mehr von äußeren Anreizen unabhängig zu machen. Es ist von großer Bedeutung, sich klarzumachen, was sinnvoller ist: Sich eigene Ziele zu stecken und über die kleinen und großen Fortschritte auf dem Weg dahin zu freuen oder darauf zu warten, dass die Ergebnisse seiner Arbeit von anderen bemerkt und anerkannt werden.

Im Falle gelungener Selbstmotivation kann man sicher sein, dass das eigene Glücksgefühl ein beständiger Motivator ist, ein sogenannter Selbstläufer. Zusätzliche Anerkennung, zum Beispiel von Vorgesetzen oder Kollegen, ist dann eine nette Zugabe. Doch Sekretärinnen und

Assistentinnen, die ausschließlich auf das Lob von außen warten, erleben einen permanenten Mangel, wenn sie nicht die Anerkennung erfahren, die ihren Erwartungen entspricht.

Wer den Anspruch hat, die Co-Managerin der neuen Zeit zu sein, der muss sich eigenverantwortlich zeigen und sich selbst motivieren. Wie genau das geht, kann man sich von erfolgreichen Führungskräften abschauen: Schmälert es den tatsächlichen Erfolg von Herrn Meyer, wenn er nicht gelobt wird? Nein! Natürlich ist auch er stolz, wenn er für seine Leistung eine entsprechende Würdigung erfahren hat. Doch auch ohne Beifall wird er sein Gelingen zur Schau stellen. Er wird als selbstbewusster Manager auftreten und sich nicht mit der Frage aufhalten, warum er keine Lobrede bekommen hat.

Genau das ist der richtige Weg: Die eigene Leistung sollte man selbst anerkennen, auch wenn sie von außen keine Aufwertung erfahren hat. Aktiv sein ist also gefragt!

Das kann ich! Klarheit über die eigenen Leistungen

Wer sich selbst motivieren möchte, muss sich über die eigenen Leistungen und das eigene Können im Klaren sein. Oft nehmen wir gar nicht bewusst wahr, was wir an Kompetenz und Verantwortlichkeiten im Laufe der Jahre dazu gewonnen haben.

Ein gelungenes Ritual, um sich die eigenen Leistungen vor Augen zu führen, ist das eigene Verfassen einer Art Zwischenzeugnis. Das führt einem die eigenen Kompetenzen vor Augen und gibt neue Impulse. Es empfiehlt sich dafür schönes Papier zu nehmen, geistvolle Formulierungen zu verwenden und das Dokument mit der eigenen Unterschrift zu versehen. Ganz offiziell bescheinigt man sich so selbst seine Qualifikation. Ihr persönliches Zwischenzeugnis sollte selbstverständlich in regelmäßigen Abständen ergänzt und aktualisiert werden. Wenn irgendwann das Gefühl aufkommt, dass gerade einmal wieder eine motivationsfreie Zeit angebrochen ist, in der man Wertschätzung ganz besonders vermisst, dann ist mit dem Griff in die Schublade der Leistungsnachweis zur Hand. Ausprobieren lohnt sich!

Der Blick aus der Chefbrille ist der nächste Schritt zur eigenen Bekräftigung. Hierzu setzt man sich selbst gedanklich auf den Chefsessel und überlegt, warum man sich selbst als Assistentin engagieren würde. Folgende Fragestellungen sind dabei hilfreich:

- Was ist mein Alleinstellungsmerkmal? Was macht meine Besonderheit aus?
- Was sind – aus der Chefposition betrachtet – meine Stärken?
- Welche Merkmale meiner Persönlichkeit sind für ihn besonders förderlich?
- Warum hätte ich mich selbst gern als Assistentin?

Mit den Antworten auf diese Fragen mixt man sich einen „Motivationsshake" für die antriebsfreien Tage. Denn: Die wichtigste Meinung im Leben ist die, die man über sich selbst hat! Diese gilt es zu bilden, immer wieder zu ergänzen und weiter zu optimieren! Im nächsten Schritt gehört diese Meinung unters Volk gebracht, getreu dem Motto: „Tue Gutes und sprich darüber!"

Klappern gehört also zum Handwerk. Bescheidenheit war gestern. Die Co-Managerin von heute darf und sollte es herausstellen, wenn sie in der Rolle der Bereichspsychologin zum wiederholten Male einen Konflikt geschlichtet hat oder wenn es ihr gelungen ist, eine deutliche Preisreduzierung bei einem Lieferanten zu erwirken.

Nach der Selbstklärung ist eine selbstbejahende innere Kommunikation der nächste wichtige Schritt, um unabhängig von äußerer Motivation zu werden. Wie reden Sie mit sich? Ist Ihr innerer Dialog für Sie hinderlich oder förderlich?

Man redet mit sich selbst – immer. Pausenlos ist sie da, die Stimme im Kopf. Vielen ist gar nicht bewusst, dass diese Stimme einen enormen Einfluss auf das Leben, das Erleben und auf die Motivation hat. Zahlreichen Menschen ist auch nicht bewusst, dass man für diesen Dialog selbst das Drehbuch schreibt. Tatsächlich hat man es selbst in der Hand, ob diese innere Stimme sagt: *„Das müsste der Chef doch sehen und anerkennen. Warum sagt er denn nichts?"* oder ob sie sagt: *„Mensch, das war ja toll. Das hast Du super gelöst!"*

Um festzustellen, ob unsere innere Stimme problemorientiert oder zielorientiert ist, sollten wir eine Art Beobachter im Alltag „installieren". Stellen Sie sich vor, sie stehen neben sich und hören sich selbst zu. Das schafft Bewusstsein. Diese Beobachterposition ist ein Instrument zur Selbstkontrolle. Dafür ist es notwendig, die innere Stimme bewusst wahrzunehmen. Man wird sich über sehr vieles klar, wenn man sich die Zeit nimmt, dem inneren Monolog einmal genau zuzuhören, zu lauschen, was sich da im eigenen Kopf immer wieder abspult. Ohne eigenes Eingreifen verändert sich daran nichts. Eingreifen sollte man zunächst, indem man den Gedankenstopp übt:

Wenn Ihre innere Stimme einmal mehr sagt: *„Warum lobt er mich jetzt nicht? Das macht mich wahnsinnig"*, rufen Sie laut *„STOPP"*. Dadurch verändern Sie den Gedankenfluss ganz gezielt. Nach dem *„STOPP"* lässt man die innere Stimme sagen: *„Hey, das war klasse. Wie ich diese Aufgabe gelöst habe, war souverän."*

Steter Tropfen höhlt den Stein: Mit der Zeit werden die Gedankenstopps immer seltener notwendig, weil man sich mehr und mehr eine förderliche, zielorientierte Selbstkommunikation antrainiert hat. Der erste Schritt, sich zu verändern, ist immer die Beobachtung und die Wahrnehmung des inneren Dialogs.

Ziele als Motivatoren

In ihrem Buch „Und morgen bringe ich ihn um …" schreibt Sekretärin Katharina Münk, dass sie es ursprünglich als Small Talk-Killer empfand, wenn sie in einem Gespräch erzählte, was sie von Beruf sei. Diese selbstabwertende Sicht ist extrem unvorteilhaft, aber sie resultiert aus der eigenen Sichtweise auf die Dinge. Alles, was man sagt, ist eine SEP, eine **S**elbst**e**rfüllende **P**rophezeiung. Bleiben wir beim obigen Beispiel: Auf einer Party wird man nach seinem Beruf gefragt: „Ich bin Sekretärin". Das Gegenüber schweigt. Wenn der innere Dialog geprägt ist von einer negativen Sichtweise, wird man das Schweigen des Gesprächspartners als Abwertung verstehen. Ist man aber stolz auf seinen anspruchsvollen Job wird man die Stille als ehrfurchtsvoll und positiv werten. In beiden Fällen wird man nicht erfahren, was der Gesprächspartner dachte. Die gesündere und motivierende Variante ist es aber, die positive Sichtweise einzunehmen.

Paul Watzlawik beschreibt den Vorgang in seinem Buch „Anleitung zum Unglücklichsein" mit einer Metapher: Ein Mann möchte sich von seinem Nachbarn einen Hammer ausleihen. Bevor er klingelt, fällt ihm ein, dass der Nachbar ihn gestern gar nicht freundlich gegrüßt hat und er überlegt woran das wohl liegen könnte. Vielleicht mag ihn der Nachbar ja gar nicht? Vielleicht ist er ein arroganter Mensch? Vielleicht denkt er ja herablassend von ihm? Auf jeden Fall will der ihm seinen Hammer ja gar nicht leihen, so wie der gestern geschaut hat. Nachdem er sich so richtig in Rage gedacht hat, klingelt er bei seinem Nachbarn. Als dieser ihm die Tür öffnet, schreit der Mann auch schon gleich los: „Behalt doch Deinen Hammer, Du Rüpel."

Eine positive Sichtweise nutzt allerdings nichts, wenn man nicht weiß, wohin einen der Weg führen soll. Es gilt, sich Ziele zu setzen und eine geeignete Strategie zu finden, um diese tatsächlich zu realisieren.

Unterschätzen Sie diesen Schritt nicht. Sie sollten sich intensiv mit Ihrem Ziel auseinandersetzen, um daraufhin zu überlegen, wie dieses Ziel erreicht werden kann. Mal eben vor sich hin zu denken *„Mein Ziel ist es, reich und berühmt zu werden",* wird nicht von Erfolg gekrönt sein. Die Zustände „reich" und „berühmt" sind subjektiv und werden von jedem Menschen anders bewertet. Es gilt zunächst, folgende Fragen für sich zu beantworten:

- Wo stehe ich?
- Was will ich erreichen?
- Wie kann ich es erreichen?
- Was blockiert mich?
- Wie gehe ich mit den Blockaden um?
- Was hilft mir weiter?

Bleiben wir zunächst bei unserem Beispiel vom Beginn. Frau Schmidt möchte Japanisch lernen. Zunächst beantwortet sie die Fragen:

- Wo stehe ich? Ich kann diese Sprache noch nicht.
- Was will ich erreichen? Ich möchte diese Sprache sprechen können.
- Wie kann ich es erreichen? Ich werde Kurse in Japanisch belegen.
- Was blockiert mich? Ich habe zu wenig Zeit.
- Wie gehe ich mit den Blockaden um? Ich organisiere um und schaffe mir zwei Stunden pro Woche
- Was hilft mir weiter? Mein Talent, Sprachen zu lernen.

Nachdem das Ziel „Japanisch lernen" definiert ist, gilt es, die eigenen Fähigkeiten und die Mission zu festzustellen. Dies könnte vielleicht folgendermaßen aussehen: *„Ich bin von meiner Fähigkeit überzeugt, schnell Japanisch erlernen zu können. Meine Mission ist es, mich mit meinen neuen Kollegen in deren Sprache verständigen zu können."*

Zusätzlich sollte das Ziel positiv, präzise und in der Zeitform des Präsens formuliert sein. Die Zielformulierung könnte dann also zum Beispiel lauten: *„Ich lerne die japanische Sprache schnell und mit Freude, um mich mit meinen neuen Kollegen verständigen zu können."* Als hilfreich für die Zielerreichung gilt die Auseinandersetzung mit folgenden Themen:

1. *Interesse,*
2. *Initiative,*
3. *Information,*
4. *Imagination,*
5. *Commitment.*

1. Wo liegt mein eigentliches Interesse?
Hier geht es vor allem um die Zielklarheit. Wo liegt mein ursprüngliches Interesse. Will ich Japanisch lernen, um meine Position auszubauen? Dann wäre „beruflicher Erfolg" das Primärziel und „Japanisch lernen" das Sekundärziel, um das Primärziel zu erreichen.

2. Wie möchte ich initiativ werden?
Werden Sie sich klar über Rahmenbedingungen und den Umfang des Vorhabens: Belege ich nur einen Anfängerkurs, um mich mehr oder weniger gut verständigen zu können? Oder will ich verhandlungssicheres Japanisch in Wort und Schrift erlernen? Danach wird ein Zeitplan festgelegt und Etappenziele bestimmt.

3. Wie hole ich relevante Informationen ein?
Welche geeigneten Lernmethoden gibt es? Ist ein Fernstudium eine Möglichkeit? Vielleicht kommt auch eine Inhouse-Schulung mit Einzelunterricht in Frage. Oder kann das Ziel schon mit einem CD-Selbstlernkurs erreicht werden?

4. Wie kann ich mein Vorgehen mit Imagination unterstützen?
Stellt man sich lange genug eine Zitrone vor – wie sie aussieht, sich anfühlt, riecht oder schmeckt – wird der Körper die Speichelproduktion erhöhen. Das Wissen über die Macht der Vorstellungskraft sollte man sich bei seinen Zielen zunutze machen. Man stellt sich vor, das gewünschte Ergebnis sei schon da. Managementtrainerin Vera F. Birkenbihl empfiehlt, sich zehn Minuten lang vorzustellen, dass man sein Ziel bereits erreicht hat. Wenn man es die ganzen zehn Minuten durchhält, ohne schlechte Gefühle zu bekommen und die Vorstellung einen beflügelt, dann ist es das richtige Ziel. Entsteht dagegen ein unbehagliches Gefühl, weist dies auf Blockaden hin. Wenn zum Beispiel das Primärziel darin besteht, sehr viel Geld zu verdienen, das eigene Unterbewusstsein aber der Überzeugung ist, dass reiche Menschen gewissenlos sind, wird das Ziel mehr Geld zu verdienen unbewusst immer wieder boykottiert.

5. Welches Commitment muss ich für mein Ziel mit mir selbst vereinbaren?
Ein Turbobeschleuniger für die Zielerreichung ist das Commitment, eine Verpflichtungserklärung, in diesem Fall sich selbst gegenüber. Ein Commitment ist am besten schriftlich wirksam. In ihm soll das Ziel enthalten sein und der Nutzen, den ich bei Zielerreichung habe. Ein schriftliches Commitment könnte beispielsweise so aussehen:

„Ich, Sabine Schneider, verpflichte mich dazu, Co-Managerin zu sein. Ich werde mein Verhalten in diese Richtung immer wieder optimieren und meine Fähigkeit zur Selbstmotivation trainieren. Ich werde zwei Fortbildungen im Jahr besuchen. Der Lohn meiner Arbeit an meiner Persönlichkeit ist meine Entwicklung und mein Erfolg. In zwei Jahren werde ich eine Position als Vorstandsassistentin haben. Ein Lob oder die Anerkennung meines Chefs stellt für mich eine schöne Bereicherung dar – nicht mehr aber auch nicht weniger. Ich werde die Fähigkeit erlernen, mich selbst zutiefst wertzuschätzen und mich gleichzeitig nicht so wichtig zu nehmen! Dadurch dass ich dieses tue, bin ich auch im Privatleben ausgeglichener und glücklicher."

Das Commitment ist dann ein Verstärker für die Zielerreichung, wenn man das Ziel inklusive den Etappenzielen schriftlich fixiert, sich zeitlich festlegt und den ganzen Vertrag mit Datum und Unterschrift versieht. Es wird ein Vertrag geschlossen – das lässt das Unterbewusstsein nicht kalt.

Übung: Bauen Sie sich Ihre Zielgerade

Eine kleine Übung, um sich auf dem Weg zu Ihrem persönlichen Ziel immer neu zu motivieren und sich bewusst zu machen, wo Sie gerade stehen: Basteln Sie sich Ihre persönliche Zielgerade. Es gilt die Devise: Je bunter und kreativer, desto besser.
Auf dem Weg werden Etappenziele festgehalten und sichtbar markiert. Dann benötigen Sie eine Spielfigur. Diese bewegen Sie von Etappenziel zu Etappenziel vorwärts, je nachdem wie viel Sie erreicht haben. So wandert die Spielfigur von Meilenstein zu Meilenstein bis hin zum großen Ziel. Legen Sie vor jedem Etappenziel kleine Belohnungen fest. Und am Ende wird richtig gefeiert.

Wer dauerhaft motiviert sein möchte, muss in der Lage sein, die persönliche Entwicklung in die eigenen Hände zu nehmen. Kontrollieren lassen sich nicht nur die eigenen Gedanken, auch Gefühle können bewusst beeinflusst werden. Ein Beispiel: Wenn man einen Song hört, den man mit schönen Erinnerungen im Urlaub verknüpft, wird man wieder in Urlaubsstimmung versetzt, sobald das Lied ertönt – automatisch hebt sich die Stimmung. Dieses Phänomen nennt man Anker, ein emotionaler Knoten im Taschentusch.

Das Ganze funktioniert übrigens auch bei negativen Erinnerungen. Hat man vor Jahren an einem bestimmten Bahnhof einen schmerzhaften Abschied von einem geliebten Menschen erlebt, zieht sich einem auch nach Jahren beim Betreten dieses Bahnhofs der Magen zusammen.

Wie kann man sich dieses Wissen zu Nutze machen? In jeder Situation, in der man sich wohl fühlt, sollte man bewusst einen emotionalen Knoten in sein Taschentuch machen. Man kann sich umschauen und etwas von dem Ort an dem man sich gerade befindet mitnehmen, zum Beispiel einen Stein oder eine Muschel. Die schönen Gefühle erwachen automatisch, wenn man dieses Souvenir ansieht oder in die Hand nimmt. Und in den unzufriedenen Tagen kann man sich damit wieder in einen ressourcevollen Zustand bringen.

Eine andere Übung: Versuchen Sie, eine Minute lang zu lächeln. Anfangs wird es sich sehr ungewohnt anfühlen, zu lächeln, obwohl das Bedürfnis dazu nicht vorhanden ist. Doch der gewünschte Effekt wird sich schnell einstellen: Beim Lächeln zeigen die Mundwinkel nach oben. Dem Gehirn signalisiert das Lächeln, dass es uns gut geht. Daraufhin schüttet es Glückshormone aus und das Lächeln auf Kommando verursacht die gleichen Empfindungen, wie ein echtes Lächeln.

Lernen am Vorbild

Auch wenn man von den eigenen Leistungen überzeugt ist, man für sich sein eigenes Ziel definiert hat und die innere Kommunikation beherrschbar ist ... Oft fehlt dann doch noch ein erster Schritt, der den Stein ins Rollen bringt. Ein Beispiel: In Meetings möchte man nicht mehr so zurückhaltend wirken, sondern den anderen zeigen, was in einem steckt. Oft hilft es, in genau dieser Situation die Menschen zu beobachten, die für einen selbst eine Vorbildfunktion haben.

- Wie bewegen sie sich?
- Wie gestikulieren diese Menschen?
- Wie ist die Körperhaltung in diesen Meetings?
- Wie ist die Stimme?
- Welche Worte wählen diese Personen?

Aus diesen Beobachtungen kann man lernen, indem man die gleiche Körperhaltung annimmt, die Gesten dieser Menschen verwendet oder ihre sprachliche Ausdrucksweise übernimmt. Das ist ein wenig wie Schauspielern. Man muss nur eine neue Rolle lernen, die man noch nicht kennt. Im Alltag wechselt man ebenfalls zwischen verschiedenen Rollen, beispielsweise der Rolle als Kollegin, Mutter oder Ehefrau. Doch dieser Rollenwechsel läuft vollkommen automatisiert ab. Interessanter wird es, wenn man in eine fremde Rolle schlüpft.

Die ersten Schritte

Spielerisch kreativ an die neuen, gewünschten Verhaltensweisen ranzugehen, ist die einfachste Art. Denn wer alles zu ernst nimmt, der macht es sich unnötig schwer. Doch bei der Vielfalt der Selbstmotivierungstools gilt: Jede Reise beginnt mit dem ersten Schritt. Wichtig ist, nicht alle Hürden gleichzeitig nehmen zu wollen und dann auf halber Strecke liegen zu bleiben, sondern mit einer Sache zu beginnen und diese konsequent durchzuhalten.

Dafür gibt es eine sehr gute Übung, die nebenbei auch noch das Selbstvertrauen stärkt. Man entschließt sich zu einem Ritual. Dabei ist das schriftliche Commitment Voraussetzung. Man fasst einen Vorsatz, zum Beispiel jeden Tag einmal die Lächeln-Übung zu machen, und zwar so, als wäre sie lebensnotwendig. Das hört sich einfacher an als es ist. Denn möglicherweise schaltet sich die innere Stimme ein und sagt: „Was soll der Unsinn?“ Diese Übung dennoch durchzuhalten, stärkt. Es stärkt den Glauben an sich selbst und motiviert zu größeren Vorhaben.

Wenn Menschen etwas ändern möchten, versuchen sie das lieber mit Methoden, die sie bereits kennen, die aber bislang keinen Erfolg gebracht haben. Trotzdem und gerade deshalb verdoppeln sie die Anstrengung auf diesem Gebiet. Ein Teufelskreis, wie dieses einfache Beispiel zeigt:

Frau Schmitt möchte gern gelobt werden. Also strengt sie sich bei der Arbeit an, was jedoch nur selten bemerkt wird. Also übernimmt sie mehr Aufgaben und hofft, endlich die Anerkennung zu bekommen, die sie sich wünscht. Das gewünschte Resultat bleibt aber aus. Also packt sie noch mehr oben drauf. Irgendwann muss es ja einmal jemand bemerken. Wenn Frau Schmitt in dieser Negativspirale bleibt, wird sie irgendwann an den Folgen von Stress erkranken, aber kein Lob erhalten.

In so einem Hamsterrad kann man endlos gefangen sein. Nur die bewusste Unterbrechung dessen, bedeutet den Ausweg. Neues ist erst einmal ungewohnt und erscheint anstrengend. Aber wenn man den Alltagstrott erst einmal unterbrochen hat, kann der Lohn außerordentlich groß sein. Jeder muss sich selbst bewusst werden, dass nur ein neues Verhalten neue Resultate erzielt. Der erste Schritt ist es, nicht auf die Anerkennung von außen zu warten, sondern sich ab und an selbst auf die Schultern zu klopfen, um sich dann auf neue Ziele zu konzentrieren. Und irgendwann kommt auch das Lob vom Vorgesetzten. Warum das so ist? Nun, weil durch die Selbstmotivation auch das Selbstbewusstsein steigt. Wer nicht verkrampft auf die Reaktionen anderer achten muss, hat mehr Zeit, die eigenen Ziele zu verfolgen – und das wird die Umgebung mit Sicherheit registrieren.

Weiterführende Quellen

BISCHOF, KLAUS/BISCHOF, ANITA/MÜLLER HORST: Selbstmanagement – Best of Edition. Haufe Lexware 2010.

KATZENGRUBER, WERNER: Einfach erfolgreich. Die Roadmap-Strategie: Das Erfolgsprogramm in 7 Schritten. Gräfe & Unzer Verlag. 2008.

NUBER, CLAUDIA: Business-Spielregeln für Frauen. Im Büro Dschungel überleben. Redline Wirtschaft 2008.

PREUß-SCHEUERLE, BIRGIT: Entscheide und ... gewinne! Schluss mit dem ewigen „Vielleicht". Entscheidungen treffen und umsetzen. Gräfe & Unzer Verlag 2006.

REINKER, SUSANNE: Locker bleiben, Mädels! Die besten Rezepte für stressfreies Arbeiten. BW Verlag 2008.

WATZKE-OTTE, SUSANNE: Selbstmanagement. Erfolgsfaktoren beachten und systematisch nutzen. 3. Auflage. Cornelsen 2008.

Linktipps

www.zeitzuleben.de: Tipps zur Psychologie des Alltags wie Zeitmanagement, Selbstcoaching oder Selbstbewusstsein.

www.selbstmarketing-praxis.de: Der Weblog über Selbstmarketing, Imagepflege, Reputationsmanagement und Networking – sowohl im Internet als auch im „realen" Leben.

Teil VII

Beyond Work

Finanzielle Vorsorge für Frauen

Constanze Hintze

Ihr Weg in die finanzielle Unabhängigkeit – Vermögensplanung und Altersvorsorge

„Komm mir nicht schon wieder mit der Altersvorsorge!" Oje, denke ich, wenn das schon meine Freundin sagt. Sie ist Single, verdient als Assistentin der Geschäftsleitung richtig gut – und doch macht sie um das wichtige Thema Altersvorsorge einen weiten Bogen. Dabei nehmen immer mehr Frauen ihre finanzielle Selbstverantwortung ganz selbstverständlich wahr und kümmern sich um ihre Altersvorsorge. Mit Leidenschaft, Freude und dem eigenen Geld!

Um Geldanlage wird ja gern viel Tamtam und Trara gemacht. Doch da die wenigsten Menschen reich geboren werden, verdanken sie ihre finanzielle Unabhängigkeit ihrer Arbeit, Geduld, Disziplin und einem guten Plan. Ich habe Finanzpläne gesehen, die geschätzte 3 Kilo wogen – so viel Papier wurde mit bunten Grafiken und endlosen Zahlenkolonnen bedruckt. Ich kenne Finanzkonzepte, die gleichen dem Bauplan der Dresdner Frauenkirche. Dabei ist das Quatsch. Denn es sind oftmals die einfachsten Dinge, die zum Erfolg führen. Wie kann dieser Plan aussehen? Sie wissen längst, dass es keinen Musterfahrplan gibt, der für jede und jeden gilt, weil jeder andere Überlegungen und andere Möglichkeiten hat. Es gibt aber auch kein Geheimnis. Vielmehr gibt es grundlegende Überlegungen, an denen Sie sich orientieren können.

Ich habe die besten Erfahrungen mit einem 3-stufigen System gemacht. Mit diesem kann Ihnen eigentlich nichts mehr passieren: Keine Irrwege, keine Versuchungen, kein Verzetteln. Schwerpunkt sind die drei wichtigsten Bereiche Ihres Geld-Lebens:

- Liquidität
- Vermögen und
- Altersvorsorge

Jede Geldanlage, jedes Vorsorgeprodukt kann in dieses System eingeordnet werden.

Hinzu kommt das generelle Muss: die Absicherung. Und wer mag und das Geld dafür entbehren kann, investiert zusätzlich in Risikokapital. Aber das spielt hier keine Rolle.

Welche Idee steckt dahinter? In jedem Finanzplan entstehen Wechselwirkungen und Abhängigkeiten. Das Depot ist Teil der Altersvorsorge. Und Private Rentenversicherungen gelten als Absicherung – und auch als Geldanlage. Es besteht auch keine starre Zuordnung zu einer bestimmten Lebensphase, weshalb ich die allseits beliebten Lebensphasenmodelle ablehne. Liquidität beispielsweise hat in jeder Lebensphase Priorität.

Vor allem aber: Ihr Plan lebt. Eine heute gemachte Analyse und Empfehlung kann morgen schon überholt sein. Allein daraus ergibt sich die Notwendigkeit einer kontinuierlichen Bebachtung und Erörterung: Was ist zu tun?

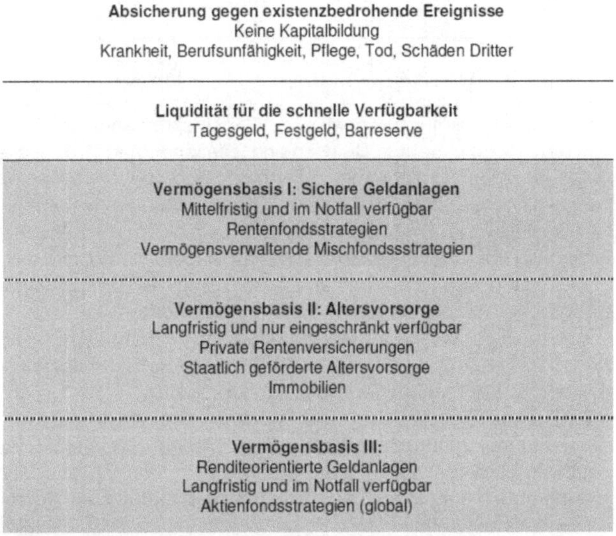

Ganz wichtig!

Bleiben Sie auf dem Sprung und binden Sie nicht zu viel Geld in starre und unbewegliche Geldanlagen. Wendepunkte im Leben machen aus einem Plan kurzzeitig ein unplanbares Durcheinander und dann müssen sie in der Lage sein, zu handeln. Auf dem Weg zu Ihrem Ziel wird es auch immer wieder Perioden geben, in denen die Ergebnisse geringer oder anders ausfallen als erhofft. Dann gilt der Grundsatz: Love it, leave it or change it. Was ich meine ist: Guten Geldanlagen verzeihen Sie diese temporären Phasen, denn Sie wissen, dass das dazugehört. Oder Sie trennen sich von dieser Geldanlage. Oder Sie passen es an Ihre Vorstellungen an. Finanzplanung braucht mitunter einen langen Atem – Sie planen und handeln jetzt und sehen das Ergebnis erst sehr viel später.

Was ist Ihr Anlageziel?
Geht es um Ihre Altersvorsorge? Planen Sie in einigen Jahren eine Selbstständigkeit? Oder den Kauf einer Immobilie? Zielvorgaben haben wesentlichen Einfluss auf Verteilung und Gewichtung der Geldanlagen in Ihrem Finanzplan.

Wie ist Ihr Vorsorgebedarf im Alter? Und wie viel müssen Sie sparen?
Der Vorsorgebedarf richtet sich nach dem Lebensstandard, den ich jetzt habe, oder den ich mir wünsche. Die exakte Berechnung stellt viele Anlegerinnen und Anleger vor eine fast unlösbare Frage.

Bestandsaufnahme: Ihre Geldanlagen und Ihre Sparmöglichkeiten.
Welches Vermögen haben Sie bereits aufgebaut? Auf welche Ansprüche belaufen sich Ihre Altersvorsorgeverträge? Womit können Sie bei der Gesetzlichen Rente rechnen? Es ist nie zu spät, die Weichen neu zu stellen. Auf der anderen Seite macht es aber keinen Sinn, ständig etwas Neues anzufangen, wenn das Alte gut ist.

EXTRA: Wenn die erfolgreichen Babyboomer alt werden.

Als Babyboomer bezeichnet man für gewöhnlich die Geburtsjahrgänge Mitte der 1950er Jahre bis 1964, dem geburtenstärksten Jahr in Deutschland. Die kinderreiche Phase endete 1965 mit dem Pillenknick. Babyboomer haben mehr als andere Jahrgänge ein Rentenproblem. Sie leiden überdurchschnittlich unter dem Systemwechsel in der Rentenversicherung von der vor- zur nachgelagerten Besteuerung. Sie haben zwar schon einiges in die Kassen einbezahlt, aber die vielen Einschnitte ins Rentensystem zehren an diesen Anwartschaften. Inflation und Steuern tun das ihre dazu. Einkommensstarken Frauen dieser Jahrgänge wurde dazu oft erst sehr spät bewusst, dass sie handeln sollten – denn Altersvorsorge war in den 1970er und 80er Jahren selten ein Thema in deutschen Familien. Der jetzigen Rentnergeneration reichte meist die gesetzliche Rente für die Zeit nach dem Beruf. Vermögen aufzubauen war keine zwingende Notwendigkeit – ein Polster machte den Ruhestand lediglich schöner.
Dank ihres guten Einkommens leisten sich viele Babyboomer ein luxuriöses Leben.
Steigende Einkommen führen zu einem höheren Lebensstandard, weshalb Besserverdienenden besonders deutliche Vorsorgelücken im Alter drohen. Der Grund: Gesetzlich Rentenversicherte zahlen Rentenbeiträge nur bis zu Beitragsbemessungsgrenze von derzeit 67.200 Euro (2013, West) pro Jahr. Wer mit seinem Gehalt über dieser Grenze liegt, zahlt für den darüberliegenden Teil keine Beiträge mehr. Folglich ist die gesetzliche Rente limitiert. Derzeit beträgt die höchste theoretisch zu erreichende Rente circa 2.313 Euro. Nicht zu vergessen: Inflation und Steuern nagen an der künftigen Rente.
Besserverdienende müssen daher noch mehr in die private Altersvorsorge investieren, wenn sie ihren Lebensstandard auf dem Niveau halten möchten.

Ein Muss: Absicherung gegen existenzbedrohende Ereignisse: Krankheit, Berufsunfähigkeit, Pflege, Tod, Schäden Dritter.

Sicherung des Einkommens und Grundabsicherung

Für die meisten von uns ist das berufliche Einkommen die wichtigste Einnahmequelle. Sie ermöglicht erst den Vermögensaufbau. Fließt kein Einkommen, drohen Armut und Abhängigkeit und alle Pläne für den Vermögensaufbau sind hinfällig.

- Privathaftpflicht
- Krankenversicherung
- Berufsunfähigkeitsvorsorge
- Schwere-Krankheiten-Absicherung (Dread-Disease), Erwerbsminderungsrenten und Grundfähigkeitenrente
- Pflegevorsorge

EXTRA: Private Berufsunfähigkeitsversicherung

Die Berufsunfähigkeit (BU) ist ein unterschätztes Risiko – noch immer. Inzwischen wird aber jede vierte Rente nicht als Altersrente, sondern wegen Berufsunfähigkeit eingereicht.
Die Bedingungen der gesetzlichen Rentenversicherung sind in diesem Fall allerdings schlecht. Wer am 1. Januar 2001 noch nicht 40 Jahre alt war, hat sogar überhaupt keinen Anspruch auf eine Berufsunfähigkeitsrente vom Staat. Gezahlt wird lediglich eine Erwerbsminderungsrente. Wer sechs Stunden am Tag und mehr irgendeiner Erwerbstätigkeit nachgehen kann, erhält nicht einen Euro. Die Gründe, aus denen Frauen eine Frührente einreichen, haben sich in den letzten Jahren sehr verändert. Vor 15 Jahren waren Herz-/Kreislauf-Erkrankungen und Leiden des Bewegungsapparats zu 46 Prozent der Grund für eine Frührente. Heute dominieren psychische Erkrankungen mit 38 Prozent. Dieser Anteil hat sich in den letzten Jahren annähernd verdoppelt – mit steigender Tendenz.
Wenn Sie eine private Berufsunfähigkeitsversicherung abgeschlossen haben, haben Sie Anspruch auf die BU-Rente, wenn Sie Ihre zuletzt ausgeübte Tätigkeit aus gesundheitlichen Gründen nur noch zu weniger als 50 Prozent ausüben können. Dafür brauchen Sie einen Nachweis vom Arzt. Außerdem muss die Dauer der Berufsunfähigkeit voraussichtlich mindestens sechs Monate betragen.
Die Auswahl der richtigen BU-Versicherung erfordert viel Erfahrung. Nur auf den Preis zu schauen, kann richtig teuer werden. Nämlich dann, wenn die Versicherung sich weigert, zu zahlen. Etwa, weil bestimmte Dinge ausgeschlossen sind oder weil Sie – aus Unwissenheit oder Vergesslichkeit – nicht alle Erkrankungen angezeigt haben. Eine gute Beraterin bespricht mit Ihnen alle Themen.

Auf diese Punkte müssen Sie achten:

- **Gesundheitsfragen: Stellen Sie nicht gleich einen Antrag, sondern lassen Sie von Ihrer Finanzberaterin prüfen, ob eine Annahme ohne Einschränkungen klappen kann. Sind Sie erst einmal mit einem Antrag gescheitert, stehen Sie in einer Datenbank, auf die alle Versicherer zugreifen. Und bei jedem weiteren Antrag müssen Sie die Frage „Wurde schon einmal ein Antrag abgelehnt oder zu erschwerten Bedingungen angenommen" mit „Ja" beantworten ...**
- **Versicherungsbedingungen. Lesen Sie das Kleingedruckte genau. Nur drei von vielen wichtigen Punkten seien hier genannt: 1. Achten Sie darauf, dass Sie nicht auf einen beliebigen Beruf verwiesen werden, den Sie vielleicht gerade noch ausüben können („Verzicht auf die abstrakte Verweisung in einen anderen Beruf"). 2. Sie müssen das Recht auf freie Arztwahl haben – die Versicherung sollte nicht bestimmen dürfen, welcher Arzt die Berufsunfähigkeit feststellen kann. 3. Weltweiter Versicherungs-**

schutz ist von Vorteil, wenn Sie möglicherweise einmal in einem anderen Land arbeiten werden.

Die Berufsunfähigkeitsvorsorge hat bei uns einen schweren Stand. Wer denkt schon gern über schwere Krankheiten oder die Folgen eines Unfalls nach. Und wer hat Lust, in eine Versicherung einzubezahlen, von der man nichts zurückbekommt, wenn alles gut geht. Dennoch: Das Risiko ist zu weitgehend, als das Sie es ignorieren können. Am besten ist es, Sie gehen das Thema sofort an. Je jünger und gesünder Sie sind, desto erschwinglicher ist der Preis, den Sie zahlen.

Beispiele:

Als 35jährige Bürokauffrau zahlen Sie für den Anspruch auf 1.500 Euro Berufsunfähigkeitsrente monatlich zirka 48 Euro (Laufzeit bis 60 Jahre). Eine 25jährige Studentin zahlt für die Absicherung von 1.000 Euro ca. 32 Euro im Monat (Laufzeit bis 60 Jahre) (Beiträge netto nach Überschußverrechnung).

Haben Sie jemanden zu versorgen?

Hier geht es um den Schutz der Menschen, die uns nahestehen: Die Kinder, der Ehepartner, der Lebenspartner. Auch Geschäftspartner müssen abgesichert werden, wenn es um das gemeinsame Unternehmen gilt.

- Absicherung für den Todesfall
- Witwen- und Witwerabsicherung.

Baustein 1: Liquidität für die schnelle Verfügbarkeit

Keine Überziehungen auf dem Konto

Schulden sind nur für bedeutende Investitionen, wie die eigene Immobilie, erlaubt. Kurzfristige Überziehungen auf dem Konto, sollten eine Ausnahme sein und so schnell wie möglich abgebaut werden. Dispo-Kredite sind teuer und behindern den Vermögensaufbau.

Tagesgeld, Festgeld, Barreserve

Das Geld, das hier angelegt ist, ist ihre liquide, ständig verfügbare Reserve. Parken Sie hier nicht zuviel Cash, denn das Geld verliert real an Wert, da ein Inflationsausgleich ist angesichts der niedrigen Zinsen, nicht möglich ist.

EXTRA: Sparen fürs Alter – wie viel kann und sollte man auf die Seite tun?

Misstrauen Sie jedem Ratgeber, der Ihnen auf Euro und Cent Ihre Versorgungslücke im Alter ausrechnet, wenn Sie gerade erst 30 oder 35 Jahre alt sind. Solche Berechnungsmodule selbst ernannter Experten findet man in großer Zahl im Internet. Vergessen Sie das! Sie können heute noch gar nicht genau wissen, wie sich Ihr Leben gestalten wird. Und erst recht nicht lassen sich die vielen Unwägbarkeiten, etwa die berufliche Laufbahn oder gesetzliche Änderungen, vorhersehen. Junge Frauen sollten daher nur eines: Sparen, was geht! Loten Sie Ihre Möglichkeiten aus. Dazu müssen Sie zunächst Ihre laufenden fixen und variablen Ausgaben von Ihren Einnahmen abziehen. Die fixen Kosten, etwa die Miete, sind leicht zu ermitteln. Schwieriger wird es bei den variablen. Kalkulieren Sie nicht nur mit Essen und Kleidung. Denken Sie auch an Theater, Bücher, Kosmetik, Gesundheit, Reisen ... Da kommt schnell einiges zusammen. Dieser Check hat einen zusätzlichen Wert: Prüfen Sie bei dieser Gelegenheit einmal, ob Sie in den letzten Monaten wirklich alles das brauchten, was Sie gekauft haben. Bei dieser Rechnung sollte ein monatlicher Überschuss bleiben – und den können Sie anlegen.

Zinsen und Zinseszinsen

Dabei dürfen Sie zwei Weggefährten Ihres Vermögensaufbaus nicht vergessen: Die Zinsen und die Inflation. Ein Vermögen, das heute 25.000 Euro wert ist, hat bei einer Inflation von zwei Prozent in 20 Jahren nur noch eine Kaufkraft von 16.825 Euro. „Aus Zeit wird Geld" – nirgends passt dieser Ausspruch deshalb besser als beim langfristigen Sparen. Je früher Sie starten, desto besser. Schon aus 50 Euro pro Monat werden bei einem Zins von 4 Prozent in 30 Jahren 34.380 Euro.

Erfüllen Sie sich kleine und große Wünsche

Ihre Einnahmen-Ausgaben-Rechnung steht und Sie haben einen guten Überblick. Sie wissen, was Sie monatlich auf die Seite tun können, um sich damit Wünsche zu erfüllen. Vielleicht ein besonders schönes Schmuckstück. Oder ein Besuch in einem 3-Sterne-Restaurant. Das ist völlig in Ordnung. Bei allem Ernst, bei aller vernünftigen Vorsorge ist es selbstverständlich, dass wir auch unsere emotionalen und irrationalen Wünsche erfüllen. Und dann macht die Altersvorsorge auch gleich viel mehr Spaß!

Baustein 2: Vermögen

Vermögensanlage ist mehr als nur Aktien und Anleihen. Er ist die Grundlage für alle Geldanlagen. Es gibt weltweit unzählige Aktien, Derivate, Anleihen, Pfandbriefe, Rohstoffkontrakte. Neben der Vielfalt der Anlageinstrumente gilt es, die Risiken nicht aus den Augen zu verlieren.

Sichere Geldanlagen mit mittelfristiger Anlagedauer und im Notfall verfügbar

- Rentenfondstrategien
- Vermögensverwaltende Mischfondsstrategien

Renditeorientierte Geldanlagen mit längerfristiger Anlagedauer und im Notfall verfügbar

- Aktienfondsstrategien (global)
- Rohstoffe, wie beispielsweise Gold

EXTRA: Vermögensverwaltung via Investmentfonds

Früher gab es viele Vorbehalte gegen Investmentfonds: Hohe Kosten, enttäuschende Entwicklung und sowieso nur für „Kleinsparer". Das ist falsch. Ein Investmentfonds kann – je nach Anlageart – durchaus als klassische Vermögensverwaltung in einem anderen rechtlichen Gewand bezeichnet werden. Investmentfonds gibt es in zahlreichen Varianten.
Es gibt weltweit anlegende, Länder- und Regionenfonds (zum Beispiel Schwellenländer). Manche beschränken sich auf einzelne Branchen (Technologie), Themen (Ökologie) oder Größe der Unternehmen (small/mid/large caps). Dadurch, dass viele verschiedene Wertpapiere gekauft werden, wird das mit einem einzelnen Wertpapier verbundene Risiko vermindert. Aktienfonds investierten in Aktien und aktienähnliche Instrumente, wie Wandelanleihen. Rentenfonds investieren in Staats-, Länder- und Unternehmensanleihen, Pfandbriefe, Bankschuldverschreibungen und andere Zinspapiere. Weitere Differenzierungskriterien sind Währungen, Laufzeiten der Anleihen und die Regionen. Geldmarktfonds kaufen vor allem variabel verzinste, sehr kurz laufende Anleihen. Mischfonds investieren sowohl in Aktien- als auch Anleihen. Werden diese Fonds aktiv gemanagt und können die Aktien-/Anleihenquote variieren, spricht man von vermögensverwaltenden Fonds. Dachfonds kaufen andere Investmentfonds und Rohstofffonds legen in Industriemetalle, Edelmetalle und Agrarrohstoffe an. Auch Minenaktien fallen in diese Kategorie.
Fonds sind sicher: Sie sind Sondervermögen, die getrennt vom Vermögen der Kapitalanlagegesellschaft gehalten werden und damit auch bei dessen Insolvenz geschützt sind. Im Übrigen kenne ich kaum eine andere gemanagte Anlageform, die so transparent ist und derart strenger Überwachung unterliegt. Bei Fonds gibt es keine Geheimnisse – die detaillierte Zusammensetzung des Portfolios, alle Risikokennziffern, Kostenfaktoren und die Performancezahlen sind öffentlich. Jede Entscheidung des Fondsmanagements wirkt sich am nächsten Tag im Kurs aus und stellt damit dem Fondsmanager Tag für Tag ein Zeugnis aus. Fondsvergleiche in den Medien heizen jedoch den Wettbewerb an. Davon können die Anleger profitieren – wenn vernünftige Kriterien angelegt werden und nicht nur die kurzfristige Entwicklung medienwirksam gekürt wird. Denn: Bei guten Anlagekonzepten erleben Sie „Gute Zeiten, schlechte Zeiten". Grundsätzlich sollten Sie eines wissen: Auf den Märkten herrscht ein stetes Auf und ab.
Die Zahl der Investmentfonds, die Privatanlegern offen stehen, wächst kontinuierlich – gut 8000 Fonds zählt man zurzeit, was die Entscheidung nicht einfacher macht. Informieren Sie sich gründlich und lassen Sie sich beraten.

Baustein 3: Altersvorsorge ist langfristig und nur eingeschränkt verfügbar

Die Streuung auf verschiedene Rentenmodelle, Durchführungswege und Gesellschaften bieten das beste Maß an Sicherheit und Versorgung. Nicht jedes Modell ist für jeden ideal und für jeden möglich.

EXTRA: Die Gesetzliche Rentenversicherung (GRV)

Sie ist heute die mit Abstand bedeutendste Altersabsicherung: 89 Prozent aller 65jährigen erhalten eine eigene gesetzliche Rente. Der Anteil dieser Rente am Alterseinkommen macht im Schnitt zwei Drittel aus. Der Rest speist sich aus privaten und betrieblichen Vorsorgemodellen, Mieten, Zinsen und anderen Zuwendungen. Was die GRV ausbezahlt, ist aber schon jetzt nicht üppig. So betrug die Rente derjenigen, die 2011 ihren Ruhestand antraten, durchschnittlich Männern 868 Euro, bei Frauen nur 487 Euro. Das ist beängstigend gering. (Quelle: Statistische Analysen der Deutschen Rentenversicherung; Altersrente abzüglich der Krankenversicherung; November 2012).
Die gesetzliche Rente allein kann die Sicherung des Lebensstandards nicht mehr leisten. Eine ernstzunehmende OECD-Studie aus dem Jahr 2007 kommt zu dem Ergebnis, dass die gesetzliche Rente für künftige Generationen nur noch rund 43 Prozent des täglichen Bedarfs abdecken wird. Wir wissen es längst – Vorsorge tut not!

Diese Modelle bieten staatliche Förderung in der Ansparphase:

- Basisrente, auch Rürup-Rente
- Riesterrente
- Betriebliche Altersvorsorge, vor allem Direktversicherungen, Unterstützungs- und Pensionskassen

EXTRA: Riesterrente – für (fast) alle

Die Riester-Rente ist für viele der erste Schritt zum Aufbau einer eigenen privaten Altersvorsorge. Sie wurde im Zuge der Rentenreform 2001 entwickelt und soll die Bürger bei der Altersvorsorge unterstützen und helfen, die Lücke zu schließen, die durch zahlreiche Einschnitte bei der gesetzlichen Rente entstanden ist. Reicht also der Abschluss eines Riestervertrags, und alles ist in Butter? Nein! Es wäre fatal zu glauben, dass die Riesterrente einen komfortablen Ruhestand finanzieren kann. Sie ist allenfalls nur eine Maßnahme von vielen. Dennoch lohnt sich die Riesterrente für fast jeden. „Riestern“ können vor allem Angestellte und Arbeiter, also die Pflichtversicherten in der Gesetzlichen Rentenversicherung, sowie Beamte, Mitglieder der Künstlersozialkasse (KSK) , Erziehende in der Kindererziehungszeit und andere. Die Förderung (Grundzulage) beträgt seit 2008 für jeden Riestersparer 154 Euro pro Jahr. Hinzu kommen 185 Euro für jedes Kind, das kindergeldberechtigt ist und bis zum 31.12.2007 geboren wurde. Kinder, die nach dem 1.1.2008 auf die Welt kamen, werden sogar mit 300 Euro gefördert. Einen Berufseinsteigerbonus von einmalig 200 Euro auf den Vertrag bekommen alle jungen Riestersparer bis 25 Jahre. Der Mindestsparbetrag beträgt 4 Prozent des Vorjahreseinkommens. Der Maximalbetrag ist auf 2.100 Euro pro Jahr festgelegt.
Riester-Rentenversicherungen sind mit einem Anteil von 77 Prozent die mit Abstand beliebteste Anlageform. Ihnen folgen Riester-Investmentsparpläne mit 19 Prozent (Quelle: Altersicherungsbericht der Bundesregierung). Banksparpläne und Wohnriester führen hingegen ein Nischendasein.

EXTRA: Die Vielfalt privater Rentenversicherungen

Mir gefallen private Rentenversicherungen. Sie eignen sich praktisch für JEDEN: Frauen und Männer jeden Alters, auch Minderjährige und Senioren und unabhängig vom Berufsstand. Es gibt ein paar steuerliche Vorteile in der Rentenphase – und unter bestimmten Bedingungen auch, wenn das Kapitalwahlrecht ausgeübt wird. Der dritte Grund ist die unvorstellbar große Vielfalt, die die Modelle bieten.

Klassische Rentenversicherung: Sie ist das sicherste und verlässlichste Modell. Das Geld wird im Deckungsstock der Versicherung angelegt. Für den Sparanteil gibt es eine Garantieverzinsung. Rente und Kapital sind von Anfang an garantiert. Während der Vertragslaufzeit entstandene und gutgeschriebene Überschüsse erhöhen die Garantiewerte. Die Ertragsperspektive ist aber eher gering.

Klassische Rentenversicherungen mit Fonds für die Überschüsse: Modell wie 1, nur dass die Überschüsse, die laufend entstehen, in Investmentfonds angelegt werden. Die Fonds stellen also lediglich eine Beimischung dar. Das Risiko ist also noch gering, dafür steigen die Renditechancen etwas.

Fondspolicen ohne Garantien auf Rente und Kapital: Das Geld fließt in Investmentfonds einer oder mehrerer Gesellschaften. Oft können Sie sich die Fonds aussuchen und so Ihr persönliches Versicherungsportfolio zusammenstellen. Wer mehr Sicherheit möchte, wählt Rentenfonds, wer sich für ökologische, ethische Themen stark macht, findet entsprechende Geldanlagen. Sie können auch gemanagte Fondspolicen wählen. Bei diesen steht weniger die Absicherung im Vordergrund als die Wachstumschancen. Auf lange Sicht können sich steuerliche Vorteile ergeben, weil während der Laufzeit und auch am Ende keine Abgeltungssteuer anfällt. Die Ertragsaussichten können hoch sein, je nach Anlagestrategie und Marktlage.

Fondspolicen mit (garantiertem) Rentenfaktor: Die Geldanlage ist wie bei Nummer 3, nur dass die Rente über einen „garantierten Rentenfaktor“ berechnet wird. Dieser gibt an, wie viel Rente es pro 10.000 Euro Fondsguthaben mindestens gibt. Konsequenz: Die Leistung aus dem Vertrag hängt in Wirklichkeit von der Qualität der gewählten Fonds ab.

Fondspolicen mit Garantien: Anders als bei den herkömmlichen Modellen gibt es eine Garantie auf das einbezahlte Kapital und/oder die zu erreichende Rente. Am Markt werden unterschiedliche Modelle angeboten: die meisten garantieren das einbezahlte Kapital – frei wählbar von 0 bis zu 100 Prozent. Je größer die Absicherung, desto geringer fallen die Überschussrenten aus, da Garantien kosten und es weniger für die chancenreichen Investments übrigbleibt. Wichtig: Die Garantie gilt nur zum Ende der Laufzeit. Wer unter der Laufzeit die Police auflöst, muss mit Verlusten rechnen.

EXTRA: Wer kann, sollte sie nutzen: Betriebliche Altersvorsorge (BAV)

Für mich gilt die betriebliche Altersvorsorge als das beste Modell, um Vorsorge fürs Alter aufzubauen und gleichzeitig Steuern zu sparen. Das Prinzip ist einfach geschildert: Teile des Gehalts werden nicht ausbezahlt, sondern fließen direkt in eine Altersvorsorge. Der besondere Effekt ist, dass das Ansparen vom Bruttogehalt, also vor der Steuerbelastung erfolgt. Alle Zahlungen sind sozialabgabenfrei, wenn das Einkommen unter der Beitragsbemessungsgrenze (BBG) liegt. Der Sparvorgang startet also, bevor der Staat zugeschlagen hat. Die Sozialabgaben- und Steuerfreiheit ist ein Renditetreiber für alle Einkommensgrößen. Im Alter können Sie zwischen einer lebenslangen Rente oder einer Kapitalabfindung wählen.

Es gibt fünf Wege, die zu einer BAV führen. Die Direktversicherung ist mit 60 Prozent das beliebteste Modell. In einigen Betrieben zahlt der Arbeitgeber für seine Mitarbeiterinnen und Mitarbeiter die Beiträge (= arbeitgeberfinanzierte BAV). Diese Zahlungen sind für den Arbeitgeber Betriebsausgaben und reduzieren den steuerpflichtigen Unternehmensgewinn.
Aber auch wenn dieses Zuckerl nicht gegeben ist, ist kein Angestellter von den Vorzügen ausgeschlossen, denn jede Arbeitnehmerin und jeder Arbeitnehmer hat seit dem 01.01.2002 einen gesetzlichen Anspruch auf die so genannte Entgeltumwandlung. Dann wird auf die Gehaltsauszahlung zugunsten der BAV verzichtet.
Direktversicherungen sind Lebens- bzw. Rentenversicherungen. Versicherungsnehmer ist der Arbeitgeber. Der Arbeitnehmer ist versicherte Person und für die Leistungen aus dem Vertrag unwiderruflich bezugsberechtigt, denn ihm steht die Altersvorsorge zu.
Unterstützungskassen sind rechtlich selbständige Versorgungseinrichtungen. Sie werden von einem oder mehreren Unternehmen getragen. Der Arbeitgeber richtet seine Versorgungszusage über die Unterstützungskasse an den Arbeitnehmer. Die meisten Unterstützungskassen sind rückgedeckt, das heißt, sie sichern die erteilten Versorgungszusagen über eine Lebensversicherung auf den Arbeitnehmer ab.
Direktzusagen sind Verpflichtungen des Arbeitgebers, dem Arbeitnehmer aus eigenen Mitteln eine Altersvorsorge zu zahlen. Eine Direktzusage wird in aller Regel durch eine Rückdeckungsversicherung auf das Leben des Arbeitnehmers abgesichert. Für den Arbeitgeber hat dieses Modell vor allem den Charme, dass die Beiträge zu einer Rückdeckungsversicherung Betriebsausgaben sind und den steuerpflichtigen Gewinn schmälern. Üblicherweise sichern sich Gesellschafter-Geschäftsführer auf diesem Weg ab. Direktzusagen können sehr individuell ausgestaltet werden.
Pensionskassen sind ebenfalls rechtlich selbständige Versorgungseinrichtungen, die der Versicherungsaufsicht unterliegen. Sie legen folglich das Geld wie Lebensversicherungen an.
Für **Pensionsfonds** gelten liberalere Anlagevorschriften als für Lebensversicherungen. Es handelt sich um rechtlich selbständige Altersvorsorgungseinrichtungen.

Immobilien

- Die selbstgenutzte Wohnimmobilie
- Kapitalanlageimmobilien: Wohn- und Gewerbeimmobilien
- Immobilienfondsbeteiligungen

Ein Kann: Risikokapital

Das Geld, das hier angelegt ist, sollten Sie wirklich entbehren können. Das Risiko zeigt sich in ganz unterschiedlichen Facetten: in extrem hohe Schwankungen, so dass Sie keine Planbarkeit haben. In einer geringen oder überhaupt keiner Verfügbarkeit, denn damit steht es für Ihr augenblickliches Leben nicht zur Verfügung. Oder in Intransparenz hinsichtlich der Produktmerkmale und der Preisfindung. In der Konsequenz ist das Risiko eines Totalverlustes am größten.

- Unternehmerische Beteiligungen
- Private Equity und Single-Hedgefonds

Plädoyer für einen guten Mix der Geldanlagen

Verlassen Sie sich bei Ihrer Altersvorsorge nicht auf eine einzige Geldanlage. Eine ausgewogene Mischung von Maßnahmen und Geldanlagen ist immer die beste Lösung. Durch eine gute Streuung stellen Sie sicher, dass Sie im Alter wirklich abgesichert sind – und Sie gegebenenfalls vorher auf einen Teil des Geldes zugreifen können. Streuen Sie Risiken und Chancen, Laufzeiten, Verfügbarkeiten und steuerliche Be- und Entlastungen. Es ist weder sinnvoll, alles bis zum Zeitpunkt des Rentenbeginns fest anzulegen, noch sollten Sie nur auf den Steuerspareffekt in der Ansparphase setzen. Vorsorge ist kein statisches Modell. Sie muss immer wieder geprüft und an neue Lebenssituationen und gesetzliche Veränderungen angepasst werden.

Wo finde ich kompetente Beratung?

Mit vielen tausend Anbietern, unzähligen verschiedenen Tarifen und mehr als 8.000 Investmentfonds gehört der Finanzmarkt zu den unübersichtlichsten Branchen. Auch wenn die Finanzwelt dank des Internets ein gutes Stück transparenter geworden ist, bleiben doch für den einzelnen viele Fragen offen. Denn es ist viel Erfahrung nötig, das richtige Produkt für jeden Anleger zu finden. Wer seine Finanzplanung vorausschauend gestalten möchte, hat zwei Möglichkeiten: Entweder sich selbst intensiv und permanent mit den Märkten zu beschäftigen – oder eine Finanz-Beraterin oder einen -Berater hinzuziehen. Gut gemeinte Ratschläge von Freunden sollten Sie mit Vorsicht behandeln. Sie gehen meist von ihrer eigenen Situation aus und haben oft nur ein „Ausschnittswissen". Nur weil sie besonders gute oder schlechte Erfahrungen mit einer Geldanlage gemacht haben, heißt das nicht, dass das auch für die Zukunft stimmt – oder für Sie passt. Da es bei der Beratung vor allem um Vertrauen und Verständnis geht, ist die soziale Kompetenz das wichtigste. Eine gute Ausbildung und eine unabhängige Produktauswahl sind selbstverständlich.

Lassen Sie sich nicht von einem schönen Werbeprospekt verführen. Nur in einem persönlichen Gespräch kann Vertrauen entstehen. Dann spüren Sie, ob Sie an der richtigen Stelle sind. Mit der folgenden Checkliste können Sie prüfen, ob Sie gut aufgehoben sind:

- Sie werden nicht sofort zugetextet, sondern man hört Ihnen wirklich zu.
- Erst werden alle Ihre Anlagen analysiert. Und: es wird nicht gleich alles verteufelt.
- Alles wird so erklärt, dass Sie es verstehen. Nichts bleibt geheimnisvoll. Risiken und
- Chancen werden ausführlich aufgezeigt.
- Sie erhalten ein schriftliches Angebot, das Sie in aller Ruhe anschauen können.
- Sie werden nicht zu einem schnellen Abschluss gedrängt und haben Gelegenheit, vor der Unterschrift alles zu besprechen.

TIPP: Regelmäßiger Check

Überprüfen Sie in regelmäßigen Abständen Ihre Finanzplanung und die Geldanlagen._Vermögensanlage und Altersvorsorge sind keine Entscheidungen, die man nur einmal trifft. Einkommensveränderungen, berufliche und private Wendepunkte, aber auch eine andere Einstellung zu Zielen und zum Risiko machen Änderungen erforderlich.

Checkliste für Ihre Vermögensanlage

Sie wissen nun, worauf es ankommt, wenn Sie Geld anlegen möchten. Eine Depotstruktur aus globalen und aktiv gemanagten Aktien- und Rentenstrategien ist nach meiner Erfahrung für die meisten Anleger ideal. Sie müssen aber entscheiden, wie hoch die Aktien- und die Rentenfondsquote sein sollen.

Anlageziel

- Anlagedauer/Zielerreichung bis:
- Ausschüttungen oder Wiederanlage der Erträge?
- Besonderer Anlagewunsch (z. B. ökologisch-ethisch, Schwellenländer, nur EURO)

Risikobereitschaft

- Wie hoch dürfen Wert-/Kursschwankungen sein?
- Wie hoch ist die Ertragserwartung?
- Soll jederzeit über die Geldanlage verfügt werden können?

Anlageprodukte und Anlagestruktur

- Passt die Geldanlage zu den anderen Geldanlagen? Gibt es Überschneidungen?
- Ist ein aktives Management gewährleistet?
- Kann der Fonds über einen langen Zeitraum erfolgreiche Anlageergebnisse vorweisen?

Nutzen Sie diese Checkliste für Ihr Beratungsgespräch! So sehen Sie gleich, ob die Beraterin bzw. der Berater einen guten und aktuellen Zugang zu den Informationen hat. Er oder sie sollte die empfohlenen Fonds kennen und ihnen erklären können, wie die Anlagestrategie, die Risiken und die Chancen ausschaut.

Starten Sie durch! Jetzt! Wer die perfekte Lösung sucht, übersieht manchmal die gute Lösung. Doch mit einer guten Balance aus Anspruch und Wirklichkeit, sind Sie schneller da, wo sie hinwollen.

Mehr Energie im Büroalltag – gesundheitliche Vorsorge für Assistentinnen

Slatco Sterzenbach

Mit diversen Ernährungs-, Bewegungs- und Motivationstipps bleiben Sie länger leistungsfähig

Voller Elan und hochkonzentriert im Office-Alltag durchstarten – wer möchte das nicht? Stattdessen kämpfen wir uns täglich durch Besprechungen, unzählige Telefongespräche und Aktenberge. Wer seine Leistungsfähigkeit steigern und langfristig mehr Energie haben möchte, sollte auf gesunde Ernährung und ausreichend Bewegung achten.

Sie als Office-Managerin kennen die Bedeutung von Ausstrahlung für Ihren erfolgreichen Umgang mit einem Kunden und Ihrem Chef. Doch durch unsere schnelllebige Umwelt fällt dies oft schwer. Viele Reize stürmen auf uns ein und nicht selten haben wir die konzentrierte Aufmerksamkeit schon längst verlernt. Machen Sie selbst den Test: Schauen Sie auf die Uhr und konzentrieren Sie sich nur auf das Gefühl des Ein- und Ausatmens. Wie lange können Sie Ihre Gedanken zähmen und den Fokus auf die Atmung beibehalten? Die meisten halten höchstens ein bis zwei Minuten durch …

Was würde es für Sie bedeuten, aufmerksamer und absolut präsent zu sein? Könnte das Ihr Berufs- und Privatleben positiv beeinflussen? Welche Konsequenzen könnte es für Sie haben, wenn Sie Ihre Konzentration im Gespräch beibehalten könnten, um jede kleinste Regung beim Chef oder beim Kunden wahrzunehmen und dazu passend reagieren zu können? All diese Ziele sind mit einem gesunden Körperbewusstsein möglich. Wer die richtigen ernährungswissenschaftlichen und gesundheitlichen Regeln beachtet, rückt diesen Zielen schnell näher.

Stellt man den Mitarbeitern eines Unternehmens die Frage, wer Gesundheit und Fitness für wesentliche Faktoren für langfristigen und ganzheitlichen Erfolg hält, wird man volle Zustimmung auf Seiten der Befragten finden. Doch auf die Frage, was dafür bereits getan wird, herrscht plötzlich Stille. Wie steht es um Ihre Bereitschaft? Machen Sie folgenden Test:

Frage	Ja	Nein
Trinken Sie mehr als ein Glas Wein oder ein Glas Bier am Tag?		
Rauchen Sie?		
Schlafen Sie häufiger als zweimal pro Woche weniger als sechs Stunden?		
Gehen Sie ohne Frühstück aus dem Haus?		
Essen Sie weniger als 800 Gramm (ca. zwei volle Hände) Obst und Gemüse jeden Tag?		
Machen Sie weniger als zwei Mal pro Woche 15 bis 30 Minuten Krafttraining?		
Machen Sie weniger als dreimal pro Woche 30 Minuten Ausdauertraining?		
Machen Sie nie kleine Pausen oder einen kleinen Mittagsschlaf?		
Fühlen Sie sich ausgebrannt und müde, wenn Sie abends von der Arbeit nach Hause kommen?		
Haben Sie das Gefühl, dass Sie auf Kosten Ihrer körperlichen und geistigen Ressourcen arbeiten?		
Haben Sie häufiger negative Gedanken oder depressive Verstimmungen?		
Machen Sie Ihren Job nur des Geldes wegen?		
Gönnen Sie sich weniger als vier Wochen Urlaub im Jahr?		
Essen Sie viel Zucker und Fertigprodukte?		
Sind Sie mehr als zwei Mal im Jahr erkältet?		
Waren Sie die letzten zwei Jahre bei keinem Gesundheits-Check?		

Haben Sie mehr Fragen mit Ja beantwortet als mit Nein, machen Sie sich eines klar: Jeder Wunsch und jedes Ziel hat seinen Preis. Wer beruflich erfolgreich sein möchte, muss Leidenschaft und Einsatz zeigen. Um körperlich erfolgreich sein zu wollen – das bedeutet gesund und fit bis ins hohe Alter – müssen Sie den berühmten inneren Schweinehund überlisten.

Richtig Essen im Job

Mit einer gesunden Grundlage in den Tag

Haben Sie schon einmal in einem Flugzeug gesessen, das erst nach dem Starten in der Luft getankt wurde? Mit dem eigenen Körper hingegen halten es viele so. Ohne Frühstück geht es direkt ins Büro oder gar zum ersten Kundentermin. Nach einem solch misslungenen Start in den Tag muss sich keiner über Heißhungerattacken wundern. Ohne Grundlage senkt sich der Blutzuckerspiegel drastisch. Die Absenkung wird meist beim ersten Meeting mit Kaffee & Keksen bekämpft. Damit nimmt der Teufelskreis von Blutzuckerhoch und -tief seinen Lauf.

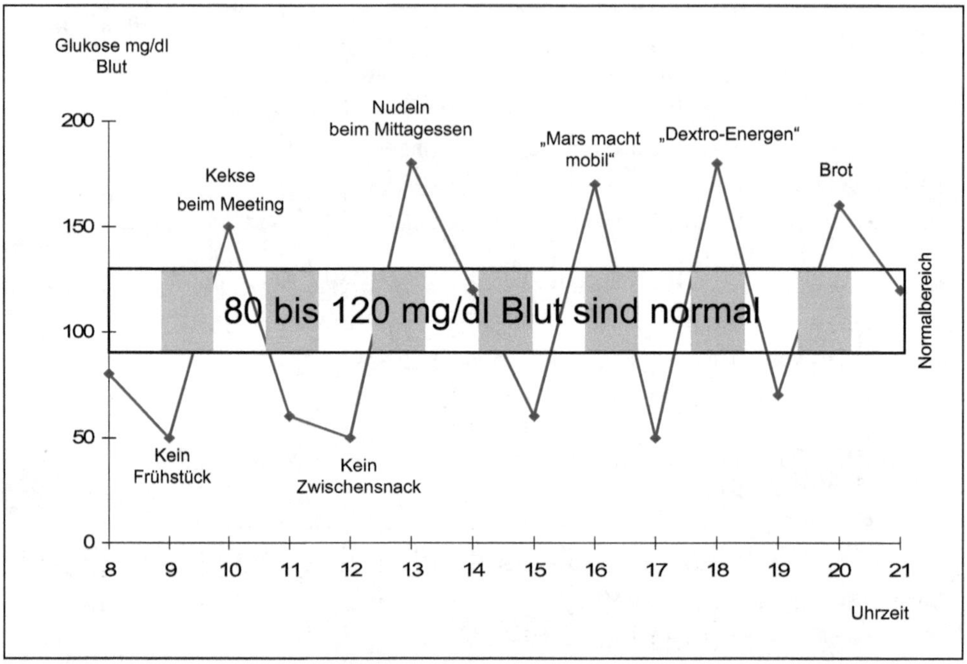

Abbildung 1: *Blutzuckerschwankungen durch fehlendes Frühstück und zu kohlenhydratreiche Zwischenmahlzeiten sind schlechte Voraussetzungen für einen gesundheitsbewussten Einstieg in den Tag.*

Gehen Sie nie ohne Frühstück aus dem Haus. Sie haben morgens wenig Zeit und auch keinen richtigen Appetit? Dann schlagen Sie gleich zwei Fliegen mit einer Klappe: Machen Sie sich ein Obstfrühstück. Es ist schnell gemacht und leicht verdaulich. Wiegen Sie einmal Ihre Obstration. 800 Gramm Obst und Gemüse pro Tag geben Ihrem Immunsystem die nötigen sekundären Pflanzenstoffe und Ihrem Darm die nötige Reinigung durch die Ballaststoffe. Das ist Krebs-Prophylaxe par Excellence. Angenehmer Nebeneffekt: Ihr Blutzuckerspiegel schwankt nicht mehr.

Wenn Sie jetzt die entsprechend eiweißreiche und kohlenhydratarme Ernährung den Tag über beibehalten, haben Sie einen konstanteren Blutzuckerspiegel und somit keine Durchhänger mehr.

Übrigens haben mittlerweile über 26 Prozent der Deutschen zu viel Zucker und zu viel Insulin im Blut. Das ist der Anfang von Diabetes mellitus. Die Folgeerkrankungen sind zwangsläufig irgendwann Arteriosklerose, Herzinfarkt, Schlaganfall, Erblindung und Nierenstörungen. Also Störungen an allen Orten, wo die Blutgefäße kleiner werden. Ganz abgesehen von der geringeren Gehirnleistung ...

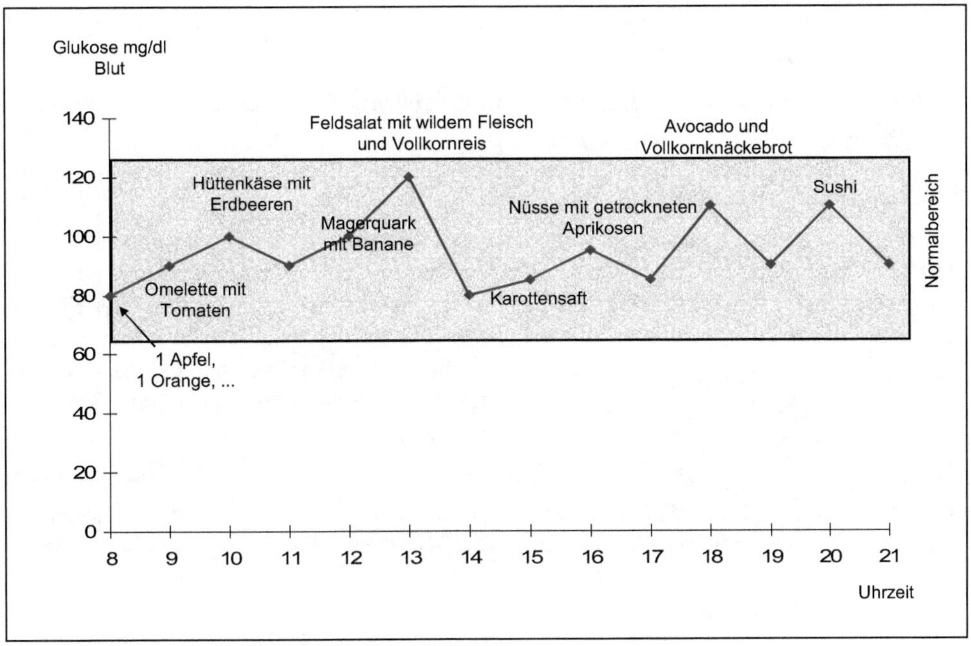

Abbildung 2: *Konstanter Blutzucker durch richtige Ernährung*

Flüssigkeitsversorgung: Wasser als geistiger Fitmacher

Ein weiterer Erfolgsfaktor für einen Office-Tag mit 100-prozentiger Leistungsfähigkeit ist die Versorgung mit ausreichend Flüssigkeit. Ihr Körper besteht aus 50 bis 60 Prozent Flüssigkeit – diese muss immer wieder erneuert werden. Gerade nach dem Aufstehen bietet es sich an, erst einmal zwei große Gläser warmes Wasser zu trinken. Das bringt den Kreislauf sofort in Schwung und gibt dem Körper, was er nach der langen Zeit ohne Flüssigkeitszufuhr während des Schlafs dringend benötigt. Wenn Sie jetzt noch Magnesium hinzufügen, werden Sie wesentlich stressresistenter den Tag überstehen.

Tipp:

Ihren Bedarf an Wasser können Sie wie folgt ausrechnen: Ihr Körpergewicht mal 40. Dann haben Sie die Milliliter an Wasser, das Sie tagtäglich benötigen.

Ein Beispiel:
70 kg x 40 ml = 2 800 ml = 2,8 Liter

Leider signalisiert der Körper nur sehr schleichend und leise, wenn er mit zu wenig Flüssigkeit versorgt wird. Achten Sie daher ganz bewusst darauf, Ihren Körper regelmäßig mit genügend Wasser und Tee zu versorgen. Sie werden den Unterschied spüren.

Meiden Sie jegliche Softgetränke. Unsere Flüssigkeitszufuhr benötigen wir für die Reinigung unserer Zellen. Cola und & Co. sind dafür nicht geeignet.

Starten Sie direkt nach dem Aufstehen mit zwei großen gefüllten Gläsern lauwarmes oder abgekochtes Wasser.

Ernährungstipps für die Mittagspause

Falls Sie abends noch Sport treiben sollten, können Sie in der Mittagspause ruhig zu Nudeln, Reis oder Kartoffeln greifen. Aber denken Sie immer daran: Ein ausgeprägtes, schweres Mittagessen macht uns müde und träge. Die Mittagspause ist die beste Zeit für gutes Eiweiß, Salat und Gemüse. Wer sich zum Mittag Fisch und Gemüse gönnt, verschafft sich Energie, das zeigen 24-Stunden-EKG-Messungen bei Führungskräften. Achten Sie beim Salat auf ein gesundes Dressing, bestehend aus Olivenöl und wenig Essig. Fette Saucen und Dressings machen die Wirkung eines leichten Mittagessens gleich zunichte.

Für die Mittagspause gilt in jedem Fall: Essen am Schreibtisch ist tabu. Um Ihren Mittagssnack einzunehmen, verlassen Sie ihr Büro. Wenn Sie keine Kantine im Unternehmen haben, so gibt es mit Sicherheit eine Kantine, in der die Mitarbeiter die Möglichkeit haben, Mitgebrachtes zu essen. Vielleicht bietet sich auch die Gelegenheit für einen Fünf-Minuten-Spaziergang durch die frische Luft.

Gesunde Fette für den Mittagssnack

Der ideale Zwischensnack mit den richtigen Eiweißträgern kurbelt die richtigen Hormone wie Serotonin und Dopamin an. Die richtigen Hormone machen entspannt und glücklich. Essen Sie also bei Appetit am Nachmittag ein wenig Hüttenkäse oder ein paar Nüsse, am besten Para- und Walnüsse. Nüsse sind voller gesunder Fette und wichtige Aminosäuren. Wenn Sie noch kein Obst beim Frühstück zu sich genommen haben, sollten Sie jetzt zuschlagen. Am Ende des Tages sollten es mindestens 800 Gramm sein. Zusammen mit Gemüse!!, also ca. 400 g Obst, 400 g Gemüse zum Beispiel je nach Vorliebe und auch Allergieneigungen.

Ein kleiner Eiweiß-Snack wird Ihren Blutzuckerspiegel konstant halten und Ihnen die nötigen Aminosäuren geben, die Sie ausgeglichen und glücklich werden lassen. Die Aminosäure L-Tyrosin ist für die Produktion des Hormons Dopamin verantwortlich. Das wiederum sorgt dafür, dass Sie besser drauf und glücklich sind. Tyrosinhaltige Eiweißsnacks sind unter anderem Erdnüsse, Milchprodukte (z. B. Hüttenkäse) und auch Bohnen.

Energiequelle Eiweiß für Abend- und Geschäftsessen

Neigt sich ein Arbeitstag dem Ende zu, sollten Sie Kohlenhydrate meiden, es sei denn, Sie gehen anschließend noch zwei Stunden joggen. Abends sollte Eiweiß die Hauptenergiequelle sein, denn damit verbrennen Sie mehr Fett und Ihre Gefäße bleiben „frei".

Wer hin und wieder bei Geschäftsessen dabei ist, weiß, dass hier besonders viele Energieräumer und Kalorienbringer lauern. Die folgenden Regeln helfen Ihnen, auch auf der Restaurantkarte die richtige Mahlzeit zu finden.

Die wichtigsten Gebote des Restaurantessens		
1.	Du sollst kein Brot essen!	Essen Sie kurz vor dem Restaurantbesuch einen Gemüse-Snack. Wer es abends noch mag, kann auch Obst essen. Auf jeden Fall besser vorher, als nach dem Essen. Das zügelt den Heißhunger und Sie stürzen sich nicht verzweifelt auf den Brotkorb. Und genau dieses Weißbrot finden Sie später auf Ihren Hüften wieder.
2.	Du sollst vor dem Essen viel trinken!	Entweder trinken Sie im Büro oder zu Hause noch schnell ein großes Glas Wasser. Das nimmt das größte Hungergefühl, hat null Kalorien und gesund ist es auch noch. Es lässt Ihren Körper wieder 100-prozentig funktionieren.
3.	Du sollst wenig Alkohol trinken!	Bestellen Sie gleich am Anfang eine große Flasche Mineralwasser. Löschen Sie Ihren Durst nicht mit Alkohol. Ungünstig ist Alkohol vor allem auf leeren Magen, denn das erhöht den Appetit und liefert Extra-Kalorien. Wenn Sie dennoch auf das Gläschen Wein nicht verzichten wollen, halten Sie sich an den Grundsatz „Klasse statt Masse". Lieber ein Glas guter Wein als zwei Bier. Rotwein ist übrigens besser als Weißwein, denn die Oligomeren Proanthocyanidine (OPC) spülen Ihre Gefäße frei. Ein hervorragender Schutz gegen Arteriosklerose.
4.	Du sollst auf Saucen verzichten!	Saucen enthalten meist viele gesättigte Fette. Sie sind wahre Kalorienbomben. Was nützt Ihnen die Kaloriensparnis durch Gemüse anstelle von Nudeln, wenn das Gemüse oder Fleisch in einer gehaltvollen Sauce ertrinkt?
5.	Du sollst nur frische Lebensmittel essen!	Entscheiden Sie sich für Gerichte mit frischem Gemüse, Fisch, Geflügel. Fragen Sie, wo das Fleisch herkommt. Pasta Bolognese und Pizza essen Sie meist sowieso zu Hause. Geflügel und Fisch liefern sättigende Eiweiße und sind reich an gesunden Fetten. Statt fettiger Salami im Antipasti-Teller greifen Sie lieber zu magerer Pute, Schinken oder Roast Beef.
6.	Du sollst das Wilde dem Gestandenen vorziehen!	Wenn Sie auf Fleisch nicht verzichten möchten, wählen Sie Wild. Haben Sie schon einmal ein dickes Reh oder einen fetten Strauß gesehen? Standfleisch, also Schwein und Rind, muss eingepfercht herum stehen. Wild hingegen bewegt sich viel. Deswegen hat Wildfleisch auch einen höheren Anteil von guten ungesättigten Fettsäuren.
7.	Du sollst Deine Zähne 30 Mal zubeißen lassen!	Das Sättigungsgefühl kommt nach zwanzig Minuten. Essen Sie nicht alles auf, wenn Sie bereits satt sind. Gründliches Kauen macht es Ihrem Magen und Darm auch leichter, den Nahrungsbrei zu verwerten. Besser viel gekaut, als zu viel gegessen.
8.	Du sollst große Portionen mit wenig Kalorien essen!	Fragen Sie nach der Portionsgröße. Bevorzugen Sie kleine ballaststoffreiche Vorspeisen. Gemüse hat viel Volumen, aber wenig Kalorien. Dann können Sie auch viel mit wenig Kalorien essen (Volumetrics).
9.	Du sollst anstelle von drei nur zwei Portionen bestellen!	Verzichten Sie bei üppigen Hauptgerichten ganz auf die Vorspeise. Wenn Sie eine Vorspeise hatten, sollten Sie nicht auch noch eine Nachspeise essen. Wenn Sie nur ungern darauf verzichten wollen, teilen Sie Ihr Dessert mit jemandem. Sie bekommen den vollen Geschmack, aber nur einen Teil der Kalorien.

Die wichtigsten Gebote des Restaurantessens	
10. Du sollst die versteckten Kalorien beachten!	Oft werden die Gerichte mit viel Butter verfeinert. Fett ist ein guter Geschmacksträger und ist darum bei Küchenchefs sehr beliebt. Wählen Sie Gemüse, das mit Kräutern statt Butter und Käse gewürzt wurde. Wenn Sie nicht auf Saucen verzichten wollen, lassen Sie sich die Soßen extra reichen und nehmen Sie nur wenig. Das gilt auch fürs Salatdressing: die kalorienärmere Alternative sind Balsamico & Olivenöl oder Joghurtdressing.
11. Du sollst es dampfen lassen!	Frittiertes enthält einen hohen Anteil an Transfettsäuren. Die sind schlecht für unsere Blutgefäße. Bevorzugen Sie Gedämpftes oder Gekochtes.
12. Du sollst teilen!	Wenn es ein süßes Dessert sein soll, dann bevorzugen Sie als Dessert Früchte und Sorbet. Bestellen Sie Ihr Dessert erst nach dem Hauptgang. Meist ist man bereits satt und möchte gar keins mehr. Oder Sie gönnen sich einen Espresso.
13. Du sollst den „Home-Run“ nie vergessen!	Entweder machen Sie einen Spaziergang nach Hause oder Sie haben zumindest Ihr Auto in mindestens 600 Meter Entfernung geparkt. Das tut gut und kurbelt den Stoffwechsel noch einmal an.

Energie durch Bewegung: Sport für Berufstätige

Der durchschnittliche Deutsche geht gerade einmal 1 200 Meter pro Tag. Einst waren es bis zu 30 Kilometer – über Jahrtausende hinweg. Innerhalb einer Generation hat sich das Bewegungsverhalten drastisch verändert. Das hat negative Konsequenzen auf unsere Gesundheit. Wer vorsorgen möchte, sollte den Tag mit Bewegung beginnen, beispielsweise mit einem leichten Ausdauertraining im Sauerstoffüberschuss. Das steigert die Kreativität und Sie werden zu einer Fettverbrennungsmaschine. Machen Sie eine Spiroergometrie oder Laktatdiagnostik, um Ihr Training so effizient wie möglich zu gestalten. Nur anhand dieser Diagnostik wissen Sie, wo Ihre individuellen Herzfrequenzen für optimale Fettverbrennung oder Stressabbau sind. Verlassen Sie sich nicht auf statistische Formeln was die Herzfrequenz angeht.

Wer vor der Arbeit nicht aus dem Bett kommt, kann den Arbeitsweg nutzen. Nehmen Sie das Rad oder steigen Sie eine U-Bahn-Station früher aus.

Tipp:

Planen Sie auch tagsüber kleine Gänge mit ein. So können Sie am Tag bis zu 500 Kilokalorien mehr verbrennen. Das sind am Ende des Jahres gute 18 Kilogramm Körperfett weniger.

Den natürlichen Rhythmus nutzen

Wer am morgen nicht aus dem Bett kommt, braucht nicht unbedingt mehr Schlaf als ein Frühaufsteher. Er hat unter Umständen nur einen anderen Rhythmus. Machen Sie Ihrem Körper eine Freude und Stellen Sie den Wecker in Einklang mit Ihrem natürlichen Rhythmus. Während wir schlafen, kommt es zu einem Wechsel zwischen Tiefschlaf- und Traumphasen (auch als REM-Phasen bekannt = rapid eye movement). Wacht der Körper in der REM-Phase auf, ist er schneller fit. Wer in der Tiefschlafphase geweckt wird, fühlt sich hingegen wie gerädert.

Tipp:

Stellen Sie Ihren Wecker so ein, dass Sie entweder nach sechs oder nach siebeneinhalb Stunden geweckt werden, denn die Rythmen zwischen Tiefschlaf- und Wachphasen betragen normalerweise 90 Minuten. Wer sich bei keinem der beiden Weckzeiten besonders wohl fühlt, hat unter Umständen einen verkürzten Rhythmus. Stellen Sie in diesem Fall den Wecker nach sechs bzw. sieben Stunden.

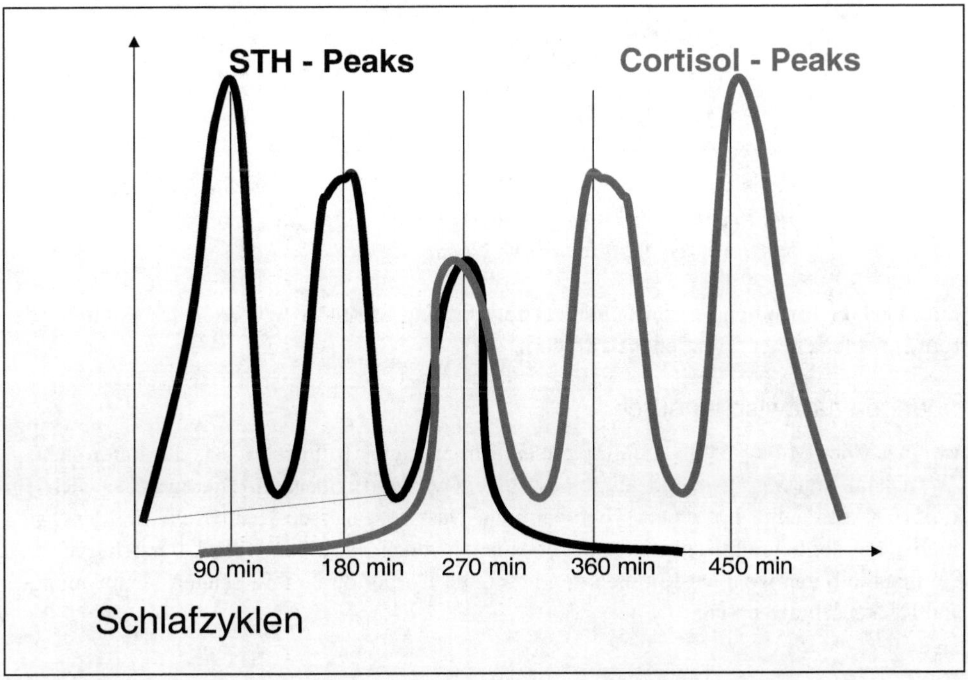

Abbildung 3: *Schlafzyklen: Wer täglich mehr als sechs Stunden schläft, kann sich auf ein längeres Leben freuen – das beweisen verschiedene Statistiken.*

Vorausschauende Planung für mehr Leistungsfähigkeit

Am Vormittag ist Ihr Gehirn besonders leistungsfähig. Nutzen Sie dies und erledigen Sie die wichtigsten Termine zu dieser Zeit. Auch konzeptionelle und kreative Arbeit sollten Sie auf den Vormittag legen. Vorbereiten sollten Sie Ihren Tag durch eine gute Tages- bzw. Wochenplanung.

Nur so planen Sie auch die wichtigen, aber nicht dringlichen Dinge in Ihren Berufsalltag mit ein. Konzentrieren Sie sich dabei auf die sogenannten WAND-Aktivitäten:

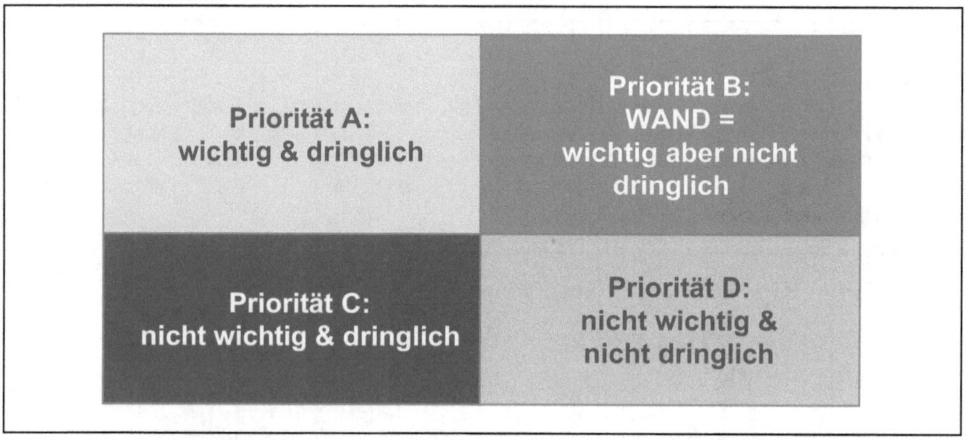

Abbildung 4: *Prioritätenplanung: Setzen Sie Prioritäten und planen Sie im Voraus Zeiten ein, in denen Sie Dinge zu, die wichtig für Ihren langfristigen Erfolg sind. Sonst werden Sie irgendwann einmal negativ dringlich.*

Eine **Vorlage für eine ganzheitliche Wochenplanung** finden Sie am Ende des Kapitels oder zum Download unter www.lebenskraft.com.

Übungen für Zwischendurch

Wer nach der Mittagspause anfällig für ein ausgeprägtes Mittagstief ist, der kann sich im Zweifelsfall mit wenigen und kurzen Übungen wieder fit machen. Hierzu bietet sich ein kleines Krafttraining mit einem Theraband an. Das passt in jede Handtasche und lässt sich auch gut in der Schreibtischschublade verstauen. Mit den folgenden sechs Übungen trainieren Sie innerhalb von wenigen Minuten den gesamten Körper durch und beugen Verspannungen und Rückenschmerzen vor.

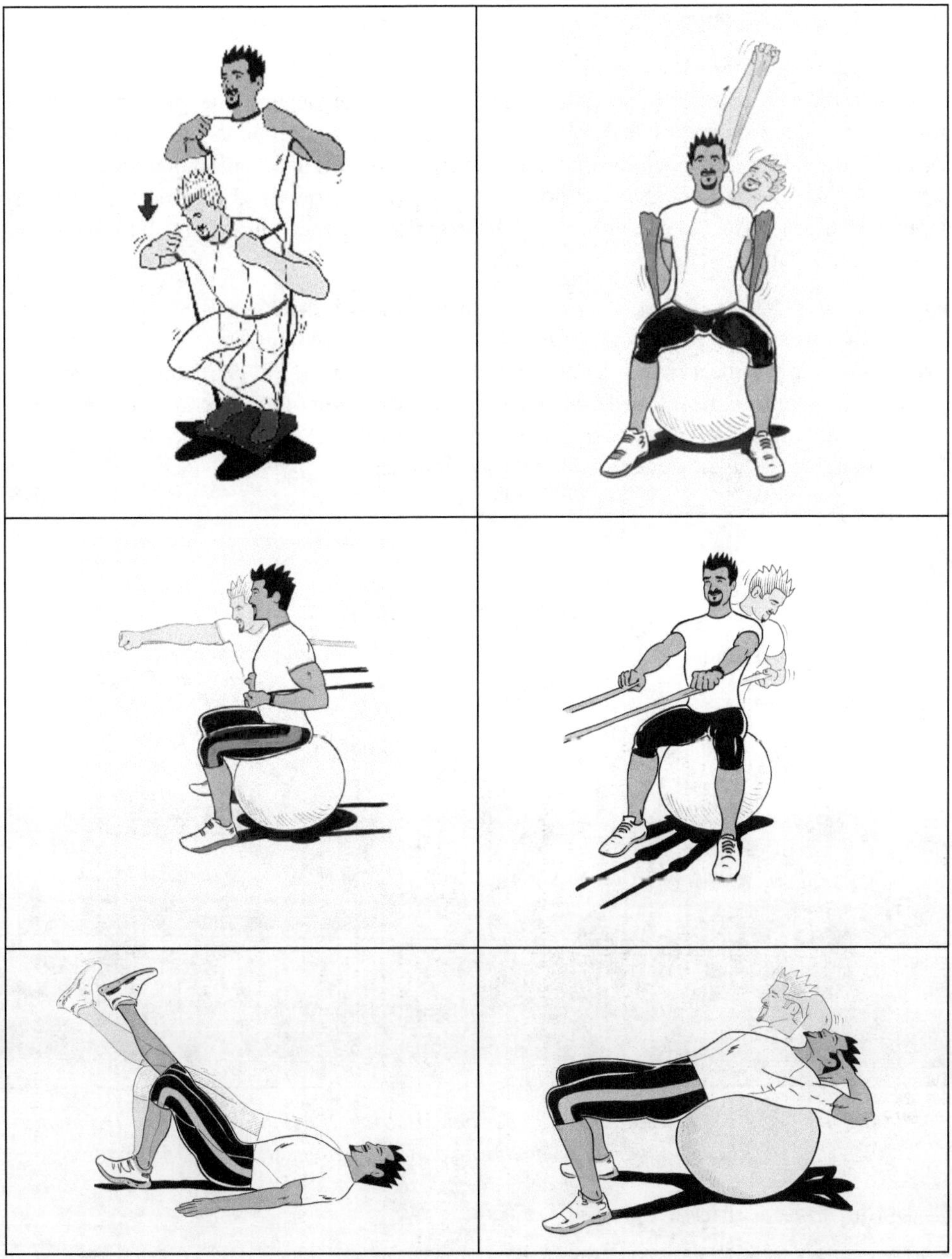

Abbildung 5: *Die sechs LEBENSKRAFT-Übungen für mehr Leistung im Job*

PowerNapping: wie Sie das Tief überwinden können

Wenn Sie trotz leichtem Mittagsimbiss bewegungsmüde sein sollten, können Sie mit einem kurzen Power-Nap innerhalb von zehn Minuten verloren gegangene Energie wieder zurückholen. Stellen Sie sich entweder den Wecker an Ihrem Handy oder nehmen Sie einen Schlüssel in die Hand, der Ihnen bei zunehmender Entspannung aus der Hand fallen wird. So werden Sie rechtzeitig wieder wach, bevor Sie in eine Tiefschlafphase abtauchen. In diesem so gennanten Alpha-Zustand können Sie sich ebenso effizient regenerieren, als ob Sie 90 Minuten geschlafen hätten.

Wer am Mittag kurz abschaltet, ist später wieder voll da. Mit dem Schlüsselschlaf reduzieren Sie die Symptome des Mittagstiefs. Übrigens: Ein kurzer Mittagsschlaf senkt das Herzinfarkt-Risiko um ein mehrfaches. Und so funktioniert es: Legen Sie den Kopf auf den Tisch und nehmen Ihren Schlüssel in die Hand. Wenn Sie die Alpha-Phase verlassen, nimmt Ihre Entspannung in der Muskulatur so zu, dass Ihnen der Schlüssel aus der Hand fällt. So werden Sie wach, bevor Sie in die tieferen Schlafphasen kommen.

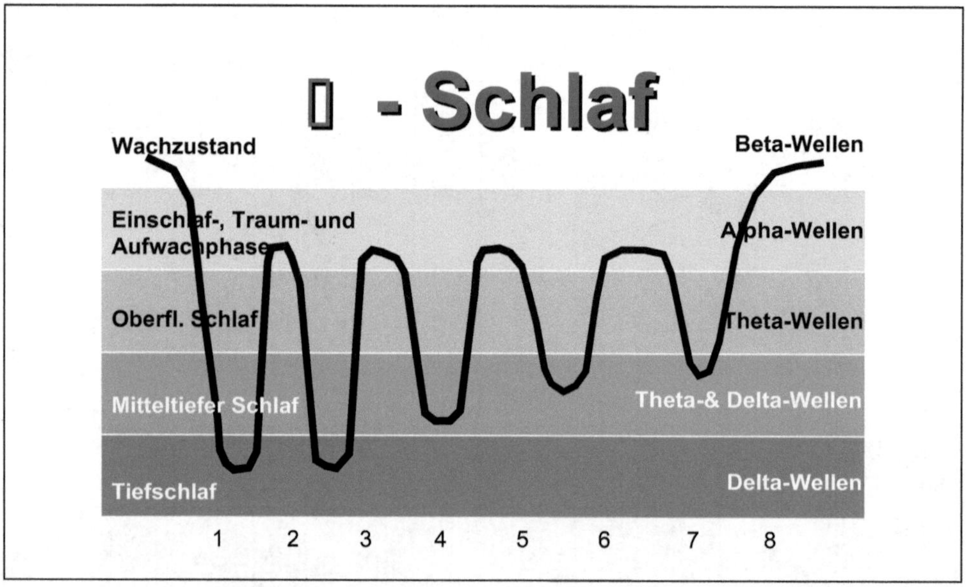

Abbildung 6: *Vom Wachzustand (Beta) über den Halbschlaf (Alpha) bis zu den Traumphasen (REM) dauert es je nach Entspannungsfähigkeit 10 bis 15 Minuten.*

Selbst für Bewegung sorgen

Ab 15:00 Uhr hat ihr Körper das Mittagstief endgültig überwunden. Diese Leistungsfähigkeit hält bis 19:00 Uhr an. Falls Sie Kraft- oder Ausdauertraining in Ihren Tagesablauf integrieren können, ist jetzt die beste Zeit dafür, denn die Quantität Ihrer Muskeln wird langfristig über die Qualität Ihres Lebens entscheiden. Wer ganz auf Bewegung und Krafttraining verzichtet, das haben Studien ergeben, wird spätestens ab dem 30. Lebensjahr alle zehn Jahre drei Kilogramm Muskeln verlieren. Kein Wunder, dass die meisten Menschen über Rückenschmerzen und Fettzunahme klagen.

Tipp:

Wussten Sie, dass ein kurzer Treppenflur-Sprint manchmal die effizienteste Methode sein kann, um Ihre Stresshormone abzubauen und somit wieder kreativ zu werden? Stress hindert uns an Kreativität. Kreativitätshormone entstehen erst bei der Entspannung. Entspannung kann erst nach einer Anspannung erfolgen. Deshalb: Einfach mal öfter den Aufzug fahren lassen und die Treppe nehmen.

Am Abend: Entspannen und runterkommen

Alle die, die morgens nicht aus dem Bett gekommen sind, um ihr Ausdauertraining zu absolvieren, sollten dies am Abend nachholen – und zwar zwischen 19:00 und 21:00 Uhr. Das ist laut TCM die „HOCH"-Zeit des Herzens und ideal für die Bewegung geeignet. Suchen Sie sich eine Sportart, die Ihnen liegt. Wenn Ihnen Joggen besonders schwer fällt, versuchen Sie nicht, sich diese Sportart aufzubürden. Wichtig ist allerdings das Prinzip der Variabilität. Immer die gleichen Bewegungen langweilen den Körper. Er wird sich so nicht verändern können. Kombinieren Sie ruhiges Training an einem Tag mit Intervall-Training an einem anderen Tag.

Den inneren Schweinehund überwinden – eigene Visionen entwickeln

Sie kennen ihn, den inneren Schweinehund. Er meldet sich meist dann, wenn wir Dinge erledigen müssen, die noch nicht zu Gewohnheiten geworden sind. Arbeiten Sie immer gegen den Schweinehundgrundsatz: Einschleifen lassen – ausfallen lassen – sein lassen. Versuchen Sie nicht, alles gelernte sofort in die Tat umzusetzen. Machen Sie lieber kleine Schritte und halten Sie dafür konstant durch. Eine Ernährungsumstellung wirkt sich immer auf die Konzentration aus. Legen Sie zu Beginn der Umstellung alle Aufgaben, die nicht so viel Konzentration erfordern auf den Nachmittag. Hier bieten sich beispielsweise Routineaufgaben an.

Bleiben Sie am Ball

Selbstbewusstsein kommt von sich-seiner-selbst-bewusst-sein. Denken Sie einmal darüber nach. Ein kleines Erfolgstagebuch, in das Sie jeden Tag Ihre persönlichen „Diamanten des Tages" eintragen, hilft Ihnen dabei, sich auf Ihre positive Energie und Willensstärke zu konzentrieren. Beantworten Sie dafür folgende Fragen:

1. Was ist mir heute besonders gut gelungen?
2. Was hat mir heute Spaß bereitet?

3. Was kann ich beim nächsten Mal besser machen?
4. Wofür oder wem bin ich heute dankbar?
5. Wie könnte es das nächste Mal funktionieren?
6. Welche Gewohnheit wird mein Leben in Zukunft am meisten positiv beeinflussen und habe ich diese Gewohnheit heute gepflegt?

Sie werden merken, dass sich Ihre Aufmerksamkeit neu ausrichtet. Wie häufig denken wir am Abend an das, was nicht so gut gelaufen ist im Büroalltag. Selbst wenn uns am Tag viele, viele Dinge gelungen sind – und nur eine Sache ist uns aus den Händen geglitten – an was denken wir wohl abends? Lernen Sie, sich auf die positiven Dinge aufmerksam zu machen.

Erfolg hängt von fünf verschiedenen Faktoren ab:

- Vision
- Zielsetzung
- Strategie
- Zeit
- Aktion

Entwickeln Sie sich Ihre persönliche Vision. Auch das gehört zu einer ganzheitlichen gesundheitlichen Vorsorge. Die meisten geben zu früh auf. Oder fangen erst gar nicht an. Fangen Sie an – und machen Sie ruhig Fehler, denn Fehler vervielfachen unser Potenzial. Entwickeln Sie dann Ihre persönliche Strategie, die Ihnen dabei hilft, Ihre Ziele und Ihre Vision Stück für Stück zu erreichen.

Burnout – eine unterschätzte Krankheit der modernen Zivilisation

Können Sie sich noch daran erinnern, als Sie Ihr erstes Mobiltelefon in der Hand hielten? Mit stolzgeschwellter Brust zeigten Sie es Ihren Freunden und Kollegen und wie sehr haben Sie sich gefreut, als Sie angerufen wurden.

Diese Zeiten sind längst vorbei. Heute ist diese unentwegte Erreichbarkeit, das ständige „Online sein" ein enormer Stressfaktor, der uns eine gesunde Lebensweise geradezu unmöglich macht. Wir leben in einer Leistungsgesellschaft, bei der Engagement und Leistungsbereitschaft auch über vertragliche Zeiten akzeptiert und still erwartet werden.

Wir haben keine Zeit mehr für Sport vor lauter Überstunden. Wir haben keine Zeit für das ausgedehnte Mittagessen, weil wir dringend noch ein Projekt fertig stellen müssen. Gerade bei Sekretärinnen und Assistentinnen wird das Anrecht auf Pause weder von den Kollegen geachtet, noch von dem eigenen Leistungsdruck eingehalten … mit frappierenden Folgen für die Gesundheit.

„Wo die Arbeitsbelastung steigt, wo es gleichzeitig aber an Anerkennung und Wertschätzung für die geleistete Arbeit mangelt, nimmt das Burnout-Risiko dramatisch zu", sagt Professor Dr. med. Joachim Bauer, Oberarzt der Abteilung für Psychosomatik und Psychotherapeutische Medizin, Universitätsklinik Freiburg. Da ist es nicht verwunderlich, dass laut Umfragen 24 Prozent der Führungskräfte seelische und körperliche Erschöpfungssymptome verspüren, die sie auf Arbeitsstress zurückführen. Laut einer Umfrage der StepStone Deutschland AG steht sogar jede vierte Führungskraft vor dem Burnout. An der Umfrage von StepStone in Deutschland, Schweden, Norwegen, Dänemark, Italien, Belgien, den Niederlanden und Frankreich nahmen insgesamt 21 586 Menschen teil.

Assistentinnen bekommen den Druck, der auf Ihren Vorgesetzten lastet, hautnah zu spüren – nicht selten wird der Druck direkt an sie weitergegeben. Folglich ist das Risiko, an Burnout zu erkranken gerade im Sekretariat immens.

Psychologen stellen die Phasen und den Einstieg in das Burnout in einem Uhrenmodell da:

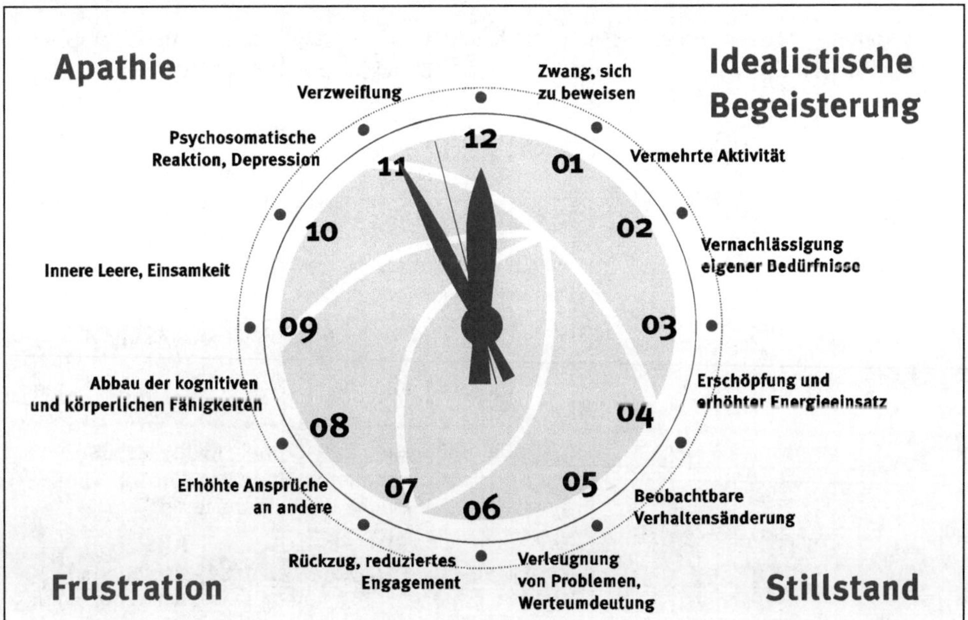

Abbildung 7: *Die Burnout-Phasen als Uhrenmodell*

Die Uhr tickt, meist unmerklich und leise. Die Frage ist, bei welcher Uhrzeit bei Ihnen die Zeiger stehen. Nehmen Sie den Sekundenzeiger als Metapher dafür, dass Sie zu der entsprechenden Phase bzw. „Uhrzeit" sich mehrere Tage bis wenige Wochen aufhalten. Der Minutenzeiger bedeutet, dass Sie sich schon seit mehreren Wochen bis wenigen Monaten in dieser Phase befinden. Der Stundenzeiger ist die Metapher für einen entsprechenden Zustand seit vielen Monaten bis Jahren.

Schauen wir uns eine Stelle des Uhrenmodells genauer an, beispielsweise „zwei Uhr – vermehrte Aktivität“: Ein paar Tage Überstunden zu machen, wird keinerlei Konsequenzen für Ihre Gesundheit haben. Überstunden über Monate dagegen werden sich bemerkbar machen. Chronische Müdigkeit, Gereiztheit und ein schwaches Immunsystem können die Folgen sein. Auch das bekannte Symptom Tinnitus tritt häufig bei Überlastung auf. Jahrelanges Arbeiten bis spät abends oder sogar bis spät in die Nacht mit einhergehendem chronischem Schlafmangel haben ernste Konsequenzen. So weiß man mittlerweile, dass die Menschen, die chronisch weniger als sechs Stunden schlafen, statistisch gesehen drei Jahre früher sterben. Ist das also wirklich eine Zeitersparnis?

Steht der Minutenzeiger bei drei Uhr, haben Sie schon seit wenigen Monaten kein Mittagessen mehr gegessen, weil Sie der Überzeugung sind, Sie hätten nicht die Zeit dafür.

Wenn Ihr persönlicher Stundenzeiger für persönliches Engagement auf sechs Uhr steht, heißt dies, dass Sie sich schon seit Monaten bis Jahren zurück gezogen haben und Aktivitäten mit Ihren Freunden oder Ihrer Familie immer hinten anstellen.

Meist kommen Menschen aus dieser Krankheitsfalle nicht allein heraus. Eine Therapie mit einem Arbeitsausfall von bis zu zwölf Monaten ist üblich, wenn jemand über einen längeren Zeitraum seine Lebensbalance verloren hat.

Typische Aussagen für die einzelnen Phasen, sprich Uhrzeiten:

Uhrzeit	Phase	Typische Aussagen
1	Zwang, sich etwas zu beweisen	„Ich bin der Einzige, der mit diesem Kunden kann.“ „Das schaffe ich jetzt auch noch.“
2	Vermehrte Aktivität	“So ein paar Überstunden haben noch nie jemandem geschadet.“ „Das schaffe ich auch noch. Da arbeite ich eben heute bis 23:00 Uhr.“
3	Vernachlässigung eigener Bedürfnisse	„Ich habe heute keine Zeit für mein Mittagessen.“ „Dann schlafe ich eben heute nur fünf Stunden. Die Hauptsache, ich mache die Aufgabe fertig.“
4	Erschöpfung und erhöhter Energieeinsatz	„Abends falle ich tot ins Bett.“ „Mir fällt es immer schwerer, normale Erledigungen zu schaffen. Es fällt mir nicht mehr so leicht von der Hand wie früher.“
5	Beobachtbare Verhaltensänderungen	„Jetzt stellen Sie sich mal nicht so an.“ „Kann ich nicht einmal meine Ruhe haben. Ständig klingelt das Telefon.“
6	Verleugnung von Problemen, Werteumdeutung	„Alles wird besser, wenn dieses Projekt fertig ist.“ „Dieses Grillen am Wochenende mit meinen Freunden hat mich schon immer genervt.“
7	Rückzug, reduziertes Engagement	„Am Wochenende will ich meine Ruhe haben.“ „Endlich mal ausspannen und einfach nur fernsehen.“

Uhrzeit	Phase	Typische Aussagen
8	erhöhte Ansprüche an andere	„Meine Freunde melden sich ja sowieso nicht mehr bei mir.“ „Sollen die anderen auch mal so viel arbeiten wie ich, dann würden sie es verstehen.“
9	Abbau der kognitiven Fähigkeiten	„Ich komme einfach nicht weiter bei diesem Problem.“ „Ich kann mich in letzter Zeit so schlecht konzentrieren.“ „Ich schlafe schlecht ein und wache in der Nacht ständig auf.“
10	Innere Leere, Einsamkeit	„Wofür arbeite ich eigentlich?“ „Das hat doch alles sowieso keinen Sinn.“ „Ich fühle mich so leer.“
11	Psychosomatische Reaktionen, Depression	„Ich habe Tinnitus.“ „Ich kann mich zu nichts mehr motivieren.“ „Mich morgens zu rasieren und andere tägliche Verrichtungen fallen mir schwer.“ „Ich sitze nach der Arbeit nur noch zu Hause auf dem Sofa und wälze negative Gedanken hin und her.“
12	Verzweiflung	„Wozu lebe ich überhaupt?“ „Ich mache Schluss. Das Leben hat keinen Sinn.“ „Ich weiß nicht mehr weiter.“

Bei der Diagnostik eines Burnout kann dieses Uhrmodell helfen, den Schweregrad des Ausgebranntseins einzuschätzen. Die Phasen laufen allerdings nicht chronologisch von einer Uhrzeit zur nächsten. Es kann gerade bei unerwartetem Hinzukommen von weiteren Stressfaktoren, wie zum Beispiel ein Todesfall, eine Trennung oder auch eine organische Erkrankung, zu einem rapiden Zusammenfall der Systeme kommen, wenn schon über Jahre chronischer Raubau mit den natürlichen Ressourcen des Körpers und der Seele betrieben wurde.

Eine medizinische Möglichkeit, das Burnout-Syndrom im Frühstadium zu erkennen, ist eine Analyse des eigenen „Lebensfeuers“. Diese hochwissenschaftliche Diagnostik ist ein Ergebnis jahrelanger Studien und Analysen von Medizinern, Kardiologen und Chronobiologen. Die Herzfrequenzvariabilität wird von den führenden Kardiologen immer mehr in den Mittelpunkt der modernen präventiven Diagnostik gerückt. Anhand der Ergebnisse kann dem Kunden ein detaillierter Maßnahmenkatalog zusammen gestellt werden, damit das Lebensfeuer neu entfacht und dem Burnout entgegen gewirkt werden kann.

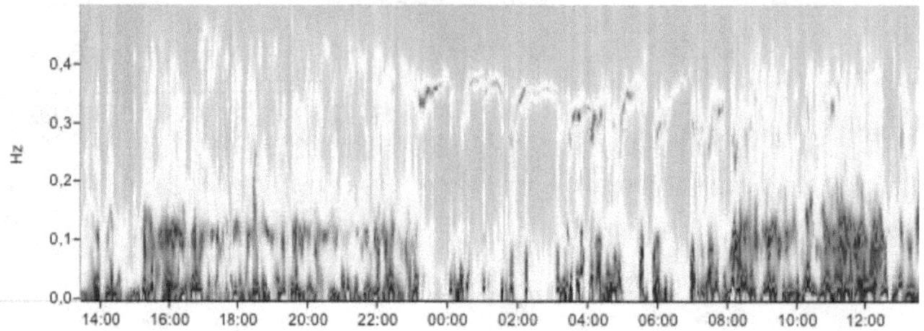

Abbildung 8: *Mensch mit viel Energie, guten Schlafrhythmen und guter Entspannungsfähigkeit.*

Dies ist eine grafische und überarbeitete Darstellung der Herzfrequenzvariabilität eines Menschen im 36. Lebensjahr und viel Energie. Die Farben kennzeichnen die Höhe der Energie: Hellblau bedeutet sehr viel, Blau viel, Rot gut, Gelb wenig und Grau sehr wenig Energie. Der Bereich bei 0,0 Hz ist der Bereich der physischen Energie und der Bereich bei 0,1 Hz ist der Bereich der mentalen Energie.

Analysiert werden sowohl die Höhe also auch die Dichte des Feuers. Je höher die Flammen, je mehr Sie die Farben Hellblau, Blau und Rot sehen, desto besser. Die „Wölkchen" während der Schlafenszeit bei über 0,3 Hz zeigen, wie gut jemand schläft.

Bei Abbildung 8 ist ein deutlicher Wechsel zwischen Tag (Aktivität) und Nacht (Schlaf) zu sehen. Dieser Mensch kann gut an- und entspannen. Das Lebensfeuer flammt hoch und es sind während der Nacht die Traumphasen (die kleinen Wölkchen) zu erkennen.

Abbildung 9 zeigt das 24-Stunden-EKG-Ergebnis eines Menschen, 36 Jahre, mit einem Burnout.

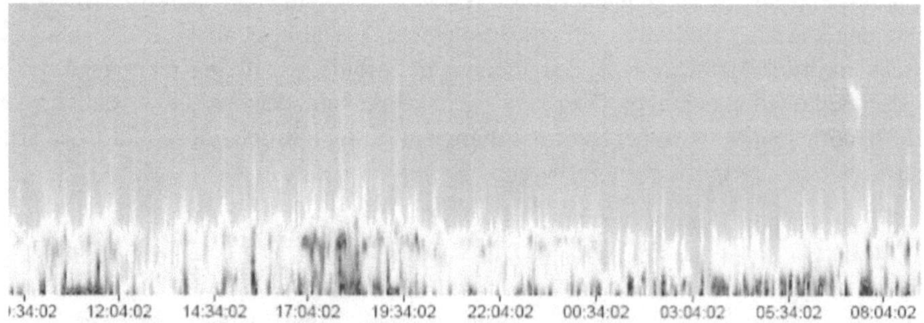

Abbildung 9: *Lebensfeuer eines Menschen mit Burnout-Syndrom.*

Deutlich zu erkennen ist der fehlende Wechsel zwischen Tag und Nacht. Er ist „ausgebrannt“, das Feuer flammt nicht mehr so hoch und die Dichte ist deutlich reduziert. Während beim oberen Beispiel bei 0,1 Hz noch kleine blaue Flecken zu erkennen sind, also eine hohe Kreativität möglich ist, ist hier nur noch gelb und grau, also wenig mentale Energie, zu erkennen. So ein Mensch flammt auf einem sehr geringen Energielevel und ist schnell überfordert. Energiespendende Maßnahmen sind hier dringend erforderlich.

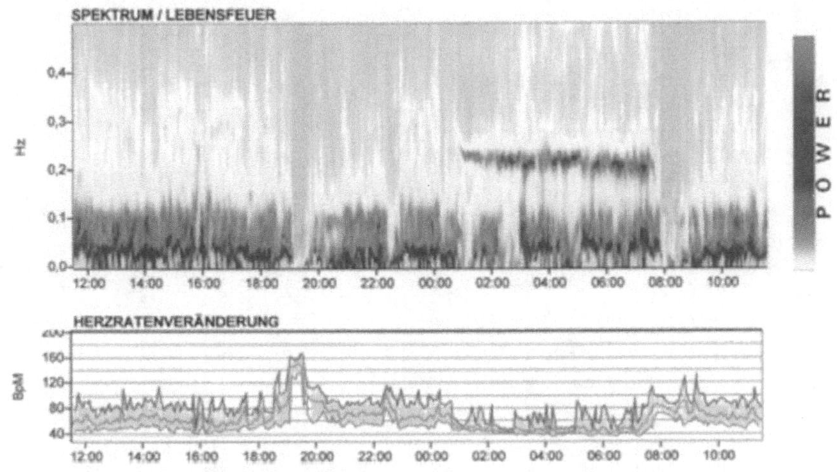

Abbildung 10: *Lebensfeuer des Autors Slatco Sterzenbach, Jahrgang 1967.*

Abbildung 10 zeigt eine sehr hohe physische Energie und ein sehr dichtes Lebensfeuer. Es sind viele blaue Punkte im Bereich der mentalen Fitness zu erkennen. Darunter ist weiterhin die Herzratenveränderung abgebildet. Die blaue Linie ist die höchste Herzfrequenz und die grüne Linie die tiefste Herzfrequenz, die innerhalb von fünf Minuten gemessen wurde. Diese Herzratenveränderung ist ein weiterer Parameter, in wie gut der Wechsel zwischen An- und Entspannung erfolgen kann. Beim Schlaf fällt die Herzfrequenz sogar bis unter 40 Schläge pro Minute. Ein Zeichen des guten Trainingszustandes und somit eines gut trainierten parasympathischen Systems.

Langfristig Denken – Ressourcen schonen

Gesundheit und Leistungsfähigkeit geben sich eng umschlungen die Hand. Das eine bedingt das andere. Alles ist eine Frage der Energie. Wie viel Energie steht Ihnen Tag für Tag in Ihrem Office-Alltag zur Verfügung? Und wie lange wird Ihnen diese Energie zur Verfügung stehen? Nutzen Sie diese Energie auf Kosten Ihrer Ressourcen oder füllen Sie diese Ressourcen auch immer wieder auf? Ein Auto mit leerem Tank kann nicht fahren. Ein Mensch mit zu wenig Ressourcen wird schneller krank und ist nicht mehr belastbar. Denken Sie langfristig! Ihr Körper ist wie Ihr Tempel, in dem Sie zu Lebzeiten wohnen dürfen. Pflegen Sie diesen Tempel.

Vorlage für die ganzheitliche Wochenplanung:

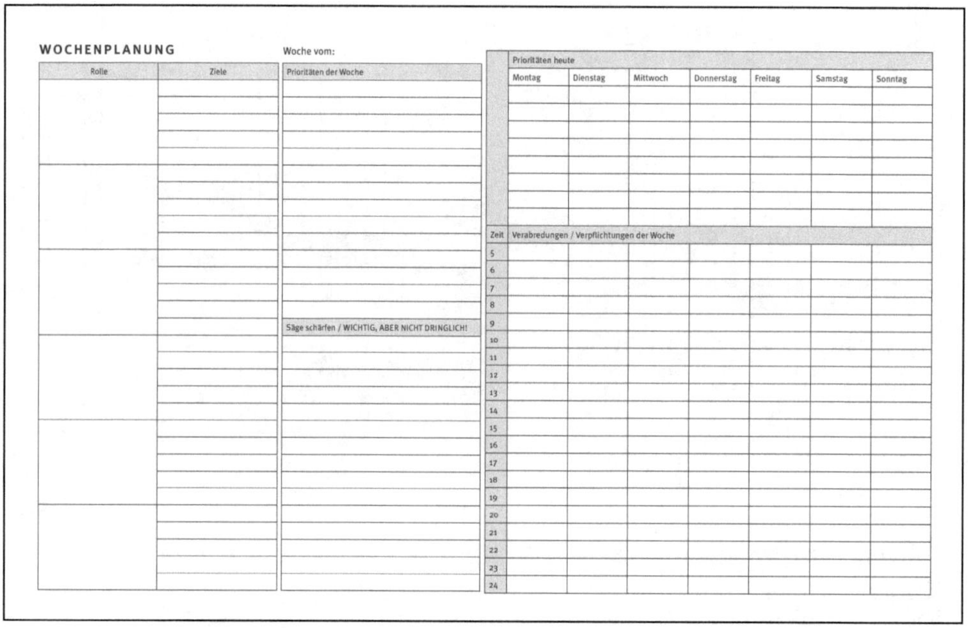

WOCHENPLANUNG

Woche vom:

Rolle	Ziele

Prioritäten der Woche

Säge schärfen / WICHTIG, ABER NICHT DRINGLICH!

Prioritäten heute						
Montag	Dienstag	Mittwoch	Donnerstag	Freitag	Samstag	Sonntag

Zeit	Verabredungen / Verpflichtungen der Woche					
5						
6						
7						
8						
9						
10						
11						
12						
13						
14						
15						
16						
17						
18						
19						
20						
21						
22						
23						
24						

Konkurrenzfähig durch lebenslanges Lernen

Sonja Althoff

„Lernen ist wie Rudern gegen den Strom.
Sobald man aufhört treibt man zurück."

(Benjamin Britten, englischer Komponist, Dirigent und Pianist, 1913 – 1976)

„Lebenslanges Lernen" heißt das Schlüsselwort, um steigenden Anforderungen im Job gerecht zu werden und auf dem Arbeitsmarkt erfolgreich mitzuhalten. Wer konkurrenzfähig sein will, muss seine Kenntnisse auf dem neuesten Stand halten und auch vorhandenes Wissen regelmäßig auffrischen und vertiefen. Wer hier seine Chancen sucht und nutzt, investiert in seine berufliche Zukunft.

Der internationale Vergleich zeigt: In Deutschland bilden sich nach wie vor zu wenige Menschen weiter. Nach einer Studie der Organisation für wirtschaftliche Zusammenarbeit und Entwicklung (OECD) nehmen mehr als doppelt so viele Arbeitnehmer aus Dänemark, Schweden, Großbritannien und den USA an Weiterbildungen teil wie in der Bundesrepublik. Langsam erkennt man auch hierzulande den fast verschlafenen Trend: Die Weiterbildungsaktivitäten in Deutschland steigen in den vergangenen Jahren zwar nur leicht, aber stetig an.

Warum Weiterbildung?

Eine Studie des Instituts für Arbeitsmarkt- und Berufsforschung in Nürnberg zeigt, dass vor allem ohnehin qualifizierte Mitarbeiter von beruflichen Bildungsmaßnahmen profitieren. Insbesondere hinsichtlich der Einkommensentwicklung hat Weiterbildung einen positiven Effekt, gleichzeitig senkt sie meist das Risiko individueller Arbeitslosigkeit. Je mehr berufsbezogene Weiterbildungen ein Arbeitnehmer vorweisen kann, desto größer sind seine Chancen, im Job aufzusteigen oder in Bewerbungsphasen eine neue Stelle zu finden.

Welche Weiterbildung ist die Richtige?

Natürlich wäre „Ein Jahr USA“ die ideale Form, um seine Kenntnisse im Business-Englisch zu perfektionieren, oder Sie steigen für zwei Jahre aus und machen „mal eben“ Ihren Bachelor in BWL an der Uni – aber in der Realität kann sich fast niemand eine solche Auszeit leisten. Darum wird in aller Regel eine Weiterbildung neben dem Job die richtige Wahl sein. Ob berufsbegleitendes Studium, Seminar, VHS-Kurs oder Fernlehrgang: Hier sollte für jeden die passende Form der Weiterbildung zu finden sein.

1. Berufsbegleitendes Studium

Ein berufsbegleitendes Studium ist sicherlich die zeitintensivste Variante. Bei einer Dauer von drei bis fünf Jahren, je nach Studienrichtung, binden Sie sich lange Zeit und müssen einen hohen Lernaufwand absolvieren. Ihr Wunsch nach Weiterqualifizierung muss dementsprechend hoch sein, um Ihre Motivation solange aufrecht zu erhalten. Auch Partner, Familie und Freunde müssen Ihre Unterstützung zusagen, denn die Verfügbarkeit für Ihr privates Umfeld ist in dieser Zeit stark eingeschränkt.

Um zum Studium an einer Fachhochschule oder Universität zugelassen zu werden, müssen Sie die allgemeine oder fachgebundene Hochschulreife oder die Fachhochschulreife nachweisen. In einigen Bundesländern, wie z.B. in Baden-Württemberg, können Sie ohne Abitur studieren, wenn Sie eine Berufsausbildung und eine Meisterprüfung abgeschlossen haben. Eine andere Möglichkeit sind Begabtenprüfungen, die die Hochschulen selbst abnehmen.

Nach einer repräsentativen Forsa-Befragung halten 80 Prozent der Personalverantwortlichen in Unternehmen Fern- und Teilzeitstudiengänge für vollwertig, verglichen mit Vollzeitangeboten. Durch die Verzahnung von Beruf und Studium verbessern Sie Ihre Karrierechancen, insbesondere können Sie so auch den Quereinstieg in andere, fachfremde Bereiche schaffen. Wer also wirklich etwas bewegen und sich verändern möchte, sollte diese Form der Weiterbildung in Betracht ziehen.

2. Seminare und Seminarreihen

Wenn Sie gezielt ein Thema vertiefen oder neu erlernen möchten, ist ein Seminar die richtige Wahl. Die Dauer reicht von einem bis fünf Tagen, an denen Sie durchgehend einen Kurs besuchen. Die Angebotspalette ist dabei vielfältig – es gibt kein Thema, das es nicht gibt. So können Sie ganz gezielt eventuelle Wissenslücken schließen oder sich in bestimmten Bereichen wieder auf den „aktuellen Stand“ bringen. Insbesondere wenn Sie sich für neue Aufgaben „empfehlen“ möchten oder bereits feststeht, dass zu Ihrem Arbeitsgebiet Neues hinzukommt, ist ein intensives Seminar sicherlich empfehlenswert.

Teilweise bilden einzelne Seminarbausteine auch eine Seminarreihe, die mit einem qualifizierten Abschluss endet. So können Sie über einen bestimmten Zeitraum, beispielsweise zwei Jahre, mehrere Seminare zu unterschiedlichen Themen besuchen und absolvieren so eine ganze Weiterbildung, bei der Sie am Ende einen „Titel“ erhalten. Je nach Anbieter und Zertifizierung ist am Ende auch eine Prüfung angesetzt. Die IHK-zertifizierte Weiterbildung zur

Management-Assistentin sieht beispielsweise am Ende einen schriftlichen und einen mündlichen Test sowie eine Projektarbeit vor.

Ob Sie nun nach einer ganzen Seminarreihe einen Titel erwerben oder „nur“ die Bestätigung der erfolgreichen Teilnahme an einem einzelnen Seminar erhalten: Wichtig ist immer, dass Sie Ihre Fortbildung anhand eines anerkannten Zertifikats nachweisen können. Ein solches kann Eingang in Ihre Personalakte finden, Sie können es Bewerbungen beilegen ... in jedem Fall belegen Sie damit immer Engagement, Motivation und Ihre zusätzlichen Kenntnisse.

3. Fernlehrgänge und E-Learnings

Die flexibelste Form der Weiterbildung ist der Fernlehrgang. Hier erarbeiten Sie den Lernstoff selbstbestimmt, unabhängig von Raum und Zeit und sparen dadurch Anfahrtswege, eventuelle Übernachtungskosten usw. Je weniger Ihr Chef auf Sie verzichten kann, desto eher ist diese Variante, die keine Arbeitszeit kostet, die richtige für Sie.

Der Lernstoff wird bei diesem Lehrgang in Form von speziellen Medien übermittelt – ob das klassische Lehrheft per Post, die CD-ROM, DVD oder Audio-CD (vor allem bei Sprachtrainings), die per E-Mail zugesandte Datei, der interaktive Kurs im Internet ... All’ diese Varianten sind denkbar – und somit wird auch schon der größte Vorteil dieser Lernform klar: Jede(r) kann mit dem Medium lernen, das ihm am sympathischsten ist.

Häufig, aber längst nicht immer, finden regelmäßige Lernkontrollen statt und viele Kurse sehen am Ende eine Prüfung vor. Auch hier gilt: Ob mit oder ohne abschließenden Test, wichtig ist immer, dass Sie am Ende ein Zertifikat in Händen halten, mit dem Sie Ihre neu erworbenen Kenntnisse belegen können.

Da Sie bei dieser Form der Weiterbildung in Ihrer Freizeit lernen, ist sie bei Chefs naturgemäß äußerst beliebt. Das heißt aber nicht, dass sich Ihr Unternehmen auch aus den Kosten heraushalten muss, ganz im Gegenteil: Lassen Sie sich Ihr Engagement belohnen und versuchen Sie mit Ihrem Vorgesetzten oder Ihrer Personalabteilung zu verhandeln, inwieweit Kursgebühren übernommen werden.

4. Kongresse und Symposien

Anders als ein klassisches Seminar, das sich einem bestimmten Thema widmet, decken Kongresse und Symposien eine Vielzahl von Themen, Trends und aktuellen Entwicklungen ab. Meist in einer Mischung aus Vorträgen und Workshops erwartet Sie hier ein vielfältiges Programm. Gerade wenn Sie neue Impulse suchen oder sich ganz allgemein in Ihrem Arbeitsbereich auf den neusten Stand bringen wollen, bietet sich diese Veranstaltungsform an.

Je genauer sie auf Sie als Zielgruppe zugeschnitten ist (z.B. Kongress für Sekretärinnen und Assistentinnen, Konferenz für Arzthelferinnen, Marketing-Symposium usw.), desto gewinnbringender für Sie. Dabei stehen der Austausch mit anderen aus dem gleichen Metier und das aktive Netzwerken ganz weit vorne. So schaffen Sie den berühmten Blick über den Tellerrand und nehmen eine Vielzahl neuer Ideen und Impulse mit zurück an Ihren Arbeitsplatz.

Bei Ihrem Vorgesetzten müssen Sie bei dieser Weiterbildungsform möglicherweise etwas mehr Überzeugungsarbeit leisten, da Kongressprogramme in Hochglanzbroschüren nicht immer den Eindruck „harter Arbeit“ und gezielter Fortbildung machen. Gerade die kompakte Art der Wissensvermittlung und die vielen unterschiedlichen Themen, gepaart mit der Möglichkeit des aktiven Austauschs mit Kolleginnen aus anderen Unternehmen, sind aber meist gute Argumente, mit denen Sie ihn überzeugen können.

In sechs Schritten zum Erfolg: Wie finde ich das beste Angebot für mich?

1. Schritt: Definieren Sie Ihr Ziel

Legen Sie zunächst konkret fest, welches Ziel Sie erreichen wollen. „Veranstaltungen gut organisieren“ ist zu vage. Besser wäre „Ich möchte unseren nächsten Messeauftritt von Beginn an planen, durchführen und das Budget eigenverantwortlich verwalten“. Ideal ist es natürlich, wenn Sie einen bestimmten Abschluss anstreben, also beispielsweise „Management-Assistentin IHK“ oder „Chefassistentin bsb“. Mit einem Zertifikat können Sie auch Ihrem Chef schwarz auf weiß den Erfolg der Weiterbildung dokumentieren.

2. Schritt: Informieren Sie sich über die Angebote

Am schnellsten verschaffen Sie sich im Internet einen Überblick darüber, welche Weiterbildungsmöglichkeiten es gibt. Tipps und Anregungen geben natürlich auch Fachzeitschriften. Den besten Rat erhalten Sie aber von Kollegen, die bereits ein Weiterbildungsangebot genutzt haben, das auch für Sie infrage kommen würde. Hier erfahren Sie aus erster Hand, ob die Organisation reibungslos funktionierte, wie gut die Referenten waren und was das Ganze dem Teilnehmer gebracht hat. Denken Sie auch an entsprechende Ansprechpartner in Ihrem Unternehmen. Große Firmen haben in der Regel einen Mitarbeiter in der Personalabteilung, der bei Weiterbildungsfragen hilft. Im Intranet sind meist die vom Unternehmen geförderten Weiterbildungsangebote aufgelistet.

3. Schritt: Erstellen Sie einen Zeitplan

Bevor Sie sich nach einer ersten Übersicht bereits für eine bestimmte Form entscheiden, sollten Sie genau überlegen, wie viel Zeit Sie in Ihre Fortbildung investieren können. Häufig wird der Zeitaufwand unterschätzt, den man zur Vor- und Nachbereitung benötigt. Als Faustregel gilt: Zu einer Unterrichtsstunde müssen Sie zwei Stunden Lern- und Vertiefungszeit hinzurechnen. Setzen Sie im Vorfeld klare Prioritäten und kalkulieren Sie Ihr Zeitbudget realistisch.

Die Weiterbildungsanbieter sind sich bewusst, dass Berufstätige Wert auf Effizienz legen, daher geht der Trend immer stärker zur kurzen, kompakten Wissensvermittlung. Sie müssen also nicht befürchten, dass ein begrenztes Zeitkonto Ihre Auswahl zu sehr einschränkt. Zwei- bis dreitägige Seminare sind bei Präsenzveranstaltungen mittlerweile

Standard. Dabei sind die Inhalte didaktisch so aufbereitet, dass der Stoff in diesem Zeitrahmen gut erlernt werden kann.

4. Schritt: Finden Sie die passende Form

E-Learning, VHS-Kurs, Fernlehrgang, Sprachtraining im Ausland, Seminare und Kongresse – die Auswahl ist groß. Wenn Sie sich nur auf einem bestimmten Gebiet weiterbilden wollen, ist ein Seminar empfehlenswert. Seminare sind monothematisch, das heißt, sie beschäftigen sich nur mit einem Thema, beispielsweise BWL, Rhetorik oder Business English. Kongresse bieten dagegen verschiedene Themen in Workshops und bei Vorträgen an. Hier erfahren Sie auch die aktuellen Trends in Ihrem Arbeitsumfeld und können Ihr Netzwerk in Gesprächen mit anderen Teilnehmern erweitern.

5. Schritt: Prüfen Sie die Auswahlkriterien Ort, Termin und Zielgruppe

Weite Anfahrtswege kosten wertvolle Zeit. Sie lohnen sich nur, wenn Sie die Weiterbildung beispielsweise mit einem Kurzurlaub in der jeweiligen Stadt oder Region verbinden wollen. Auch bei der Terminwahl sollten Sie Ihren eigenen Kalender und den Ihres Vorgesetzten stets im Blick haben. Ebenso wichtig ist, für welche Zielgruppe das Angebot konzipiert wurde. Scheuen Sie sich nicht, sich beim Veranstalter telefonisch zu erkundigen, welche Vorkenntnisse erwartet werden und wer außer Ihnen noch teilnimmt. Es nutzt Ihnen nichts, wenn Sie in einem Seminar für Marketing-Wissen mit Berufsanfängerinnen sitzen, während Sie schon umfassende Erfahrungen in einer Marketing-Abteilung gesammelt haben und eigentlich weiterführende Kenntnisse erwerben wollen. Generell sollten Sie sich vor jeder Anmeldung vom Veranstalter beraten und sich jede Ihrer Fragen ausführlich beantworten lassen. So ist auch wichtig, wie groß die Seminargruppe sein wird – ein Teilnehmerfeld mit bis zu 12 Lernenden ist dabei ideal. Ein guter Anbieter wird sich gern die Zeit nehmen, Ihnen alles zu erläutern.

6. Schritt: Klären Sie die Finanzierung

Ideal ist es natürlich, wenn der Arbeitgeber die Kosten übernimmt. Auch hier ist eine langfristige Planung ratsam: Vereinbaren Sie zum Beispiel mit Ihrem Vorgesetzten im Entwicklungsgespräch, dass er Ihnen die Teilnahme an einer Weiterbildungsmaßnahme ermöglicht, sobald Sie ein bestimmtes Ziel erreicht haben. Manchmal kann es sinnvoll sein, die Weiterbildung selbst zu bezahlen, zum Beispiel wenn persönliche Defizite, auf die Sie Ihren Arbeitgeber nicht unbedingt hinweisen wollen, abgebaut werden sollen.

Beachten Sie auch die zahlreichen Fördermöglichkeiten, mit denen Sie Ihre Weiterbildung bezuschussen lassen können. Nicht nur die Agentur für Arbeit, sondern auch andere öffentliche Finanzierungsangebote stehen Ihnen unter bestimmten Voraussetzungen zur Verfügung.

Werbungskosten: Steuern sparen

Last but not least „fördert“ auch der Fiskus Ihre Fortbildung: Wer für eine Weiterbildung Geld bezahlt hat und Steuern abführt, kann sich einen Teil davon zurückholen. Ausgaben für Kursgebühren, Lernmaterial und Reisen zählen zu den Werbungskosten.

Ob mit oder ohne Fördermittelzuschuss: Sie investieren in Ihre Weiterbildung viel Zeit und Geld. Um Angebote zu vergleichen und die für Sie beste Auswahl zu treffen, haben wir diese abschließende Checkliste für Sie zusammengestellt.

Inhalte	Enthält die Weiterbildung genau die Themen, die Sie erlernen/vertiefen möchten? Sind Sie mit Ihren Vorkenntnissen dort richtig aufgehoben, stimmt das Lernniveau? Machen Sie sich eine Liste der für Sie relevanten Lernziele und Nutzenpunkte und vergleichen Sie diese mit dem Ihnen vorliegenden Programm.	☐
Anbieter	Wer veranstaltet die Weiterbildung, ist es ein namhafter, praxiserfahrener Anbieter? Wird ein von ihm ausgestelltes Teilnahmezertifikat allgemein anerkannt werden?	☐
Zielgruppe	Ist das Programm auf Ihr Aufgabengebiet und Ihren Job zugeschnitten? Haben die anderen Teilnehmer ähnliche Vorkenntnisse und können Sie so auch von der Interaktion innerhalb der Gruppe profitieren?	☐
Gruppengröße	Wie groß ist das Teilnehmerfeld? Wird der Referent individuell auf Ihre Fragen eingehen können? Bei mehr als 12 Teilnehmern wird das in der Regel schwierig.	☐
Referent	Welche spezifischen Praxiserfahrungen besitzt der Trainer, welche Themen vermittelt er? Hier können Sie auch im Kollegenkreis oder in Internetforen nachforschen, inwieweit ein Trainer weiterempfohlen wird. Ein guter Seminaranbieter wird Ihnen auch Feedbacks ehemaliger Teilnehmer zugänglich machen.	☐
Methodik und Didaktik	Wie ist die Veranstaltung/das Lernkonzept aufgebaut? Achten Sie bei Präsenzveranstaltungen darauf, dass genügend Zeit für interaktive Elemente (Diskussion, Gruppenarbeit, Erfahrungsaustausch) zur Verfügung steht. Je mehr Wissen von Seiten der Teilnehmer einfließen kann und je interaktiver gearbeitet wird, umso besser können Sie das Gelernte anschließend umsetzen und anwenden.	☐

Kostencheck	Achten Sie beim Kostenvergleich auch auf die im Preis eingeschlossenen Leistungen. Sind alle benötigten Lernmaterialien inklusive, welche Mahlzeiten sind im Preis inkludiert? Kann der Veranstalter Ihnen einen Spezialpreis für Übernachtungen im Seminarhotel anbieten? Ganz wichtig: Ist der Anbieter bei Fördermittelprogrammen anerkannt, können Sie einen Zuschuss beantragen? Natürlich gilt das auch unternehmensintern: Hat der Veranstalter einen „Namen", den auch Ihre Personalabteilung kennt und wird sie die Weiterbildung daraufhin genehmigen?	☐

Weiterführende Quellen

Literatur

KOWÁCS, HEIKE: Gesund bleiben – länger leben. Die richtigen Vorsorgemaßnahmen für die besten Jahre. Gondrom Verlag 2007.

KRAMER, THOMAS J./MEYER-GÖTZ, KARIN/MEYER-GÖTZ, HEINRICH: WISO Vorsorgeplaner: Für den Notfall: Alle persönlichen Daten im Überblick. Mit vielen Musteformularen und Checklisten. Campus Verlag 2006.

KUSCHEL, SVEA/HINTZE, CONSTANZE: Geld steht jeder Frau. Ein Wegbegleiter für eine reiche und sichere Zukunft. Allenburg Verlag 2007.

NELTING, DR. MANFRED: Burn-out – Wenn die Maske zerbricht. Wie man Überbelastung erkennt und neue Wege geht. Mosaik Verlag 2010.

STERZENBACH, SLATCO: Der perfekte Tag. 2. Auflage Heyne 2007.

UNGER, HANS-PETER/KLEINSCHMIDT, CAROLA: Bevor der Job krank macht. Wie uns die heutige Arbeitswelt in die seelische Erschöpfung treibt und was man dagegen tun kann. 4. Auflage. Kösel Verlag 2007.

Linktipps

www.femity.net: Community mit Forum und Blogs für Job & Karriere, Business, Freizeit und Vereinbarkeit von Beruf.

www.ihre-vorsorge.de: Infos rund um Ihre Altersvorsorge mit vielen Tipps und Tricks, Förderrechner, Rentenschätzer, Expertenforum für Ihre persönlichen Fragen.

www.ellviva.de: Im Bereich Job&Finanzen finden Sie Tipps zu Bewerbung, Karriere, Selbständigkeit und privaten Finanzen.

Die Herausgeberinnen

Angelika Rodatus
ist Chefredakteurin zweier Newsletter in den Bereichen Mitarbeiterführung und Assistenz im Management. Als Wirtschaftsjournalistin, Autorin und Ghostwriterin widmet sie sich insbesondere den Themen Mitarbeiterführung, Frauen im Management und Assistenz im Management. Für Unternehmen entwickelt und betreut sie firmenspezifische Newsletter und schreibt Presseberichte. Außerdem konzipiert und organisiert sie Seminare und Kongresse im Bereich „Weiterbildung in der Wirtschaft" und hält Vorträge für „Frauen in Führungspositionen" und „Sekretärinnen und Assistentinnen im Management".

Angelika Rodatus, Diplom-Kauffrau, Artus Medien für Beruf und Wirtschaft, Finkenweg 2c, 85649 Brunnthal, Telefon: 08102 896280, Telefax: 08102 896281, E-Mail: pr-arodatus@uumail.de.

Maria Akhavan
ist Verlagsleiterin Corporate Publishing bei Springer DE, Springer Fachmedien Wiesbaden GmbH. Sie war von 1999 bis 2010 Chefredakteurin der Fachzeitschrift working@office. Daneben leitete sie als Verlagsbereichsleiterin das gesamte Buchprogramm des Springer Gabler Verlags sowie die Seminar- und Weiterbildungsaktivitäten des Gabler Management Instituts (GMI) und Sekretariat Seminare für Fach- und Führungskräfte in Wirtschaft, öffentlicher Verwaltung und Office-Management.

Maria Akhavan, Springer Fachmedien Wiesbaden, Abraham-Lincoln-Straße 46, 65189 Wiesbaden, Telefon 0611 7878-392, Telefax 0611 787878-392.

Annette Rompel

studierte Germanistin, ist seit Oktober 2009 Chefredakteurin der Zeitschrift working@office. In dieser Funktion beschäftigt sie sich mit den steigenden Anforderungen und Fähigkeiten, die Assistenzkräfte für die professionelle Arbeit im Büro benötigen. Sie recherchiert und schreibt regelmäßig Fachbeiträge zu den Themen Geschäftsreise, Kommunikation, Berufsbild Assistenz, Business-Netzwerke, Ablage und vieles mehr. Seit 2008 ist sie Jury-Mitglied des bundesweiten Wettbewerbs „Leitz sucht Deutschlands beste Sekretärin“ und Herausgeberin mehrerer Bücher.

Annette Rompel, VNR Verlag für die Deutsche Wirtschaft, Redaktion working@office, Abraham-Lincoln-Straße 46, 65189 Wiesbaden, Telefon 0611 7878-159, Fax: 0611 7878-490, E-Mail: annette.rompel@workingoffice.de, Internet: www.workingoffice.de.

Die Autorinnen und Autoren

Sonja Althoff

Sonja Althoff arbeitete bereits während ihres Studiums als Journalistin und Redakteurin. Nach ihrer Zulassung zur Rechtsanwältin übernahm sie bei der Gesellschaft für Wirtschaftsinformation in München Redaktion und Produktmanagement für den Verlagsbereich „Sekretariat". Hier stand sie in ständigem Kontakt zur Zielgruppe und entwickelte daraus als Co-Autorin „Büromanagement und Chefassistenz – Handbuch und Arbeitshilfen" sowie „Die 33 besten Checklisten für Assistenz und Sekretariat". Seit August 2007 ist sie Projektleiterin bei SEKRETARIAT SEMINARE und konzipiert Kongresse, Seminare, Weiterbildungen und Fernlehrgänge für Assistentinnen und Sekretärinnen.

Sonja Althoff, Office Seminare, Abraham-Lincoln-Straße 46,
65189 Wiesbaden, Telefon: 0611 7878-206, Telefax: 0611 7878-401
E-Mail: sonja.althoff@workingoffice.de, Internet: www.office-seminare.de.

Judith Breskot

ist seit vielen Jahren als Assistentin mit weltweiter Projektverantwortung tätig. Ihr Antrieb zum Coaching findet dort seine Wurzeln. Fehlende Motivation der Mitarbeiter und ein widersprüchlicher Umgang mit Konflikten und Stress waren Auslöser für zusätzliche Ausbildungen zum Konfliktcoach und zur Anti-Stress- und Motivationstrainerin.

Seitdem vermittelt Judith Przibill ihr Wissen in Seminaren, Inhouse-Schulungen und Einzelcoachings, unter anderem zu den Themen, Selbst- und Zielemanagement, Erfolgscoaching, Stressmanagement sowie Selbstmotivation und -marketing.

Profile – Agentur für Stil und Umgangsformen, Judith Przibill, Haydnstraße 9,
61130 Nidderau, Telefon: 06187 290652, Telefax: 06187 290651,
E-Mail: info@agentur-profile.de, Internet: www.agentur-profile.de.

Margret Degener,
Wirtschaftsinformatikerin, leitet seit 1988 ihr eigenes Unternehmen, MoreOFFICE GmbH in Planegg bei München.

Die MoreOFFICE GmbH steht nunmehr seit über 20 Jahren für Aus- und Weiterbildung auf höchstem Niveau.

Margret Degener bietet selbst Coachings, Seminare und Führungskräftetrainings mit Themen zu Kommunikation, Teamentwicklung, Konfliktmanagement, Work-Life-Balance, mentale Fitness, psychische Belastungen am Arbeitsplatz und fit für den Beruf mit 50+ an. Dabei bleibt der Mensch für sie immer im Vordergrund: „Meine Erfahrungen haben mich gelehrt, dass wir auch mal mit Intuition entscheiden müssen und dass eine Auszeit den Gedankenblitz bringen kann. Wir müssen Menschen bleiben."

Ihr Motto findet sie bei Hermann Hesse: „Man muss das Unmögliche versuchen, um das Mögliche zu erreichen."

MoreOFFICE GmbH – Margret Degener, Poststraße 7 a, 82152 Planegg,
Telefon: 089 89520690, E-Mail: Degener@moreoffice.de, Internet: www.moreoffice.de.

Carolin Fey,
M. A. Allgemeine Rhetorik und Germanistik, Transaktionsanalytikerin, autorisierte DISG-Trainerin und wingwave-Coach, ist seit 1990 Trainerin und Coach für Kommunikation, Rhetorik, Klartext reden, Anti-Stress-Training bei Lampenfieber, Kreativität, Konfliktmanagement, Team- und Führungstrainings und begleitet in Veränderungsprozessen. Seit 1993 ist sie geschäftsführende Gesellschafterin der Frauenkolleg GmbH. Referenzen: Springer Fachmedien, AUDI AG, Bosch GmbH, Forschungszentrum Karlsruhe, öffentliche Verwaltungen und einige mehr.

Ein wertschätzender Umgang miteinander, den Bedarf der Teilnehmer im Blick, Lebendigkeit, Abwechslung, das richtige Maß zwischen Theorie und Praxis ist Carolin Fey sehr wichtig. So garantiert sie den Teilnehmern ein spannendes und fundiertes Training.

Frauenkolleg GmbH, Berufliche und persönliche Weiterbildung, Carolin Fey,
Kleine Falterstraße 26, 70597 Stuttgart, Telefon: 0711 778-7044, Telefax: 0711 778-7050,
E-Mail: info@frauenkolleg.de, Internet: www.frauenkolleg.de.

Margit Gätjens,
Diplom-Kauffrau und zertifizierter Business-Coach, arbeitete als Projektleiterin bei einer schweizer Unternehmensberatung und leitete die Deutsche Angestellten Akademie Rheinland-Pfalz/ Saarland. Heute ist sie geschäftsführende Gesellschafterin der Unternehmensberatung Planolog GmbH.

Sie verfügt über mehr als 30 Jahre Erfahrung als Beraterin, Managementtrainerin, Moderatorin und Coach. Ihre Trainingsschwerpunkte liegen in den Bereichen Projektmanagement, Produktivitätssteigerung, Persönlichkeitsentwicklung, Regenerationskompetenz und Kommunikation.

Margit Gätjens ist Autorin zahlreicher Fachbücher, unter anderem „Praxishandbuch Projektmanagement" (Gabler Verlag, ISBN 978-3-409-11620-6) und „Ablage" (Gabler Verlag, 3. Auflage, ISBN 978-3-409-39106-1)

Planolog Organisationsberatungs GmbH, Im Vogelsang 12-14, 56651 Niederzissen,
Telefon: 0171 5836176, Telefax: 02636 970238,
E-Mail: planolog@planolog.de, Internet: www.planolog.de.

Oliver Geisselhart,
Deutschlands Gedächtnistrainer Nr. 1 (ZDF). Der Diplom-Betriebswirt ist Inhaber der TEAMGEISSELHART GmbH, Dortmund, und einer der erfolgreichsten und gefragtesten Gedächtnis- und Mentaltrainer Europas sowie Gedächtnistrainer des Jahres 2000. Die Presse bezeichnet ihn als führenden Gedächtnistrainer Deutschlands. Der Bestsellerautor war bereits 1983, mit 16 Jahren, jüngster Gedächtnistrainer Europas. Spezialgebiet des Uni-Lehrbeauftragten sind praxisnahe, zielgerichtete und übungsreiche Vorträge und Trainings mit sofort erlebbaren Erfolgen. Oliver Geisselhart versteht es mit Witz, Charme und Esprit seine Zuhörer zu begeistern, zu motivieren und zu Gedächtnisbenutzern zu machen. 2008, 2009 und 2010 gewann er deshalb auch den Conga Award. ARD, ZDF, N24, BILD, FAZ, MADAME, Freundin, WDR2, HR3 u. v. m. berichten regelmäßig über ihn. Firmen wie Bosch, RWE, Lufthansa, Volksbanken, Sparkassen, BMW, Microsoft, E-Plus etc. buchen den Gedächtnistrainer für motivierende Kunden- und Mitarbeiterevents. Der „Gedächtnispapst" (TV HH1) begeisterte mit seinem fast comedyhaften Vortragsstil bereits auf über 2.000 Veranstaltungen.

TEAMGEISSELHART GmbH, Oliver Geisselhart, Stolzestraße 15, 44139 Dortmund,
Telefon: 0231 952567-92, Telefax: 0231 952567-93,
E-Mail: info@kopferfolg.de, Internet: www.kopferfolg.de.

Melanie von Graeve,
Event-Management-Ökonom (VWA), war als Vorstandssekretärin und Managementassistentin mehr als zehn Jahre in internationalen Konzernen für die Durchführung von Finanz-, und Marketingveranstaltungen verantwortlich. 2002 gründete sie die Inhaber geführte Agentur DKTS Der Konferenz- und Tagungs-Service, die sich auf professionelle Veranstaltungs- und Messeorganisation sowie Analyse und Beratung im Bereich Messen und Events spezialisiert hat. 2003 wurde Melanie von Graeve mit dem Frankfurter Gründerpreis geehrt. Neben Vorträgen und Seminaren ist Melanie von Graeve Dozentin für Event-Management, Eventmarketing sowie Messen und Ausstellungen bei namhaften Institutionen. Für ihre Referenten- und Dozententätigkeit wurde sie bereits mehrfach ausgezeichnet, unter anderem mit dem CONGA-AWARD 2007 als Nummer Eins der Top-Referenten Deutschlands! Außerdem verfasst sie regelmäßig redaktionelle Beiträge für renommierte Fachzeitschriften und ist Autorin mehrerer Fachbücher.

DKTS – Der Konferenz- und TagungsService, Melanie von Graeve,
Kaiserstraße 65, 60329 Frankfurt am Main,
Telefon: 069 1561 4561, Telefax: 069 2715 99041,
E-Mail: info@dkts.de, Internet: www.dkts.de.

Anita Hermann-Ruess
ist eine der innovativsten Rhetoriktrainerinnen und -autorinnen im deutschsprachigen Raum. Nach ihrem Studium der Rhetorik und Linguistik an der Universität Tübingen und zusätzlichen Weiterbildungen gründete sie die Firma Hermann-Ruess & Partner und trainiert und berät seitdem als Expertin die unterschiedlichsten Branchen. Sie hat sich die Erkenntnisse der Gehirnforschung zu Nutze gemacht, um die klassische Rhetorik weiterzuentwickeln. Denn die Gehirnforschung fragt: „Wie entscheiden wir Menschen?“, und die Rhetorik kann dann für jeden die richtigen Überzeugungsmittel, Formulierungen und Worte zur Verfügung stellen. Sie gehört zu einer der ersten Stimmen, die sich für einen anderen Umgang mit PowerPoint einsetzten – um wieder zu einer überzeugenden und faszinierenden Präsentationskultur zu finden, die den Menschen in den Mittelpunkt stellt. Ihre Präsentationskurse vermitteln auf lebendige und praxisnahe diese neue Art des erfolgreichen Präsentierens.

Hermann-Ruess &Partner, Telefon 07520 923153, Telefax 07520 923191,
E-Mail: seminare@hermann-ruess.de, Internet: www.hermann-ruess.de.

Constanze Hintze

ist Finanzexpertin, Buchautorin und Geschäftsführerin des bankenunabhängigen Svea Kuschel + Kolleginnen Finanzdienstleistungen für Frauen. Das Unternehmen bietet seit mehr als 25 Jahren vor allem für Frauen maßgeschneiderte Lösungen rund um die Vermögensanlage und die Altersvorsorge an und war damit das erste Unternehmen dieser Art in Deutschland. Das Unternehmen hat seinen Hauptsitz in München und ein Büro in Oberursel bei Frankfurt. Constanze Hintze, Jahrgang 1964, hatte berufliche Stationen bei großen Banken und Vermögensverwaltungsgesellschaften. Sie ist in einflussreichen Frauennetzwerken, u. a. ZONTA, aktiv und wird als Expertin geschätzt, wenn es in den Medien um das Thema „Frauen und Finanzen" geht. Ihr zweites Finanzbuch „Vermögensplanung und Altersvorsorge für Frauen" (2011, Kösel-Verlag, München) wurde in der Presse als besonders empfehlenswert herausgestellt.

Svea Kuschel + Kolleginnen, Finanzdienstleistungen für Frauen GmbH,
Lessingstraße 11, 80336 München, Telefon: 089 545438-0, Telefax: 089 545438-10,
E-Mail: info@svea-kuschel.de, Internet: www.svea-kuschel.de.

Brigitte Jahn

ist seit 1989 Inhaberin des Unternehmens Büro- und Managementservice Brigitte Jahn. In dieser Funktion betreut sie Projekte direkt am Arbeitsplatz. Sie bringt den Energie-Schub ins Büro und zeigt, wie wertvolle Zeit gespart werden kann.

Viele kennen das: Berge von Arbeit, der Schreibtisch quillt über, Unterlagen stecken in reisengroßen Stapeln und überhaupt keine Lust aufzuräumen. So geht es auch dem ÜKL. Er steht für **ü**berhaupt **k**eine **L**ust.

Dagegen hat Brigitte Jahn das Anti-ÜKL-System® entwickelt. Die Struktur am Arbeitsplatz wird verbessert und bis zu 30 % der Kosten werden eingespart. Durch den optimalen persönlichen Arbeitsstil wird wichtige Zeit gewonnen. Die Prozesse und Informationsflüsse im Team laufen wesentlich besser und alle bekommen noch mehr Lust zum Arbeiten. Außerdem begleitet sie die Einführung von einheitlichen Ablagestrukturen in mittelständischen Unternehmen.

Als Trainerin und Coach vermittelt sie in Seminaren, Workshops und Vorträgen ihr Fachwissen zu den Themen Büroorganisation und Zeitmanagement für die Zielgruppe Sekretärinnen, Assistentinnen, Führungskräfte und Unternehmer.

Büro- und Managementservice Brigitte Jahn, Sachsenweg 10, 91325 Adelsdorf,
Telefon: 09195 4615, Telefax: 09195 7418,
E-Mail: office@bm-jahn.de, Internet: www.bueromanagement-jahn.de.

Dr. Stephanie Kaufmann-Jirsa

gründete 2005 eine Rechtsanwaltskanzlei in Feldafing am Starnberger See – www.rechtsanwalt-feldafing.de. Davor war sie sechs Jahre als Chefredakteurin bei der Gesellschaft für Wirtschaftsinformation (GWI), einem Fachverlag für Recht und Wirtschaft, in München tätig. Sie leitete dort u. a. den Fachbereich „Sekretariat und Assistenz". Davor war sie Referentin für Arbeitsrecht in einem Arbeitgeberverband und im Institut der deutschen Wirtschaft Köln.

Sie ist Autorin zahlreicher Fachbücher und -veröffentlichungen sowie Dozentin mit den Schwerpunkten Arbeits-, Betriebsverfassungs- und Mietrecht.

Rechtsanwaltskanzlei Dr. Stephanie Kaufmann-Jirsa, Aumillerstraße 3, 82340 Feldafing,
Telefon: 08157 924364, Telefax: 08157 924367,
E-Mail: RAStephanieKaufmann@t-online.de, Internet: www.rechtsanwalt-feldafing.de.

Alexandra Kreuzpointner-Illg

baute ihre praktischen Erfahrungen im Bereich Einkauf zunächst in einem Unternehmen der Investitionsgüterbranche auf. Sie setzte ihre berufliche Laufbahn in der deutschen Organisation eines IT-/TK-Hardware-Herstellers fort, in dem sie funktionsübergreifend auch für Einkaufstätigkeiten zuständig war. Heute ist sie HR Managerin in der deutschen Vertriebsorganisation eines internationalen Lebensmittelkonzerns.

Alexandra Kreuzpointner-Illg hat gemeinsam mit Ralf Reißer das Praxishandbuch Beschaffungsmanagement (EAN 978-3-8349-0080-7) verfasst. In dem Buch stellen die Autoren detailliert mit vielen Praxisbeispielen dar, wie Mitarbeiter, deren Tätigkeitsschwerpunkt außerhalb des Einkaufsbereichs liegen aber mit Beschaffungsaufgaben betraut werden, Einkäufe Schritt für Schritt effizient und kompetent erledigen. Daneben bietet Alexandra Kreuzpointner-Illg interessierten Lesern Workshops zu diesen Themen an.

Kontakt: alexandra_kreuzpointner@yahoo.de.

Gabriele Krischel

ist geschäftsführende Inhaberin und Gründerin von KiK – Krischel interkulturelle Kommunikation – und zertifizierte psychologische Unternehmenstrainerin und Coach. Ihre inhaltlichen Schwerpunkte sind Businessetikette (Mitglied bei E.T.I. – Etikette Trainer International), moderne Trends in der Geschäftskorrespondenz (plus Rechtschreibreform, Protokollführung, protokollarische Anreden), Arbeitsmethodik und Büroorganisation (auch Coaching vor Ort), Telefontraining, Zeit- und Selbstmanagement.

Gabriele Krischel hat langjährige Berufserfahrung im Bereich von Office-Management, Organisation, Zeit- und Selbstmanagement sowie Erfahrung in der VIP-Betreuung vorzuweisen. Sie bietet Fach- und Führungskräften aus Wirtschaft und Verwaltung zielgerichtete Seminare an, um Kernkompetenzen und Potenziale gewinnbringend für jeden auszubauen.

Kik – Krischel internkulturelle Kommunikation, Gabriele Krischel, Drosselweg 59, 53859 Niederkassel, Telefon: 02208 71665, Telefax: 02208 769538, E-Mail: kik@krischel-kommunikation.de, Internet: www.krischel-kommunikation.de.

Petra Lumblatt

ist Beraterin und Trainerin mit Ausbildung MBA Executive Master of Business Administration und zertifizierte DISG-Trainerin. Ihr Fundament sind eine Ausbildung zur Gymnasiallehrerin und über 15 Jahre Berufserfahrung im Office-Management. Ihre Kunden nutzen ihr analytisches Denken und ihre Fähigkeit zur Strukturierung von Vorgängen, um Arbeitsabläufe und Geschäftsprozesse zu optimieren und strategisch auszurichten. Einer ihrer Beratungsschwerpunkte liegt in der Vereinheitlichung der Ablage, ob Papier oder PC, sowie der Integration unternehmensrelevanter E-Mails zu einem transparenten Informationssystem. Als Referentin bietet Petra Lumblatt Seminare und Trainings in den Bereichen Zeitmanagement, Projektmanagement, Dokumentenmanagement, Büroorganisation und Sekretariatspraxis. Ihr selbst konzipierter Lehrgang zur Management-Assistentin schließt mit einem Zertifikat ab und wird seit Jahren in verschiedenen Weiterbildungseinrichtungen durchgeführt.

Neben den Lehrgängen und Seminaren entwickelt sie E-Learnings oder Blended-Learning-Konzepte für ihre Kunden und begleitet die Umsetzung mit ihren Fachkenntnissen.

Petra Lumblatt, Beratung und Training, Schwalbensteg 3, 46514 Schermbeck, Telefon: 02853 861727, Telefax: 02853 861814, E-Mail: info@petra-lumblatt.de, Internet: www.petra-lumblatt.de.

Denise Maurer,

studierte Politikwissenschaftlerin, ist Kommunikationstrainerin, Moderatorin und Rednerin aus Leidenschaft. Anfang der neunziger Jahre verantwortete sie vier Jahre lang das norddeutsche Seminarangebot einer Stiftung. In etwa 250 Seminaren war sie als Trainerin oder Moderatorin tätig. Es folgten fünf Jahre im Bereich Unternehmens- und Finanzkommunikation, zunächst in einem DAX Unternehmen, später in einer der größten Internetagenturen Deutschlands. Über zwei Jahre war sie hier als Unternehmenssprecherin tätig. Seit 2002 ist Denise Maurer selbstständig und konzentriert sich auf Trainings, Moderationen und Vorträge. Denise Maurer erreicht bei Ihren Kunden immer wieder Top-Bewertungen und gewann bereits mehrere Trainer-Rankings. Als Kommunikationstrainerin bietet sie offene Seminare an, entwickelt mit ihren Kunden unternehmensspezifische Trainings oder macht Einzelpersonen, insbesondere Führungskräfte, für einen großen Auftritt fit.

Maurer – Meisterbetrieb für Kommunikation, Denise Maurer, Landschreiberstraße 15,
70619 Stuttgart, Telefon: 0711 459970-25, Telefax: 0711 459970-24,
E-Mail: training@denisemaurer.de, Internet: www.denisemaurer.de.

Sibylle May

blickt auf langjährige Erfahrungen als Chefsekretärin, Assistentin und Marketing- und Vertriebskoordinatorin in internationalen Konzernen zurück. Seit 1991 bietet sie mit ihrem Beratungsbüro Sibylle May Trainings, Seminare, Personalmanagement sowie Bewerber- und Karriereberatung an. Trainingsschwerpunkte sind unter anderem alle Themen rund um das Sekretariat wie Korrespondenz, Kommunikation, Projektmanagement und Konfliktmanagement. Für ihre herausragende fachliche und methodisch-didaktische Kompetenz erhielt sie 2003 den „Teaching Award" in Gold der ZfU International Business School, Zürich. Daneben ist Sibylle May Autorin verschiedener Beiträge in Fachpublikationen und Bücher zu den Themen Sekretariat, Messe, Telefon und Karriere.

Beratungsbüro Sibylle May, Am Angerbach 24, 40489 Düsseldorf,
Telefon: 0203 740503, Telefax: 0203 741179,
E-Mail: info@beratungsbuero-may.com, Internet: www.beratungsbuero-may.com.

Birgit Müller

hat eine klassische Büroausbildung genossen, von der Bürokauffrau, über die staatlich geprüfte Sekretärin bis hin zur Direktionsassistentin. Sie hat 18 Jahre als Assistentin gearbeitet, zuletzt in Abteilungsleiterfunktion ein Vorstandssekretariat geleitet.

Im Jahre 1992 gründete sie das Unternehmen BÜRO UND SEKRETARIAT Birgit Müller, das sich auf zwei Säulen stützt. In Säule 1 bietet das Unternehmen Dienstleistungen rund um Sekretariat und Office Management an. Die zweite Säule bietet **B**eratung**C**oaching**T**raining**R**ekruiting (BCTR) im Bereich Office Management an. Sekretariat, Assistenz oder Office Management als Dienstleistung zu etablieren und transparente Arbeitsstrukturen zu schaffen ist das Ziel von Birgit Müller. Nach einer umfangreichen Analyse erfolgt die Umsetzung immer mit den vor Ort tätigen MitarbeiterInnen.

BÜRO UND SEKRETARIAT Birgit Müller, Telefon: 0421 163270, Telefax: 0421 1632710
E-Mail: birgit.mueller@buero-und-sekretariat.de, Internet: www.buero-und-sekretariat.de.

Martina Müll-Schnurr

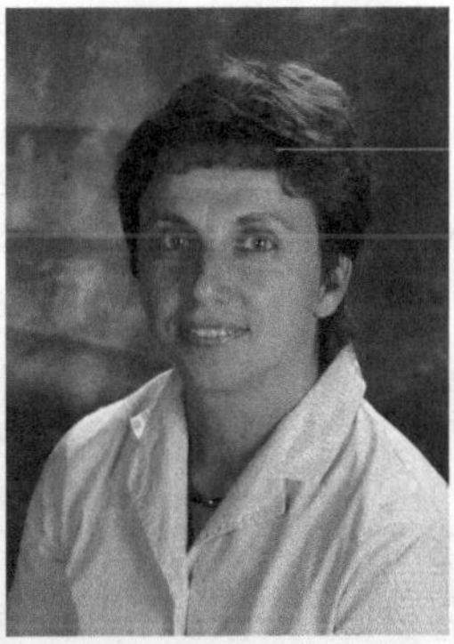

ist Dipl. Betriebswirt (FH). Sie ist seit 1989 als selbstständige Trainerin in der Erwachsenenbildung für Sachbearbeiter/-innen, Sekretär/-innen, Assistent/-innen, Office-Manager/-innen und Führungskräfte tätig. Die gelernte Industriekauffrau und geprüfte Sekretärin hat Berufserfahrung als Sekretärin der Geschäftsleitung und des Personalleiters sowie als Ausbilder und Personalsachbearbeiter in der Aus- und Weiterbildung eines großen Automobilunternehmens.

Martina Müll-Schnurr legt in ihren Seminaren ein großes Augenmerk darauf, dass jeder Seminarteilnehmer während des Trainings ein Höchstmaß an Unterstützung für die Bewältigung beruflicher Herausforderungen erfährt. „Chancen nutzen, aktiv Veränderungen herbeiführen“, so ihr Motto. Ihre Zielsetzung ist, durch gezielte Impulse die Motivation des Einzelnen zu steigern und die Leistungspotenziale nachhaltig zu aktivieren. Die Schwerpunkte ihrer Arbeit sind effizientes Büromanagement, professionelle Chefentlastung, Korrespondenz, Selbst- und Zeitmanagement, Ablagesysteme strukturiert aufbauen und Informationen verwalten. Seit 2002 ist sie Partnerin von balanceX GmbH, Unternehmenscoaching. Sie ist Mitglied des Prüfungsausschusses „Fachkauffrau für Büromanagement“ der IHK Heilbronn. Sie ist Mitautorin des Buches „Prozessorientierte Ablage“ (ISBN 978-3-8349-0326-6) und lebt mit ihrer Familie in Nußloch, Rhein-Neckar-Kreis.

Martina Müll-Schnurr, E-Mail: martina.muell@schnurr-mail.de, Internet: www.balanceX.de.

Birgit Preuß-Scheuerle M. A.

studierte Rhetorik und Politikwissenschaft an der Universität Tübingen. Sie ist Inhaberin von bps-training und arbeitet seit 1989 als Trainerin und Coach in großen renommierten Unternehmen verschiedener Branchen. Als Coach begleitet sie Teams und Einzelpersonen in Veränderungsprozessen. Ihre Trainingsschwerpunkte liegen im Bereich Rhetorik, Gesprächsführung und Konfliktmanagement. Seit diesem Jahr ist die Mediation im Arbeits- und Wirtschaftsleben als ein weiteres Aufgabengebiet hinzugekommen. Birgit Preuß-Scheuerle ist Autorin zahlreicher Beiträge im Fachmagazin working@office und Autorin verschiedener Bücher. (Praxishandbuch Kommunikation, Gabler Verlag, ISBN 978-3-409-12676-2. Zuletzt erschien ihr Buch „Teamcoaching" 2008 im ManagerSeminare Verlag, ISBN 978-3-936075-67-0)

bps-training, Beratung-Personalentwicklung-Seminare, Birgit Preuß-Scheuerle, Schwalbenstraße 9, 65428 Rüsselsheim, Telefon: 06142 59709, Telefax: 06142 951307, E-Mail: info@bps-training.de, Internet: www.bps-training.de.

Ralf Reißer

hat umfangreiche Erfahrung im industriellen Einkauf bei Unternehmen der Investitionsgüterindustrie gesammelt. Heute ist er in einem internationalen Maschinenbaukonzern verantwortlich für den Einkauf von Investitionsgütern, Dienstleistungen und Gemeinkostenmaterial.

Ralf Reißer hat gemeinsam mit Alexandra Kreuzpointner das Praxishandbuch Beschaffungsmanagement (EAN 978-3-8349-0080-7) verfasst. In dem Buch stellen die Autoren detailliert mit vielen Praxisbeispielen dar, wie Mitarbeiter, deren Tätigkeitsschwerpunkt außerhalb des Einkaufsbereichs liegen aber mit Beschaffungsaufgaben betraut werden, Einkäufe Schritt für Schritt effizient und kompetent erledigen. Daneben bietet Ralf Reißer interessierten Lesern Workshops zu diesen Themen an.

Kontakt: r.reisser@gmx.de.

Jutta Sauer

ist staatlich geprüfte Dolmetscherin und Übersetzerin für Englisch und Französisch. Während dieser Ausbildung hat sie sich auch intensiv mit der deutschen Sprache befasst. Nach ihrem Examen hat sie mehrere Jahre als Sekretärin/Assistentin für verschiedene Unternehmen gearbeitet und während dieser Zeit ihr Fernstudium in Betriebswirtschaft mit dem Schwerpunkt Absatz- und Außenwirtschaft absolviert.

Sie arbeitet seit zirka 16 Jahren erfolgreich als selbstständige Trainerin (autorisierte Persolog-Trainerin und NLP-Lehrtrainerin (DVNLP)) und Coach (zertifizierter systemischer Coach und zertifizierter Business- und Management-Coach) für verschiedene Firmen und Veranstalter. Zu den Schwerpunkten ihrer Seminare gehören kunden- und kostenorientierte Arbeitstechniken im Office, Kommunikation und Rhetorik.

Sie ist Autorin des Buches „Praxishandbuch Korrespondenz“ (Gabler Verlag, 4. Auflage, ISBN 978-3-409-22404-8) und schreibt regelmäßig Beiträge für die Fachzeitschrift working@office.

Jutta Sauer Seminare & Coaching, Stettiner Str. 8, 63843 Niedernberg,
Telefon: 06028 996370, Telefax: 06028 996371,
E-Mail: juttasauer@web.de, Internet: www.sauer-seminare.de.

Thorsten Schildt

ist Inhaber und Geschäftsführer der Personalentwicklung KommVentus, die sich auf Weiterbildungen und Trainings im Soft-Skill-Bereich spezialisiert hat. Zusammen mit seinem Trainerteam deckt er den gesamten Bereich der Kommunikation und Persönlichkeitsentwicklung ab. Er selbst arbeitet als selbstständiger Business-Coach und Trainer mit dem Schwerpunkt Führungskräfteentwicklung. Zudem ist er autorisierter DISG-, Persolog- und Insights-Discovery-Trainer und erstellt Persönlichkeitsprofile.

Wichtig sind ihm neben dieser Tätigkeit Projekte, in denen er seiner Kreativität freien Lauf lassen kann. So ist er u. a. Autor von Fachbüchern und Webbasetrainings.

KommVentus Thorsten Schildt, Altmanns Knapp 6,
49545 Tecklenburg, Telefon: 05482-9267818, Telefax: 05482-9267820,
E-Mail: schildt@kommventus.de, Internet: http://www.kommventus.de.

Irmtraud Schmitt
kann auf 24 Jahre Erfahrung in der Managementassistenz verschiedener Unternehmen zurückblicken. Heute hat sie sich neuen Herausforderungen im Global Marketing als Pressereferentin in dem Mannheimer Industrieunternehmen gestellt, in dem sie viele Jahre Assistentin der Geschäftsleitung war. Gleichzeitig gibt sie seit 1998 ihren reichen Erfahrungsschatz aus der Praxis für die Praxis in Seminaren, Workshops und der Karrierebegleitung weiter. Als Dozentin der Heidelberg International Business Academy arbeitet sie mit Absolventen von internationalen Studiengängen.

Irmtraud Schmitt verfasst regelmäßig Beiträge für die Fachpresse und ist Autorin mehrerer Fachbücher rund um das Thema Office-Management (z. B. Praxishandbuch Event Management, 2. Auflage, Gabler Verlag, ISBN 978-3-8349-0197-2, change @office, Gabler Verlag, ISBN 978-3-8349-2143-7).

TOP – Training für Office Management und Persönlichkeitsentwicklung
Irmtraud Schmitt, Dreißig-Morgen-Weg 1, 69198 Schriesheim, Telefon: 06203 9585933,
E-Mail: IrmtraudSc@aol.com, Internet: www.top-office-training.de.

Matthias Siebert,
Diplom-Pädagoge, ist Gründer und Inhaber von „Best Patterns – die Potenzialentwickler“ und arbeitet deutschlandweit. Schwerpunkt seiner Arbeit sind die Durchführung von Trainings und Seminaren, unter anderem zu den Themen Personalführung und Motivation, Kommunikation und Konfliktmanagement. Ein weiterer Schwerpunkt seiner Arbeit stellt die Begleitung von Teams, Arbeits- und Projektgruppen dar: in Workshops zur Teamentwicklung erhalten geschlossene Teams einen Lern- und Erfahrungsraum, in dem Kommunikationsstrukturen verbessert und strategische Ausrichtungen und Prozesse der Teambildung vorangetrieben werden können. Matthias Siebert hat mit seinem erlebnispädagogischen Baustein „RowingTeam® – Teamentwicklung auf dem Wasser“ im Jahr 2007 im Bereich der Teamtrainings in Deutschland neue Maßstäbe gesetzt; RowingTeam® nutzt Rudern als Methode zur Entwicklung des Teamerfolgs und wird unter anderem mit dem Weltmeister aus dem deutschen Ruderachter, Thorsten Engelmann, durchgeführt.

Best Patterns – die Potenzialentwickler, Matthias Siebert, Große Witschgasse 15,
50676 Köln, Telefon: 0221 20193792
E-Mail: m.siebert@best-patterns.com, Internet: www.best-patterns.com.

Slatco Sterzenbach

2010 wurde er mit dem „Oscar“ der Speaker-Branche – dem Conga-Award – von mehr als 25.000 Fachleuten aus der Tagungs- und Kongressbranche geehrt. Der LEBENSKRAFT-Experte Slatco Sterzenbach kann auf eine Erfahrung von über 1.350 Seminartagen blicken.

Slatco Sterzenbach, Jahrgang 1967, ist der **„Ironman“** unter den Speakern: Der Diplom-Sportwissenschaftler ist achtfacher IRONMAN™-Finisher, Weltrekordler im Indoorcycling und berät Weltmeister, Olympiasieger und Firmenvorstände. Nach mehr als 25 Jahren Praxis in den Themen Gesundheit, Prävention und Leistungsfähigkeit gilt Slatco Sterzenbach zu den führenden Experten für Spitzenleistungen, die selbst leben, was sie lehren.

Slatco Sterzenbach berät DAX-Unternehmen wie Allianz, Beiersdorf und Deutsche Telekom sowie weitere renommierte Unternehmen wie Microsoft und GlaxoSmithKline und trainiert deren Mitarbeiter in puncto Erfolg. Durch seine Seminare und sein Consulting erreicht Slatco Sterzenbach einen sensationellen Return on Investment.

Mit den beiden Bestseller-Büchern „365 Tage fit“ und „der perfekte Tag“ hat er sich über die Fachwelt hinaus einen Namen gemacht. Unternehmen fast aller Branchen und Größenordnungen setzen auf Slatco Sterzenbach und seine Firma STERZENBACH GmbH.

STERZENBACH LEBENSKRAFT CONSULTING GmbH – Slatco Sterzenbach, Filchnerstraße 104, 81476 München, Telefon: 07309 927848, Telefax: 07309 927856, Internet: www.lebenskraft.com, E-Mail: office@lebenskraft.com.

Elke Vender

ausgebildete Fremdsprachenkorrespondentin, BWL-Studium. Sie war lange Jahre als Projektberaterin für Bürokommunikation bei einem amerikanischen Software-Unternehmen tätig. Seit 1991 ist sie selbstständige Trainerin in der Erwachsenenbildung mit den Schwerpunkten Seminare und Coaching im MS Office-Umfeld.

Neben den MS Office-Programmen Outlook, Word, Excel und PowerPoint bietet Elke Vender Seminare für die Projektplanung mit MS Project an. Weitere Schwerpunkte sind die Gestaltung von Präsentationen sowie die Umsetzung von Texten und Zahlen in ansprechende Schaubilder.

Elke Vender ist Buchautorin und verfasst regelmäßig Fachbeiträge für Zeitschriften. Sie ist eine gefragte Referentin für Kongresse zu den Themen Notebook, Handy & Co.

Kontakt: Elke Vender, *Seminare & Coaching,* Hans-Keis-Straße 41, 82049 Pullach im Isartal Telefon: 089 64914860, Telefax: 089 64914861, E-Mail: info@elkevender.de.

Christa Waltenberger

ist Gründerin der kik Akademie Erbach/Ulm. Ihre praktischen Erfahrungen hat sie in ihrer langjährigen Tätigkeit als Assistentin des Personalchefs und als Referentin in der Personalentwicklung eines großen Industrieunternehmens gesammelt. Später leitete sie die kik Akademie und trainierte vorwiegend die Themen des Office-Managements. Sie entwickelte neue Trainingskonzepte zusammen mit „musicprojects" im Bereich Teamarbeit und ist Autorin und Herausgeberin der Audio-CD-Reihe „kik-ohrclip – Lernen? Mit Vergnügen!" Als Fachautorin ist sie für verschiedene Verlage tätig.

kik Akademie, Telefon: 07305 4294
E-Mail: kik-sem@t-online.de, Internet: www.kik-akademie.de, info@kik-akademie.de.

Susanne Westphal,

Buchautorin, Speakerin, Beraterin und Trainerin. Beispiele einiger Vortragsthemen: Megatrend Frauen, Die Zukunft der Unternehmenskommunikation, Das bunte Unternehmen – warum Vielfalt erfolgreicher macht. Seminarthemen und Beratungsschwerpunkte: Unternehmenskommunikation: Strategie – Praxisumsetzung – Evaluierung; Corporate Wording; Texten in der Unternehmenskommunikation; Krisenkommunikation. Susanne Westphal studierte Betriebswirtschaft in Angers, Frankreich, und an der Universität Eichstätt/Ingolstadt. Von 1993 bis 2001 leitete sie als Gründerin die Preisagentur Preiswärter Online GmbH (preis.de). Veröffentlichungen (Auszug): „Female Forces – Megatrend Frauen" (Zukunftsinstitut), „Unternehmenskommunikation in Krisenzeiten" (Wiley-VCH 2003) und „Einfach becircend. Die Typologie weiblichen Erfolgs" (Piper 2004).

SueWest Communications, Susanne Westphal, Oberstraße 107, 20149 Hamburg,
Telefon: 040 45000996, E-Mail: direkt@suewest.de, Internet: www.suewest.de.

Lilli Wilken

ist gelernte Einzelhandelskauffrau und hat eine Ausbildung in körperorientierter Psychotherapie absolviert. Der Schwerpunkt lag auf Persönlichkeitsentwicklung, systemischer Familien- und Organisationsaufstellung, Enneagrammberatung, Farb-, Typ- und Imageplanung.

Sie bietet Seminare, Training und Coachings mit den Schwerpunkten Persönlichkeitsentwicklung, Auftreten und Erscheinungsbild, Bedeutung von Farben, Körpersprache, Umgangsformen im Berufsleben, Internationale Umgangsformen, Emotionale Intelligenz, Motivation und Stressmanagement.

Imageplanung Lilli Wilken, Betramstraße 10, 65185 Wiesbaden
Telefon: 0611 16899399, E-Mail: lilli@imageplanung.de, Internet: www.imageplanung.de.

Andrea Zimmermann,

Inhaberin der Unternehmensberatung btm4u, verfügt über mehr als 20 Jahre Erfahrung im Travel- und Mobility-Management. Sie kommt aus der Praxis: Für eine internationale Handelskette hat sie das Travel-Management auf- und später ausgebaut. Ihre Schwerpunkte liegen in den Themen Reiserichtlinien, Prozessanalysen, Kreditkartenprojekte, Reisekostenabrechnung, Veranstaltungsmanagement, Einkauf und Vertragscontrolling. Neben ihrer beraterischen Tätigkeit ist Andrea Zimmermann als Dozentin an der VDR-Akademie und als Referentin für Fachsymposien tätig. Sie hat mehrere Fachbücher verfasst, unter anderem „Wirksame Reiserichtlinien" (ISBN 3-9807986-8-2) und „GeschäftsReisekosten" (ISBN 3-9806170-9-2).

Die Unternehmensberatung btm4u zeigt Ihnen, wie auch Sie Ihre steigenden Ausgaben in den Bereichen Travel, Veranstaltungen und Fuhrpark in den Griff bekommen – ohne Qualitätsverlust. Der Fokus von btm4u liegt im Mittelstand und bei inhabergeführten Unternehmen mit dem Wunsch der Einführung von klaren Strukturen und der Erzielung von Kostensenkung. btm4u unterstützt Sie bei der Einführung oder Neustrukturierung des Travel-Managements, beim Reengineering interner Prozesse, bei der profitablen Gestaltung Ihrer Geschäftsbeziehungen zu Fluggesellschaften, Hotels, Mietwagenanbietern, Reisebüros, Kreditkartenunternehmen und Tagungsstätten.

btm4u, Andrea Zimmermann, Heidelberger Landstrasse 52 a, 64297 Darmstadt,
E-Mail: info@btm4u.de, Internet: www.btm4u.de.

Stichwortverzeichnis

A

ABC-Analyse 15, 345
Abkürzung 78
Ablage 26
Ablagestruktur 36
Ablagesystematik, prozessorientierte 40
Abmahnung 397
Abnahmeprotokoll 354
Absätze 82
Abschnitte 83
Absender 83
Agenda 297
AGG 392
Akronyme 81
Aktenplan, prozessorientierter 43
Aktivierungsfragen 303
ALPEN-Methode 434
Alpha-Schlaf 534
Anfrage 16
Anführungszeichen 85
Angebot 378
Angebotsvergleich 17
Anlage(n) 85
Annahme 378
Anrede 86
Anschriftfeld 91, 95
Arbeitszeugnis 400
Aufbewahrungspflicht 35
Aufgaben 143
Aufgabenliste 152
Auftragsbestätigung 23
Auftragsvergabe 22
Aufzeichnung, elliptische 119
Aufzeichnung, tachygraphische 120

B

Balanced Scorecard 414
Bedarfsanalyse 14
Bedarfsanforderung 15
Bedürfnispyramide 368
Begrüßung 484
Berufsunfähigkeit 515, 516
Beschaffungsprozesse 13
Besprechungsanfrage 149, 150
Bestellung 22
Betreff 73
Betriebliche Altersvorsorge 520, 520
Bewirtung 228
Bildagentur 206
Blickfänger 73
Blutzuckerspiegel 526
Brainstorming 124, 451
Brainwriting 452
Briefbeginn 70
Briefende 75, 77
Briefgeheimnis 386
Briefinggespräch 269
Budgetplanung 247
Bullet-Chart 189
BU-Rente 515
Burnout 439, 536

C

Catering 244
Change Management..... 174, 415
Corporate Identity.................... 67
Customer Relationship
Management (CRM)........ 420

D

Dateianhänge 109
Delphi-Befragung.................. 453
Diagramme 196
DIN 5008........................... 67, 68
DMAIC-Zyklus 412

E

Effizienzsteigerung................ 175
E-Mail-Knigge....................... 107
Empfänger 69
Entscheidungsfindung 458
Entscheidungskriterien 262
Entwicklungsphasen.............. 178
Ergebniskontrolle 129
Etikette.................................. 325
Evaluierung 356

F

Filterfunktion........................... 29
Flüssigkeitsversorgung.......... 527
Folienmaster 195
Fonds 518
Fondspolice 520
Formvorschriften................... 386
Fragetechniken 313
Führungsdreieck 358
Führungskompetenzen 360
Fürsorgepflicht 210

G

Garantie 383
Gastgeschenke 329
Gateway................................ 351
GEMA 253
Genehmigungsprozesses 213
Geschäftsfähigkeit......... 378, 379
Geschäftskorrespondenz.......... 67
Geschäftsreise-
management............. 209, 211
Gesetzliche
Rentenversicherung 518
Gesprächsatmosphäre 313
Gewährleistungsrecht 380
Gewichtseinheiten 80
Guanxi 330

H

Handlungsvollmacht.............. 384
Hierarchiedenken................... 327
Hyperlink-Präsentation.......... 199

I

Informationsfluss 27
Informationsflut..................... 105
Informations-
management............... 49, 340
Informationsquelle.................. 49

J

JoHari-Fenster 361

K

Kaizen.................................. 413
Karteikarten-Methode 453
Kaufvertrag........................... 380
Kernaussagen......................... 125
Kernbotschaft 191
Kinesiologie.......................... 282

KISS-Prinzip ... 53
Kleidung ... 489
Konfliktarten ... 285
Konflikte ... 183
Konfliktparteien ... 283
Konfliktpotenzial ... 176
Kontinuierlicher
Verbesserungsprozess ... 34
Kopfstandtechnik ... 458
Korrespondenztipps ... 78
Kostenplanung ... 353
Kundenbindung ... 420
Kundenorientierung ... 68
Kündigung ... 395, 397
Kündigungsfrist ... 398
Kündigungsschutz ... 396
Künstlersozialkasse ... 253
KVP ... 413

L

Lebensfeuer ... 539
Leistungsstörung ... 380
Leistungsverzeichnis ... 17
Location ... 248

M

Mahnverfahren,
– außergerichtliches ... 390
– gerichtliches ... 390
Management Summary .. 269, 271
Maßeinheiten ... 80
Meilensteine ... 351
Mindmapping ... 124, 454
Minigramm ... 120
Mitarbeiterkreditkarte ... 211, 223
Mobbing ... 281
Moderation ... 294
Motivation ... 500

N

Nachrichten-Quadrates ... 318

O

Online-Booking-Engines
(OBE) ... 219
Online-Buchungssysteme ... 221
Ordnerstruktur ... 26, 114

P

PDCA-Zyklus ... 413
Posteingang ... 111, 142
Private Rentenversicherung ... 519
Projektablaufplan ... 349
Projektleitung ... 56
Projektphasen ... 339
Projektstrukturplan ... 349
Projektteam ... 339
Prokura ... 384
Protokollarten ... 118
Protokollführer ... 119
Prozess ... 41
Prozesskosten ... 213
Prozesslandkarte ... 43

Q

Qualitätssicherung ... 49

R

Rechtsfähigkeit ... 378, 379
Reifegradmodell ... 364
Reisebüro ... 218
Reisekosten ... 212
Reisekostenabrechnung ... 212
Reiseplanung ... 216
Reiserichtlinie ... 211, 215
Reizwortanalyse ... 456
Reklamation ... 381
REM-Phase ... 530

Restaurantbesuch 529
Review 351
Riester-Rente 519
Risikomanagement 340

S

Schadenersatz 382
6-3-5-Methode 452
Sechs-W-Methode 448
Selbstmotivation 501
Serientyp 147
Signatur 109
Six Sigma 411
Smalltalk 309, 324, 482
SMART-Formel 426
sprachliche Weichspüler 316
Stellenausschreibung 392
Storytelling 203

T

Team 51
Teamgeist 187
Teammitglieder 177
Termin 143
Terminserie 147
Themenspeicher 301
Tischmanieren 324
Titel 487
Total Quality Management 410
Transaktionsanalyse 290

U

Umgangsformen 323, 481
Unternehmens-
kommunikation 416
Unterschriftenregelung 385
Ursachen-Wirkungs-
Diagramm 449

V

Veranstaltungslocation 248
Veranstaltungspersonal 244
Veranstaltungsplanung 239
Verhandlung 20
Versicherung 251
Vertragsrecht 377
Visitenkarte 487
Visualisierung 269
visuelle Synektik 457
Vollmacht 383
Vollstreckungsbescheid 390
Vorschuss 223
Vorstellung 486

W

Währungseinheiten 80
WAND-Aktivitäten 532
Web 2.0 418
Weblogs 419
Wertigkeitsstufen 35
W-Fragen 313
Wiedervorlage 113, 269
Wikis 419
Willenserklärung 378
Win-win-Methode 283
Wissensdatenbank 60
Wissensmanagement 418
Wissenspool 49
Wortspiel 73

Z

Zahlungsmittel 222
10-20-30-Regel 204
Zeitdieb 427
ZIEL Schema 366
Zielgruppe 245
Zitat 73
Zwangsvollstreckung 392
Zwei-Faktoren-Modell 369
Zwischenbescheid 393

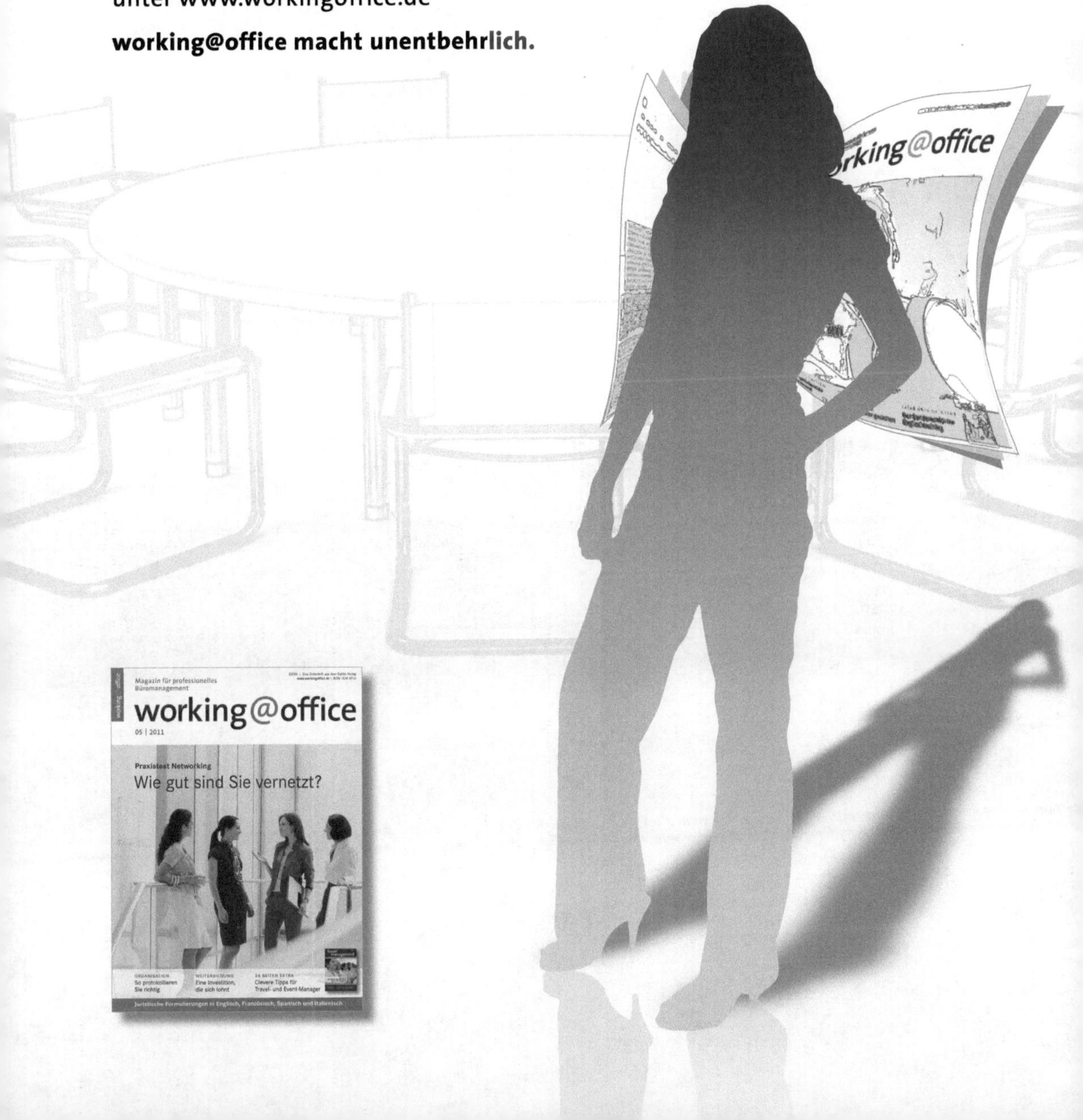

working@office
Magazin für professionelles Büromanagement
working@office
05 | 2011
Praxistest Networking
Wie gut sind Sie vernetzt?